AUTODESK官方标准教程系列

精于心 美于形

AUTODESK® REVIT® ARCHITECTURE 2017

官方标准教程

Autodesk,Inc. 主编

柏慕进业 编著

電子工業出版社

Publishing House of Electronics Industry

北京•BEIJING

内容简介

Autodesk Revit 系列软件是 Autodesk 公司在建筑设计行业推出的三维设计解决方案，它带给建筑师的不仅是一款全新的设计、绘图工具，还是一次建筑行业信息技术的革命。

作为一款三维参数化建筑设计软件，Revit Architecture 2017 强大的可视化功能，以及所有的视图与视图、视图与构件、构件与明细表、构件与构件之间的相互关联，使建筑师可以更好地推敲空间和发现设计的不足，且可以在任何时候、任何地方对设计做任意修改，真正实现了“一处修改、处处更新”，极大地提高了设计质量和设计效率。

本书共分为两大部分。第一部分以基础软件应用及操作为主，从三个方面出发，分别介绍了软件的功能特点、界面及各种工具的使用方法和技巧，讲述方案阶段的功能详解；在初级方案设计应用的基础上详细讲解了详图大样、渲染漫游及成果输出等相关知识；在模型基础上进行施工图深化，最终生成实际图纸服务于实际工程。因此，本部分内容主要包括明细表、设计选项、阶段、工作集、链接文件、共享坐标及 Revit Architecture 中族的制作方法。第一部分还详细介绍了 2017 版软件的更新情况。第二部分主要介绍 BIM 标准化应用体系，从百余个项目实战中总结归纳，基本实现了 BIM 材质库、族库、出图规则、建模命名规则、国标清单项目编码以及施工、运维等各项信息管理的有机统一，真正应用于项目设计、施工、运维的全生命周期。

本书可作为建筑师、在校相关专业师生、三维设计爱好者等的自学用书，也可作为高等院校相关课程的教材。

图书在版编目（CIP）数据

Autodesk Revit Architecture 2017 官方标准教程 / 柏慕进业编著. —北京：电子工业出版社，2017.7
Autodesk 官方标准教程系列

ISBN 978-7-121-31871-9

Ⅰ. ①A… Ⅱ. ①柏… Ⅲ. ①建筑设计－计算机辅助设计－应用软件－教材 Ⅳ. ①TU201.4

中国版本图书馆 CIP 数据核字（2017）第 132112 号

策划编辑：高丽阳
责任编辑：徐津平
印　　刷：三河市鑫金马印装有限公司
装　　订：三河市鑫金马印装有限公司
出版发行：电子工业出版社
　　　　　北京市海淀区万寿路 173 信箱　　邮编：100036
开　　本：787×1092　1/16　印张：30　字数：672 千字
版　　次：2017 年 7 月第 1 版
印　　次：2017 年 7 月第 1 次印刷
定　　价：89.00 元

凡所购买电子工业出版社图书有缺损问题，请向购买书店调换。若书店售缺，请与本社发行部联系，联系及邮购电话：（010）88254888，88258888。

质量投诉请发邮件至 zlts@phei.com.cn，盗版侵权举报请发邮件到 dbqq@phei.com.cn。

本书咨询联系方式：010-51260888-819，faq@phei.com.cn。

编 委 会

主　任： 黄亚斌

副主任： 李　强　　天津市交通建筑设计院

谢晓磊　　北京柏慕进业工程咨询有限公司

周星星　　北京柏慕进业工程咨询有限公司

朱德良　　武夷学院土木工程与建筑学院

陈雪松　　北京柏慕进业工程咨询有限公司

参编人员：

闵庆洋　　北京柏慕进业工程咨询有限公司

吕　朋　　北京柏慕进业工程咨询有限公司

李文平　　石家庄铁道大学

汪萌萌　　北京柏慕进业工程咨询有限公司

胡　林　　四川柏慕联创工程技术服务有限公司

翟少锋　　北京柏慕进业工程咨询有限公司

高文俊　　北京柏慕进业工程咨询有限公司

肖　飞　　四川柏慕联创工程技术服务有限公司

黄良辉　　广州技术师范学院天河学院

王佳宁　　北京柏慕进业工程咨询有限公司

韩世盼　　北京柏慕进业工程咨询有限公司

赵　冬　　广东工程职业技术学院

付庆良　　北京柏慕进业工程咨询有限公司

李瑞颖　　北京柏慕进业工程咨询有限公司

刘东海　　桂林聚格科技有限公司

农小毅　　广西毅创工程项目管理有限公司

前 言

1982 年成立的 Autodesk 公司已经成为世界领先的数字化设计和管理软件及数字化内容供应商，其产品应用遍及工程建筑业、产品制造业、土木及基础设施建设领域、数字娱乐及无线数据服务领域，能够普遍地帮助客户提升数字化设计数据的应用价值，并且能够有效地促进客户在整个工程项目生命周期中管理和分享数字化数据的效率。

Autodesk 软件（中国）有限公司成立于 1994 年，20 多年间 Autodesk 见证了中国各行各业的快速成长，并先后在北京、上海、广州、武汉等地设立了办事处，与中国共同进步。中国数百万名建筑工程设计师和产品制造工程师利用了 Autodesk 数字化设计技术，甩掉了图板、铅笔和角尺等传统设计工具，用数字化方式与中国无数的施工现场和车间交互各种各样的工程建筑与产品制造信息。Autodesk 产品成为中国设计行业最通用的软件。Autodesk 正在以其领先的产品、技术、行业经验和对中国不变的承诺根植于中国，携手中国企业不断突破创新。

Autodesk 授权培训中心（Autodesk Training Center，ATC）是 Autodesk 公司授权的、能对用户及合作伙伴提供正规化和专业化技术培训的独立培训机构，是 Autodesk 公司和用户之间进行技术传输的重要纽带。为了给 Autodesk 产品用户提供优质服务，Autodesk 公司通过授权培训中心提供产品的培训和认证服务。ATC 不仅具有一流的教学环境和全部正版的培训软件，而且有完善的富有竞争意识的教学培训服务体系和经过 Autodesk 严格认证的高水平师资力量作为后盾，向使用 Autodesk 软件的专业设计人员提供 Autodesk 授权的全方位的实际操作培训，帮助用户更高效、更巧妙地使用 Autodesk 产品工作。

每天都有数以千计的顾客在 Autodesk 授权培训中心(ATC)的指导下，学习使用 Autodesk 的软件来更快、更好地实现他们的创意。目前全球有超过 2000 家 Autodesk 授权培训中心，能够满足各地区专业人士对培训的需求。在当今日新月异的专业设计要求和挑战中，ATC 无疑成为用户寻求 Autodesk 最新应用技术和灵感的最佳源泉。

北京柏慕进业工程咨询有限公司（柏慕进业）是一家专业致力于以 BIM 技术应用为核心的建筑设计及工程咨询服务公司，包括柏慕培训、柏慕咨询、柏慕设计、柏慕外包四大业务部门。

2008 年，柏慕进业与 Autodesk 公司建立密切合作关系，成为 Autodesk 授权培训中心，积极参与 Autodesk 在中国的相关培训及认证的推广等工作。柏慕进业的培训业务作为公司主营业务之一一直备受重视，目前柏慕已培训全国百余所高校相关专业师生，以及数千名设计院在职人员。

柏慕进业长期致力于 BIM 技术及相关软件应用培训在高校的推广，旨在成为国内外一流设计院和国内院校之间的桥梁和纽带，不断引进、整合国际最先进的技术和培训认证项目。

另外，柏慕进业利用公司独有的咨询服务经验和技巧总结转化成柏慕培训的课程体系，邀请一流的专家讲师团队为学员授课，为各种不同程度的 BIM 技术学习者精心准备了完备的课程体系，循序渐进，由浅入深，锻造培训学员的核心竞争力。

同时，柏慕进业还是 Autodesk Revit MEP 系列官方教材编写者，教育部行业精品课程 BIM 应用系列教材编写单位，有着丰富的标准培训教材与案例丛书的编著策划经验。除了本次编写的“Autodesk 官方标准教程”系列，柏慕还组织编写了数十本 BIM 和绿色建筑的相关教程。

柏慕进业官方网站（www.51bim.com）提供了大量的族下载资源，方便读者学习，并上传了大量的 BIM 项目应用案例，供广大 BIM 爱好者学习，并真正了解 BIM 项目应用过程。注册柏慕会员即可免费下载柏慕 1.0 软件进行学习（更多详情敬请关注柏慕进业官方网站）。

为配合 Autodesk 新版软件的正式发布，柏慕进业作为编写单位，与 Autodesk 公司密切合作，推出了全新的“Autodesk 官方标准教程”系列，该丛书非常适合各类培训或自学者参考阅读，同时也可以作为高等院校相关专业的教材使用，对参加 Autodesk 认证考试的读者同样具有指导意义。

由于时间紧迫，加之作者水平有限，书中难免有疏漏之处，还请广大读者谅解并指正。

欢迎广大读者朋友来访交流，如有疑问，请咨询柏慕进业北京总部（电话：010-84852873 或 010-84850783，地址：北京市朝阳区农展馆南路 13 号瑞辰国际中心 1805 室）。

Autodesk，Inc.柏慕进业
2017 年 1 月

轻松注册成为博文视点社区用户（www.broadview.com.cn），扫码直达本书页面。

- **下载资源**：本书如提供示例代码及资源文件，均可在 下载资源 处下载。
- **提交勘误**：您对书中内容的修改意见可在 提交勘误 处提交，若被采纳，将获赠博文视点社区积分（在您购买电子书时，积分可用来抵扣相应金额）。
- **交流互动**：在页面下方 读者评论 处留下您的疑问或观点，与我们和其他读者一同学习交流。

页面入口：*http://www.broadview.com.cn/31871*

目　录

第 1 章　Autodesk Revit Architecture 基本知识

概述：通过本章节读者可了解 Revit 软件的基本构架关系和它们之间的有机联系，初步熟悉 Revit 2017 的用户界面和一些基本操作命令工具，掌握三维设计制图的原理，以及 Revit 作为一款建筑信息模型软件的基本应用特点。

1.1　Revit Architecture 软件概述

1.1.1　软件的 5 种图元要素

（1）主体图元：包括墙、楼板、屋顶和天花板、场地、楼梯、坡道等。

主体图元的参数设置，如墙，大多数的都可以设置构造层、厚度等，如图 1-1 所示。楼梯都具有踏面、踢面、休息平台、梯段宽度等参数，如图 1-2 所示。

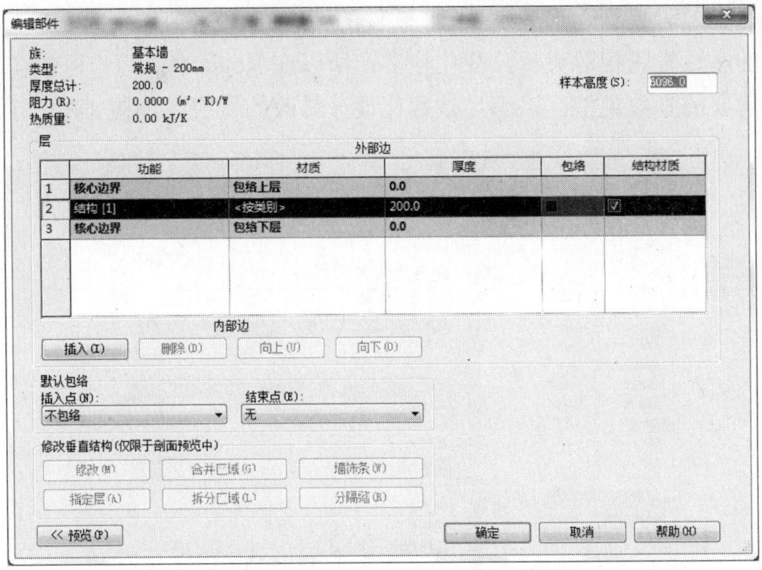

图 1-1

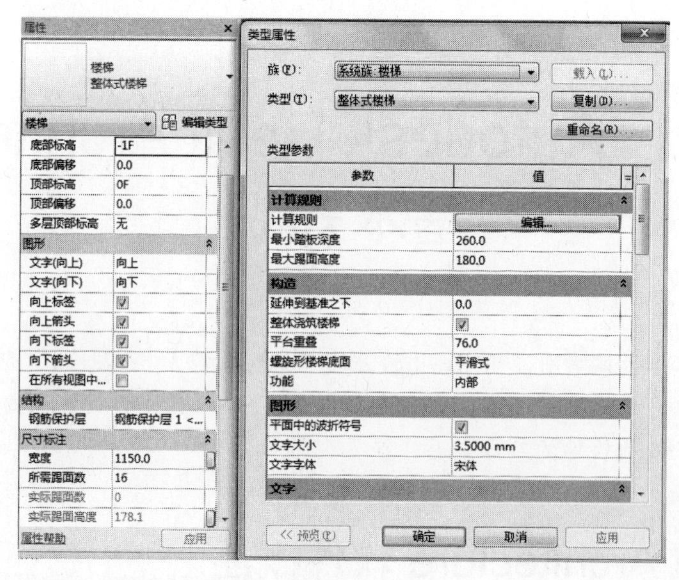

图 1-2

注意

主体图元的参数设置由软件系统预先设置，用户不能自由添加参数，只能修改原有的参数设置，编辑创建出新的主体类型。

（2）构件图元：包括窗、门、家具和植物等三维模型构件。

构件图元和主体图元具有相对的依附关系，如门窗安装在墙主体上，删除墙，则墙体上安装的门窗构件也同时被删除，这是 Revit 软件的特点之一。

构件图元的参数设置相对灵活，变化较多，所以在 Revit 中，用户可以自行定制构件图元，设置各种需要的参数类型，以满足参数化设计修改的需要，如图 1-3 所示。

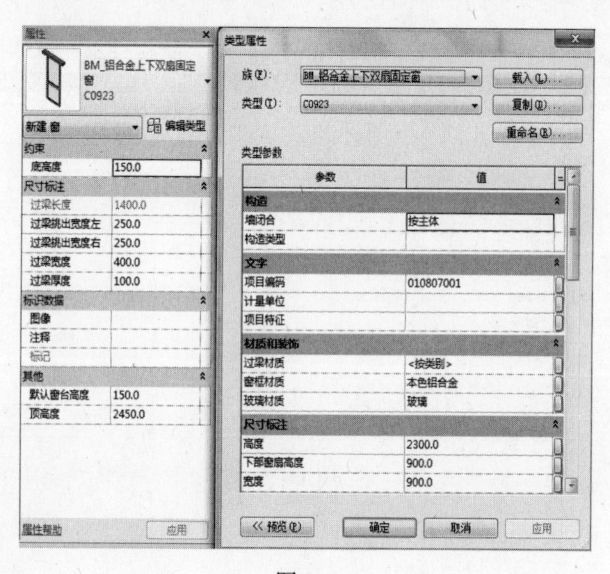

图 1-3

（3）注释图元：包括尺寸标注、文字注释、标记和符号等。

注释图元的样式都可以由用户自行定制，以满足各种本地化设计应用的需要，比如展开项目浏览器的族中注释符号的子目录，即可编辑修改相关注释族的样式，如图 1-4 所示。

Revit 中的注释图元与其标注、标记的对象之间具有某种特定的关联的特点，如门窗定位的尺寸标注，若修改门窗位置或门窗大小，其尺寸标注会根据系统自动修改；若修改墙体材料，则墙体材料的材质标记会自动变化。

（4）基准面图元：包括标高、轴网、参照平面等。

因为 Revit 是一款三维设计软件，而三维建模的工作平面设置是其中非常重要的环节，所以标高、轴网、参照平面等基准面图元提供了三维设计的基准面。

此外，还需要经常使用参照平面来绘制定位辅助线，以及绘制辅助标高或设定相对标高偏移来定位，如绘制楼板时，软件默认在所选视图的标高上绘制，可以通过设置相对标高偏移值来调整，如卫生间下降楼板等，如图 1-5 所示。

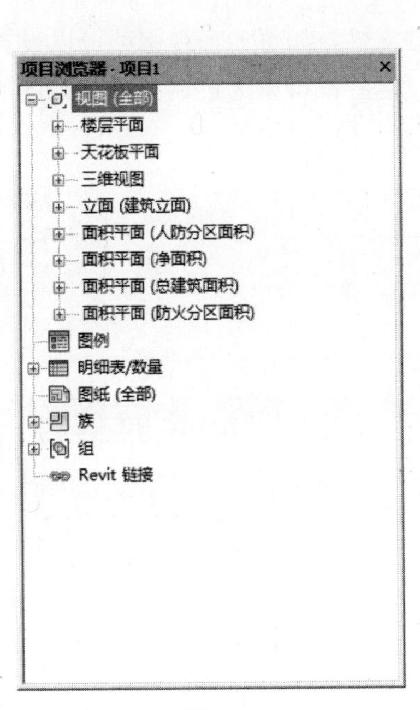

图 1-4

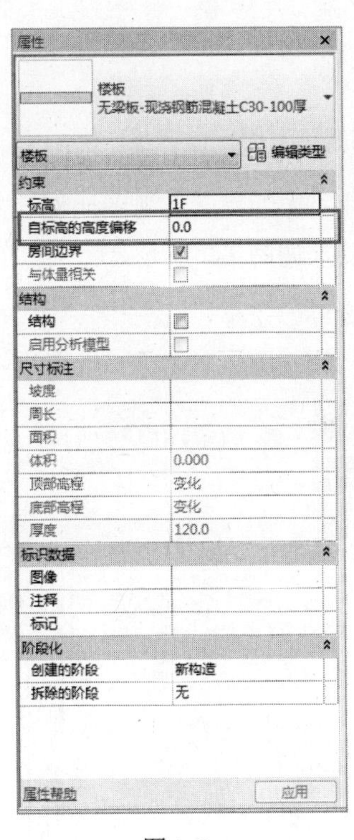

图 1-5

（5）视图图元：包括楼层平面图、天花板平面图、三维视图、立面图、剖面图及明细表等。

视图图元的平面图、立面图、剖面图及三维轴测图、透视图等都是基于模型生成的视图表达，它们是相互关联的，可以通过对“对象样式”的设置来统一控制各个视图的对象显示，如图 1-6 所示。

图 1-6

每一个平面、立面、剖面视图都具有相对的独立性，如每一个视图都可以设置其独有的构件可见性、详细程度、视图比例、视图范围等，这些都可以通过调整每个视图的“视图属性”来实现，如图 1-7 所示。

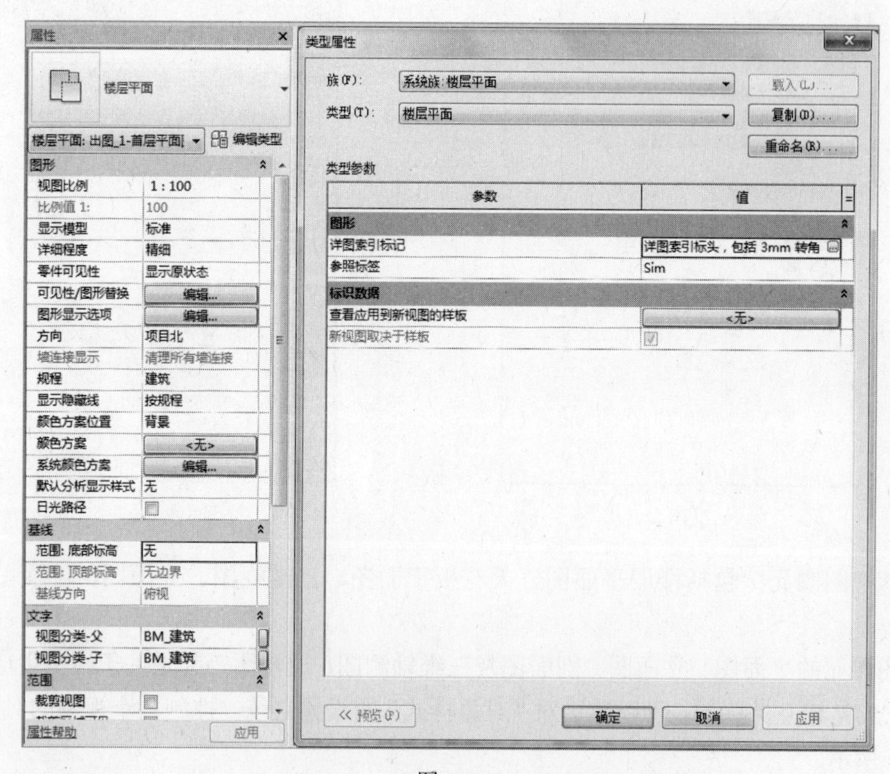

图 1-7

Revit Architecture 软件的基本构架就是由上述 5 种图元要素构成的。对上述图元要素的设置、修改及定制等操作都有相类似的规律，读者需用心体会。

1.1.2　“族”的名词解释和软件的整体构架关系

Autodesk Revit Architecture 软件作为一款参数化设计软件，族的概念需要读者深入理解和掌握。通过族的创建和定制，使软件具备了参数化设计的特点及实现本地化项目定制的可能性。族是一个包含通用属性（称作参数）集和相关图形表示的图元组，所有添加到 Revit Architecture 项目中的图元（从用于构成建筑模型的结构构件、墙、屋顶、窗和门到用于记录该模型的详图索引、装置、标记和详图构件）都是使用族来创建的。

在 Autodesk Revit Architecture 中，有如下 3 种族。

- 内建族：在当前项目为专有的特殊构件所创建的族，不需要重复利用。
- 系统族：包含基本建筑图元，如墙、屋顶、天花板、楼板及其他要在施工场地使用的图元。标高、轴网、图纸和视口类型的项目和系统设置也是系统族。
- 标准构件族：用于创建建筑构件和一些注释图元的族，例如，窗、门、橱柜、装置、家具、植物和一些常规自定义的注释图元（如符号和标题栏等），它们具有可自定义的特征，可重复利用。

在应用 Autodesk Revit Architecture 软件进行项目定制时，首先需要了解：该软件是一个有机的整体，它的 5 种图元要素之间是相互影响和密切关联的。所以，在应用软件进行设计、参数设置及修改时，需要从软件的整体构架关系来考虑。

以窗族的图元可见性、子类别设置和详细程度等设置来说，族的设置与建筑设计表达密切相关。

在制作窗族时，通常设置窗框竖梃而且玻璃在平面视图不可见，因为按照中国 CAD 制图标准，窗户表达为 4 条细线，如图 1-8 所示。

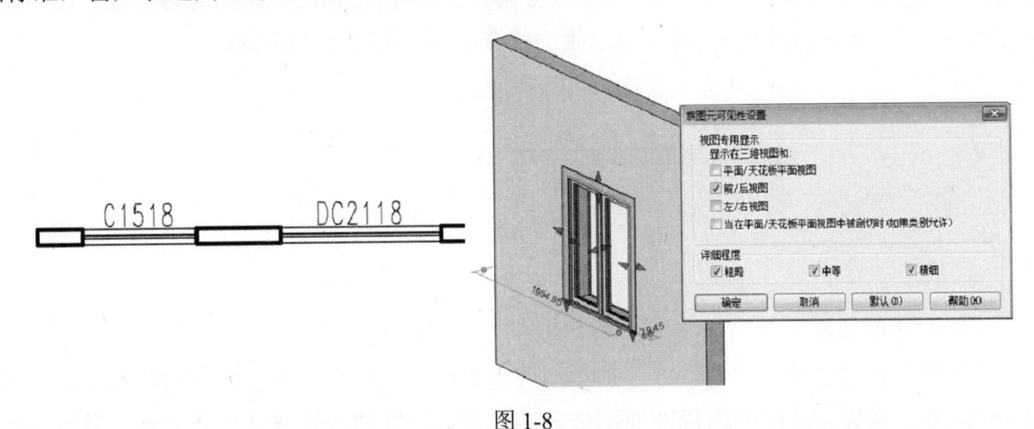

图 1-8

在制作窗族时，还需要为每一个构件设置其所属子类别，因为有时还需要在项目中单独控制窗框、玻璃等构件或符号在视图中的显示，如图 1-9 所示。

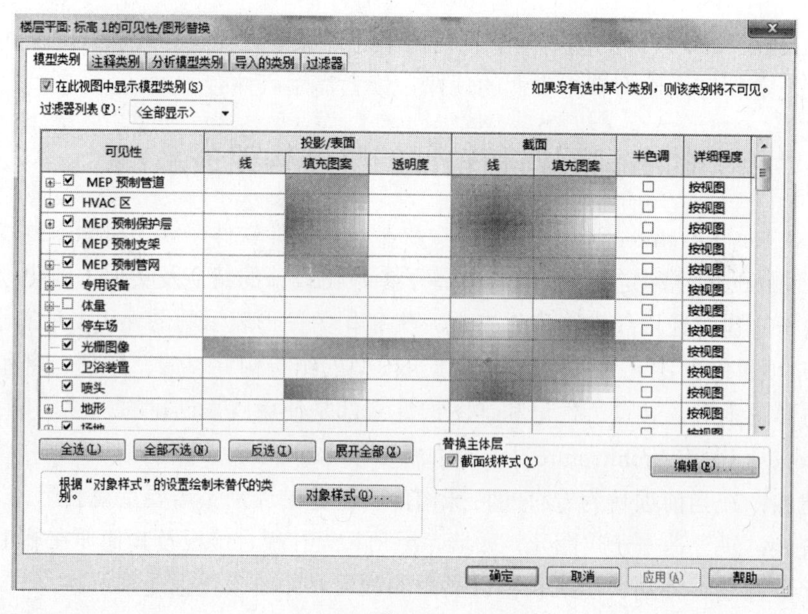

图 1-9

此外，在项目中窗的平面表达，在 1:100 的视图比例和 1:20 的视图比例中，它们的平面显示的要求是不同的，在制作窗族设置详细程度时加以考虑，如图 1-10 所示。

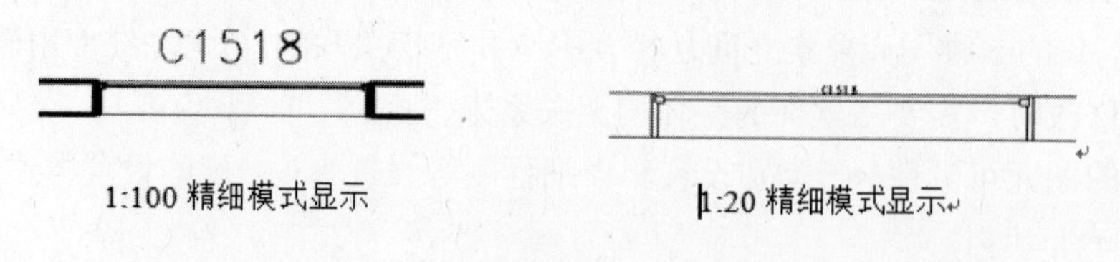

图 1-10

在项目中，门窗标记与门窗表，以及族的类型名称密切相关，需要综合考虑。比如在项目图纸中，门窗标记的默认位置和标记族的位置有关，如图 1-11 所示。

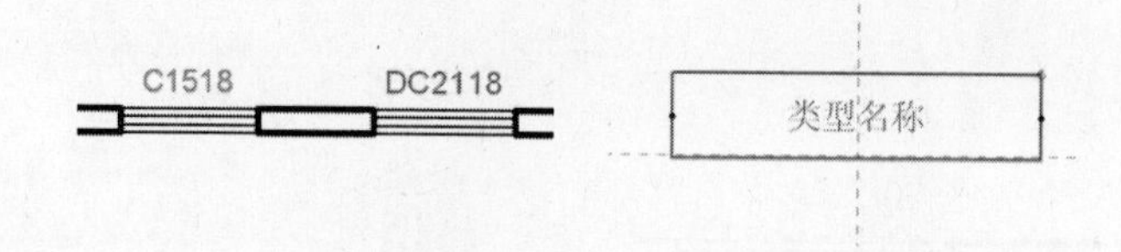

图 1-11

标记族选用的标签与门窗表选用的字段有关，如图 1-12 所示。

在调用门窗族类型时，为了方便从类型选择器中选用门窗，需要将族的名称和类型名称定义得直观、易懂。按照中国标准的图纸表达习惯，最好的方式就是把族名称、类型名称与门窗标记族的标签，以及明细表中选用的字段关联起来，作为一个整体来考虑，如图 1-13 所示。

〈窗明细表〉

A	B	C	D	E	F	G	H
	洞口尺寸			楼 数			楼 数
设计编号	宽度	高度	参照图集	标高	备注	类型	总数
C0609	600	900	参照03J603-2	1F	断热铝合金中空玻璃固定窗	C0615	1
C0615	600	1400	参照03J603-2	1F	断热铝合金中空玻璃固定窗	C0615	1
C0625	600	2500	参照03J603-2	1F	断热铝合金中空玻璃固定窗	推拉窗C0624	2
C0823	850	2300	参照03J603-2	1F	断热铝合金中空玻璃固定窗	推拉窗C0624	3
C0915	900	1500	参照03J603-2	1F	断热铝合金中空玻璃推拉窗	C0915	2
C2406	2400	600	参照03J603-2	1F	断热铝合金中空玻璃推拉窗	推拉窗C2406	1
C3423	3400	2300	参照03J603-2	1F	断热铝合金中空玻璃推拉窗	C3415	1
总计：11							11

图 1-12

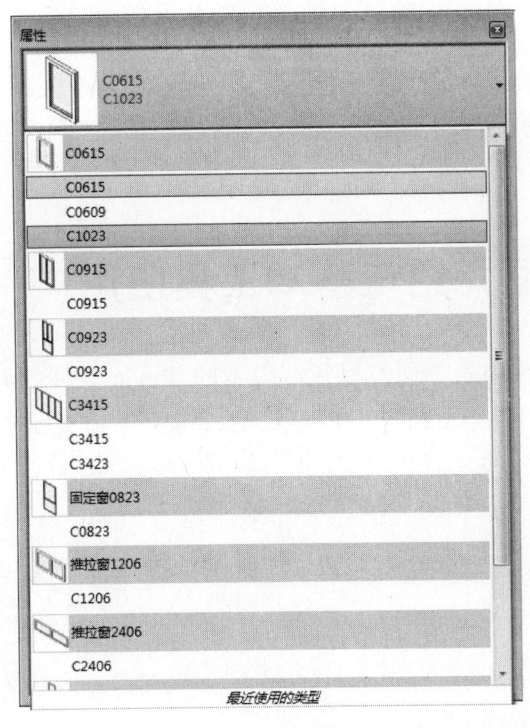

图 1-13

1.1.3 Revit Architecture 的应用特点

了解 Revit Architecture 的应用特点，才能更好地结合项目需求，做好项目应用的整体规划，避免事后返工。

首先要建立三维设计和建筑信息模型的概念，创建的模型具有现实意义：比如创建墙体模型，它不仅有高度的三维模型，而且具有构造层，有内外墙的差异，有材料特性、时间及阶段信息等，所以，创建模型时，这些都需要根据项目应用加以考虑。

- 关联和关系的特性：平立剖图纸与模型、明细表的实时关联，即一处修改，处处修改的特性；墙和门窗的依附关系，墙能附着于屋顶楼板等主体的特性；栏杆能指定坡道楼梯为主体、尺寸、注释和对象的关联关系等。

- 参数化设计的特点：通过类型参数、实例参数、共享参数等对构件的尺寸、材质、可见性、项目信息等属性进行控制。不仅是建筑构件的参数化，而且可以通过设定约束条件实现标准化设计，如整栋建筑单体的参数化、工艺流程的参数化、标准厂房的参数化设计。
- 设置限制性条件，即约束：如设置构件与构件、构件与轴线的位置关系，设定调整变化时的相对位置变化的规律。
- 协同设计的工作模式：工作集（在同一个文件模型上协同）和链接文件管理（在不同文件模型上协同）。

阶段的应用引入了时间的概念，实现四维的设计施工建造管理的相关应用。阶段设置可以和项目工程进度相关联。

实时统计工程量的特性，可以根据阶段的不同，按照工程进度的不同阶段分期统计工程量。

1.2 工作界面介绍与基本工具应用

Revit Architecture 2017 界面与以往旧版本的 Revit 软件的界面变化不大。在 Revit Architecture 2017 中，只需单击几次，便可以修改界面，从而更好地支持人们的工作，例如，可以将功能区设置为 3 种显示设置之一，还可以同时显示若干个项目视图，或按层次放置视图以仅看到最上面的视图，如图 1-14 所示。

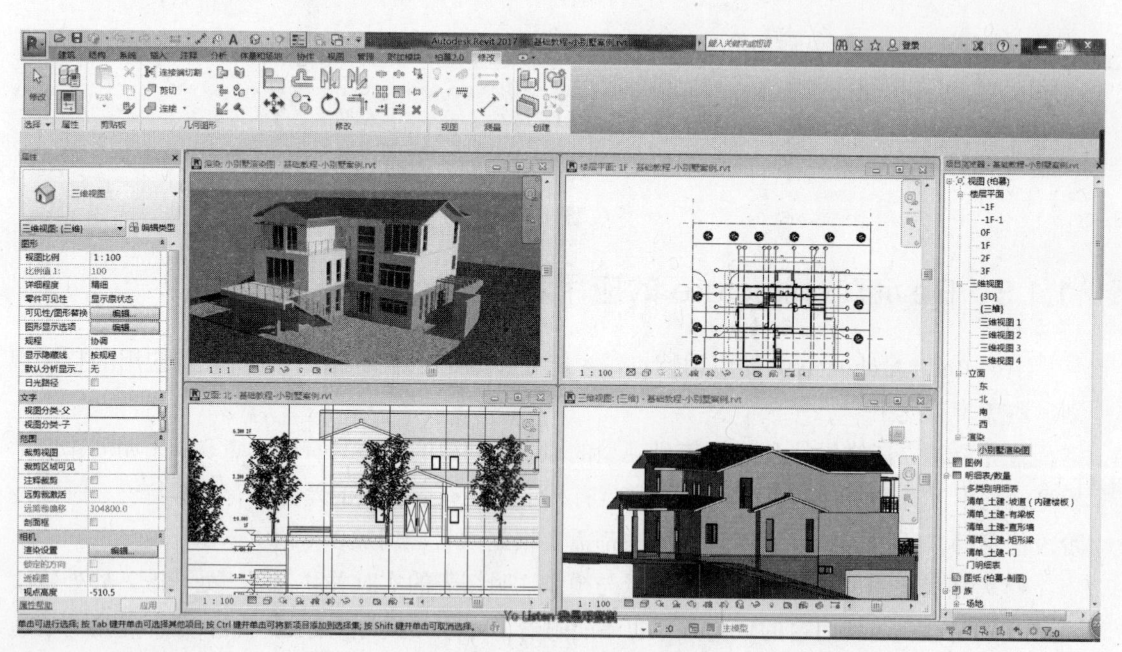

图 1-14

1.2.1　应用程序菜单

“应用程序菜单”提供对常用文件操作的访问，如“新建”“打开”和“保存”菜单。还允许使用更高级的工具（如“导出”和“发布”）来管理文件。单击 R 按钮打开应用程序菜单，如图 1-15 所示。

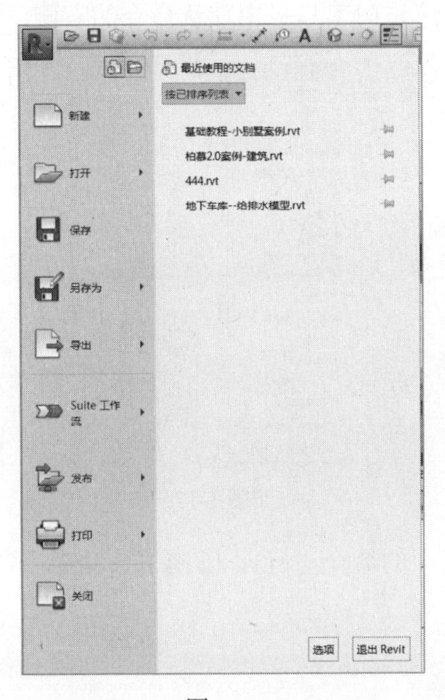

图 1-15

在 Revit Architecture 2017 中自定义快捷键时选择“应用程序菜单”中的“选项”命令，弹出“选项”对话框，然后单击“用户界面”选项卡中的“自定义”按钮，在弹出的“快捷键”对话框中进行设置，如图 1-16 所示。

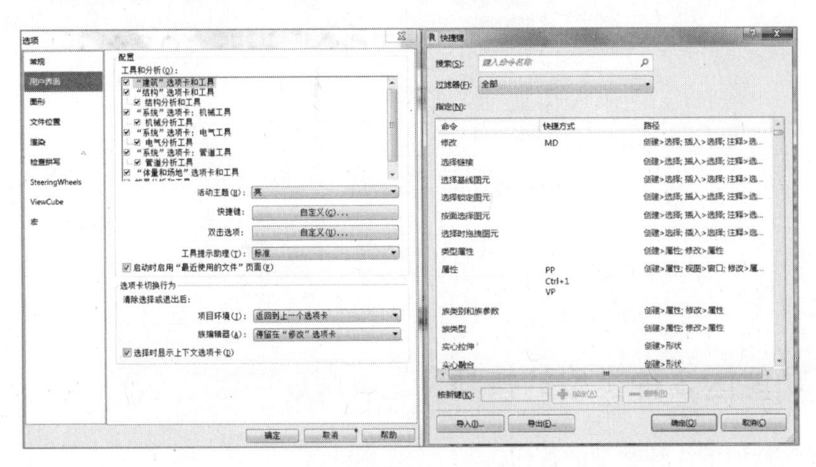

图 1-16

1.2.2 快速访问工具栏

单击“快速访问工具栏”后的下拉按钮▼，将弹出工具列表，在 Revit Architecture 2017 中每个应用程序都有一个 QAT，增加了 QAT 中的默认命令的数目。若要向快速访问工具栏中添加功能区的按钮，可在功能区中右击，在弹出的快捷菜单中选择“添加到快速访问工具栏”命令，按钮会添加到快速访问工具栏中默认命令的右侧，如图 1-17 所示。

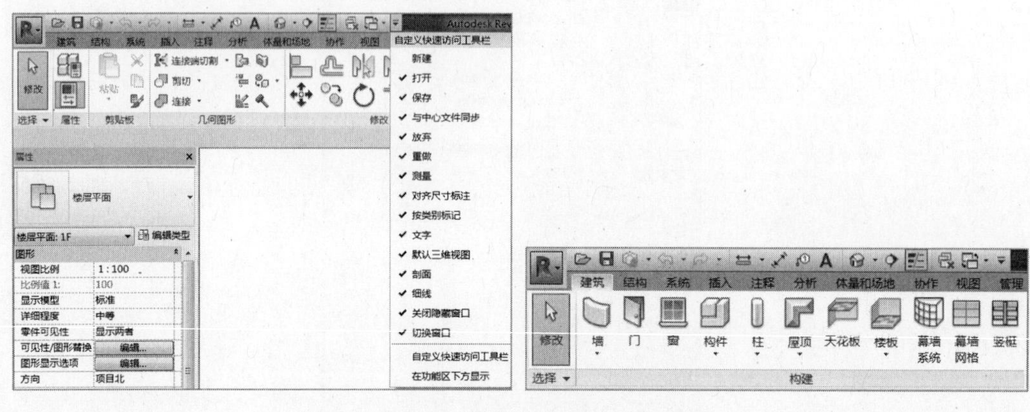

图 1-17

可以对快速访问工具栏中的命令进行向上/向下移动命令、添加分隔符、删除命令等操作，如图 1-18 所示。

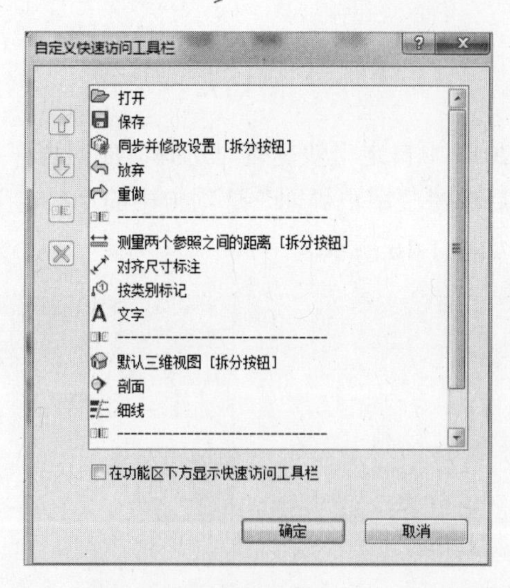

图 1-18

1.2.3 功能区 3 种类型的按钮

功能区包括如下 3 种类型的按钮。

- 按钮（如天花板 天花板）：单击可调用工具。
- 下拉按钮：图 1-19 中“墙”包含一个下三角按钮，用以显示附加的相关工具。
- 分割按钮：调用常用的工具或显示包含附加相关工具的菜单。

提示

如果看到按钮上有一条线将按钮分割为两个区域，单击上部可访问常用的工具；单击下部可显示相关工具的列表，如图 1-19 所示。

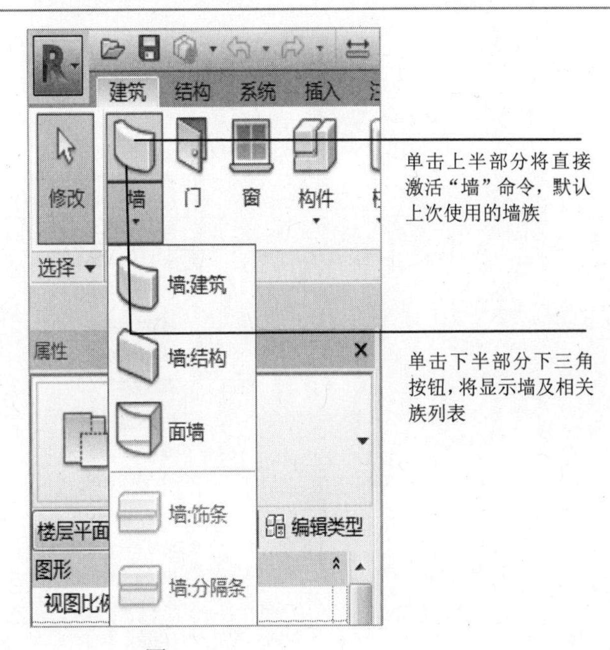

图 1-19

1.2.4　上下文功能区选项卡

激活某些工具或者选择图元时，会自动增加并切换到一个“上下文功能区选项卡”，其中包含一组只与该工具或图元的上下文相关的工具。

例如，单击“墙”工具时，将显示“放置墙”的上下文选项卡，其中显示如下 3 个面板。

- 选择：包含“修改”工具。
- 图元：包含“图元属性”和“类型选择器”。
- 图形：包含绘制墙草图所必需的绘图工具。

退出该工具时，上下文功能区选项卡即会关闭，如图 1-20 所示。

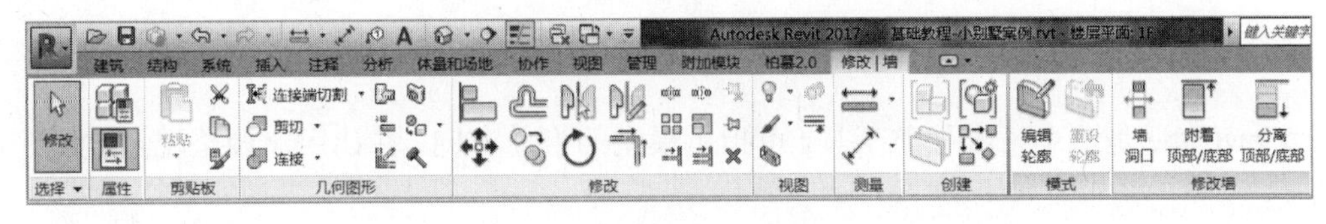

图 1-20

1.2.5 全导航控制盘

将查看对象控制盘和巡视建筑控制盘上的三维导航工具组合到一起。用户可以查看各个对象，以及围绕模型进行漫游和导航。全导航控制盘（大）和全导航控制盘（小）经优化适合有经验的三维用户使用，如图 1-21 所示。

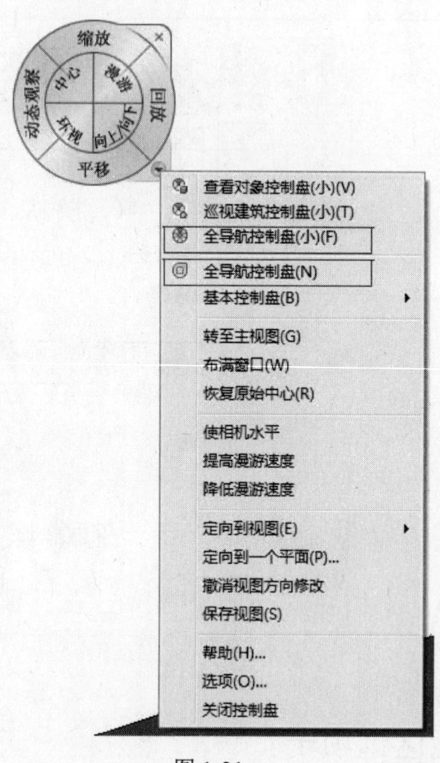

图 1-21

注意

显示其中一个全导航控制盘时，单击任何一个选项，然后按住鼠标不放即可进行调整，如按住缩放，前后拉动鼠标可进行视图的大小控制。

- 切换到全导航控制盘（大）：在控制盘上右击，在弹出的快捷菜单中选择“全导航控制盘”命令。
- 切换到全导航控制盘（小）：在控制盘上右击，在弹出的快捷菜单中选择“全导航控制盘（小）”命令。

1.2.6 ViewCube

ViewCube 是一个三维导航工具，可指示模型的当前方向，并让用户调整视点，如图 1-22 所示。

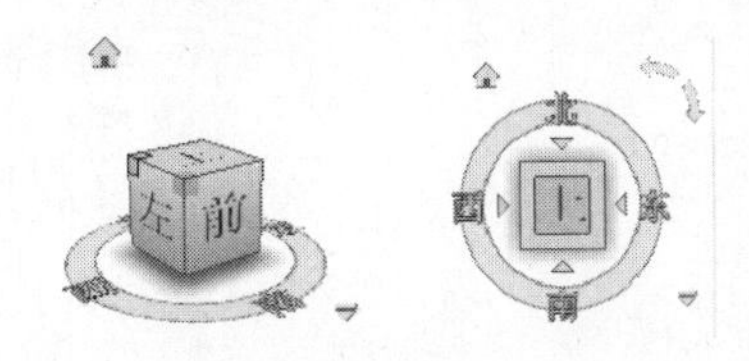

图 1-22

主视图是随模型一同存储的特殊视图，可以方便地返回已知视图或熟悉的视图，用户可以将模型的任何视图定义为主视图。

具体操作：在 ViewCube 上右击，在弹出的快捷菜单中选择“将当前视图设定为主视图”命令。

1.2.7　视图控制栏

视图控制栏位于 Revit 窗口底部的状态栏上方，界面为。通过它，可以快速访问影响绘图区域的功能，视图控制工具栏从左向右依次是：

- 比例。
- 详细程度。
- 模型图形样式。单击可选择线框、隐藏线、着色、一致的颜色、真实和光线追踪 5 种模式（“图形显示选项”后面会有详细介绍）。
- 打开/关闭日光路径。
- 打开/关闭阴影。
- 显示/隐藏渲染对话框（仅当绘图区域显示三维视图时才可用）。
- 打开/关闭裁剪区域。
- 显示/隐藏裁剪区域。
- 锁定/解锁三维视图。
- 临时隐藏/隔离。
- 显示隐藏的图元。
- 临时视图属性：单击可选择启用临时视图属性、临时应用样板属性和回复视图属性。
- 显示/隐藏分析模型。
- 高亮显示位移集。
- 显示约束。

要点

在 Revit Architecture 2017 的图形显示选项功能面板中，如图 1-23 所示，可进行轮廓、阴影、照明和背景等命令的相关设置，如图 1-24 所示。

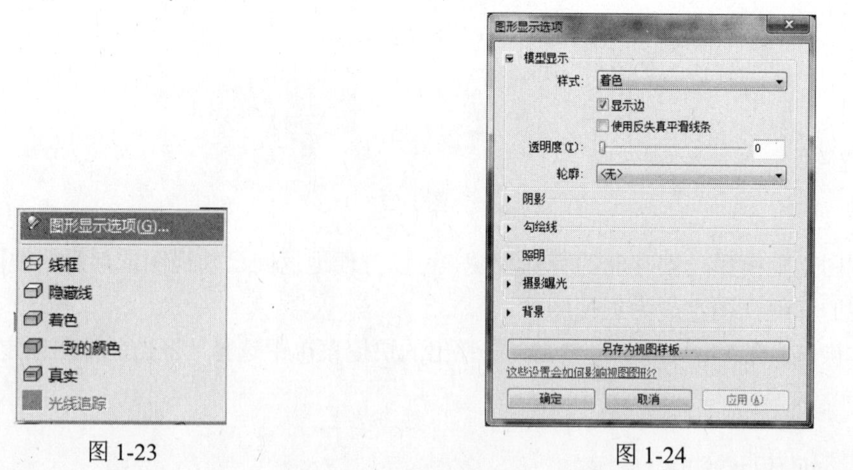

图 1-23　　　　图 1-24

进行相关设置并打开日光路径 后，在三维视图中会有如图 1-25 所示的效果。

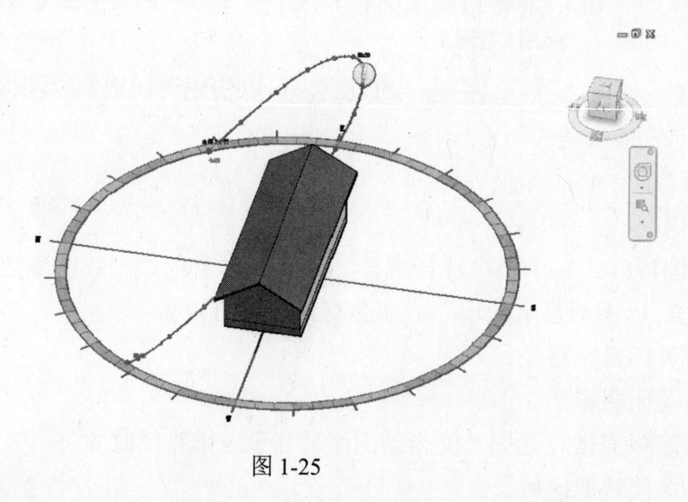

图 1-25

可以通过直接拖曳图中的太阳，或修改时间来模拟不同时间段的光照情况，还可以通过拖曳太阳轨迹来修改日期，如图 1-26 所示。

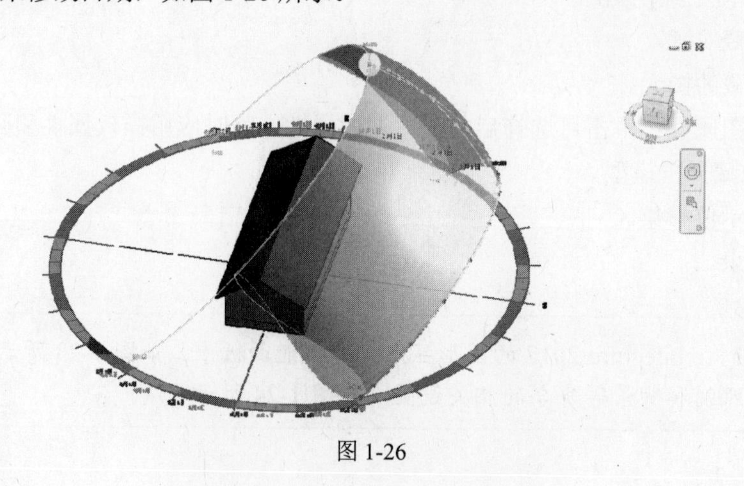

图 1-26

也可以在“日光设置”对话框中进行设置并保存，如图 1-27、图 1-28 所示。

图 1-27

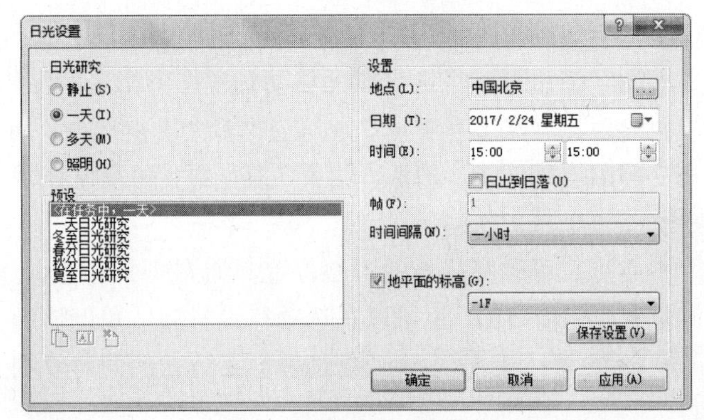

图 1-28

打开三维制图，单击锁定/解锁三维视图功能按钮，如图 1-29 所示，用于锁定三维视图并添加保存命令的操作。

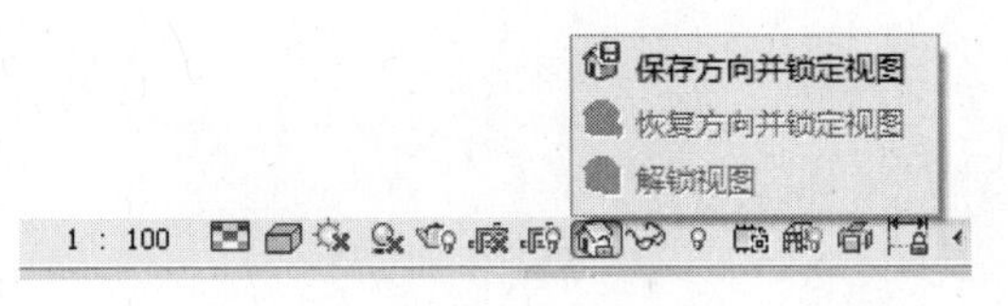

图 1-29

1.2.8　基本工具的应用

常规的编辑命令适用于软件的整个绘图过程，如移动、复制、旋转、阵列、镜像、对齐、拆分、修剪、偏移等编辑命令，如图 1-30 所示，下面主要通过墙体和门窗的编辑来详细介绍。

1. 墙体的编辑

（1）选择“修改|墙”选项卡，“修改”面板下的编辑命令如图 1-30 所示。

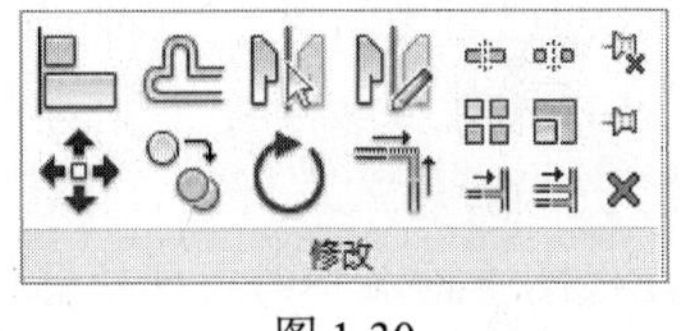

图 1-30

- **对齐**：在各视图中对构件进行对齐处理。选择目标构件，使用【Tab】功能键确定对齐位置，再选择需要对齐的构件，使用【Tab】功能键选择需要对齐的部位。（快捷键：AL）
- **偏移**：在选项栏设置偏移，可以将所选图元偏移一定的距离。（快捷键：OF）
- **镜像-拾取轴**：在“修改”面板的“镜像”下拉列表中选择“拾取镜像轴”或“绘制镜像轴”选项镜像墙体。（快捷键：MM）
- **镜像-绘制轴**：绘制一条临时线，用作镜像轴。（快捷键：DM）
- **移动**：单击“移动”按钮可以将选定图元移动到视图中指定的位置。（快捷键：MV）
- **复制**：在选项栏中，勾选“多个”复选框，可进行连续性复制，复制的墙与相交的墙自动连接，勾选“约束”复选框，可复制在垂直方向或水平方向的墙体。（快捷键：CC 或 CO）
- **旋转**：拖曳“中心点”可改变旋转的中心位置，如图 1-31 所示。用鼠标拾取旋转参照位置和目标位置，旋转墙体，也可以在选项栏设置旋转角度值后按回车键旋转墙体（注意：勾选“复制”复选框会在旋转的同时复制一个墙体的副本）。（快捷键：RO）

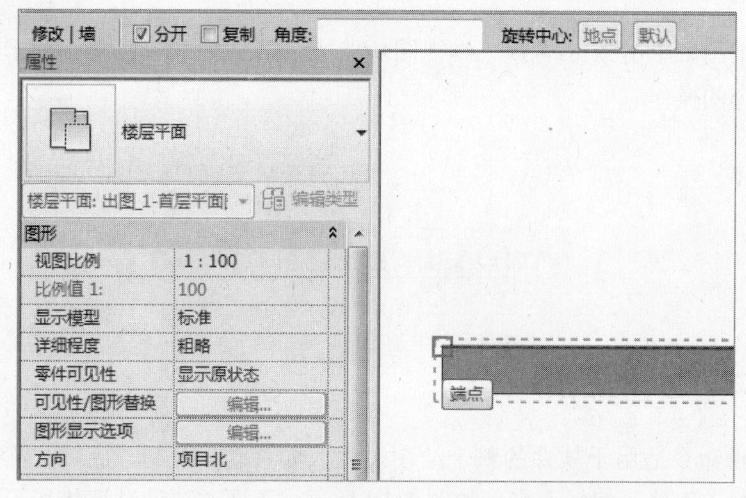

图 1-31

- **修剪/延伸为角**：修剪或延伸图元以形成一个角。（快捷键：TR）
- **拆分图元**：在平面、立面或三维视图中单击墙体的拆分位置即可将墙在水平或垂直方向拆分成几段。（快捷键：SL）
- **用间隙拆分**：将墙拆分成之间已定义间隙的两面单独的墙。
- **解锁**：用于解锁模型图元，以使其可以移动。（快捷键：UP）
- **阵列**：勾选“成组并关联”选项，输入项目数，然后选择“移动到”选项中的“第二个”或“最后一个”，再在视图中拾取参考点和目标位置，二者间距将作为第一个墙体和第二个或最后一个墙体的间距值，自动阵列墙体，如图 1-32 所示。（快捷键：AR）

修改 | 墙　激活尺寸标注　☑成组并关联　项目数: 2　移动到: ◉第二个　○最后一个　☐约束

图 1-32

- **缩放**：选择墙体，单击“缩放”工具，在选项栏中选择缩放方式，选择“图形方式”单选按钮，单击整道墙体的起点、终点，以此来作为缩放的参照距离，再单击墙体新的起点、终点，确认缩放后的大小距离，选择“数值方式”单选按钮，直接输入缩放比例数值，按回车键确认即可。（快捷键：RE）
- **锁定**：用于将模型图元锁定。（快捷键：PN）
- **修剪/延伸单个图元**：可以修剪或延伸一个图元到其他图元定义的边界。
- **修剪/延伸多个图元**：可以修剪或延伸多个图元到其他图元定义的边界。
- **删除**：用于从建筑模型中删除选定图元。（快捷键：DE）

注意

如果偏移时需生成新的构建，则请勾选“复制”复选框。

2. 门窗的编辑

选择门窗，自动激活“修改门/窗”选项卡，在“修改”面板下编辑命令。

可在平面、立面、剖面、三维等视图中移动、复制、阵列、镜像、对齐门窗。

在平面视图中复制、阵列、镜像门窗时，如果没有同时选择其门窗标记，可以在后期随时添加，在“注释”选项卡的“标记”面板中选择“标记全部”命令，然后在弹出的对话框中选择要标记的对象，并进行相应设置。所选标记将自动完成标记（和以往版本不同的是，对话框上方出现了包括链接文件中的图元，以后会涉及相关知识），如图 1-33 所示。

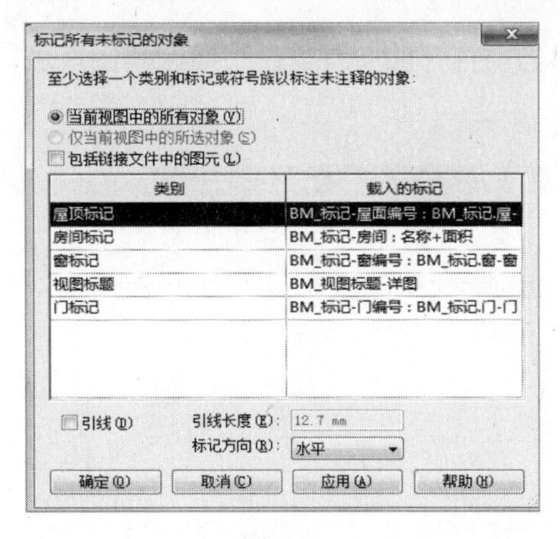

图 1-33

“视图”界面上下文选项卡上的基本命令，如图 1-34 所示。

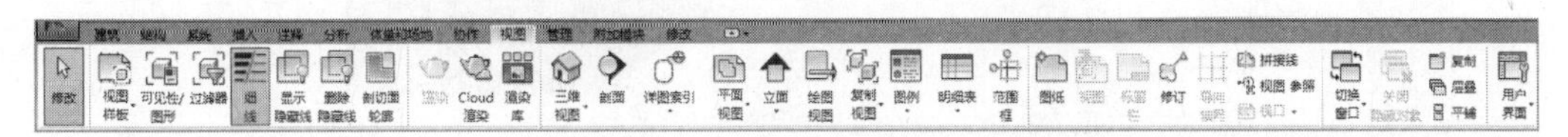

图 1-34

- **细线**：软件默认的打开模式是粗线模型，当需要在绘图中以细线模型显示时，可选择“图形”面板中的“细线”命令。（快捷键：TL）
- **窗口切换**：绘图时打开多个窗口，通过“窗口”面板上的“窗口切换”命令选择绘图所需窗口。
- **关闭隐藏对象**：自动隐藏当前没有在绘图区域中使用的窗口。
- **复制**：选择该命令复制当前窗口。
- **层叠**：选择该命令，当前打开的所有窗口层叠地出现在绘图区域，如图 1-35 所示。（快捷键：WC）

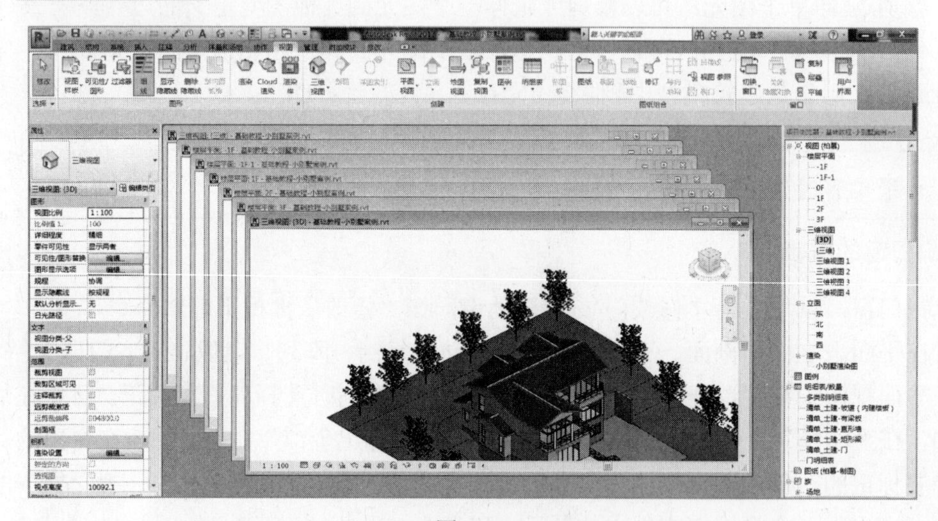

图 1-35

- **平铺**：选择该命令，当前打开的所有窗口平铺在绘图区域，如图 1-36 所示。（快捷键：WT）

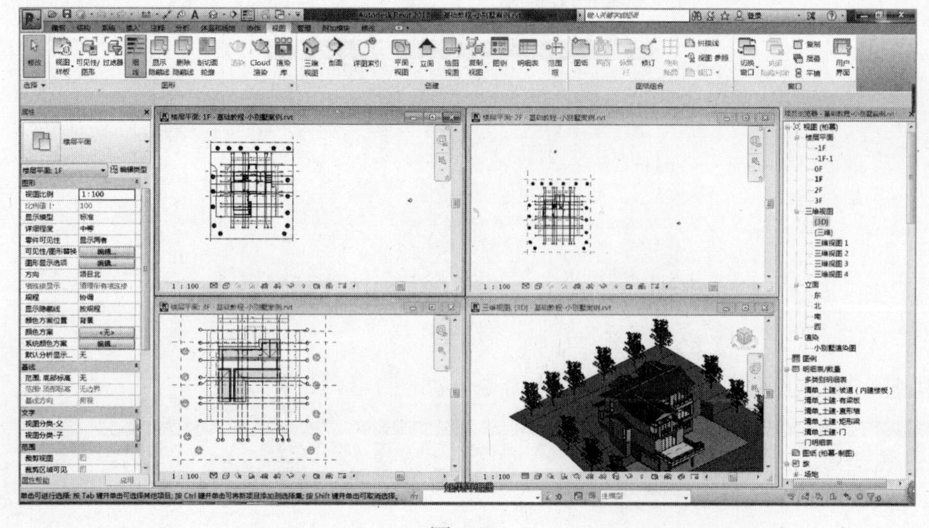

图 1-36

注意

以上界面中的工具在后面的内容中将根据需要进行详细介绍。

1.2.9 鼠标右键工具栏

在绘图区域右击，弹出快捷菜单，菜单命令依次为“取消”“重复”“最近使用的命令”“上次选择”“查找相关视图”“区域放大”“缩小两倍”“缩放匹配”“上一次平移/缩放”“下一次平移/缩放”“浏览器”“属性”等选项，如图 1-37 所示。

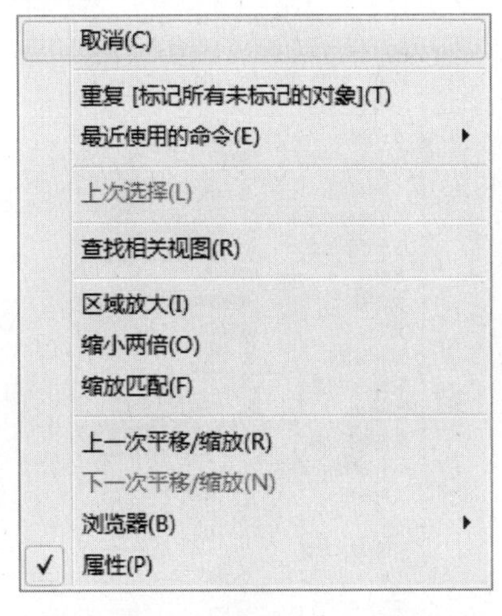

图 1-37

1.3 Revit Architecture 三维设计制图的基本原理

在 Revit Architecture 中，每一个平面、立面、剖面、透视、轴测、明细表都是一个视图。它们的显示都是由各自视图的视图属性控制的，且不影响其他视图。这些显示包括可见性、线型线宽、颜色等控制。

作为一款参数化的三维建筑设计软件，在 Revit Architecture 中，如何通过创建三维模型并进行相关项目设置，从而获得所需要的符合设计要求的相关平立剖面大样详图等图纸，就需要了解 Revit Architecture 三维设计制图的基本原理。

1.3.1 平面图的生成

1．详细程度

由于在建筑设计图纸的表达要求中，不同比例图纸的视图表达的要求也不相同，所以需要对视图进行详细程度的设置。

在楼层平面中右击“视图属性”，在弹出的“实例属性”对话框中单击“详细程度”后的下拉按钮，可选择“粗略”“中等”或“精细”详细程度。

通过预定义详细程度，可以影响不同视图比例下同一几何图形的显示。因此，在族编辑器中创建的自定义门在粗略、中等和精细详细程度下的显示情况可能会有所不同，如图 1-38 所示。

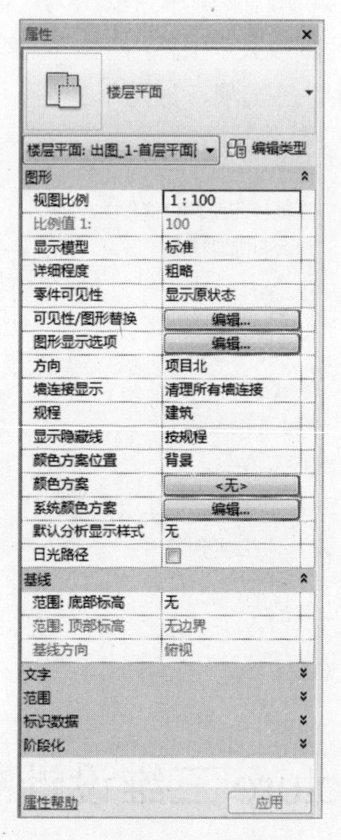

图 1-38

墙、楼板和屋顶的复合结构以中等和精细详细程度显示，即详细程度为“粗略”时不显示结构层。

族几何图形随详细程度的变化而变化，此项可在族中自行设置。

结构框架随详细程度的变化而变化。以粗略程度显示时，它会显示为线；以中等和精细程度显示时，它会显示更多几何图形，如图 1-39 所示。

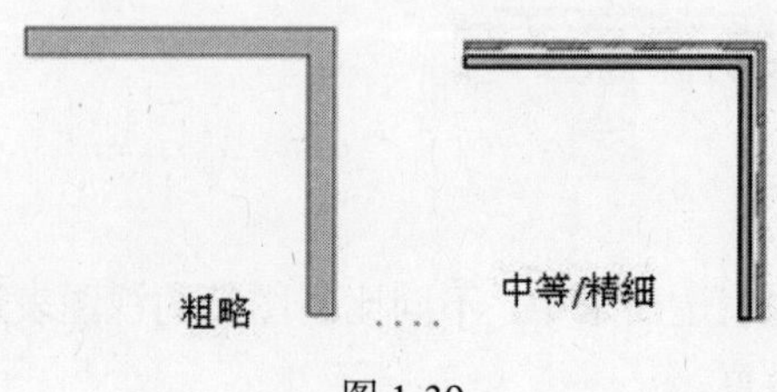

图 1-39

除上述方法外，还可直接在视图平面处于激活的状态下，在视图控制栏中直接调整详细程度，此方法适用于所有类型视图，如图 1-40 所示。

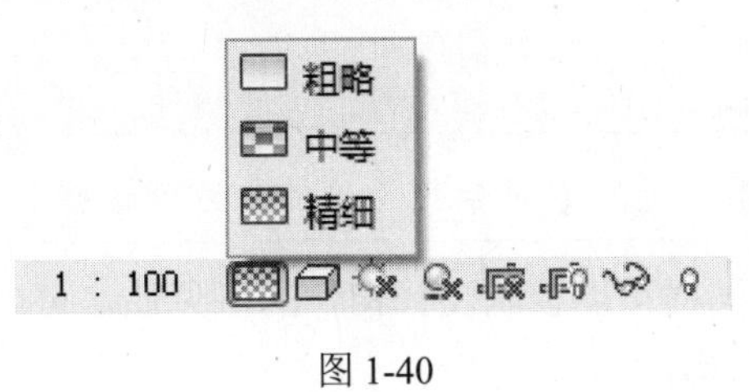

图 1-40

可以通过在“视图属性”中设置“详细程度”参数，从而随时替换详细程度。

2. 可见性图形替换

在建筑设计的图纸表达中，常常要控制不同对象的视图显示与可见性，可以通过“可见性/图形替换”的设置来实现上述要求。

在“楼层平面属性”对话框中，单击“可见性/图形替换”后的编辑按钮，打开“可见性图形替换”对话框，如图 1-41 所示。从“可见性/图形替换”对话框中，可以查看已应用于某个类别的替换。如果已经替换了某个类别的图形显示，单元格会显示图形预览；如果没有对任何类别进行替换，单元格会显示为空白，图元则按照“对象样式”对话框中的指定显示。

楼层平面: 1F的可见性/图形替换

模型类别　注释类别　分析模型类别　导入的类别　过滤器

在此视图中显示模型类别(S)　　如果没有选中某个类别，则该类别将不可见。

过滤器列表(F)：<全部显示>

可见性	投影/表面			截面		半色调	详细程度
	线	填充图案	透明度	线	填充图案		
HVAC 区							按视图
专用设备							按视图
体量							按视图
停车场							按视图
光栅图像							按视图
卫浴装置							按视图
喷头							按视图
地形							按视图
场地							按视图
坡道							按视图
墙							按视图
天花板							按视图
安全设备							按视图
家具							按视图
家具系统							按视图

全选(L)　全部不选(N)　反选(I)　展开全部(X)

替换主体层
截面线样式(Y)　编辑(E)...

根据“对象样式”的设置绘制未替代的类别。　对象样式(O)...

确定　取消　应用(A)　帮助

图 1-41

在图 1-41 中模型类别的“投影/表面线”和“截面”的填充图案已被替换，并调整了它是否半色调、是否透明及详细程度，勾选“可见性”中构件前的复选框为可见，取消勾选为隐藏不可见状态。

注意

可通过“过滤器列表”过滤不同专业的构件，方便选择。

“注释类别”选项卡中同样可以控制注释构件的可见性，可以调整“投影/表面”的线、填充样式及是否半色调显示构件。

“导入的类别”选项卡，控制导入对象的“可见性”“投影/表面”的线、填充样式及是否半色调显示构件。

3. 过滤器的创建

可以通过应用过滤器工具，设置过滤器规则，选择所需要的构件。

单击“视图”选项卡下“图形”面板中的“过滤器”。

在“过滤器”对话框中单击（新建）按钮，或选择现有过滤器，然后单击（复制）按钮。

在“类别”选项区域选择所要包含在过滤器中的一个或多个类别。

在“过滤器规则”选项区域设置“过滤条件”有参数，如“类型名称”，如图 1-42 所示。

从“过滤条件”下拉列表中选择过滤器运算符，如“大于或等于”。

为过滤器输入一个值“NQ”，即所有类型名称中包含“NQ”的墙体，单击“确定”按钮退出对话框。

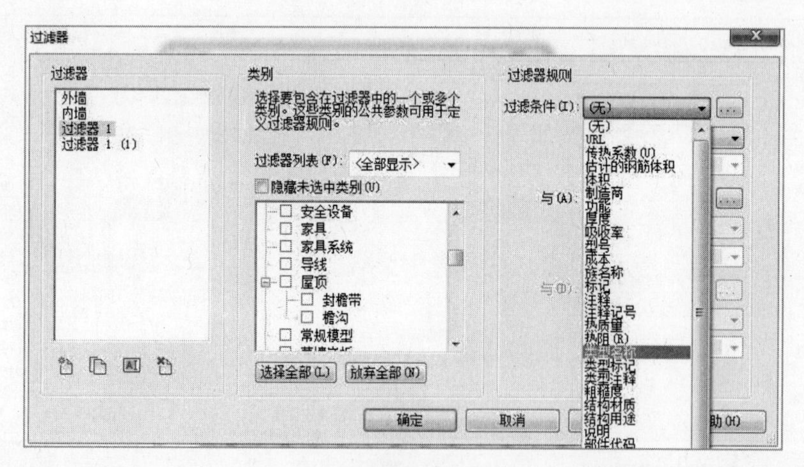

图 1-42

在“可见性图形替换”对话框的“过滤器”选项卡下单击“添加”按钮，将已经设置好的过滤器添加使用，此时可以隐藏符合条件的墙体，取消勾选过滤器“内墙”的“可见性”复选框，将其进行隐藏，如图 1-43 所示。

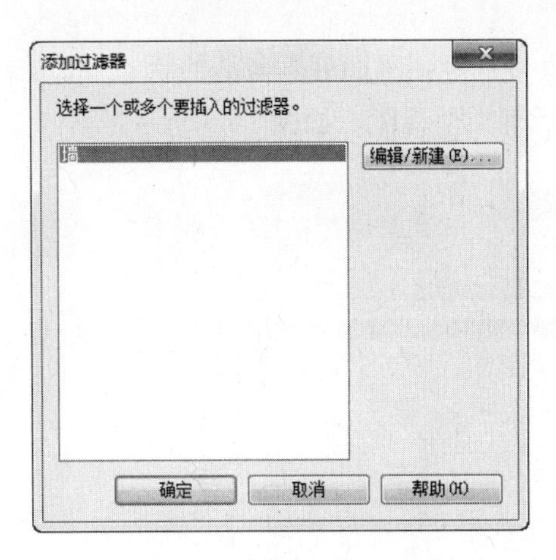

名称	可见性	投影/表面			截面		半色调
		线	填充图案	透明度	线	填充图案	
墙	☑	替换...	替换...	替换...	替换...	替换...	☐

图 1-43

4．选择过滤器运算符

- 等于：字符必须完全匹配。
- 不等于：排除所有与输入的值不匹配的内容。
- 大于：查找大于输入值的值。如果输入 23，则返回大于 23（不含 23）的值。
- 大于或等于：查找大于或等于输入值的值。如果输入 23，则返回 23 及大于 23 的值。
- 小于：查找小于输入值的值。如果输入 23，则返回小于 23（不含 23）的值。
- 小于或等于：查找小于或等于输入值的值。如果输入 23，则返回 23 及小于 23 的值。
- 包含：选择字符串中的任何一个字符。如果输入字符 H，则返回包含字符 H 的所有属性。
- 不包含：排除字符串中的任何一个字符。如果输入字符 H，则排除包含字母 H 的所有属性。
- 开始部分是：选择字符串开头的字符。如果输入字符 H，则返回以 H 开头的所有属性。
- 开始部分不是：排除字符串的首字符。如果输入字符 H，则排除以 H 开头的所有属性。
- 末尾是：选择字符串末尾的字符。如果输入字符 H，则返回以 H 结尾的所有属性。
- 结尾不是：排除字符串末尾的字符。如果输入字符 H，则排除以 H 结尾的所有属性。

注意

如果选择等于运算符，则所输入的值必须与搜索值相匹配，此搜索区分大小写。

5．模型图形样式

单击楼层平面视图属性对话框中“图形显示选项”后的“编辑”按钮，在弹出的“图形显示选项”对话框中可选择“模型显示”中的样式：线框、隐藏线、着色、一致的颜色、真实，如图 1-44 所示。

除上述方法外，还可直接在视图平面处于激活的状态下，在视图控制栏中直接调整模型图形样式，此方法适用于所有类型视图，如图 1-45 所示。

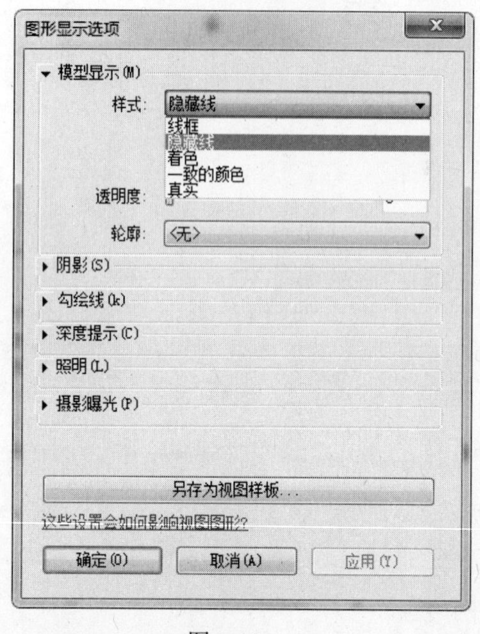

图 1-44

图 1-45

6. 图形显示选项

在图形显示选项的设置中，可以设置真实的建筑地点，设置虚拟的或真实的日光位置，控制视图的阴影投射，实现建筑平、立面轮廓加粗等功能。

在“图形显示选项”对话框中单击“照明”选项下“日光设置”后的“<在任务中，照明>”按钮，打开“日光设置”对话框，如图 1-46 所示。

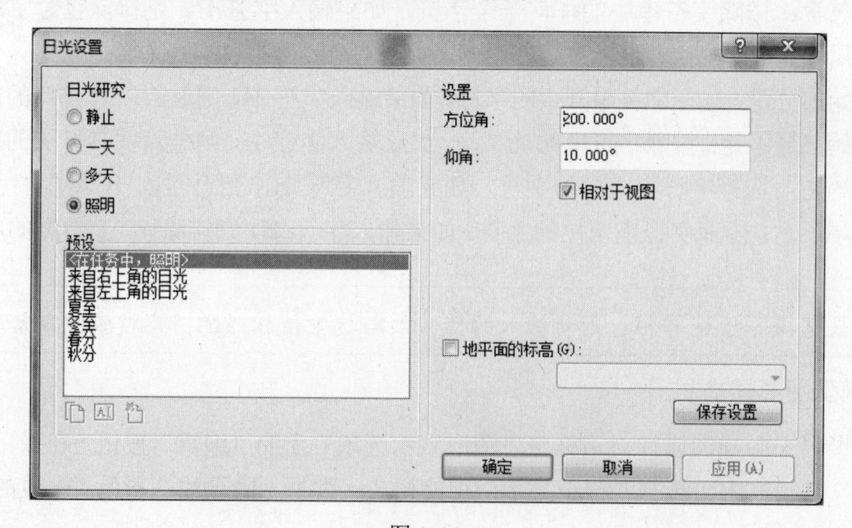

图 1-46

1）设置图形的“日光和阴影”

“投射阴影”：勾选该复选框将打开阴影，此选项与在视图控制栏上单击 （打开阴影）按钮具有相同的效果。开启该选项将显著降低软件运行速度，建议不需要时不勾选。

“显示环境光阴影”：当“投射阴影”复选框未勾选时，勾选此选项三维视图虽然未投射阴影，但模型各面将受日光设置的影响出现灰度变化，使模型显示效果更加生动。当软件运行速度慢时建议不勾选该选项。

2）设置“边缘”

设置侧轮廓样式：可将模型的侧轮廓线样式替换成用户需要显示的样式，步骤如下。

（1）在视图控制栏上单击（模型图形样式）“隐藏线”或“着色”。对于线框或着色模型图形样式，轮廓边缘不可用。

（2）在视图控制栏上单击 按钮，在弹出的菜单中选择“图形显示选项”选项，如图 1-47 所示。

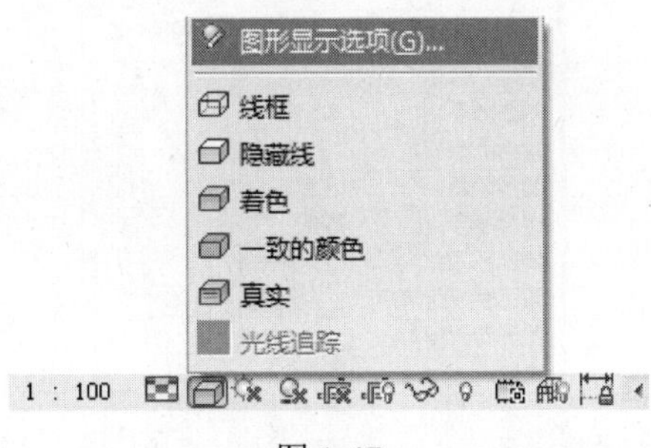

图 1-47

（3）设置“轮廓”，选择所需轮廓加粗的线型样式，如图 1-48 所示。

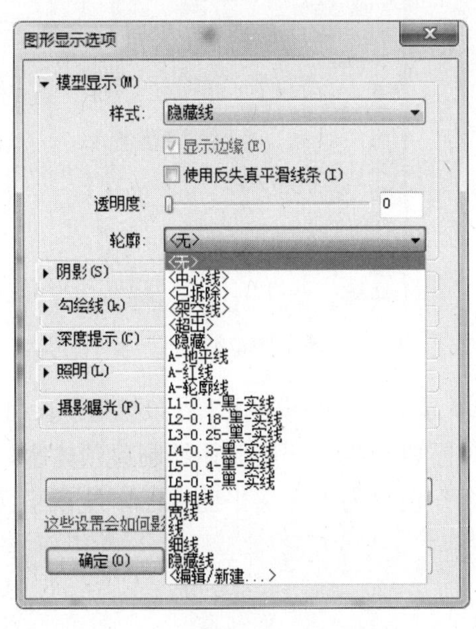

图 1-48

要删除轮廓的线样式，可执行下列步骤。

（1）单击“修改”选项卡下“视图”面板中的“线处理”按钮。

（2）选择“线处理”选项卡下“线样式”，然后从类型选择器中选择“<并非侧轮廓>”选项。

（3）选择轮廓，即可删除轮廓的线样式。

3）基线

通过基线的设置可以看到建筑物内楼上或楼下各层的平面布置，可作为设计参考。如需设置视图的“基线”，可在绘图区域中右击，在弹出的快捷菜单中选择“视图属性”命令，打开楼层平面的“属性”对话框，如图 1-49 所示。

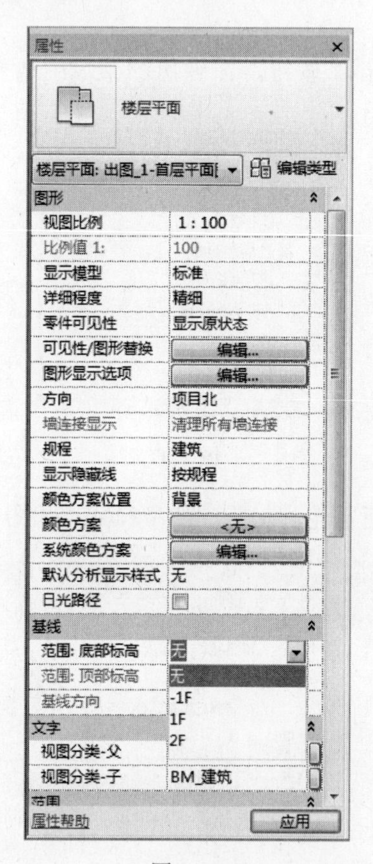

图 1-49

基线：在当前平面视图下显示另一个模型片段，该模型片段可从当前层上方或下方获取。例如，绘制屋顶平面视图时需要参照下一层墙体绘制屋顶轮廓，即可在屋顶平面图的“图元属性”对话框中将“基线”设置为下一层平面视图，屋顶平面将会显出下一层的墙体，如图 1-50 所示。

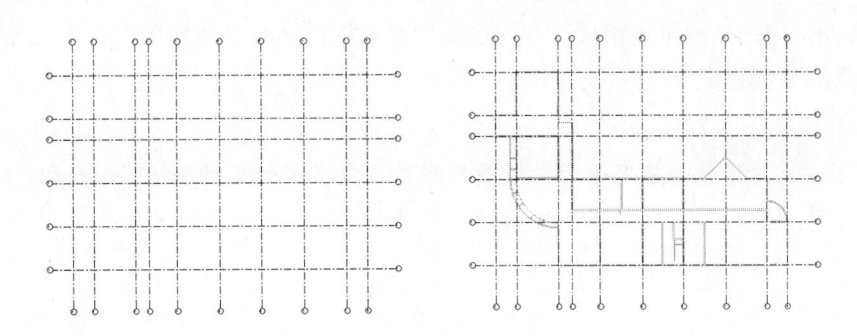

图 1-50

4）颜色方案的设置

颜色方案的设置可以使用户快速得到建筑方案的着色平面图。单击楼层平面“属性”对话框中“颜色方案”后的“无”按钮，打开“编辑颜色方案”对话框，进行相应设置，如图 1-51 所示。

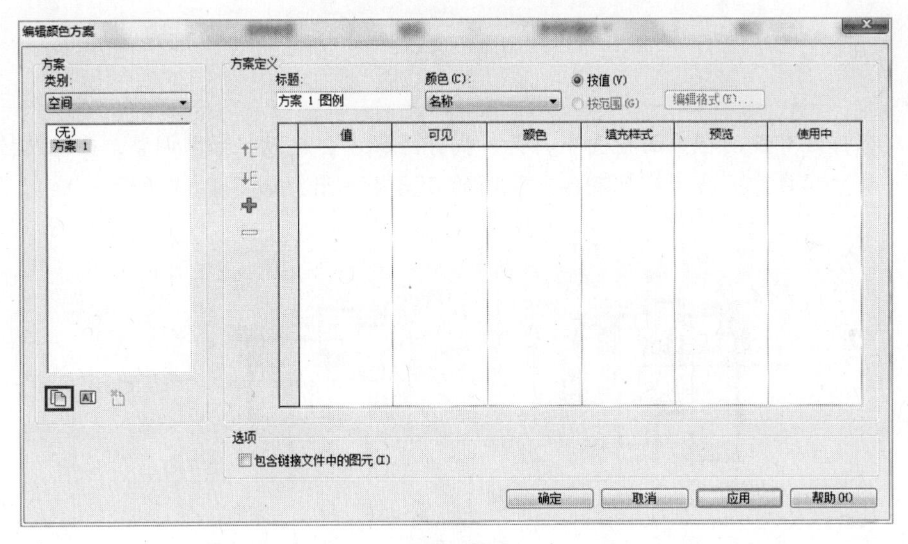

图 1-51

创建新颜色方案，单击“复制”按钮生成新的颜色方案，在“方案定义”字段中输入颜色方案图例的标题（将颜色方案应用于视图时，标题将显示在图例的上方。可以选择颜色方案图例，打开其类型属性对话框，可以勾选或取消勾选“显示标题”复选框以显示或隐藏颜色方案图例标题）。

从“颜色”菜单中选择将用作颜色方案基础的参数。注意，确保已为所选的参数定义了值，可在“实例属性”对话框中添加或修改参数值。

要按特定参数值或值范围填充颜色，应选择“按值”或“按范围”。注意，“按范围”并不适用于所有参数，在左侧单击添加值添加数值。

当选择“按范围”时，单位显示格式在“编辑格式”按钮旁边显示。如果需要，可单击

“编辑格式”按钮来修改单位格式。在“格式”对话框中清除“使用项目设置”，然后从菜单中选择适当的格式设置。

> 注意
>
> 颜色方案是用于在楼层平面中以图形形式指定房间的各种属性（如面积、体积、名称、部门等）的一组颜色和填充样式。只有在项目中放置了房间才可以使用颜色方案。

5）“范围”相关设置

楼层平面的“实例属性”对话框中的“范围”栏可对裁剪进行相应设置，如图 1-52 所示。

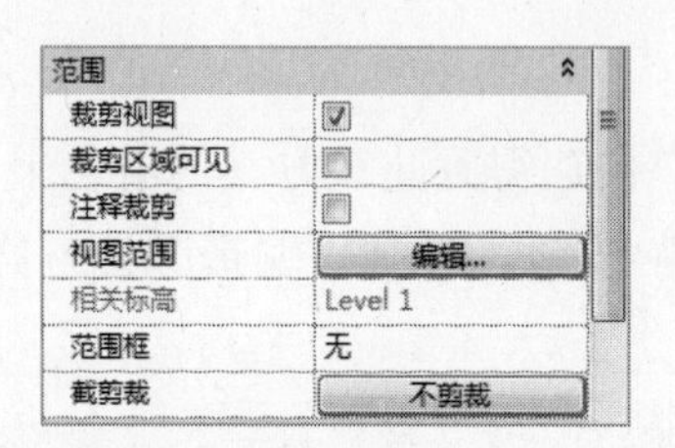

图 1-52

> 注意
>
> 只有将裁剪视图在平面视图中打开，裁剪区域才会起效，如需调整，在视图控制栏同样可以控制裁剪区域的可见及裁剪视图的开启及关闭，如图 1-53 所示。
>
> 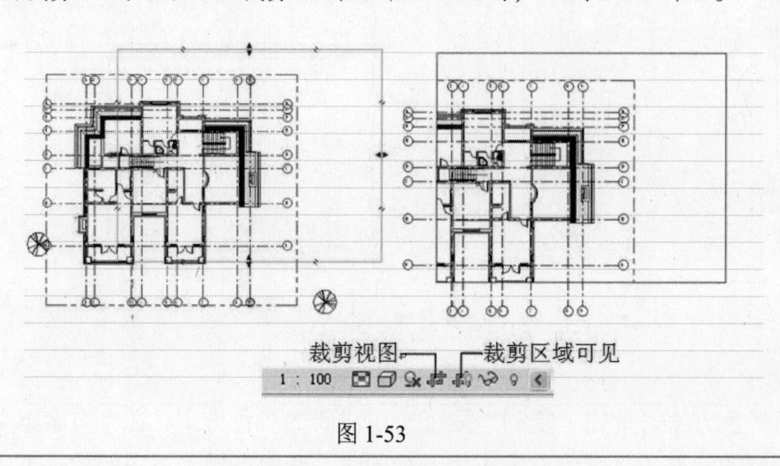
>
>
> 图 1-53

- 裁剪视图：勾选该复选框即裁剪框有效，范围内的模型构件可见，裁剪框外的模型构件不可见，取消勾选该复选框则不论裁剪框是否可见均不裁剪任何构件。
- 裁剪区域可见：勾选该复选框即裁剪框可见，取消勾选该复选框则裁剪框将被隐藏。

> 注意
>
> 两个选项均控制裁剪框，但不相互制约，裁剪区域可见或不可见均可设置有效或无效。

7. 视图范围设置

单击楼层平面属性对话框中“视图范围”后的“编辑”按钮，打开“视图范围”对话框，进行相应设置，如图 1-54 所示。

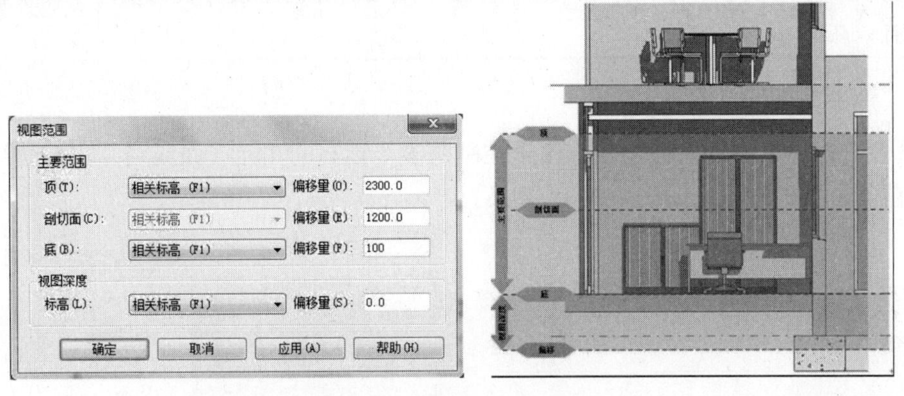

图 1-54

视图范围是可以控制视图中对象的可见性和外观的一组水平平面，水平平面为“顶部平面”“剖切面”和“底部平面”。顶裁剪平面和底裁剪平面表示视图范围的最顶部和最底部，剖切面是确定视图中某些图元可视剖切高度的平面，这三个平面可以定义视图的主要范围。

注意

默认情况下，视图深度与底裁剪平面重合。

8. 视图样板的设置

进入楼层平面的“属性”对话框，在各视图的“属性”对话框中指定视图样板。也可以在视图打印或导出之前，在“项目浏览器”的图纸名称上右击，在弹出的快捷菜单中选择“应用样板属性”命令，对视图样板进行设置，如图 1-55 所示。

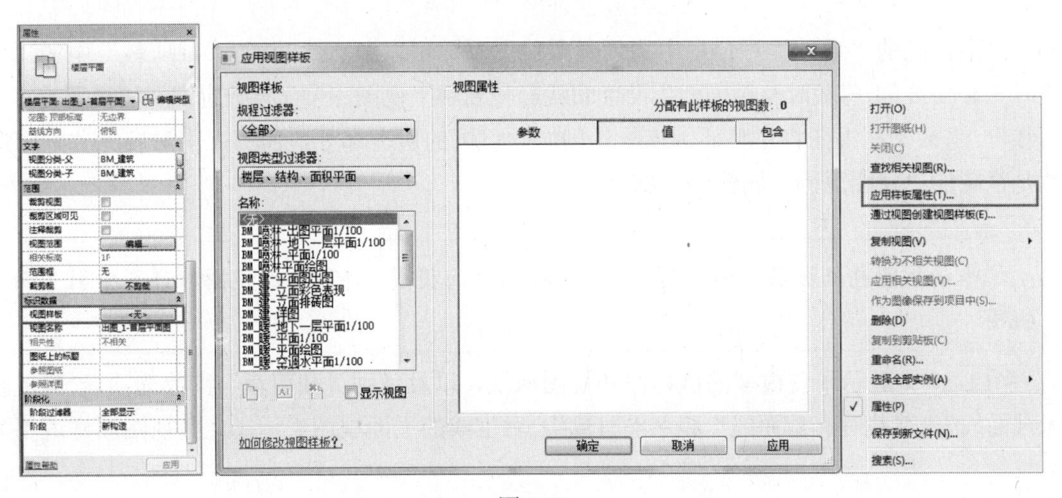

图 1-55

注意

可在项目浏览器中按【Ctrl】键多选图纸名称，或先选择第一张图纸名称，然后按住【Shift】键选择最后一张图纸名称实现全选，右击，在弹出的快捷菜单中选择“应用视图样板”命令，可一次性实现所有布置在图纸上的视图默认样板的应用（每个视图的样板可以不同）。

9．“截剪裁”的设置

“属性”对话框中的“截剪裁”用于控制跨多个标高的图元（如斜墙）在平面图中剖切范围下截面位置的设置，如图 1-56 所示。

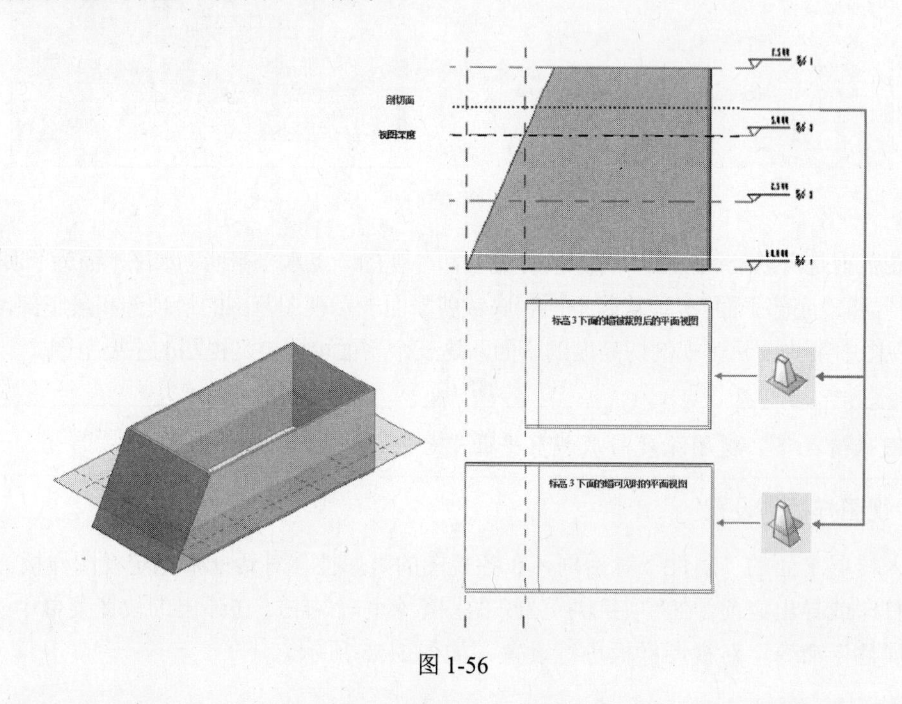

图 1-56

平面视图的“属性”对话框中的“截剪裁”参数可以激活此功能。“截剪裁”中的“剪裁时无截面线”“剪裁时有截面线”设置的裁剪位置由“视图深度”参数定义，如设置为“不剪裁”，那么平面视图将完整显示该构件剖切面以下的所有部分，而与视图深度无关，该参数是视图的“视图范围”属性的一部分。

注意

平面视图包括楼层平面视图、天花板投影平面视图、详图平面视图和详图索引平面视图。

图 1-57 中显示了该模型的剖切面和视图深度，以及使用“截剪裁”参数选项（“剪裁时无截面线”“剪裁时有截面线”和“不剪裁”）后生成的平面视图表示（立面视图同样适用）。

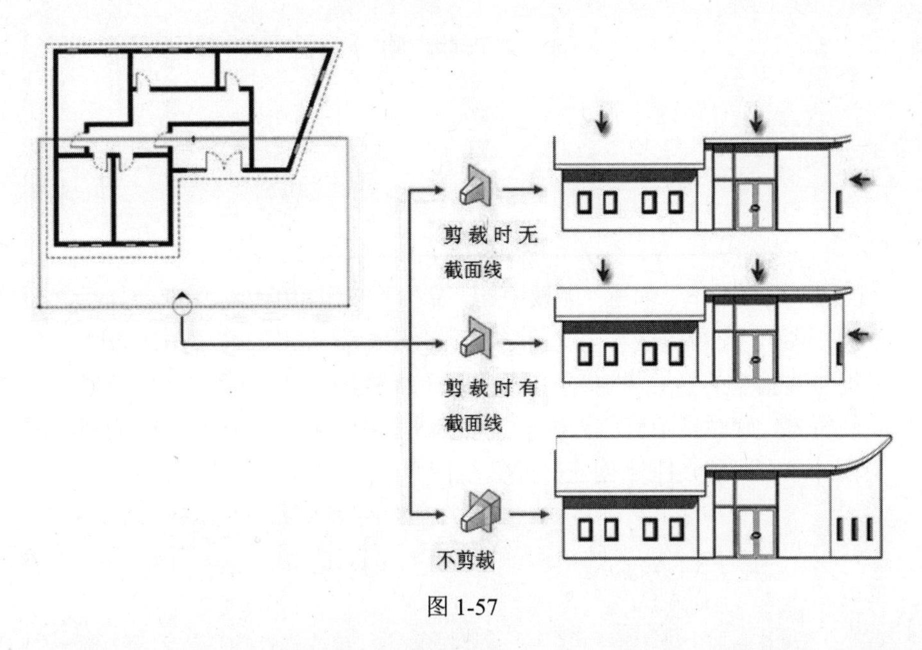

图 1-57

平面区域服从其视图的“截剪裁”参数设置，但遵从自身的“视图范围”设置，截剪裁平面视图时，在某些视图中具有符号表示法的图元（如结构梁）和不可剪切族不受影响，将显示这些图元和族，但不进行剪切，此属性会影响打印。

在“实例属性”对话框中，找到“截剪裁”参数。“截剪裁”参数可用于平面视图和场地视图。单击“值”列中的按钮，此时显示“截剪裁”对话框，如图 1-58 所示。

图 1-58

在“截剪裁”对话框中选择一个选项，并单击“确定”按钮。

1.3.2　立面图的生成

1．立面的创建

默认情况下有东、西、南、北 4 个正立面，可以使用“立面”命令创建另外的内部和外部立面视图，如图 1-59 所示。

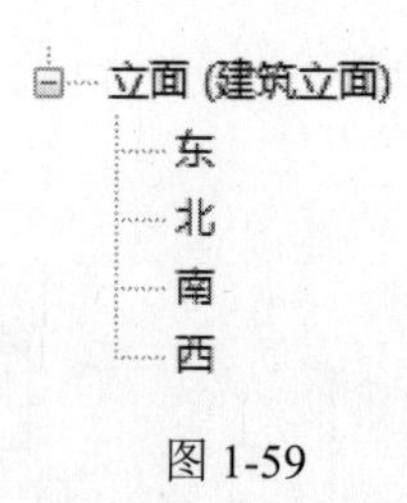

图 1-59

单击“视图”选项卡下“创建”面板中的“立面”按钮，在光标尾部会显示立面符号（需要切换到平面视图）。在绘图区域将光标移动到合适位置单击放置（在移动过程中立面符号箭头自动捕捉与其垂直的最近的墙），自动生成立面视图。

选择立面符号，此时显示蓝色虚线为视图范围，拖曳控制柄调整视图范围，包含在该范围内的模型构件才有可能在刚刚创建的立面视图中显示，如图 1-60 所示。

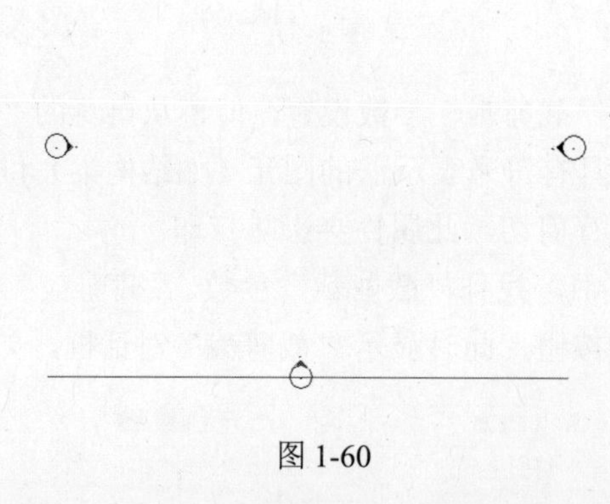

图 1-60

注意

- 立面符号不可随意删除，删除符号的同时会将相应的立面一同删除。
- 4 个立面符号围合的区域即为绘图区域，不要超出绘图区域创建模型，否则立面显示将可能会是剖面显示。
- 立面有截裁剪、裁剪视图等设置，这些都会控制影响立面的视图宽度和深度的设置。
- 如图 1-60 所示，蓝色实线建议穿过立面符号中心位置，便于读者理解生成立面的位置和范围。
- 为了扩大绘图区域而移动立面符号时，注意全部框选立面符号，否则绘图区域的范围将有可能没有移动。移动立面符号后还需要调整绘图区域的大小及视图深度。

2. 修改立面属性

选择立面符号，可以在立面的“属性”对话框中修改视图设置，如图 1-61 所示。

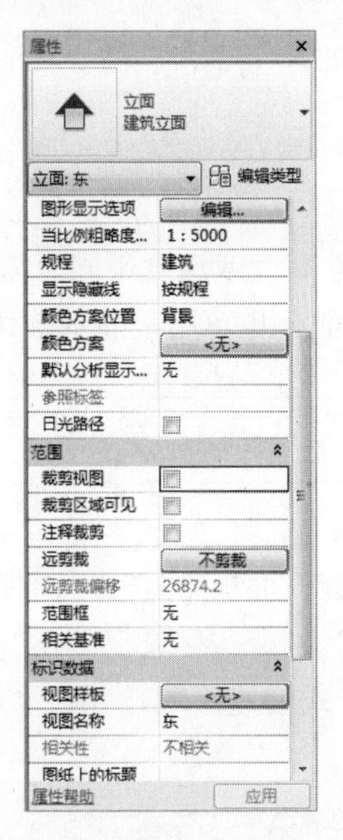

图 1-61

3．创建框架立面

当项目中需创建垂直于斜墙或斜工作平面的立面时，可以创建一个框架立面来辅助设计。

> **注意**
> 视图中必须有“轴网”或“已命名”的参照平面，才能添加框架立面视图。

在“视图”选项卡下“创建”面板中的“立面”下拉列表中选择“框架立面”工具。

将框架立面符号垂直于选定的轴网线或参照平面并沿着要显示的视图的方向单击放置，如图 1-62 所示。观察项目浏览器中同时添加了该立面，双击可进入该框架立面。

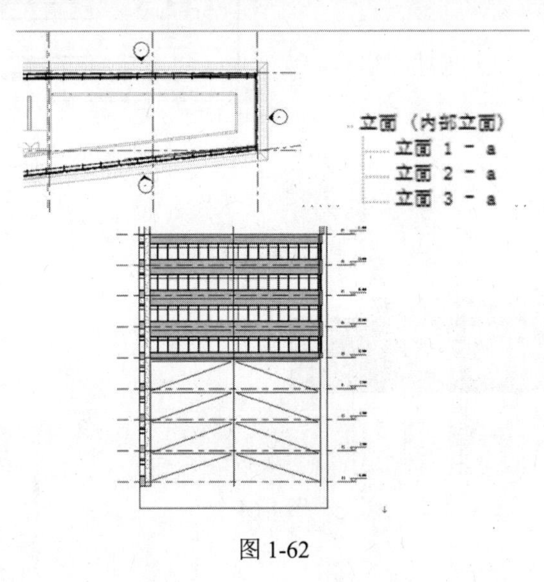

图 1-62

对于需要将竖向支撑添加到模型中的情况，创建框架立面，有助于为支撑创建并选择准确的工作平面。

4. 平面区域的创建

平面区域：当部分视图由于构件高度或深度不同而需要设置与整体视图不同的视图范围而定义的区域，可用于拆分标高平面，也可用于显示剖切面上方或下方的插入对象。

> **注意**
>
> 平面区域是闭合草图，多个平面区域可以具有重合边但不能彼此重叠。

创建“平面区域”的步骤如下。

（1）在“视图”选项卡下“创建”面板中打开平面视图下拉列表，选择“平面区域”工具，创建平面区域。

（2）在绘制面板中选择绘制方式创建区域，并在“属性”对话框调整其视图范围，如图 1-63 所示。

图 1-63

（3）单击“视图范围”后的“编辑”按钮，弹出“视图范围”对话框，以调整绘制区域内的视图范围，从而使该范围内的构件在平面中正确显示，如图 1-64 所示。

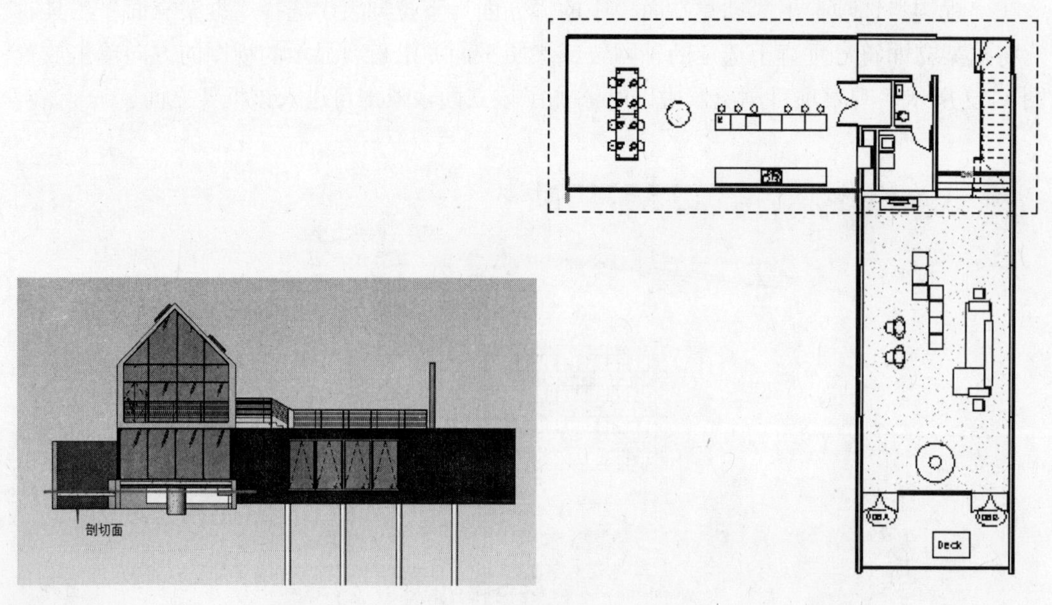

图 1-64

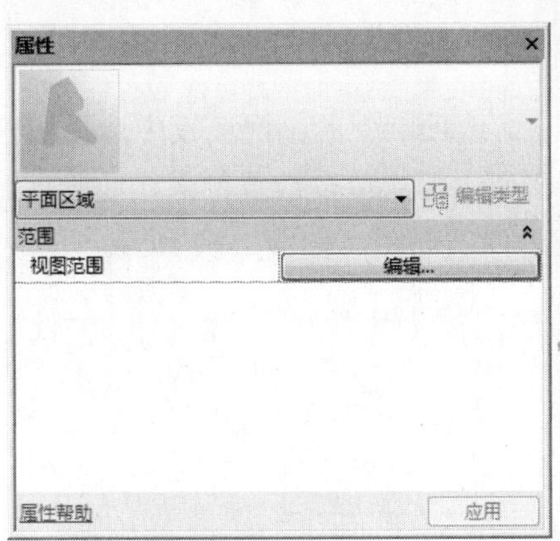

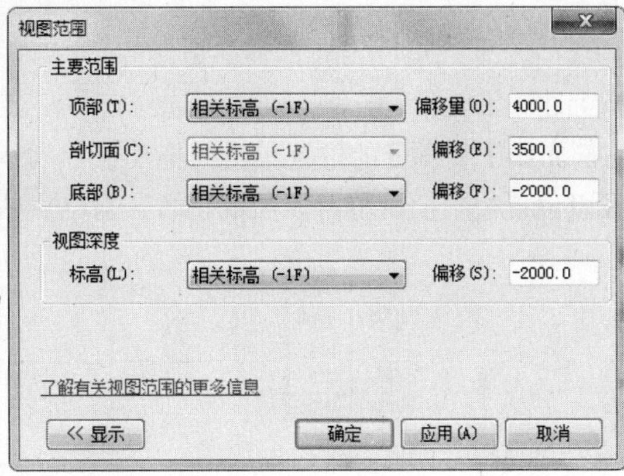

图 1-64（续）

1.3.3　剖面图的生成

1．创建剖面视图

（1）打开一个平面、剖面、立面或详图视图。

（2）选择“视图”选项卡下的“创建”，然后单击“剖面”工具。在“剖面”选项卡下的“类型选择器”中选择“详图”“建筑剖面”或“墙剖面”。

（3）将光标放置在剖面的起点处，并拖曳光标穿过模型或族，当到达剖面的终点时单击完成剖面的创建。

（4）在选项栏上选择一个视图比例。

（5）选择已绘制的剖面线，将显示裁剪区域，如图 1-65 所示，用鼠标拖曳绿色虚线上的视图宽度，调整视图范围。

（6）单击查看方向控制柄⇅可翻转视图查看方向。

（7）单击线段间隙符号，可在有隙缝的或连续的剖面线样式之间切换，如图 1-66 所示。

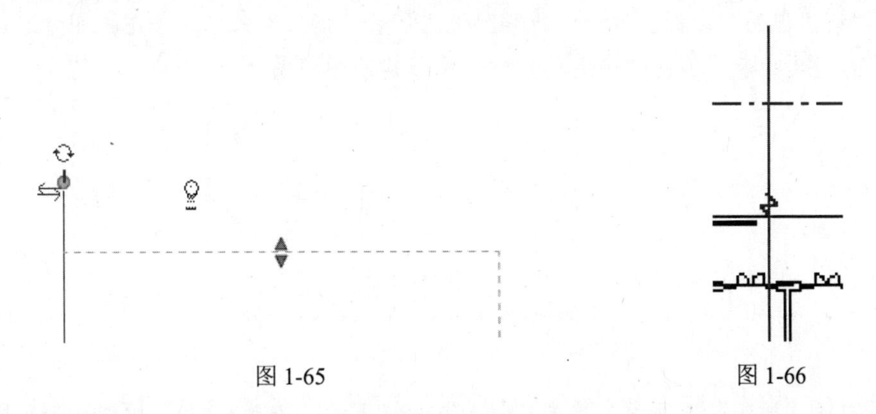

图 1-65　　　　图 1-66

（8）在项目浏览器中自动生成剖面视图，双击视图名称打开剖面视图，修改剖面线的位置、范围、查看方向时剖面视图也自动更新。

2. 创建阶梯剖面视图

按上述方法先绘制一条剖面线，选择它并在上下文选项卡中的剖面面板中选择相应的命令，在剖面线上要拆分的位置单击并拖动鼠标到新位置，再次单击放置剖面线线段。用鼠标拖曳线段位置控制柄调整每段线的位置，自动生成阶梯剖面图，如图 1-67 所示。

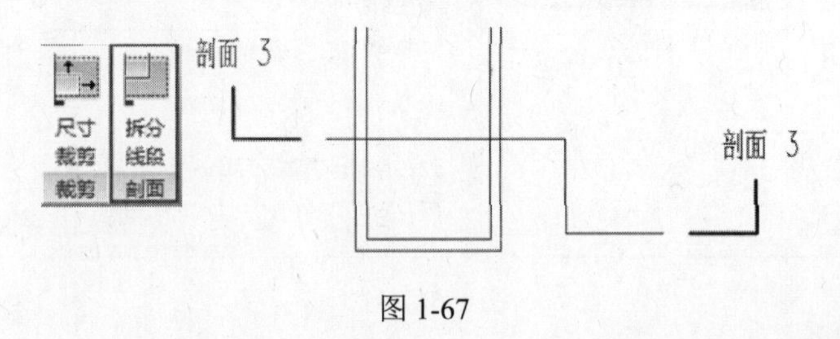

图 1-67

用鼠标拖曳线段位置控制柄到与相邻的另一段平行线段对齐时，释放鼠标，两条线段合并成一条。

提示

阶梯剖面中间转折部分线条的长度可直接拖曳端点调整，线宽可通过上下文选项卡中的管理-设置-对象样式-注释对象中的剖面线的线宽设置来修改。

1.3.4 详图索引、大样图的生成

可以从平面视图、剖面视图或立面视图创建详图索引，然后使用模型几何图形作为基础，添加详图构件。创建索引详图或剖面详图时，可以参照项目中的其他详图视图或包含导入 DWG 文件的绘图视图。

1. 使用外部参照图

Step 01 使用外部 CAD 图形作为参照图形，首先选择“视图”选项卡，然后单击“创建”面板下的“绘图视图”按钮，弹出“新绘图视图”对话框，为新建的绘图视图命名，设置其比例，如图 1-68 所示，单击“确定”按钮弹出新建绘图视图。

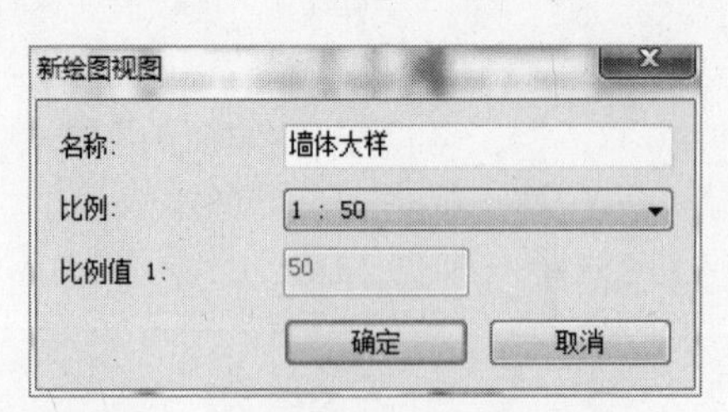

图 1-68

Step 02 选择“插入”选项卡，单击“导入”面板下的“导入 CAD”按钮，导入所要参照的外部 CAD 图形。

Step 03 选择“视图”选项卡，单击“创建”面板下的“详图索引”按钮。

Step 04 选择“详图索引”选项卡的“图元”面板，然后从“类型选择器”下拉列表中选择“详图视图：详图”选项作为视图类型。

Step 05 在选项栏的“比例”下拉列表框中选择详图索引视图的比例，确定选择使用“参照其他视图”，并在其下拉列表中选择刚刚新建的绘图视图作为参照视图。

Step 06 要定义详图索引区域，将光标从左上方向右下方拖曳，创建封闭网格左上角的虚线旁边所显示的详图索引编号，如图 1-69 所示。

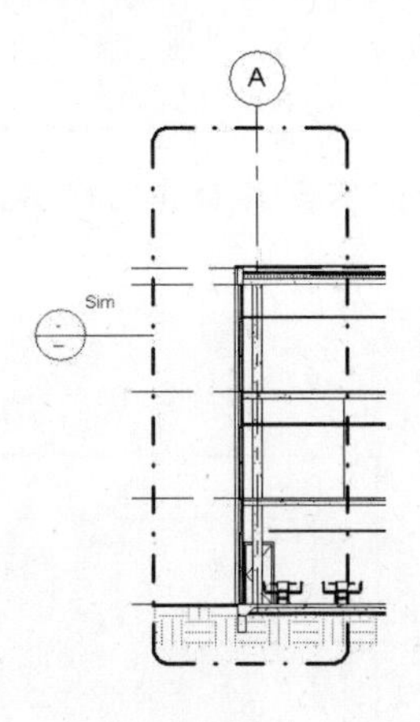

图 1-69

Step 07 要查看详图索引视图，双击详图索引标头，详图索引视图将显示在绘图区域中，如图 1-70 所示。

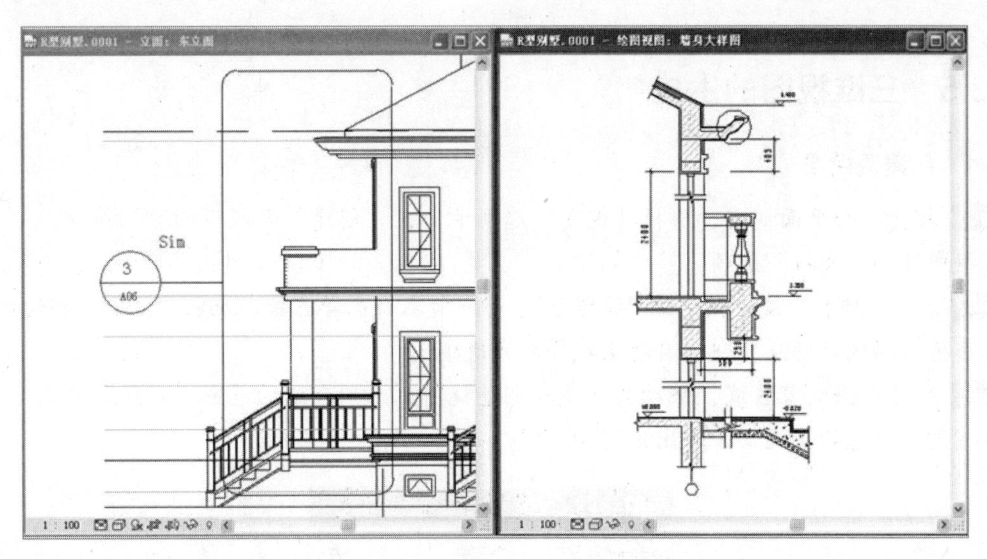

图 1-70

2. 创建详图索引详图

Step 01 选择“视图”选项卡，单击“创建”面板中的“详图索引”按钮。

Step 02 选择“详图索引”选项卡中的“图元”，然后从“类型选择器”下拉列表中选择“详图视图：详图”选项作为视图类型。

Step 03 选择“视图”选项卡，在“属性”对话框中选择“标准”选项作为“显示模型”，然后单击“确定”按钮。

详图索引视图中的模型图元使用基线设置显示，允许用户直观查看模型几何图形与添加的详图构件之间的差异，使用“注释”选项卡中“详图”面板下的“详图线”来进行绘制其大样图内容。

注意

详图线只在当前视图中显示，不会影响其他视图，如图 1-71 所示。

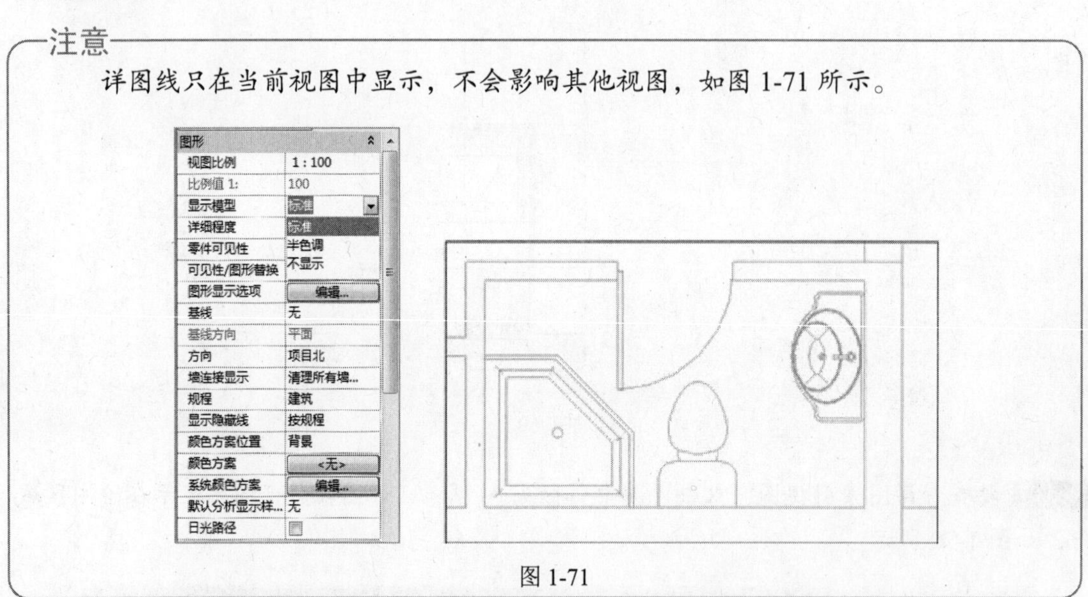

图 1-71

1.3.5 三维视图的生成

1. 创建透视图

Step 01 打开一层平面视图，选择“视图”选项卡，在“创建”面板下的“三维视图”下拉列表框中选择“相机”选项。

Step 02 在“选项栏”设置相机的“偏移量”，即在所在视图单击拾取相机位置点，移动鼠标，再单击拾取相机目标点，即可自动生成并打开透视图。

Step 03 选择视图裁剪区域，移动蓝色夹点调整视图大小到合适的范围（必须前期是“裁剪区域可见”勾选的情况下，如图 1-72 所示）。

图 1-72

Step 04 如需精确调整视口的大小，应选择视口并选择“修改相机”选项卡，单击“裁剪”

面板上的“尺寸裁剪”按钮，弹出“裁剪区域尺寸”对话框，可以精确调整视口尺寸，如图 1-73 所示。

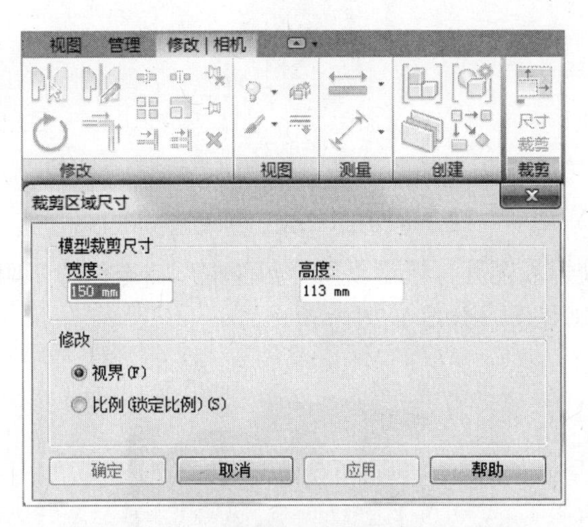

图 1-73

Step 05 如果想自由控制相机透视远近的范围，可以在“视图属性”栏中勾选“远裁剪激活”复选框，然后就可以在平面图中调整范围框来控制远近透视的范围。

2．修改相机位置、高度和目标

Step 01 同时打开一层平面、立面、三维、透视视图，选择“视图”选项卡，单击“窗口”面板下的“平铺”按钮，平铺所有视图，如图 1-74 所示。

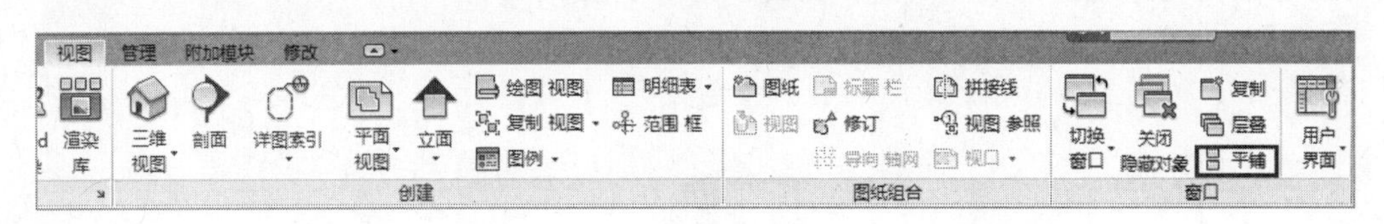

图 1-74

Step 02 单击三维视图范围框，此时一层平面显示相机位置并处于激活状态，相机和相机的查看方向就会显示在所有视图中。

Step 03 在平面、立面、三维视图中用鼠标拖曳相机、目标点、远裁剪控制点，调整相机的位置、高度和目标位置。

Step 04 也可选择“修改|相机”选项卡，单击相机边框，在“相机”一栏中修改“视点高度”“目标高度”参数值调整相机，同时也可修改此三维视图的视图名称、详细程度、模型图形样式等。

3．轴测图的创建

进入三维视图，单击三维视图右上角的“主视图”按钮或单击 ViewCube 立方体的顶角选择适当角度以创建轴测图，如图 1-75 所示。

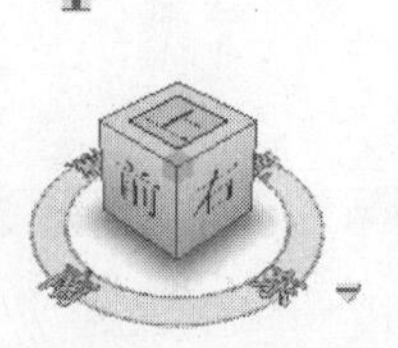

图 1-75

4. 使用“剖面框”创建三维剖切图

除平、立、剖面演示视图外，还可以用“剖面框”命令创建带阴影的三维剖切图。

Step 01 创建剖切等轴测视图，如图 1-76 所示。

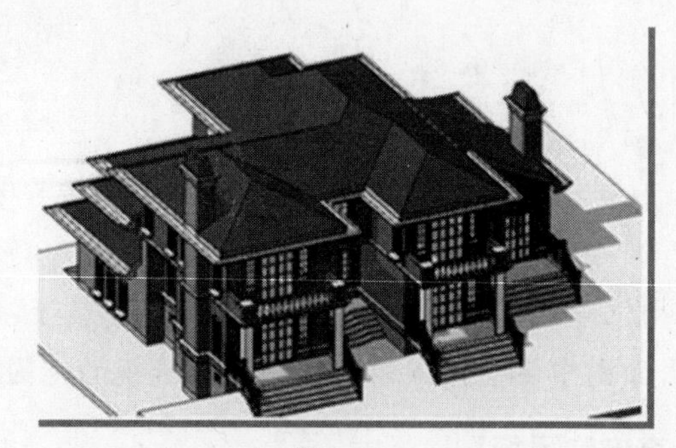

图 1-76

Step 02 复制三维视图作为演示视图，单击视图右上角的“主视图”按钮或单击 ViewCube 立方体的顶角选择适当角度以创建轴测图，如图 1-77 所示。

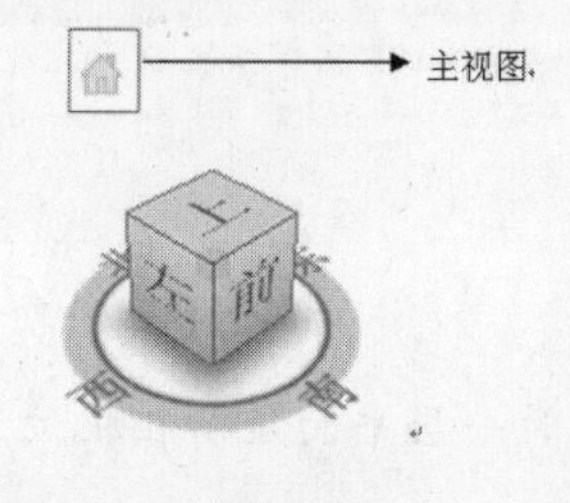

图 1-77

Step 03 设置阴影，根据需要打开轮廓，生成完整的西南等轴测演示视图。

Step 04 复制该演示视图为新的演示视图，在绘图区右击并在弹出的快捷菜单中选择“视图属性”命令，勾选“剖面框”复选框，打开剖面框。

Step 05 拖曳剖面框面上的三角形夹点，调整剖面框范围到需要的楼层或侧面剖切位置，生成剖切等轴测演示视图，如图 1-78 所示。

Step 06 在绘图区右击，在弹出的快捷菜单中选择“视图属性”命令，在弹出的“视图属性”对话框中选择剖面框并右击，在弹出的快捷菜单中选择“在视图中隐藏|图元”命令，如图 1-78 所示。

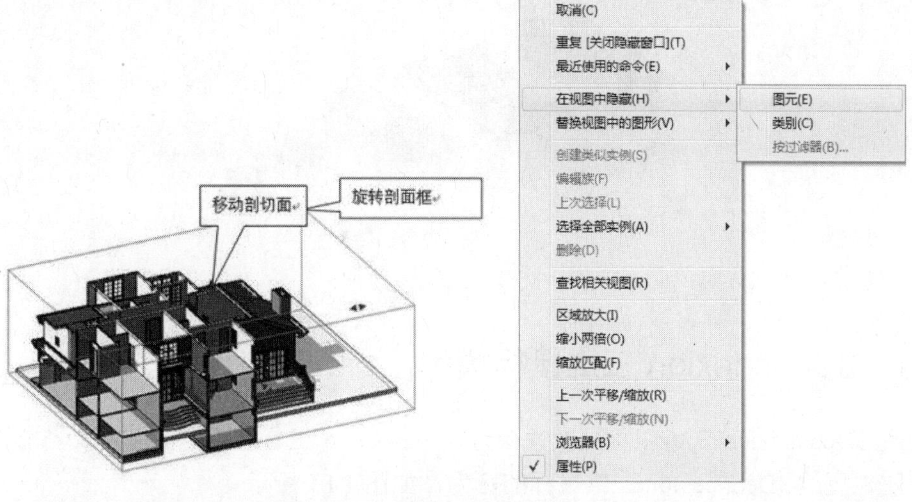

图 1-78

5．创建剖切透视视图

Step 01 按上述方法创建室外透视图。

Step 02 按上述方法使用“模型图形显示”的步骤设置阴影，根据需要打开侧轮廓，生成完整的透视图演示视图，如图 1-79（a）所示。

Step 03 复制该演示视图为新的演示视图，在绘图区右击，在弹出的快捷菜单中选择“视图属性”命令，勾选“剖面框”复选框，打开剖面框。

Step 04 拖曳剖面框面上的三角形夹点，调整剖面框范围到需要的楼层或侧面剖切位置，生成剖切透视图演示视图，如图 1-79（b）所示。

（a）　　　　（b）

图 1-79

1.4　3Dconnexion 三维鼠标

使用 3Dconnexion 三维鼠标重定向和导航模型视图。

该设备配备有可适应所有方向的压力敏感型控制器管帽，如图 1-80 所示。推、拉、扭曲或倾斜管帽可以平移、缩放和旋转当前视图。

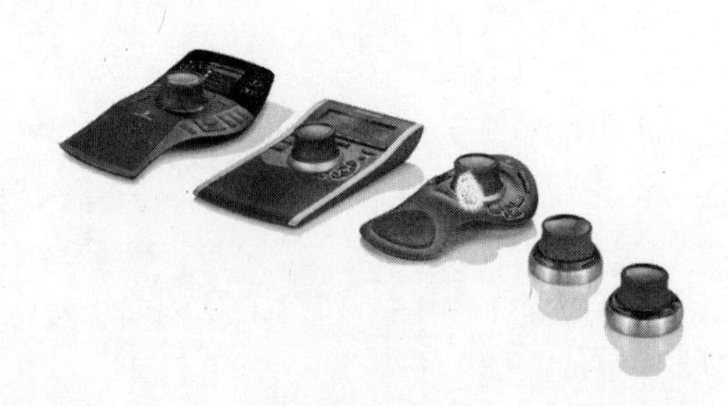

图 1-80

1.4.1 3Dconnexion 三维鼠标模型

使用 3Dconnexion 三维鼠标更改视图时，ViewCube 工具会重定向以反映当前视图。可以从导航栏更改 3Dconnexion 三维鼠标的行为，如图 1-81 所示。

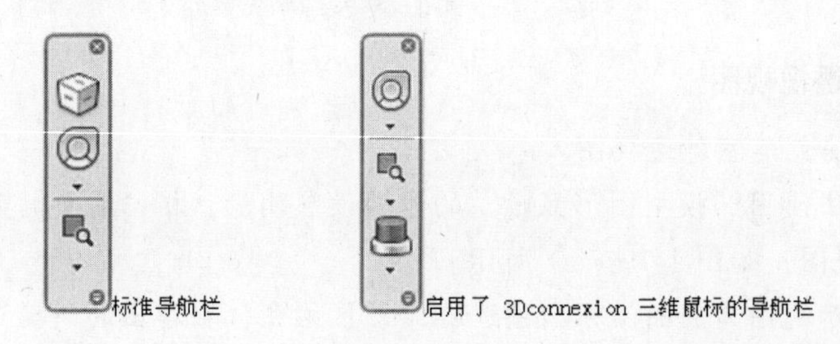

图 1-81

1.4.2 导航栏上的导航工具

导航栏中提供下列导航工具。

- ViewCube：指示模型的当前方向，并用于重定向模型的当前视图。
- SteeringWheels：控制盘的集合，通过这些控制盘，可以在专门的导航工具之间快速切换。
- 平移活动视图：让用户可以通过拖曳鼠标平移视图来重新定位图纸上的活动视图。此选项仅适用于从图纸视图上已激活的视图进行操作。有关详细信息，可参见修改图纸上的视图。
- 缩放：用于增大或减小模型的当前视图比例的导航工具集。

1.4.3 导航栏上的 3Dconnexion 选项

- 对象模式：沿控制器管帽的方向导航和重定向视图，向右移动控制器帽盖以向右平移视图。
- 漫游模式：模拟在模型中的漫游。模型视图向远离控制器管帽的方向移动，将保持当前视图的方向和高度。在正交视图（如默认三维视图）中禁用此选项。向上移动控制器帽盖以向上移动视图，这样可以使模型看起来向下移动。

- 飞行模式：模拟在模型中的飞行。模型视图向远离控制器管帽的方向移动，不保持当前视图的方向和高度。在正交视图（如默认三维视图）中禁用此选项。向上移动控制器帽盖以向上移动视图，这样可以使模型看起来向下移动。
- 二维模式：仅使用二维导航选项导航视图，视图沿控制器管帽的方向移动，移动控制器帽盖以平移和缩放视图。
- 保持场景正立：指定在导航时是否可以颠倒模型的视点。
- 二维缩放方向：在控制器管帽上向上或向下拉动可缩放二维视图，向上或向下移动控制器管帽可缩放视图。
- “中心”工具：为“动态观察”工具指定轴心点，单击或拖动在模型上指定一个点作为当前视图的中心。
- 3Dconnexion 属性：显示“3Dconnexion 属性”对话框以更改 3Dconnexion 三维鼠标的设置，调整用于视图更改的导航速度。

注意

在锁定的视口中，导航栏选项被禁用，包括 3Dconnexion 工具选项。移动 3Dconnexion 三维鼠标的控制器帽盖只会平移和缩放对象。3Dconnexion 与其他导航工具同步时，使用一种工具将会临时禁用另一种工具。

1.4.4　使用漫游模式或飞行模式

漫游模式和飞行模式只能在透视投影（相机视图）中使用。使用对象模式以导航正交视图（如默认的三维视图）。图 1-82 说明了使用漫游模式和飞行模式进行导航之间的区别。注意，在漫游模式（ ）中，移动的高度和方向一致，因为正平行于楼板移动。在飞行模式（ ）中，移动的高度和方向与视距线保持一致，这样就能模拟在模型中飞行。

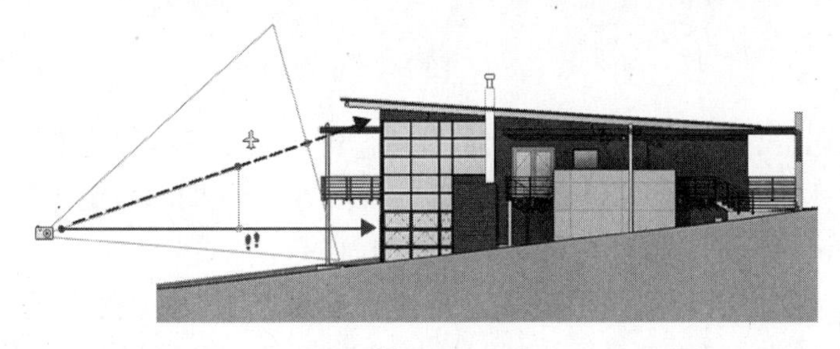

图 1-82

1.4.5　在 3Dconnexion 三维鼠标中使用视图管理键

可以使用某些 3Dconnexion 三维鼠标模型上提供的按钮访问不同的视图（俯视图、前视图、左视图、右视图或主视图），使用按钮配置编辑器可以自定义这些按钮的操作。当单击设备上的任何按钮时，可以将视图布满模型范围。绕场景中心旋转对象视图，并缩小以将场景布满视口。将当前视图重定向到预设视图，将对象视图返回为预定视图，保持选择敏感度，基于当前选择绕已定义轴心点重定向模型。

1.5 点云

1.5.1 使用项目中的点云文件

当放置或编辑模型图元时，将点云文件链接到项目可提供参照。

在涉及现有建筑的项目中，需要捕获某一栋建筑的现有情况，这通常是一个重要的项目任务，可使用激光扫描仪对现有物理物体（如建筑）表面的点采样，然后将该数据作为点云保存。此特定激光扫描仪生成的数据量通常很大（几亿个到几十亿个点），因此 Revit 模型将点云作为参照链接，而不是嵌入文件。为提高效率和改进性能，在任何给定时间内，Revit 仅使用点的有限子集进行显示和选择，可以链接多个点云，可以创建每个链接的多个实例，如图 1-83 所示。

图 1-83

点云的行为通常与 Revit 内的模型对象类似，可以显示在各种建模视图（如三维视图、平面视图和剖面视图）中，可以选择、移动、旋转、复制、删除、镜像等，可以按平面、剖面和剖面框剪切，使用户可以轻松地隔离云的剖面。

- 控制可见性：在“可见性/图形替换”对话框的“导入的类别”选项卡上，以每个图元为基础控制点云的可见性。可以打开或关闭点云的可见性，但无法更改图形设置，例如，线、填充图案或半色调。
- 创建几何图形：捕捉功能简化了基于点云数据的模型创建。利用 Revit 中的几何图形创建或修改工具（如墙、线、网格、旋转、移动等），可以捕捉到在点云中动态检测到的隐含平面表面。Revit 仅检测垂直于当前工作平面（在平面视图、剖面视图或三维视图中）的平面并仅位于光标附近。但是，在检测到工作平面后，该工作平面便用作全局参照，直到视图放大或缩小为止。

- 管理链接的点云："管理链接"对话框包含"点云"选项卡，该选项卡列出所有点云链接（类型）的状态，并提供与其他类链接相似的标准，即"重新载入/卸载/删除"功能。
- 在工作共享环境中使用点云：为了提高性能和降低网络流量，对需要使用相同点云文件的用户的建议工作流是将文件复制到本地。只要每位用户的点云文件与本地副本的相对路径相同，则当与"中心"同步时链接将保持有效。相对路径在"管理链接"对话框中显示为"保存路径"，并与在"选项"对话框的"文件位置"选项卡上指定的"点云根路径"相对。

1.5.2　插入点云文件

将带索引的点云文件插入到 Revit 项目中，或者将原始格式的点云文件转换为.pcg 索引的格式。

Step 01 单击"插入"选项卡下"链接"面板中的（点云）按钮。

Step 02 选择要链接的文件，单击打开。

> 注意
>
> 创建索引文件之后，必须再次使用点云工具插入文件。

对于.pcg 格式的文件，Revit 会检索当前版本的点云文件，并将文件链接到项目。对于原始格式的文件，可执行如下操作：单击"是"按钮，使 Revit 创建索引（.pcg）文件。索引建立过程完成时，单击"关闭"按钮，再次使用点云工具插入新的索引文件。

> 注意
>
> 除了绘图视图和明细表视图，点云在所有视图中都可见。

1.5.3　点云属性

点云属性包括点云的参数名称、值和说明，各值都可修改。

1．点云类型属性

比例：指定从源单位到英尺的转换系数。例如，源单位为米，则比例值为 3.280 8；如果源单位为英尺，则比例值为 1；如果在点云文件的导入过程中，源数据的单位未正确确定，则可以修改比例值。

2．点云实例属性

（1）创建的阶段：标识在哪个阶段点云文件被添加到建筑模型中。该属性的默认值和当前视图的"阶段"值相同，可以根据需要指定不同的值。

（2）拆除的阶段：标识在哪个阶段点云文件被拆除，默认值为“无”。

拆除图元时，此属性更新为拆除图元视图的当前阶段，也可以通过将“拆除的阶段”属性设置为其他值来拆除图元，详细内容可参见拆除图元。

1.6 构造建模

Revit 在两种关键领域中支持虚拟构造建模工作流：

- 零件。可以将模型图元分割为可独立计划、标记、过滤和导出的单独零件。可以将零件分成较小的零件，它们将自动更新，以反映衍生出它们的图元所做的任何修改，修改零件对原始图元没有任何影响。
- 部件。可以选择任意数量的图元实例或图元组以创建部件。部件构成一种不同类别的 Revit 图元，可以对其进行编辑、标记、计划和过滤。在创建部件时，可以选择一个实例并生成一种或多种详图视图，根据需要将它们自动放置到图纸上。

1.6.1 零件的绘制

Revit 中的零件图元通过将设计意图模型中的某些图元分成较小的零件来支持构造建模过程。这些零件及从其衍生的任何较小的零件都可以单独列入明细表、标记、过滤和导出，零件可由构造建模人员用于计划更复杂的 Revit 图元的交付和安装。

可以根据具有分层结构的图元生成零件，例如，墙（不包括叠层墙和幕墙）、楼层（不包括已编辑形状的楼层）、屋顶（不包括具有屋脊线的屋顶）、天花板、结构楼板基础。

在修改衍生零件的原始图元时，系统将自动更新和重新生成这些零件，此类编辑可以包括添加/删除图层或更改墙的类型、图层厚度、墙的方向、几何图形、材质或洞口。

删除衍生零件的原始图元将删除所有这些零件及从中衍生的任何零件。

删除零件还将删除从原始图元衍生的所有其他零件。

复制已衍生零件的原始图元还将复制所有相关的零件。

1. 创建零件

使用以下任一工作流，通过从绘图区域中选择的图元来创建零件。对于包含图层或子构件的图元（如墙），将会为这些图层创建各个零件；对于其他图元，则创建一个单独的零件图元。在任一情况下，生成的零件随后都可以分割成更小的零件。

Step 01 在绘图区域中，选择要通过其创建零件的图元。

Step 02 单击“修改|<图元类型>”选项卡下“创建”面板中的（创建零件）按钮。

Step 03 单击“修改”选项卡下“创建”面板中的（创建零件）按钮。

Step 04 在绘图区域中选择要通过其创建零件的图元。

Step 05 当工具处于活动状态时，只有可用于创建零件的图元才可供选择；不可选择的图元显示为半色调。

Step 06 按【Enter】键或空格键完成操作。

2. 分割零件

某个图元被指定为零件后，可通过绘制分割线草图或选择与该零件相交的参考图元，将该零件分割为较小零件。

Step 01 在绘图区域中选择零件或要分割的零件。

Step 02 单击“修改|零件”选项卡下“零件”面板中的（分割零件）按钮，“修改|分割”选项卡显示在“绘制”面板上选定的“线”工具。

Step 03 视需要使用“工作平面”面板上的工具显示或更改活动的工作平面，将在该工作平面上绘制分割的几何图形的草图。

Step 04 指定绘制线的起点和终点，或者根据需要选择其他绘制工具并绘制分割几何图元的草图。

注意

单个直线和曲线没有形成闭合环，但必须使零件或另一分割线的两个边界相交，以便定义单独的几何区域。

Step 05 继续编辑生成的分割，或单击（完成）按钮以退出编辑模式。

Step 06 在绘图区域中选择零件或要分割的零件。

Step 07 单击“修改|零件”选项卡下“零件”面板中的（分割零件）按钮。

Step 08 单击“修改|分割”选项卡下“参照”面板中的（相交参照）按钮。

Step 09 在“相交命名的参照”对话框中根据需要使用“过滤器”下拉列表控制，查看可用于分割选定零件的标高、轴网和参照平面。

Step 10 选择所需的参照，并根据需要输入正或负偏移。

Step 11 单击“确定”按钮。

Step 12 继续编辑生成的分割，或单击（完成）按钮以退出编辑模式。

3. 删除零件

在删除零件时，所有关联的零件也会被删除，创建已删除零件的原始图元或零件将变为可见，而不管视图的属性中“零件可见性”的设置。

Step 01 在绘图区域中选择零件。

Step 02 按【Delete】键或单击“修改|零件”选项卡下“修改”面板中的（删除）按钮。

4. 控制零件的可见性

可以在特定视图中显示零件及用来创建它们的图元。在“属性”选项卡上的“图形”下，从“部件可见性”下拉列表中选择如下选项之一：

（1）显示部件。各个零件在视图中可见，当光标移动到这些零件上时，它们将高亮显示。用来创建零件的原始图元可能会显示为这些零件的轮廓，但无法选择或高亮显示。

（2）显示原状态。各个零件不可见，但用来创建零件的图元是可见的，并且可以选择。而当“创建部件”工具处于活动状态时，原始图元将不可选择。若要进一步分割原始图元，需要选择它的一个零件，然后使用“编辑分区”工具，详细内容可参见编辑分区。

（3）显示两者。零件和原始图元均可见，并能够单独高亮显示和选择。同样，当“创建部件”工具处于活动状态时，将无法选择原始图元。

5．控制零件的外观

零件构成一个顶级 Revit 类别，它具备自己的对象样式，用于定义显示零件的默认截面线和投影线宽度、线颜色、线型图案和材质。可以在对象样式中修改这些设置，或者为特定视图或特定零件。

> **注意**
>
> 如果在视图的“可见性/图形替换”对话框中关闭零件的可见性，则“部件可见性”属性将自动设置为“显示原状态”。同样，如果将此设置改为“显示部件”，则“可见性/图形替换”对话框中的零件将自动启用可见性。

6．零件实例属性

要修改部件的实例属性，可按修改实例属性中所述修改相应参数的值，如图 1-84 所示。

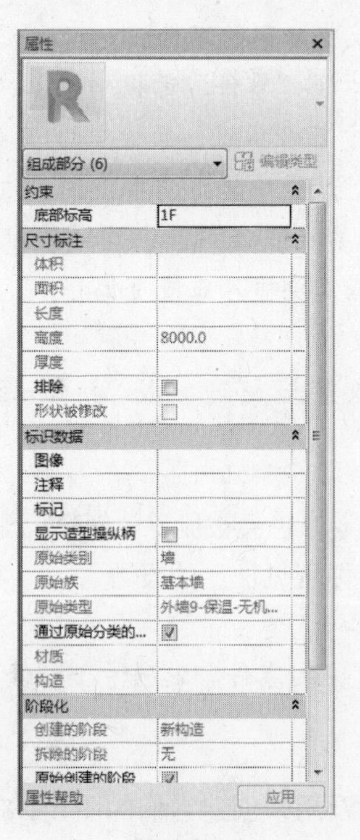

图 1-84

7．编辑零件几何图形

通过拖曳选定零件的造型操纵柄可以对其几何图形进行编辑。从墙的图层或其他主体图元创建零件时，使用此功能可有效显示各层组合的视图。在默认情况下，不显示造型操纵柄的零件。需要对零件几何图形进行编辑时，可使用如下步骤显示造型操纵柄。

Step 01 在绘图区域中，选择要对其几何图形进行编辑的零件。

Step 02 在“属性”选项卡的“标识数据”下，选择“显示造型操纵柄”选项。

Step 03 根据需要，拖曳造型操纵柄，以便编辑零件几何图形。

> **注意**
>
> 如果随后便删除由原始图元衍生而成的任何零件，则原始图元不会保留对零件几何图形进行的任何更改。

1.6.2　部件的绘制

利用 Revit 图元的部件类别，可以在模型中识别、分类、量化和记录唯一图元组合，以便支持构造工作流。可以将任意数量的模型图元合并来创建部件，然后可以对其进行编辑、标记、计划和过滤。

每个唯一部件都作为一种类型列于项目浏览器之中，从中可以将该类型的实例放置在图形中，具体操作为拖动该类型的实例或者使用快捷菜单中的“创建实例”命令，可以在项目浏览器中选择部件类型，或者在绘图区域选择该类型的一个实例，然后生成部件的一种或多种独立视图及零件列表、材质提取和图纸。部件视图被列在项目浏览器中，可以根据需要将它们轻松拖到部件图纸视图中。

1．区分部件类型

每次创建唯一部件时，项目浏览器中都将添加一种新的部件类型，如果编辑现有部件类型的实例，使其变为唯一的部件，则也将添加新的部件类型。在新部件或已编辑部件与现有部件类型精确匹配时，它将作为该类型的一个实例被添加到模型中。

要使 Revit 认为部件匹配，部件必须满足如下条件：

- 具有相同的“命名类别”属性值。
- 包含相同数量的图元，这些图元属于相同的类别和类型，而且影响几何形状的属性值也相同。
- 在每个部件中，对应的图元必须位于相同的位置。

例如，假设使用“墙”作为命名类别，分别创建两个“墙加窗”的部件，如果在这两个部件中，窗的类型相同并位于墙上的同一位置，而且墙的类型和尺寸也相同，那么，Revit 将检测到匹配，并且这两个部件都成为同一部件类型的实例。但是，如果其中一个部件使用“窗”作为命名类别，就不匹配，并且将创建一个单独的部件类型（假设没有其他匹配）。

注意

大多数模型图元（如墙、楼板、屋顶、族实例、零件等）都可以包含在部件中。但不能包含下列图元：注释和详图项目、已经包含在另一个部件中的部件和图元、复杂的结构（桁架、梁系统、幕墙系统、幕墙、叠层墙）、具有不同设计选项的图元、编组、导入对象、图像、链接或链接中的图元、体量、MEP 专有图元（风管、管道、线管、电缆桥架和管件、HVAC 区）、模型线、房间、结构荷载、荷载工况和内部荷载。

2. 创建部件

使用如下步骤，通过从绘图区域中选择的图元来创建部件。

Step 01 在绘图区域中选择要包含在部件中的图元。

Step 02 单击“修改|<图元类型>”选项卡下“创建”面板中的（创建部件）按钮。

Step 03 在“新部件”对话框中，如果部件是唯一的，则可以编辑默认“类型名称”值，该默认名称是通过在指定的命名类别中分配的最后一个部件类型名称后附加一个序列号而自动生成的。如果部件包含其他类别的图元，则可以为命名类别选择另一个值，此时如果部件仍具有唯一性，则可以编辑该类型的名称。单击“确定”按钮，完成创建部件和将新部件类型添加到“项目浏览器”中。

注意

如果已存在匹配的部件，则“类型名称”是只读的，而单击“确定”按钮将创建该部件类型的另一个实例。但是，如果新部件包含其他类别的图元，则可以为命名类别选择另一个值。如果更改命名类别后部件是唯一的，则可以编辑其类型名称（如果需要），然后单击“确定”按钮，将新部件类型添加到“项目浏览器”中。

Step 04 单击“修改”选项卡下“创建”面板中的（创建部件）按钮，“添加/删除”工具栏将显示为默认选中“添加”选项。

Step 05 在绘图区域中，选择要包含在部件中的图元。

Step 06 单击“完成”按钮退出编辑模式。

Step 07 在“新部件”对话框中，如果部件是唯一的，则可以编辑默认“类型名称”值，该默认名称是通过在指定的命名类别中分配的最后一个部件类型名称后附加一个序列号而自动生成的。如果部件包含其他类别的图元，则可以为命名类别选择另一个值，此时如果部件仍具有唯一性，则可以编辑该类型的名称。单击“确定”按钮，完成创建部件和将新部件类型添加到“项目浏览器”中。

注意

如果已存在匹配的部件，则“类型名称”是只读的，而单击“确定”按钮将创建该部件类型的另一个实例。如果新部件包含其他类别的图元，则可以为命名类别选择另一个值，如果更改命名类别后部件是唯一的，则可以编辑其类型名称（如果需要），然后单击“确定”按钮，将新部件类型添加到“项目浏览器”中。

3. 编辑部件

可以将图元添加到部件中、从部件中删除图元，或在部件内的选定图元上执行某些编辑。

Step 01 在项目视图中选择部件。

Step 02 单击“修改|部件”选项卡下“部件”面板中的（添加/删除）按钮，此时显示浮动“添加/删除”工具栏，在默认情况下选择“添加”工具。

Step 03 选择要添加到部件的图元，或单击（删除）按钮，然后选择要从部件中删除的图元。

Step 04 单击（完成）按钮。

Step 05 在部件上移动光标以便在绘制区域中高亮显示。

Step 06 按【Tab】键，直到高亮显示要编辑的图元。

Step 07 单击以选择该高亮显示的图元。

现在，可以移动图元、修改其属性，或执行其他典型的图元编辑。

4. 分解部件

可以随时使用如下步骤删除所选部件中各个图元之间的部件关系。

Step 01 在绘图区域中选择部件。

Step 02 单击“修改|部件”选项卡下“部件”面板中的（分解）按钮。

注意

分解后的图元仍保留在模型中，相同部件类型的其他实例不受影响。如果分解的部件是其所属类型的最后一个部件或该类型仅有一个部件，则该类型及其关联的任何部件视图都将从项目中删除。

5. 删除部件

（1）删除部件实例时，该部件中的所有图元都将被删除。如果删除某个部件类型的最后一个实例，则该类型也会被删除。在项目视图中选择部件实例，按【Delete】键或单击“修改|部件”选项卡下“修改”面板中的（删除）按钮，即可将该实例删除。

（2）删除部件类型时，该部件的所有实例及任何相关的部件视图或图纸都将被删除。在“项目浏览器”中的“部件”下，在部件名称上右击，在弹出的快捷菜单中选择“删除”命令，然后在出现删除选定的部件类型将删除其所有实例的提示时，单击“确定”按钮，即可将该类型删除。

6. 部件类型属性

“类型”属性是用户按照需要为每个唯一的部件类型定义的，要指定或修改部件的类型属性，可修改类型属性中描述的相应参数的值。同样，要修改部件的实例属性，可按修改实例属性中的所述修改相应参数的值，如图 1-85 所示。

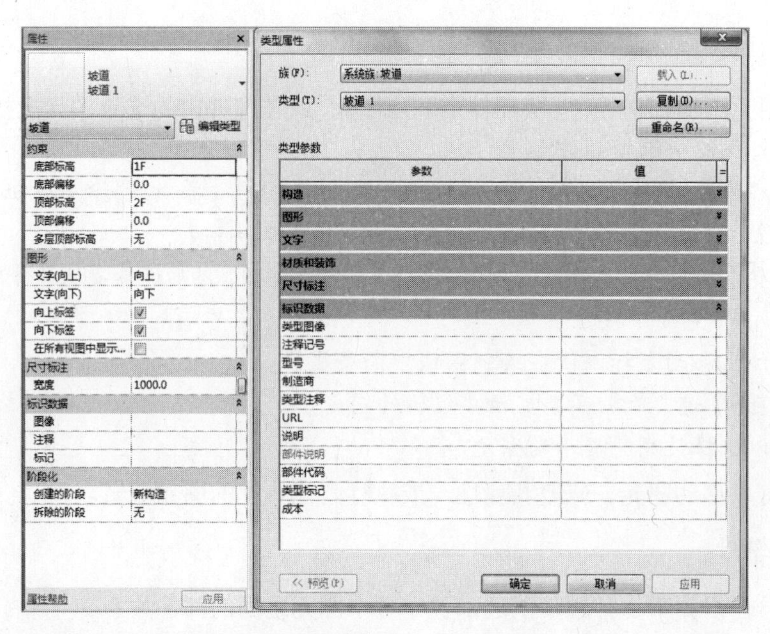

图 1-85

注意

修改部件类型属性会影响到项目中所有该类。

7. 创建部件视图和图纸

可以创建某个部件类型的部件视图和部件图纸，但这些图形始终与此类型的特定实例相关，并且一个类型仅有一个实例可以拥有部件视图。如果将部件实例从项目中删除（或拆卸）时，所有关联的部件视图也将被删除。

除了注释，部件详图视图仅包含组成部件实例的图元，可以将注释添加到部件视图，但不能添加任何模型图元，也不能编辑部件或其构件图元。

用户可在“创建部件视图”对话框中指定想要的特定视图和其他参数，该对话框可从如下任一位置访问：

（1）在项目视图中选择部件类型的实例，然后单击“修改|部件”选项卡下“部件”面板中的（创建视图）按钮。

注意

如果同一类型的另一个实例已经有了部件视图，则“创建视图”按钮不可用。

（2）在项目浏览器中选择部件类型右击，在弹出的快捷菜单中选择“创建部件视图”命令。在本例中，视图会与创建的首个部件实例相关联，而在项目视图中选定的其他实例则无法使用“创建视图”工具。

在“创建部件视图”对话框中，选择所需的视图类型和所需的缩放，并在选定“图纸”后指定标题栏信息。单击“确定”按钮时，视图将添加到项目浏览器中“部件”类别的部件类型名称下。

部件视图始终与创建时对应的部件实例相关联，如果编辑部件实例导致实例类型改变，则所有属于该被编辑实例的部件视图都将在项目浏览器节点下列出，并从属于新的部件类型。如果新类型已拥有部件视图，则系统会发出错误消息，通知用户一组视图将被删除。

如果用户在部件视图内创建其他剖面视图，则它们将继承部件视图与部件实例的关系。

要将部件视图放置到图纸上，可执行如下操作。

Step 01 在项目浏览器的“部件”中，展开部件类型的节点，然后双击图纸的名称。

Step 02 将所需的详图视图从项目浏览器拖到打开的绘图视图，然后释放鼠标即可显示详图视图的轮廓。

Step 03 根据需要，移动光标以定位该轮廓，然后单击即可将该视图放置在图纸上。

注意

也可以在部件图纸中放置绘图视图。

1.7　技术应用技巧

“视图范围”具体应该怎样运用？下面给出详解。

每个平面图都具有“视图范围”属性，该属性也称为可见范围。视图范围是可以控制视图中对象的可见性和外观的一组水平平面。水平平面为“顶部平面”“剖切面”和“底部平面”。顶剪裁平面和底剪裁平面表示视图范围的最顶部和最底部。剖切面是确定视图中某些图元可视剖切高度的平面。这三个平面可以定义视图范围的主要范围，如图 1-86 所示。

下面将结合具体例子对每个功能进行详细讲解。

首先绘制出图 1-87 中的构建，注意绘制墙体时选择有截面填充图案的墙体。此时的视图范围如图 1-87 所示。

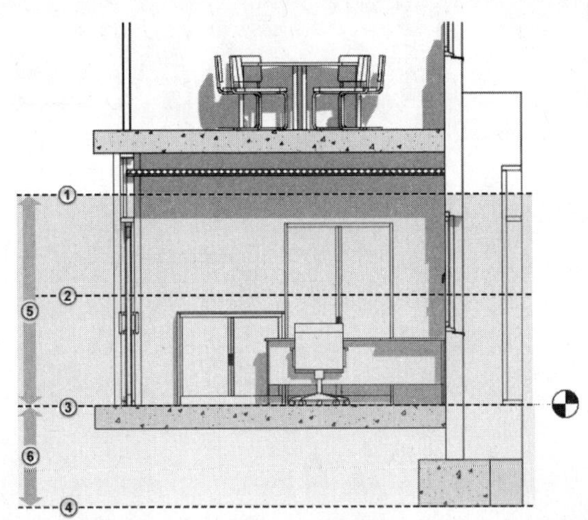

①代表顶部 ②代表剖切面 ③代表底部 ④代表偏移量 ⑤代表主要范围 ⑥视图深度

图 1-86

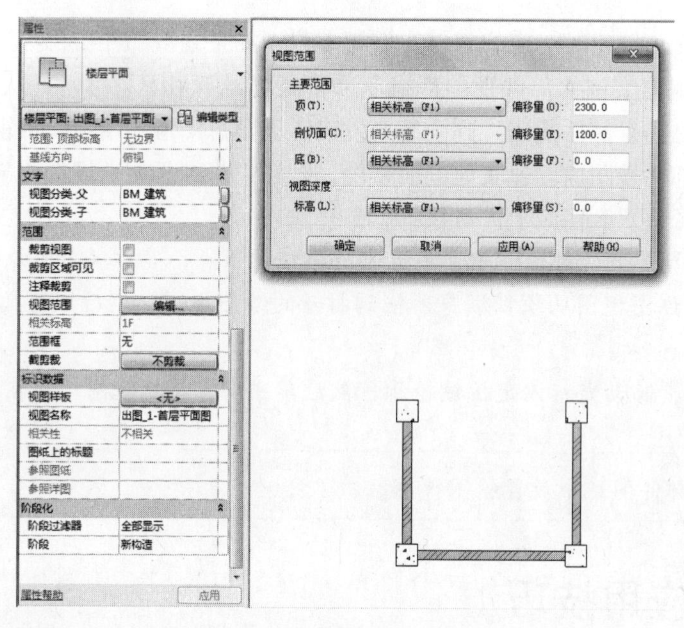

图 1-87

绘制完成后在项目北的两根柱之间绘制一根梁，绘制完成后发现看不见所绘制的梁。原因是此例中层高为 3 000，而视图的剖切面只能看到 1 200 高度以下的构建。所以需要把剖切面设置成 3 000（注意，此处必须把顶的数据也设置成 3 000，因为系统规定剖切面必须在顶层平面之下）。完成后如图 1-88 所示。

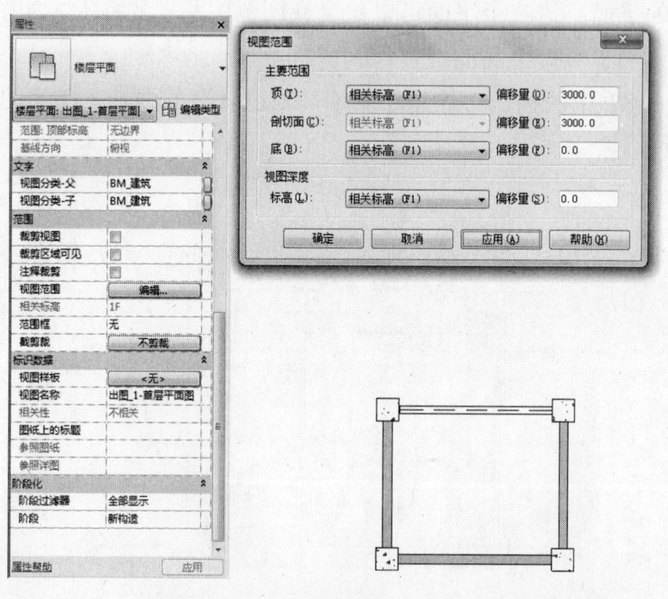

图 1-88

此时可以发现一个变化，由于剖切面高度为墙体高度，所以墙体没有被剖切面剖切，看不到墙的填充图案。

现在进入 F2 视图中绘制二层的构建。绘制三面墙，对于项目西处墙体，在“属性”对话框中设置“底部限制条件：F2”，“底部偏移：2000”，“顶部约束：未连接”，“无连接高度：3000”；项目东处墙体设置为“底部限制条件：F2”，“底部偏移：0”，“顶部约束：未连接”，“无连接高度：1000”。绘制完成后在“属性”对话框中把 F2 的基线设置为无。完成后如图 1-89 所示。

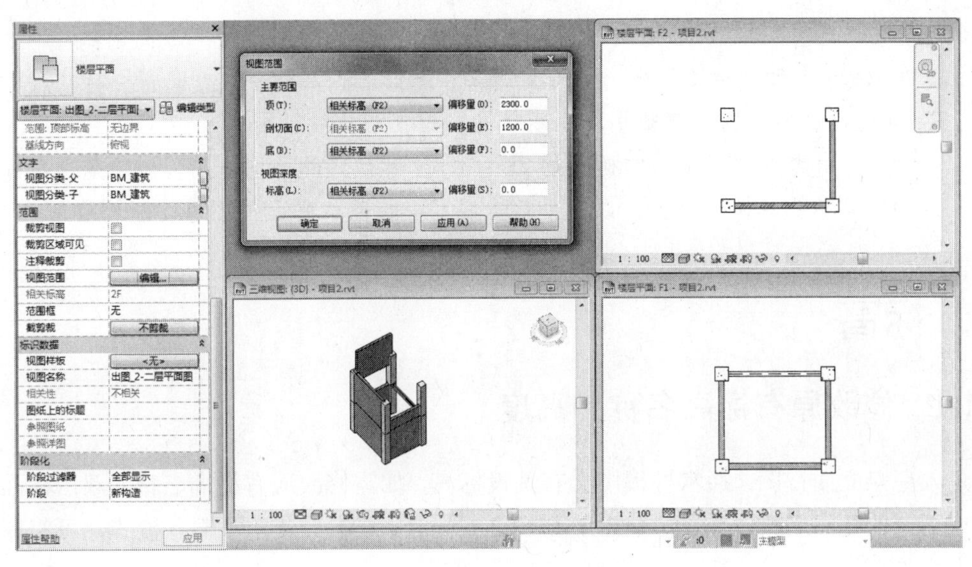

图 1-89

当把 F2 中视图深度设置成-600 时，就可以看到 F1 视图中西侧的墙体与梁，如图 1-90 所示。

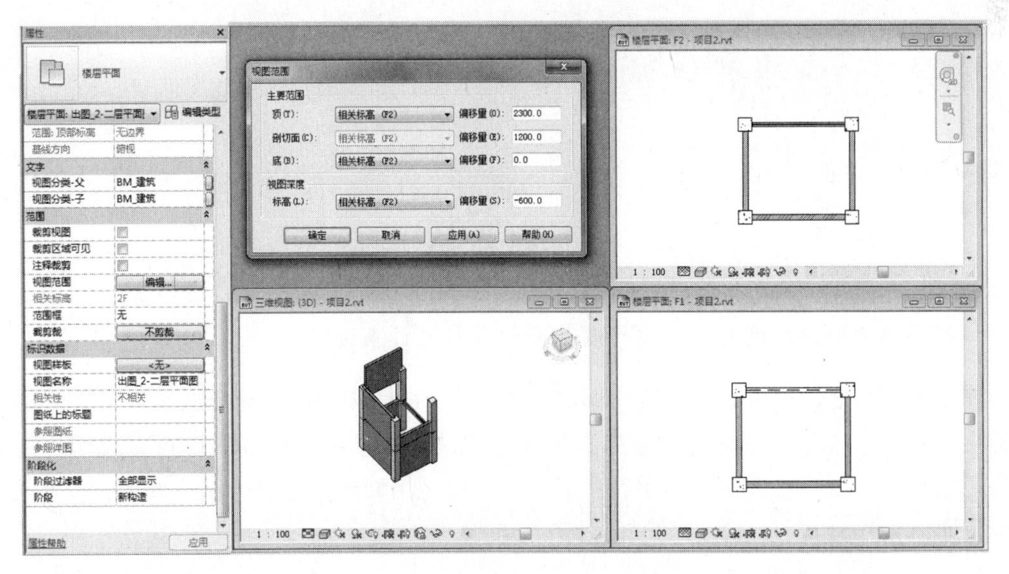

图 1-90

第2章　标高与轴网

概述：标高用来定义楼层层高及生成平面视图，标高不一定是楼层层高，轴网用于为构件定位，在 Revit 中轴网确定了一个不可见的工作平面。轴网编号及标高符号样式均可定制修改。Revit 软件目前可以绘制弧形和直线轴网，不支持折线轴网。

在本章中，需重点掌握轴网和标高的 2D、3D 显示模式的不同作用，影响范围命令的应用，轴网和标高标头的显示控制，以及如何生成对应标高的平面视图等功能的应用。

2.1　标高

2.1.1　修改原有标高名称和高度

进入任意立面视图，通常样板中会有预设标高，如需修改现有标高名称，双击标高符号上方或下方的标高名称，如“标高 1”，如图 2-1 所示。双击后变为可输入模式，可将原有名称修改为“1F”。

图 2-1

注意

标高名称和样式也可以通过修改标高标头族文件来设定。

修改标高高度，单击需要修改的标高，如 2F，在 1F 和 2F 之间会显示一条蓝色临时尺寸标注，单击临时尺寸标注上的数字，重新输入新的数值并按回车键，即可完成标高高度的调整，如图 2-2 所示（标高高度的单位为 mm）。也可运用修改名称的方法来修改标高高度（这时单位通常为 m）。

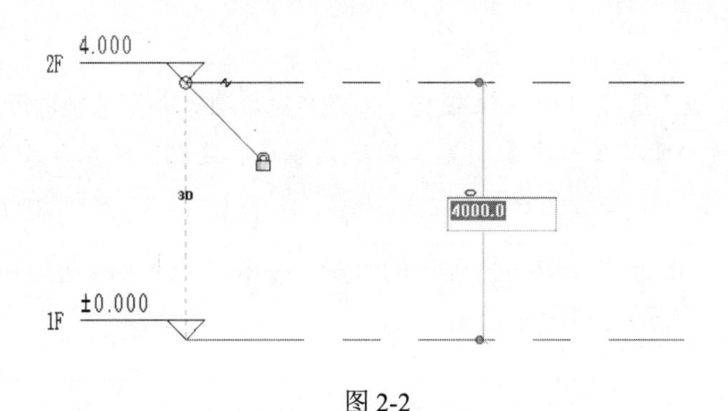

图 2-2

2.1.2　绘制添加新标高

选择一层标高，选择“修改”选项卡，然后在“修改”面板中选择“复制”或“阵列”命令，可以快速生成所需标高。

Step 01 选择标高 F3，单击功能区的“复制”按钮，在选项栏勾选“约束”及“多个”复选框，如图 2-3 所示。光标回到绘图区域，在标高 F3 上单击，并向上移动，此时可直接用键盘输入新标高与被复制标高的间距数值，如“3 000”，单位为 mm，输入后按回车键，即完成一个标高的复制，由于勾选了选项栏中的“多个”复选框，所以可继续输入下一个标高间距，而无须再次选择标高并激活“复制”工具，如图 2-4 所示。

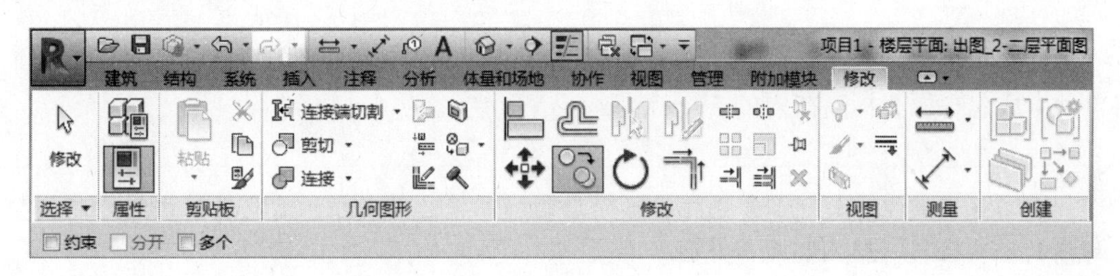

图 2-3

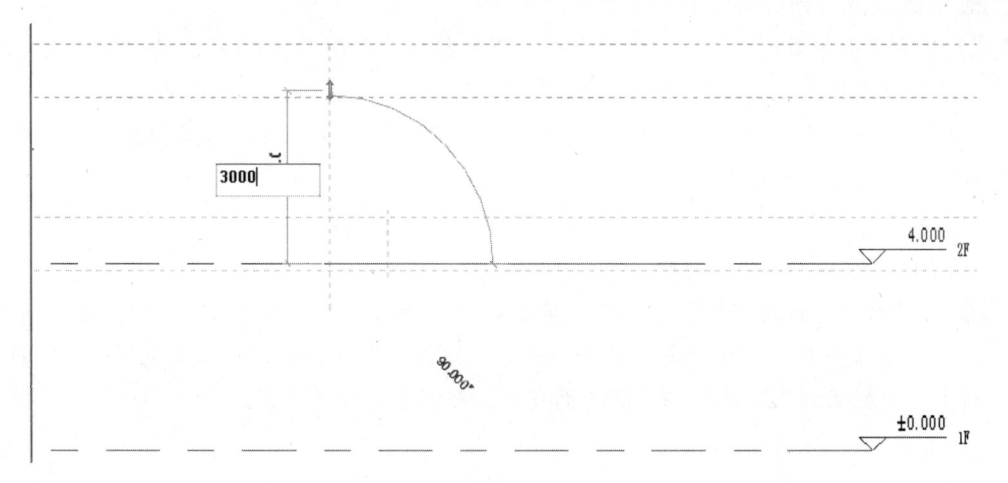

图 2-4

注意

选项栏的“约束”选项可以保证正交，如果不选择“复制”选项将执行移动的操作，选择“多个”选项，可以在一次复制完成后不需激活“复制”命令而继续执行操作，从而实现多次复制。

通过上述“复制”的方式完成所需标高的绘制，右击，在弹出的快捷菜单中选择“取消”命令，或按【Esc】键结束复制命令。

注意

通过复制的方式生成标高，可在复制时输入准确的标高间距，但“项目浏览器”中并未生成相应的楼层平面。

Step 02 用“阵列”的方式绘制标高，可一次绘制多个间距相等的标高，此种方法适用于多层或高层建筑。选择一个现有标高，将鼠标移动至“功能区”，选择“阵列”工具中的▦，设置选项栏，取消勾选“成组并关联”复选框，输入“项目数”为“5”，即生成包含被阵列对象在内的共 5 个标高为保证正交。也可以勾选“约束”复选框，以保证正交，如图 2-5 所示。

图 2-5

设置完选项栏后，单击新阵列标高，向上移动，输入标高间距“3 000”后按回车键，将自动生成包含原有标高在内的 5 个标高。

注意

如勾选“成组并关联”复选框，阵列后的标高将自动成组，需要编辑该组才能调整标高的标头位置、标高高度等属性。

Step 03 为复制或阵列标高添加楼层平面。

Step 04 观察“项目浏览器”中“楼层平面”下的视图，如图 2-6 所示，通过复制及阵列的方式创建的标高均未生成相应平面视图，同时观察立面图，有对应楼层平面的标高标头为蓝色，没有对应楼层平面的标头为黑色，因此双击蓝色标头，视图将跳转至相应平面视图，而黑色标高不能引导跳转视图。

如图 2-7 所示，选择“视图”选项卡，然后在“平面视图”面板中选择“楼层平面”命令。

Step 05 在弹出的“新建平面”对话框中单击第一个标高，再按住【Shift】键单击最后一个标高，以上操作将选中所有标高，单击“确定”按钮。再次观察“项目浏览器”，所有复制和阵列生成的标高都已创建了相应的平面视图，如图 2-8 所示。

图 2-6

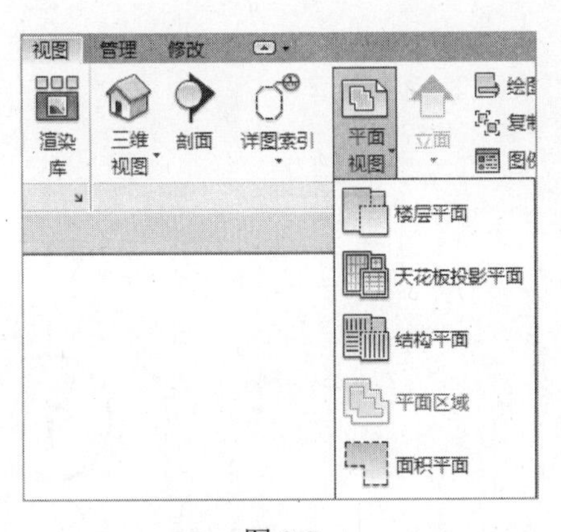

图 2-7

图 2-8

2.1.3　编辑标高

Step 01 选择任意一条标高线，会显示临时尺寸、一些控制符号和复选框，如图 2-9 所示。可以编辑其尺寸值、单击并拖曳控制符号，还可整体或单独调整标高标头位置、控制标头隐藏或显示、标头偏移等操作（如何操作 2D 和 3D 显示模式的不同作用详见轴网部分相关内容）。

Step 02 选择标高线，单击标头外侧方框，即可关闭/打开轴号显示。

Step 03 单击标头附近的折线符号，偏移标头，单击蓝色“拖曳点”，按住鼠标不放，调整标头位置。

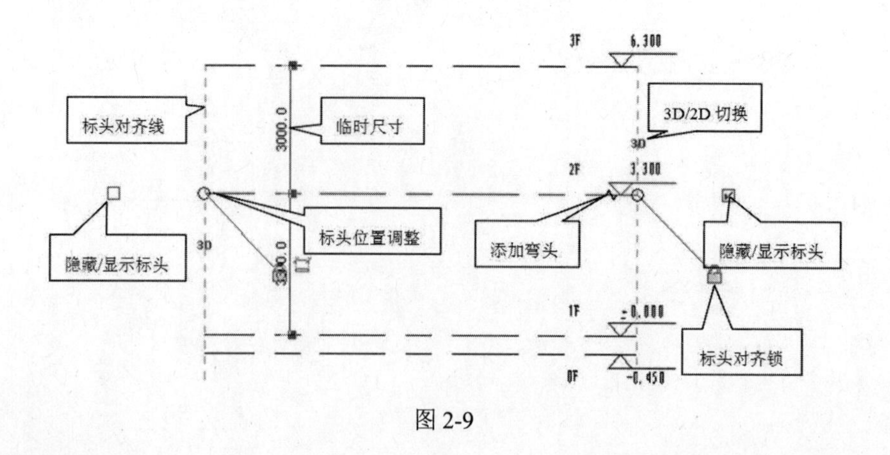

图 2-9

2.2 轴网

2.2.1 绘制轴网

选择“建筑”选项卡，然后在“基准”面板中选择“轴网”命令，单击起点、终点位置，绘制一条轴线。绘制第一条纵轴的编号为 1，后续轴号按 2、3…自动排序；绘制第一条横轴后单击轴网编号把它改为“A”，后续编号将按照 B、C…自动排序，如图 2-10 所示。软件不能自动排除“I”和“O”字母作为轴网编号，需手动排除。

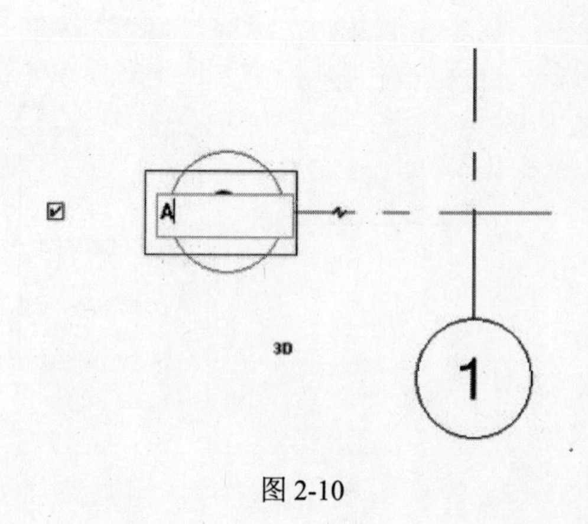

图 2-10

2.2.2 用拾取命令生成轴网

可调用 CAD 图纸作为底图进行拾取。注意，轴网只需在任意平面视图绘制，其他标高视图均可见。

2.2.3 复制、阵列、镜像轴网

Step 01 选择一条轴线，单击工具栏中的“复制”“阵列”或“镜像”按钮，可以快速生成所需的轴线，轴号自动排序。

注意

1～3 轴线以轴线 4 为中心镜像同样可以生成 5～7 轴线，但镜像后 7～5 轴线的顺序将发生颠倒，即轴线 7 将在最左侧，5 号轴线将在右侧。在对多个轴线进行复制或镜像时，Revit 默认以复制原对象的绘制顺序进行排序，因此，绘制轴网时不建议使用镜像的方式，如图 2-11 所示。

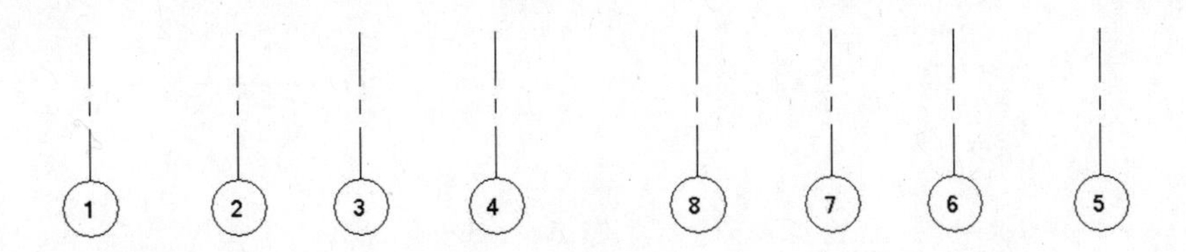

图 2-11

Step 02 选择不同命令时选项栏中会出现不同选项，如“复制”“多个”和“约束”等。

Step 03 阵列时注意取消勾选“成组并关联”复选框，因为轴网成组后修改将会相互关联，影响其他轴网的控制。

> 注意
>
> 轴网绘制完毕后，选择所有的轴线，自动激活“修改轴网”选项卡。在“修改”面板中选择“锁定”命令锁定轴网，以避免以后工作中错误操作移动轴网位置。

2.2.4　尺寸驱动调整轴线位置

选择任何一条轴网线，会出现蓝色的临时尺寸标注，单击尺寸即可修改其值，调整轴线位置，如图 2-12 所示。

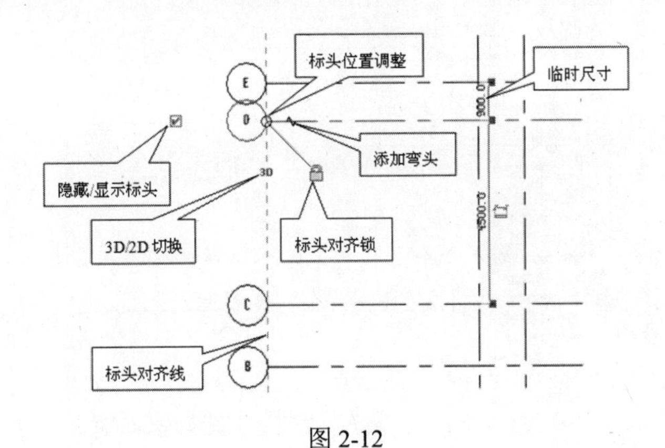

图 2-12

2.2.5　轴网标头位置调整

选择任何一条轴网线，所有对齐轴线的端点位置会出现一条对齐虚线，用鼠标拖曳轴线端点，所有轴线端点同步移动。

Step 01 如果只移动单条轴线的端点，则先打开对齐锁定，再拖曳轴线端点。

Step 02 如果轴线状态为“3D”，则所有平行视图中的轴线端点同步联动，如图 2-13 所示。

Step 03 单击切换为“2D”，则只改变当前视图的轴线端点位置，如图 2-14 所示。

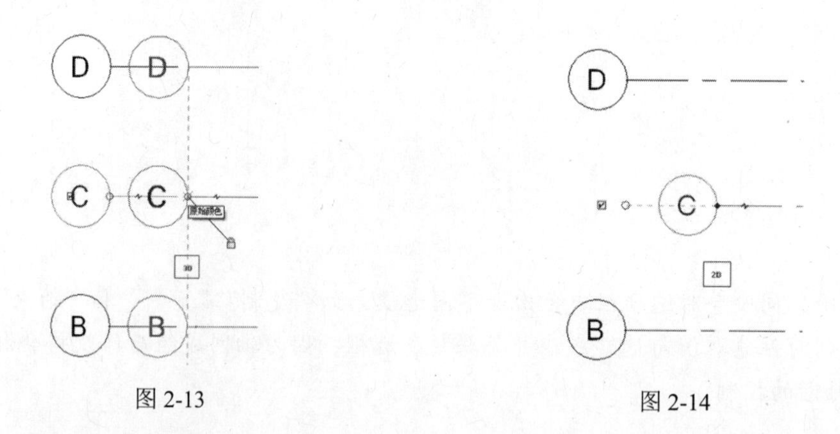

图 2-13　　　　　　　　　　图 2-14

2.2.6　轴号显示控制

Step 01 选择任何一根轴网线，单击标头外侧方框☑，即可关闭/打开轴号显示。

Step 02 如需控制所有轴号的显示，可选择所有轴线，将自动激活“修改 | 轴网”选项卡。在“属性”面板中选择“类型属性”命令，弹出“类型属性”对话框，在其中修改类型属性，单击端点默认编号的“√”标记，如图 2-15 所示。

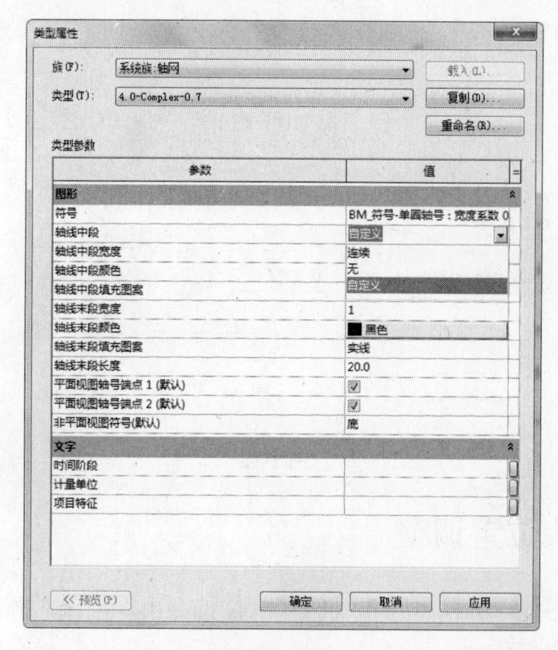

图 2-15

Step 03 除可控制“平面视图轴号端点”的显示，在“非平面视图轴号（默认）”中还可以设置轴号的显示方式，控制除平面视图外的其他视图，如立面、剖面等视图的轴号，其显示状态为顶部、底部、两者或无显示，如图 2-16 所示。

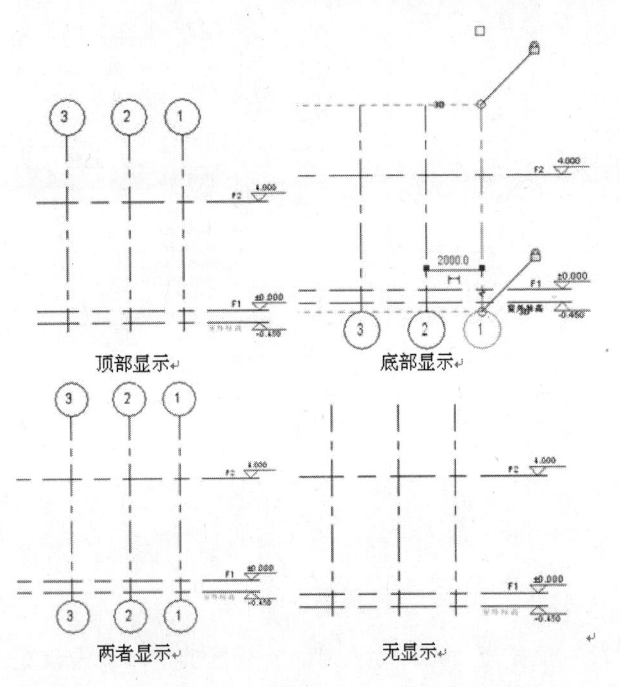

图 2-16

Step 04 在轴网的“类型属性”对话框中设置“轴线中段”的显示方式，分别有“连续”“无”“自定义”几项，如图 2-17 所示。

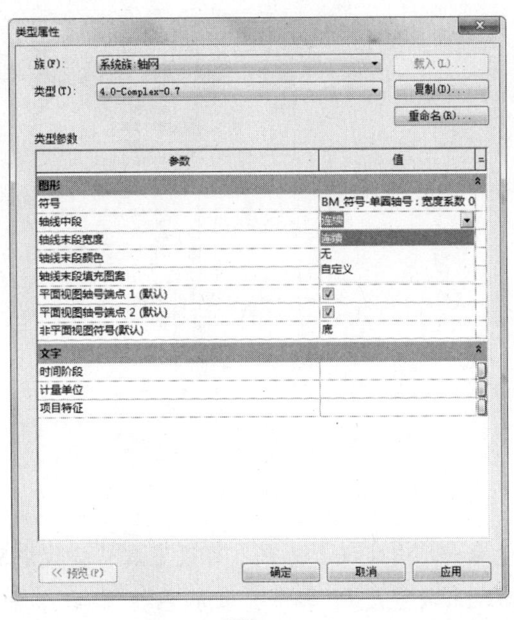

图 2-17

Step 05 将“轴线中段”设置为“连续”方式，还可设置其“轴线末段宽度”“轴线末段颜色”及“轴线末段填充图案”的样式，如图 2-18 所示。

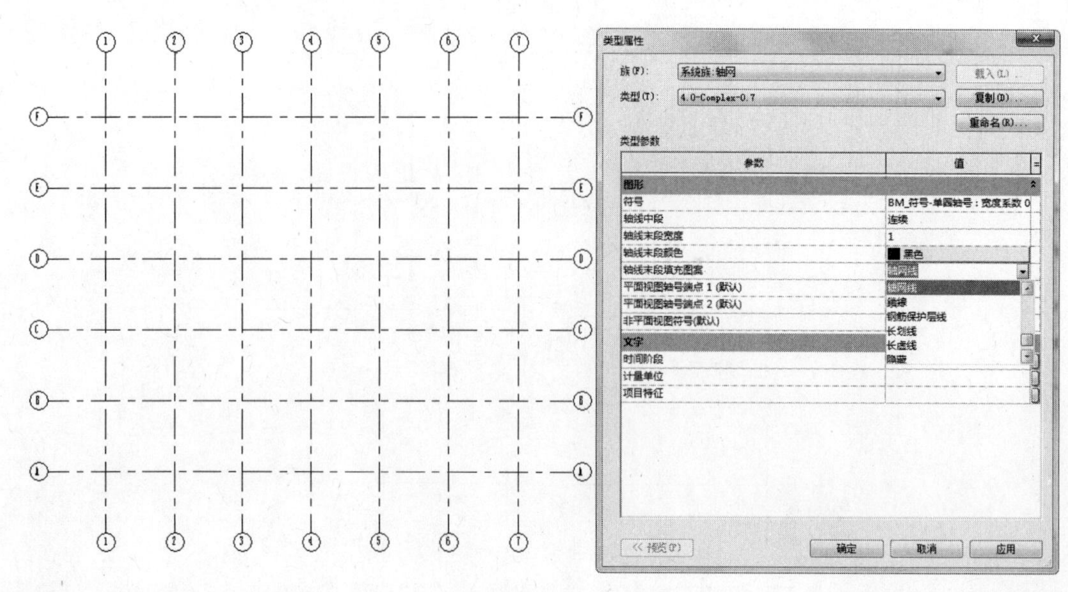

图 2-18

Step 06 将“轴线中段”设置为“无”方式时，可设置其“轴线末段宽度”“轴线末段颜色”及“轴线末段长度”的样式，如图 2-19 所示。

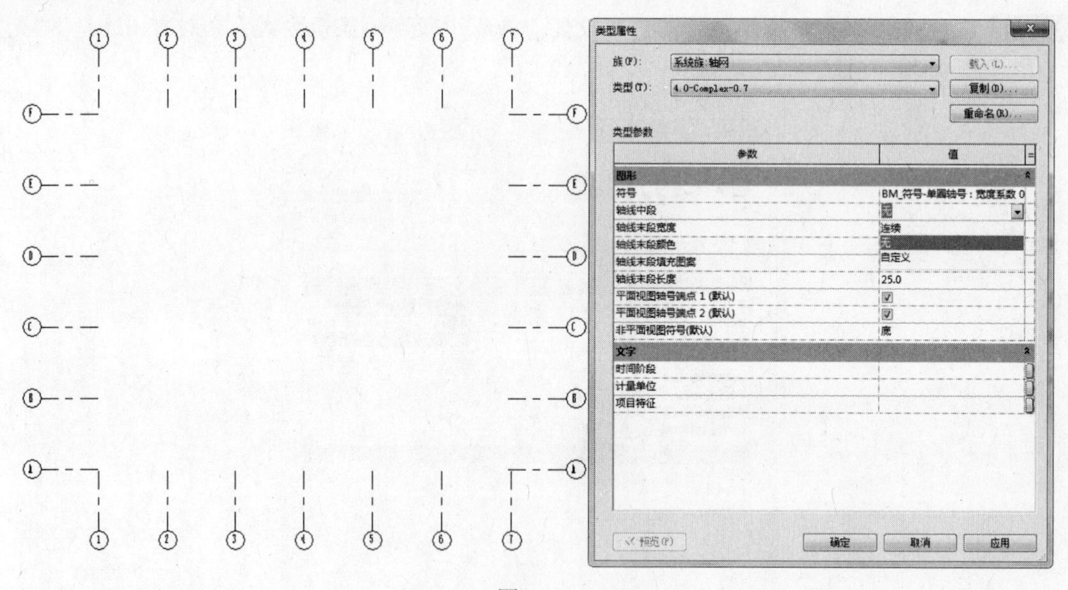

图 2-19

Step 07 将“轴线中段”设置为“自定义”方式，可设置其“轴线中段宽度”“轴线中段颜色”“轴线中段填充图案”“轴线末段宽度”“轴线末段颜色”“轴线末段填充图案”“轴线末段长度”的样式，如图 2-20 所示。

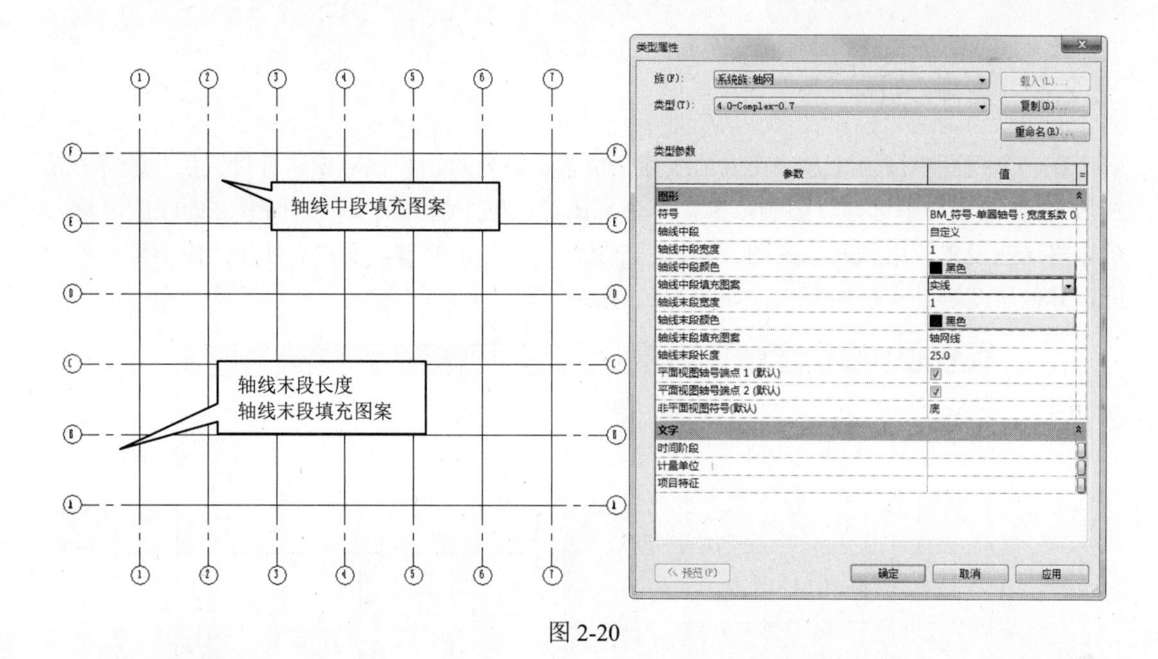

图 2-20

2.2.7 轴号偏移

单击标头附近的“折线符号”和“偏移轴号”，单击“拖曳点”，按住鼠标不放，调整轴号位置，如图 2-21 所示。

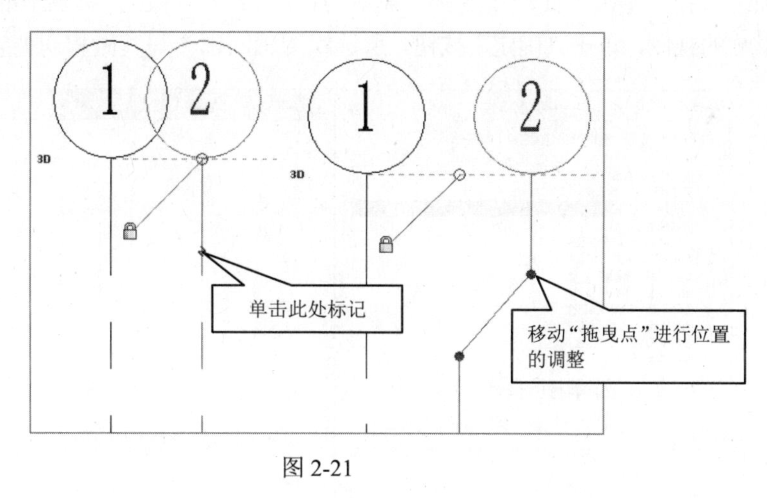

图 2-21

偏移后若要恢复直线状态，按住“拖曳点”到直线上释放鼠标即可。

注意

锁定轴网时要取消偏移，需要选择轴线并取消锁定后，才能移动“拖曳点”。

2.2.8 影响范围

在一个视图中按上述方法完成轴线标头位置、轴号显示和轴号偏移等设置后，选择“轴线”，再在选项栏中选择“影响范围”命令，在对话框中选择需要的平面或立面视图名称，可以将这些设置应用到其他视图。例如，一层做了轴号的修改，而没有使用“影响范围”功能，其他层就不会有任何变化，如图 2-22 所示。

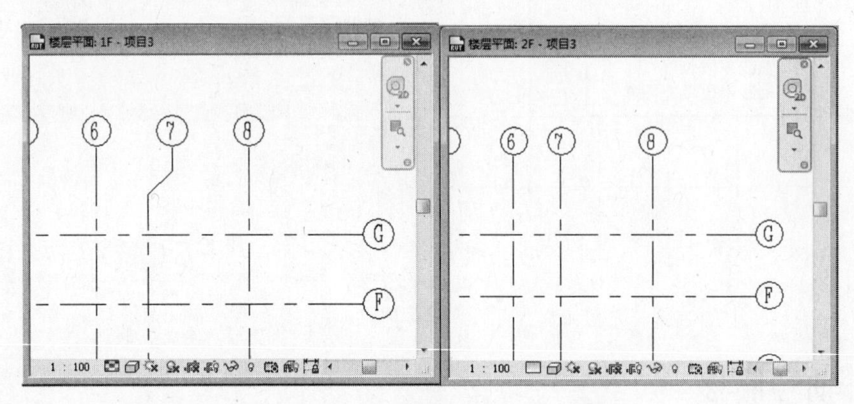

图 2-22

要使其轴网的变化影响到所有标高层，选中一个修改的轴网，此时将自动激活“修改轴网”选项卡。在“基准”面板中选择“影响范围”命令，弹出“影响基准范围”对话框。选择需要影响的视图，单击“确定”按钮，所选视图轴网都会与其做相同调整，如图 2-23 所示。

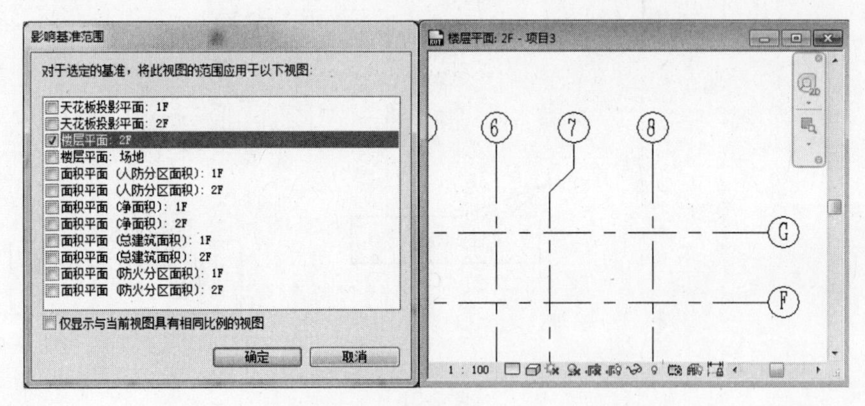

图 2-23

注意

这里推荐的制图流程为先绘制标高，再绘制轴网。这样在立面图中，轴号将显示于最上层的标高上方，这也就决定了轴网在每一个标高的平面视图都可见。

如果先绘制轴网再添加标高，或者是项目过程中新添加了某个标高，则有可能导致轴网在新添加标高的平面视图中不可见。

其原理是：在立面上，轴网在 3D 显示模式下需和标高视图相交，即轴网的基准面与视图平面相交，则轴网在此标高的平面视图可见。如图 2-24 所示，2、4 轴网与 F8 标高未相交，所以它们在 F8 层标高的平面视图不可见。

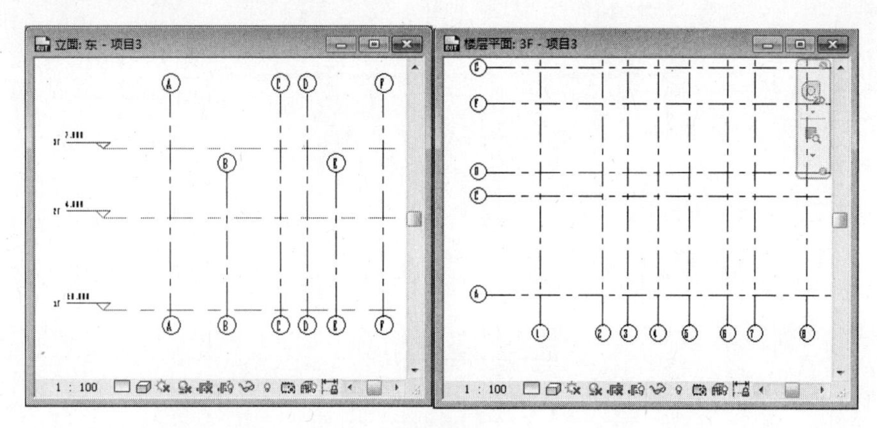

图 2-24

2.3　技术应用技巧

2.3.1　如何一次性解锁所有轴网

这个问题的解决思路可以拓展到一系列类似问题之中，比如如何不通过过滤器快速选择同类型物体，因为过滤器的使用在图元不多的情况下是比较有效的，但是当图元数量过多时，框选后再用过滤器就会严重影响速度。最有代表性的例子就是，将一大块已经分隔好网格线的幕墙一起选中时，我们可以通过以下方式来快速实现同类别图元的选择。

Step 01 选择单根轴线，然后右击选中轴线，如图 2-25 所示，在弹出的菜单中单击“选择全部实例”中的“在视图中可见”或“在整个项目中”。

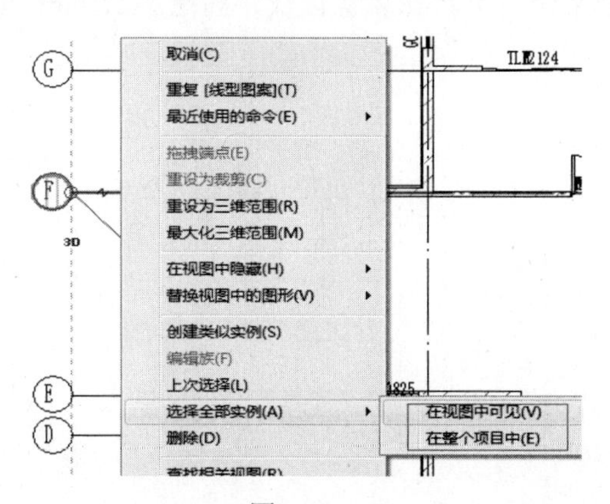

图 2-25

Step 02 选中如图 2-26 所示，然后单击解锁按钮即可实现对所有轴网的解锁。

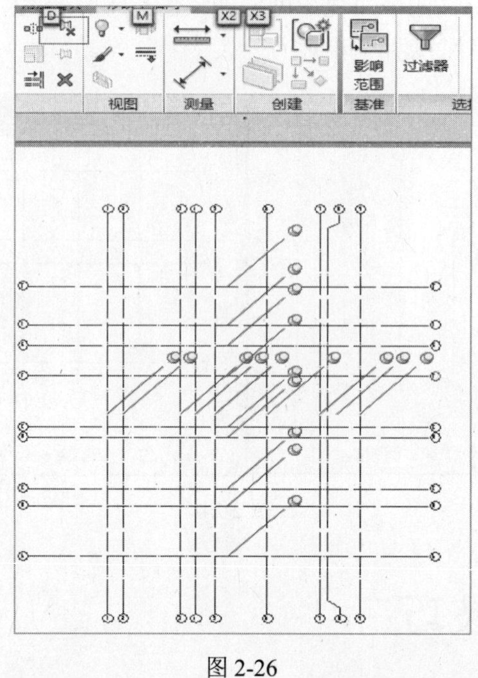

图 2-26

思路拓展：此处我们仅以轴网为例，实际设计过程中我们可以运用这种方法快速选择项目中同类型的门、窗、柱等各种构件。

注意

右下角有一个“选择锁定图元”按钮，当其有一个红叉号时，不能选择锁定图元。

2.3.2 如何批量设置轴网及标高标头 2D、3D 特性符号

Step 01 在绘制有轴网的平面图中打开裁剪区域，如图 2-27 所示。

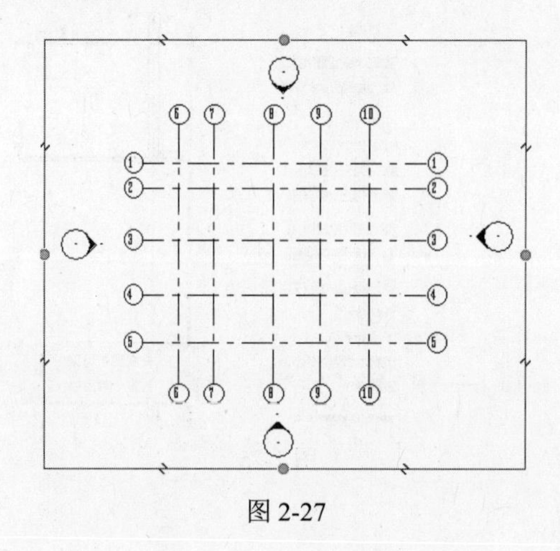

图 2-27

Step 02 将裁剪区域的边缘拖到轴线标头以内，即可将所有经裁剪框裁剪后的轴网的 3D 特性改为 2D，如图 2-28 所示。

Step 03 要将其再次变为 3D，只需将裁剪区域的边框拖到轴线标头以外即可。

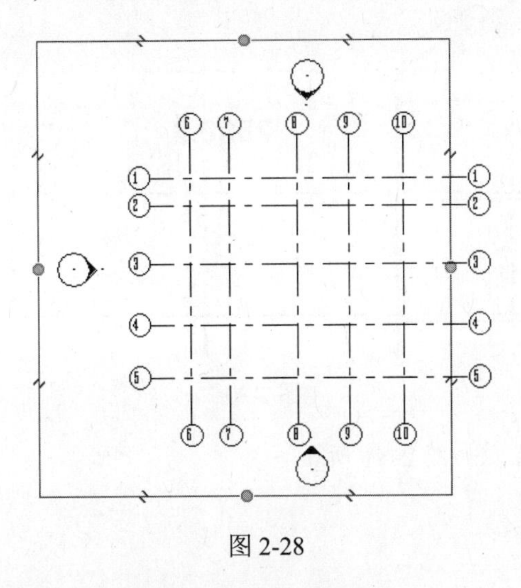

图 2-28

2.3.3　如何快速修改所有标准楼层标高

采用 Revit 尺寸标注特有的均分功能就能快速达到想要的效果。具体步骤如下。

Step 01 锁定最底层标高并进行尺寸标注，如图 2-29 所示。

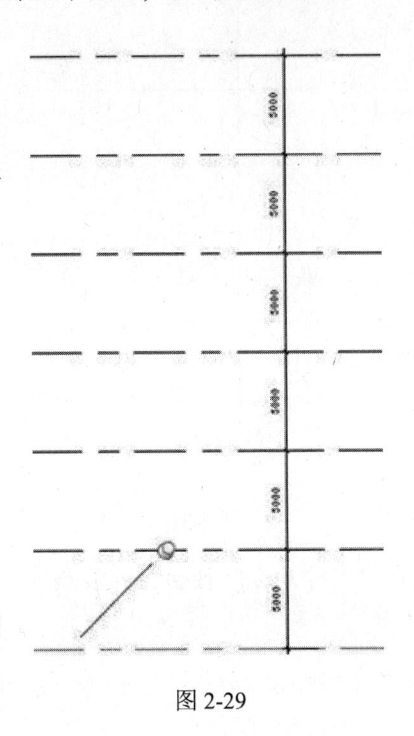

图 2-29

Step 02 修改最顶层标高临时尺寸参数，如图 2-30 所示。

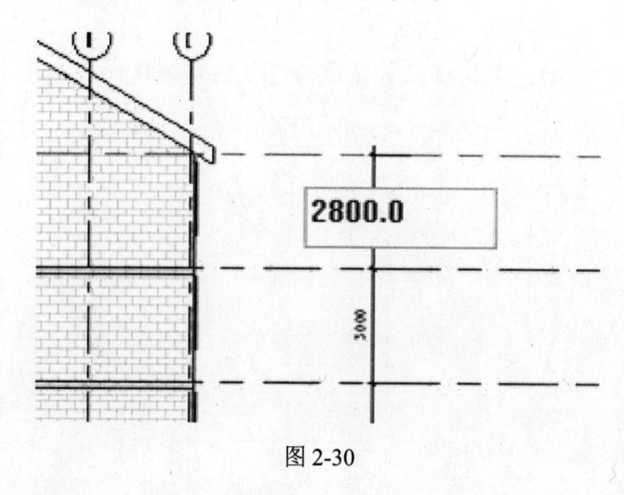

图 2-30

Step 03 锁定修改后的数值，如图 2-31 所示。

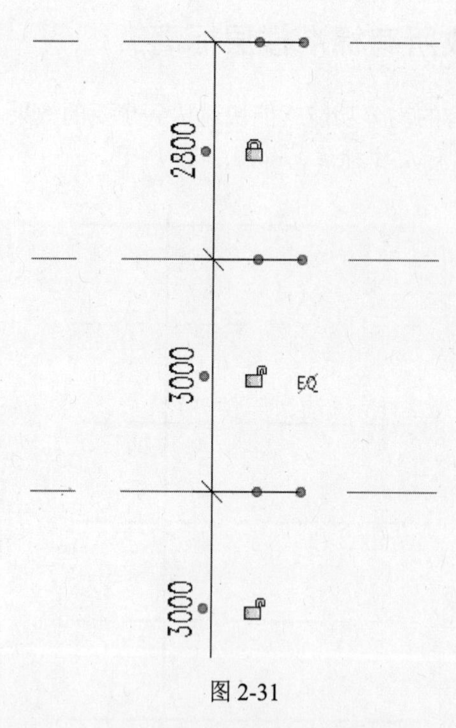

图 2-31

Step 04 单击“尺寸标注”上的“尺寸均分”按钮，效果如图 2-32 所示。

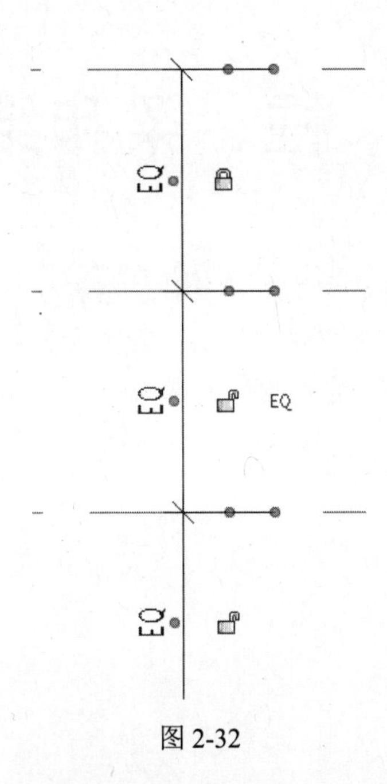

图 2-32

Step 05 这样就将所有楼层的高度调整成所需的标高，如图 2-33 所示。

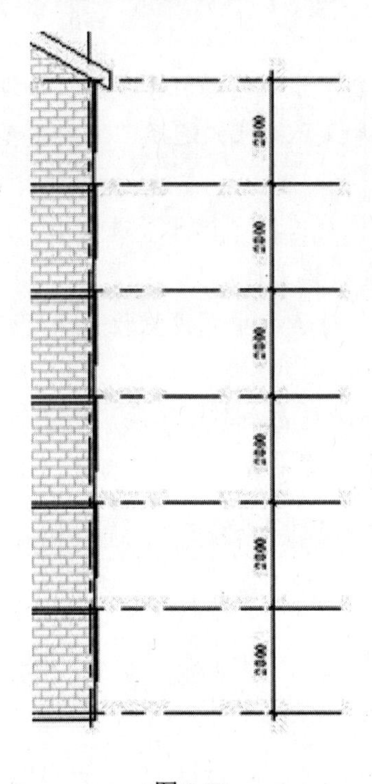

图 2-33

第 3 章　柱、梁和结构构件

概述：本章主要讲述如何创建和编辑建筑柱、结构柱，以及梁、梁系统、结构支架等，使读者了解建筑柱和结构柱的应用方法和区别。根据项目需要，某些时候需要创建结构梁系统和结构支架，比如对楼层净高产生影响的大梁等。大多数时候可以在剖面上通过二维填充命令来绘制梁剖面，示意即可。

3.1　柱的创建

3.1.1　结构柱

1．添加结构柱

Step 01 单击“建筑”选项卡下“构建”面板中的“柱”下拉按钮，在弹出的下拉列表中选择“结构柱”选项。

Step 02 从类型选择器中选择适合尺寸规格的柱子类型，如没有则单击“类型属性”按钮，弹出“类型属性”对话框，编辑柱子属性，选择“编辑类型|复制”命令，创建新的尺寸规格，修改长度、宽度尺寸参数。

Step 03 如没有需要的柱子类型，则选择“插入”选项卡，从“从库中载入”面板的“载入族”工具中打开相应族库进入载入族文件。

Step 04 在结构柱的“类型属性”对话框中，设置柱子高度尺寸（深度/高度、标高/未连接、尺寸值）。

Step 05 单击“结构柱”，使用轴网交点命令（单击“放置结构柱>在轴网交点处”），从右下向左上交叉框选轴网的交点，单击“完成”按钮，如图 3-1 所示。

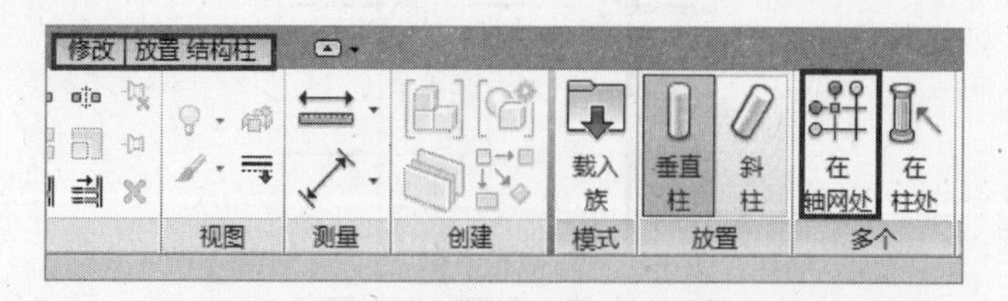

图 3-1

2．编辑结构柱

通过柱的属性可以调整柱子基准、顶部标高、底部标高、顶部偏移、底部偏移，柱顶（低）

是否随轴网移动，此柱是否设置为房间边界及柱子的材质，单击“编辑类型”按钮，在弹出的“类型属性”对话框中设置长度、宽度参数，如图 3-2 所示。

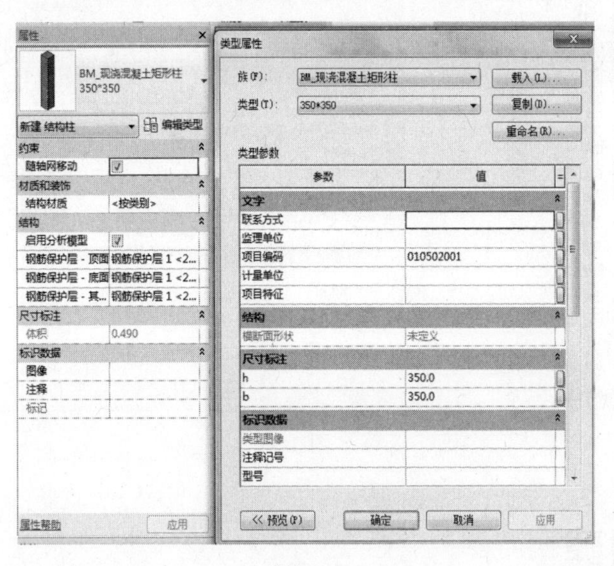

图 3-2

3.1.2　建筑柱

1. 添加建筑柱

从类型选择器中选择适合尺寸、规格的建筑柱类型，如没有则单击“图元属性”按钮，弹出“属性”对话框，编辑柱子属性，选择“编辑类型|复制”命令，创建新的尺寸规格，修改长度、宽度尺寸参数。

如没有需要的柱子类型，则选择“插入”选项卡，从“从库中载入”面板的“载入族”工具中打开相应族库进入载入族文件，单击插入点插入柱子。

2. 编辑建筑柱

同结构柱，通过柱的属性可以调整柱子基准、顶部标高、底部标高、顶部偏移、底部偏移，是否随轴网移动，此柱是否设置为房间边界，单击“编辑类型”按钮，在弹出的“类型属性”对话框中设置柱子的图形、材质和装饰、尺寸标注的设置，如图 3-3 所示。

提示

建筑柱的属性与墙体相同，修改粗略比例填充样式只能影响没有与墙相交的建筑柱。

建议

建筑柱适用于砖混结构中的墙垛、墙上突出等结构。

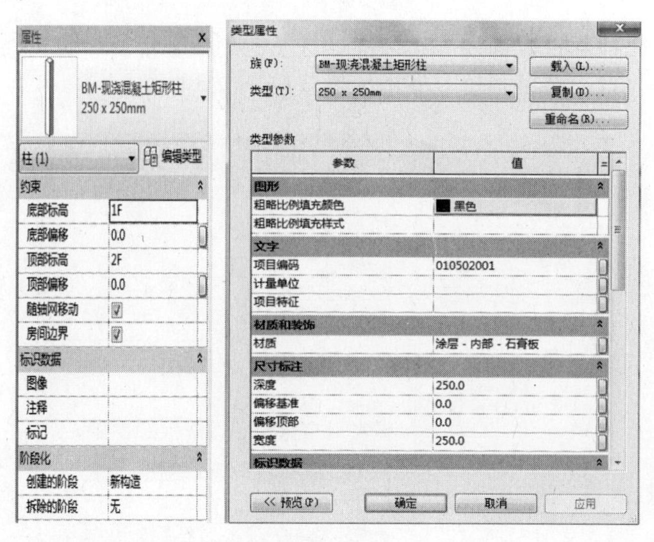

图 3-3

3.2 梁的创建

3.2.1 常规梁

Step 01 选择“结构”选项卡，单击“结构”面板中的“梁”按钮，从属性栏的下拉列表中选择需要的梁类型，如没有，可从库中载入。

Step 02 在选项栏中选择梁的放置平面，从“结构用途”下拉列表中选择梁的结构用途或让其处于自动状态，结构用途参数可以包括在结构框架明细表中，这样用户便可以计算大梁、托梁、檩条和水平支撑的数量。

Step 03 使用“三维捕捉”选项，通过捕捉任何视图中的其他结构图元，可以创建新梁，这表示用户可以在当前工作平面之外绘制梁和支撑。例如，在启用了三维捕捉后，不论高程如何，屋顶梁都将捕捉到柱的顶部。

Step 04 要绘制多段连接的梁，可勾选选项栏中的“链”复选框，如图 3-4 所示。

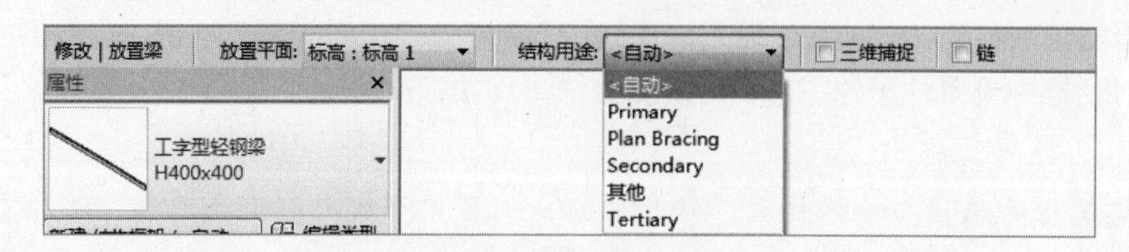

图 3-4

Step 05 单击起点和终点来绘制梁，当绘制梁时，鼠标会捕捉其他结构构件。

Step 06 也可使用“轴网”命令，拾取轴网线或框选、交叉框选轴网线，单击“完成”按钮，系统自动在柱、结构墙和其他梁之间放置梁。

3.2.2 梁系统

结构梁系统可创建多个平行的等距梁，这些梁可以根据设计中的修改进行参数化调整，如图 3-5 所示。

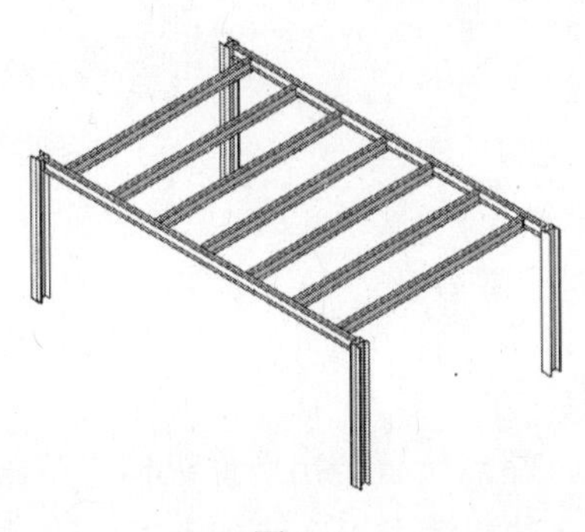

图 3-5

Step 01 打开一个平面视图，选择“结构”选项卡，在“结构”面板中单击“梁系统”按钮，进入定义梁系统边界草图模式。

Step 02 选择“绘制”中“边界线”“拾取线”或“拾取支座”命令，拾取结构梁或结构墙，并锁定其位置，形成一个封闭的轮廓作为结构梁系统的边界，如图 3-6 所示。

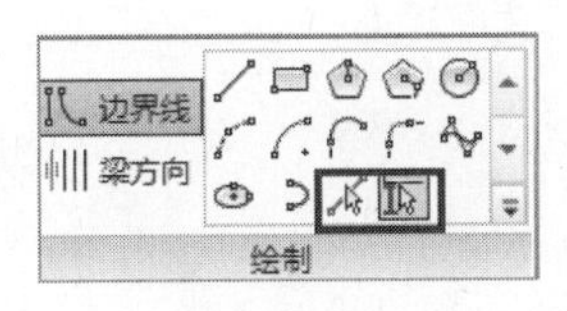

图 3-6

Step 03 也可以用“线”绘制工具，绘制或拾取线条作为结构梁系统的边界。

Step 04 如要在梁系统中剪切一个洞口，可用“线”绘制工具在边界内绘制封闭洞口轮廓。

Step 05 绘制完边界后，可以用“梁方向边缘”命令选择某边界线作为新的梁方向。默认情况下，拾取的第一个支撑或绘制的第一条边界线为梁方向，如图 3-7 所示。

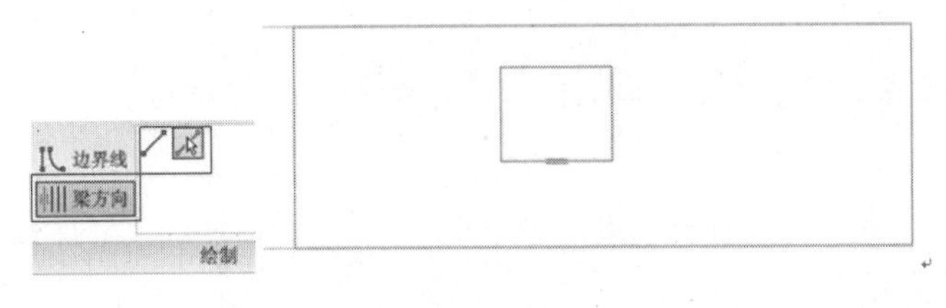

图 3-7

Step 06 单击“梁系统属性”按钮，设置此系统梁在立面的偏移值，在三维视图中显示该构件，设置其布局规则，以及按设置的规则确定相应数值，梁的对齐方式及选择梁的类型，如图 3-8 所示。

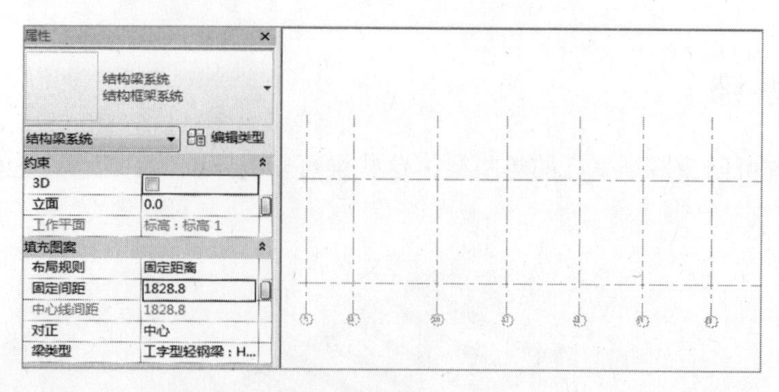

图 3-8

3.2.3 编辑梁

（1）操纵柄控制：选择梁，端点位置会出现操纵柄，用鼠标拖曳调整其端点位置。

（2）属性编辑：选择梁，自动激活上下文选项卡“修改 结构框架”，在“属性”面板中修改其实例、类型参数，可改变梁的类型与显示。

提示

如果梁的一端位于结构墙上，则“梁起始梁洞”和“梁结束梁洞”参数将显示在“图元属性”对话框中；如果梁是由承重墙支撑的，则启用该复选框。选择后，梁图形将延伸到承重墙的中心线。

3.3 添加结构支撑

可以在平面视图或框架立面视图中添加支架，支架会将其自身附着到梁和柱，并根据建筑设计中的修改进行参数化调整。

Step 01 打开一个框架立面视图或平面视图，选择“结构”选项卡，然后选择“结构”面板中的“支撑”命令。

Step 02 从类型选择器的下拉列表中选择需要的支撑类型，如没有可从库中载入。

Step 03 拾取放置起点、终点位置，放置支撑，如图 3-9 所示。

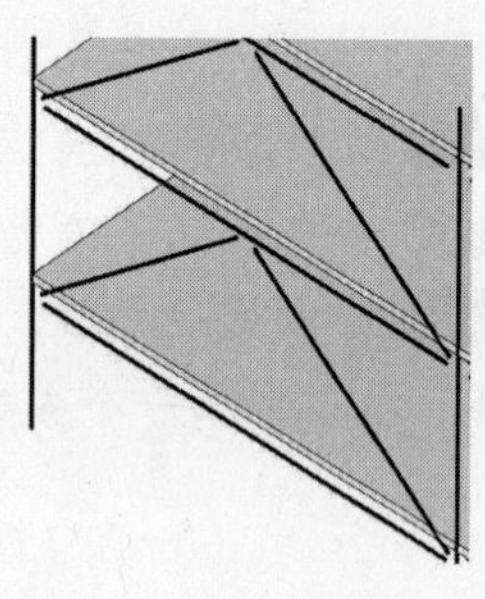

图 3-9

注意

由于软件默认的详细程度为粗略，绘制的支撑显示为单线，将详细程度改为精确就会显示有厚度的支撑。

Step 04 选择支架，自动激活上下文选项卡“修改 结构框架”，然后单击“图元”面板中的“类型属性”按钮，弹出“类型属性”对话框，修改其实例、类型参数。

3.4　技术应用技巧

3.4.1　如何在柱子外面做涂层

Step 01 在制作柱时，为族加入“涂层”模型。使用“公制结构柱.rft”族样板建立结构柱族，单击“管理”菜单中的“对象样式”按钮，弹出“对象样式”对话框，在该对话框中为结构柱新建字类别，并命名为“涂层”，设置“涂层”的子类别特性，如图 3-10 所示。

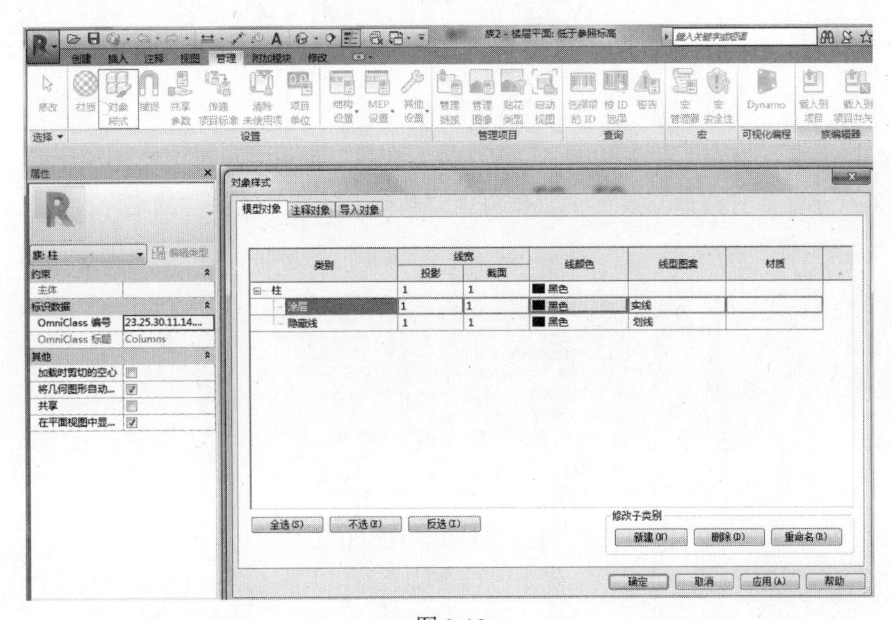

图 3-10

Step 02 使用“实心拉伸”建模工具建柱模型后，再次使用“实心拉伸”建模工具，在柱外侧建立涂层模型，其拉伸草图如图 3-11 所示。

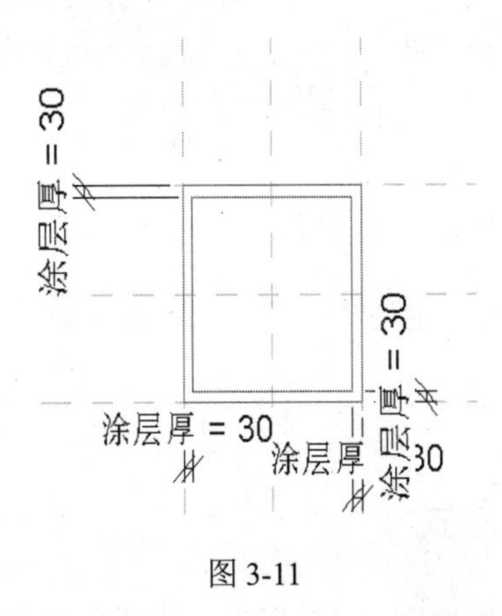

图 3-11

Step 03 在拉伸图元属性对话框中，设置拉伸所属的子类别为“涂层”，如图 3-12 所示

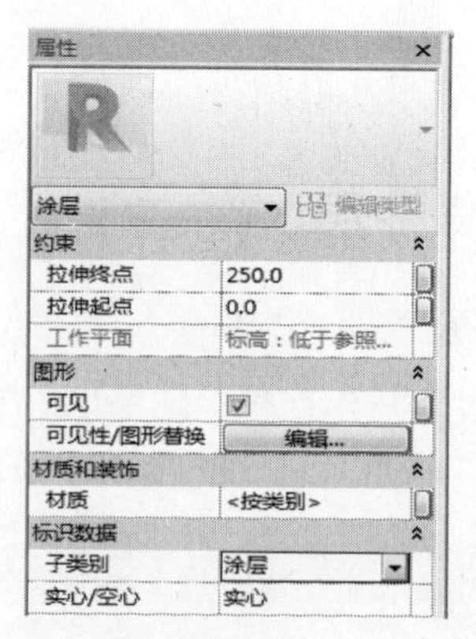

图 3-12

Step 04 选择涂层拉伸，单击选项栏中“可见性”按钮，弹出“族图元可见性设置”对话框，如图 3-13 所示。在“详细程度”中，仅勾选“精细”选项，单击“确定”按钮完成可见性设置。

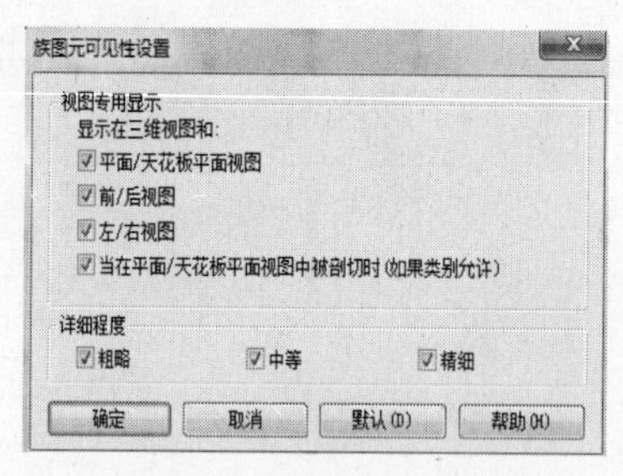

图 3-13

Step 05 在项目中应用该结构柱时，若视图详细程度设置为“精细”，则该结构柱截面显示如图 3-14(a)所示，当视图详细程度设置为“中等”或者“粗略”时，该结构柱截面显示如图 3-14(b)所示。

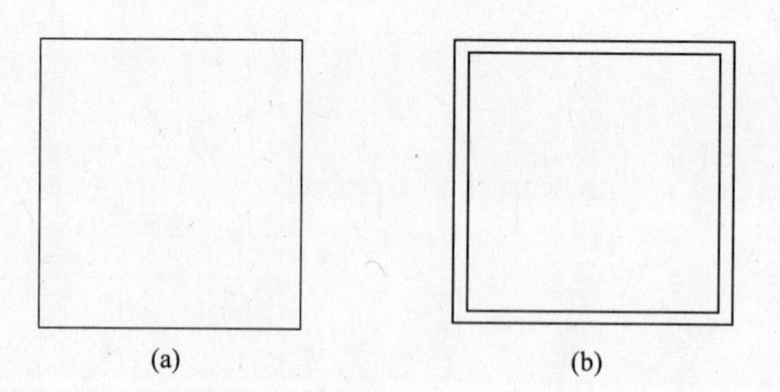

图 3-14

3.4.2 编辑梁的连接方式

在绘制梁时，系统自动连接如图 3-15 所示，为了能让相交处正确显示，需进行梁的连接编辑。

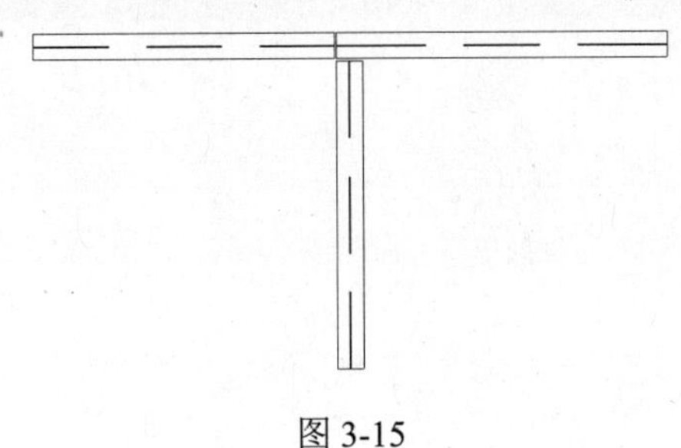

图 3-15

Step 01 首先使用“修改”选项卡“几何图形”面板“梁/柱连接”按钮 ，将各梁进行连接，如图 3-16 所示。

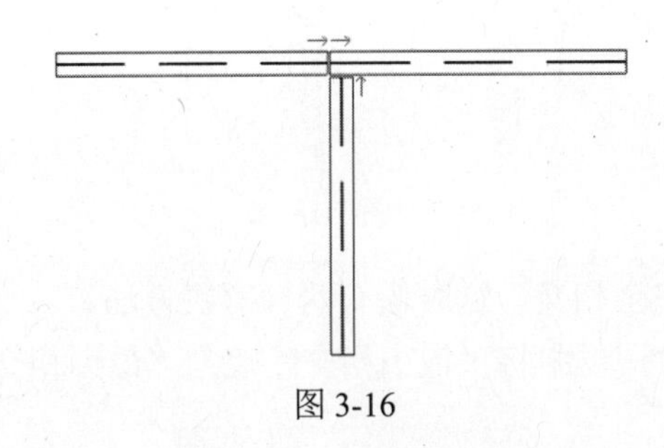

图 3-16

Step 02 点击图中所示的箭头，即可将各个梁连接为需要的方式，如图 3-17 所示。

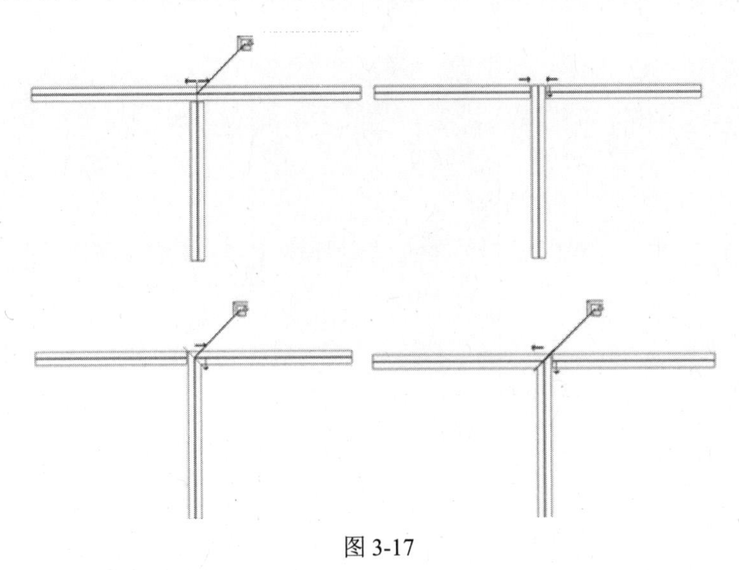

图 3-17

3.4.3　使柱子附着于屋顶

绘制完结构柱后想要使其附着到屋顶上，这时大家可能会选择把柱子顶部拉上去或者选择“附着顶部/底部”命令。但是这样会出现一种情况，如图 3-18 所示。

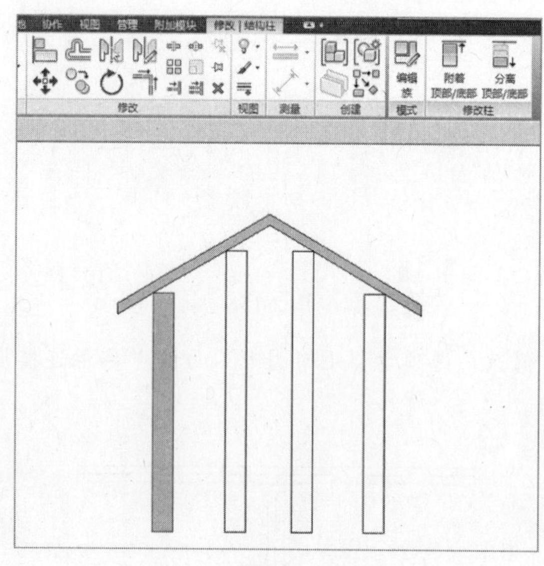

图 3-18

此时柱子并未与屋顶完全相交，这时候有两种解决方法。

方法一：在“属性”对话框中将“最小相交”改为“最大相交”即可，如图 3-19 所示。

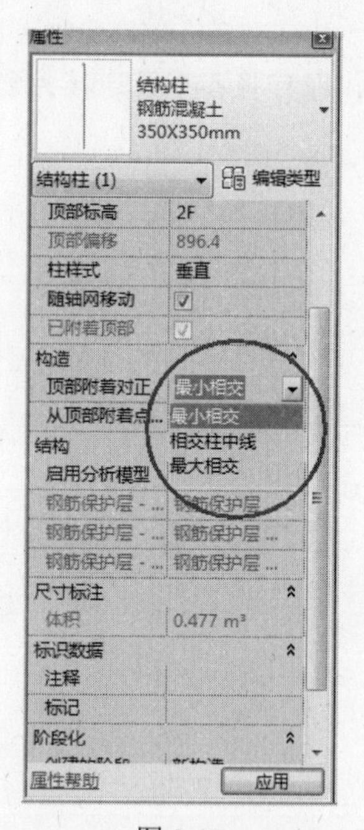

图 3-19

方法二：在使用“附着顶部/底部”命令时，先不要选择屋顶，在图 3-20 位置处将“附着对正”选项中“最小相交”改成“最大相交”即可。最终效果如图 3-21 所示。

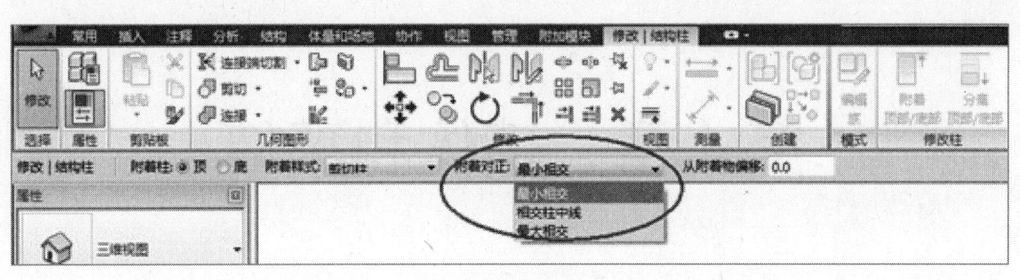
常用
插入
注释
分析
结构
体量和场地
协作
视图
管理
附加模块
修改 | 结构柱
选择
属性
剪贴板
几何图形
视图
测量
创建
模式
修改柱
修改 | 结构柱
附着柱: 顶 底
附着样式: 剪切柱
附着对正: 最小相交
从附着物偏移: 0.0
最小相交
相交柱中线
最大相交
属性
三维视图

图 3-20

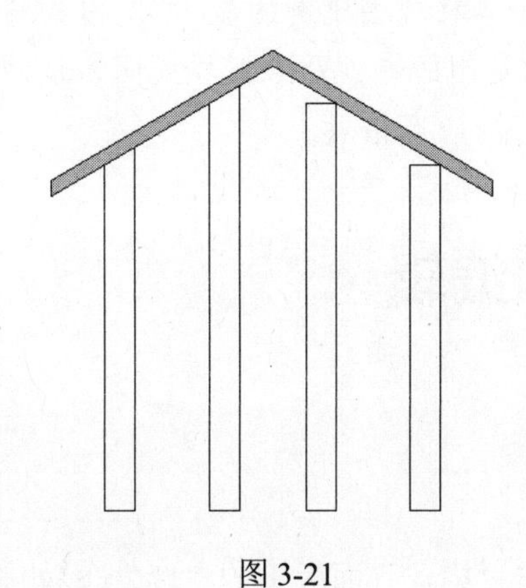

图 3-21

第4章　墙体和幕墙

概述：在墙体绘制时需要综合考虑墙体的高度，构造做法，立面显示及墙身大样详图，图纸的粗略、精细程度的显示（各种视图比例的显示），内外墙体区别等。幕墙作为墙的一种类型，幕墙嵌板具备的可自由定制的特性及嵌板样式同幕墙网格的划分之间的自动维持边界约束的特点，使幕墙具有很好的应用拓展。

4.1　墙体的绘制和编辑

4.1.1　一般墙体

1. 绘制墙体

选择“建筑”选项卡，单击“构建”面板下的“墙”下拉按钮，可以看到有建筑墙、结构墙、面墙、墙饰条、分隔条共5种类型可供选择。结构墙为创建承重墙和抗剪墙时使用；在使用体量面或常规模型时选择面墙；墙饰条和分隔条的设置原理相同，详见4.3节。

从类型选择器中选择“建筑墙”类型，必要时可单击“图元属性”按钮，在弹出的对话框中编辑墙属性，使用复制的方式创建新的墙类型。

设置墙高度、定位线、偏移值、半径、墙链，选择直线、矩形、多边形、弧形墙体等绘制方法进行墙体的绘制。

在视图中拾取两点，直接绘制墙线，如图4-1所示。

图4-1

> **注意**
> 顺时针绘制墙体，因为在Revit中有内墙面和外墙面的区别。

2. 拾取命令生成墙体

如果有导入的二维.dwg平面图作为底图，可以先选择墙类型，设置好墙的高度、定位线链、偏移量、半径等参数后，选择“拾取线/边”命令，拾取.dwg平面图的墙线，自动生成Revit墙体。也可以通过拾取面生成墙体，主要应用在体量的面墙生成。

3．编辑墙体

1）墙体图元属性的修改

选择墙体，自动激活“修改 墙”选项卡，单击“图元”面板下的“图元属性”按钮，弹出墙体“属性”对话框。

2）修改墙的实例参数

通过墙的实例参数可以设置所选择墙体的定位线、高度、基面和顶面的位置及偏移、结构用途等特性，如图 4-2 所示。

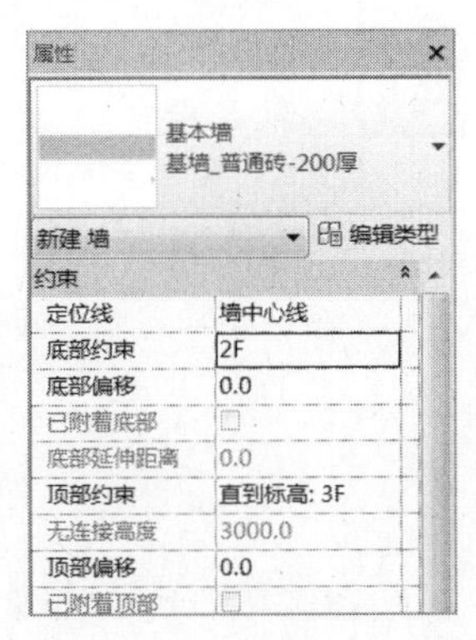

图 4-2

建议

墙体与楼板屋顶附着时设置顶部偏移，偏移值为楼板厚度，可以解决楼面三维显示时看到墙体与楼板交线的问题。

4．设置墙的类型参数

（1）通过墙的类型参数可以设置不同类型墙的粗略比例填充样式、墙的结构、材质等，如图 4-3 所示。

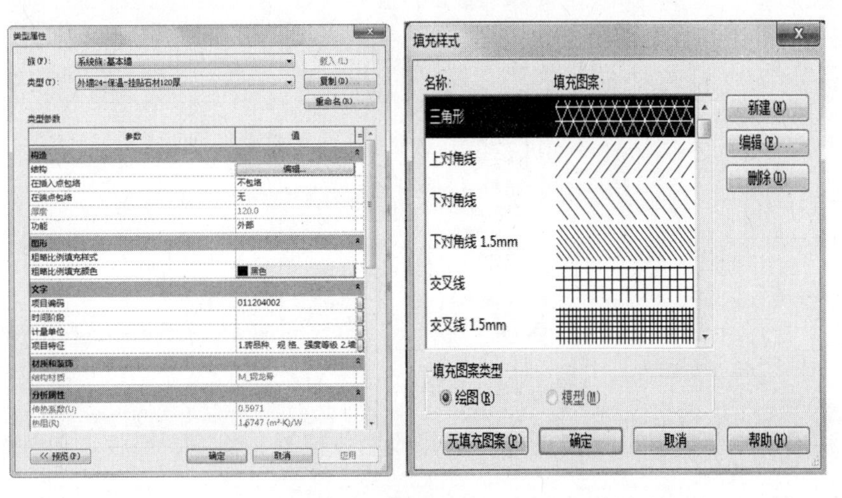

图 4-3

单击图元在“属性”中“结构”对应的“编辑”按钮，弹出“编辑部件”对话框，如图 4-4 所示。墙体构造层厚度及位置关系（可利用“向上”“向下”按钮调整）可以由用户自行定义。注意，绘制墙体的定位有“核心面: 外部 / 核心面: 内部”的选项。

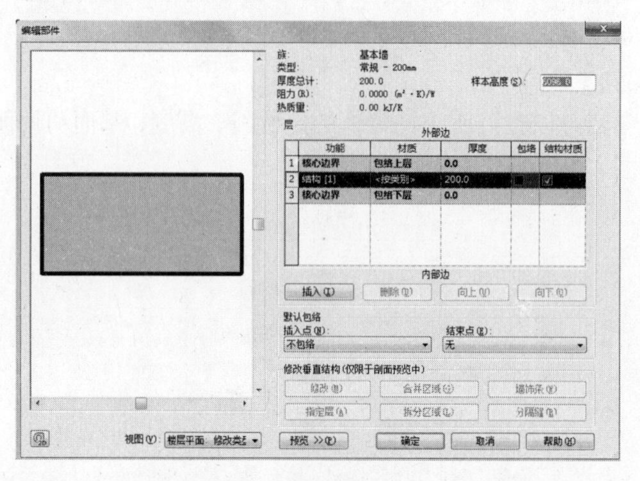

图 4-4

系统对视图详细程度的设置：在绘图区域右击，在弹出的快捷菜单中选择“视图属性”命令，弹出“属性”对话框，如图 4-5 所示。

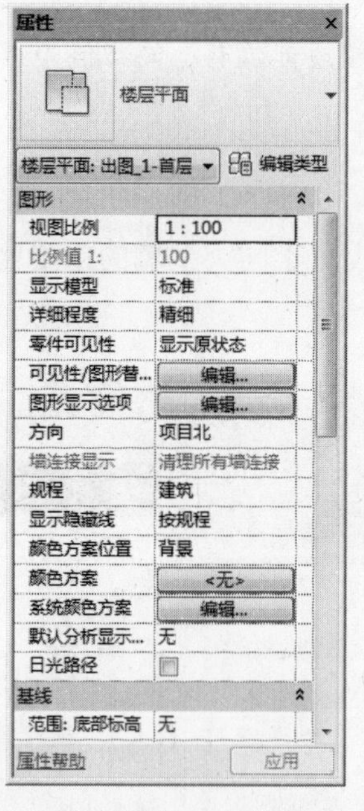

图 4-5

（2）利用尺寸驱动、鼠标拖曳控制柄修改墙体位置、长度、高度、内外墙面等，如图 4-6 所示。

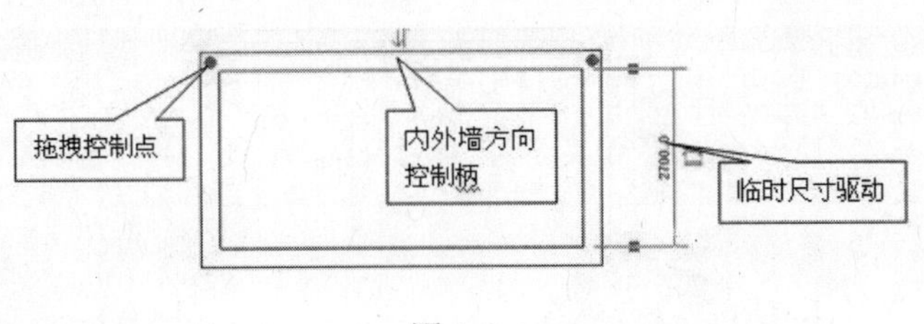

图 4-6

（3）移动、复制、旋转、阵列、镜像、对齐、拆分、修剪、偏移等，所有常规的编辑命令同样适用于墙体的编辑，选择墙体，在“修改 | 墙”选项卡的“修改”面板中选择命令进行编辑。

（4）编辑立面轮廓。选择墙体，自动激活“修改 | 墙”选项卡，单击“修改墙”面板下的（编辑轮廓）按钮，如在平面视图进行此操作，此时弹出“转到视图”对话框，选择任意立面进行操作，进入绘制轮廓草图模式。在立面上用“线”绘制工具绘制封闭轮廓，单击“完成绘制”按钮可生成任意形状的墙体，如图 4-7 所示。

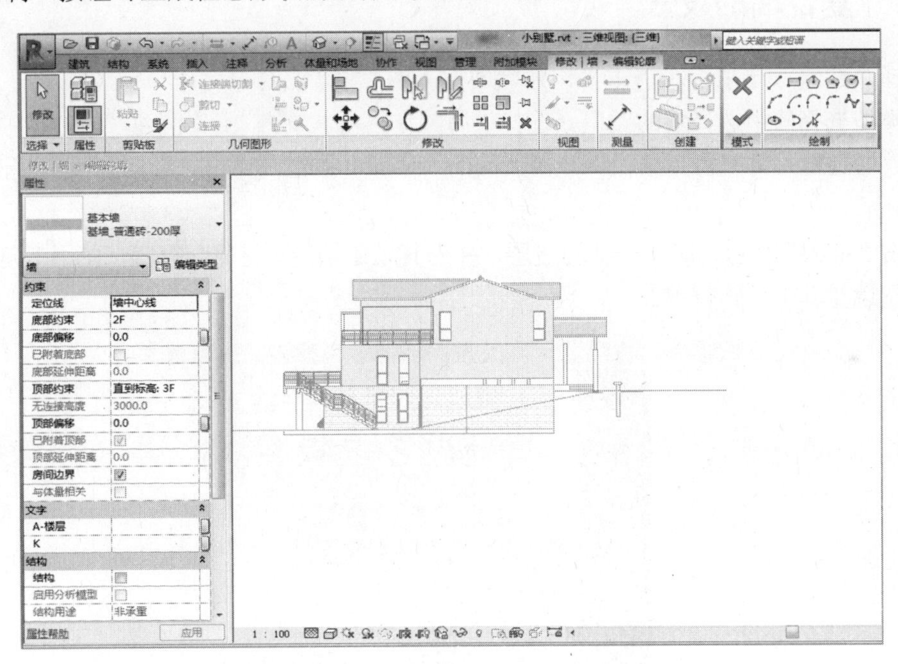

图 4-7

同时，如需一次性还原已编辑过轮廓的墙体，选择墙体，单击“重设轮廓”按钮，即可实现。

（5）附着/分离。选择墙体，自动激活“修改|墙”选项卡，单击“修改墙”面板下的“附着”按钮，然后拾取屋顶、楼板、天花板或参照平面，可将墙连接到屋顶、楼板、天花板、参照平面上，墙体形状自动发生变化。单击“分离”按钮，可将墙从屋顶、楼板、天花板、参照平面上分离开，墙体形状恢复原状，如图 4-8 所示。

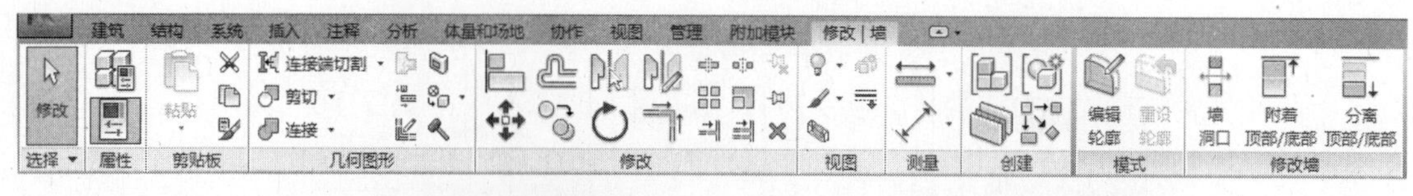

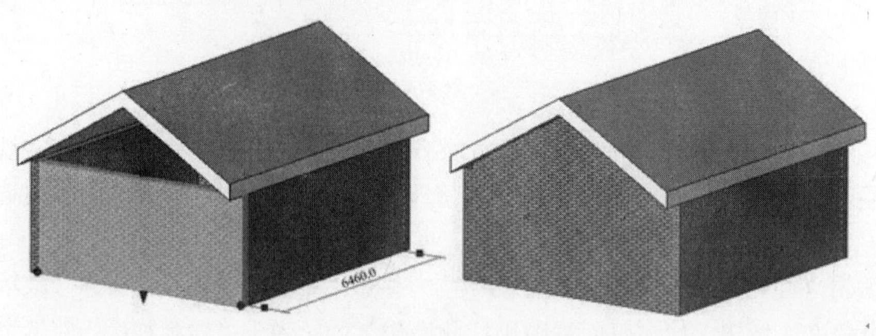

图 4-8

4.1.2 复合墙的设置

选择“建筑”选项卡，单击“构建”面板下的“墙”按钮。

从类型选择器中选择墙的类型，选择“属性”面板，单击“编辑类型”按钮，弹出“类型属性”对话框，再单击“结构”参数后面的“编辑”按钮，弹出“编辑部件”对话框，如图 4-9 所示。

单击“插入”按钮，添加一个构造层，并为其指定功能、材质、厚度，使用“向上”“向下”按钮调整其上、下位置。

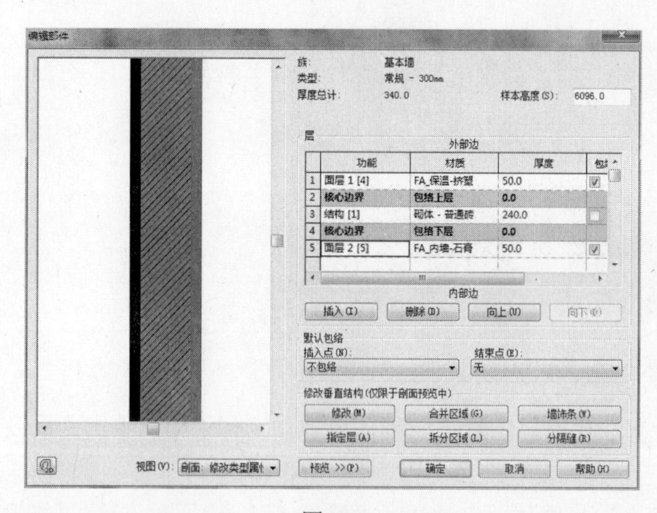

图 4-9

单击“修改垂直结构”选项区域的“拆分区域”按钮，将一个构造层拆为上、下 n 个部分，用“修改”命令修改尺寸及调整拆分边界位置，原始的构造层厚度值变为“可变”。

在“图层”中插入 n–1 个构造层，指定不同的材质，厚度为 0。

单击其中一个构造层，用“指定层”在左侧预览框中单击拆分开的某个部分指定给该图层。用同样的操作设置完所有图层即可实现一面墙在不同的高度有几个材质的要求，如图 4-10 所示。

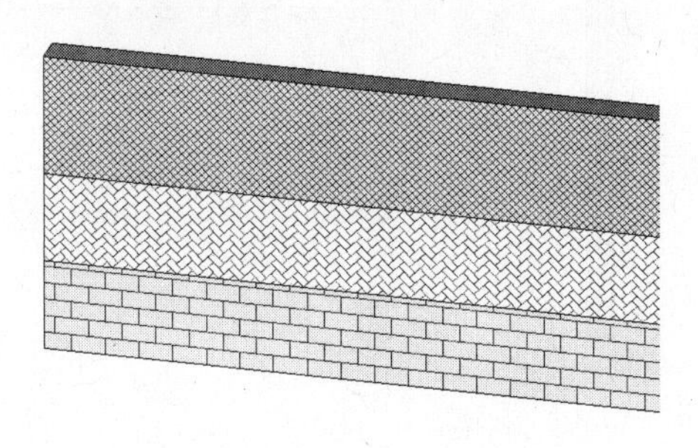

图 4-10

单击“墙饰条”按钮，弹出“墙饰条”对话框，添加并设置墙饰条的轮廓，如需新的轮廓，可单击“载入轮廓”按钮，从库中载入轮廓族，单击“添加”按钮添加墙饰条轮廓，并设置其高度、放置位置（墙体的顶部、底部，内部、外部）、与墙体的偏移值、材质及是否剪切等，如图 4-11 所示。

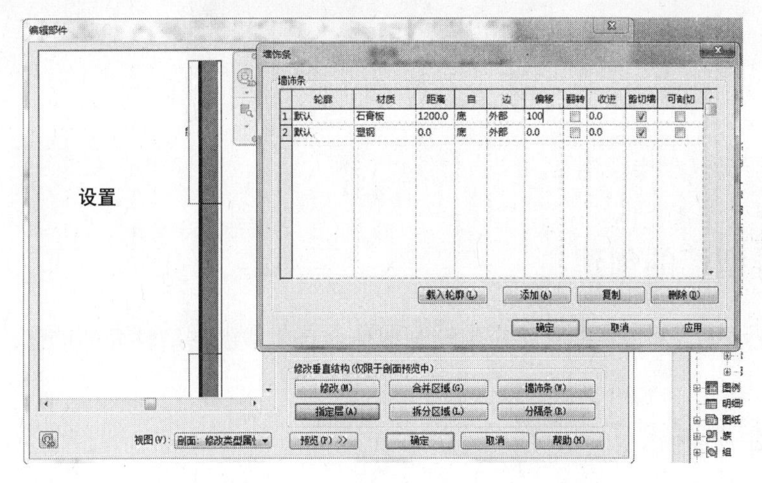

图 4-11

4.1.3　叠层墙的设置

选择“建筑”选项卡，单击“构建”面板下的“墙”按钮，从类型选择器中选择。例如，“叠层墙：外部—带金属立柱的砌块上的砖”类型，单击“图元”面板下的“图元属性”按钮，弹出“实例属性”对话框，单击“编辑类型”按钮，弹出“类型属性”对话框，再单击“结构”后的“编辑”按钮，弹出“编辑部件”对话框，如图 4-12 所示。

叠层墙是一种由若干个不同子墙（基本墙类型）相互堆叠在一起而组成的主墙，可以在不同的高度定义不同的墙厚、复合层和材质，如图 4-13 所示。

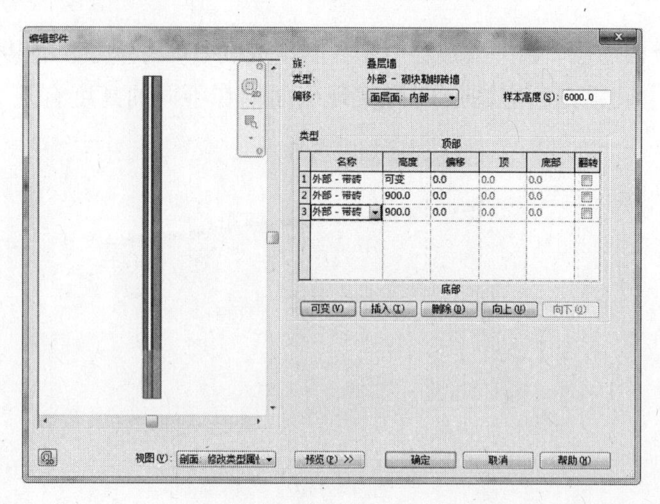

图 4-12

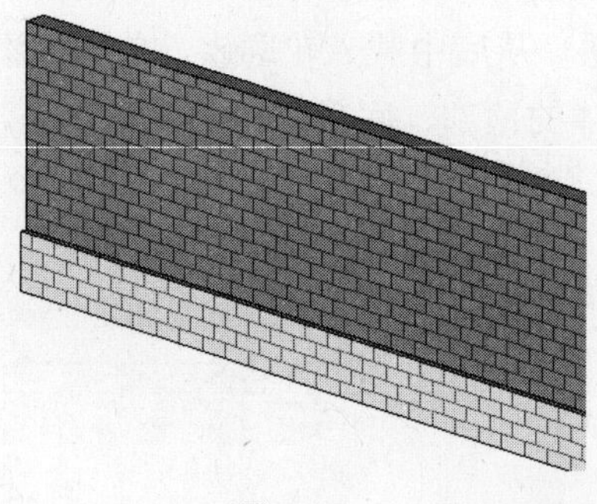

图 4-13

4.1.4 异型墙的创建

所谓异型墙体，就是不能直接应用绘制墙体命令生成的造型特异的墙体，如倾斜墙、扭曲墙。

1. 体量生成面墙

Step 01 选择“体量和场地”选项卡，在“概念体量”面板中单击“内建体量”或“放置体量”工具，创建所需体量，使用“放置体量”工具创建斜墙，如图 4-14 所示。

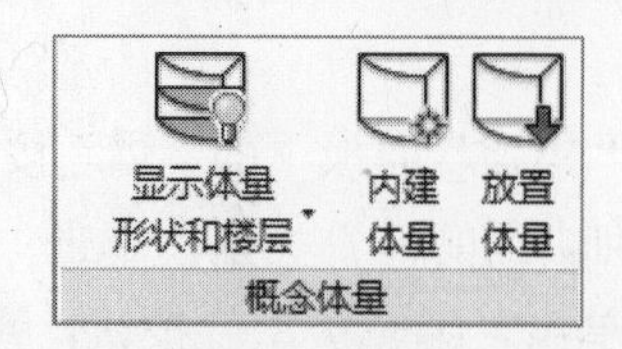

图 4-14

Step 02 单击“放置体量”工具，如果项目中没有现有体量族，可从库中载入现有体量族，在“放置”面板上确定体量的放置面，“放置在面上”项目中至少有一个构件，需要拾取构件的任意“面”放置体量，“放置在工作平面上”命令用于实现放置在任意平面或工作平面上，如图 4-15 所示。

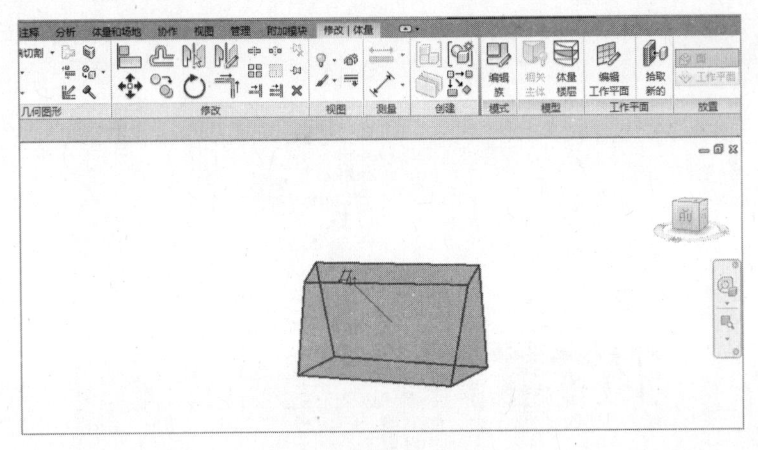

图 4-15

Step 03 放置好体量，单击“体量和场地”面板中“面模型”下拉按钮，单击“墙”工具，自动激活“放置 墙”选项卡，如图 4-16 所示，设置所放置墙体的基本属性，选择墙体类型、墙体属性的设置、放置标高、定位线等。

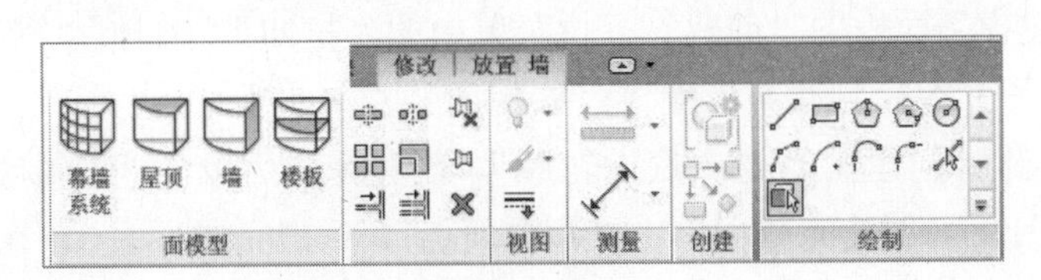

图 4-16

将鼠标光标移动到体量任意面，单击，确定放置。

Step 04 单击“概念体量”面板 显示体量形状和楼层 工具，控制体量的显示与关闭，如图 4-17 所示。

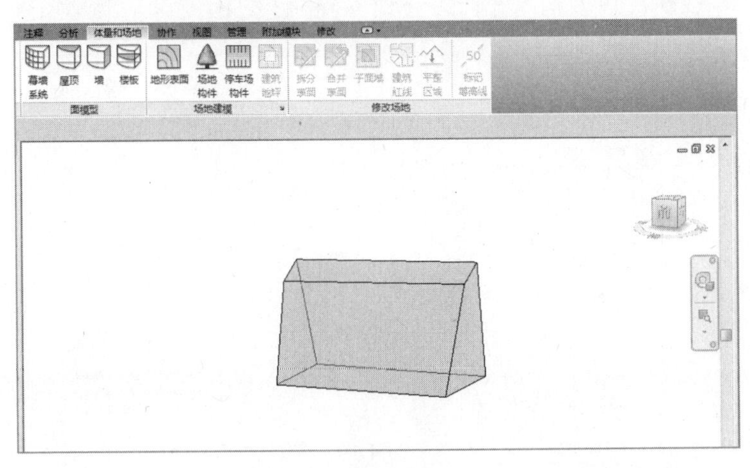

图 4-17

2. 内建族创建异形墙体

选择“建筑”选项卡，在“构建”面板下的“构件”下拉菜单中选择“内建模型”命令，在弹出的“族类别和族参数”对话框中选择“墙”选项，然后单击“确定”按钮，如图 4-18 所示。

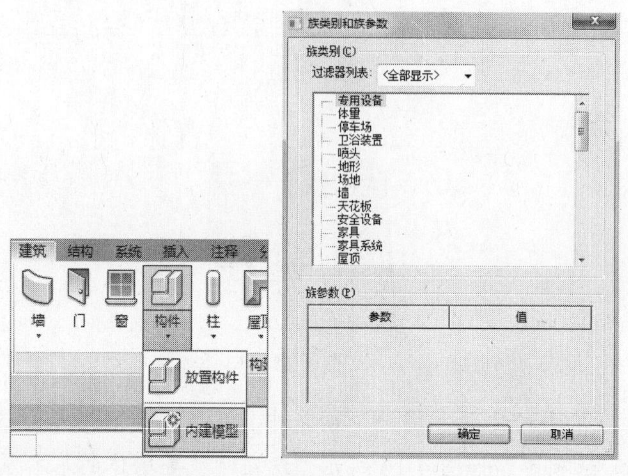

图 4-18

使用“在位建模”面板中“创建”下拉菜单中的“拉伸”“融合”“旋转”“放样”“放样融合”“空心形状”命令来创建异形墙体，如使用融合来实现。

首先，在一层标高 1 里边创建“底面轮廓”，创建完成后单击“编辑底部”，单击二层标高 2 创建“顶面轮廓”，创建完成后单击“编辑顶点”，单击完成后去 3D 图中完成立体图形。同时还可以给此墙族添加相应参数，如材质（此墙体没有构造层可设置，只是单一的材质）、尺寸等，如图 4-19 所示。

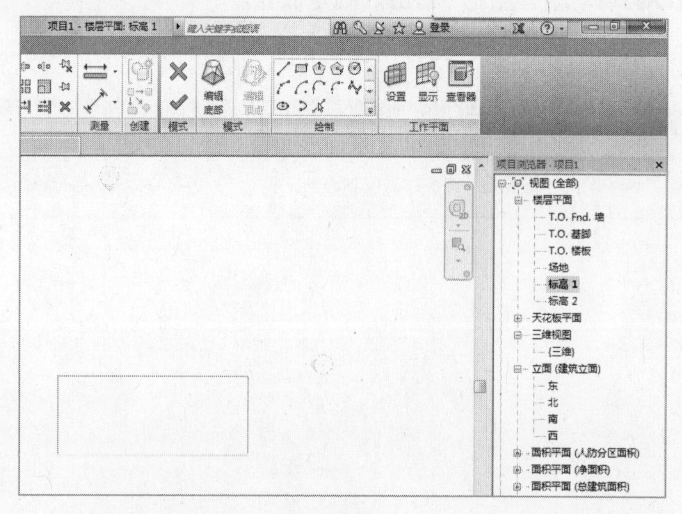

图 4-19

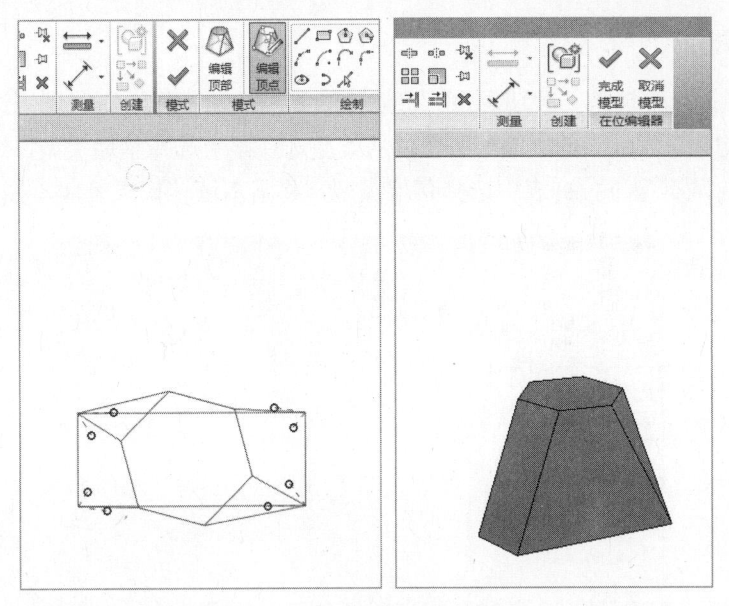

图 4-19（续）

4.2　幕墙和幕墙系统

幕墙在软件中属于墙的一种类型，由于幕墙和幕墙系统在设置上有相同之处，所以本书将它们合并为一个小节进行讲解。

4.2.1　幕墙

幕墙默认有 3 种类型：店面、外部玻璃、幕墙，如图 4-20 所示。

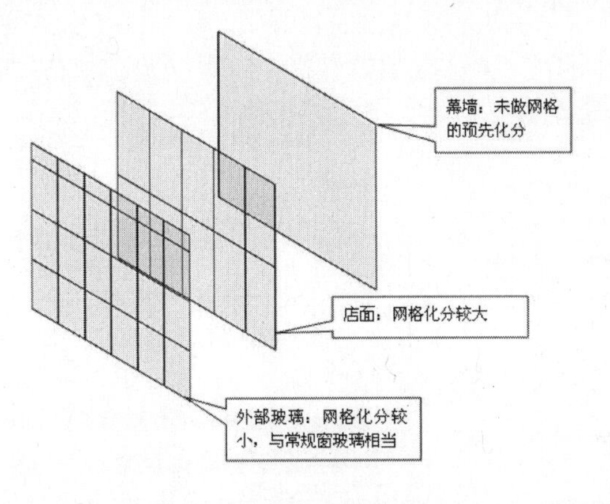

图 4-20

幕墙的竖梃样式、网格分割形式、嵌板样式及定位关系皆可修改。

1．绘制幕墙

在 Revit 中玻璃幕墙是一种墙类型，可以像绘制基本墙一样绘制幕墙。选择“建筑”选项卡，单击“构建”面板下的“墙”按钮，从类型选择器中选择幕墙类型，绘制幕墙或选择现有的基本墙，从类型下拉列表中选择幕墙类型，将基本墙转换成幕墙，如图 4-21 所示。

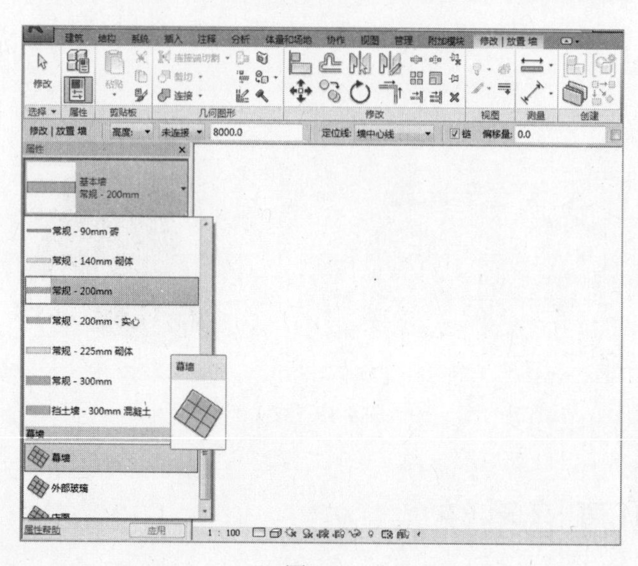

图 4-21

2．图元属性修改

对于外部玻璃和店面类型幕墙，可用参数控制幕墙网格的布局模式、网格的间距值及对齐、旋转角度和偏移值。选择幕墙，自动激活“修改 墙”选项卡，在“属性”窗口可以编辑该幕墙的实例参数，单击“编辑类型”按钮，弹出幕墙的“类型属性”对话框，编辑幕墙的类型参数，如图 4-22 所示。

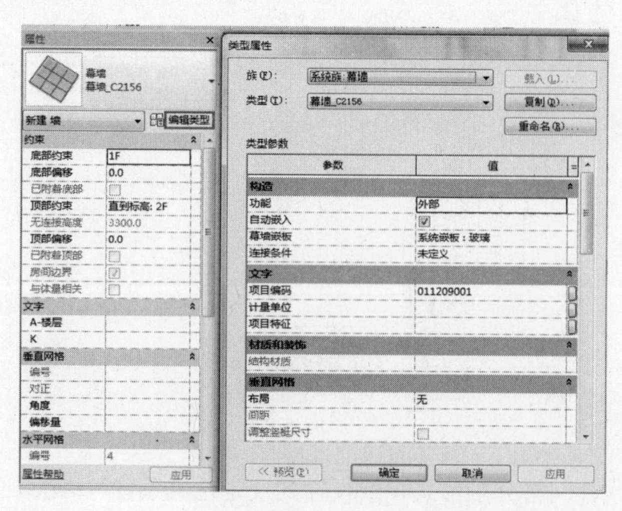

图 4-22

3．手工修改

也可手动调整幕墙网格间距：选择幕墙网格（按【Tab】键切换选择），单击开锁标记即可修改网格临时尺寸，如图 4-23 所示。

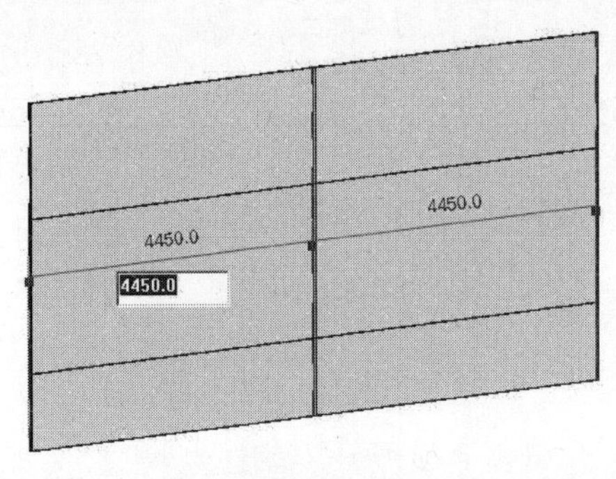

图 4-23

4．编辑立面轮廓

选择幕墙，自动激活“修改|墙”选项卡，单击“修改|墙”面板下的“编辑轮廓”按钮，即可像基本墙一样任意编辑其立面轮廓。

5．幕墙网格与竖梃

选择“建筑”选项卡，单击“构建”面板下的“幕墙网格”按钮，可以整体分割或局部细分幕墙嵌板。

- 全部分段：单击添加整条网格线。
- 一段：单击添加一段网格线细分嵌板。
- 除拾取外的全部：单击，先添加一条红色的整条网格线，再单击某段，删除，其余的嵌板添加网格线，如图 4-24 所示。

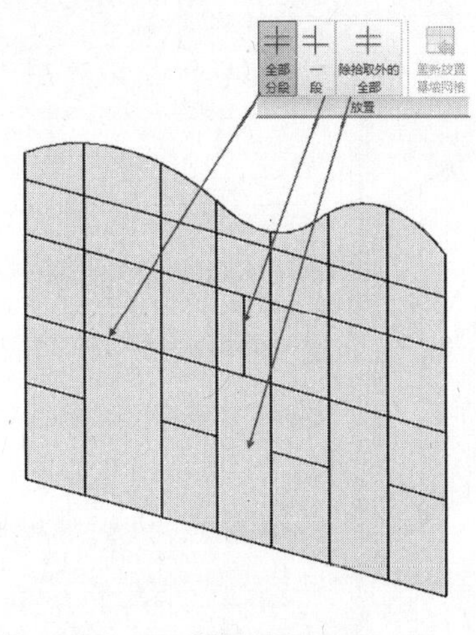

图 4-24

选择“构建”面板的“竖梃”按钮，在属性面板中选择竖梃类型，从右边选择合适的创建命令拾取网格线添加竖梃，如图 4-25 所示。

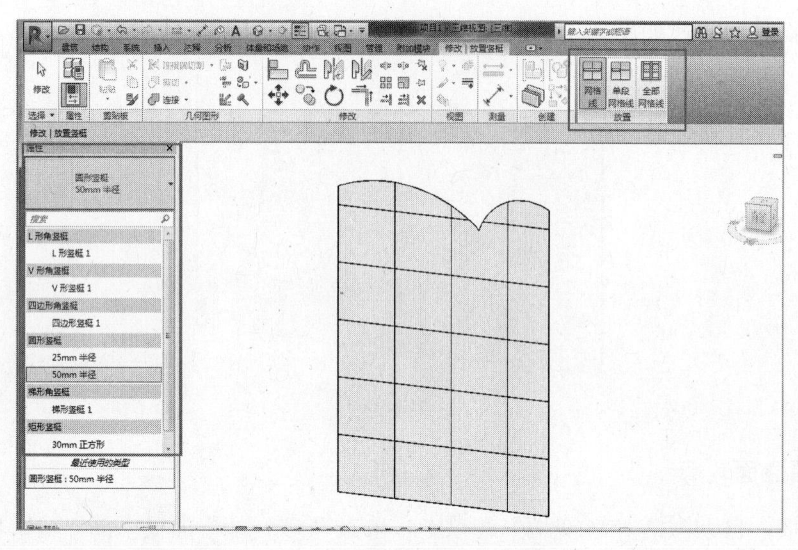

图 4-25

6. 替换门窗

可以将幕墙玻璃嵌板替换为门或窗（必须使用带有“幕墙”字样的门窗族来替换，此类门窗族是使用幕墙嵌板的族样板来制作的，与常规门窗族不同）：将鼠标放在要替换的幕墙嵌板边沿，使用【Tab】键切换选择至幕墙嵌板（注意：看屏幕下方的状态栏），选中幕墙嵌板后，自动激活“修改 墙”选项卡，单击“图元”面板下的“图元属性”按钮，单击编辑类型，弹出嵌板的“类型属性”对话框，可在“族”下拉列表中直接替换现有幕墙窗或门，如果没有，可单击“载入”按钮从库中载入，如图 4-26 所示。

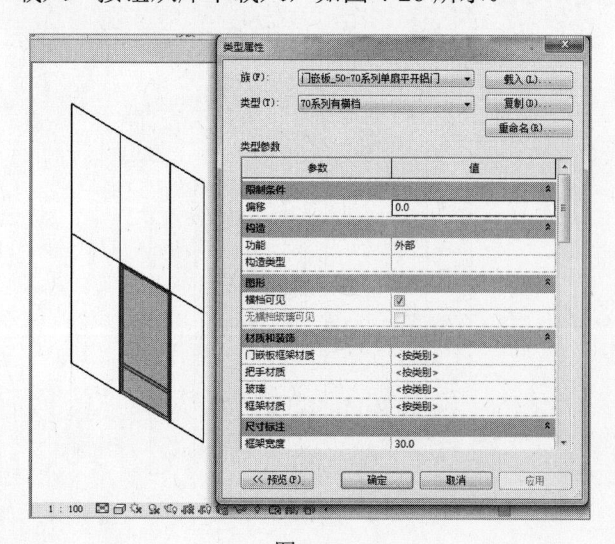

图 4-26

注意

幕墙嵌板的选择可以用【Tab】键切换选择，幕墙嵌板可替换为门窗、百叶、墙体、空。

7．嵌入墙

基本墙和常规幕墙可以互相嵌入（当幕墙“属性”对话框中“自动嵌入”为勾选状态时）：用墙命令在墙体中绘制幕墙，幕墙会自动剪切墙，像插入门、窗一样；选择幕墙嵌板方法同上，从类型选择器中选择基本墙类型，可将幕墙嵌板替换成基本墙，如图 4-27 所示。

也可以将嵌板替换为“空”或“实体”。

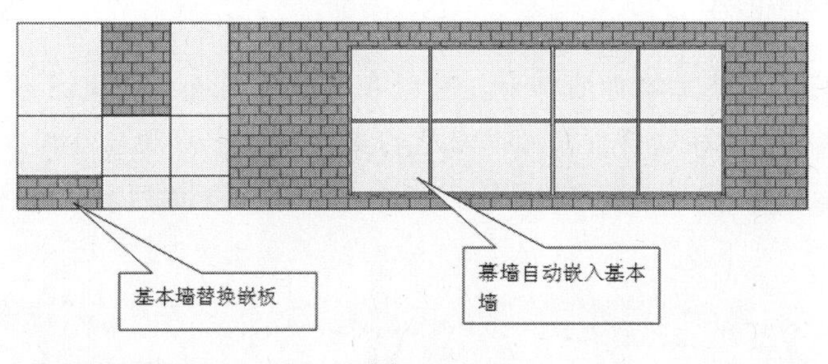

图 4-27

4.2.2　幕墙系统

幕墙系统是一种构件，由嵌板、幕墙网格和竖梃组成，通过选择体量图元面，可以创建幕墙系统。在创建幕墙系统后，可以使用与幕墙相同的方法添加幕墙网格和竖梃。

对于一些异形幕墙，选择“建筑”选项卡，然后单击“构建”面板下的“幕墙系统”按钮，拾取体量图元的面及常规模型可创建幕墙系统，然后用“幕墙网格”细分后添加竖梃，如图 4-28 所示。

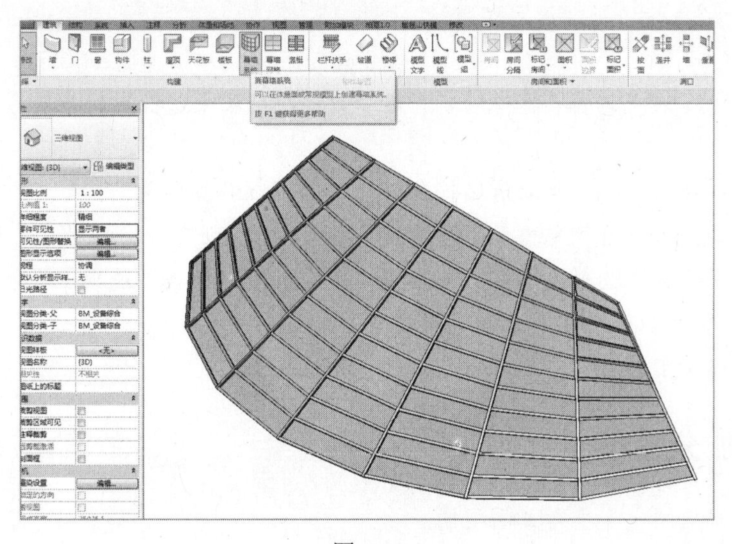

图 4-28

注意

拾取常规模型的面生成幕墙系统，指的是内建族中的族类别为常规模型的内建模型。其创建方法为：在“构建”面板中选择“构件|内建模型”命令，设置族类别为“常规模型”，即创建模型。

4.3 墙饰条

4.3.1 创建墙饰条

Step 01 在已经建好的墙体上添加墙饰条，可以在三维视图或立面视图中为墙添加墙饰条。要为某种类型的所有墙添加墙饰条，可以在墙的类型属性中修改墙结构。

Step 02 选择“建筑”选项卡，在“构建”面板中的“墙”下拉列表中选择“墙饰条”选项，如图 4-29 所示。

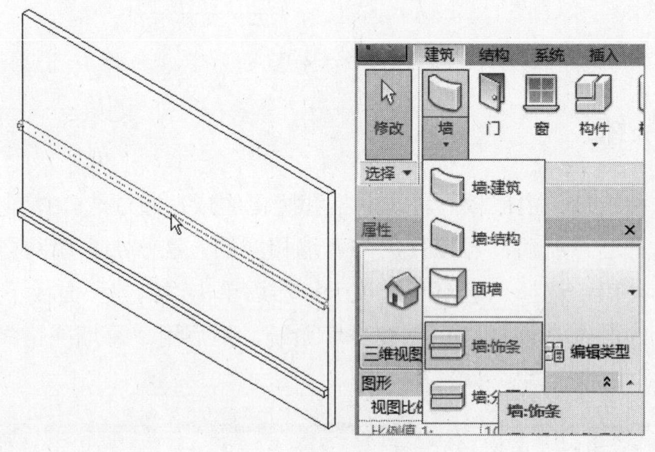

图 4-29

Step 03 选择“修改|放置墙饰条”选项卡，在“放置”面板中选择墙饰条的方向：“水平”或“垂直”。

Step 04 将鼠标放在墙上以高亮显示墙饰条位置，单击以放置墙饰条。

Step 05 如果需要，可以为相邻墙体添加墙饰条。

Step 06 要在不同的位置放置墙饰条，可选择“修改|放置墙饰条”选项卡，单击“放置”，将鼠标移到墙上所需的位置，单击以放置墙饰条。

Step 07 要完成墙饰条的放置，可单击“修改”按钮。

4.3.2 添加分隔条

Step 01 打开三维视图或不平行立面视图。

Step 02 选择“建筑”选项卡，在“构建”面板中的“墙”下拉列表中选择“分隔条”选项，如图 4-30 所示。

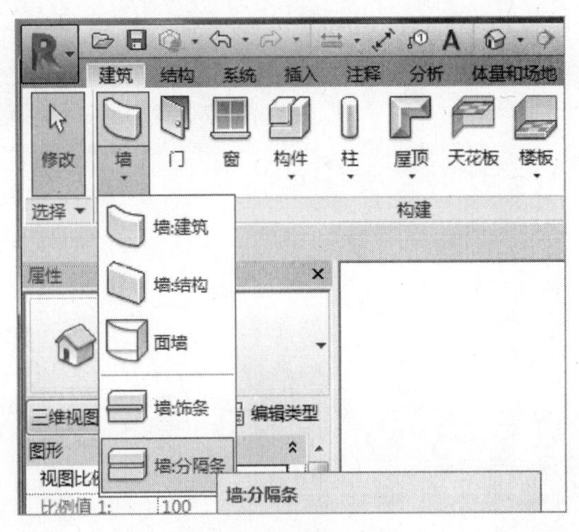

图 4-30

Step 03 在类型选择器（位于“属性”选项板顶部）中选择所需的墙分隔条的类型。

Step 04 选择“修改|放置墙分隔条”下的“放置”，并选择墙分隔条的方向：“水平”或“垂直”。

Step 05 将鼠标放在墙上以高亮显示墙分隔条位置，单击以放置分隔条。

Step 06 Revit 会在各相邻墙体上预选分隔条的位置。

Step 07 要完成对墙分隔条的放置，单击视图中墙以外的位置。

4.4　技术应用技巧

4.4.1　墙饰条的综合应用

选择墙体，进入立面视图，选择“建筑”选项卡中的“创建”面板下的“墙饰条”命令，可以创建墙饰条。若想创建复杂的墙饰条，可选择墙体，单击“图元”面板下的“图元属性”下拉按钮，选择“类型属性”，打开“类型属性”对话框，单击“构造”后的“编辑”按钮，打开“编辑部件”对话框，添加层后，打开“预览”，将“视图”改为“剖面：修改类型属性”，此时，“修改垂直结构下”的命令可用，如图 4-31 所示。单击“墙饰条”命令，打开“墙饰条”对话框，可载入或添加各式各样的墙饰条，比如腰线、散水等（见图 4-32）。

注意

若勾选“墙饰条”对话框中的“可剖”，则在立面中插入窗时可以剖切墙饰条，使窗与墙饰条融合（见图 4-32）。

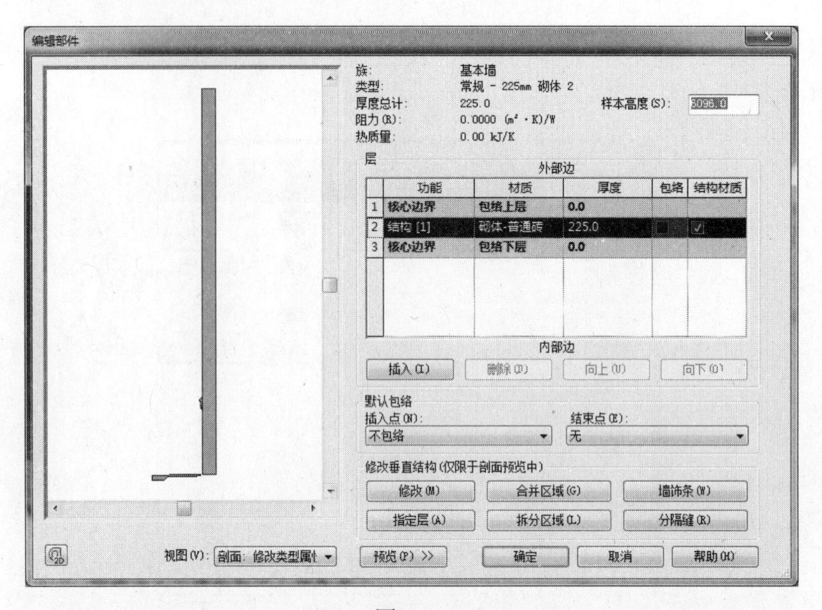

图 4-31

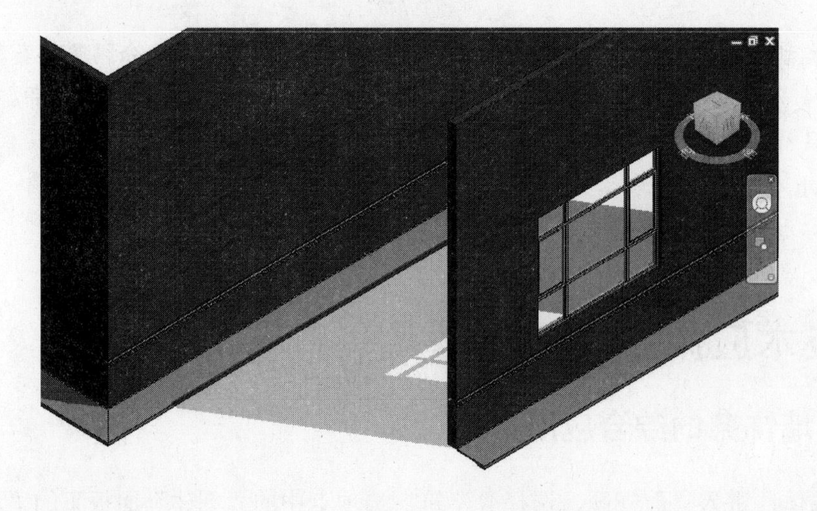

图 4-32

4.4.2 叠层墙设置的具体应用

通过对叠层墙的设置，可以绘制出带墙裙、踢脚的墙体（见图 4-33）。设置方法详见 4.1.3 叠层墙的设置。

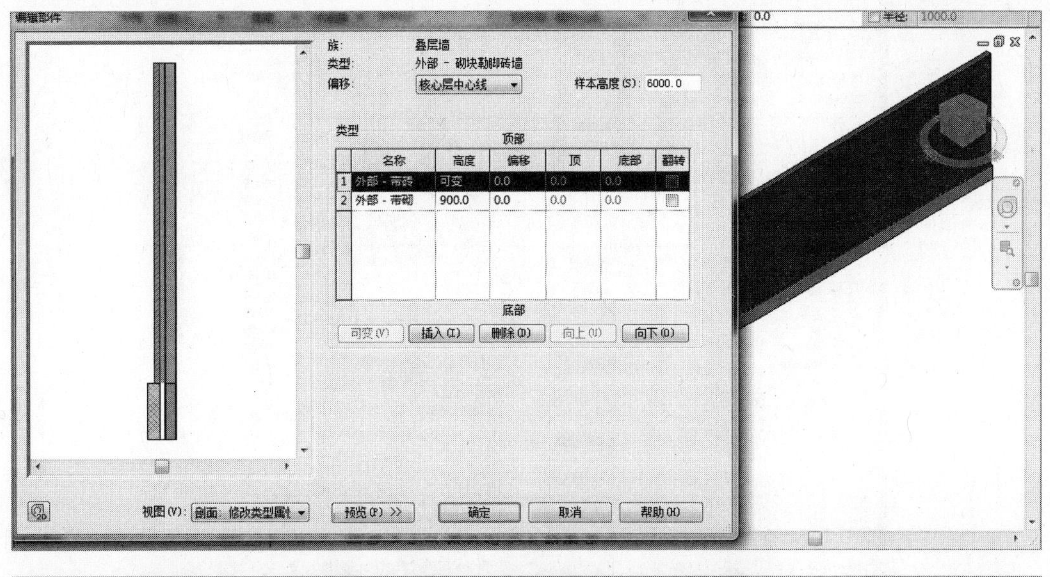

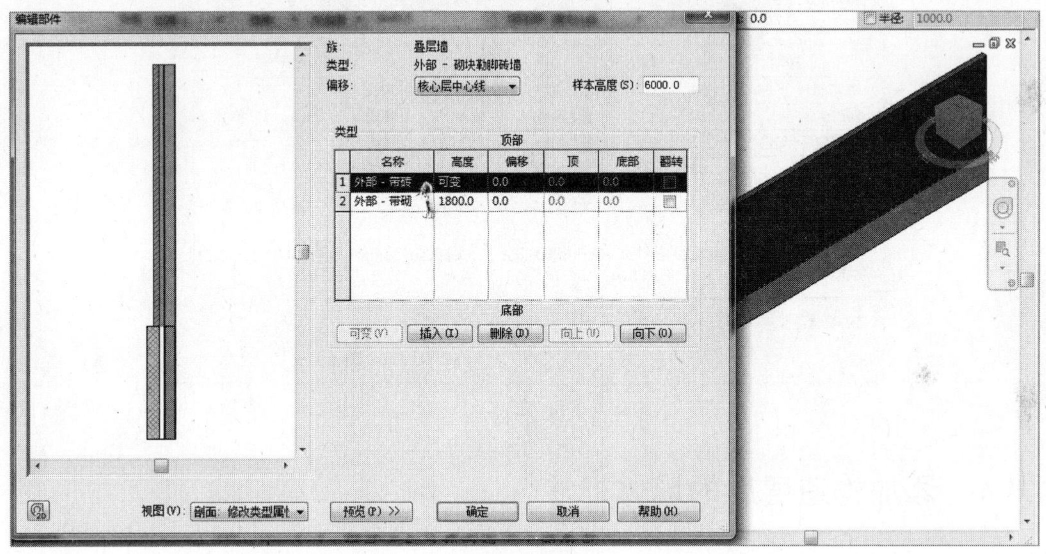

图 4-33

4.4.3　墙体各构造层线型颜色的设置

选择“视图”选项卡中的“图形”面板下的“可见性/图形”命令，打开“可见性：图形替换”对话框，在“模型类别”中选择“墙体”，选择右下角“截面线样式”复选框，单击“编辑”按钮，弹出“主体层线样式”对话框，此时，即可修改各构造层的线宽、颜色设置（见图 4-34）。

当绘制不同比例的图纸时，需要对墙体的平面表达进行重新设置。在“模型类别”中选择“墙体”，“投影/表面”“截面”的“线”和“填充图案”都可进行替换。

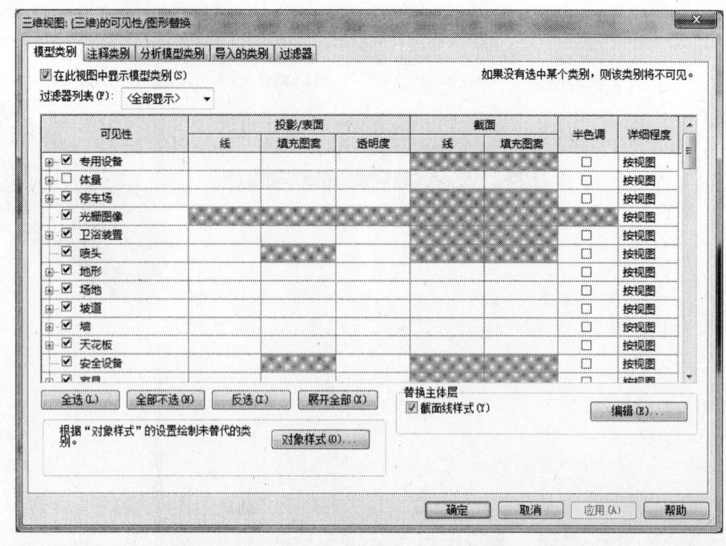

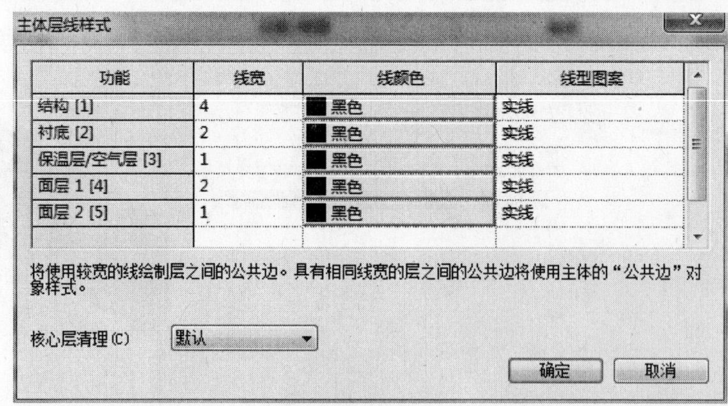

图 4-34

4.4.4 添加构造层后的墙体标注

墙体添加构造层后，当图为 1∶100 的比例时，图纸为粗略的详细程度。单击“注释”选项卡中的“尺寸标注”面板下的“对齐”命令，将选项栏中的“放置尺寸标注”设置为“参照核心层表面”，标注尺寸。此时图纸显示为带面层厚度的墙体，然而标注的尺寸为不包括面层的墙体厚度。

当图为 1∶50 的比例或更小的比例时，一般采用精细程度进行标注。此时，可以标注核心层、面层等所有构造层的墙体厚度（见图 4-35）。

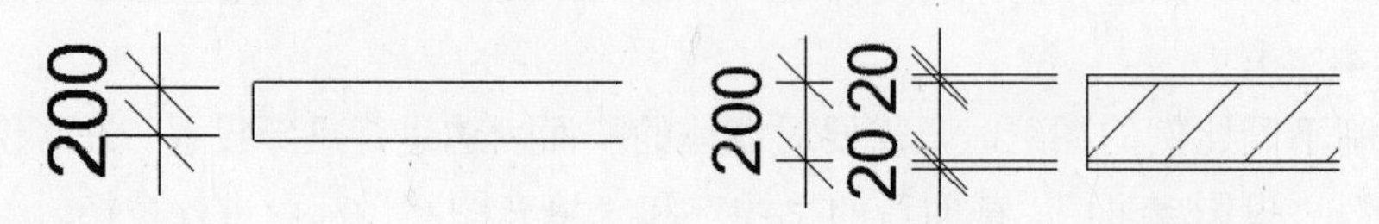

图 4-35

4.4.5 墙体的高度设置与立面分格线

墙体的高度设置何时可以设置为从底到顶，何时设置为按照每层层高，主要需要考虑外墙的立面分格线的位置。当墙体的分格线的位置在楼层高度时，墙体就可以设置成按照每层层高，比如从一层到二层。不在楼层层高的立面分格线用详图线命令在立面上绘制即可。

4.4.6 内墙及平面成角度的斜墙轮廓编辑

内墙的轮廓编辑可以直接在立面上修改：选择墙体，单击“修改墙”面板下的“编辑轮廓”命令，弹出“转到视图”对话框，选择相应的立面，进入立面视图，选择“绘制”面板中的绘制工具，绘制想要的轮廓，完成轮廓。

如果需要观察该墙轮廓与其他墙体的关系，可以把模型图形样式修改为“线框”（见图 4-36）。

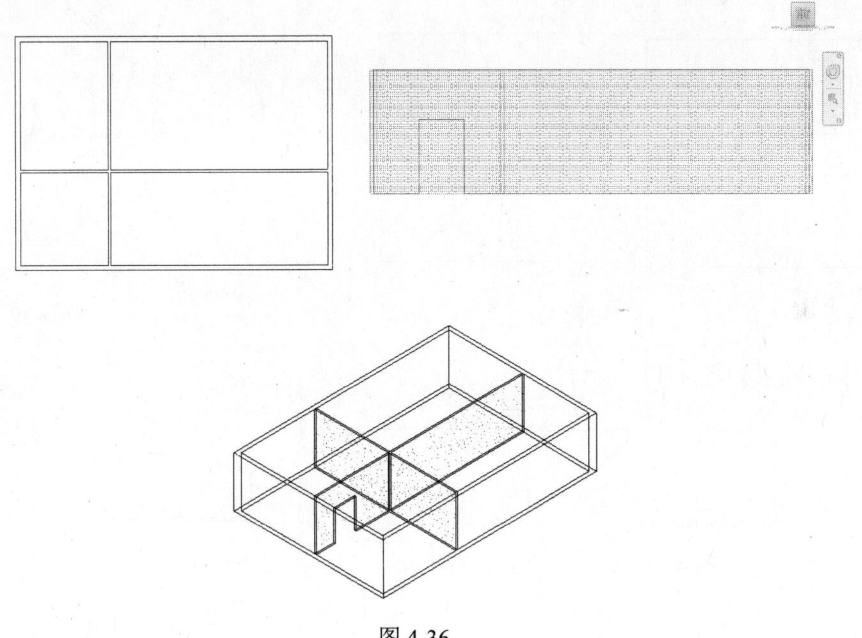

图 4-36

对于与平面成角度的斜墙轮廓的编辑，则可以通过创建与该墙垂直的框架立面，绘制框架立面（详见 4.3 节），在新建的框架立面中编辑轮廓。

4.4.7 匹配工具的应用

单击“修改”选项卡中的“剪贴板”面板下的“匹配类型”命令，选择目标墙体，再单击需要匹配的墙体，即可使墙体改为同种类型（见图 4-37）。

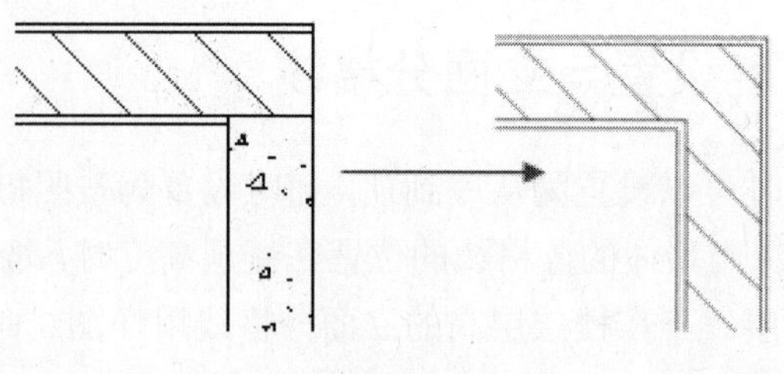

图 4-37

4.4.8 墙体连接对立面显示及开洞的影响

针对构造层不同的墙体，在连接时通常要设置连接方式，否则可能会出现很多问题。

单击“修改”选项卡中的“编辑几何图形”面板下的“墙连接”命令，设置墙的连接方式。选择墙体，选项栏中配置了三种连接方式：平接、斜接、方接。

平接：效果如图 4-38 所示。

斜接：效果如图 4-39 所示。

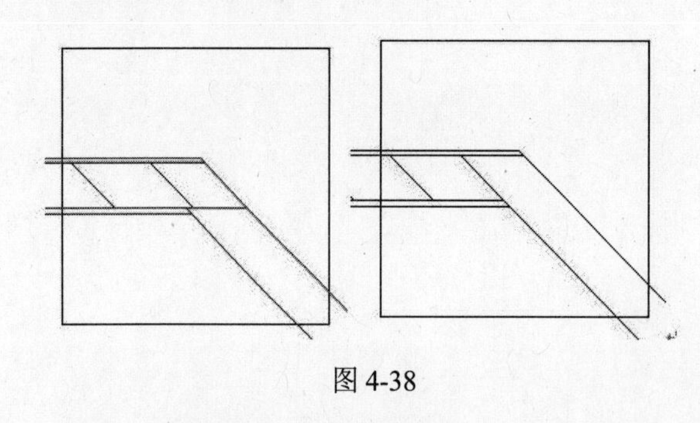

图 4-38

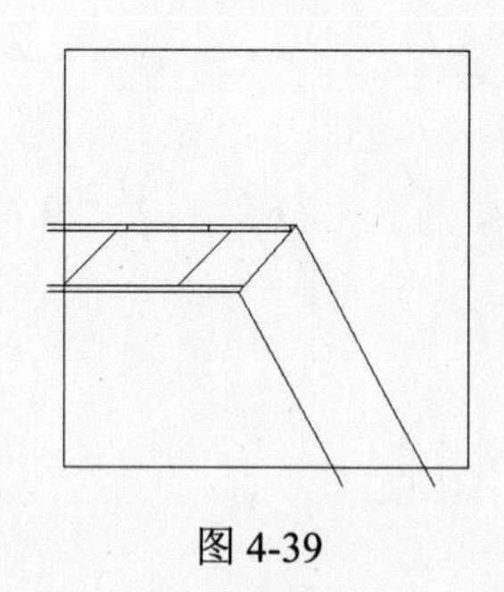

图 4-39

方接：效果如图 4-40 所示。

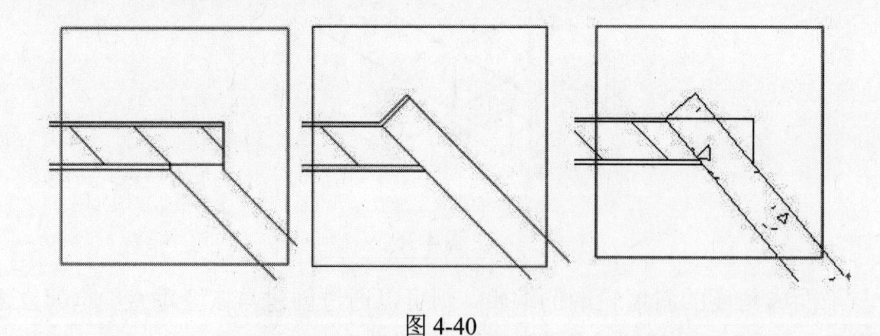

图 4-40

注意

通常只有两个构造层不同的且角度为钝角的墙体才可设置墙“方接”。

选择不同的连接方式，会对墙体的立面显示及开洞产生一定影响。

4.4.9　连接几何形体，实现大样详图中相同材质的融合

进入剖面视图，单击“修改”选项卡中的“编辑几何图形”面板下的“ ”命令，先后选择要连接的几何形体，在详图中相同材质将融合（见图 4-41）。

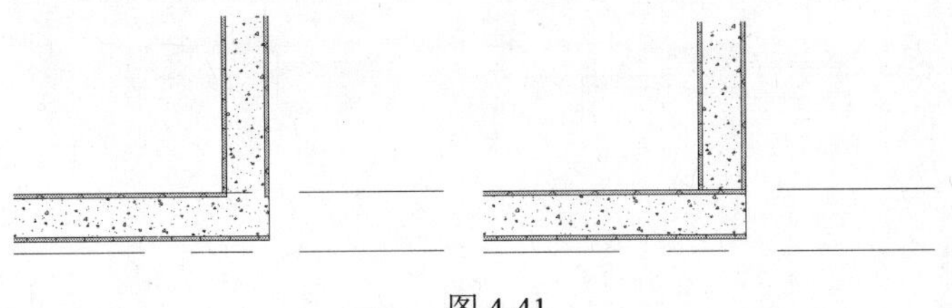

图 4-41

> 注意
>
> 要连接的几何形体，应该在不同类型的几何形体之间设置，比如墙体和楼板之间。否则系统会自动融合。

4.4.10　平面成角度的墙体绘制及标注

绘制一条水平参照平面，单击“墙”，以参照平面为起点，绘制与平面成角度的墙体。单击“注释”选项卡中的“尺寸标注”面板，单击“角度标注”，标注角度（见图 4-42）。如需修改角度，则单击该墙，修改角度值即可。注意，是点选墙体，而不是选择角度标注。

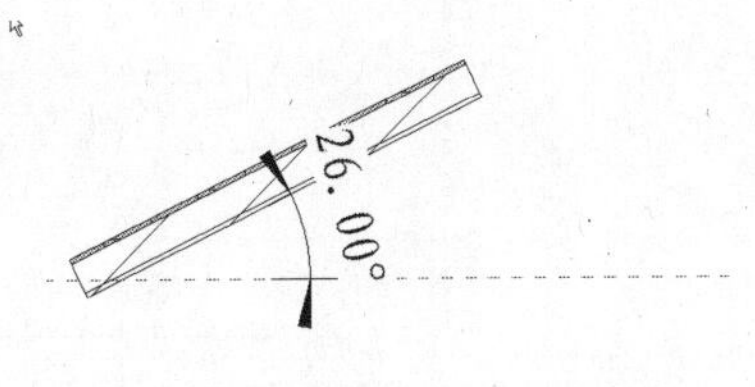

图 4-42

4.4.11　墙体定位线与墙的构造层的关系

对于墙体定位线与墙的构造层的关系，有人认为按轴网画就好了，但是有些墙没有在轴网之上。也可以按墙边缘绘制后再对齐，但实际操作中可能会有些许的误差，这些小错误往往会导致致命后果。在此我们先讲解墙体构造，如图 4-43 所示。

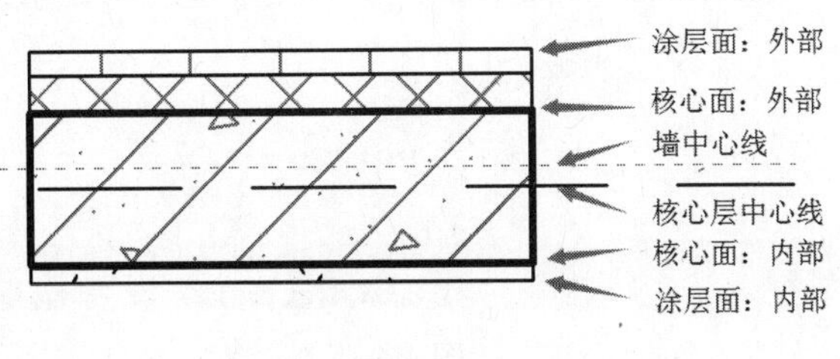

图 4-43

在绘制 Revit 墙体时一般默认定位线为墙中心线，而系统有 6 种绘制方法，如图 4-44 所示。

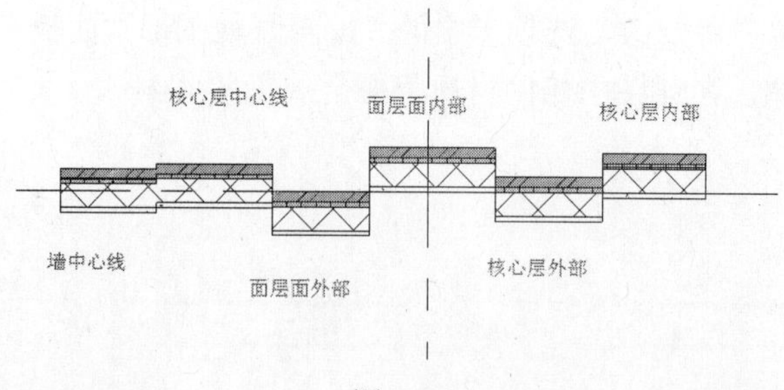

图 4-44

由于上述原因，如果先绘制完墙体，再编辑好核心层厚度与墙体总厚度，有可能会导致墙体发生移动，如图 4-45 和图 4-46 所示。

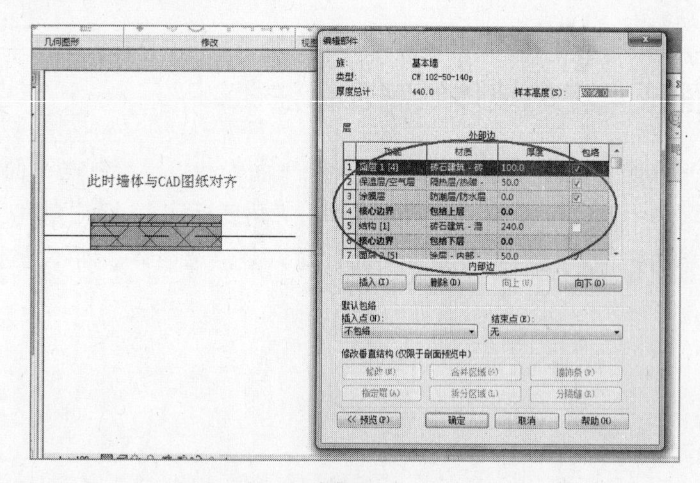

图 4-45

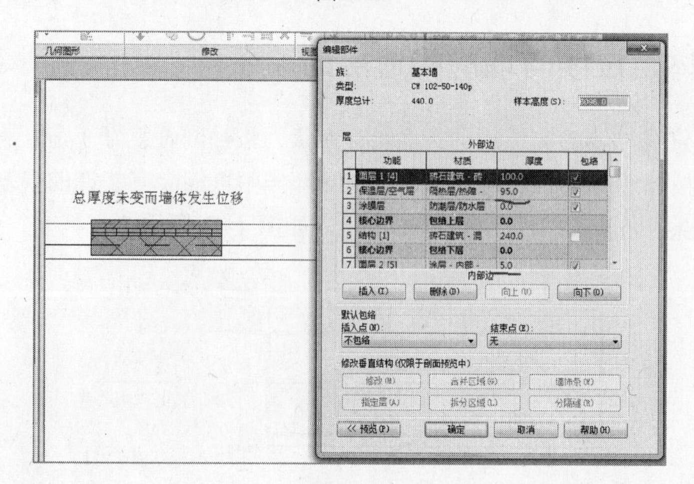

图 4-46

为了防止出现这种现象，应先设置好核心层厚度与墙体总厚度，并且在绘制过程中选择“面层面 外部”或者“面层面 内部”来绘制，为了防止出现误差最好使用“修改”选项卡中“绘制”面板中的拾取线命令，或者在图 4-47 中选择“墙中心线”并设置好偏移量后再选择“拾取线”命令，这样也能实现想要的效果。

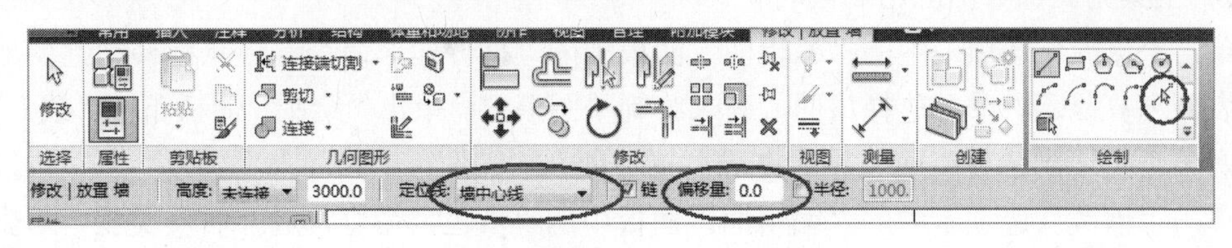

图 4-47

4.4.12　墙体包络

墙体包络主要体现在墙身详图中，并且包络只在平面视图中可见。也就是说无法实现墙体在剖面上门窗插入处的包络。

选择“墙体”，单击“图元属性”下拉按钮，选择“类型属性”，打开“类型属性”对话框。如图 4-48 所示为对构造包络的参数设置。“在插入点包络”是指当插入门窗时，墙体的包络方式；“在端点包络”是指在墙端点处进行的包络。

类型参数

参数	值
构造	
结构	编辑...
在插入点包络	不包络
在端点包络	无
厚度	460.0
功能	外部

图 4-48

以“在端点包络”为例，若设置为“无”包络，则为如图 4-49（上）所示的构造样式；若设置为“内包络”，则为如图 4-49（中）所示的构造样式；若设置为“外包络”，则为如图 4-49（下）所示的构造样式。

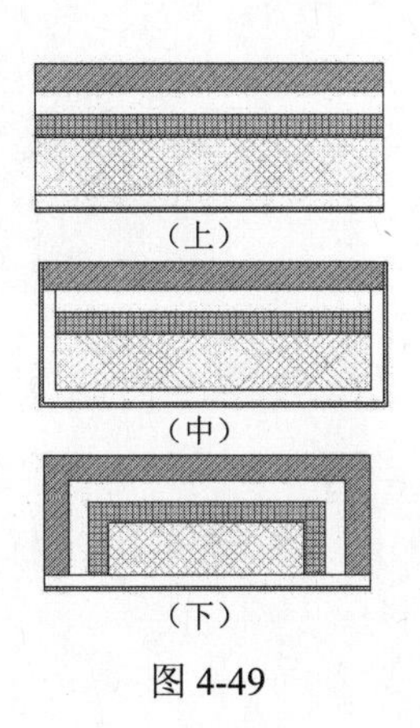

图 4-49

4.4.13 拆分面及填色

利用“拆分面”命令可以拆分图元的表面，但不改变图元的结构。在拆分面后，可使用“填色”工具为此部分面应用不同材质。

单击“修改”选项卡中的“编辑面”面板中的“拆分面”命令，将光标移动到墙上使墙体外表面高亮显示，单击选择该面，进入绘制草图模式。单击“绘制”面板下的“线”工具，绘制两条垂直线到墙体下面边界。完成“拆分面”。

单击“修改”选项卡中的“编辑面”面板中的“填色”命令，选择材质类型，单击“拆分面”，此时，“拆分面”被赋予了材质，如图 4-50 所示。

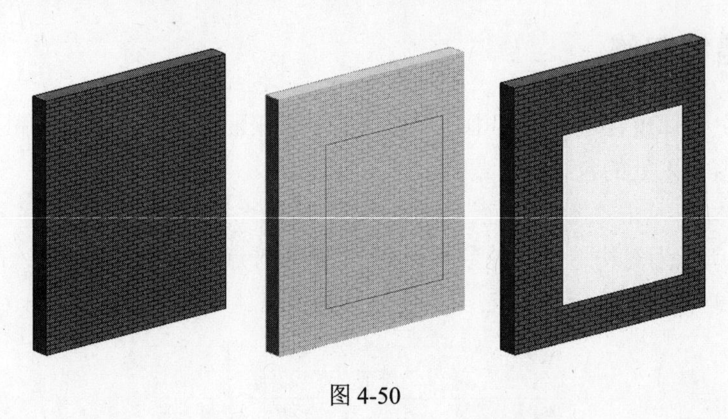

图 4-50

4.4.14 幕墙的妙用

1. 屋顶顶瓦

单击“建筑”选项卡中的“构建”面板下的“屋顶”下拉按钮，选择“迹线屋顶”并单击，绘制拉伸屋顶（见图 4-51）。

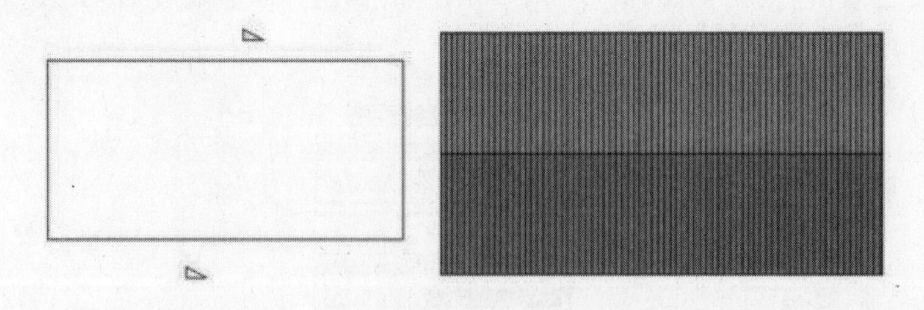

图 4-51

选择屋顶，选择“修改”面板中的“复制”命令，复制一个屋顶副本。将“屋顶副本”类型改为“玻璃斜窗”，副本位置如图 4-52 所示。选择“图元属性”命令，设置 “类型属性”（见图 4-53）。

图 4-52

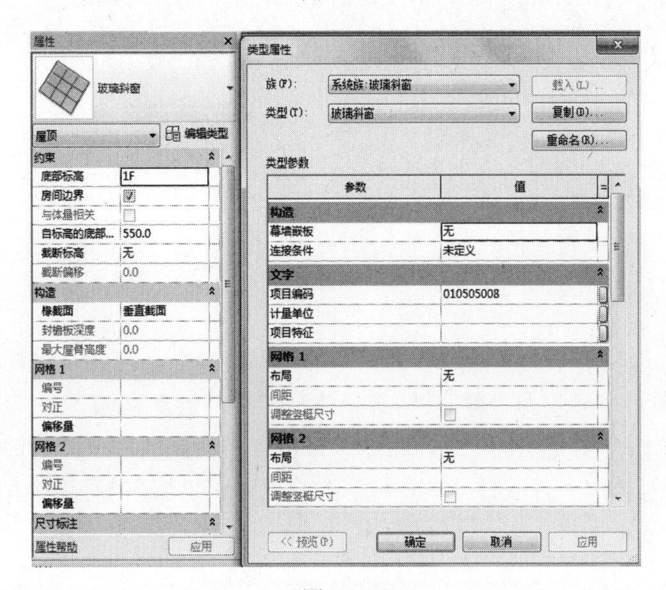

图 4-53

单击“插入”选项卡中的“从库中载入”面板下的“载入族”，载入一个用“幕墙嵌板样板文件”制作的圆筒状的族文件，如图 4-54 所示。

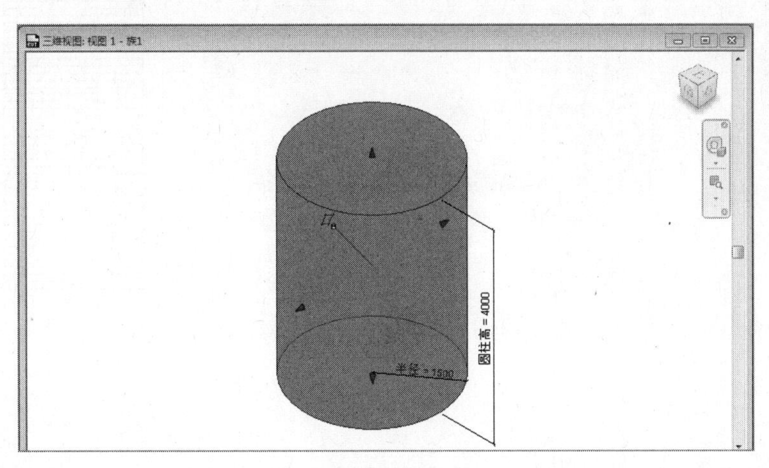

图 4-54

选择实例，单击“类型属性”的族下拉菜单，将“幕墙嵌板”类型替换为刚刚载入的“族”。最终效果如图 4-55 所示。

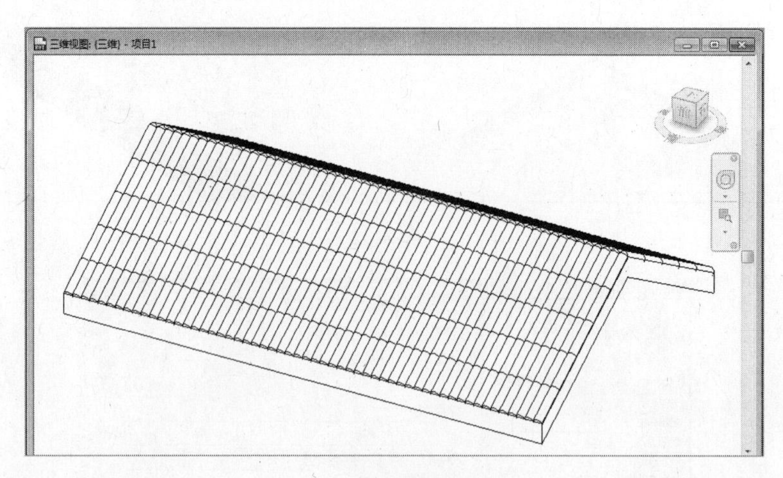

图 4-55

2．百叶窗

选择“建筑”选项卡下的“绘制”面板中的“墙”命令，打开“放置墙”的上下文选项卡。将“墙”的图元类型改为“幕墙”，选择绘制工具，绘制幕墙。

选择幕墙，单击“图元属性”下拉按钮，单击“类型属性”，打开“类型属性”对话框。单击“复制”，输入名称“百叶”，单击“确定”按钮，创建新的幕墙类型，设置类型属性，如图 4-56 所示。

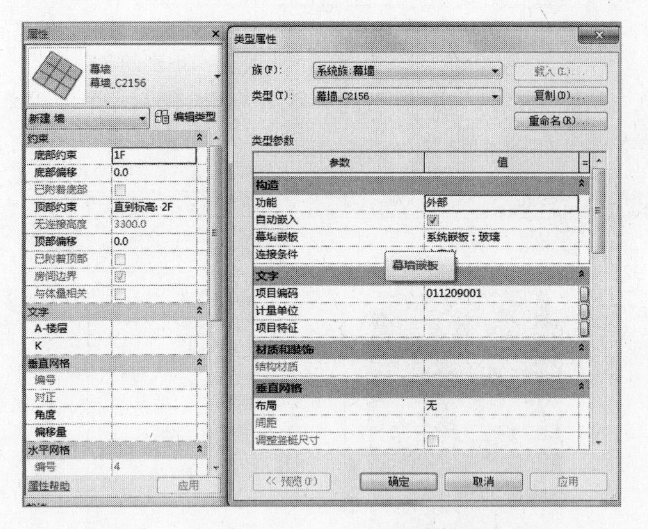

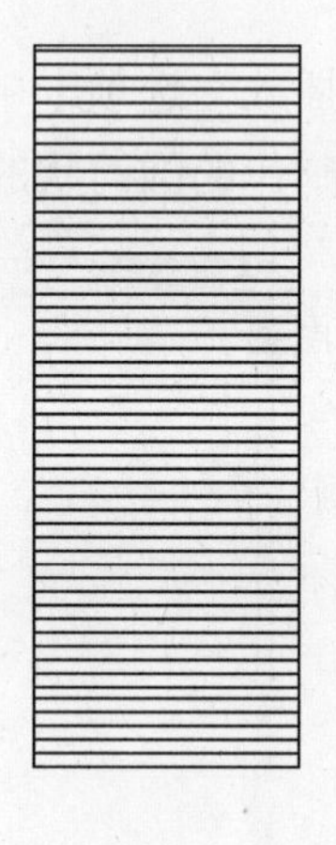

图 4-56

第 5 章　门窗

概述：在三维模型中，门窗的模型与它们的平面表达并不是对应的剖切关系，这说明门窗模型与平立面表达可以相对独立。此外，门窗在项目中可以通过修改类型参数，如门窗的宽和高，以及材质等，形成新的门窗类型。门窗主体为墙体，它们与墙有依附关系，删除墙体，门窗也随之被删除。

在门窗构件的应用中，其插入点、门窗平立剖面的图纸表达、可见性控制等都和门窗族的参数设置有关。所以，读者不仅需要了解门窗构件族的参数修改设置，还需要在未来的族制作课程中深入了解门窗族制作的原理。

5.1　插入门窗

门窗插入技巧：只需在大致位置插入，通过修改临时尺寸标注或尺寸标注来精确定位，因为在 Revit 中具有尺寸和对象相关联的特点。

选择“建筑”选项卡，然后在“构建”面板中单击“门”或“窗”按钮，在类型选择器中选择所需的门、窗类型，如果需要更多的门、窗类型，可选择从“插入”“载入族”中找到。先选定楼层平面，再到选项栏中选择“放置标记”自动标记门窗，选择“引线”可设置引线长度。在墙主体上移动鼠标，当门位于正确的位置时单击确定，如图 5-1 所示。

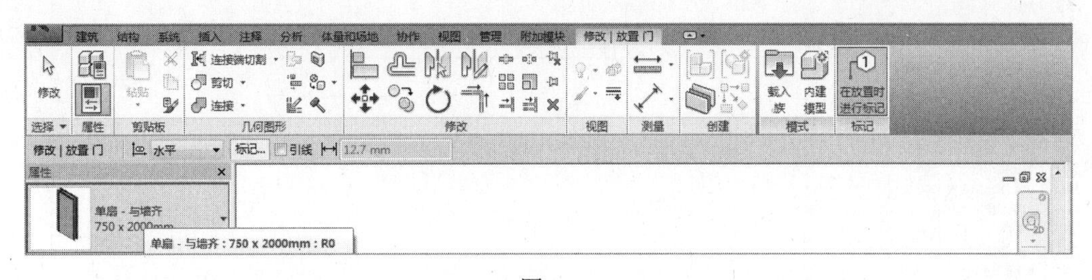

图 5-1

提示

（1）插入门窗时输入“SM”，自动捕捉到中点插入。

（2）插入门窗时在墙内外移动鼠标改变内外开启方向，按空格键改变左右开启方向，如图 5-2 所示。

（3）拾取主体：选择“门”，打开“修改 门”的上下文选项卡，选择“主体”面板的“拾取新主体”命令，可更换放置门的主体，即把门移动放置到其他墙上，如图 5-3 所示。

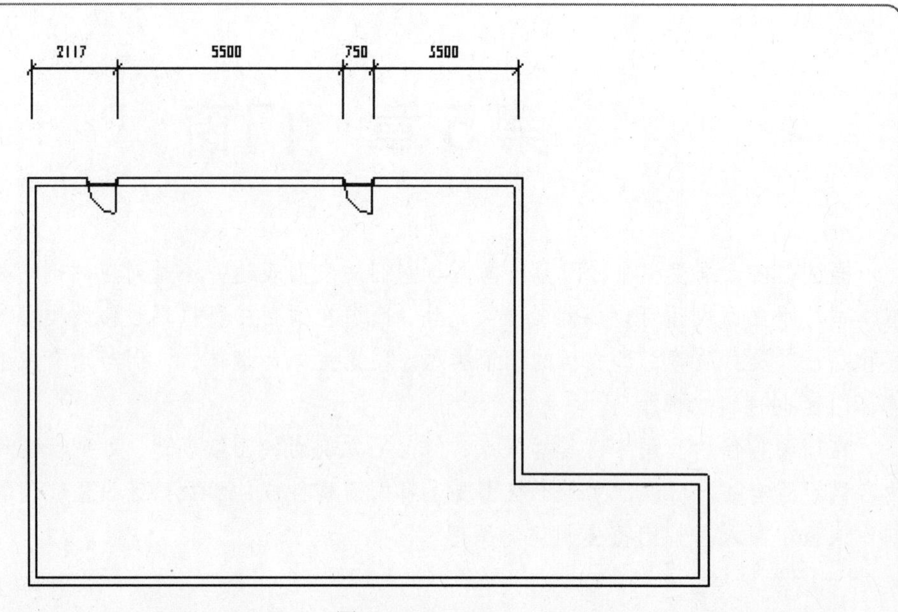

图 5-2

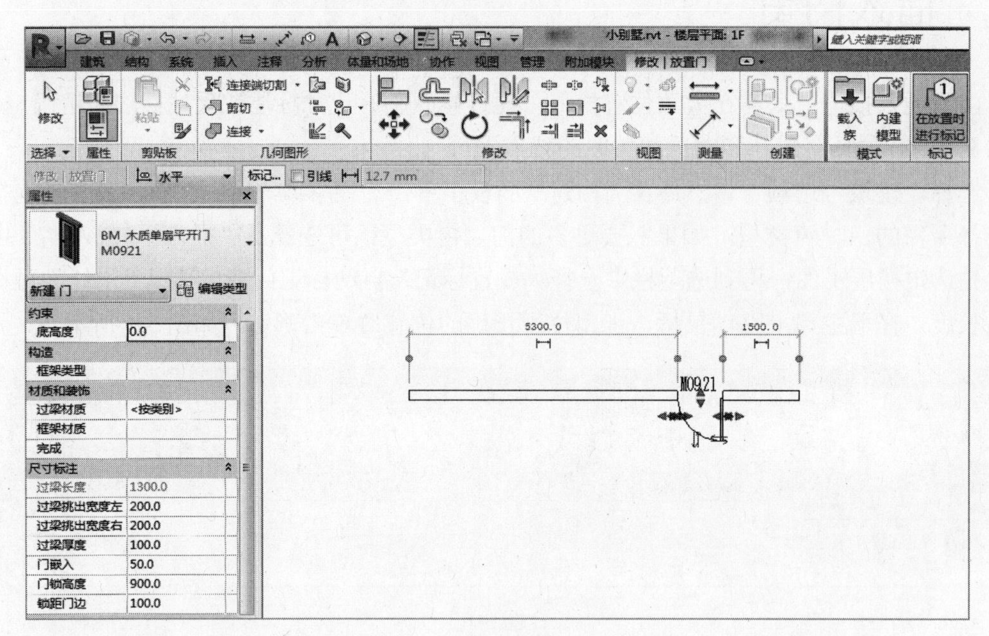

图 5-3

（4）在平面插入窗，其窗台高为“默认窗台高”参数值。在立面上，可以在任意位置插入窗。（在插入窗族时，立面出现绿色虚线时，此时窗台高为“默认窗台高”参数值。）

5.2 门窗编辑

5.2.1 修改门窗实例参数

选择门窗，自动激活“修改门/窗”选项卡，单击“图元”面板中的“图元属性”按钮，弹出“图元属性”对话框，可以修改所选择门窗的标高、底高度等实例参数。

5.2.2 修改门窗类型参数

自动激活“修改门/窗”选项卡，在“图元”面板中选择“图元属性”命令，弹出“图元属性”对话框，单击“编辑类型”按钮，弹出“类型属性”对话框，然后再单击“复制”按钮，创建新的门窗类型，修改门窗的高度、宽度，窗台高度，框架、玻璃材质，竖梃可见性参数，然后确定。

提示

修改窗的实例参数中的底高度，实际上也就修改了窗台高度。在窗的类型参数中通常默认窗台高这个类型参数不受影响。

修改了类型参数中默认窗台高的参数值，只会影响随后再插入的窗户的窗台高度，对之前插入的窗户的窗台高度并不产生影响。

5.2.3 鼠标控制

选择门窗出现开启方向控制和临时尺寸，单击改变开启方向和位置尺寸。

用鼠标拖曳门窗改变门窗位置，墙体洞口自动修复，开启新的洞口，如图5-4所示。

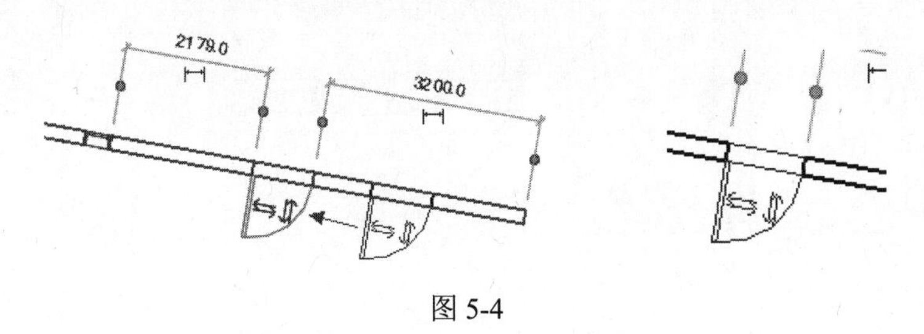

图5-4

5.3 技术应用技巧

5.3.1 复制门窗时约束选项的应用

选择门窗，单击“修改”面板中的“复制”命令，在选项栏中勾选“约束”，则可使门窗沿着与其垂直或共线的方向移动复制。若取消勾选“约束”，则可向任意方向复制，如图5-5所示。

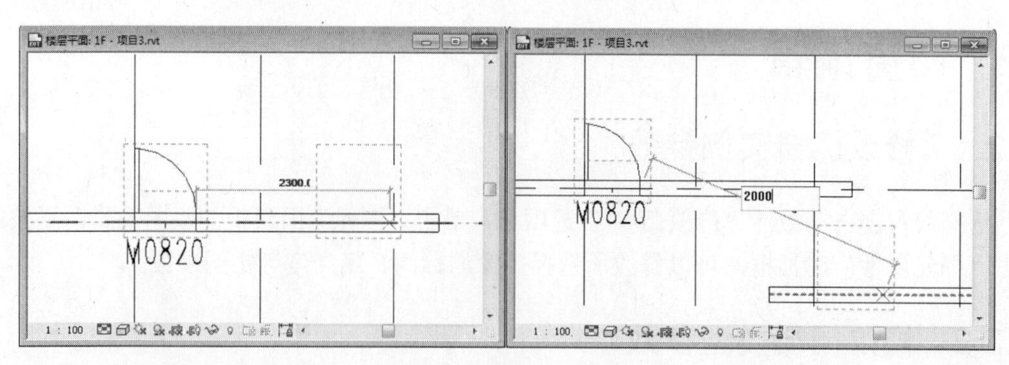

图 5-5

5.3.2 图例视图——门窗分格立面

方法一：在“视图”选项卡中单击“创建”面板下的“图例”下拉按钮，选择“图例”并单击，弹出“新图例视图”对话框，输入名称、比例，确定，创建图例视图，如图 5-6（上）所示。

插入窗族图例：进入刚刚创建的图例视图，在“注释”选项卡中单击“详图”面板下的“构件”下拉按钮，选择“图例构件”并单击，在选项栏中选择相应的“族”，在“视图”中选择“立面：前”，在视图中的合适位置单击即可创建门窗分格立面。也可在“视图”中选择“楼层平面”，在视图中单击创建平面图例，如图 5-6（中、下）所示。

方法二：在项目浏览器中，展开“族”目录，选择窗族实例，直接拖拽到图例视图中。

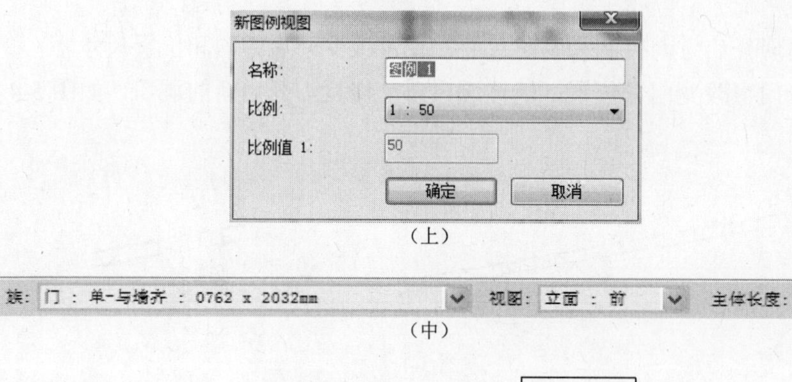

（上）

（中）

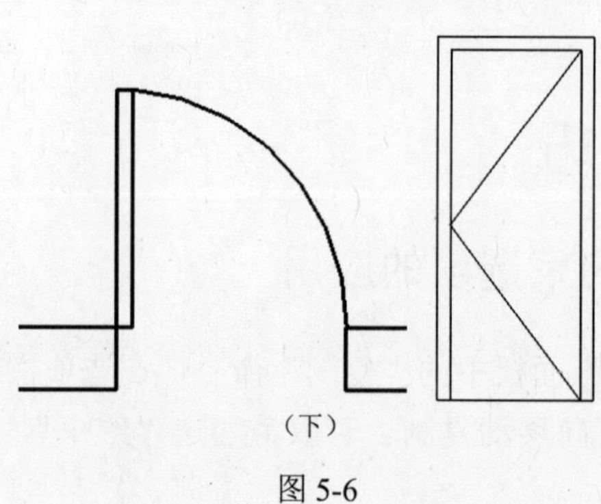

（下）

图 5-6

5.3.3　窗族的宽、高为实例参数时的应用

选择“窗”，选择“族”面板中的“编辑族”命令，进入族编辑模式。进入“楼板线”视图，选择“宽度”尺寸标签参数，在选项栏中勾选“实例参数”，此时，“宽度”尺寸标签参数改为实例参数，如图 5-7 所示。同理，将“高度”尺寸标签参数改为实例参数。

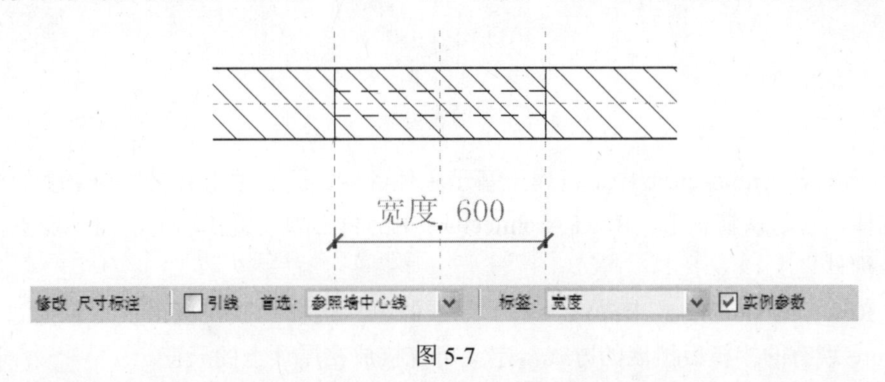

图 5-7

载入到项目中，在墙体中插入门窗，可以看到，可以任意改变窗的宽度、高度，如图 5-8 所示。

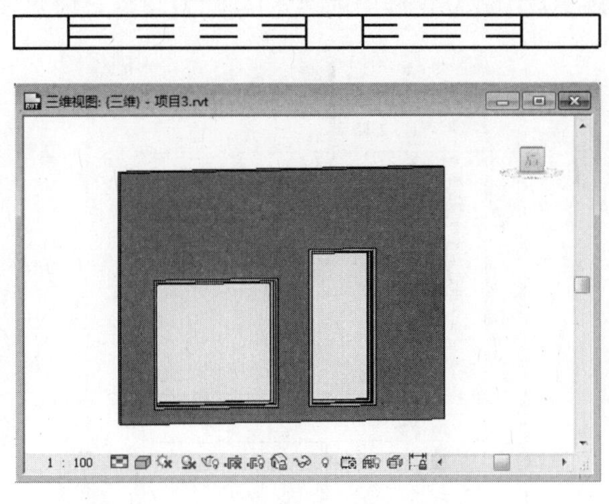

图 5-8

5.3.4　在屋顶上直接开窗的操作

在设计中，如果我们希望在屋顶上直接开窗（如图 5-9 所示），可按照如下步骤操作。

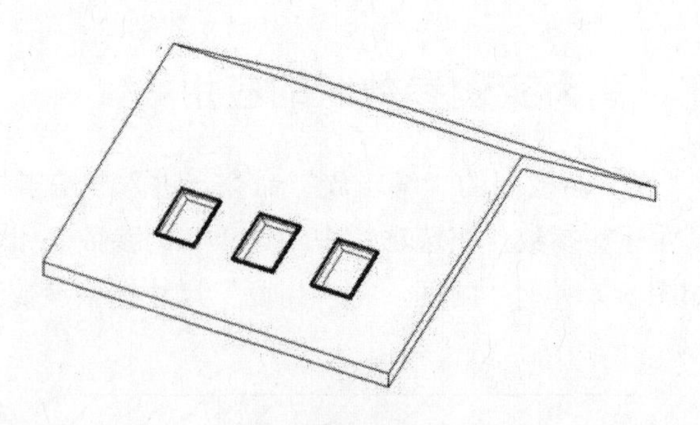

图 5-9

（1）在 Revit Architecture 中，窗属于基于主体的族，即必须附着在作为主体的模型图元上，如墙体。在默认情况下，Revit Architecture 中的窗必须放置在墙上，而不能直接放在屋顶等其他构件之上。

（2）Revit Architecture 未提供“基于屋顶的窗”这样的族模板，但可以通过将 Revit Architecture 现有的族模板扩展的方式，定义可直接放在屋顶上的天窗。

（3）在新建族时，选择族模板为“基于屋顶的公制常规模型.rft”，该族模板默认提供了一个屋顶对象。单击菜单“设置|族类别和族参数”，弹出“族类别和族参数”对话框，如图 5-10 所示，在族类型列表中，设置族类别为“窗”，单击“确定”按钮，退出该对话框。Revit Architecture 会自动在族参数中建立窗族中的“宽度”“高度”等内建参数。

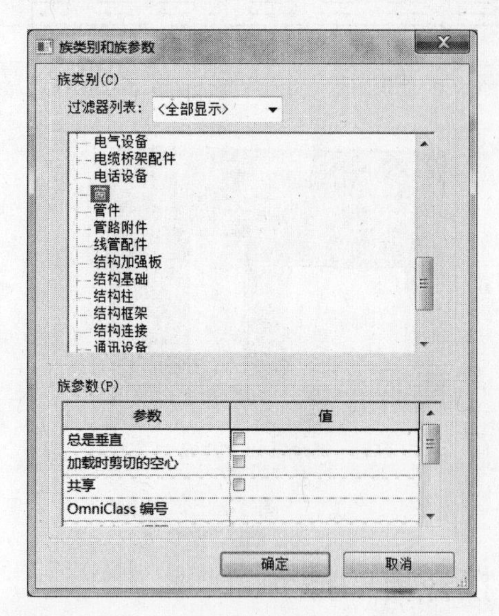

图 5-10

（4）使用洞口、实体建模等工具，完成窗模型后，将该族导入到项目中。在项目中单击“设计栏|窗”，在类型选择器中将出现定义的天窗族，且该窗只能放置在屋顶对象上，如图 5-11 所示。

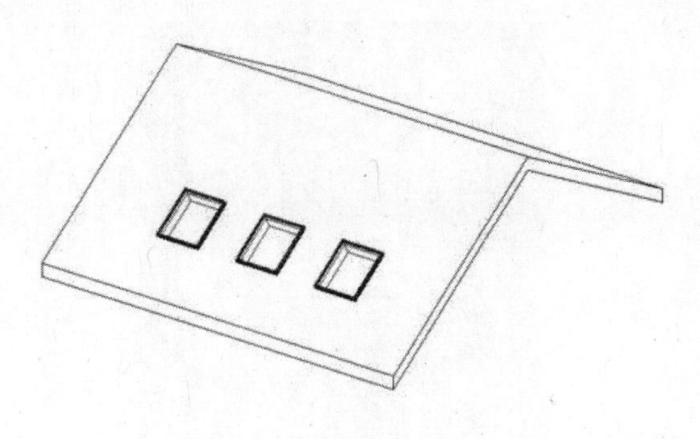

图 5-11

（5）在定义族时，通过使用“族类型和族参数”设置，可以扩展 Revit Architecture 中族样板，例如，可以使用“基于天花板的公制常规模型”，可以在族中指定基类型为“照明设备”，生成仅可放置于天花板上的吊灯族。也可以使用“基于墙的公制常规模型”，生成放置于斜墙的窗族。

5.3.5　门窗插入时的快速定位问题

在平面中插入门窗时，在键盘中输入“SM”，门窗会自动定义在墙体的中心位置，如图 5-12 所示。

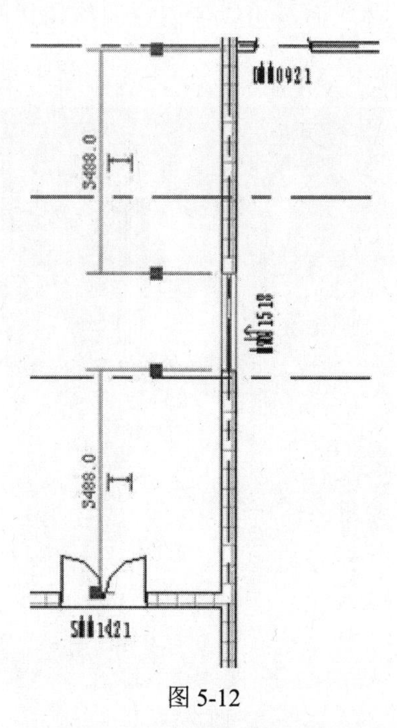

图 5-12

按空格键可以快速调整门开启的方向。在三维视图中插入门窗时，窗户的位置可以任意插入，而插入的门系统会默认放置在所选标高层的底部，如图 5-13 所示。

图 5-13

在三维视图中调整门窗的位置时需要注意，选择门窗后使用移动调整时只能在同一平面上修改，而利用“拾取新主体”命令可以使门窗调整到其他墙面上，如图 5-14、图 5-15 所示。

图 5-14

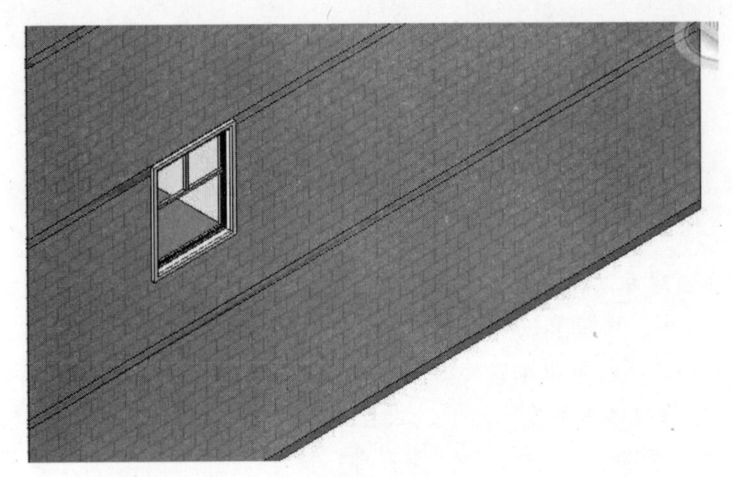

图 5-15

而利用“拾取新主体”命令可以使门窗调整到其他墙面上，如图 5-16 所示。

图 5-16

第 6 章　楼板

概述：楼板的创建可以通过在体量设计中，设置楼层面生成面楼板来完成；也可以直接绘制完成。在 Revit 中，楼板可以设置构造层。默认的楼层标高为楼板的面层标高，即建筑标高。在楼板编辑中，不仅可以编辑楼板的平面形状、开洞口和楼板基坡度等，还可以通过“修改子图元”命令修改楼板的空间形状，设置楼板的构造层找坡，实现楼板的内排水和有组织排水的分水线建模绘制。此外，对于类似自动扶梯、电梯基坑、排水沟等与楼板相关的构件建模与绘图，软件还提供了“楼板的公制常规模型”的族样板，方便用户自行定制。具体做法详见本书第二部分族和样板文件中的相关内容。

6.1　创建楼板

6.1.1　拾取墙与绘制生成楼板

选择“建筑”选项卡中“构建”面板下的“楼板”命令，进入绘制轮廓草图模式，此时自动跳转到“创建楼层边界”选项卡，选择“拾取墙”命令，在选项栏中单击 偏移: 0.0 ☑延伸到墙中(至核心层)，指定楼板边缘的偏移量，同时勾选“延伸到墙中（至核心层）”，拾取墙时将拾取到有涂层和构造层的复合墙的核心边界位置。使用【Tab】键切换选择，可一次选中所有外墙单击生成楼板边界，如出现交叉线条，使用“修剪”命令编辑成封闭楼板轮廓，或者选择“线”命令，用线绘制工具绘制封闭楼板轮廓。完成草图后，单击“完成楼板”创建楼板如图 6-1 所示。

图 6-1

选择楼板边缘，进入“修改|楼板”界面，选择“编辑边界”命令，可修改楼板边界，单击“编辑边界”，进入绘制轮廓草图模式，选择绘制面板下的“边界线”“直线”命令，进行楼板边界的修改，可修改成非常规轮廓，如图 6-2 所示。

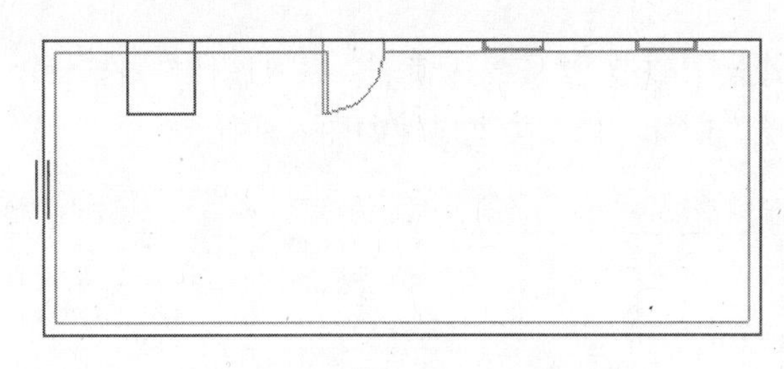

图 6-2

使用“修改”面板下的“✖”命令删除多余线段，单击完成，如图 6-3 所示。

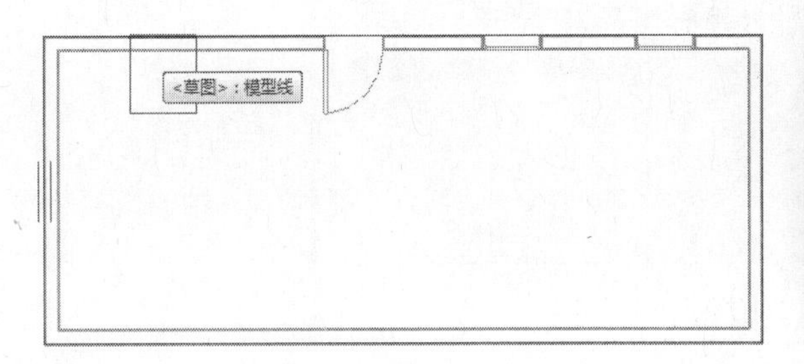

图 6-3

6.1.2　斜楼板的绘制

坡度箭头：在绘制楼板草图时，用“坡度箭头” 坡度箭头 命令绘制坡度箭头，在“属性”对话框中设置“尾高度偏移”或“坡度”值。单击确定，完成绘制，如图 6-4 所示。

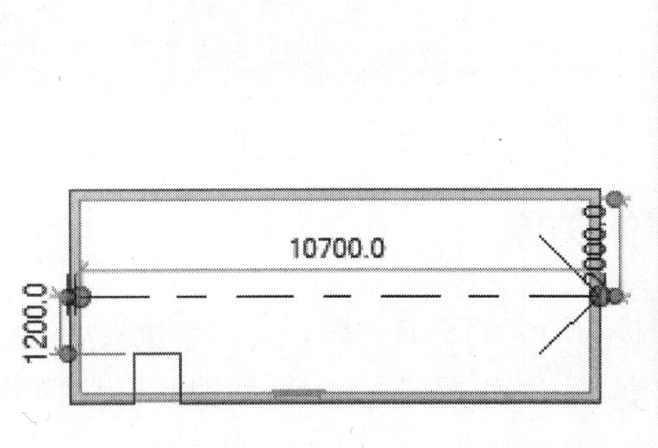

图 6-4

6.2 楼板的编辑

6.2.1 图元属性的修改

选择楼板，自动激活“修改 楼板”选项卡，在“属性”对话框中单击“编辑类型”按钮，选择左下角“预览”图标，修改类型属性如图 6-5 所示。

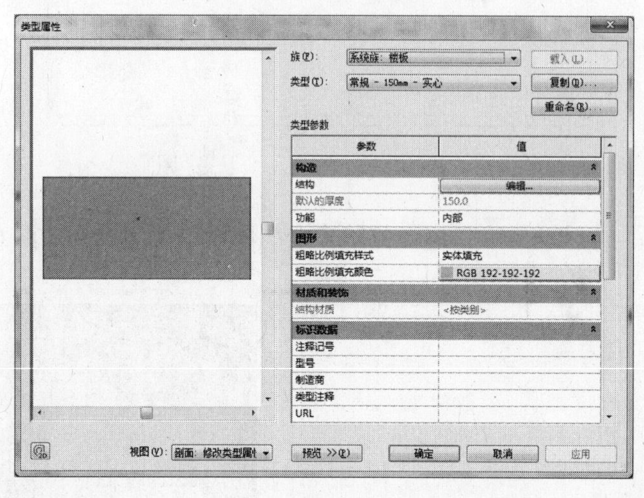

图 6-5

6.2.2 楼板洞口

选择楼板，单击“编辑”面板下的“编辑边界”按钮，进入绘制楼板轮廓草图模式，或在创建楼板时，在楼板轮廓以内直接绘制洞口闭合轮廓，完成绘制如图 6-6 所示。

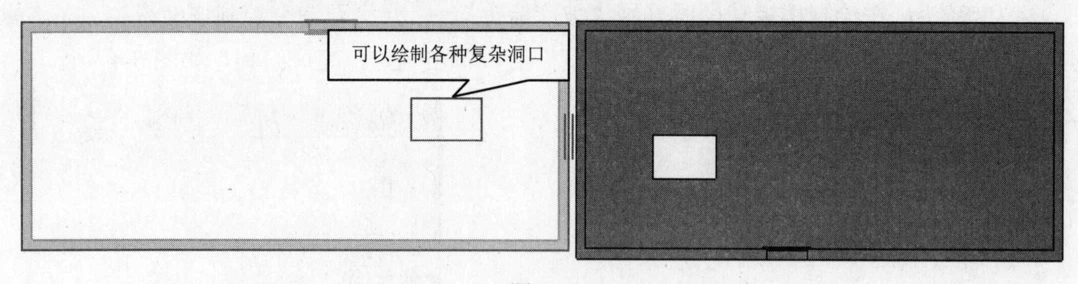

图 6-6

6.2.3 处理剖面图楼板与墙的关系

在 Revit 中直接生成剖面图时，楼板与墙之间会有空隙，先绘制楼板后绘制墙可以避免此问题。也可以利用“修改”选项卡“编辑几何图形”面板下“连接几何图形”命令，来连接楼板和墙，如图 6-7 所示。

图 6-7

6.2.4　复制楼板

选择楼板，自动激活“修改 楼板”选项卡，选择“剪贴板”面板下的“复制”命令，复制到剪贴板，单击“修改”选项卡中“剪贴板”面板下“粘贴”—“与选定的标高对齐”按钮，选择目标标高名称，楼板自动复制到所有楼层，如图 6-8 所示。

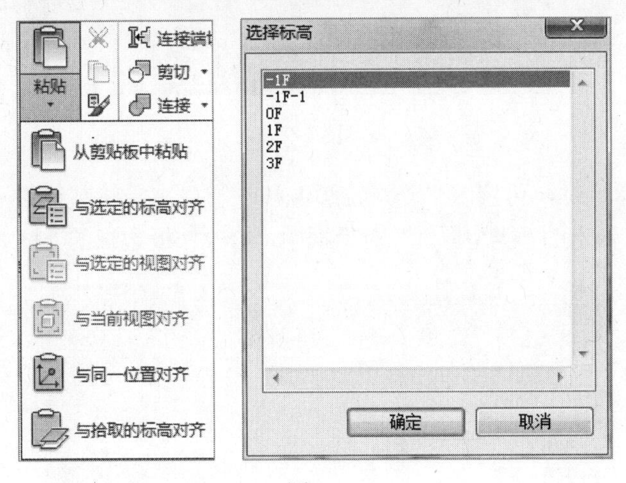

图 6-8

选择复制的楼板，可在选项栏中选择“编辑”命令，再完成绘制，即可出现一个对话框，提示从墙中剪切与楼板重叠的部分。

6.3　楼板边缘

单击“建筑”选项卡中“构建”面板下的“楼板”的下拉按钮，下有“建筑楼板”“结构楼板”“面楼板”“楼板边缘”4 个命令。

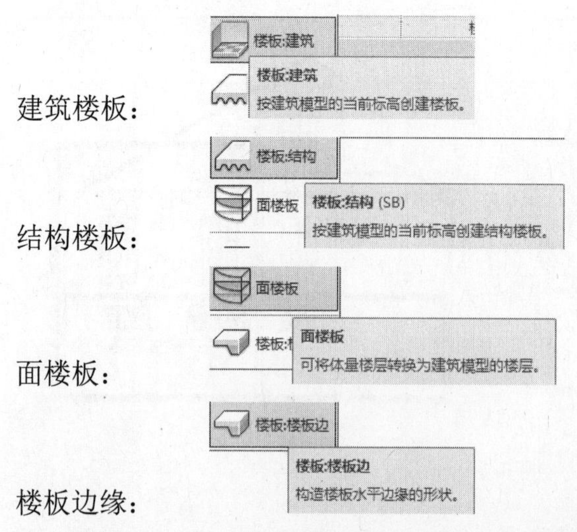

建筑楼板：

结构楼板：

面楼板：

楼板边缘：

添加楼板边缘：选择“楼板边缘”命令，单击选择楼板的边缘，完成添加，如图 6-9 所示。

图 6-9

楼板边缘可编辑属性，可修改“垂直轮廓偏移”与“水平轮廓偏移”等数值。单击“编辑类型”按钮，可在弹出的“类型属性”对话框中，修改楼板边缘的“轮廓”，如图 6-10 所示。

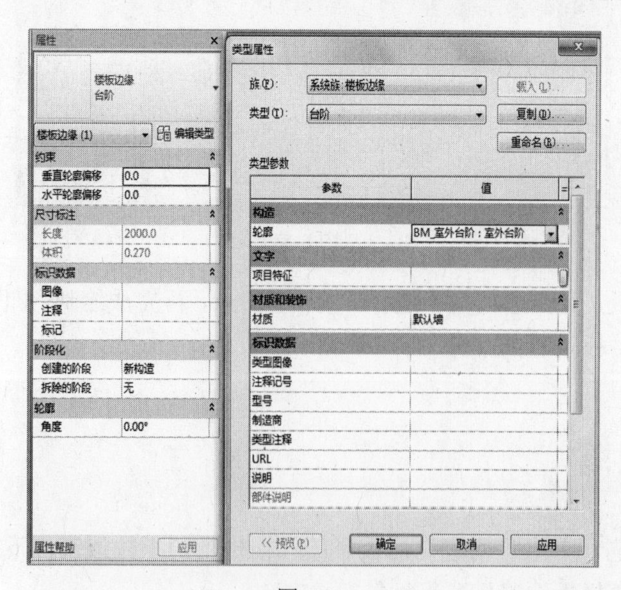

图 6-10

6.4　技术应用技巧

6.4.1　创建阳台、雨棚与卫生间楼板

创建阳台、雨棚时使用“楼板”工具，在绘制完成后，单击“楼板属性”工具，在弹出的“属性”对话框中，在“限制条件”下“自标高的高度偏移”一栏中修改偏移值，如图 6-11 所示。

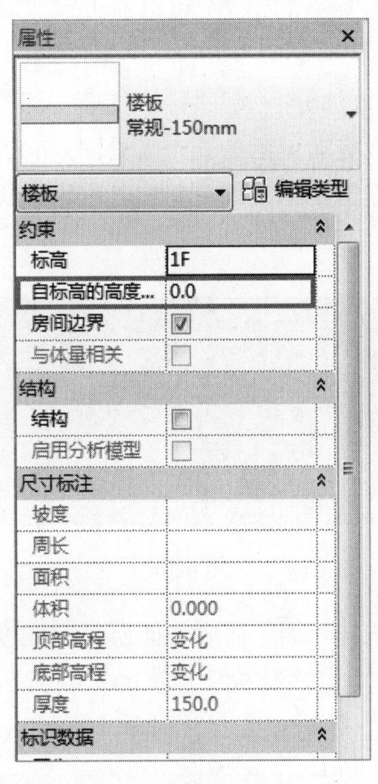

图 6-11

> **注意**
>
> 卫生间楼板与室内其他区域相比应该偏低，所以在绘制卫生间楼板后应调整其偏移值，设置方法同上。

6.4.2　楼板点编辑、楼板找坡层设置

选择楼板，单击自动弹出的“修改 楼板”上下文选项卡，单击“修改子图元”工具，楼板进入点编辑状态（见图 6-12）。单击“添加点”工具，然后在楼板需要添加控制点的地方单击，楼板将会增加一个控制点。单击“修改子图元”工具，再单击需要修改的点，在点的左上方会出现一个数值，如图 6-13 所示。

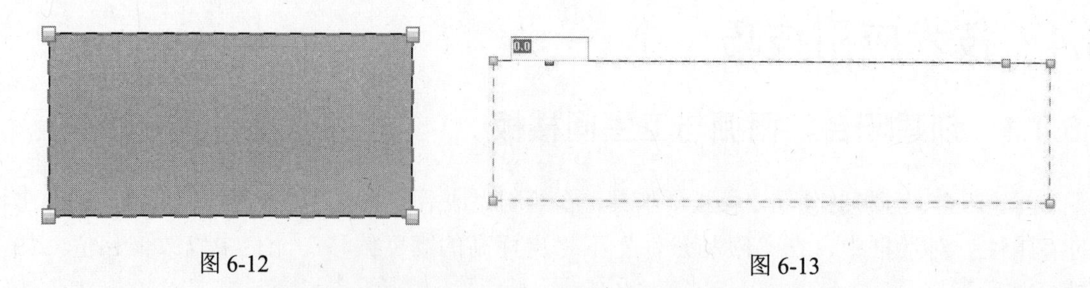

图 6-12　　　　图 6-13

该数值表示偏离楼板的相对标高的距离，可以通过修改其数值使该点高出或低于楼板的相对标高。

“形状编辑”面板中还有“添加分割线”“拾取支座”和“重设形状”。“添加分割线”命令可以将楼板分为多块，以实现更加灵活的调节（见图 6-14）；“拾取支座”命令用于定义分割线，并在选择梁时为楼板创建恒定承重线；单击“重设形状”工具可以使图形恢复原来的形状。

图 6-14

当楼层需要做找坡层或做内排水时，需要在面层上做坡度。选择楼层，单击“图元属性”下拉按钮，选择“类型属性”，单击“结构”栏下的“编辑”按钮，在弹出的“编辑部件”对话框中勾选“保温层/空气层”后的“可变”选项，如图 6-15 所示。

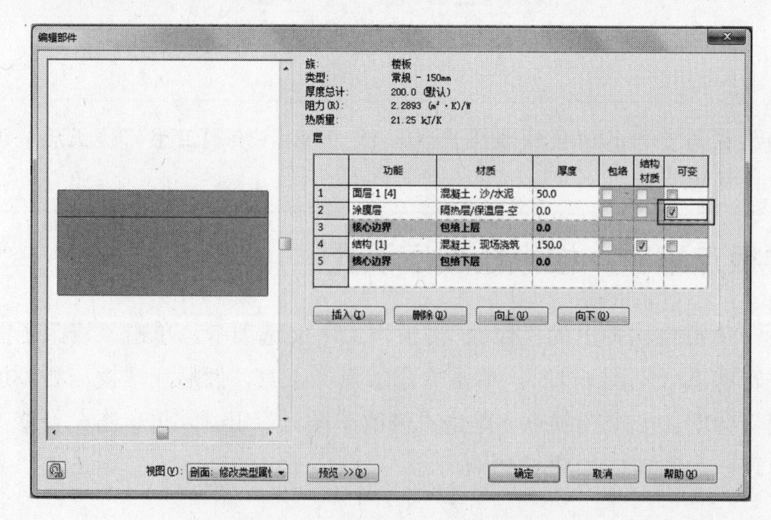

图 6-15

这时在进行楼板的点编辑时，只有楼板的面层会变化，结构层不会变化，如图 6-16 所示。

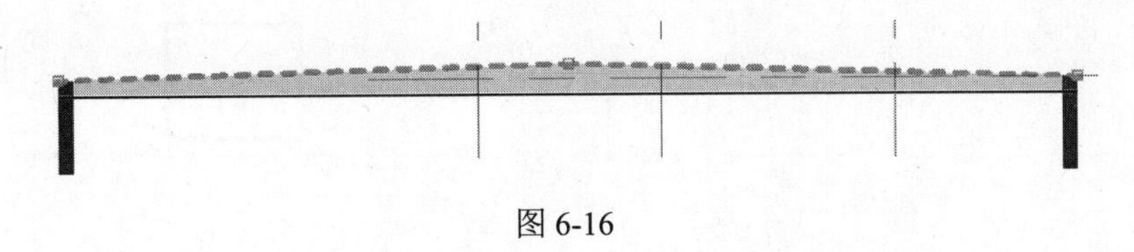

图 6-16

找坡层的设置：单击“形状编辑”面板中的“添加分割线”工具，在楼板的中线处绘制分割线，单击“修改子图元”工具，修改分割线两端端点的偏移值（即坡度高低差），效果如图 6-16 所示，完成绘制。

内排水的设置：单击“添加点”工具，在内排水的排水点添加一个控制点，单击“修改子图元”工具，修改控制点的偏移值（即排水高差）（见图 6-17），完成绘制。

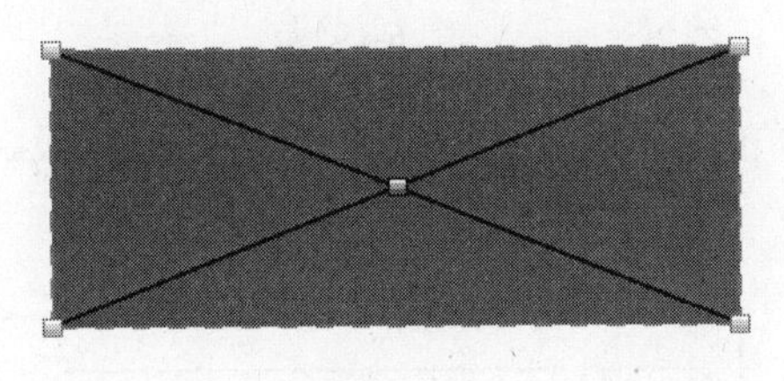

图 6-17

6.4.3　楼板的建筑标高与结构标高

楼板包括结构层与面层，建筑标高是指到楼板面层的高度值，结构标高指的是到楼板结构层的高度值，两者之间有一个面层的差值。在 Revit 中标高默认为建筑标高。

屋面楼板的建筑标高与结构标高是一样的，所以屋面楼板需要向上偏移一个面层的高度。

6.4.4　用楼板编辑方式绘制坡道

在绘制坡道时，有一种两侧带坡度的坡道，一般采用楼板编辑的方式来创建。

方法一：首先绘制设计所需的楼板尺寸，完成之后单击楼板，选择形状编辑中的添加点（见图 6-18）。

图 6-18

对楼板正确的位置进行点的添加并输入数据，这个数据在这里指高程，也就是将此处的位置抬高，以便形成坡度（见图 6-19）。

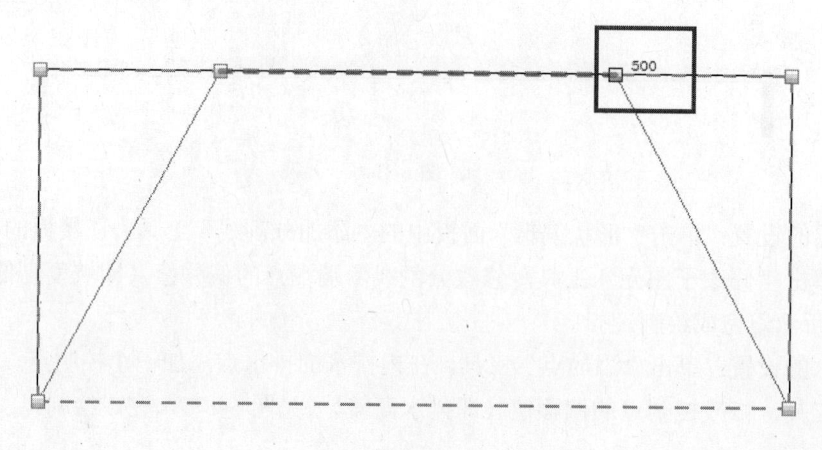

图 6-19

两个点都要添加为一样的位置，或者单击两点之间的线段，输入一个数据也可以（见图 6-20）。

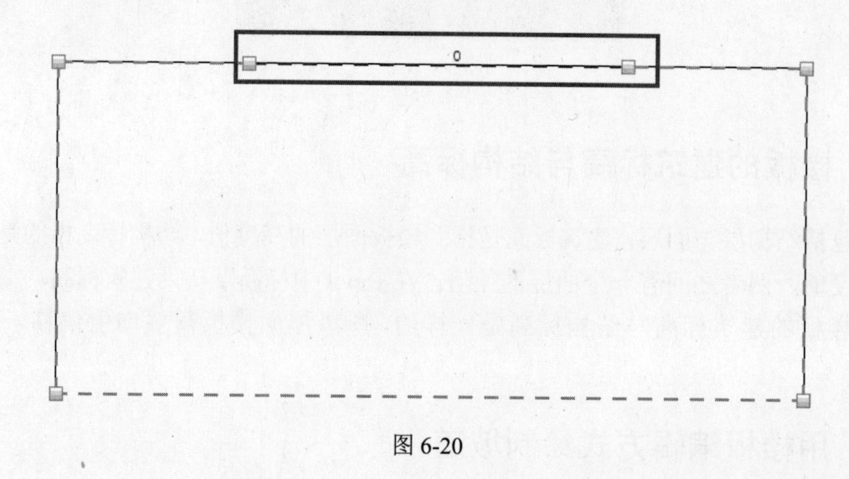

图 6-20

方法二：用到了添加分割线的命令，此方法是直接在楼板上绘制要分割的线段，以此来表示坡道（见图 6-21）。

图 6-21

用此命令，可直接在楼板上绘制分割线（见图 6-22）。

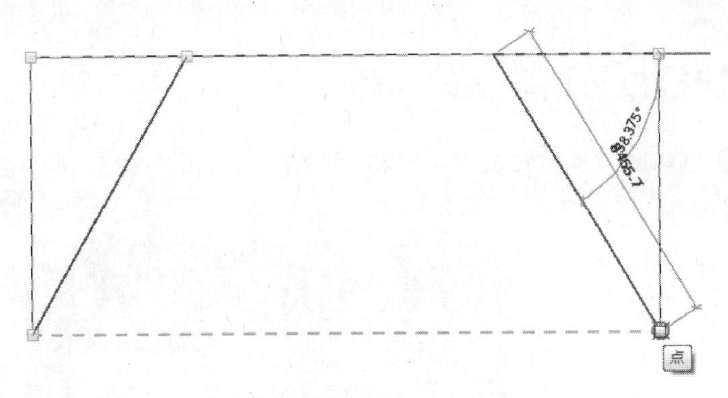

图 6-22

同样的，也要输入相对的高程，用来表示坡度，形成坡道。

完成之后，对建好的坡道进行编辑，勾选可变选项，坡道会变成实心的（见图 6-23），否则是空心的（见图 6-24）。

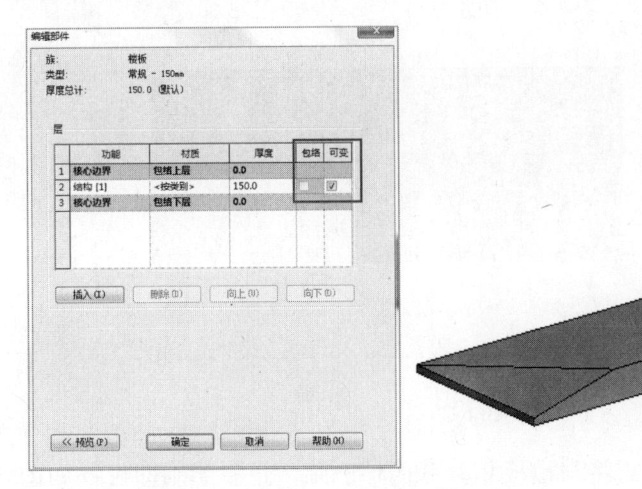

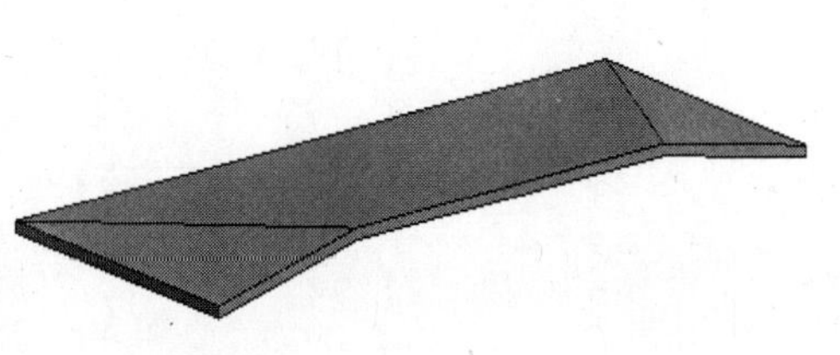

图 6-23

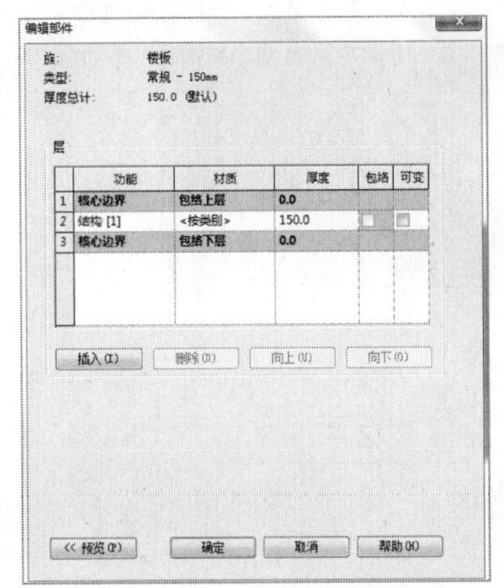

图 6-24

6.4.5 解决楼板与墙联动的问题

我们在编辑墙体时常遇到楼板与墙体联动的情况，如图 6-25、图 6-26 所示。

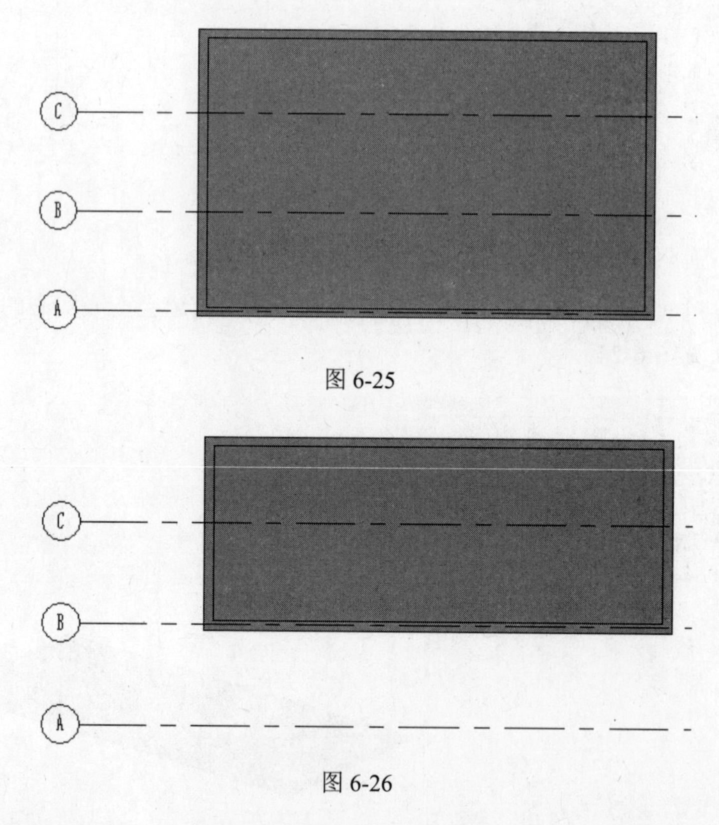

图 6-25

图 6-26

如果要取消这种关联，只需将与楼板相关联的墙删除，重新绘制即可，如图 6-27、图 6-28 所示。

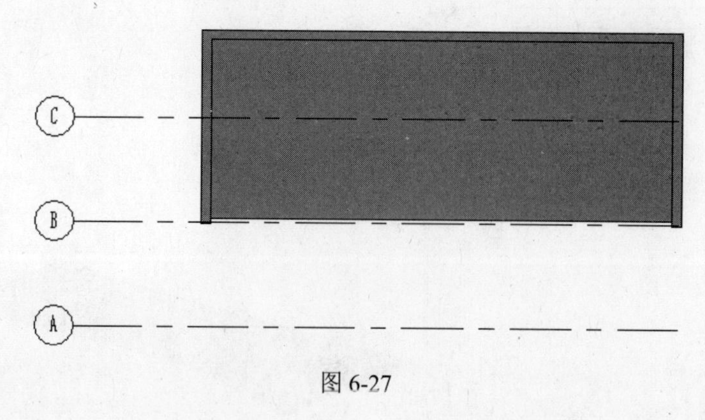

图 6-27

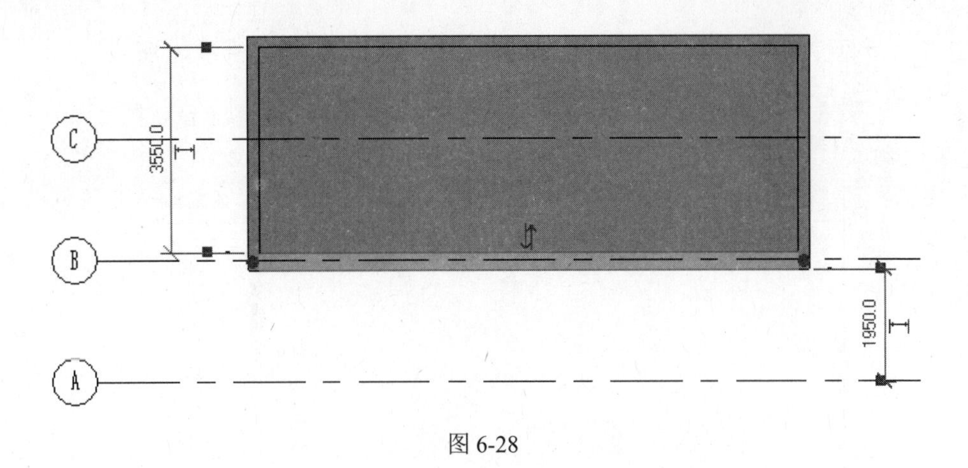

图 6-28

按照以上方法操作后，楼板不再随墙体的移动而改变，如图 6-29 所示。

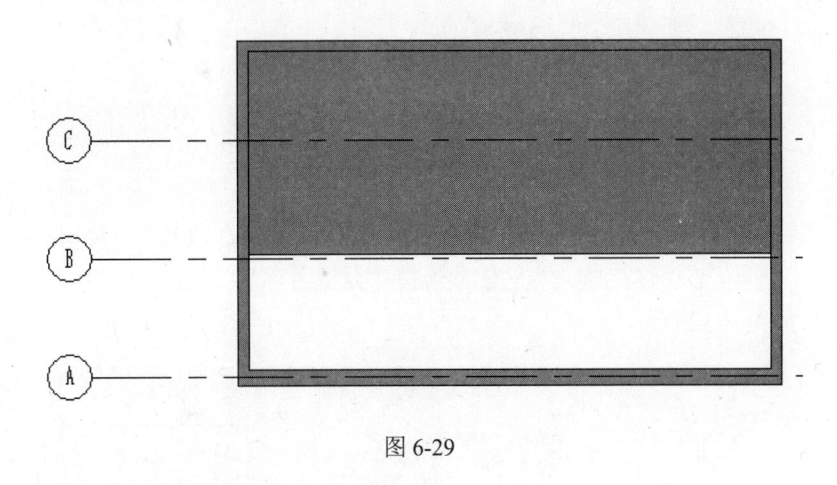

图 6-29

6.4.6　为降板表面填充不同的图案

如图 6-30 所示，中间的楼板为降板（120）-150mm，下面我们通过“过滤器”来为其填充表面图案。

图 6-30

打开“可见性/图形替换”对话框，选中“过滤器”面板，如图 6-31 所示。

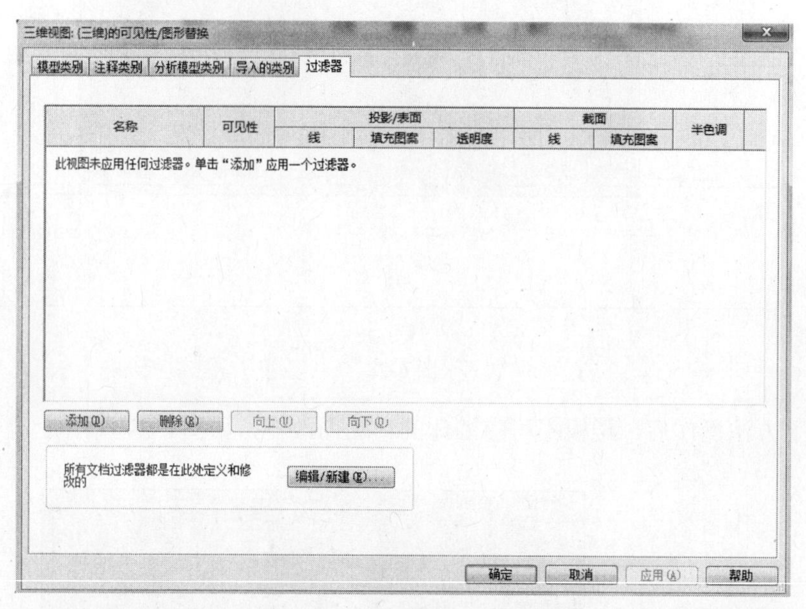

图 6-31

通过“编辑/新建”命令，新建一个过滤器，命名为“降板（120）-150mm”，在“类别”里勾选“楼板”选项，在“过滤规则”里依次选择“类型名称”“包含”“降板（120）-150mm”，点击“确定”如图 6-32 所示。

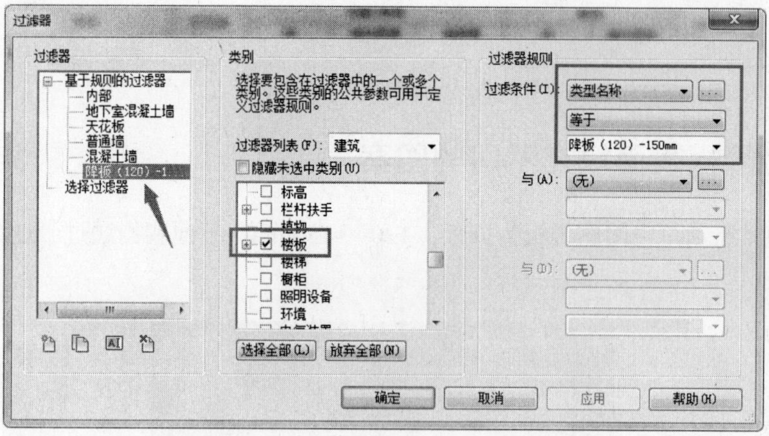

图 6-32

添加过滤器，如图 6-33 所示。

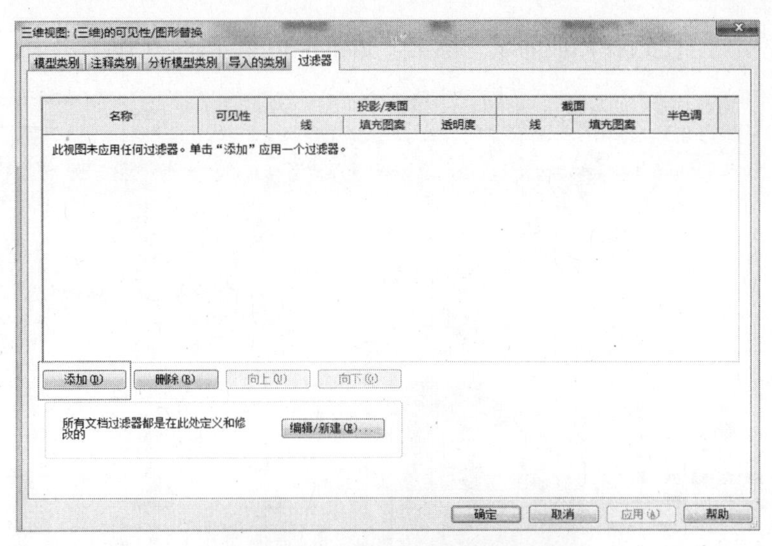

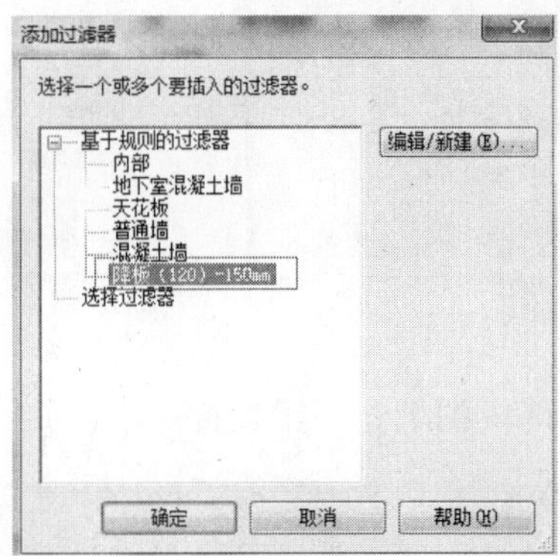

图 6-33

在新建的过滤器里，单击“投影/表面”下的“替换...”选项，如图 6-34 所示。

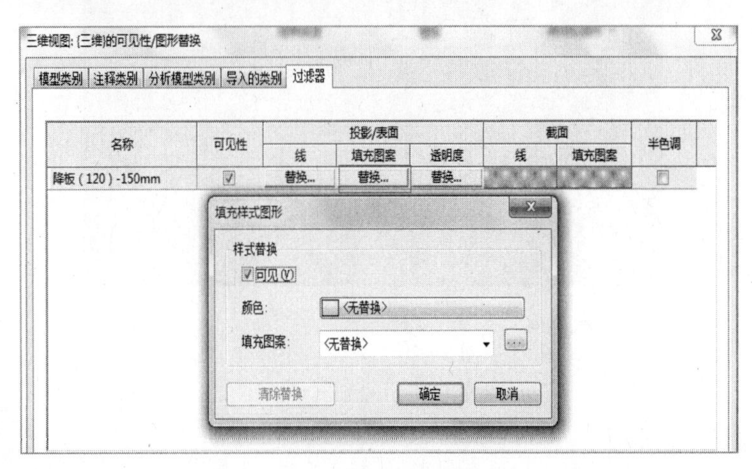

图 6-34

为填充图案选择颜色，如图 6-35 所示。

在“填充图案”里选择相应的填充图案，如图 6-36 所示。

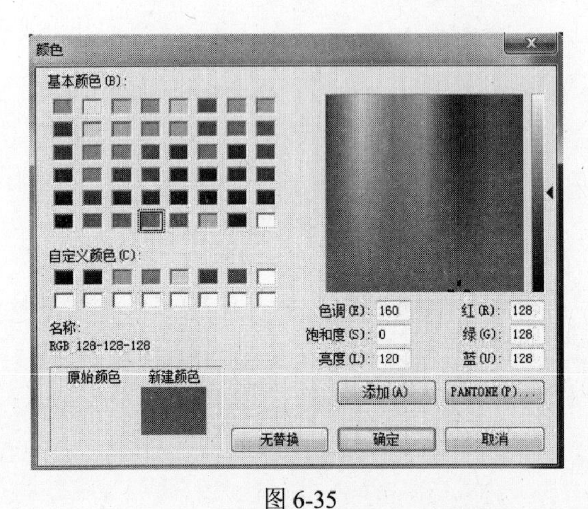

图 6-35

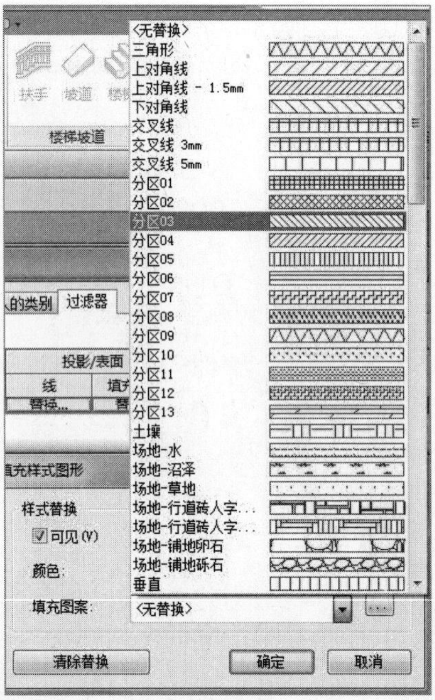

图 6-36

单击“确定”按钮之后，降板的填充图案设置完毕，如图 6-37 所示。

图 6-37

第 7 章　房间和面积

概述：房间和面积是建筑中重要的组成部分，使用房间、面积和颜色方案规划建筑的占用和使用情况，并执行基本的设计分析。

7.1　房间

7.1.1　创建房间

选择“建筑”选项卡，在“房间和面积”面板中单击“房间”下拉按钮，在下拉列表中选择“房间”选项，可以创建房间，如图 7-1 所示。

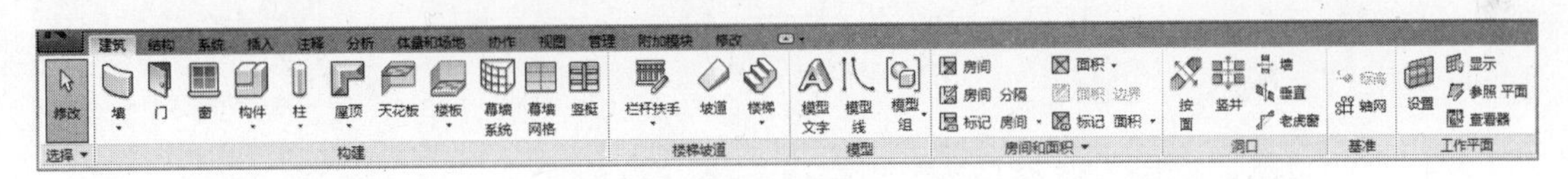

图 7-1

进入任意楼层平面视图，在需要的房间内添加房间，如图 7-2 所示。

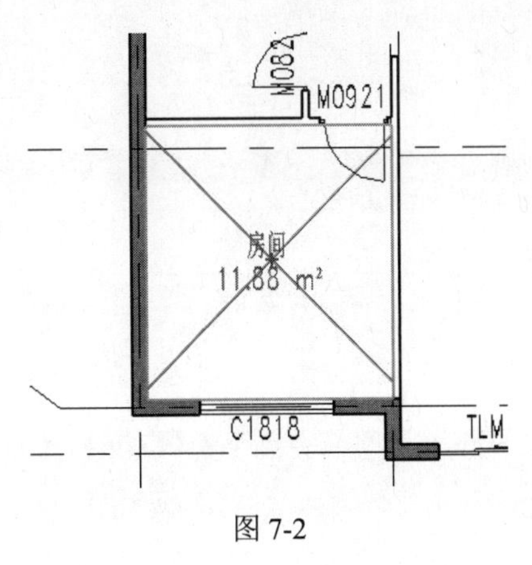

图 7-2

可以在平面视图和剖面视图中选择房间。选择一个房间可以检查其边界，修改其属性，将其从模型中删除或移至其他位置。

7.1.2　选择房间

选择房间标记，单击“房间”，名称可变为输入状态，输入新的房间名称，如图 7-3 所示。

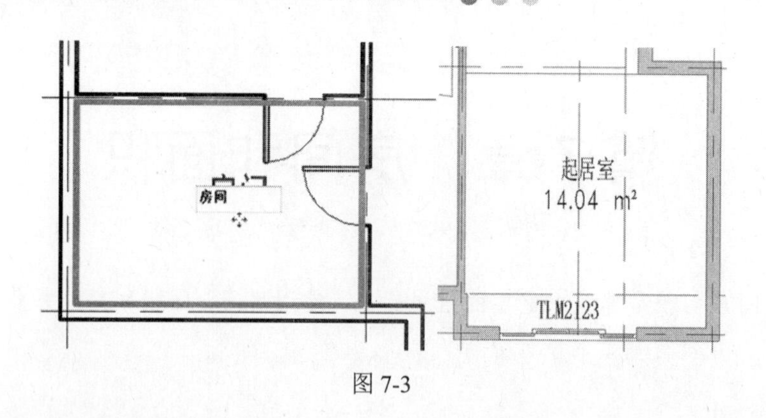

图 7-3

7.1.3 控制房间的可见性

默认情况下，房间在平面视图和剖面视图中不会显示，但是，可以更改“可见性/图形”设置，使房间及其边界线在视图中可见，这些属性成为视图属性的组成部分。

在“视图”面板中单击“可见性/图形”按钮，在“可见性/图形替换”对话框中的“模型类别”选项卡上向下滚动至“房间”，然后单击节点以便展开。要在视图中显示内部填充，勾选“内部填充”复选框，要显示房间的参照线，勾选“参照”复选择框，然后单击“确定”按钮，如图 7-4 所示。

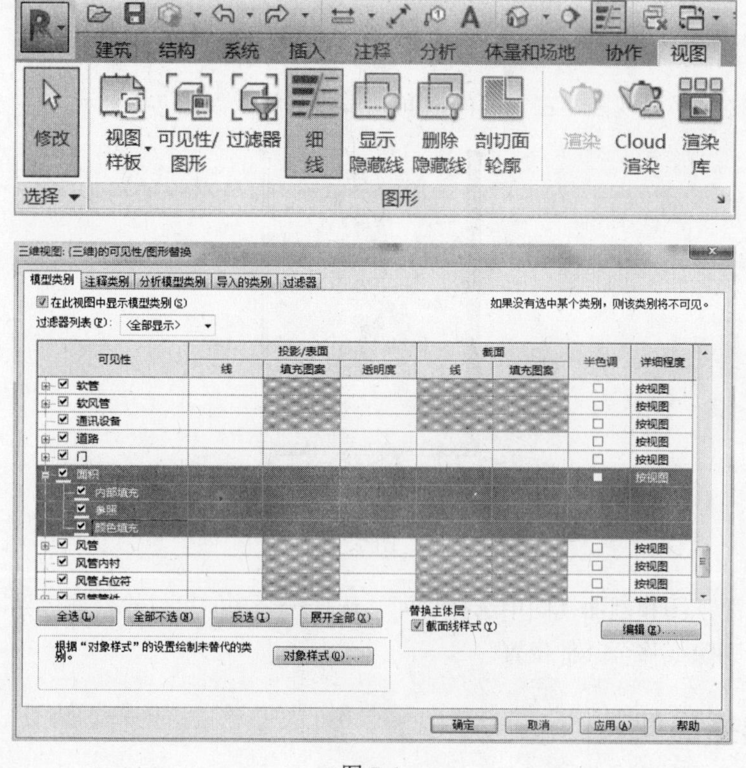

图 7-4

7.2 房间边界

7.2.1 平面视图中的房间

进入楼层平面，使用平面视图可以直接查看房间的外部边界（周长）。

默认情况下，Revit 使用墙面面层作为外部边界来计算房间面积，也可以指定墙中心、墙核心层或墙核心层中心作为外部边界。

如果需要修改房间的边界，可修改模型图元的“房间边界”参数，或者添加房间分隔线，如图 7-5 所示。

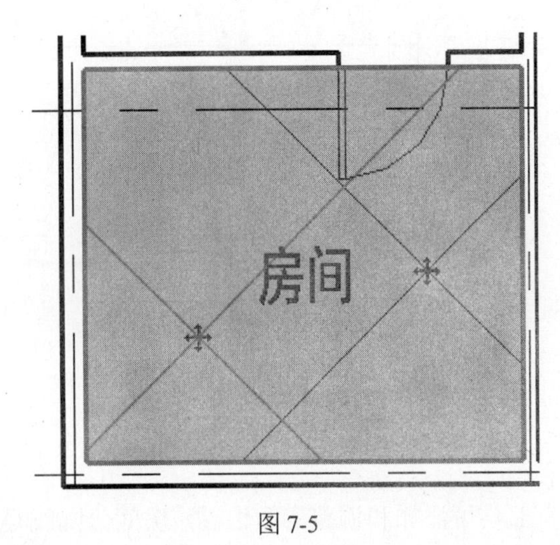

图 7-5

7.2.2 房间边界图元

房间边界图元包括如下几项：

- 其中的图元包括墙（幕墙、标准墙、内建墙、基于面的墙）。
- 屋顶（标准屋顶、内建屋顶、基于面的屋顶）。
- 楼板（标准楼板、内建楼板、基于面的楼板）。
- 天花板（标准天花板、内建天花板、基于面的天花板）。
- 柱（建筑柱、材质为混凝土的结构柱）。
- 幕墙系统。
- 房间分隔线。
- 建筑地坪通过修改图元属性，可以指定很多图元是否可作为房间边界，例如，可能需要将盥洗室隔断定义为非边界图元，因为它们通常不包括在房间计算中。如果将某个图元指定为非边界图元，当 Revit 计算房间或任何共享此非边界图元的相邻房间的面积或体积时，将不使用该图元。

7.2.3 房间分隔线

在“房间与面积”面板下的“房间”下拉列表中单击 房间分隔 按钮，在房间未分隔处添加分隔线，如图 7-6 所示。

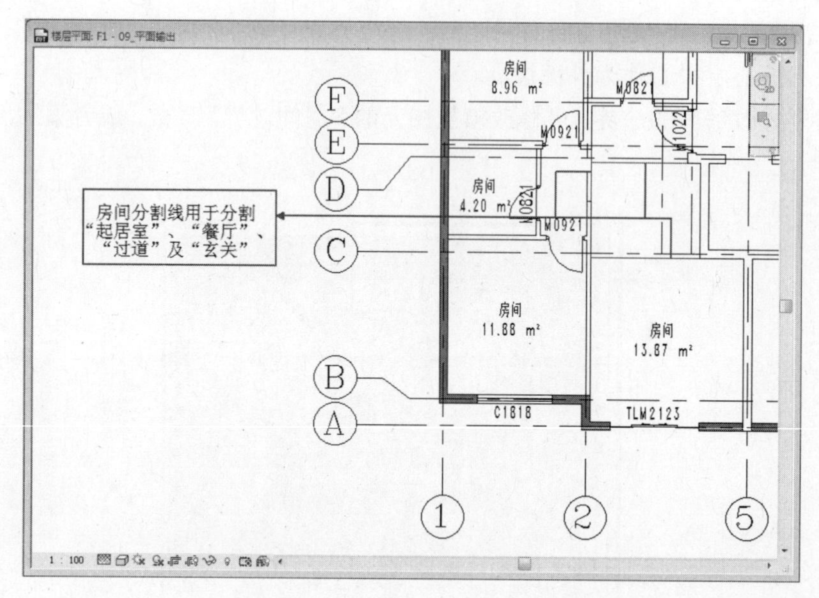

图 7-6

使用“房间分隔线”工具可添加和调整房间边界，房间分隔线是房间边界。在房间内指定另一个房间时，分隔线十分有用，如起居室中的就餐区，此时房间之间不需要墙。房间分隔线在平面视图和三维视图中可见。

7.3 房间标记

在“房间和面积”面板中单击“标记房间”，对已添加的房间进行标记，如图 7-7 所示。

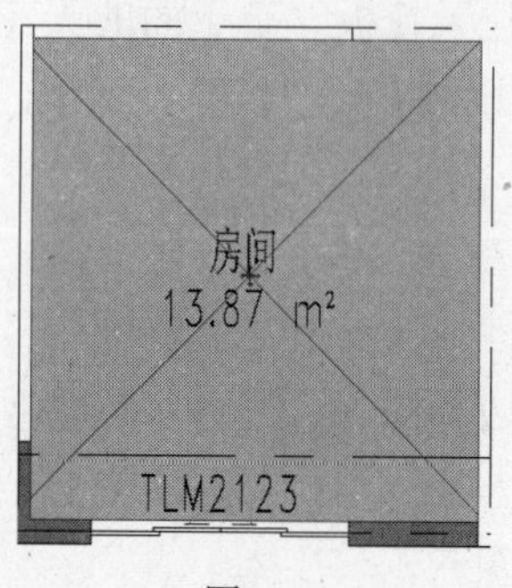

图 7-7

7.4　面积方案

7.4.1　创建与删除面积方案

在“房间和面积”面板的下拉菜单中，选择 面积和体积计算 选项，在弹出的对话框中选择“面积方案”选项卡，单击“新建”按钮，如图 7-8 所示。

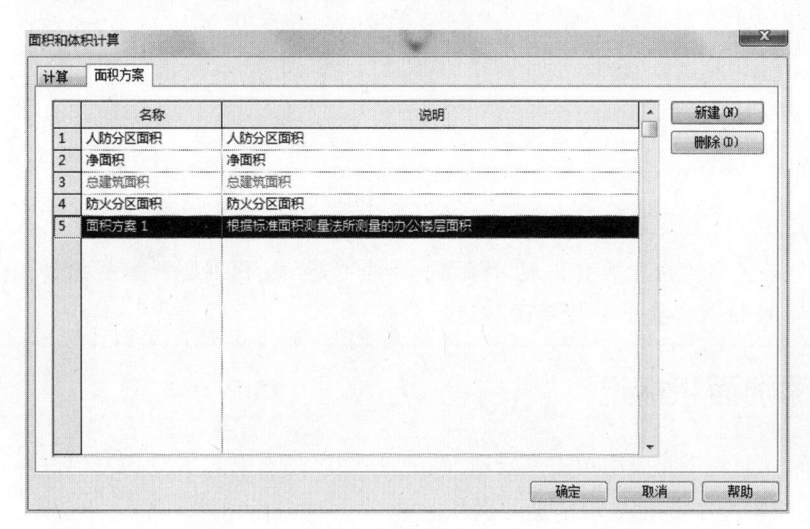

图 7-8

删除面积方案与创建面积方案类似，其区别是选中要删除的面积方案，单击后面的“删除”按钮，完成面积方案的删除，如图 7-9 所示。

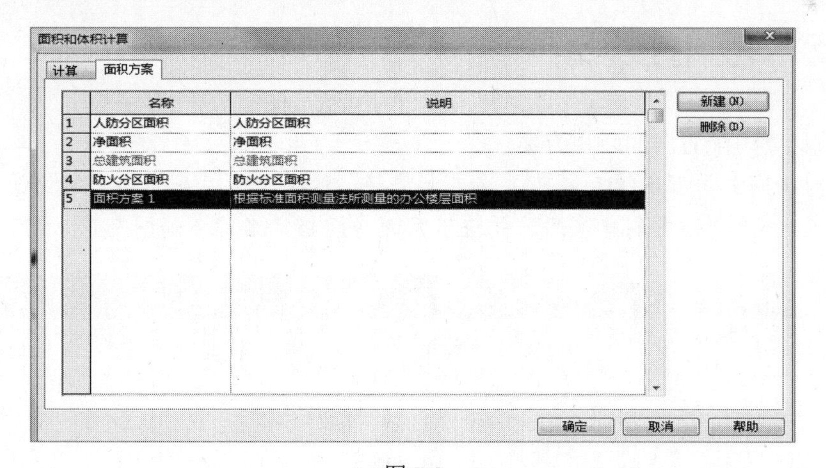

图 7-9

注意

如果删除面积方案，则与其关联的所有面积平面也会被删除。

7.4.2 创建面积平面

在“房间和面积”面板中单击“面积”下拉按钮，在弹出的下拉菜单中选择选项，进行创建。在“类型”下拉列表中可选择要创建面积平面的类型和面积平面视图，然后单击“确定”按钮，如图 7-10 所示。

图 7-10

> 注意
>
> 单击“确定”按钮之后会出现对话框，单击“是”按钮则会开始创建整体面积平面；单击“否”按钮则需要手动绘制面积边界线。

7.4.3 添加面积标记

在“房间和面积”面板中单击“标记”下拉按钮，在弹出的下拉列表中选择选项，Revit 将在面积平面中高亮显示定义的面积。

> 注意
>
> 放置和修改面积标记的方式与创建房间标记的方法相同。

7.5 技术应用技巧

下面我们学习配置房间颜色方案。

Step 01 在对房间应用颜色填充之前，单击“建筑”选项卡下“房间和面积”面板中的“房间”按钮，在平面视图中创建房间，并给不同的房间指定名称，如图 7-11 所示。

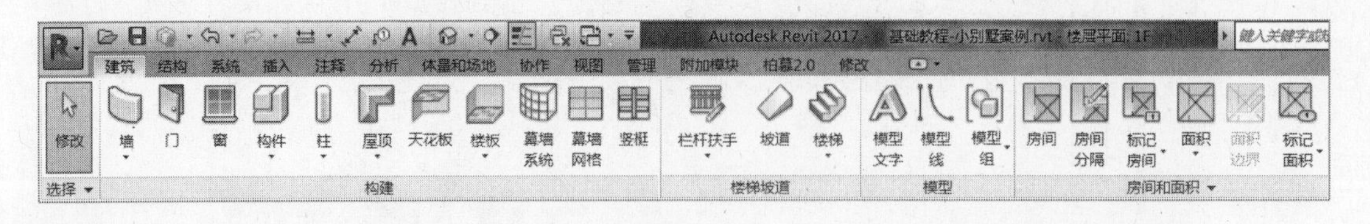

图 7-11

Step 02 单击“分析”选项卡，选择“颜色填充”面板上“颜色填充图例”，在“属性”对话框中单击“编辑类型”按钮，弹出“类型属性”对话框，设置其颜色方案的基本属性，如图 7-12 所示。

图 7-12

Step 03 单击放置颜色方案，并再次选择颜色方案图例，此时自动激活“修改|颜色填充实例”选项卡，在“方案”面板中单击“编辑方案”按钮，弹出“编辑颜色方案”对话框。

Step 04 从“颜色”下拉列表中选择“名称”为填色方案，修改房间的颜色值，单击“确定”按钮，退出对话框，此时房间将自动填充颜色，如图 7-13 所示。

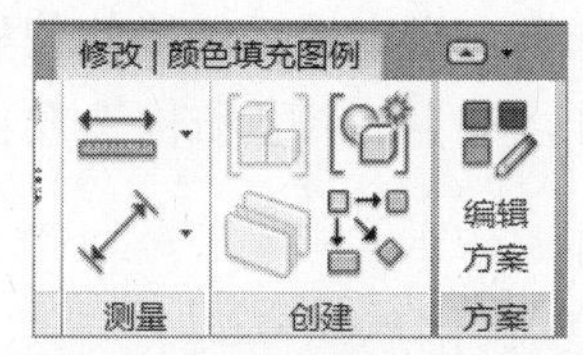

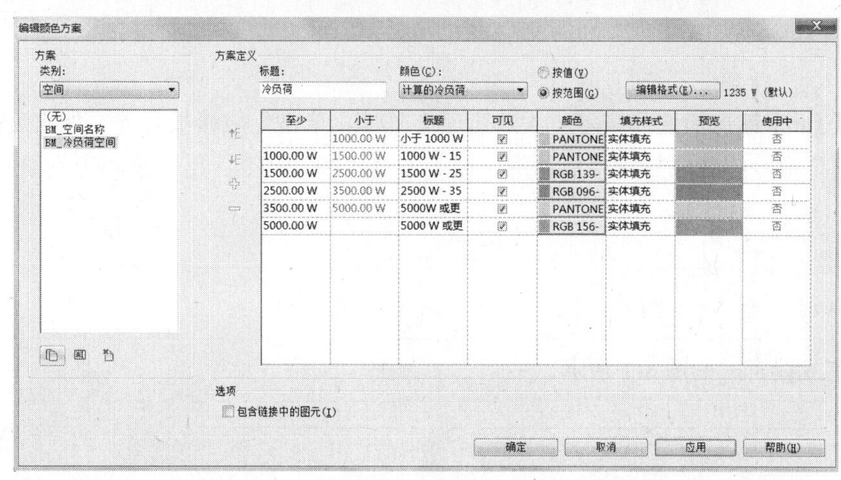

图 7-13

第 8 章　屋顶与天花板

概述：屋顶是建筑的重要组成部分。在 Revit 中提供了多种建模工具，如迹线屋顶、拉伸屋顶、面屋顶、玻璃斜窗等创建屋顶的常规工具。此外，对于一些特殊造型的屋顶，还可以通过内建模型的工具来创建。为了方便读者理解，本章还专门介绍了古建六角亭的完整的创建过程。

8.1　屋顶的创建

8.1.1　迹线屋顶

1．创建迹线屋顶（坡屋顶、平屋顶）

在“建筑”面板的“屋顶”面板下列表中选择“迹线屋顶”选项，进入绘制屋顶轮廓草图模式。

此时自动跳转到“创建楼层边界”选项卡，单击“绘制”面板下的“拾取墙”按钮，在选项栏中勾选“定义坡度”复选框，指定楼板边缘的偏移量，同时勾选“延伸到墙中（至核心层）”复选框，拾取墙时将拾取到有涂层和构造层的复合墙体的核心边界位置，如图 8-1 所示。

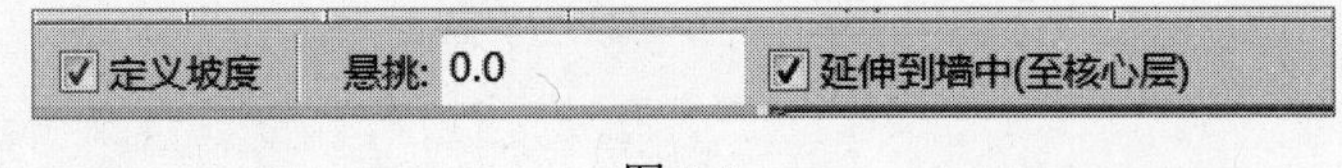

图 8-1

使用【Tab】键切换选择，可一次选中所有外墙，单击生成楼板边界，如出现交叉线条，使用“修剪”命令编辑成封闭楼板轮廓，或者选择“线”命令，用线绘制工具绘制封闭楼板轮廓。

> **注意**
> 如取消勾选“定义坡度”复选框则生成平屋顶。

单击完成编辑，如图 8-2 所示。

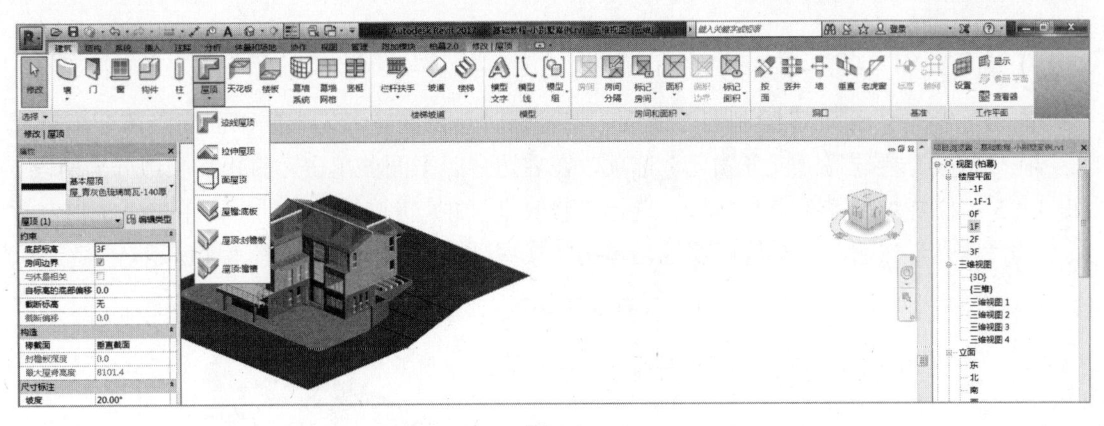

图 8-2

2. 创建圆锥屋顶

在“建筑”面板的“屋顶”下拉列表中选择“迹线屋顶”选项，进入绘制屋顶轮廓草图模式。

打开“属性”对话框，可以修改屋顶属性，如图 8-3 所示。用“拾取墙”或“线”“起点-终点-半径弧”命令绘制有圆弧线条的封闭轮廓线，选择轮廓线，在选项栏勾选“定义坡度”复选框，“30.00°”符号将出现在其上方，单击角度值设置屋面坡度。单击完成绘制，如图 8-4 所示。

图 8-3

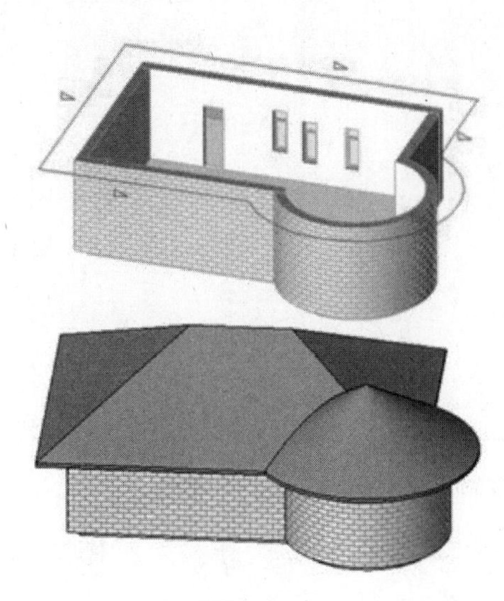

图 8-4

3. 四面双坡屋顶

在“建筑”面板的“屋顶”下拉列表中选择“迹线屋顶”选项，进入绘制屋顶轮廓草图模式。

在选项栏取消勾选“定义坡度”复选框，用“拾取墙”或“线”命令绘制矩形轮廓。

选择“参照平面” 参照平面 绘制参照平面，调整临时尺寸使左、右参照平面间距等于矩形宽度。在“修改”栏选择“拆分图元”选项，在右边参照平面处单击，将矩形长边分为两段。在图 8-5 中添加坡度箭头 坡度箭头。选择“修改 屋顶|编辑迹线”选项卡，单击“绘制”面板中的“属性”按钮，设置坡度属性，单击完成屋顶，完成绘制，如图 8-5 所示。

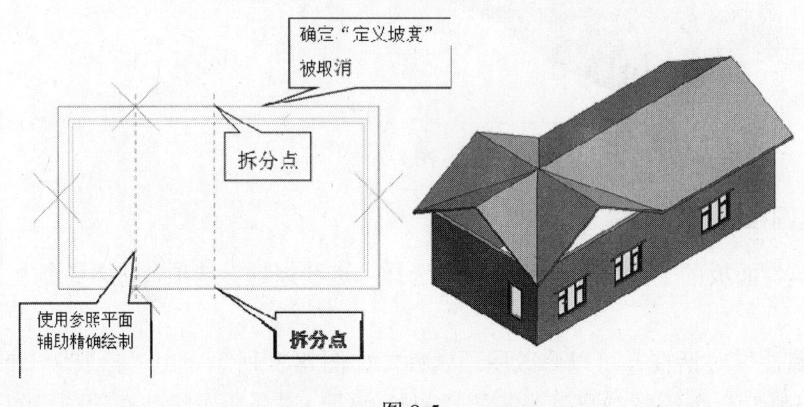

图 8-5

注意

单击坡度箭头可在“属性”中选择尾高和坡度，如图 8-6 所示。

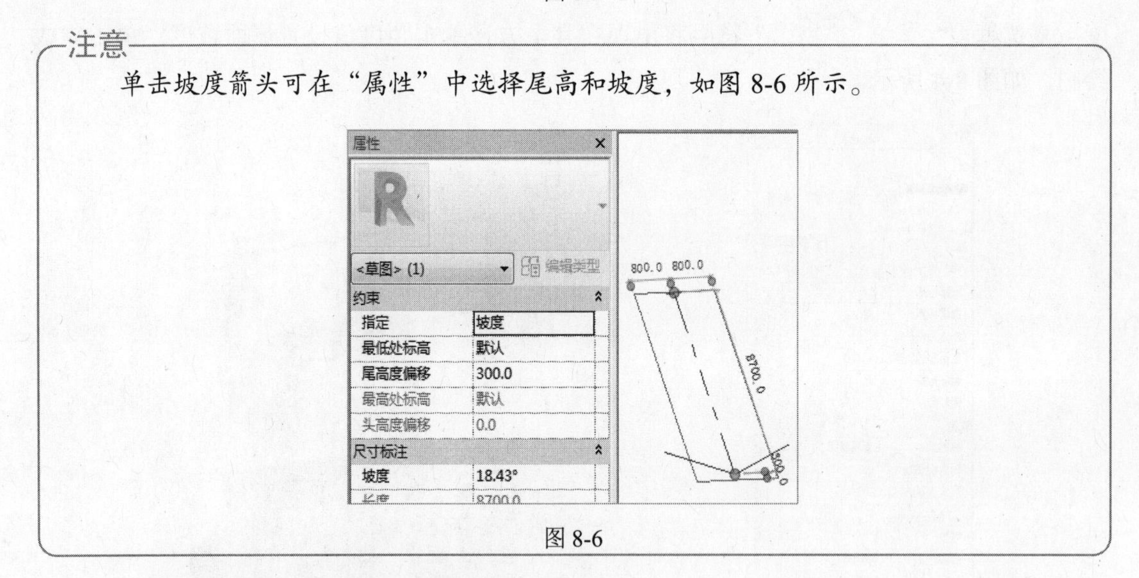

图 8-6

4．双重斜坡屋顶（截断标高应用）

在“建筑”面板的“屋顶”下拉列表中选择“迹线屋顶”选项，进入绘制屋顶轮廓草图模式。

使用“拾取墙”或“线”命令绘制屋顶，在“属性”对话框中设置“截断标高”和“截断偏移”，如图 8-7 所示，单击完成绘制，如图 8-8 所示。

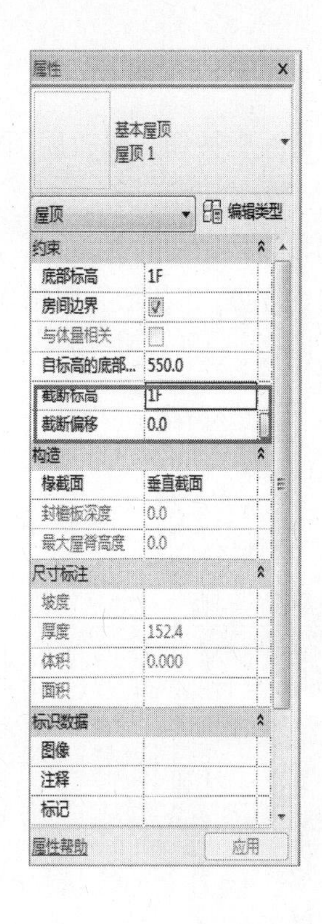

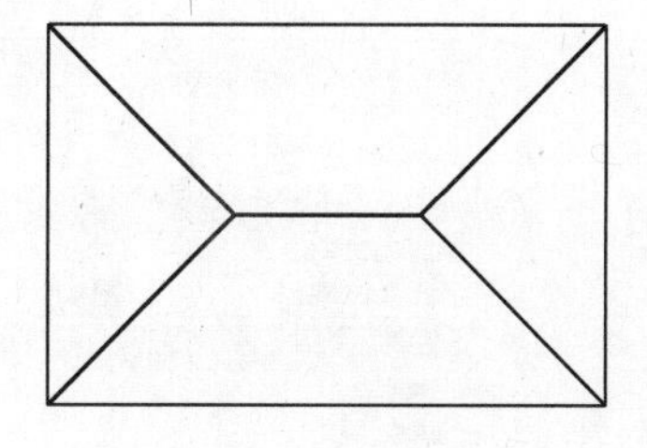

图 8-7

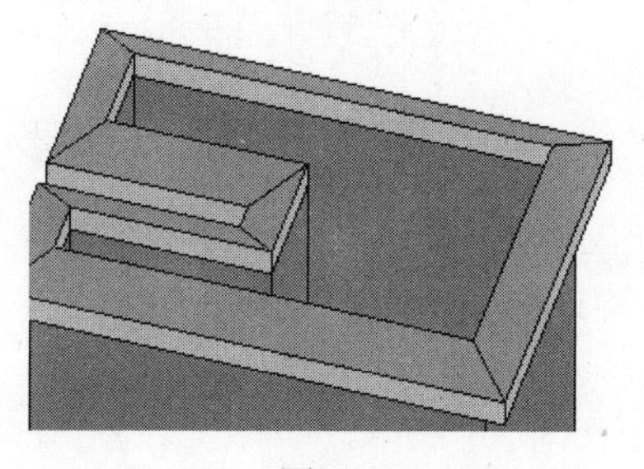

图 8-8

用“迹线屋顶”命令在截断标高上沿第一层屋顶洞口边线绘制第二层屋顶。

如果两层屋顶的坡度相同，在“修改”选项卡的“编辑几何图形”中选择 连接/取消连接屋顶 选项，连接两个屋顶，隐藏屋顶的连接线，如图 8-9 所示。

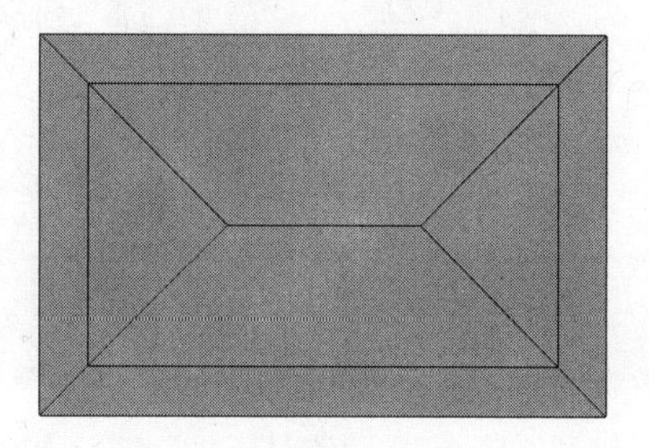

图 8-9

5．编辑迹线屋顶

（1）选择迹线屋顶，单击屋顶，进入修改模式，单击“编辑迹线”按钮，修改屋顶轮廓草图，完成屋顶设置。

属性修改：在“属性”对话框中可修改所选屋顶的标高、偏移、截断层、椽截面、坡度角等；选择“编辑类型”命令可以设置屋顶的构造（结构、材质、厚度）、图形（粗略比例、填充样式）等，如图 8-10 所示。

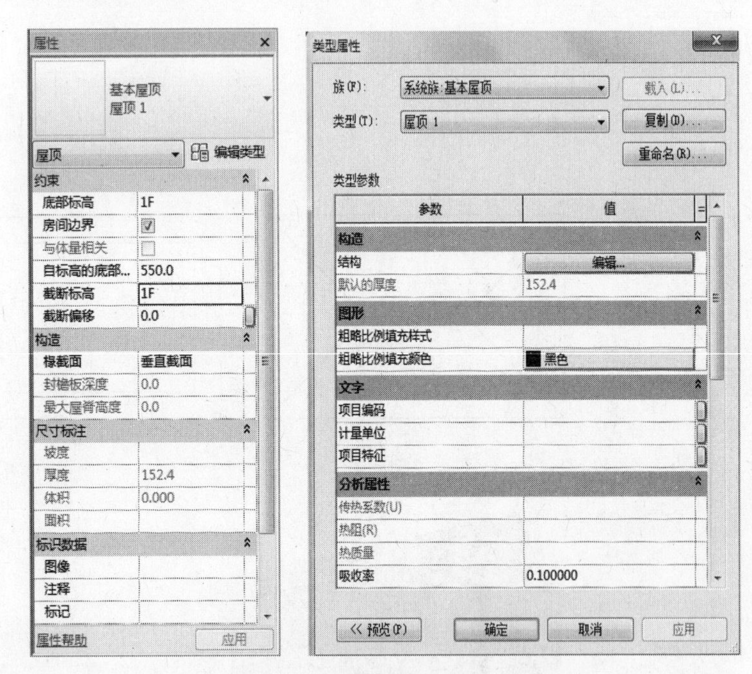

图 8-10

选择“修改”选项卡下“编辑几何图形”中的 连接/取消连接屋顶 选项，连接屋顶到另一个屋顶或墙上，如图 8-11 所示。

图 8-11

对于从平面上不能创建的屋顶，可以从立面上用拉伸屋顶着手创建模型，如图 8-12 所示。

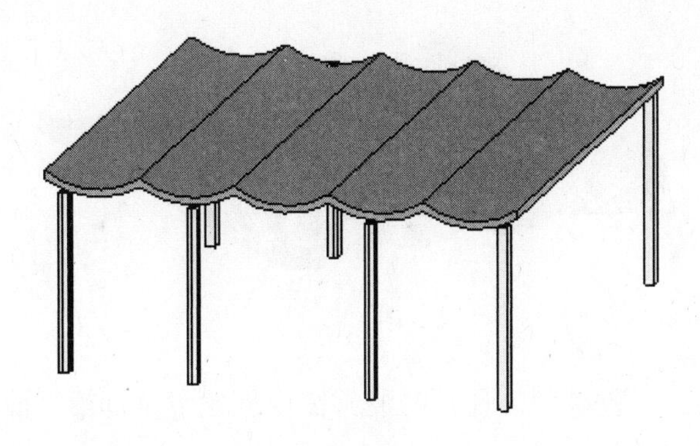

图 8-12

创建拉伸屋顶。在“建筑”面板中单击“屋顶”下拉按钮，在弹出的下拉列表中选择“拉伸屋顶”选项，进入绘制轮廓草图模式。

在“工作平面”对话框中设置工作平面（选择参照平面或轴网绘制屋顶截面线），选择工作视图（立面、框架立面、剖面或三维视图作为操作视图）。

在“屋顶参照标高和偏移”对话框中选择屋顶的基准标高，如图 8-13 所示。

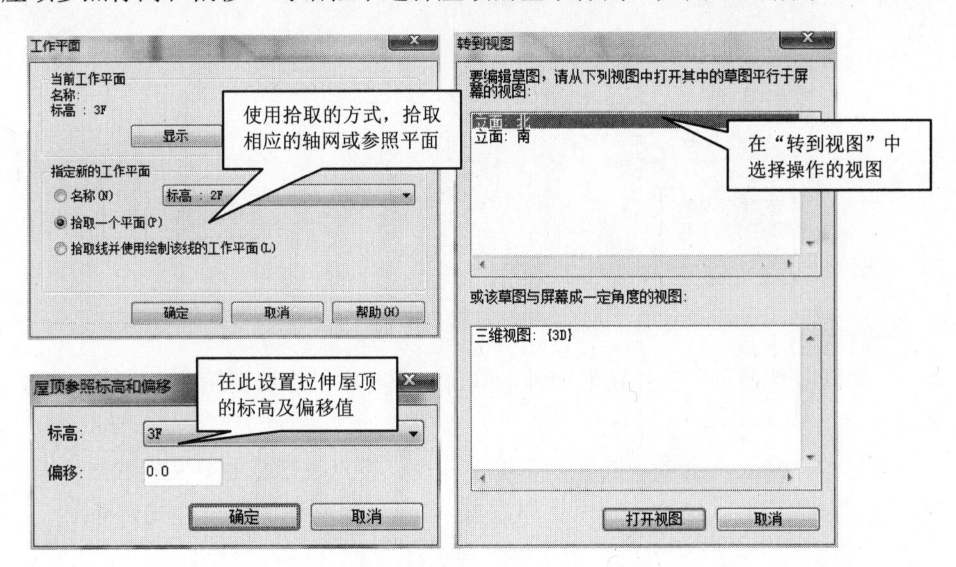

图 8-13

绘制屋顶的截面线（单线绘制，无须闭合），单击 设置拉伸屋顶起点、终点、半径，完成绘制，如图 8-14 所示。

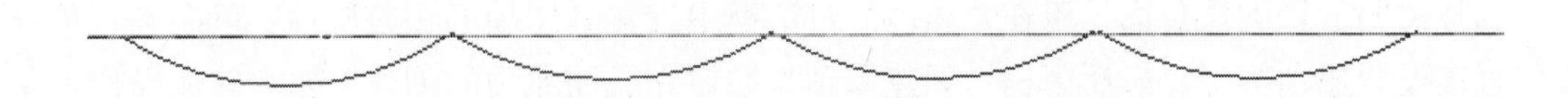

图 8-14

单击完成绘制，如图 8-15 所示。

图 8-15

（2）框架立面的生成。创建拉伸屋顶时经常需要创建一个框架立面，以便于绘制屋顶的截面线。

选择“视图”选项卡，在“创建”面板的“立面”下拉列表中选择“框架立面”选项，点选轴网或命名的参照平面，放置立面符号。项目浏览器中自动生成一个“立面 1-a”视图，如图 8-16 所示。

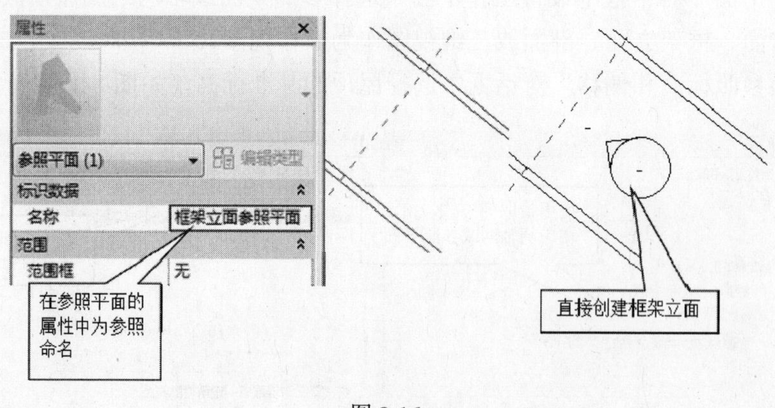

图 8-16

（3）编辑拉伸屋顶。选择拉伸屋顶，单击选项栏中的“编辑轮廓”按钮，修改屋顶草图，完成屋顶。

属性修改：修改所选屋顶的标高、拉伸起点、终点、椽截面等实例参数；编辑类型属性可以设置屋顶的构造（结构、材质、厚度）、图形（粗略比例填充样式）等。

8.1.2 面屋顶

在“建筑”面板中单击“屋顶”下拉按钮，在弹出的下拉列表中选择“面屋顶”选项，进入“放置 面屋顶”选项卡，拾取体量图元或常规模型族的面生成屋顶。

选择需要放置的体量面，可在“属性”对话框中设置其屋顶的相应属性，可在类型选择器中直接设置屋顶类型，最后单击“创建屋顶”按钮完成面屋顶的创建，如需其他操作可单击“修改”按钮后恢复正常状态，再进行选择，如图 8-17 所示。

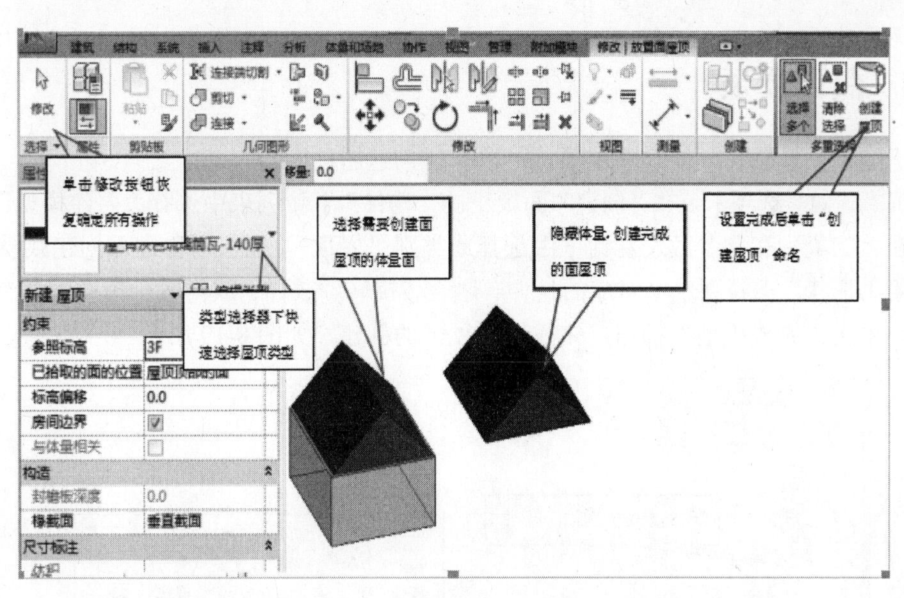

图 8-17

8.1.3　玻璃斜窗

单击“建筑”面板下的“屋顶”选项，在左侧属性栏中选择类型选择器下拉列表中选择“玻璃斜窗”选项，完成绘制。

单击“建筑”选项卡中“构建”面板下的“幕墙网格”按钮分割玻璃，用“竖梃”命令添加竖梃，如图 8-18 所示。

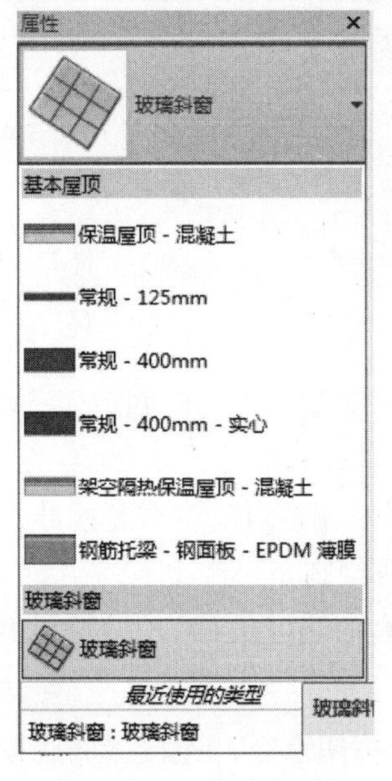

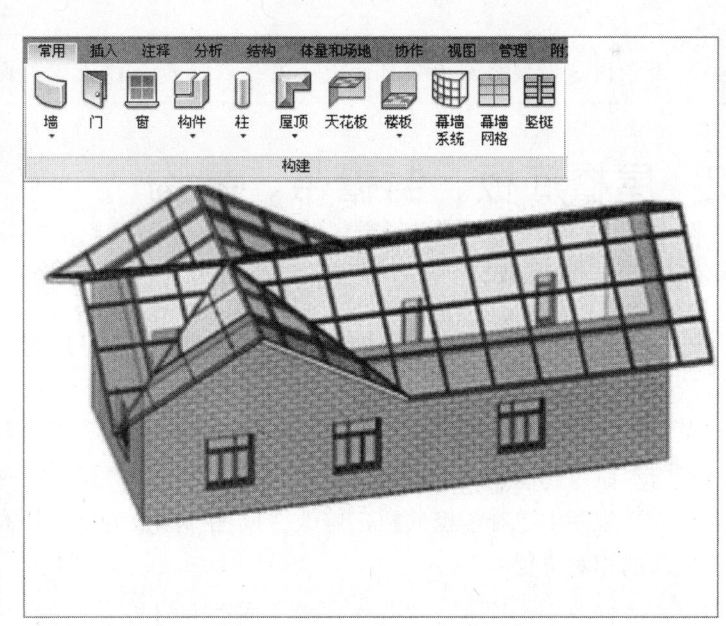

图 8-18

8.1.4 特殊屋顶

对于造型比较独特、复杂的屋顶，可以在位创建屋顶族。

选择“建筑”选项卡，在“创建”面板下的“构件”下拉列表中选择“内建模型”选项，在“族类别和族参数”对话框中选择族类别“屋顶”，输入名称进入创建族模式。

使用“形状”下拉列表中对应的拉伸、融合、旋转、放样、放样融合命令创建三维实体和洞口。单击“完成模型”按钮，完成特殊屋顶的创建，如图 8-19 所示。

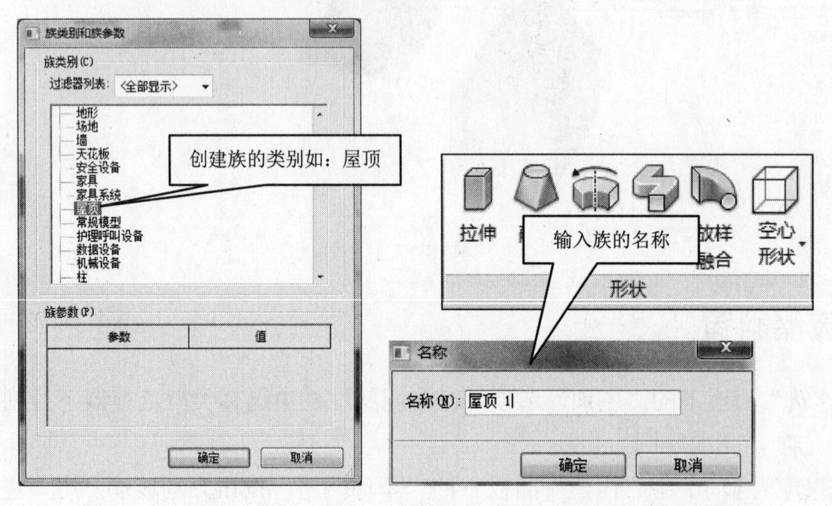

图 8-19

注意

由于内建模型会影响项目的大小及运行速度，建议少用内建模型。

8.2 屋檐底板、封檐带、檐沟

8.2.1 屋檐底板

选择“建筑”选项卡，在“构建”面板的“屋顶”下拉列表中选择“屋檐底边”选项，进入绘制轮廓草图模式。

单击“拾取屋顶”按钮选择屋顶，单击“拾取墙”按钮选择墙体，自动生成轮廓线。使用“修剪”命令修剪轮廓线成一个或几个封闭的轮廓，然后完成绘制。

在立面视图中选择屋檐底板，修改“属性”参数为“与标高的高度偏移”，设置屋檐底板与屋顶的相对位置。

单击“修改”选项卡下“几何图形”面板上的（连接）按钮命令，连接屋檐底板和屋顶，如图 8-20 所示。

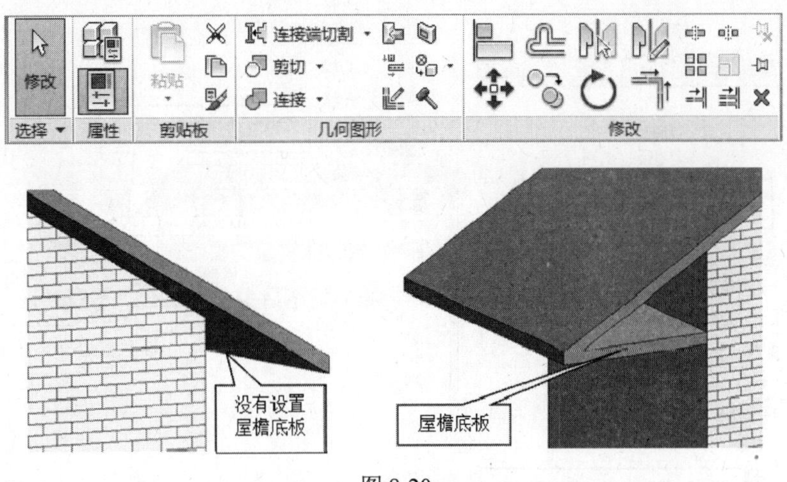

图 8-20

8.2.2　封檐带

选择“建筑”选项卡，在“构建”面板中“屋顶”下拉列表中选择“封檐板”选项，进入拾取轮廓线草图模式。

单击拾取屋顶的边缘线，自动以默认的轮廓样式生成“封檐带”，单击“当前完成”按钮，完成绘制，如图 8-21 所示。

图 8-21

在立面视图中选择屋檐底板，修改“实例属性”参数为“设置垂直、水平轮廓偏移”，设置屋檐底板与屋顶的相对位置、轮廓的角度值、轮廓样式及封檐带的材质显示，如图 8-22 所示。

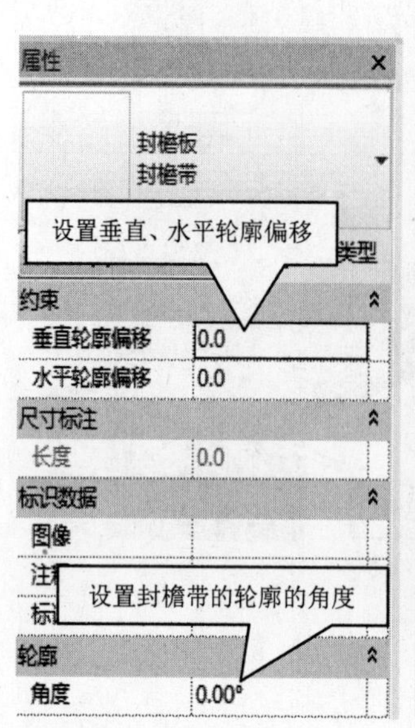

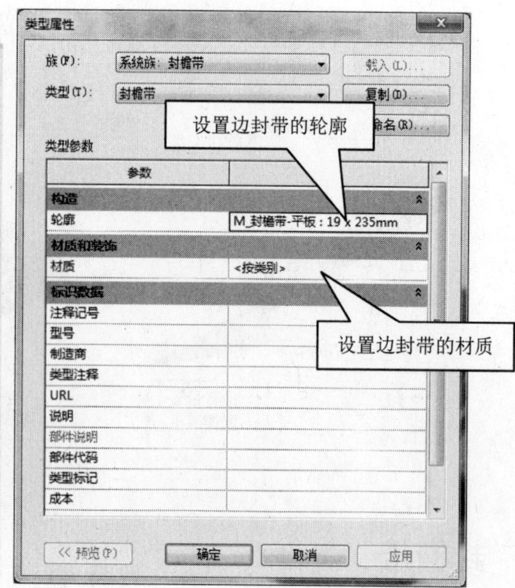

图 8-22

8.2.3 檐沟

选择“建筑”选项卡，在“构建”面板下的“屋顶”下拉列表中选择“檐沟”选项，进入拾取轮廓线草图模式。

单击拾取屋顶的边缘线，自动以默认的轮廓样式生成“檐沟”，单击“当前完成”按钮，完成绘制。

在立面视图，选择屋檐沟，修改“属性”参数为“设置垂直、水平轮廓偏移”，设置屋檐底板与屋顶的相对位置、轮廓的角度值、轮廓样式及封檐带的材质显示。

选择已创建的封檐带，自动跳转到“修改檐沟”选项卡，单击“屋顶檐沟”面板中的“添加/删除线段”按钮，修改檐沟路径，单击“当前完成”按钮完成绘制。

注意

封檐带与檐沟的轮廓可以用“公制轮廓-主体”族样板，创建适合自己项目的二维轮廓族。

8.3 天花板

8.3.1 天花板的绘制

单击“建筑”选项卡下“构建”面板中的“天花板”工具，自动弹出“放置 天花板”上下文选项卡，如图 8-23 所示。

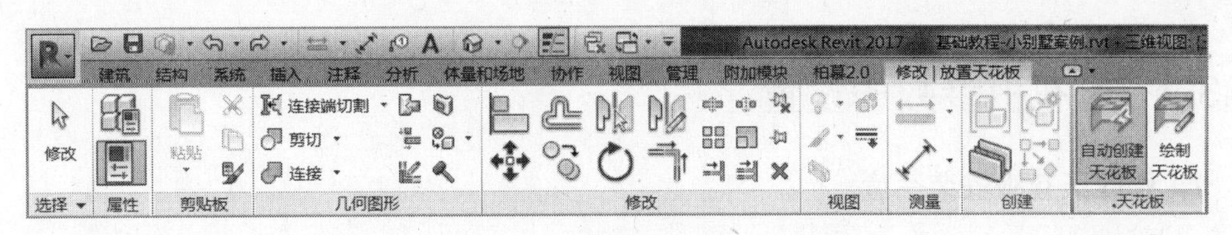

图 8-23

单击“属性”，可以修改天花板的类型。选定天花板类型后，单击“绘制天花板”工具，进入天花板轮廓草图绘制模式。

单击“自动创建天花板”按钮，可以在以墙为界限的面积内创建天花板，如图 8-24 所示。

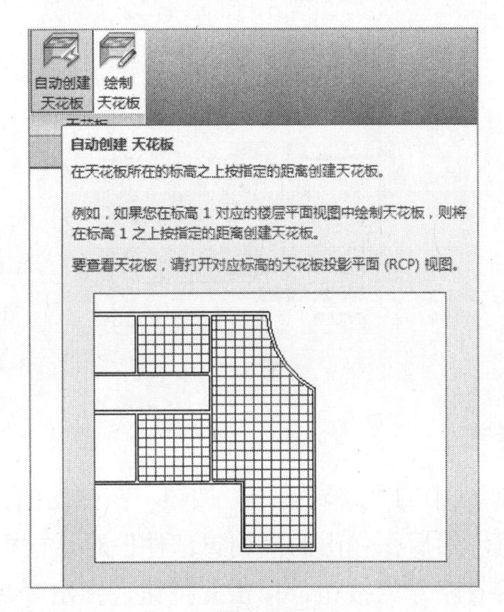

图 8-24

也可以自行创建天花板，单击“绘制”面板中的“边界线”工具。选择边界线类型后即可在绘图区域绘制天花板轮廓，如图 8-25 所示。

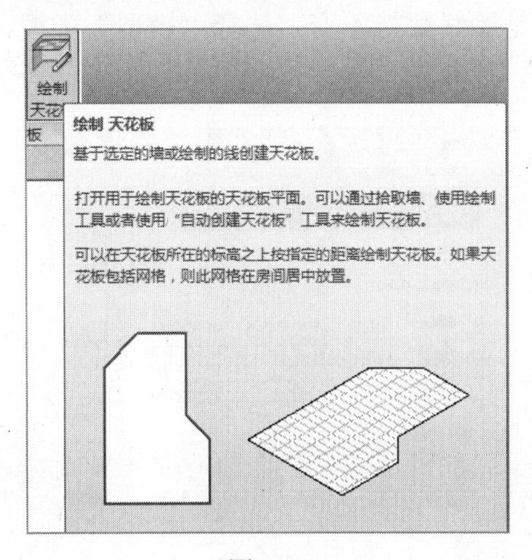

图 8-25

8.3.2 天花板参数的设置

1. 修改天花板安装高度

在“属性”对话框中，修改“自标高的高度偏移”一栏的数值，可以修改天花板的安装位置，如图 8-26 所示。

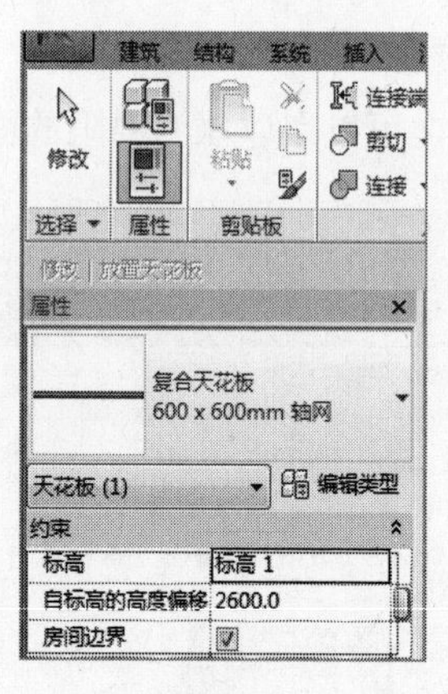

图 8-26

2. 修改天花板结构样式

单击“实例属性”对话框中的“编辑类型”按钮，在弹出的“类型属性”对话框中单击“结构”栏的“编辑”按钮，然后在弹出的“编辑部件”对话框中单击“面层 2[5]”的“材质”，材质名称后会出现带省略号的按钮，单击此按钮，弹出“材质”对话框，在“着色”选项卡下单击“表面填充图案”后的□按钮，在弹出的“填充样式”对话框中有“绘图”与“模型”两种填充图像类型，当选择“绘图”类型时，填充图案不支持移动、对齐，还会随着视图比例的大小变化而变化。选择“模型”类型时，填充图案可以移动或对齐，不会随比例大小的变化而变化，而是始终保持不变，选择“模型”类型，进行填充样式的设置，如图 8-27 所示。

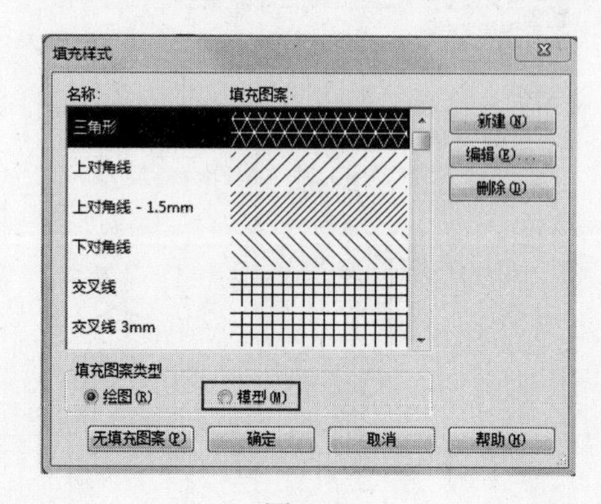

图 8-27

8.3.3　为天花板添加洞口或坡度

1. 绘制坡度箭头

选择天花板，单击“编辑边界”工具，在自动弹出的“修改 天花板|编辑边界” 上下文选项卡的“绘制”面板中单击“坡度箭头”工具，绘制坡度箭头，修改属性，设置“尾高度偏移”或“坡度”值，然后确定完成绘制。

2. 绘制洞口

选择天花板，单击“编辑边界”工具，在自动弹出的“修改 天花板|编辑边界”上下文选项卡的“绘制”面板中单击“边界线”工具，在天花板轮廓上绘制一个闭合区域，单击“完成天花板”按钮，完成绘制，即可在天花板上打开洞口。

在建筑中天花板的洞口一般都经过造型处理，可以通过内建族来创建绘制天花板的翻边，如图 8-28 所示。

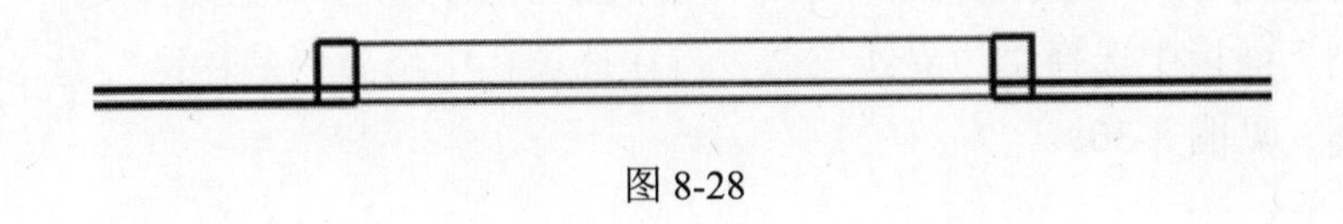

图 8-28

8.4　技术应用技巧

8.4.1　导入实体生成屋顶

导入实体生成屋顶是指导入其他三维软件绘制的屋顶造型。在 Revit 中导入 SAT 文件，并且在建模创建的过程中将其族类别设定为屋顶，这样导入的实体才具备了屋顶的某些特殊属性，比如可以使墙体附着，开天窗等。

8.4.2　拾取墙与直接绘制生成的屋顶差异

拾取墙生成的屋顶会与墙体发生约束关系，墙体移动屋顶会随之发生相应变化，而直接绘制的屋顶不会随墙体的变化而变化。

8.4.3　异型坡屋顶的创建实例

创建多坡屋顶，如图 8-29 所示。

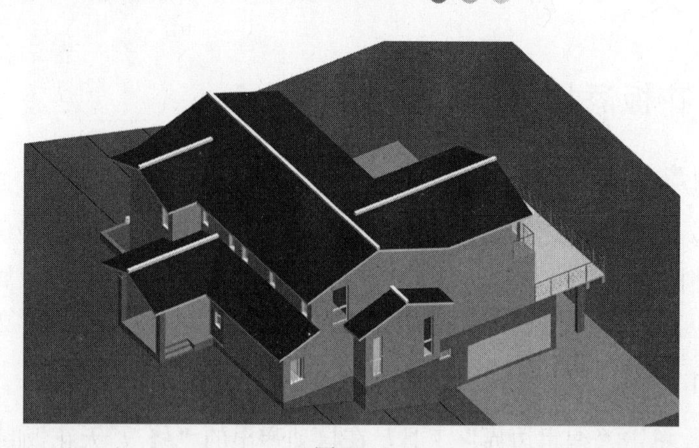

图 8-29

打开项目。在项目浏览器中双击“楼层平面”项下的“3F”，打开三层平面视图，右击，在弹出的快捷菜单中选择“视图属性”命令，进入视图“图元属性”对话框，设置参数“基线”为“2F”，单击“确定”按钮。

选择“构建|屋顶”|“迹线屋顶”命令，进入绘制屋顶迹线草图模式。

在“绘制”面板中选择“边界线”命令，在选项栏中修改“偏移量”为 800mm，绘制出屋顶的轮廓（见图 8-30）。

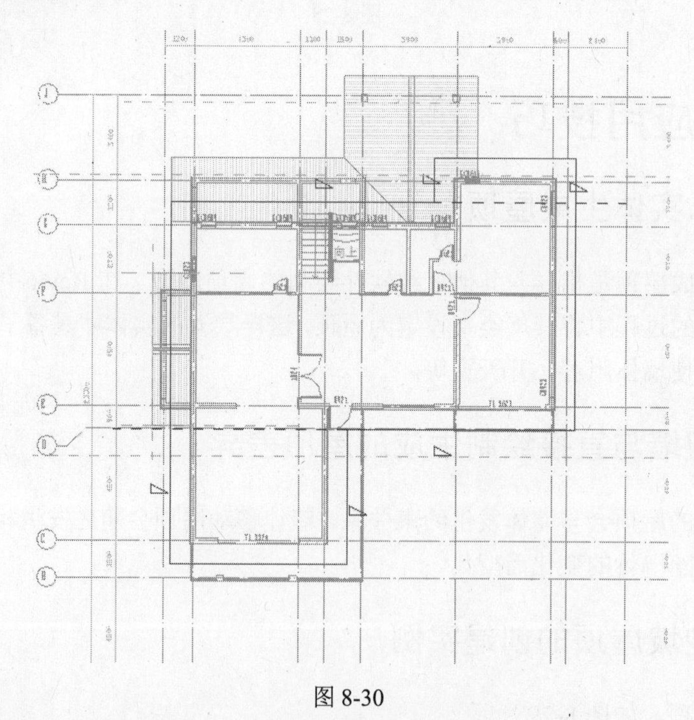

图 8-30

- 选择“屋顶属性”命令，设置屋顶的“坡度”参数为 22 度。
- 选择“常用”选项卡|“参照平面”命令，如图 8-31 所示，绘制两条参照平面和中间两条水平迹线平齐，并和左右最外侧的两条垂直迹线相交。

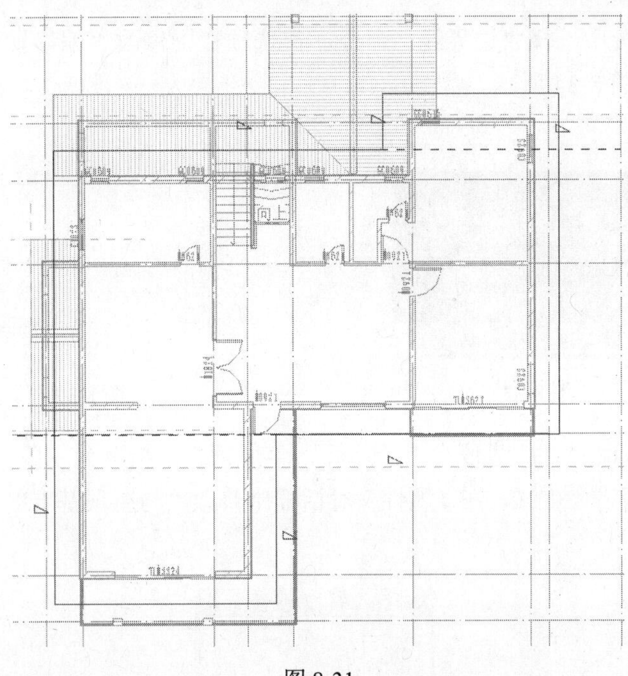

图 8-31

- 单击“创建屋顶迹线”上下文选项卡中“编辑”面板下的“拆分”工具 拆分，将光标移动到参照平面和左右最外侧的两条垂直迹线交点位置分别单击，将两条垂直迹线拆分成上下两段。拆分位置如图 8-31 所示。

按住【Ctrl】键单击选择最左侧迹线拆分后的上半段和最右侧迹线拆分后的下半段，在选项栏取消勾选“定义坡度”选项，取消坡度。完成屋顶迹线轮廓的编辑。单击“完成屋顶”按钮创建三层多坡屋顶。完成绘制如图 8-32 所示，保存文件。

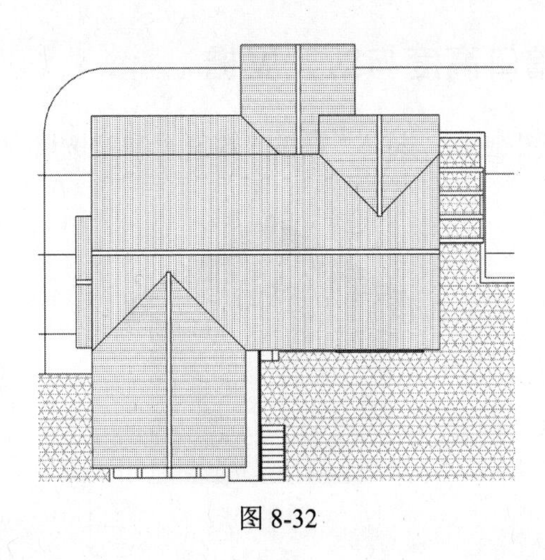

图 8-32

- 绘制异型坡屋顶（见图 8-33）。选择“构建|屋顶”|“迹线屋顶”命令，进入绘制屋顶迹线草图模式。

在“绘制”面板中选择“边界线”命令，在选项栏中修改“偏移量”为 800mm，绘制出屋顶的轮廓，如图 8-34 所示。

图 8-33

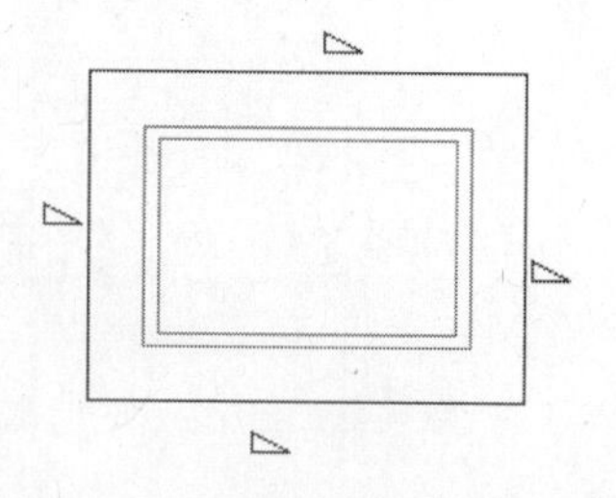

图 8-34

单击“修改”面板中的“拆分”工具 ，将屋顶右边拆分为三段，取消勾选两端的屋顶迹线的“定义坡度” ☑定义坡度，在“属性”对话框中修改“与屋顶基准的偏移”栏后的数值，（见图 8-35）确定。

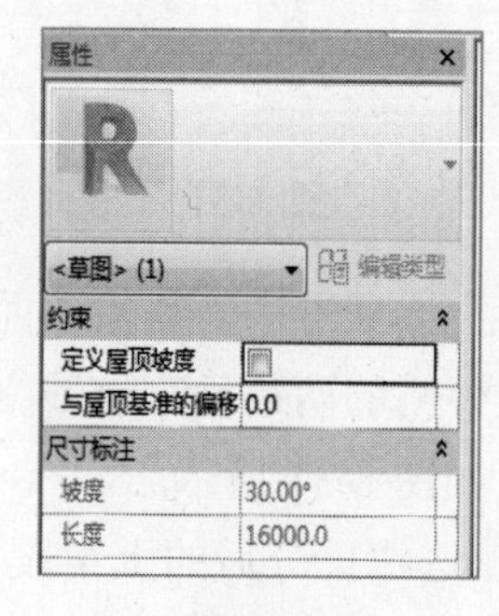

图 8-35

单击“完成屋顶”完成绘制。

8.4.4 设置屋顶檐口高度与对齐屋檐

使用“屋顶|迹线屋顶”工具，定义“悬挑”数值绘制双坡屋顶，完成绘制（见图 8-36）。

图 8-36

选择该屋顶，单击自动弹出的“修改 屋顶”上下文选项卡下的“编辑边界”工具，把屋顶一边向外拉伸，完成绘制（见图 8-37）。

回到编辑屋顶模式，使用对齐屋檐命令。先单击要对齐的屋檐，再单击需要对齐的屋檐，效果如图 8-38 所示。

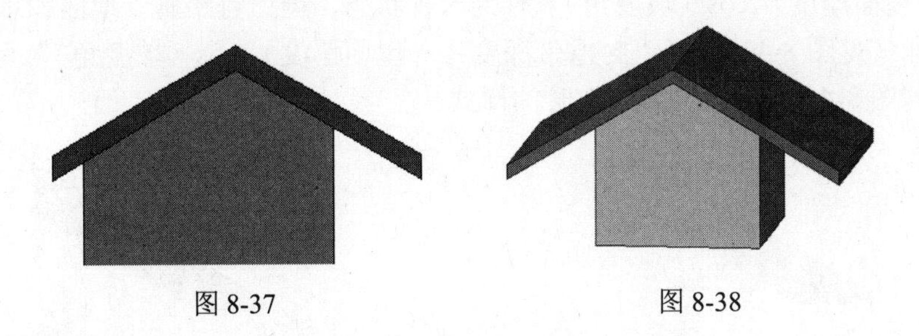

图 8-37　　　　图 8-38

8.4.5　屋脊及檐口详图构造的处理

屋脊具有不同的外形，采用“建筑|构件”|“内建模型|实心”|“放样”的方法来做。在进行建模放样的过程中要设置好族类别，以便工程后期的统计，具体操作参考“古建屋顶的建立”。

8.4.6　檐口构造的设置

在屋面的图元属性对话框中，都有关于檐口构造的两个参数：“椽截面”“封檐带深度”。其中“椽截面”参数后的下拉窗口中有“垂直截面”“垂直双截面”“正方形双截面”3 个选项（见图 8-39）。当设置为“垂直双截面”“正方形双截面”选项时，“封檐带深度”的值才可以设置。下面分别介绍各种设置。

- “垂直截面”为建立屋面时的默认选项，这时屋面檐口面铅垂于地面（见图 8-40）。

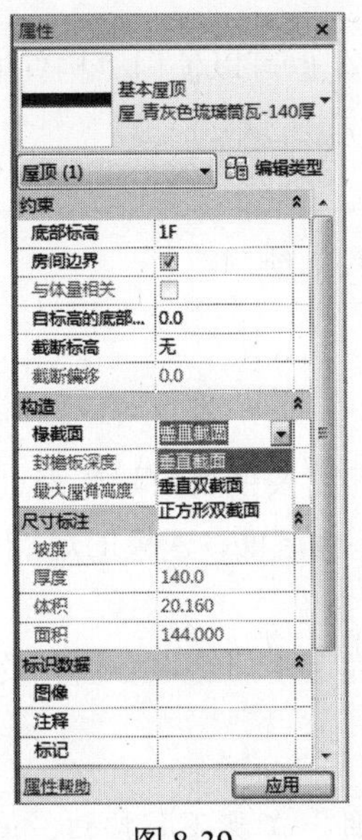

图 8-39

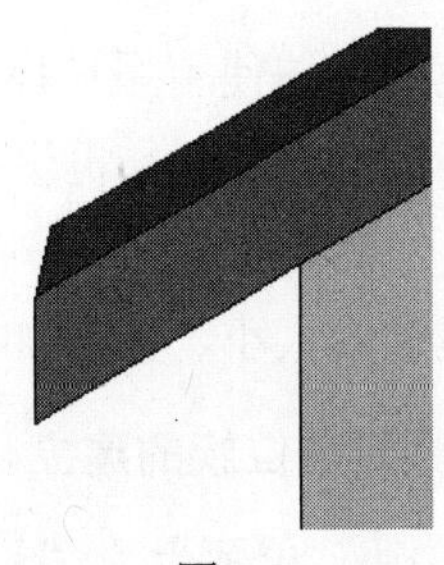

图 8-40

- 选择“垂直双截面”选项时，随着“封檐带深度”参数值的变化，有 3 种状态，“封檐带深度”为“0”时为一种状态，檐口仅有水平面（见图 8-41）；当“0<封檐带深度<（屋面厚度）/cos（坡度角）”时为一种状态，檐口有铅垂于地面和水平于地面的两个面（见图 8-42）；当“封檐带深度≥（屋面厚度）/cos（坡度角）”为一种状态，檐口同图 8-43 中“垂直截面”时的样式。

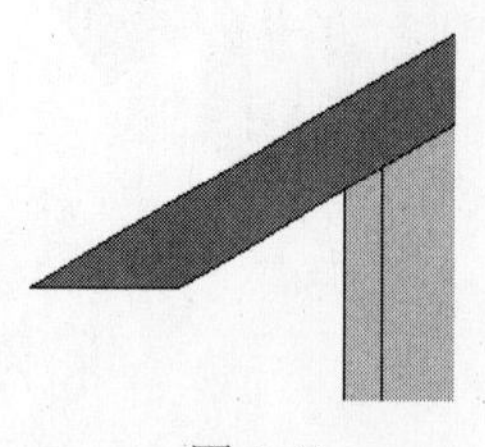

图 8-41

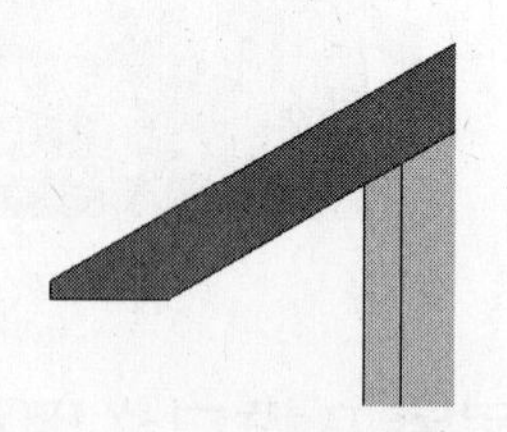

图 8-42

- 选择“正方形双截面”选项时，随着“封檐带深度”参数值的变化，也有 3 种状态，“封檐带深度”为“0”时为一种状态，檐口仅有水平面（见图 8-43）；“0<封檐带深度<屋面厚度）”时为一种状态，檐口有垂直于屋面板和水平于地面的两个面（见图 8-44）；“封檐带深度≥屋面厚度”为一种状态，檐口仅有垂直于屋面板的面（见图 8-45）。

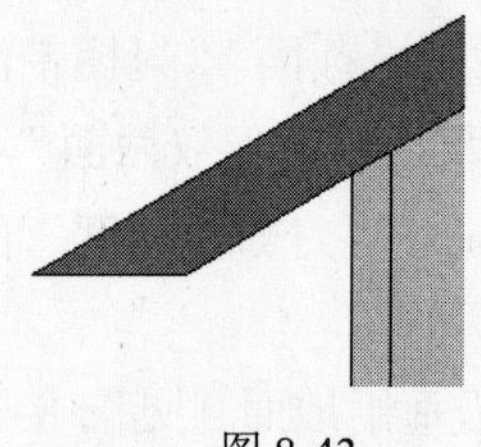

图 8-43

图 8-44

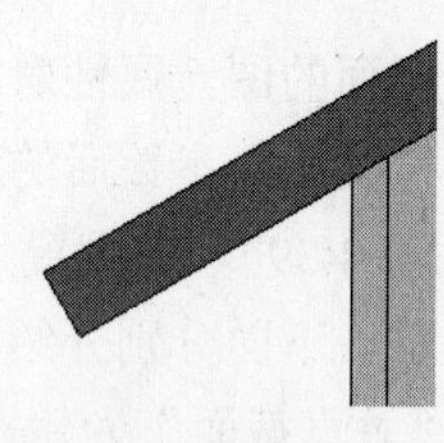

图 8-45

檐沟的制作可以使用“建筑|屋顶”|“檐沟”工具，也可以使用“构件|内建模型|实心”|“放样”的方法。

> **注意**
>
> 在制作过程中檐沟的轮廓要根据不同檐口的形式来绘制。

8.4.7 古建屋顶的创建

古建屋面模型无法使用系统屋面来进行建模，因此需要使用内建族来进行模型的创建，首先建立六角亭的一个单元，再进行径向阵列来完成整体屋面，建模的难点就在于单元模型的建立。

首先规划屋顶的大小，并添加主要的参照平面来确定屋顶的中心位置及单元的夹角。

1. 望板及筒瓦在位族的建立

Step 01 单击“常见”选项卡中“构建”面板下的“构件”工具下拉按钮，使用“内建模型”

命令，在自动弹出的“族类别和族参数”对话框中，选择族类别为“屋顶”后并确定，在出现的“名称”对话框中为当前创建的族命名，确定后进入族绘制模式。

Step 02 单击“基准”面板下的“参照平面”工具下拉按钮，选择“绘制参照平面”命令绘制参照平面。单击“常用”选项卡中“工作平面”面板下的“设置”工具，在“工作平面”对话框中选择“拾取一个平面”，确定后在平面视图中拾取添加的用于确定中心的水平参照平面，然后选择进入到对应的立面视图。

Step 03 在“内建模型”上下文选项卡，单击“在位建模”面板下的“实心|放样”工具。在自动弹出的“放样”选项卡中，单击“模式”面板下的“绘制路径”工具，进入绘制路径模式。

在“绘制”状态下，开始绘制 2D 路径，绘制的路径为望板在剖面中板面的上缘线，均采用直线段绘制（见图 8-46）。

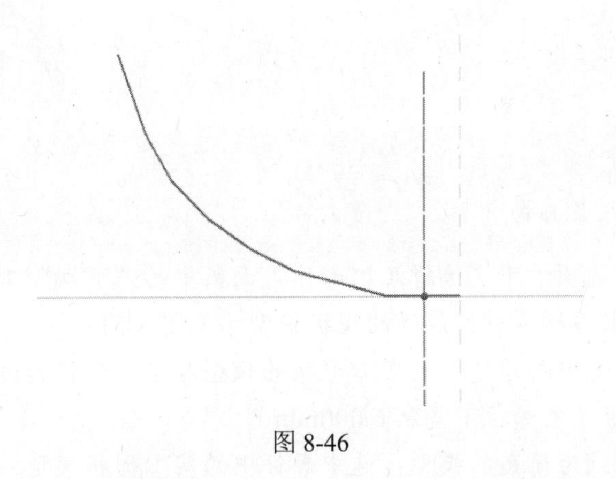

图 8-46

提示

绘制的路径的折线段应根据设计，尽量符合古建屋面檩架的举折模数，这样建立的模型才更加逼真。

Step 04 完成路径后开始绘制轮廓，并选择到与绘制路径的立面相垂直的立面视图中进行绘制，按照屋面的起翘绘制封闭的轮廓线（见图 8-47），确定后完成此次放样（见图 8-48）。

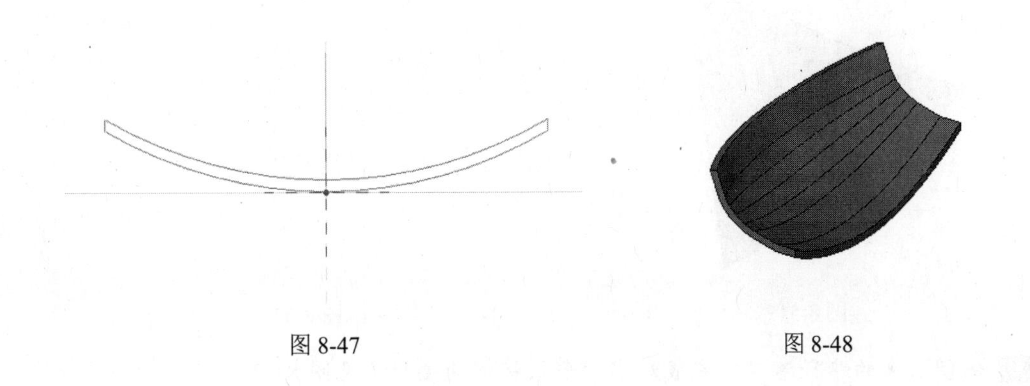

图 8-47　　图 8-48

Step 05 切换到平面视图，在“族”状态下通过“构建|构件”|“空心|拉伸”进入到绘制状态开始建立掏空模。

Step 06 根据望板单元的平面投影形状绘制拉伸轮廓线（见图 8-49），完成模型后，拉伸“空心拉伸”模型的上下“造型操控手柄”，使掏空模型在高度范围上覆盖实心放样的高度（见图 8-50）。

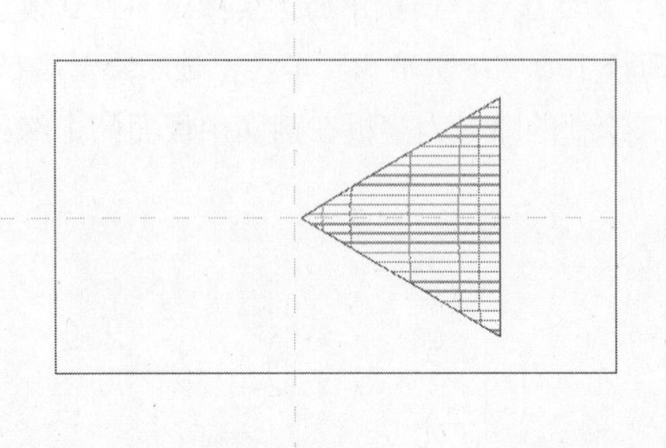

图 8-49

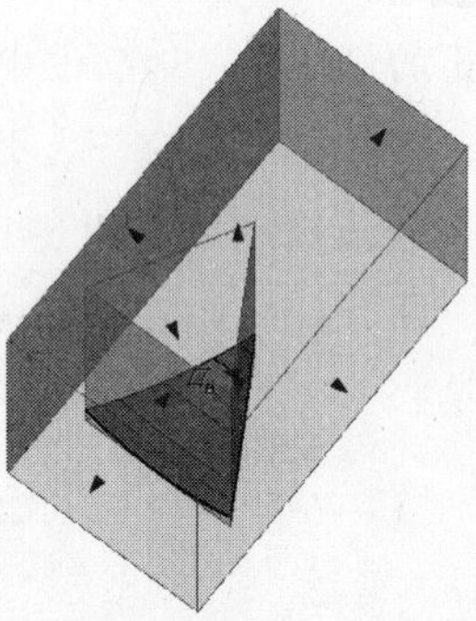

图 8-50

Step 07 使用“修改”选项卡下“编辑几何形体”面板中的“剪切”工具为建立的实心放样模型和空心拉伸模型做剪切，得到最终的望板模型（见图 8-51）。

Step 08 在平面视图中选中刚才建立的实心形状的模型和空心形状的模型，并复制一个副本到旁边固定距离的位置（例如往下复制 6 000mm）。

Step 09 将原件模型修改为筒瓦的模型：选中原件中的实心形状模型，单击“形状”面板中的“编辑放样”，进入到绘制状态，通过选择“模式”面板下的“选择轮廓”命令，在弹出的“修改轮廓”上下文选项卡中，单击“编辑”面板中的“编辑轮廓”工具来编辑原有的轮廓；为在原有的轮廓线基础上添加新的轮廓——一组同样大小的圆圈，之后应删除原有的轮廓线（见图 8-52）。

图 8-51

图 8-52

Step 10 保留原来的路径不变，完成对实心形状模型的编辑（见图 8-53）。

Step 11 将副本的模型移动回原来的位置（在平面视图中向上移动 6 000mm），与编辑后的原件模型合并完成最终的模型（见图 8-54）。

图 8-53

图 8-54

Step 12 完成所有模型的建立后便回到族状态下，单击“完成模型”完成当前族的制作。

Step 13 在平面视图中将望板筒瓦族进行径向阵列，并选中“成组并关联选项”，调整并加大阵列组的半径，使它们之间留出间隙来添加屋脊（见图 8-55）。

2. 屋脊在位族的建立

Step 01 为了在建模过程中能尽量使用默认存在的视图，首先确定在平面视图中垂直的方向来建立屋脊模型，并沿屋脊方向添加一个剖面视图以方便以后建模的需要（见图 8-56）。

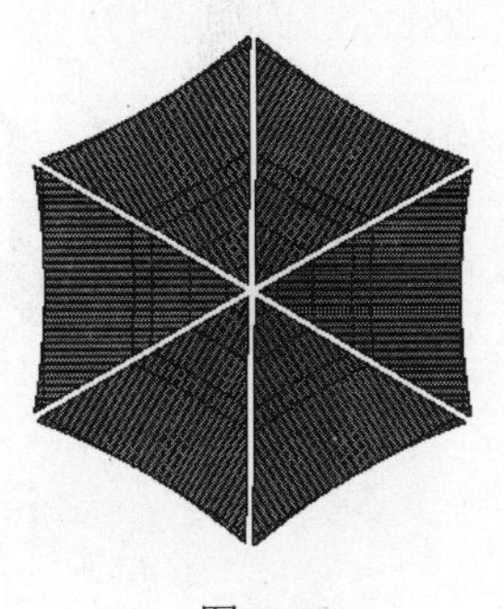
图 8-55

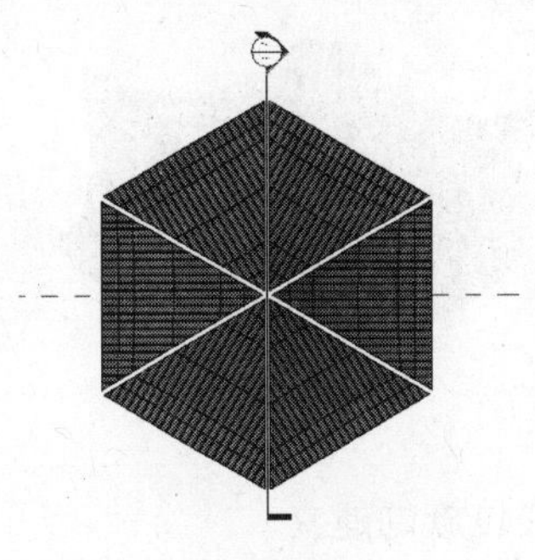
图 8-56

Step 02 按照上述步骤开始创建新的屋面类型的族：设置垂直参照平面为工作平面，并进入到预先添加的剖面视图，使用“常用|内建模型|实心”|“放样”工具，先绘制路径（见图 8-57）。

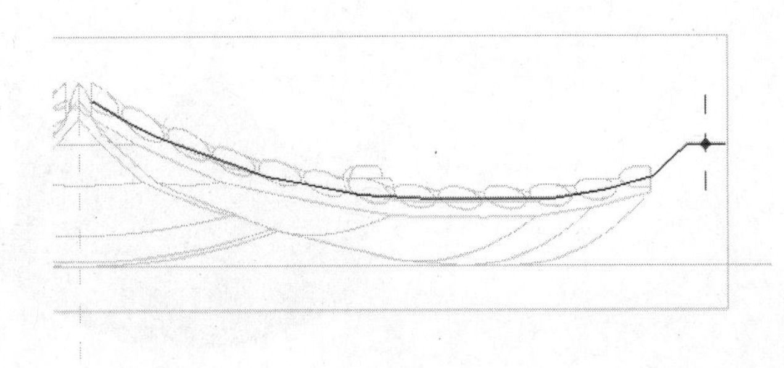
图 8-57

提示

在剖面视图中更容易观察望板板面的轮廓走向，便于为绘制路径进行准确的定位。

Step 03 在绘制轮廓时选择对应的立面视图进行绘制（轮廓样式见图 8-58）。

Step 04 完成实心放样后在剖面视图中添加“空心拉伸”来修整实心放样模型（见图 8-59）。

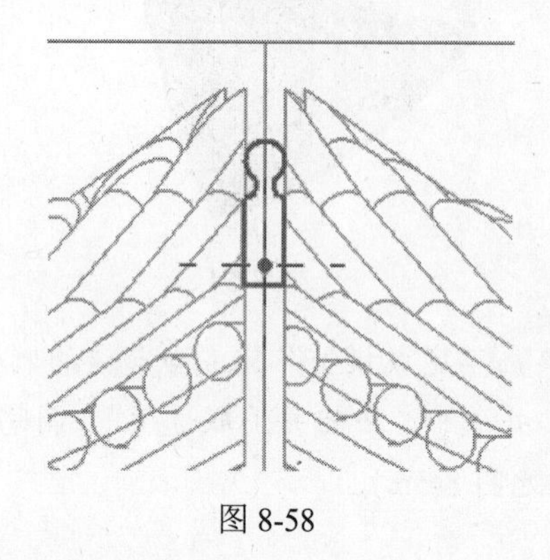

图 8-58

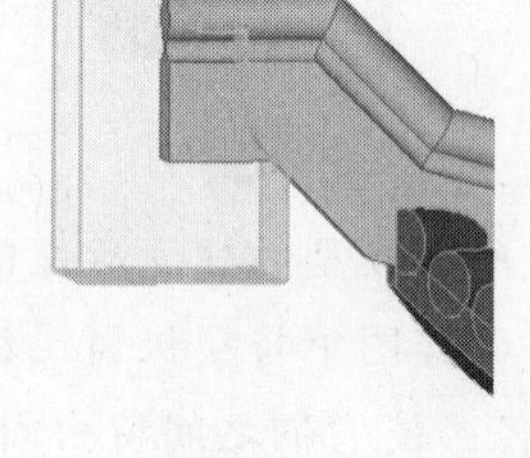

图 8-59

Step 05 最终完成屋脊在位族（见图 8-60）。

Step 06 选中阵列的屋面组，单击“成组”面板中的“编辑组”按钮，单击出现的“编辑组”面板中的“添加”按钮，将屋脊在位族添加到阵列组中（见图 8-61）。

图 8-60

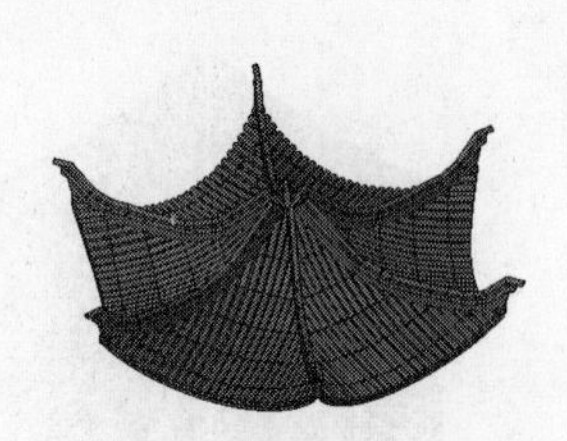

图 8-61

3．宝顶在位族的建立

宝顶在位族在建模时使用“常用|内建模型|实心”|“旋转”工具来建立模型（见图 8-62）。至此完成全部屋顶模型的建立（见图 8-63）。

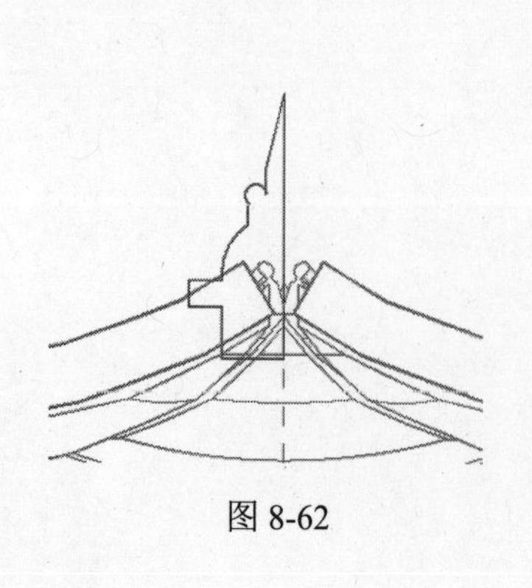

图 8-62

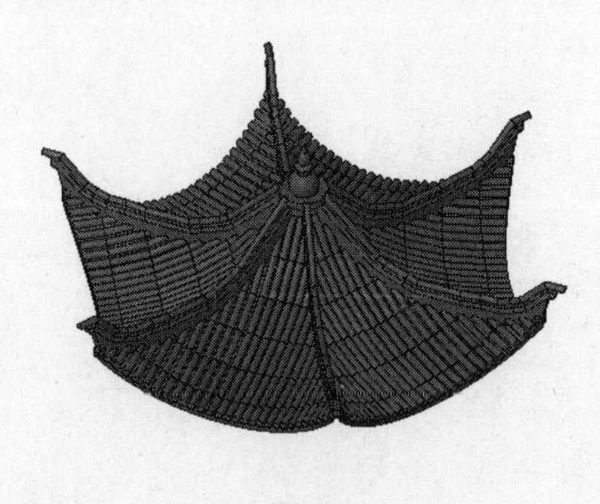

图 8-63

8.4.8 复杂形式的屋顶创建——阶段标高

样例屋顶各部分分别位于 4 个不同的标高，如图 8-64 所示。

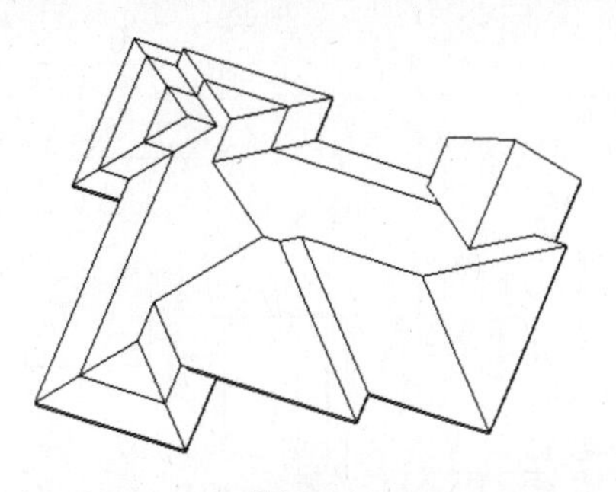

图 8-64

在创建屋顶时，将其中的三个位于不同标高的部分视为一个整体，使用阶段标高分三层创建，另外一部分（图 8-64 右上角处）单独创建。

Step 01 单击“常用”选项卡|“构建”面板|“屋顶”下拉列表|迹线屋顶。在标高 2 上（自标高的底部偏移值为 350）绘制屋顶，单击完成，如图 8-65 所示。

> 注意
> 只有一条迹线取消定义屋顶坡度。

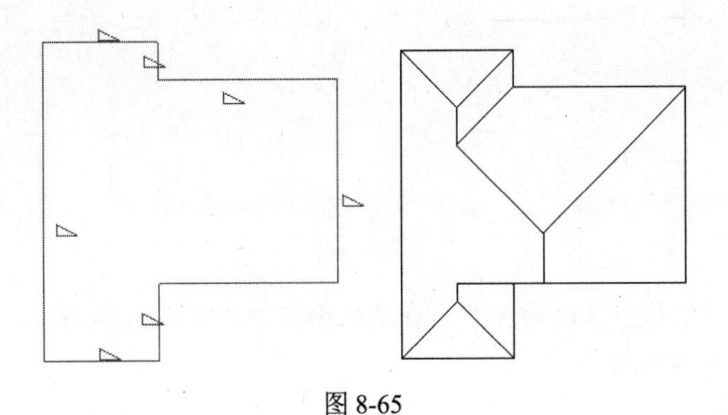

图 8-65

Step 02 单击“常用”选项卡|“构建”面板|“屋顶”下拉列表|迹线屋顶。在标高 2 上（自标高的底部偏移值为 0）绘制屋顶，单击完成，如图 8-66 所示。

Step 03 选中上一步操作中绘制的屋顶，在属性面板中修改截断标高为标高 2，截断偏移为 350，单击应用，如图 8-67 所示。

Step 04 选中 **Step 01** 操作中绘制的屋顶，单击“修改/屋顶”选项卡|“模式”面板|编辑迹线，在标高 2 视图中拾取上一步操作中产生的屋顶截断线，修改屋顶迹线，注意新添加的迹线坡度与已有的保持一致，单击完成，如图 8-68 所示。

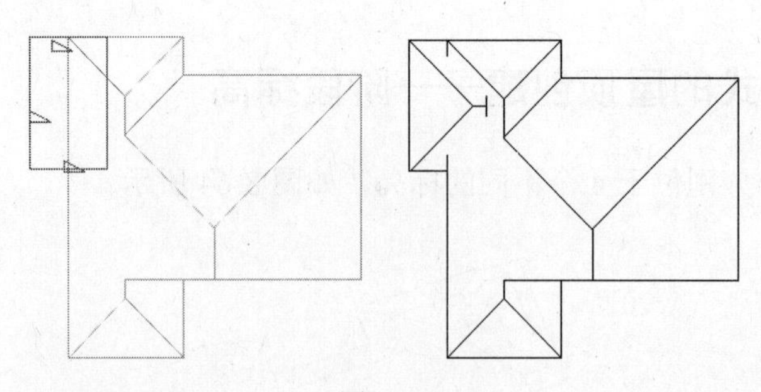

图 8-66

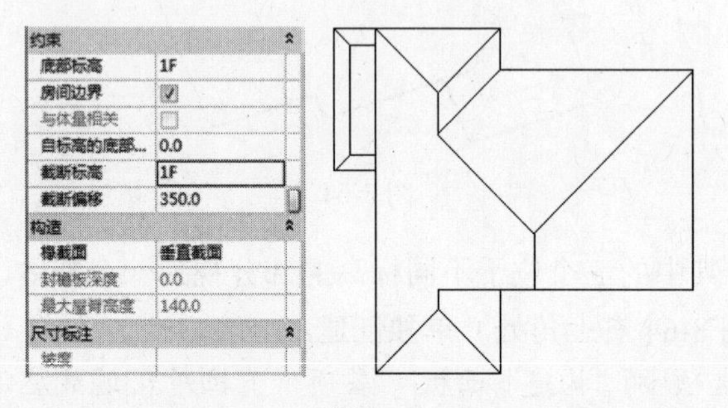

图 8-67

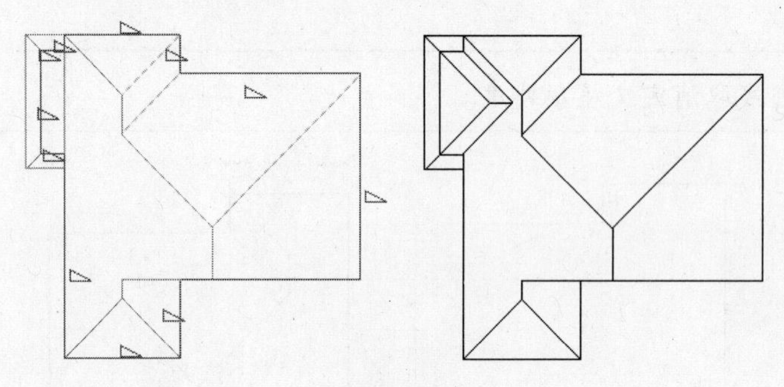

图 8-68

Step 05 选中上一步操作中修改的屋顶，在属性面板中修改截断标高为标高 2，截断偏移为 950，单击应用，如图 8-69 所示。

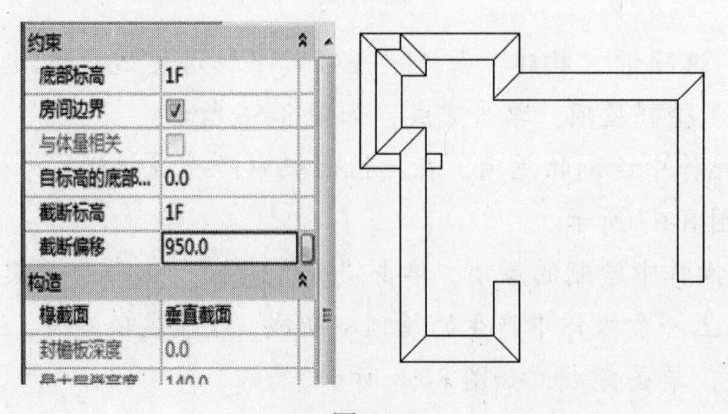

图 8-69

Step 06 单击“常用”选项卡|“构建”面板|“屋顶”下拉列表|迹线屋顶。在标高 2 上（自标高的底部偏移值为 950）拾取屋顶截断线绘制屋顶，单击完成，如图 8-70 所示。

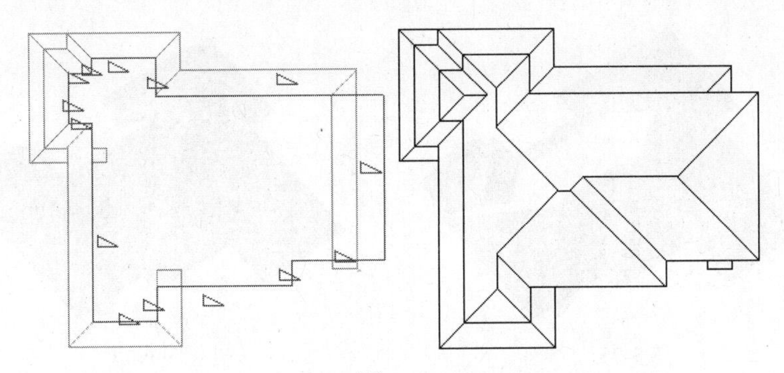

图 8-70

Step 07 单击“修改”选项卡|“几何图形”面板|连接几何图形，将三个屋顶连接，如图 8-71 所示。

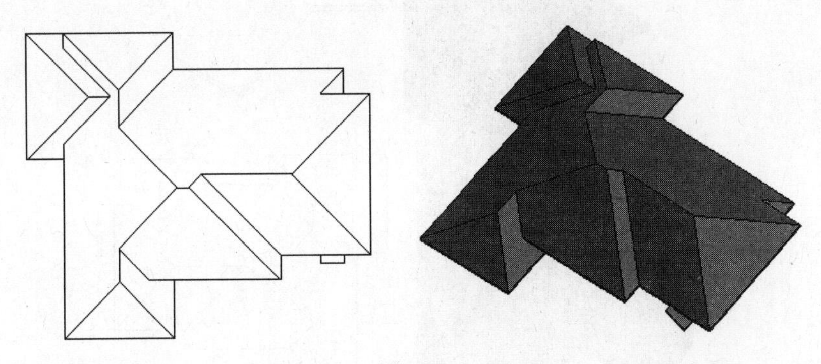

图 8-71

Step 08 单击“常用”选项卡|“构建”面板|“屋顶”下拉列表|迹线屋顶。在标高 2 上（自标高的底部偏移值为 600）绘制屋顶，单击完成，如图 8-72 所示。

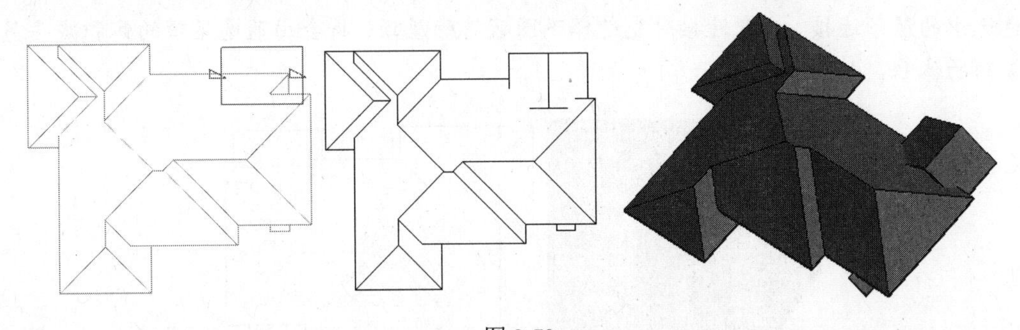

图 8-72

Step 09 单击“修改”选项卡|“几何图形”面板|连接/取消连接屋顶。将上一步绘制的屋顶上部附着在如图 8-73 所示的黄色屋顶面上。

Step 10 单击“修改”选项卡|“几何图形”面板|连接/取消连接屋顶。将上一步编辑的屋顶下部附着在图 8-74 所示的黄色屋顶面上。连接屋顶时拾取断面上部线条，如图 8-75 所示。

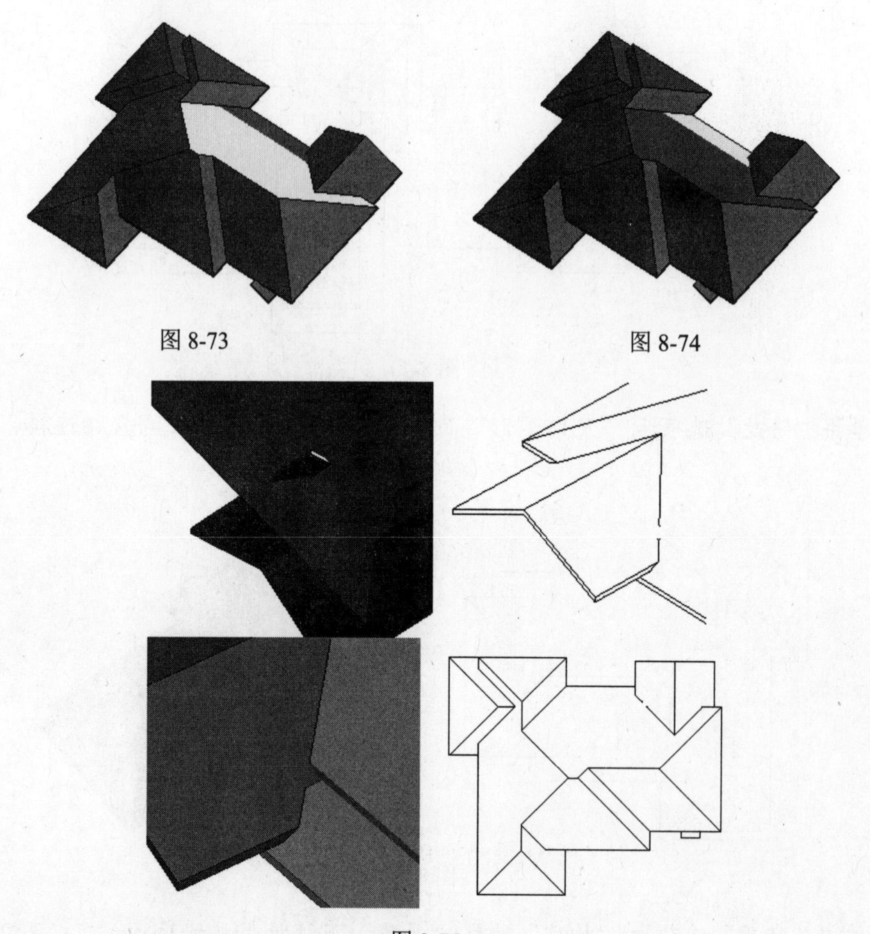

图 8-73　　图 8-74

图 8-75

Step 11 单击“修改”选项卡|“几何图形”面板|连接几何图形。将上一步编辑的屋顶与下图蓝色选中的屋顶连接。注意连接时先选择下图蓝选的屋顶，将会由蓝选屋顶的体积减去另一块屋顶的体积，如图 8-76 所示。

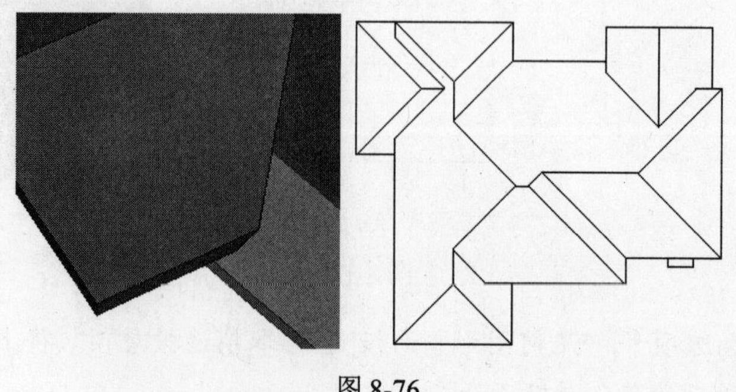

图 8-76

Step 12 单击“常用”选项卡|“洞口”面板|垂直洞口。用洞口工具修剪图 8-77 所示的黄色屋顶。在标高 2 平面中为屋顶创建洞口，视觉样式选择线框，临时隐藏遮挡的屋顶，如图 8-78 所示。

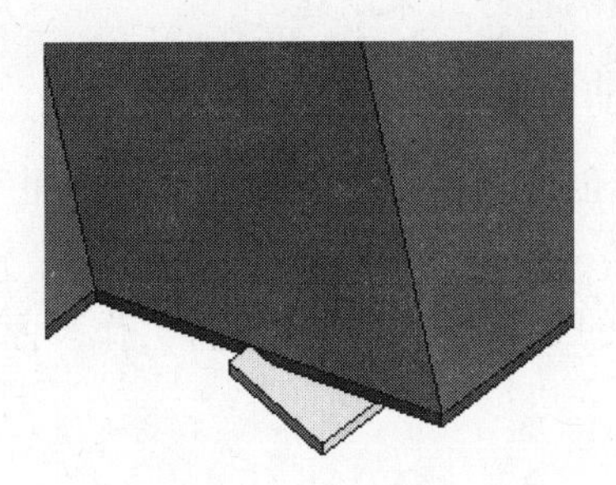

图 8-77

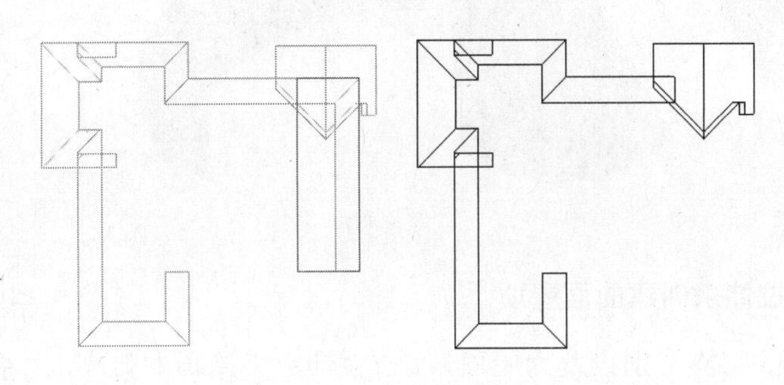

图 8-78

Step 13 完成屋顶的创建。部分屋顶根据设计情况通过创建老虎窗洞口和修改上一步创建的洞口形状来编辑。

在 Step 01 中有“只有一条迹线取消定义屋顶坡度”，当两条连续的迹线取消定义屋顶坡度时，截断标高产生的截断面形式会发生变化，将不能连接屋顶，继而用洞口工具修改屋顶，最后完成屋顶，如图 8-79 所示。

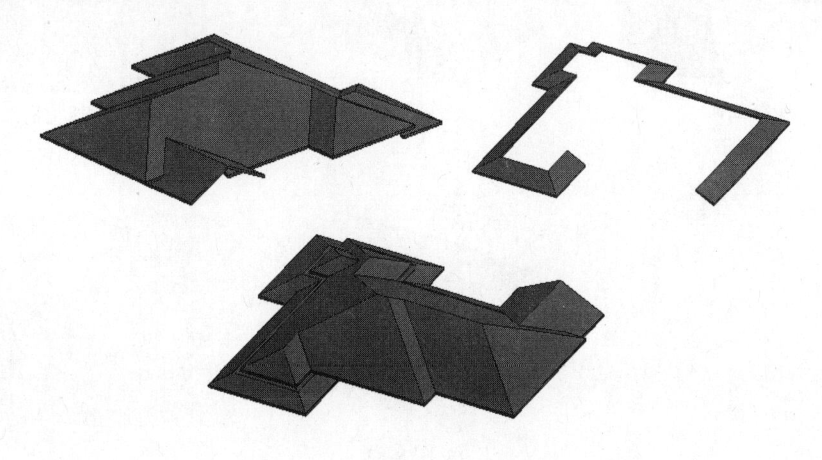

图 8-79

8.4.9 曲面异型屋顶的创建

曲面异型的屋顶，可以用两种方式来创建。

1．通过拉伸屋顶来创建曲面屋顶

使用系统的拉伸屋顶功能创建，从“顶视”和“南立面”两个方向，用空心常规模型，将多余的剪切掉。需要注意的一点是，如果屋顶的拉伸轮廓不是正立面方向，而是偏了一个角度，那么应该建立相应角度的参照平面，重新设置工作平面，这样就可以得到正确的屋顶，如图 8-80 所示。

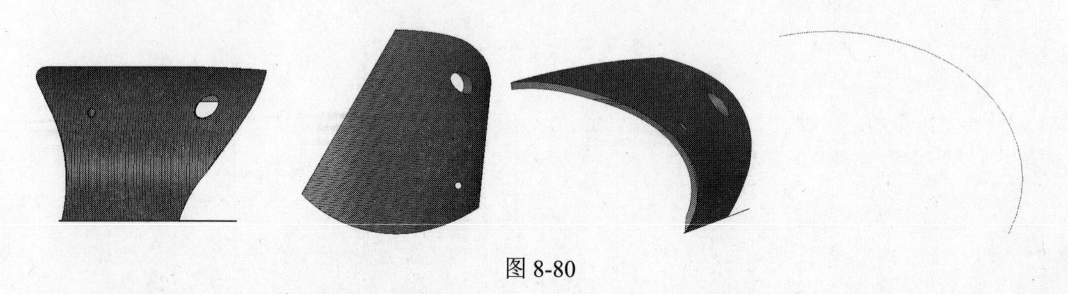

图 8-80

2．通过实心拉伸来创建曲面屋顶

通过内建模型（将族类别设置为屋顶）实心拉伸定义屋顶的弧度，用空心拉伸剪裁轮廓，并在窗位置开洞，并用相应的嵌板进行替换，如图 8-81 所示。

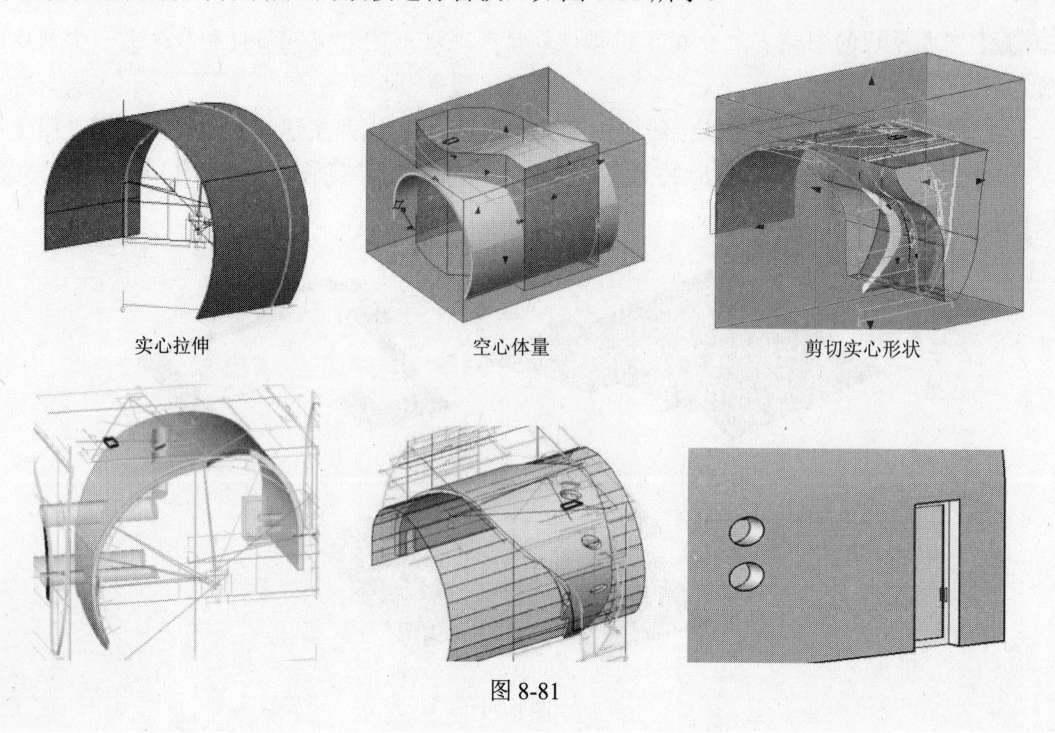

图 8-81

第 9 章　洞口

概述：在 Revit 软件中，不仅可以通过编辑楼板、屋顶、墙体的轮廓来实现开洞口，而且软件还提供了专门的“洞口”命令来创建面洞口、垂直洞口、竖井洞口、老虎窗洞口等。此外，对于异形洞口造型，还可以通过创建内建族的空心形式，应用剪切几何形体命令来实现。

9.1　面洞口

在“建筑”选项卡的“洞口”面板中有可供选择的洞口命令按钮，如图 9-1 所示。

图 9-1

单击“按面洞口”按钮，单击拾取屋顶、楼板或天花板的某一面，进入草图绘制模式，绘制洞口形状，于该面进行垂直剪切，单击“完成洞口”按钮，完成洞口的创建，如图 9-2 所示。

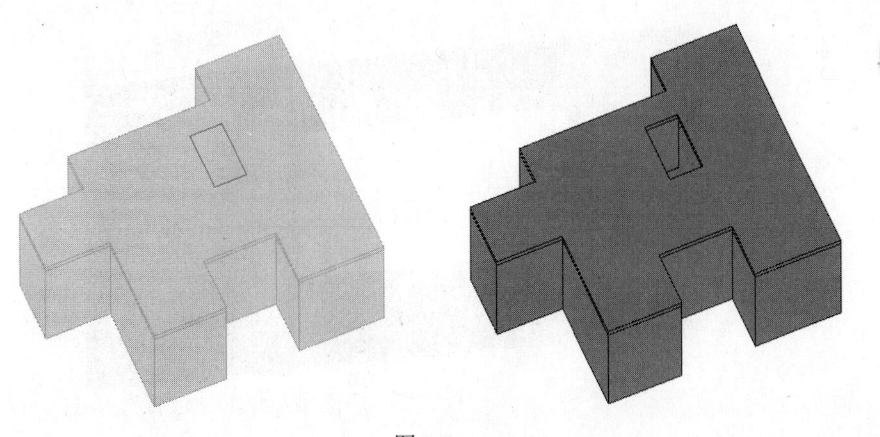

图 9-2

9.2 竖井洞口

单击“竖井洞口”按钮，单击拾取屋顶、楼板或天花板的某一面，进入草图绘制模式，在属性选项中设置顶底的偏移值和裁切高度（见图 9-3），接下来绘制洞口形状，在建筑的整个高度上（或通过选定标高）剪切洞口，单击“完成洞口”按钮，完成洞口的创建如图 9-4 所示。

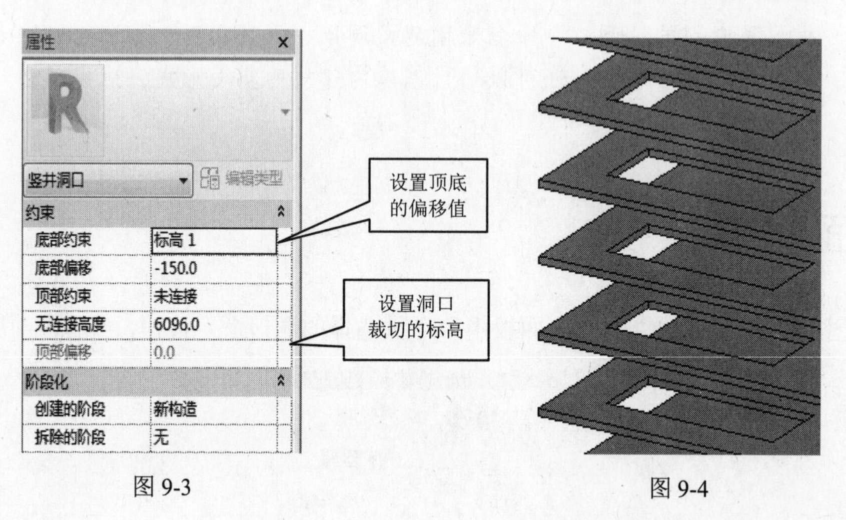

图 9-3　　图 9-4

9.3 墙洞口

单击“墙洞口”按钮，单击选择墙体，绘制洞口形状，完成洞口的创建，如图 9-5 所示。

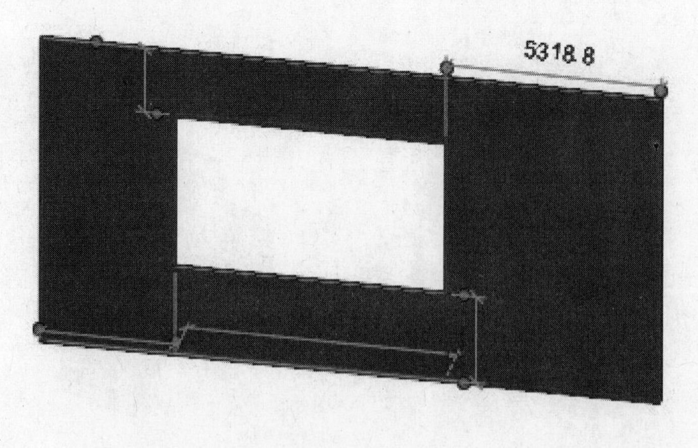

图 9-5

9.4　垂直洞口

单击“垂直洞口”按钮，单击拾取屋顶、楼板或天花板的某一面，进入草图绘制模式，绘制洞口形状，于某个标高进行垂直剪切，单击“完成洞口”按钮，完成洞口的创建，如图 9-6 所示。

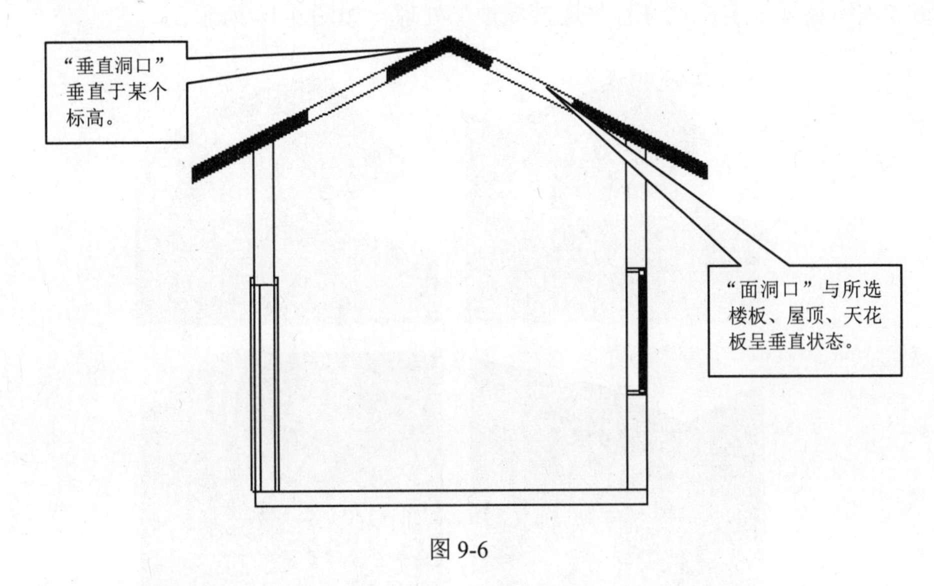

图 9-6

9.5　老虎窗洞口

在双坡屋顶上创建老虎窗所需的三面墙体，并设置其墙体的偏移值，如图 9-7 所示。创建双坡屋顶，如图 9-8 所示。

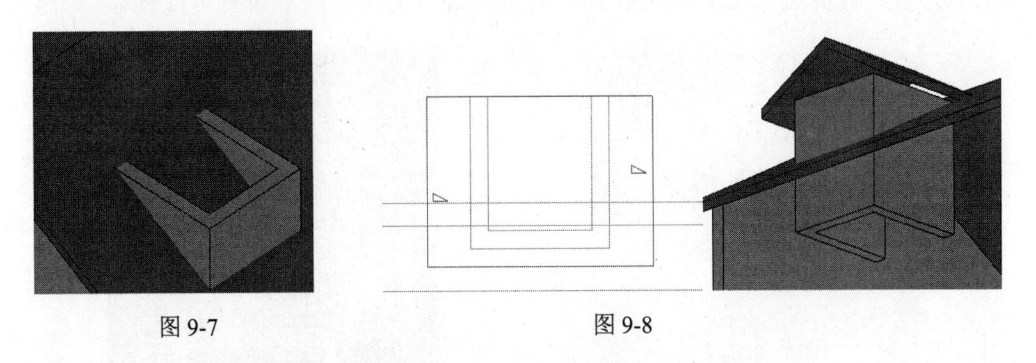

图 9-7　　　　图 9-8

将墙体与两个屋顶分别进行附着处理，如图 9-9 所示。

图 9-9

将老虎窗屋顶与主屋顶进行“连接屋顶”处理，如图 9-10 所示。

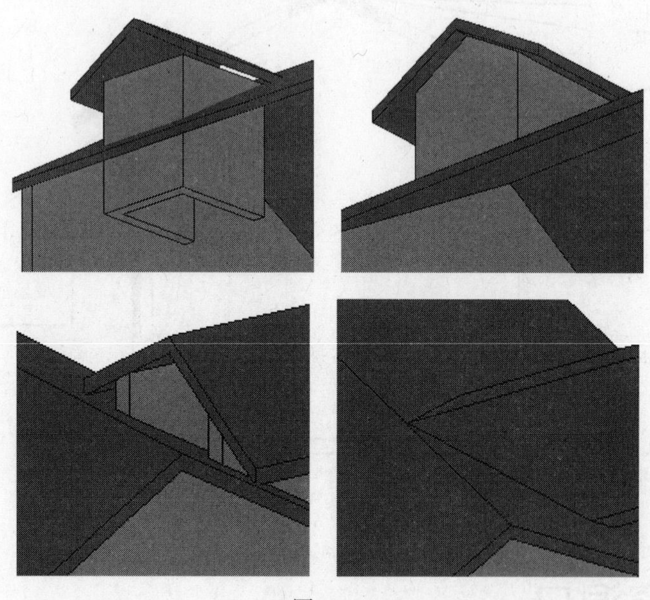

图 9-10

单击“老虎窗洞口”按钮。

拾取主屋顶，进入“拾取边界”模式，选择老虎窗屋顶或其底面、墙的侧面、楼板的底面等有效边界，修剪边界线条（见图 9-11），完成边界剪切洞口，如图 9-12 所示。

图 9-11

图 9-12

9.6　技术应用技巧

9.6.1　异形洞口的创建

单击“建筑”选项卡下“构建”面板中“构件”工具的下拉按钮，选择“内建模型”工具。

在自动弹出的“族类别和族参数”选项中选择“常规模型”。单击确定后在弹出的“名称”文本框中输入名称，并单击“确定”按钮，如图 9-13 所示。

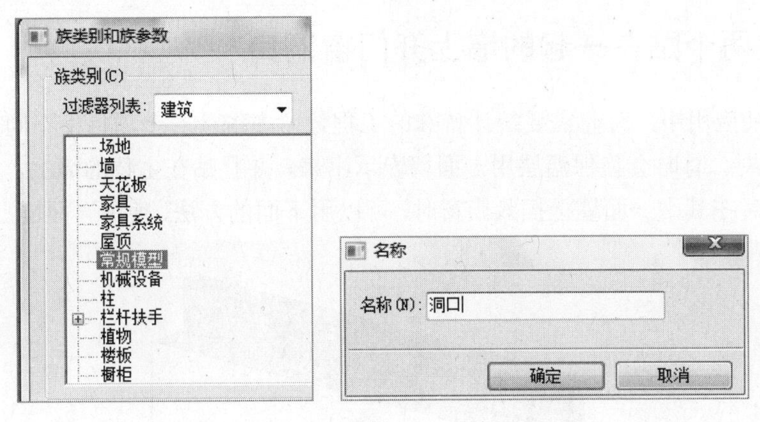

图 9-13

单击“创建”选项卡下“形状”面板中“空心形状”工具的下拉按钮，选择“空心融合”命令。

先绘制洞口下部边线，再单击“模式”面板中的“编辑顶部”工具，绘制洞口上部边线，单击“完成融合”，完成绘制过程。

然后在立面上调整其位置，使融合体下边与楼板下边重合，上边与楼板上边重合。单击“完成编辑”，绘制结束，如图 9-14 所示。

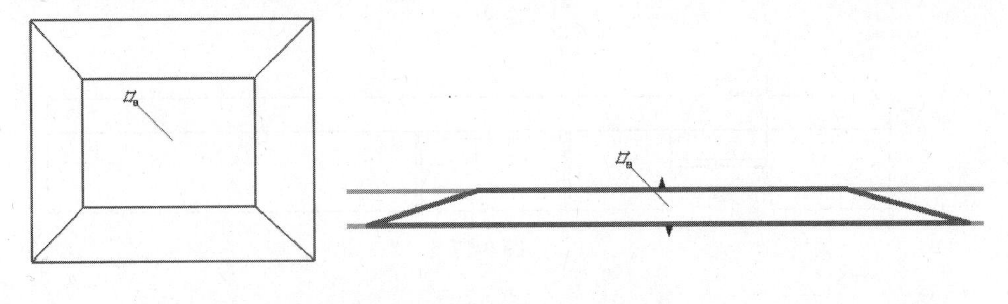

图 9-14

单击“修改”选项卡下“几何图形”面板中的“剪切几何形体”工具，单击融合体与楼板，完成剪切。单击“完成模型”，完成绘制，如图 9-15 所示。

图 9-15

9.6.2 在两个贴在一起的墙上开门窗洞口

在 Revit 的应用中，有时需要统计特殊的工程量，在统计一个项目中不同位置，不同厚度的保温材料时，有时会将保温层用一面墙表示出来，并且贴在主体的墙上，如图 9-16、图 9-17 所示。这时在其中一面墙上插入门窗时，可以用下面的方法，使另一面墙上也形成洞口。

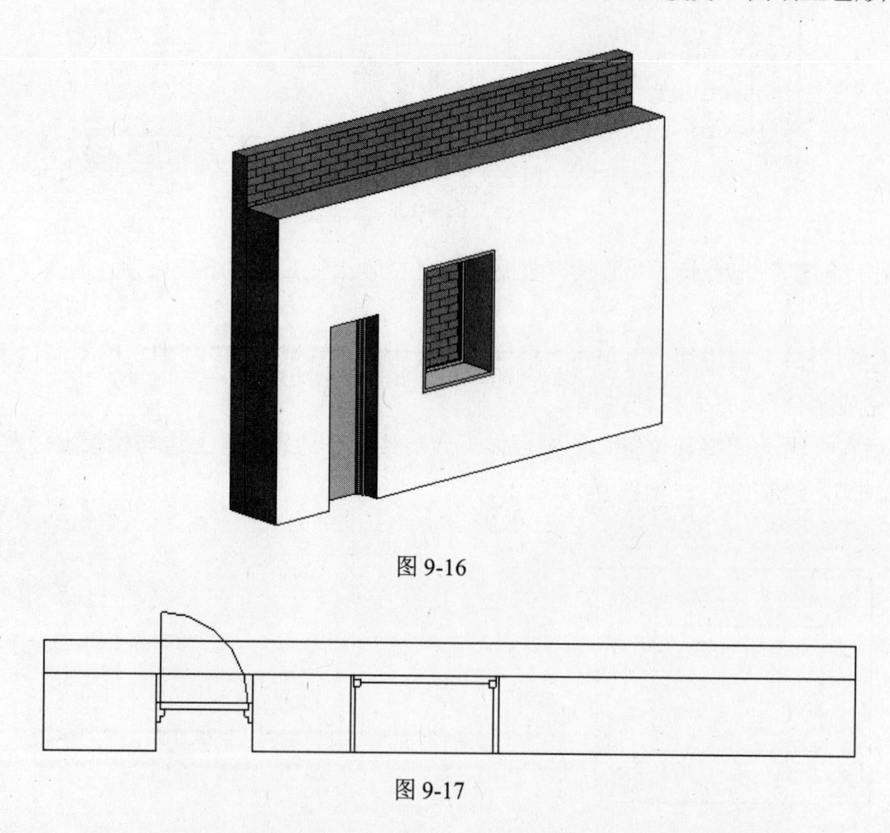

图 9-16

图 9-17

Step 01 使用“修改”选项卡“几何图形”面板“连接几何图形”按钮 连接，将两面墙进行几何连接，如图 9-18 所示。

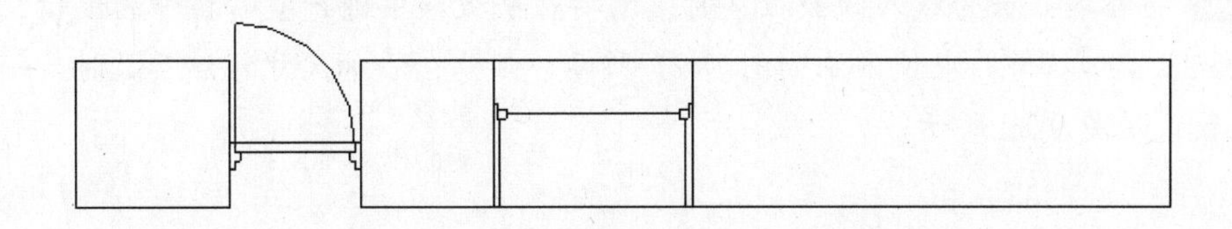

图 9-18

Step 02 进入三维视图，可见插入的门窗在两面墙上已经剪切出门窗洞口，如图 9-19 所示。

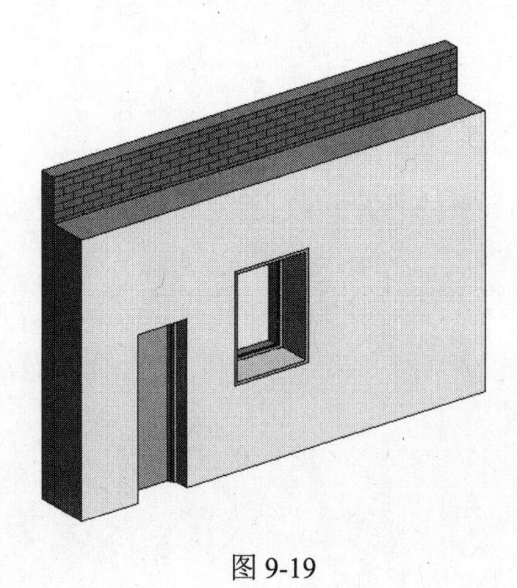

图 9-19

9.6.3　在一个嵌板族中实现不同的嵌板类型

我们可以通过调节实例参数的方式，在一个嵌板族中实现不同的嵌板类型。当幕墙嵌板为系统嵌板时，可以选择在位编辑空心拉伸来绘制洞口形状，完成洞口创建，如图 9-20 所示。

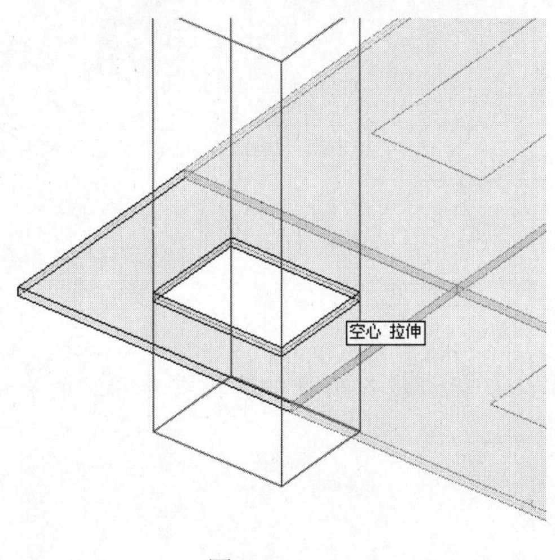

图 9-20

Step 01 当幕墙嵌板为载入的嵌板族时，需要在嵌板族中进行空心拉伸的编辑，生成洞口。嵌板族上空心拉伸的定位方法如图 9-21 所示。注意，添加尺寸标注参数时，一定要选择实例参数，如图 9-22 所示。

洞口边4距外边 300
洞口边3距外边 200
参照标高
0
洞口边1距外边 400
洞口边2距外边 100

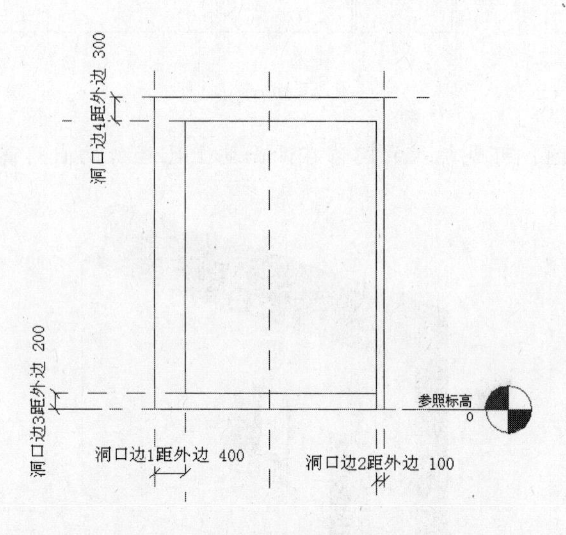

图 9-21

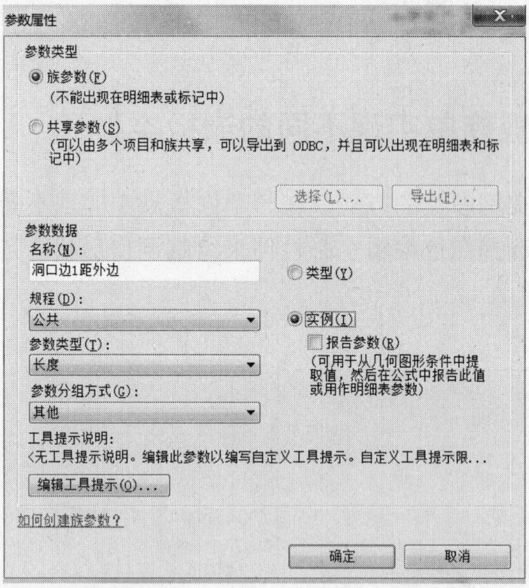

参数属性
参数类型
族参数(F)
(不能出现在明细表或标记中)
共享参数(S)
(可以由多个项目和族共享，可以导出到 ODBC，并且可以出现在明细表和标记中)
选择(L)...
导出(E)...
参数数据
名称(N):
洞口边1距外边
类型(Y)
规程(D):
公共
实例(I)
报告参数(R)
(可用于从几何图形条件中提取值，然后在公式中报告此值或用作明细表参数)
参数类型(T):
长度
参数分组方式(G):
其他
工具提示说明:
<无工具提示说明。编辑此参数以编写自定义工具提示。自定义工具提示限...
编辑工具提示(O)...
如何创建族参数?
确定
取消

图 9-22

Step 02 将上面的幕墙嵌板族载入项目中替换需要开洞的嵌板，如图 9-23 所示。

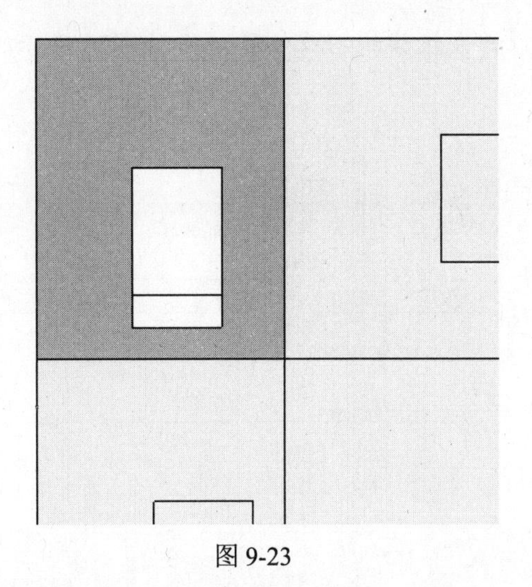

图 9-23

Step 03 测量洞口边到嵌板外边的距离，如图 9-24 所示。

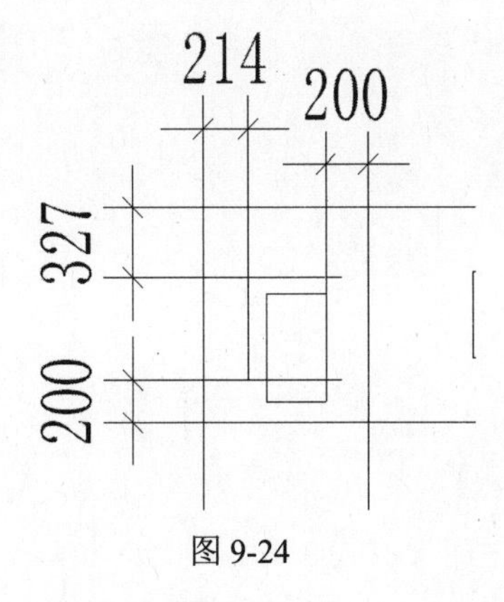

图 9-24

Step 04 调整洞口尺寸，如图 9-25 所示。

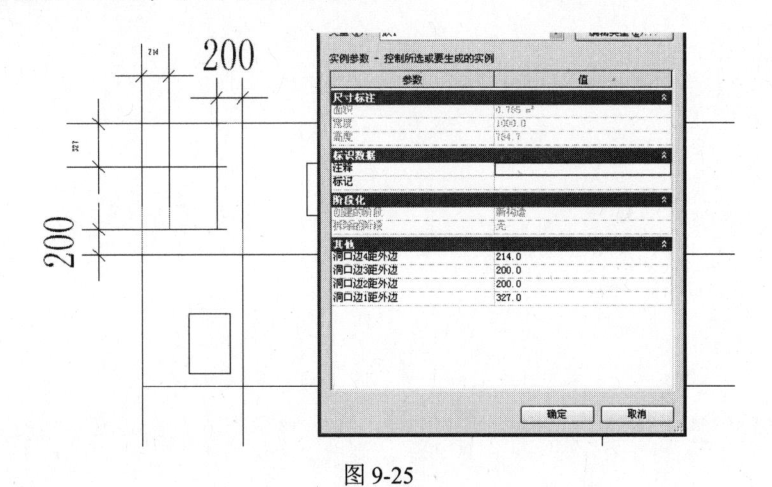

图 9-25

Step 05 调整所有洞口的嵌板族的洞口位置，如图 9-26 所示。

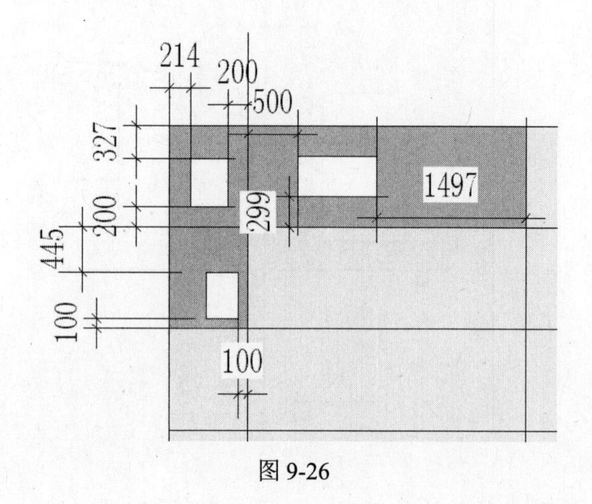

图 9-26

第 10 章　扶手、楼梯和坡道

概述：本章采用功能命令和案例讲解相结合的方式，详细介绍了扶手楼梯和坡道的创建和编辑方法，并对项目应用中可能遇到的各类问题进行了细致的讲解。此外，结合案例介绍楼梯和栏杆扶手的拓展应用的思路是本章的亮点。

10.1　扶手

10.1.1　扶手的创建

单击“建筑”选项卡下“楼梯坡道”面板中的“栏杆扶手”按钮，进入绘制栏杆扶手路径模式。

用“线”绘制工具绘制连续的扶手路径线（楼梯扶手的平段和斜段要分开绘制）。

单击“完成扶手”按钮创建扶手，如图 10-1 所示。

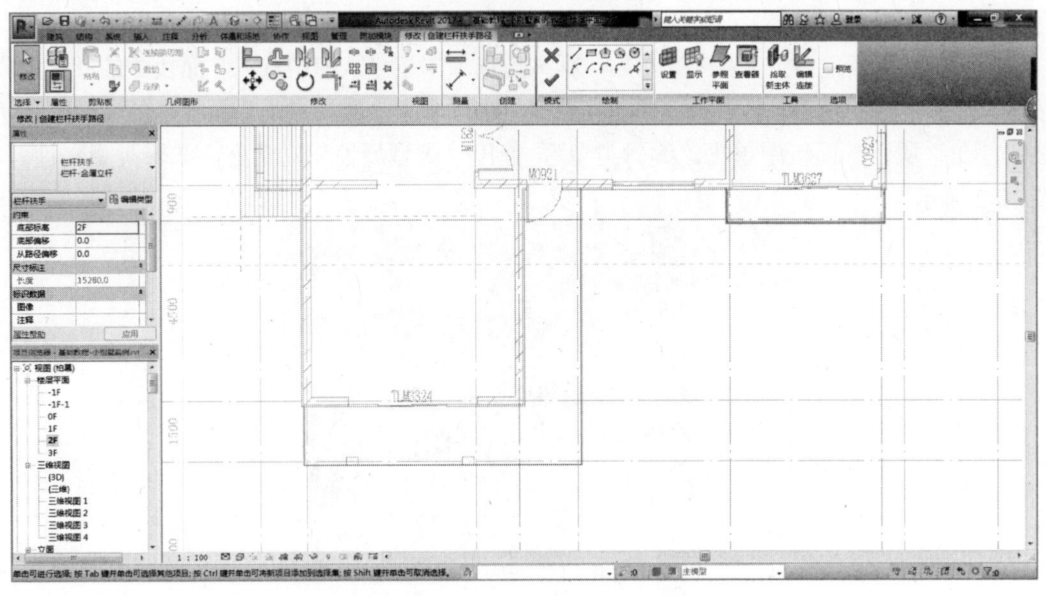

图 10-1

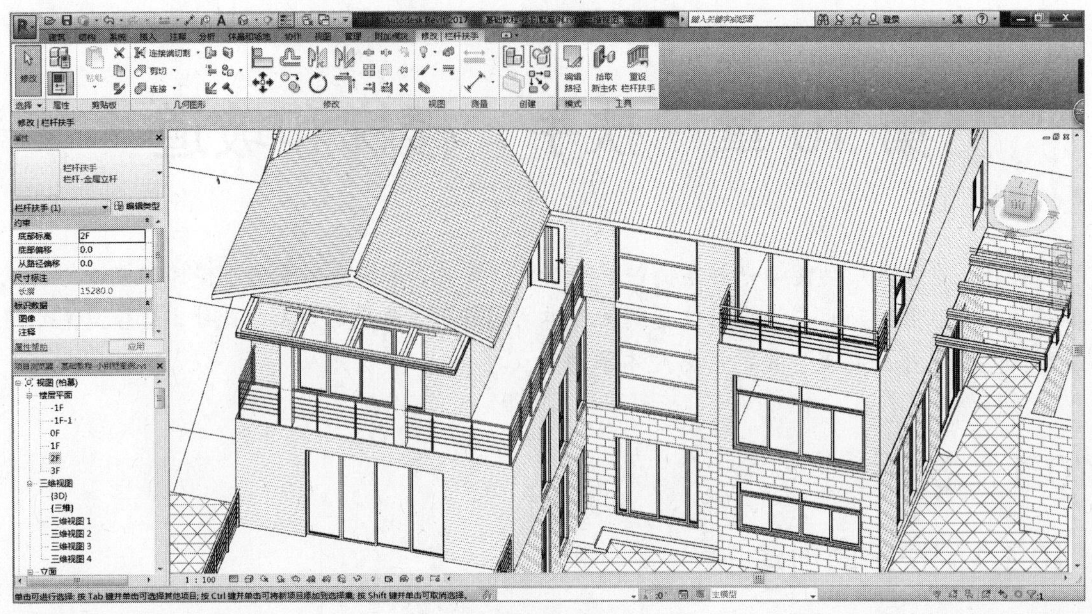

图 10-1（续图）

10.1.2 扶手的编辑

（1）选择扶手，然后单击“修改栏杆扶手”选项卡下“模式”面板中的“编辑路径”按钮，编辑扶手轮廓线位置。

（2）属性编辑：自定义扶手。单击“插入”选项卡下“从库中载入”面板中的“载入族”按钮，载入需要的扶手、栏杆族。单击“建筑”选项卡下“楼梯坡道”面板中的“栏杆扶手”按钮，在“属性”面板中单击“编辑类型”，弹出“类型属性”对话框，编辑类型属性，如图 10-2 所示。

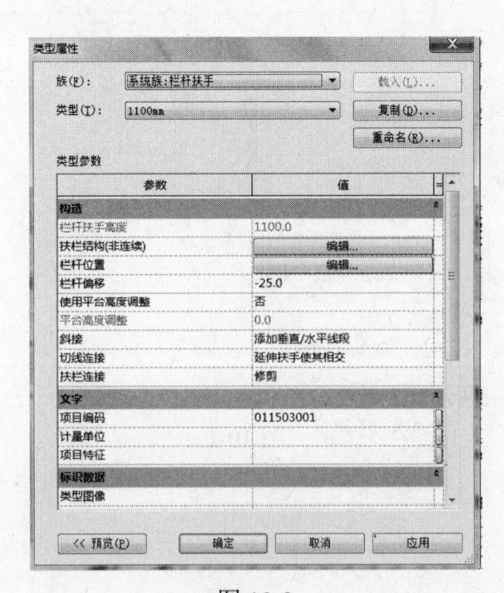

图 10-2

单击“扶栏结构”栏对应的“编辑”按钮，弹出“编辑扶手”对话框，编辑扶手结构：插入新扶手或复制现有扶手，设置扶手名称、高度、偏移、轮廓、材质等参数，调整扶手上、下位置，如图 10-3 所示。

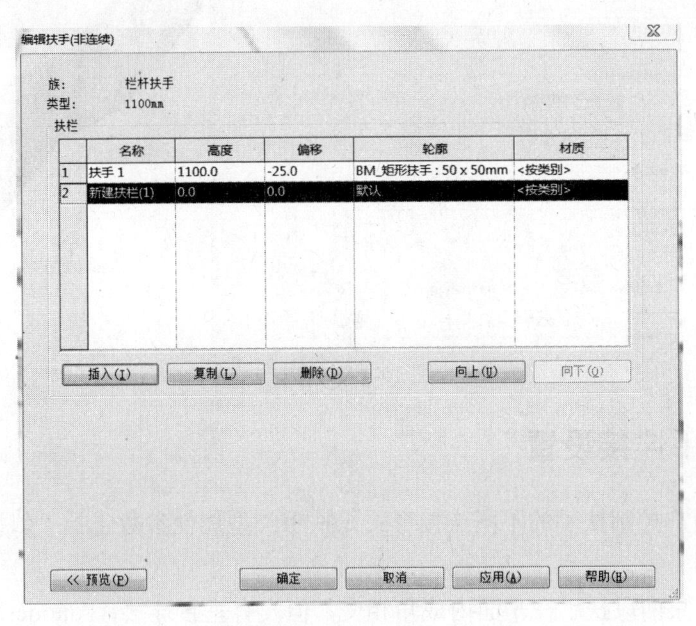

图 10-3

单击“栏杆位置”栏对应的“编辑”按钮，弹出“编辑栏杆”对话框，编辑栏杆位置：布置主栏杆样式和支柱样式——设置主栏杆和支柱的栏杆族、底部及偏移、顶及顶部偏移、相对距离、偏移等参数。确定后，创建新的扶手样式、栏杆主样式并且设置好各项参数，如图 10-4 所示。

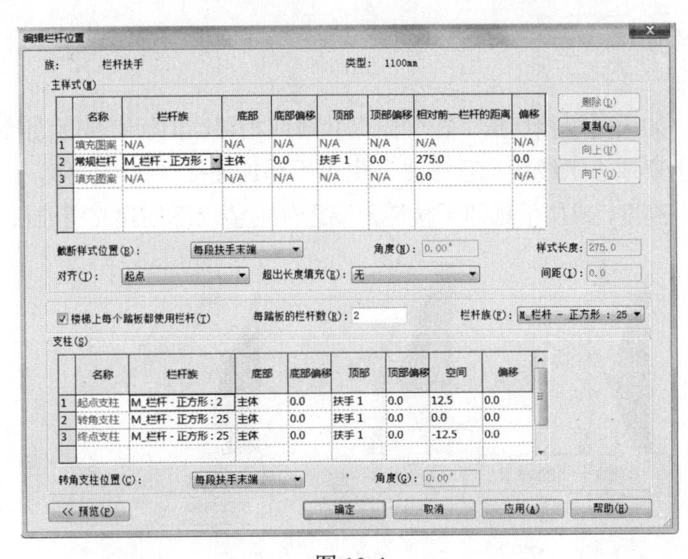

图 10-4

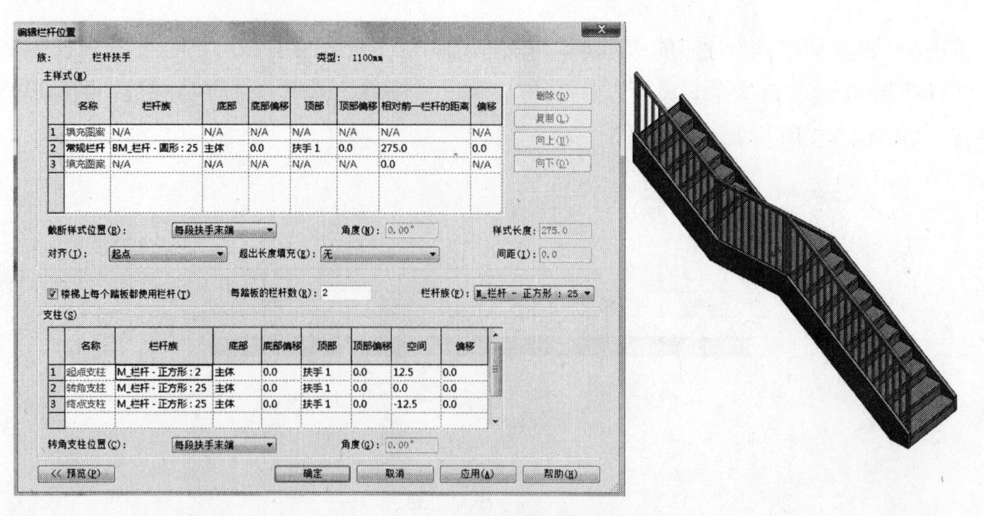

图 10-4（续图）

10.1.3 扶手连接设置

Revit 允许用户控制扶手的不同连接形式，扶手类型属性参数包括“斜接”“切线连接”“扶手连接”。

- 斜接：如果两段扶手在平面内成角相交，但没有垂直连接，Autodesk Revit 既可添加垂直或水平线段进行连接，也可不添加连接件保留间隙，这样即可创建连续扶手，且从平台向上延伸的楼梯梯段的起点无法由一个踏板宽度显示，如图 10-5 所示。

图 10-5

- 切线连接：如果两段相切扶手在平面内共线或相切，但没有垂直连接，Autodesk Revit 既可添加垂直或水平线段进行连接，也可不添加连接件保留间隙。这样即可在修改了平台处扶手高度，或扶手延伸至楼梯末端之外的情况下创建光滑连接，如图 10-6 所示。

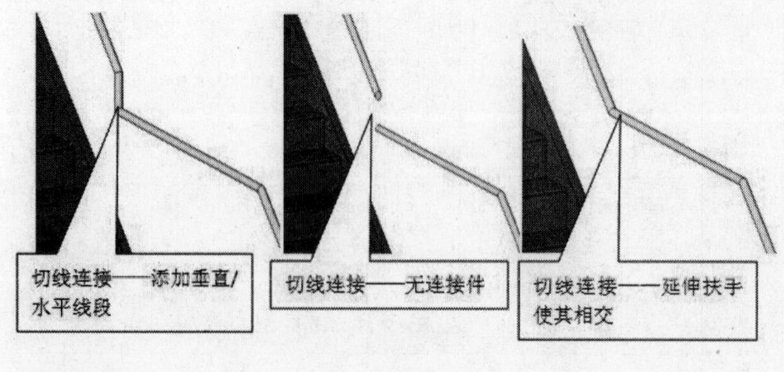

图 10-6

● 扶手连接：包括修剪、结合两种类型。如果要控制单独的扶手接点，可以忽略整体的属性。选择扶手，单击“编辑”面板中的“编辑路径”按钮，进入编辑扶手草图模式，单击“工具”面板下的“编辑扶手连接”按钮，单击需要编辑的连接点，在选项栏的“扶手连接”下拉列表中选择需要的连接方式，如图 10-7 所示。

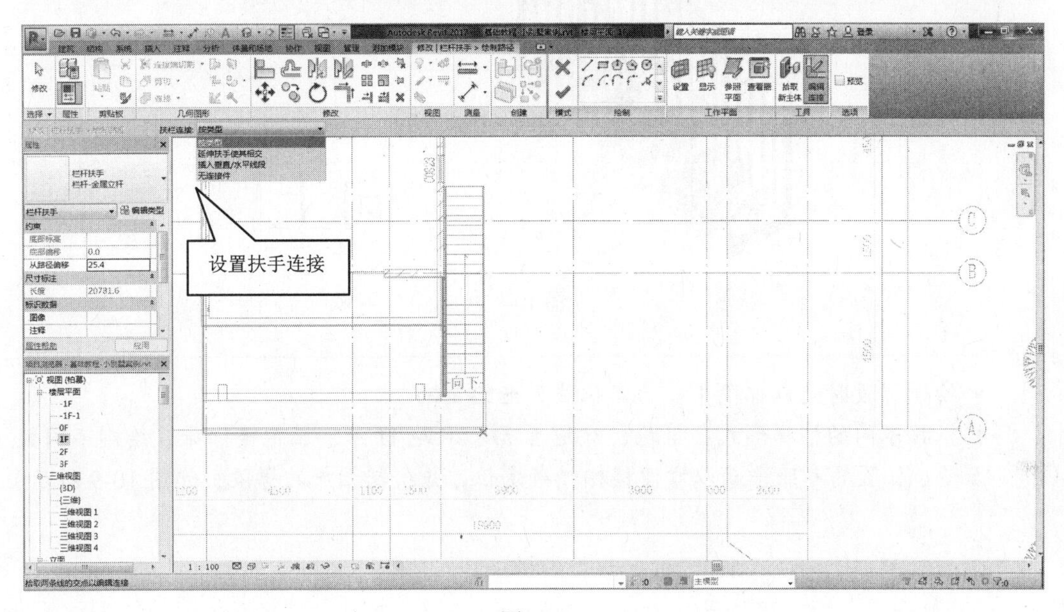

图 10-7

10.2　楼梯

10.2.1　直梯

1. 用梯段命令创建楼梯

Step 01 单击“建筑”选项卡下“楼梯坡道”面板中的“楼梯”按钮，进入绘制楼梯草图模式，自动激活“创建楼梯草图”选项卡，单击“绘制”面板下的“梯段”按钮，不做其他设置即可开始直接绘制楼梯。

Step 02 在“属性”面板中，单击编辑类型，弹出“类型属性”对话框，创建自己的楼梯样式，设置类型属性参数：踏板、踢面、梯边梁等的位置、高度、厚度尺寸、材质、文字等，单击“确定”按钮。

Step 03 在“属性”面板中设置楼梯宽度、标高、偏移等参数，系统自动计算实际的踏步高度和踏步数，单击“确定”按钮。

Step 04 单击“梯段”按钮，捕捉每跑的起点、终点位置绘制梯段。注意梯段草图下方的提示：创建了 10 个踢面，剩余 0 个。

Step 05 调整休息平台边界位置，完成绘制，楼梯扶手自动生成，如图 10-8 所示。

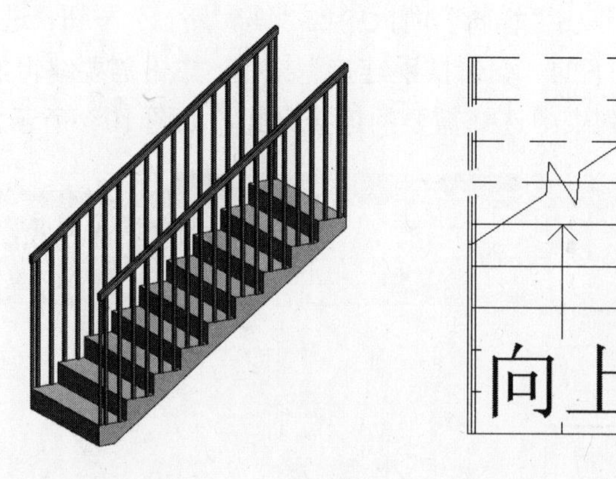

图 10-8

提示

- 绘制梯段时是以梯段中心为定位线开始绘制的。
- 根据不同的楼梯形式：单跑、双跑 L 形、双跑 U 形、三跑楼梯等，绘制不同数量、位置的参照平面以方便楼梯精确定位，并绘制相应的梯段，如图 10-9 所示。

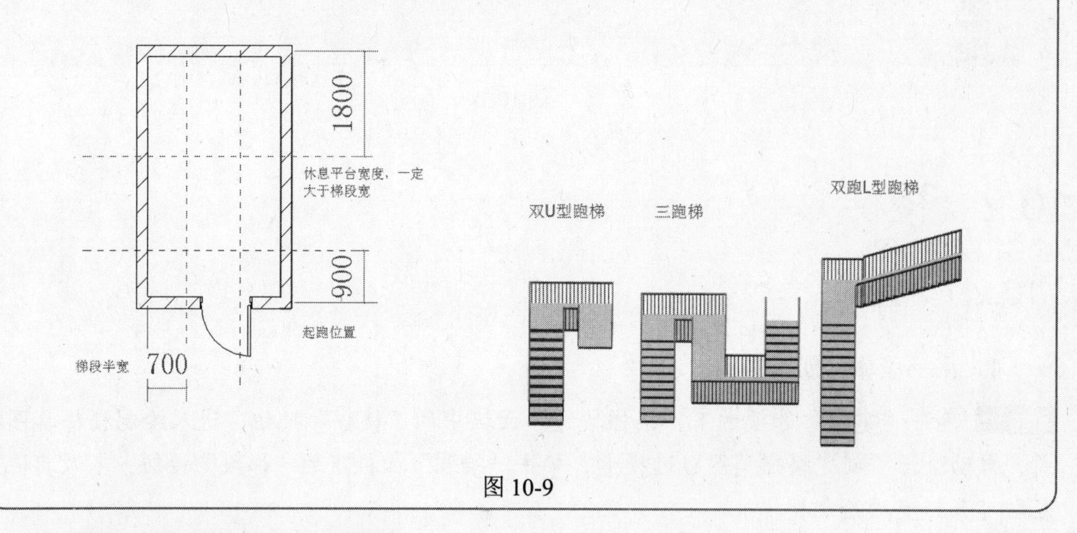

图 10-9

2. 用边界和踢面命令创建楼梯

Step 01 单击“边界”按钮，分别绘制楼梯踏步和休息平台边界。

注意

踏步和平台处的边界线需分段绘制，否则软件将把平台也当成长踏步来处理。

Step 02 单击“踢面”按钮，绘制楼梯踏步线。同前，注意梯段草图下方的提示，“剩余 0 个”时即表示楼梯跑到了预定层高位置，如图 10-10 所示。

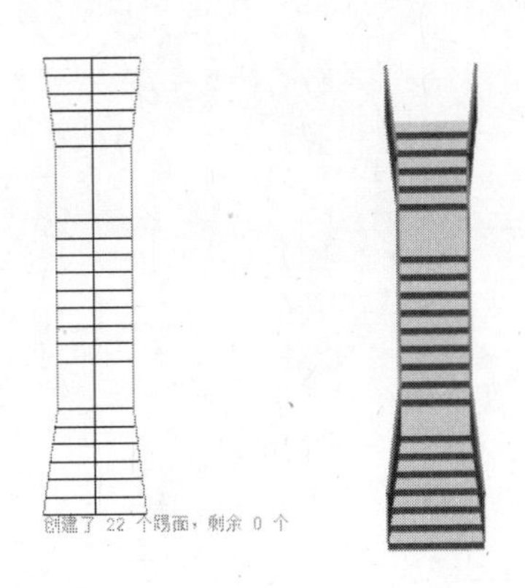

图 10-10

提示

对比较规则的异形楼梯，如弧形踏步边界、弧形休息平台楼梯等，可以先用“梯段”命令绘制常规梯段，然后删除原来的直线边界或踢面线，再用“边界”和“踢面”命令绘制即可，如图 10-11 所示。

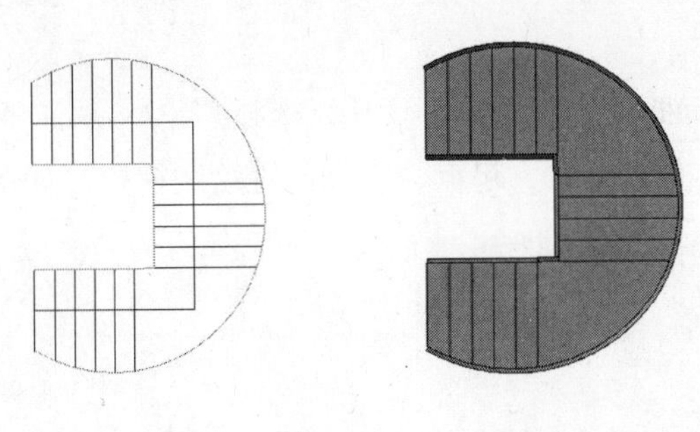

图 10-11

10.2.2　弧形楼梯

弧形楼梯的绘制步骤如下。

Step 01 单击“建筑”选项卡下“楼梯坡道”面板中的“楼梯”按钮，进入绘制楼梯草图模式。

Step 02 选择“楼梯属性|编辑类型”，创建自己的楼梯样式，设置类型属性参数：踏板、踢面、梯边梁等的高度、厚度尺寸、材质、文字等。

Step 03 在“属性”中设置楼梯宽度、基准偏移等参数，系统自动计算实际的踏步高和踏步数。

Step 04 绘制中心点、半径、起点位置参照平面，以便精确定位。

Step 05 单击“绘制”面板下的“梯段”按钮，选择“中心-端点弧”开始创建弧形楼梯。

Step 06 捕捉弧形楼梯梯段的中心点、起点、终点位置绘制梯段，注意梯段草图下方的提示。如有休息平台，应分段绘制梯段，完成楼梯绘制，如图 10-12 所示。

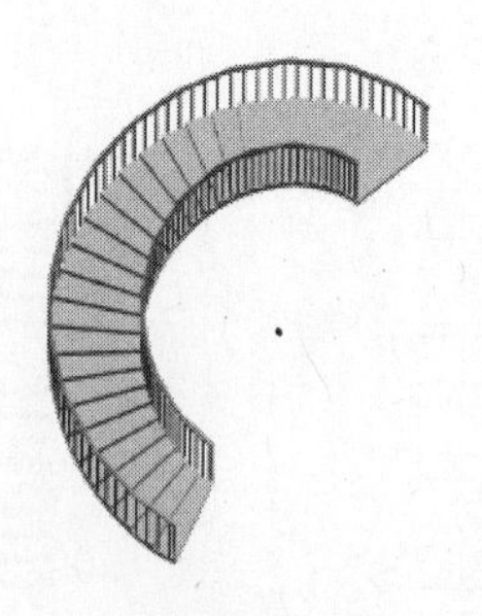

图 10-12

10.2.3 旋转楼梯

有了 10.2.2 节绘制弧形楼梯的基础，下面来创建旋转楼梯，步骤如下。

Step 01 单击“常用”选项卡下“楼梯坡道”面板中的“楼梯”按钮，进入绘制楼梯草图模式。

Step 02 在楼梯的绘制草图模型下，选择“楼梯属性|编辑类型”命令，使用“复制”命令，创建旋转楼梯，并设置其属性：踏板、踢面、梯边梁等的高度，以及厚度尺寸、材质、文字等。

Step 03 在“属性”面板中设置楼梯宽度、基准偏移等参数，系统自动计算实际的踏步高和踏步数。

Step 04 单击“绘制”面板下的“梯段”按钮，选择“中心-端点弧”开始创建旋转楼梯。

捕捉旋转楼梯梯段的中心点、起点、终点位置绘制梯段，如图 10-13 所示。

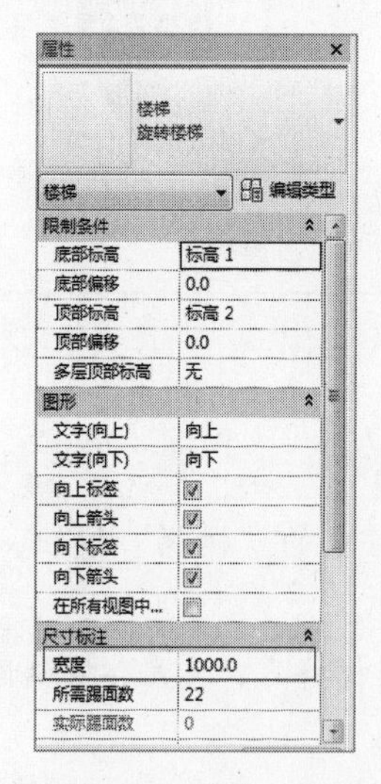

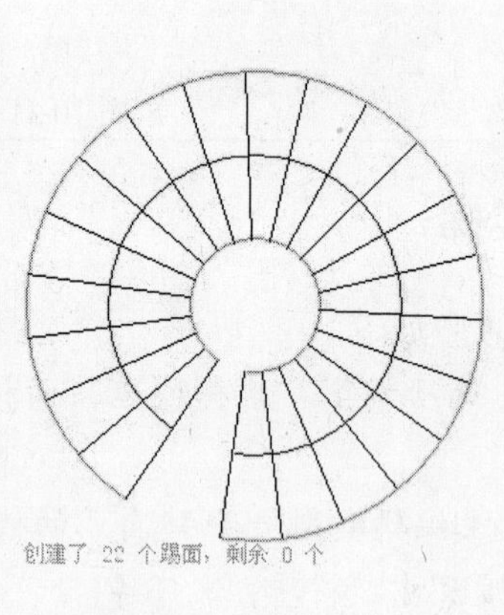

图 10-13

注意

绘制旋转楼梯时，中心点到梯段中心点的距离一定要大于或等于楼梯宽度的一半。因为绘制楼梯时都是以梯段中心线开始绘制的，梯段宽度的默认值一般为 1 000mm。所以旋转楼梯的绘制半径要大等于 500mm。

Step 05 完成楼梯绘制，如图 10-14 所示。

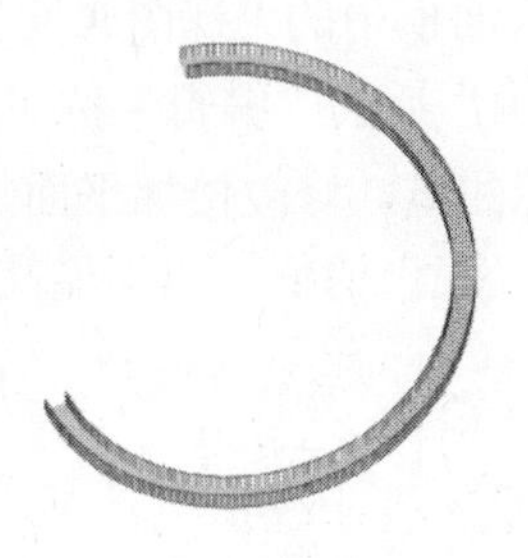

图 10-14

10.2.4　楼梯平面显示控制

（1）当绘制首层楼梯完毕，平面显示如图 10-15 所示。按照规范要求，通常要设置它的平面显示。

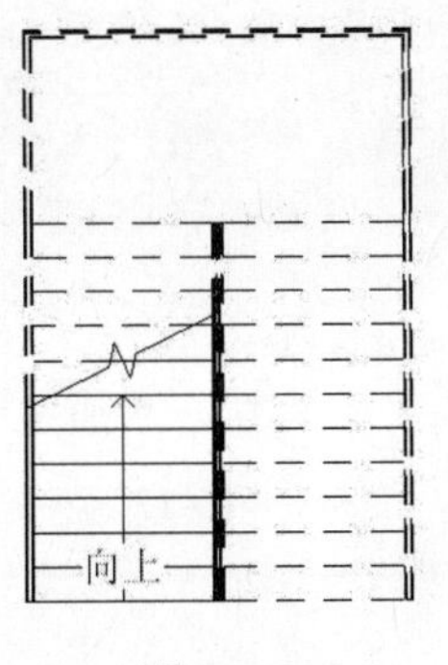

图 10-15

单击“视图”选项卡下“图形”面板中的“可见性/ 图形”命令。从列表中单击“栏杆扶手”前的“＋”号展开，取消选择“<高于>扶手”“<高于>栏杆扶手截面线”“<高于>顶部扶栏”复选框。从列表中单击“楼梯”前的“＋”号展开，取消勾选“<高于>剪切标记”“<高于>支撑”“<高于>楼梯前缘线”“<高于>踢面线”“<高于>轮廓”复选框，单击“确定”按钮，如图 10-16 所示。

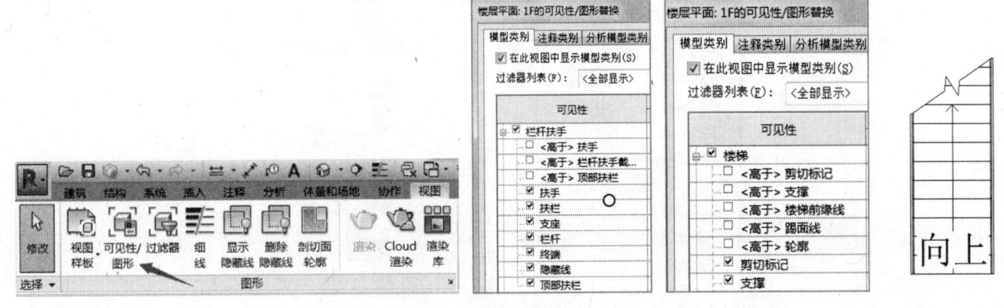

图 10-16

（2）根据设计需要可以自由调整视图的投影条件，以满足平面显示要求。

单击“视图”选项卡下“图形”面板中的“视图属性”按钮，弹出“视图属性”对话框，单击“范围”选项区域中“视图范围”后的“编辑”按钮，弹出“视图范围”对话框。调整“主要范围”选项区域中“剖切面”的值，修改楼梯平面显示，如图 10-17 所示。

注意 “剖切面”的值不能低于“底”的值，也不能高于“顶”的值。

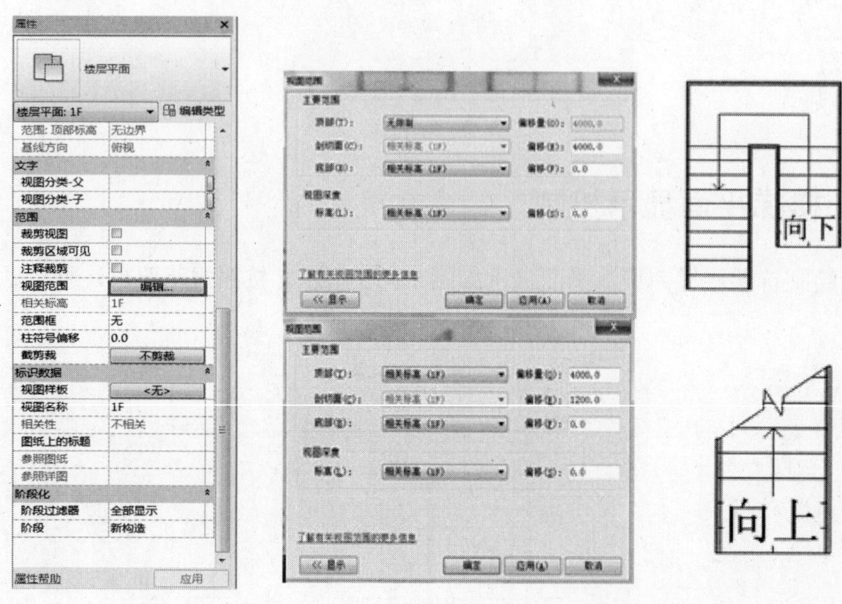

图 10-17

10.2.5 多层楼梯

当楼层层高相同时，只需要绘制一层楼梯，然后修改“楼梯属性”的实例参数“多层顶部标高”的值到相应的标高即可制作多层楼梯，如图 10-18 所示。

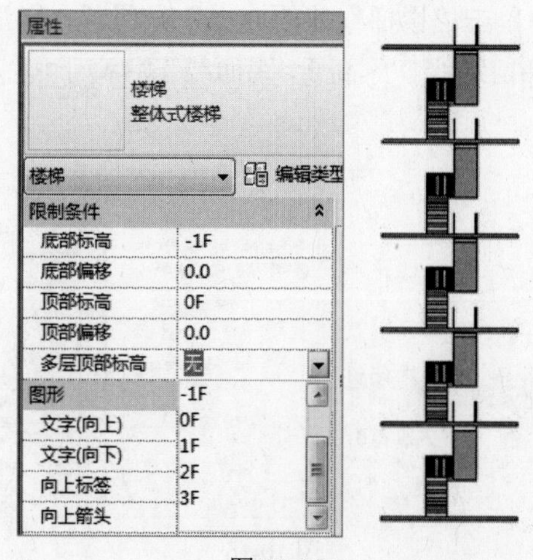

图 10-18

建议

多层顶部标高可以设置到顶层标高的下面一层标高，因为顶层的平台栏杆需要特殊处理。设置了“多层顶部标高”参数的各层楼梯仍是一个整体，当修改楼梯和扶手参数后所有楼层楼梯均会自动更新。

提示

楼梯扶手自动生成，但可以单独选择编辑其属性、类型属性，创建不同的扶手样式。

10.3　坡道

10.3.1　直坡道

Step 01 单击“建筑”选项卡下“楼梯坡道”面板中的“坡道”按钮，进入“创建坡道草图”模式。

Step 02 单击“属性”面板中的“编辑类型”按钮，在弹出的“类型属性”对话框中单击“复制”按钮，创建自己的坡道样式，设置类型属性参数：坡道厚度、材质、坡道最大坡度（1/x）、结构等，单击“完成坡道”按钮。

Step 03 在“属性”面板中设置坡道宽度、底部标高、底部偏移和顶部标高、顶部偏移等参数，系统自动计算坡道长度，单击确定（见图 10-19）。

Step 04 绘制参照平面：通过参照平面确定坡道起跑位置、休息平台位置、坡道宽度位置。

Step 05 单击“梯段”按钮，捕捉每跑的起点、终点位置绘制梯段，注意梯段草图下方的提示：×××创建的倾斜坡道，××××剩余。

Step 06 单击“完成坡道”按钮，创建坡道，坡道扶手自动生成，如图 10-20 所示。

图 10-19

图 10-20

提示

- “顶部标高”和“顶部偏移”属性的默认设置可能会使坡道太长。建议将“顶部标高”和“底部标高”都设置为当前标高，并将“顶部偏移”设置为较低的值。
- 可以用“踢面”和“边界”命令绘制特殊坡道，可参考用边界和踢面命令创建楼梯。
- 坡道实线、结构板选项差异：选择坡道，单击“属性”面板下的“编辑类型”按钮，弹出“类型属性”对话框。若设置“其他”参数下的“造型”为“实体”，则如图 10-21（a）所示，若设置“其他”参数下的“造型”为“结构板”，则如图 10-21（b）所示。

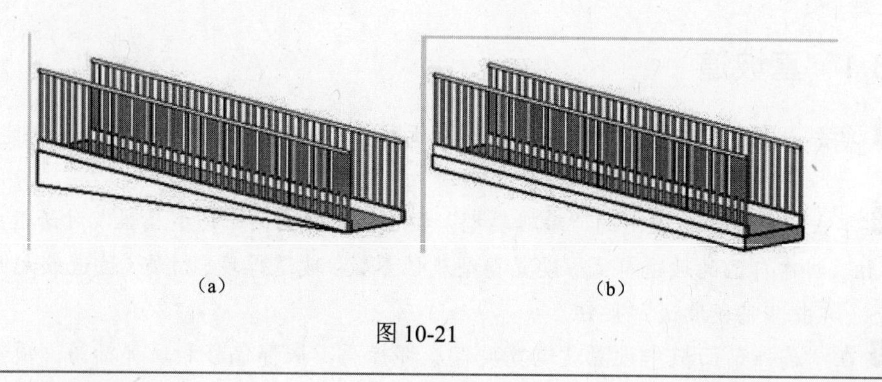

（a）　　（b）

图 10-21

10.3.2 弧形坡道

Step 01 单击“建筑”选项卡下“楼梯坡道”面板中的“坡道”按钮，进入绘制楼梯草图模式。

Step 02 在“属性”面板中，同前所述设置坡道的类型、实例参数。

Step 03 绘制中心点、半径、起点位置参照平面，以便精确定位。

Step 04 单击“梯段”按钮，选择选项栏的“中心-端点弧”选项，开始创建弧形坡道。

Step 05 捕捉弧形坡道梯段的中心点、起点、终点位置绘制弧形梯段，如有休息平台，应分段绘制梯段。

Step 06 可以删除弧形坡道的原始边界和踢面，并用“边界”和“踢面”命令绘制新的边界和踢面，创建特殊的弧形坡道。单击“完成坡道”按钮创建弧形坡道，如图 10-22 所示。

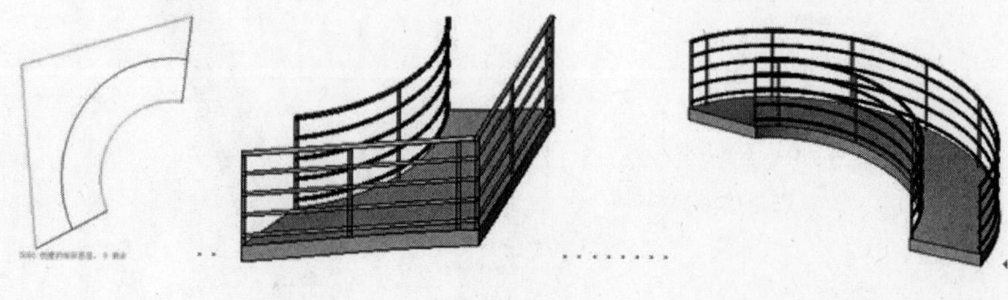

图 10-22

10.4　技术应用技巧

10.4.1　带翻边楼板边扶手

根据建筑设计规范要求，在楼板洞口的防护栏杆宜设置成带楼板翻边的栏杆。具体做法：选择“栏杆扶手”命令，单击“扶手属性”，设置“类型属性”中的“扶手结构”中一个扶手的“轮廓”为“楼板翻边”类型的轮廓。设置扶手轮廓的位置，绘制扶手。最终效果如图 10-23 所示。

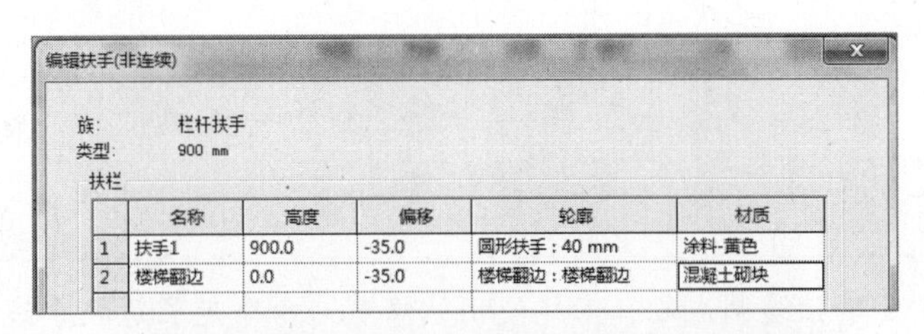
编辑扶手(非连续)

族：栏杆扶手
类型：900 mm
扶栏

	名称	高度	偏移	轮廓	材质
1	扶手1	900.0	-35.0	圆形扶手：40 mm	涂料-黄色
2	楼梯翻边	0.0	-35.0	楼梯翻边：楼梯翻边	混凝土砌块

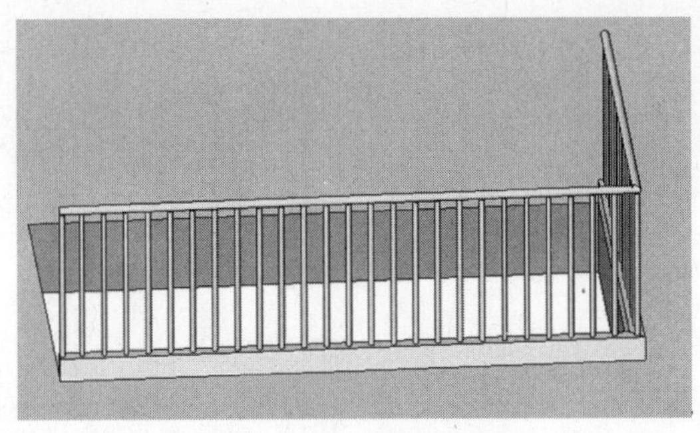

图 10-23

10.4.2　顶层楼梯栏杆的绘制与连接

绘制如图 10-24 所示的楼梯，进入二层平面。

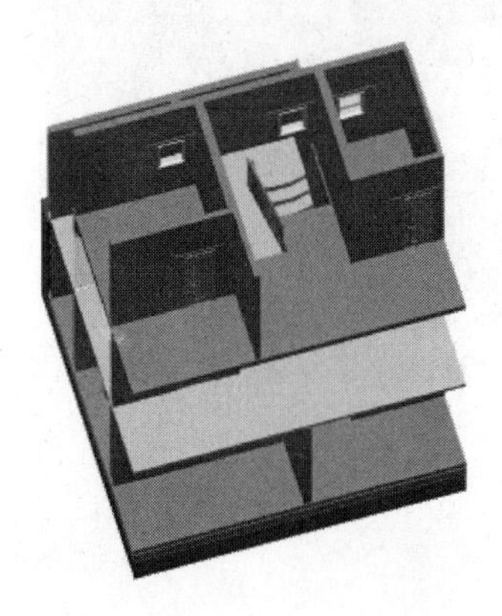

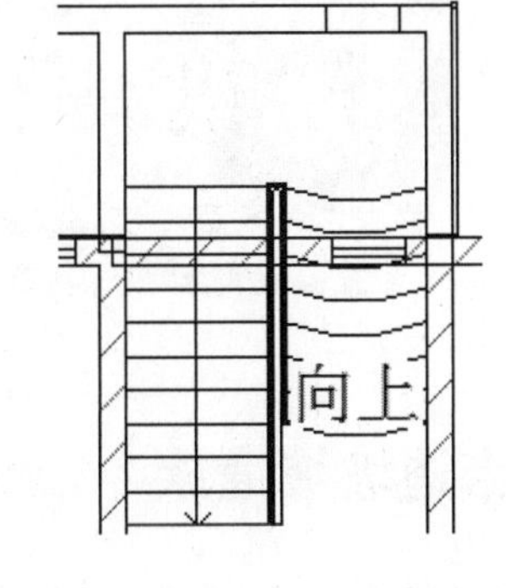

图 10-24

使用【Tab】键拾取楼梯内侧扶手，选择“编辑”面板中的“编辑路径”命令，进入扶手草图绘制模式。单击“绘制”面板中的“ ”工具，分段绘制扶手（见图 10-25）。

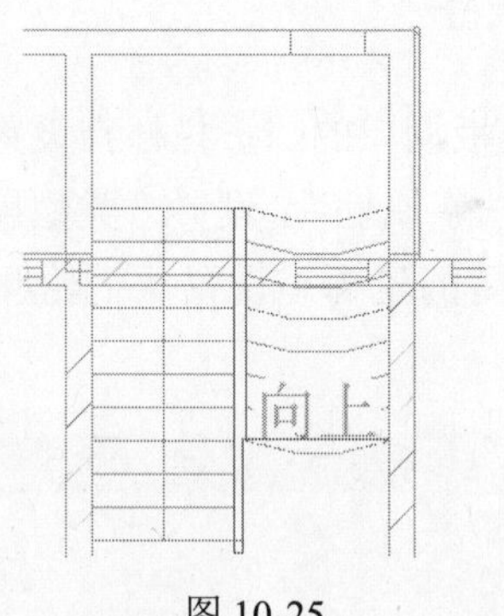

图 10-25

注意

扶手线一定要单独绘制成段，不能使用“修剪”命令延长原扶手线。如图 10-26 所示为分段的扶手线。

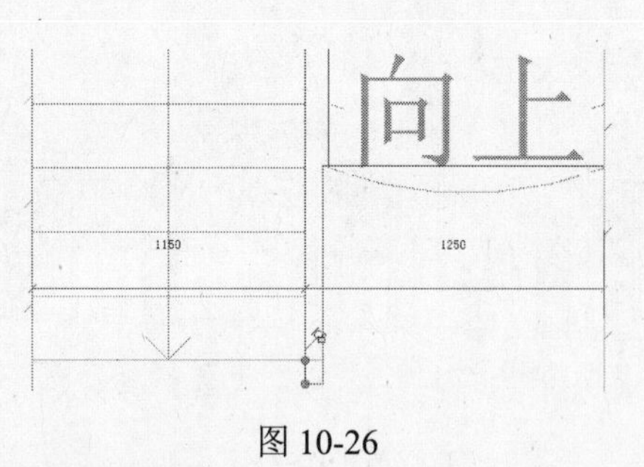

图 10-26

绘制最终结果如图 10-27 所示。

图 10-27

10.4.3 带边坡坡道族

绘制三面坡道可以用“公制常规模型.rft”制作成族文件。

Step 01 单击应用程序菜单下拉按钮，选择“新建-族”，打开“新族-选择样板文件”对话框，选择“公制常规模型.rft”样板文件，打开。

Step 02 在“参照标高”平面视图中绘制水平参照平面，标注尺寸并添加“坡长”参数。

Step 03 选择“创建”选项卡中的“形状”面板下的“实心-融合”命令，进入“创建融合底部边界”模式。如图 10-28 所示绘制底部边界，并添加“底部宽度”参数。选择“模式”面板下的“编辑顶部”命令，如图 10-28 所示绘制顶部边界（顶部边界是宽度为 1 的矩形），并添加“顶部宽度”参数。进入“参照标高”平面视图，将边缘与参照平面锁定，完成融合。效果如图 10-28 所示。

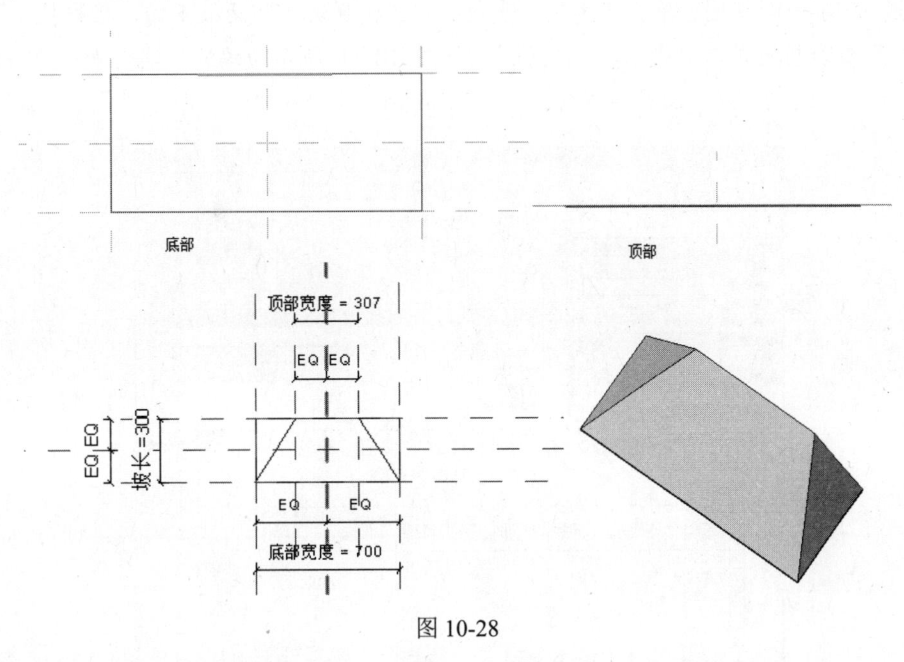

图 10-28

10.4.4　中间带坡道楼梯

Step 01 绘制一个整体式楼梯，将扶手删掉（见图 10-29）。

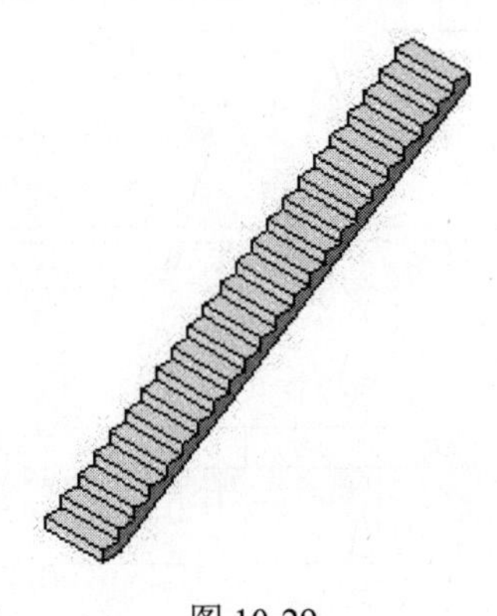

图 10-29

Step 02 单击应用程序菜单下拉按钮，选择“新建-族”，打开“新族-选择样板文件”对话框，选择“公制轮廓-扶手.rft”样板文件，打开。在“公制轮廓-扶手.rft”中绘制坡道截面（见图 10-30），载入项目中。

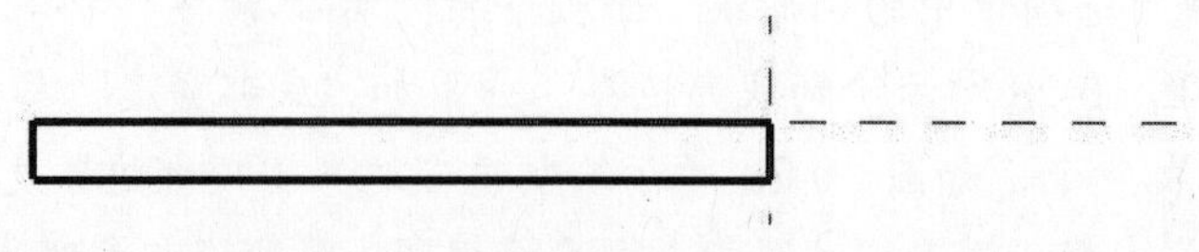

图 10-30

Step 03 进入 F1 平面视图，单击“建筑”选项卡中“楼梯坡道”面板下的“栏杆扶手”命令，进入扶手草图绘制模式。单击“扶手属性”，如图 10-31 所示为编辑“类型属性”中的“栏杆位置”和“扶手结构”。设置楼梯为主体，并沿着楼梯边缘绘制“扶手线”，完成扶手。

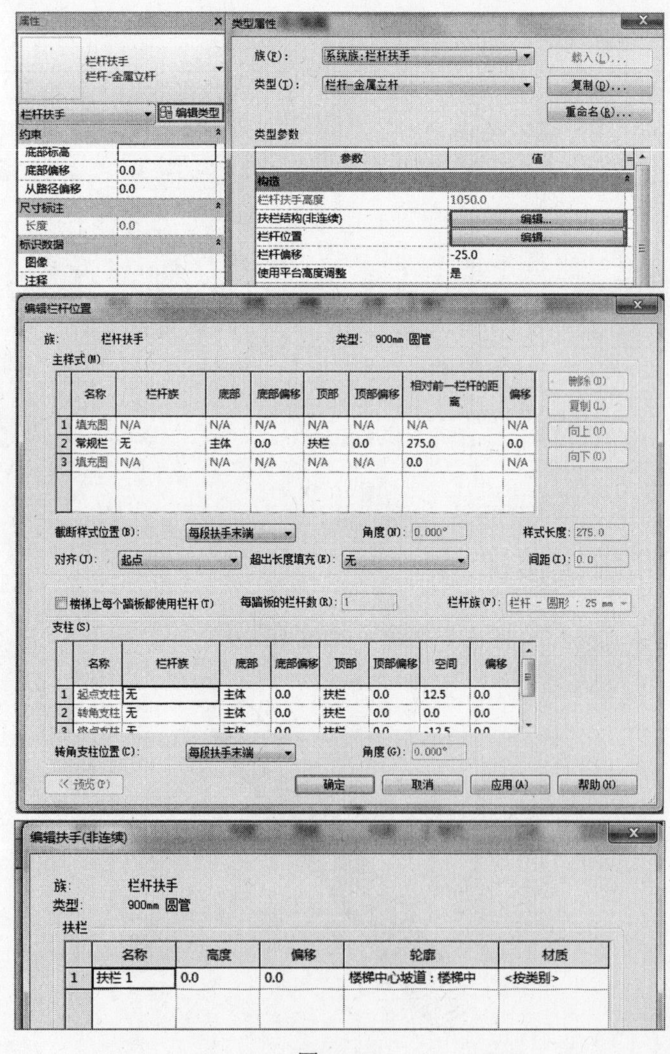

图 10-31

Step 04 进入东立面，利用参照平面量取坡道与楼梯间高度间距，选择坡道，单击“图元属性”下拉按钮，选择“类型属性”并单击，设置“扶手结构”的高度为“–174”（见图 10-32）。

编辑扶手(非连续)

族：　栏杆扶手
类型：　900mm 圆管

扶栏

	名称	高度	偏移	轮廓	材质
1	扶栏 1	-174.0	0.0	族2：族2	<按类别>

图 10-32

Step 05 选择“修改”面板下的“复制”命令，复制整体式楼梯。此时中间带坡道的楼梯绘制完毕（见图 10-33）。

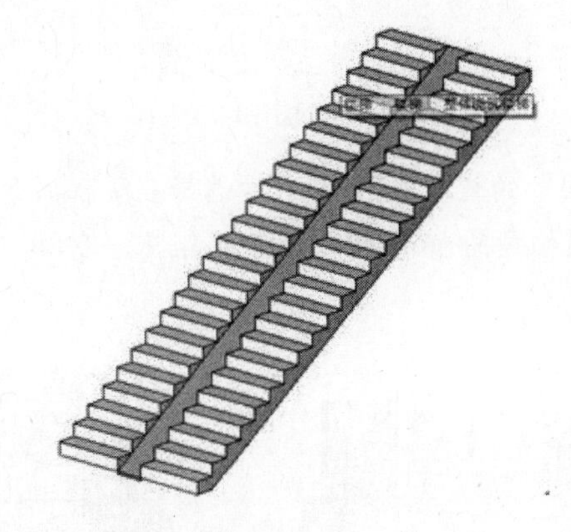

图 10-33

10.4.5　整体式楼梯转角踏步添加技巧

Step 01 绘制楼梯梯段，在转角处添加踢面（见图 10-34）。

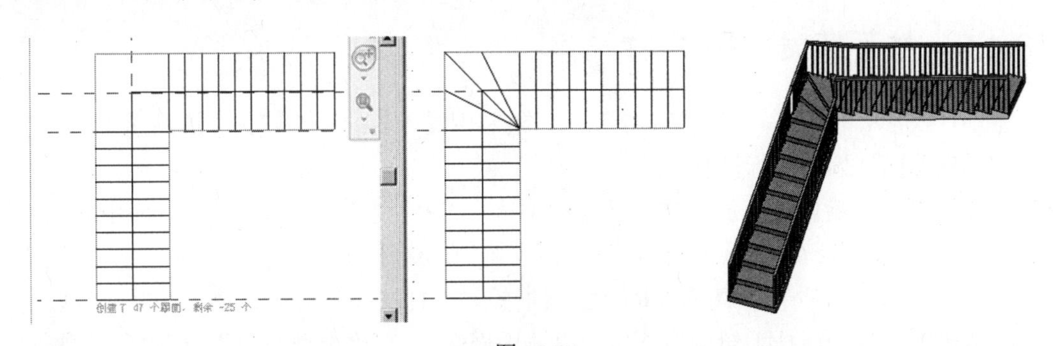

图 10-34

Step 02 选择“楼梯”，单击“属性”下拉按钮，选择“类型属性”，打开“类型属性”对话框。勾选“构造”参数中的“整体浇筑楼梯”（见图 10-35）。

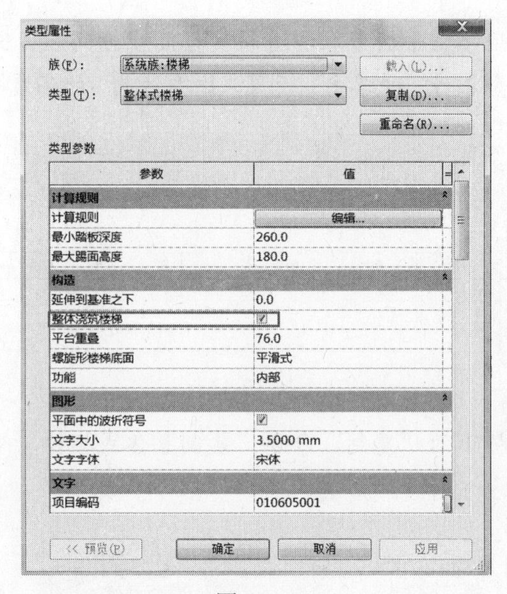

图 10-35

Step 03 “螺旋形楼梯底面”的设置提供了两种选择：阶梯式、平滑式。单击选择“阶梯式”，可控制踢面表面到底面上相应阶梯的垂直表面的距离。若为“平滑式”，添加踢面的楼梯底面显示错误（见图 10-36）。

图 10-36

10.4.6 扶手拓展应用

由于“扶手”的特性，运用“扶手”可以绘制围篱、窗的装饰线条、墙贴面等，下面我以绘制“墙贴面”为例进行讲解。

首先绘制一道墙体作为放置扶手贴面的主体，选择“插入”选项卡|“从库中载入族”面板下的“载入族”命令，载入所需的轮廓族，便于绘制扶手时应用轮廓。

选择“建筑”选项卡|“楼梯坡道”面板下的“栏杆扶手”命令，使用绘制或拾取的方式沿墙体外边进行创建扶手轮廓线，单击“扶手属性”，在“类型属性”对话框中，复制一个扶手类型，命名为“墙贴面”。

单击“栏杆位置”后的“编辑”按钮，在打开的“编辑栏杆位置”对话框中将“主样式”“支柱”样式全部设置为“无”，确定后退出（见图 10-37）。

在扶手的“类型属性”对话框中，单击“扶手结构”后的“编辑”按钮，在打开的“编辑扶手”对话框中，“轮廓”一栏调用刚刚载入进来的新轮廓，高度值按项目要求进行设置，偏移值设置为“0”，并设置其材质，（见图 10-37）。

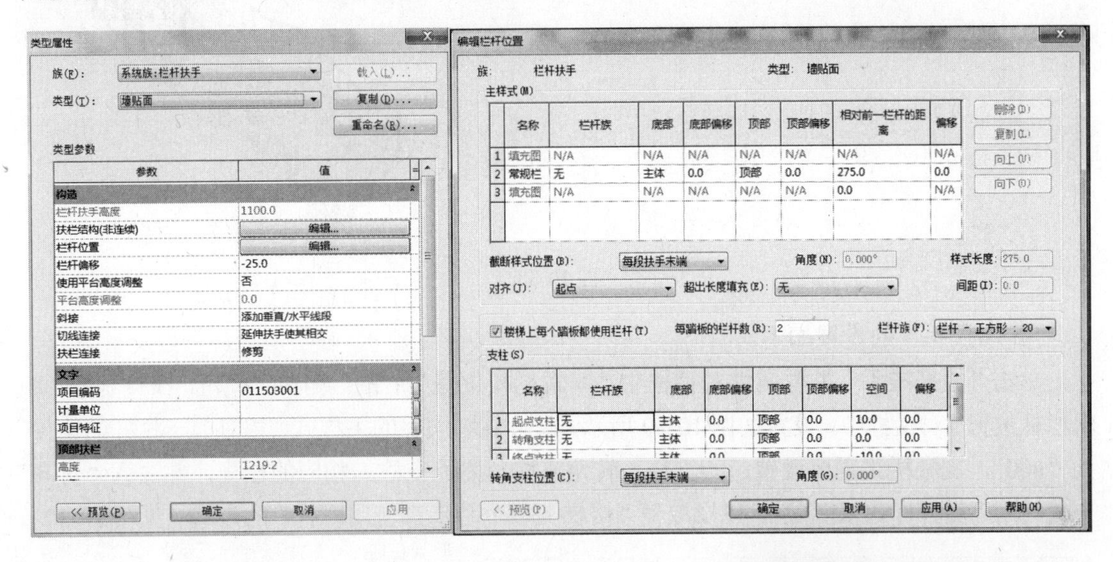

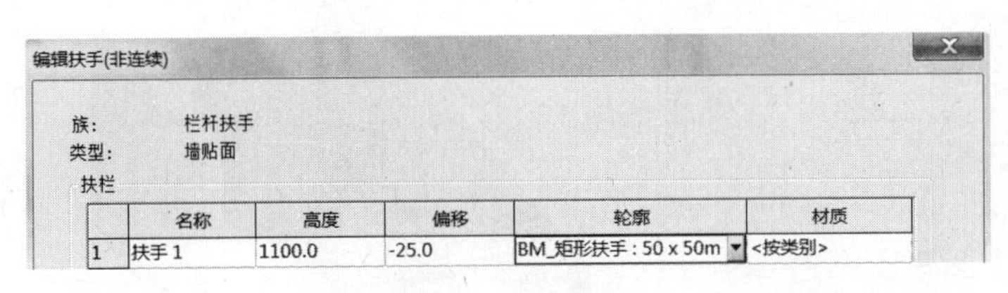

编辑扶手(非连续)

族: 栏杆扶手
类型: 墙贴面
扶栏

	名称	高度	偏移	轮廓	材质
1	扶手 1	1100.0	-25.0	BM_矩形扶手 : 50 x 50m	<按类别>

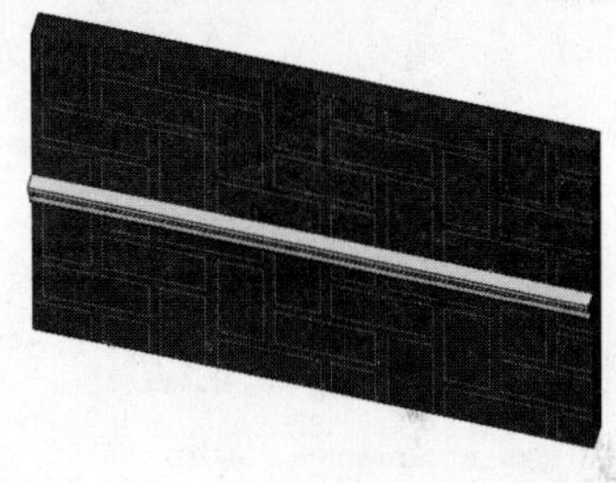

图 10-37

读者可仔细体会用扶手命令来绘制墙饰条或墙贴面的方法与直接设置墙体的墙饰条这两种方法的差异。

10.4.7 中间扶手、靠墙扶手

当楼梯梯段宽度较大时，通常要设置“中间扶手”。

选择“建筑”选项卡中“楼梯坡道”面板下的“栏杆扶手”命令，进入扶手草图绘制模式。选择“修改”选项卡中“工作平面”面板下的“参照平面”命令，绘制三条参照平面，标注尺寸并单击“EQ”。选择“工具”面板下的“设置扶手主体”命令，以绘制好的楼梯为主体。使用“绘制”面板下的“线”工具，在楼梯中心位置绘制“扶手线”，将“扶手线”在休息平台两端拆分，完成扶手，效果如图 10-38 所示。

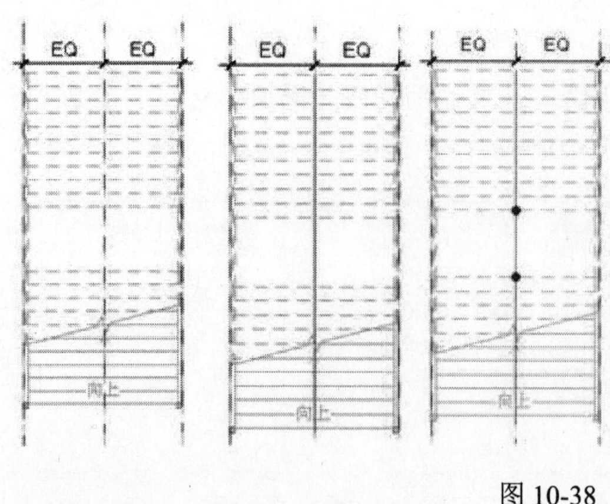

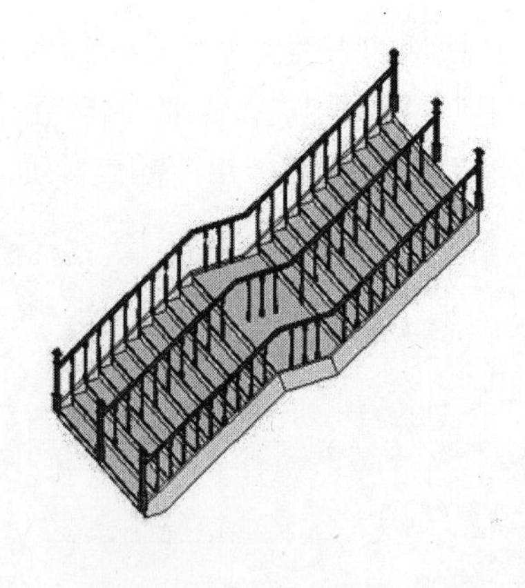

图 10-38

“靠墙扶手”的设置如下。

单击“栏杆扶手”类型属性对话框中“编辑栏杆位置”后的“编辑”按钮，在打开的“编辑栏杆位置”对话框中，设置如图 10-39 所示，一般靠墙扶手的主样式“相对前一栏杆的位置”为“600”，支柱样式需要设置起始支柱、转角支柱及终点支柱为相应的栏杆，并注意“对齐”方式使用“展开样式以匹配”，以及取消“楼梯上每个踏步都使用栏杆”的勾选（见图 10-39）。

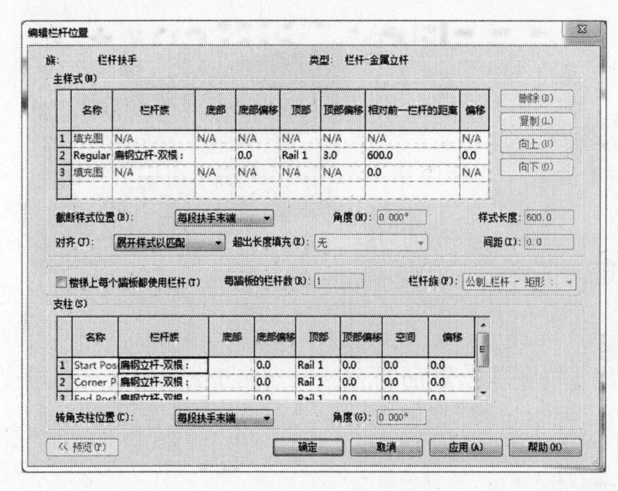

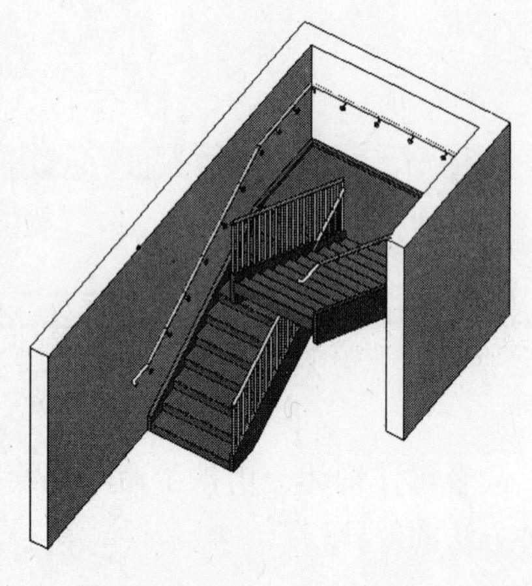

图 10-39

10.4.8 栏杆绘制实例讲解

（1）打开项目并载入族文件

单击应用程序菜单下拉按钮，选择“新建|项目”并单击，选择系统默认样板，创建一个项目。单击“保存|项目”保存项目，将项目名称设置为“扶手练习”。选择“插入”选项卡中的“从库中载入”面板下的“载入族”命令，进入 Metric Library/建筑/栏杆扶手/栏杆/常规栏杆/普通栏杆，选择文件夹中的“栏杆-自定义 3.rft”“栏杆-自定义 4.rft”“栏杆嵌板 1.rft”“支柱-正方形”“支柱-中心柱.rft”载入项目中。

（2）绘制扶手

Step 01 进入“F1”楼层平面视图，选择“建筑”选项卡中的“楼梯坡道”面板下的“栏杆扶手”命令，进入扶手绘制草图模式。单击“绘制”面板中的“线”工具，勾选选项栏中的“链”选项，绘制如图 10-40 所示的扶手线。

Step 02 单击“属性”面板中的“编辑类型”，打开“类型属性”对话框，在“类型属性”对话框中，单击“复制”，创建一个名称为“扶手 1”的扶手。在“类型属性”对话框中，单击“扶手结构”后的“编辑”按钮，打开“编辑扶手”对话框。设置如下。

图 10-40

① 将“扶手 1”的“名称”设置为“顶部”，偏移值设置为“–25”，“轮廓”设置为“扶手圆形：直径 40mm”，“材质”设置为“金属-油漆涂料”。

② 选择“插入”命令，插入一个“名称”为“新建扶手（1）”的扶手，将“新建扶手（1）”的名称设置为“底部”，“高度”设置为“300”，“偏移值”设置为“–25”，扶手轮廓为“扶手圆形：直径 40mm”，“材质”为“金属-油漆涂料”（见图 10-41）。

编辑扶手(非连续)

族：栏杆扶手
类型：扶手1
扶栏

	名称	高度	偏移	轮廓	材质
1	顶部	1100.0	-25.0	圆形扶手 : 40 mm	金属
2	底部	300.0	-25.0	圆形扶手 : 40 mm	金属

图 10-41

Step 03 编辑完毕后确定，单击“栏杆位置”后的“编辑”按钮，打开“编辑扶手”对话框。设置如下（见图 10-42）。

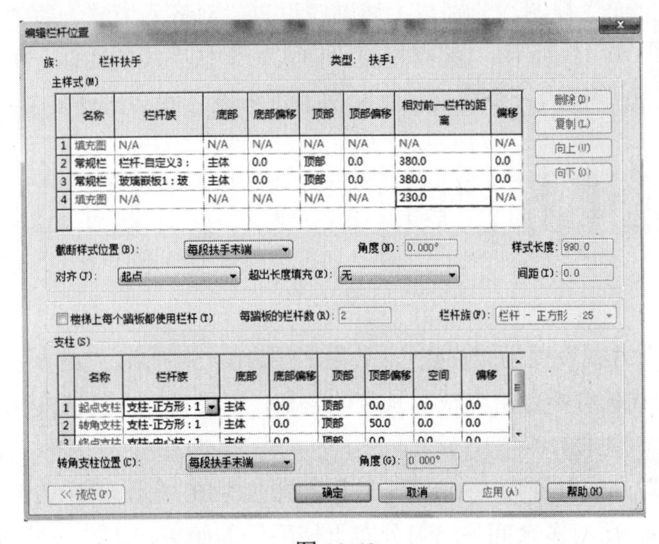
编辑栏杆位置

族：栏杆扶手　　类型：扶手1

主样式(M)

	名称	栏杆族	底部	底部偏移	顶部	顶部偏移	相对前一栏杆的距离	偏移
1	填充图	N/A	N/A	N/A	N/A	N/A	N/A	N/A
2	常规栏	栏杆-自定义3 :	主体	0.0	顶部	0.0	380.0	0.0
3	常规栏	玻璃嵌板1 : 玻	主体	0.0	顶部	0.0	380.0	0.0
4	填充图	N/A	N/A	N/A	N/A	N/A	230.0	N/A

删除(D)
复制(L)
向上(U)
向下(O)

截断样式位置(B)：每段扶手末端　角度(N)：0.000°　样式长度：990.0
对齐(J)：起点　超出长度填充(E)：无　间距(I)：0.0

楼梯上每个踏板都使用栏杆(T)　每踏板的栏杆数(R)：2　栏杆族(F)：栏杆 - 正方形 . 25

支柱(S)

	名称	栏杆族	底部	底部偏移	顶部	顶部偏移	空间	偏移
1	起点支柱	支柱-正方形 : 1	主体	0.0	顶部	0.0	0.0	0.0
2	转角支柱	支柱-正方形 : 1	主体	0.0	顶部	50.0	0.0	0.0

转角支柱位置(C)：每段扶手末端　角度(G)：0.000°

<< 预览(P)　确定　取消　应用(A)　帮助(H)

图 10-42

① 在“主样式”下行 2 中，将“栏杆族”设置为“栏杆-自定义 3：25mm”，将“底部”设置为“主体”，将“相对前一栏杆的距离”设置为“380”。

② 选择右边的“复制”命令，在“主样式”中将复制“常规栏杆”，将其名称改为“玻璃嵌板”，将“栏杆族”设置为“栏杆嵌板 1：600 玻璃”，将“底部”设置为“底部”，将“相对前一栏杆的距离”设置为“380”。

③ 将行 4 的“相对前一栏杆的距离”设置为“230”。

④ 将“对齐方式”设置为“起点”，超出“长度填充”为“无”，并取消勾选“楼梯上每个踏板都是用栏杆”。

⑤ 在“支柱”下行 1 中，将“栏杆族”设置为“支柱-中心族：150mm”，将空间设置为“0”。

⑥ 在行 2 中，将“栏杆族”设置为“支柱-正方形，带球：150mm”，将顶部偏移设置为“50”。

⑦ 在行 3 中，将“栏杆族”设置为“支柱-中心族：150mm”，将空间设置为“0”。

⑧ 单击“确定”3 次。

Step 04 完成扶手，效果如图 10-43 所示。

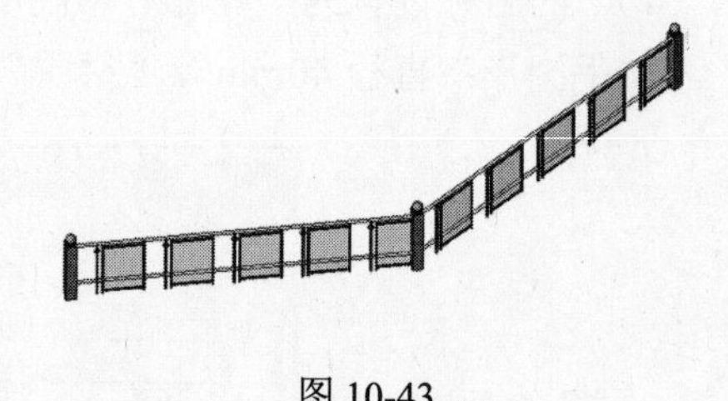

图 10-43

（3）调整扶手参数

Step 01 对齐。编辑栏杆位置时，“主样式”下的“对齐”有 4 种方式：起点、终点、中心、展开样式以匹配。

> 注意
>
> 只有扶手轮廓线的总长度不能被玻璃栏板的宽度整除，对齐方式的设置才会对栏杆的外观显示起到作用。

① 打开“西立面”视图，分别按上述顺序设置“对齐”方式。将“对齐”方式设置为“起点”，效果如图 10-44 所示。“起点”表示样式始于扶手段的始端。如果样式长度不是恰为扶手长度的倍数，则最后一个样式实例和扶手段末端之间会出现多余间隙（见图 10-44）。

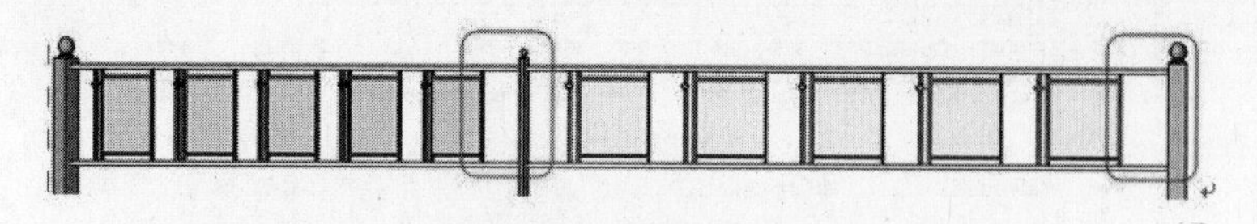

图 10-44

② 将“对齐”方式设置为“终点”，效果如图 10-45 所示。“终点”表示样式始于扶手段的末端。如果样式长度不是恰为扶手长度的倍数，则最后一个样式实例和扶手段始端之间则会出现多余间隙（见图 10-45）。

③ 将“对齐”方式设置为“中心”，效果如图 10-46 所示。“中心”表示第一个栏杆样式位于扶手段中心，所有多余间隙均匀分布于扶手段的始端和末端（见图 10-46）。

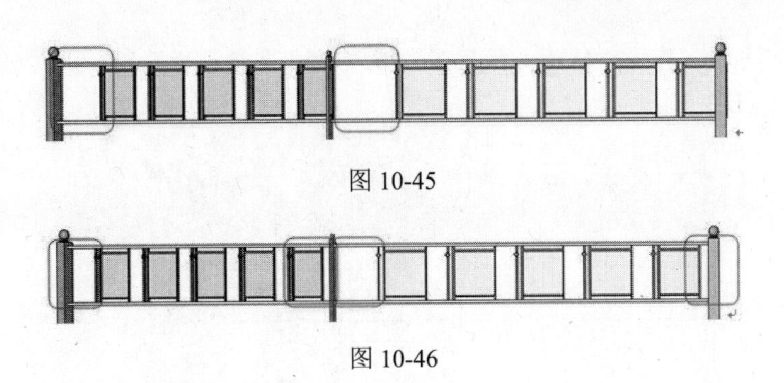

图 10-45

图 10-46

④ 将“对齐”方式设置为“展开样式以匹配”，效果如图 10-47 所示。“展开样式以匹配”表示沿扶手段长度方向均匀扩展样式。不会出现多余间隙，且样式的实际位置值不同于“样式长度”中指示的值（见图 10-47）。

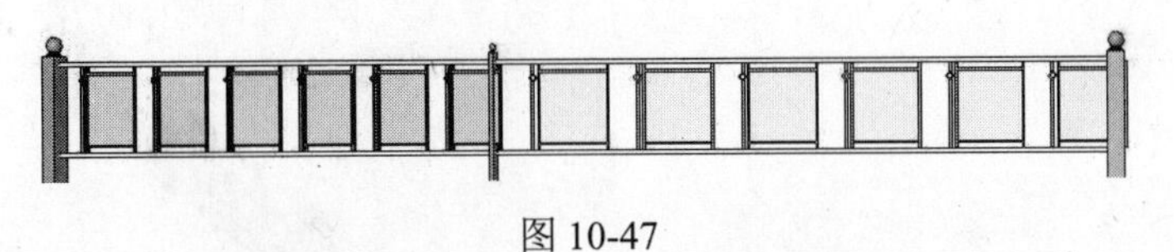

图 10-47

Step 02 查看截断样式超出长度填充选项。在“编辑栏杆位置”对话框的“主样式”下，将“对齐”方式设置为“起点”，将“超出长度填充”设置为“截段样式”，效果如图 10-48 所示。

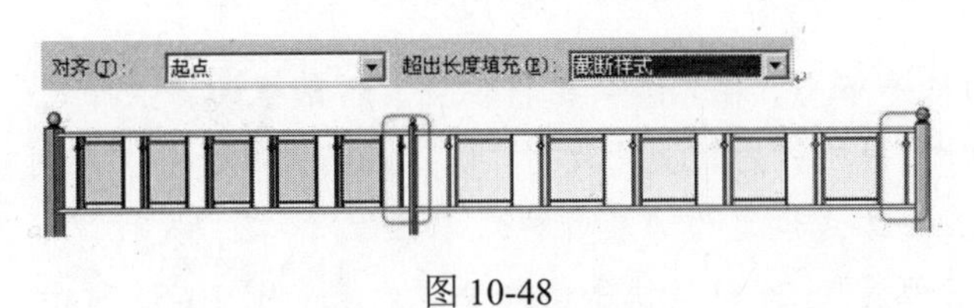

图 10-48

Step 03 查看带指定间距的自定义栏杆超出长度填充选项。在“编辑栏杆位置”对话框的“主样式”下，将“对齐”方式设置为“起点”，将“超出长度填充”设置为“栏杆 – 自定义 3: 25mm”，将“间距”设置为“150”，效果如图 10-49 所示。此时，超出长度填充区域的栏杆延伸到了底部扶手下面，并且不能为超出长度填充栏杆指定基准顶部和底部偏移参数。

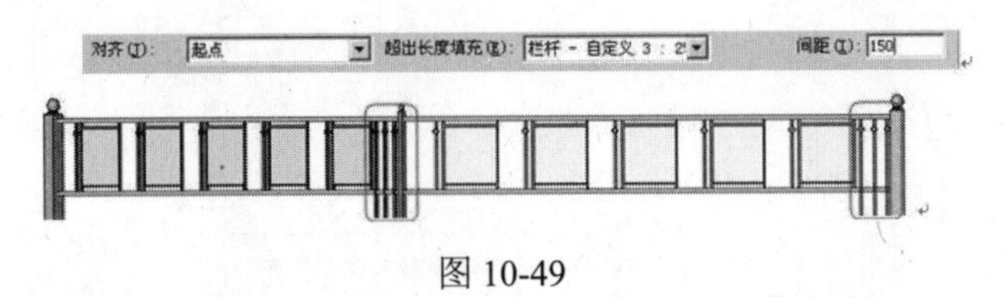

图 10-49

Step 04 查看支柱选项。在“编辑栏杆位置”对话框的“主样式”下，将“超出长度填充”设置为“截段样式”，在“支柱”下，将“转角支柱位置”设置为“角度大于”，并输入“54”作为“角度”。由于绘制的扶手角度为 45 度，小于 54 度，因此不会出现转角支柱。效果如

图 10-50 所示。同理，若将“转角支柱位置”设置为“角度大于”，输入“25”作为“角度”，则会出现转角支柱。

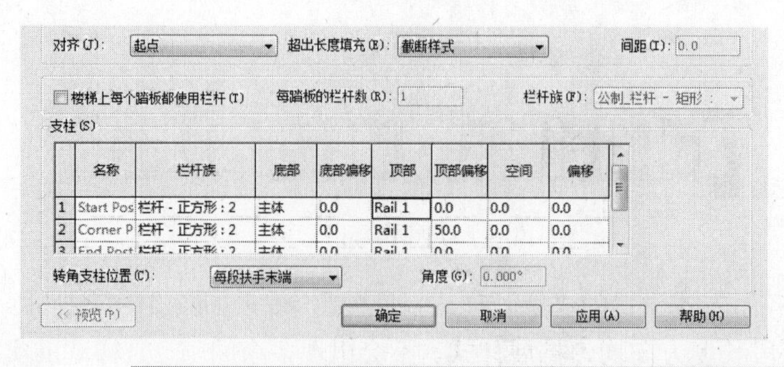
对齐(J): 起点　超出长度填充(E): 截断样式　间距(I): 0.0

楼梯上每个踏板都使用栏杆(T)　每踏板的栏杆数(R): 1　栏杆族(F): 公制_栏杆 - 矩形 :

支柱(S)

	名称	栏杆族	底部	底部偏移	顶部	顶部偏移	空间	偏移
1	Start Pos	栏杆 - 正方形 : 2	主体	0.0	Rail 1	0.0	0.0	0.0
2	Corner P	栏杆 - 正方形 : 2	主体	0.0	Rail 1	50.0	0.0	0.0
3	End Post	栏杆 - 正方形 : 2	主体	0.0	Rail 1	0.0	0.0	0.0

转角支柱位置(C): 每段扶手末端　角度(G): 0.000°

<< 预览(P)　确定　取消　应用(A)　帮助(H)

图 10-50

Step 05 指定最终的扶手布局。在“编辑栏杆位置”对话框的“主样式”下，执行下列操作：在行 2 中，将“相对前一栏杆的距离”改为“0”。在行 4 中，将“相对前一栏杆的距离”改为“380”，将“对齐”方式设置为“展开样式以匹配”。在“支柱”下，选择“每段扶手末端”作为“转角支柱位置”。此时，扶手达到美观效果如图 10-51 所示。

编辑栏杆位置

族: 栏杆扶手　类型: 扶手1

主样式(M)

	名称	栏杆族	底部	底部偏移	顶部	顶部偏移	相对前一栏杆的距离	偏移
1	填充图	N/A	N/A	N/A	N/A	N/A	N/A	N/A
2	常规栏	栏杆-自定义3 :	主体	0.0	顶部	0.0	0.0	0.0
3	常规栏	玻璃嵌板1 : 玻	主体	0.0	顶部	0.0	380.0	0.0
4	填充图	N/A	N/A	N/A	N/A	N/A	380.0	N/A

删除(D)　复制(L)　向上(U)　向下(O)

截断样式位置(B): 每段扶手末端　角度(N): 0.000°　样式长度: 760.0

对齐(I): 展开样式以匹配　超出长度填充(E): 截断样式　间距(I): 0.0

楼梯上每个踏板都使用栏杆(T)　每踏板的栏杆数(R): 2　栏杆族(F): 栏杆 - 正方形 : 25

支柱(S)

	名称	栏杆族	底部	底部偏移	顶部	顶部偏移	空间	偏移
1	起点支柱	支柱-中心柱 : 1	主体	0.0	顶部	0.0	0.0	0.0
2	转角支柱	支柱-正方形 : 1	主体	0.0	顶部	50.0	0.0	0.0
3	终点支柱	支柱-中心柱 : 1	主体	0.0	顶部	0.0	0.0	0.0

转角支柱位置(C): 每段扶手末端　角度(G): 0.000°

<< 预览(P)　确定　取消　应用(A)　帮助(H)

图 10-51

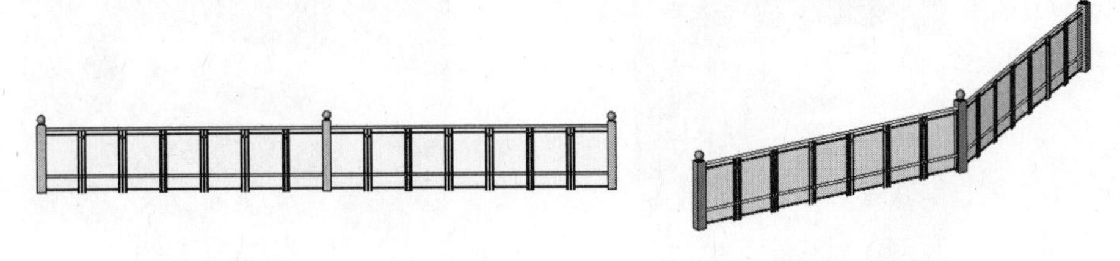

图 10-51（续图）

10.4.9　楼梯扶手的拓展应用

熟练掌握楼梯和扶手设置，可以创建很多异形楼梯。本节只简要介绍应用思路。读者可以自行研究制作。

1）如图 10-52 所示，此异形楼梯的创建思路如下

Step 01 设置楼梯为：无踢面无梯边梁的弧形楼梯。

Step 02 设置扶手位置，采用扁长型的矩形扶手轮廓来生成楼梯的玻璃栏板。设置其材质为玻璃。

Step 03 设置扶手位置，采用 C 型槽钢的扶手轮廓来生成梯边梁。注意设置其位置偏移。

Step 04 每个踏面板下的型钢支撑是用栏杆制作生成的，即栏杆族未必是竖向的，也可以是横向的。

Step 05 在栏杆位置的编辑对话框中还可以设置“每踏板的栏杆数”来实现每个踏面板下都有一个型钢支撑。

图 10-52

2）如图 10-53 所示，此类异形楼梯的创建思路如下

Step 01 图 10-53 标明的栏杆是采用栏杆族制作的。分别设置其为“起点支柱”和“终点支柱”。注意其形式和扶手轮廓需一致。

Step 02 其他设置，参考上例所述方法。

读者可自行思考如何制作如图 10-54 所示的楼梯。

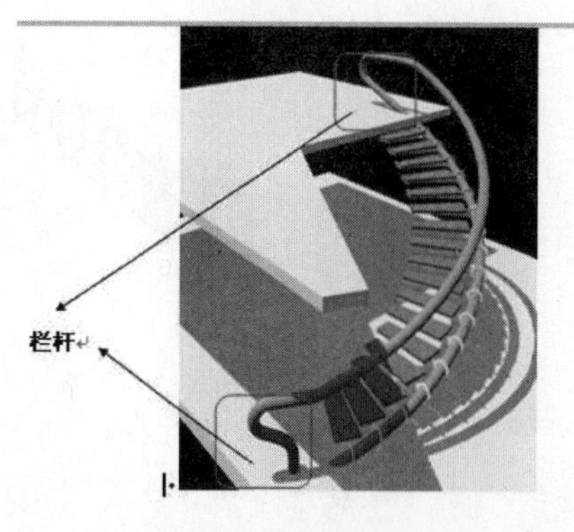

图 10-53

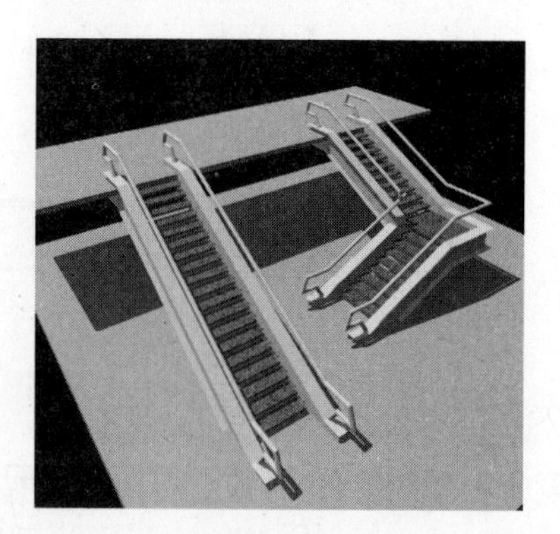

图 10-54

10.4.10 曲线型栏杆扶手的创建

如图 10-55 所示，扶手的创建思路如下。

图 10-55

Step 01 在“构建”下拉菜单中选择内建模型，选择“族类别”为“屋顶”或“楼板”，“实心放样”的方式绘制横向曲线型扶手（见图 10-56）。

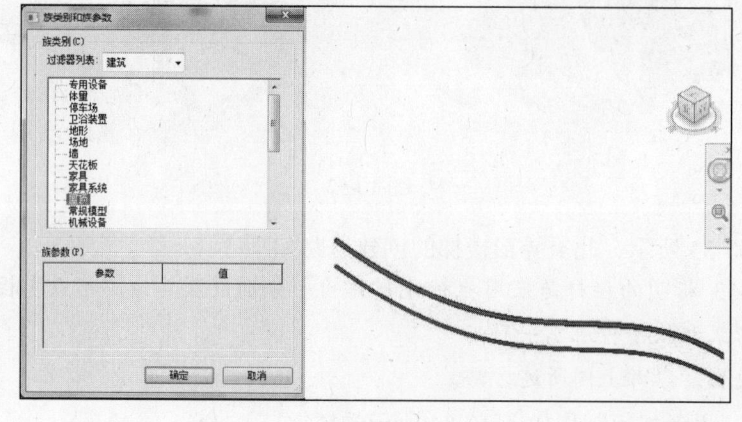

图 10-56

Step 02 用柱来创建栏杆。插入“柱”，调整柱的尺寸，复制或阵列柱以适合栏杆排列要求。

利用“屋顶”和“楼板”的可以让柱或墙“附着”的特性，选择柱附着到类别为屋顶或楼板的扶手上，如图 10-57 所示。

图 10-57

10.4.11 剪刀式楼梯的绘制

问题：想必大家在众多的建筑里走过剪刀式楼梯吧，如图 10-58 所示，这个楼梯的结构是怎样的？在建模中又是怎么画出来的呢？

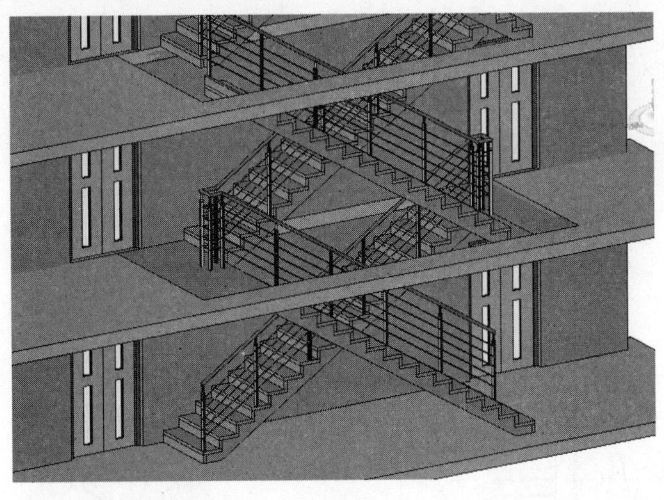

图 10-58

首先把标高建起来，以 11 层为例，进入平面一层，画一个整体式楼梯，设置如图 10-59 所示。

楼梯 ▼ 编辑类型

约束	
底部标高	1F
底部偏移	0.0
顶部标高	3F
顶部偏移	0.0
多层顶部标高	11F

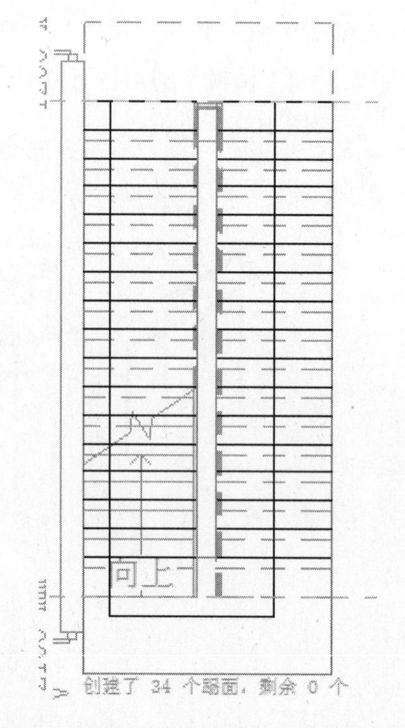

图 10-59

完成后把画好的楼梯相对楼梯垂直中心线镜像，再把垂直镜像相对水平中心线镜像，把垂直镜像删掉，把外扶手删掉，因为靠墙的一边不需要扶手，把内扶手修整一下，如图 10-60 所示。

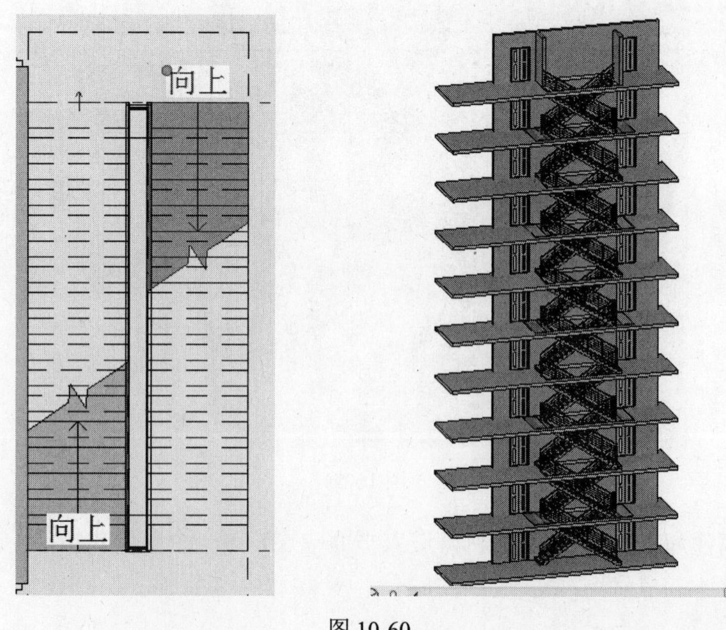

图 10-60

再给第一次添加楼板、墙、门和竖井，切记在最上面一层要加两堵小墙，防止人掉下去，如图 10-61 所示。

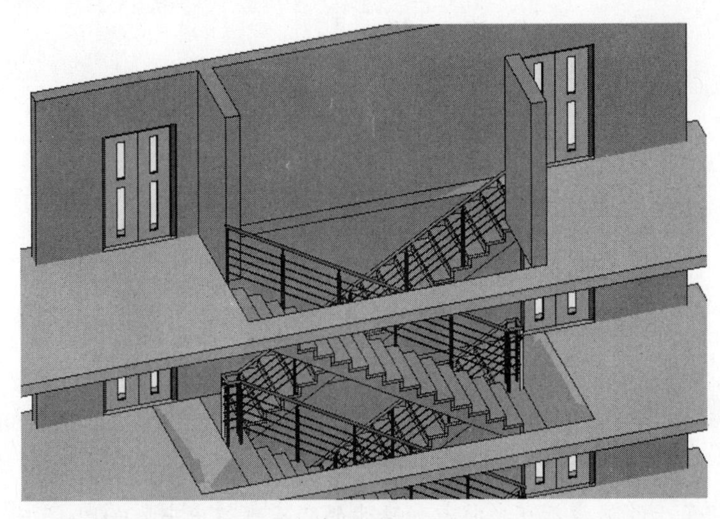

图 10-61

10.4.12　修改楼梯拐角处扶手脱节问题

Step 01 进行楼梯 90 度拐角设计时，如果未预留起始踏步距离，就会造成如图 10-62 所示的问题，这时需要打开楼梯的草图对踏步位置进行修改，如图 10-63 所示。

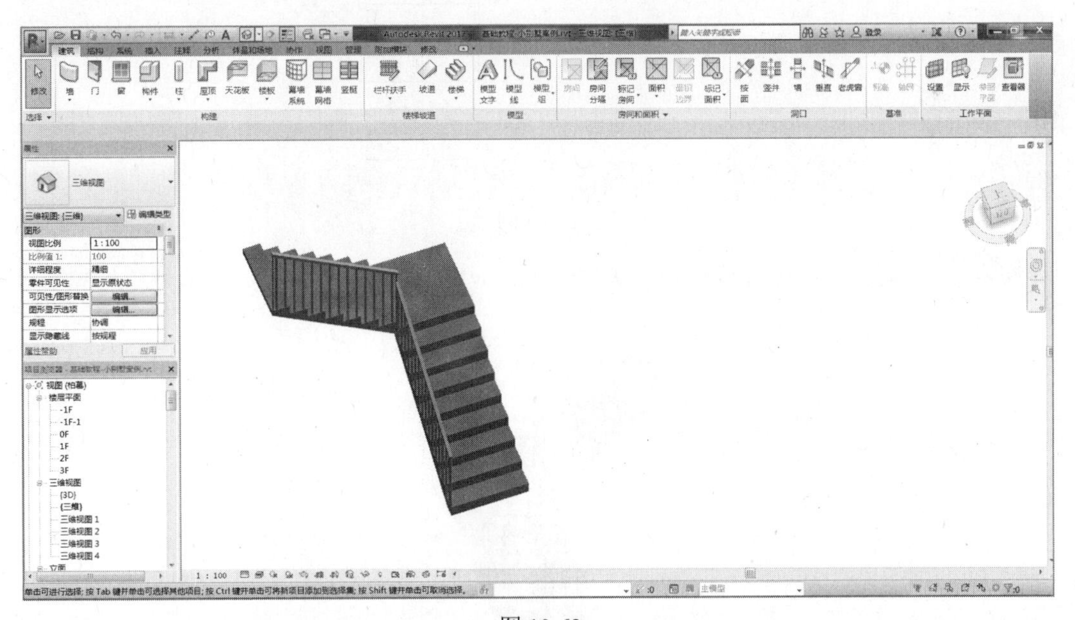

图 10-62

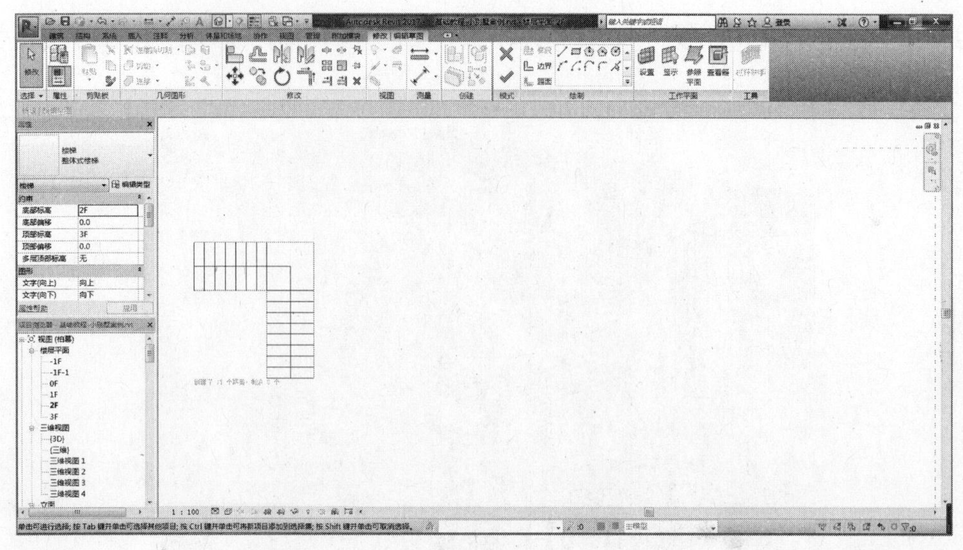

图 10-63

Step 02 将拐角后的踏步后移，将起始踏步的距离预留出来，如图 10-64 所示。

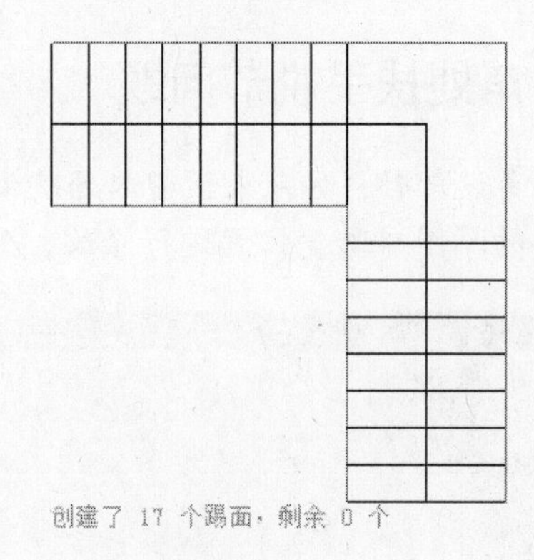

图 10-64

Step 03 完成绘制，这时楼梯扶手正常连接，如图 10-65 所示。

图 10-65

第 11 章　场地

概述：通过本章的学习，读者将了解场地的相关设置，以及地形表面、场地构件的创建与编辑的基本方法和相关应用技巧。随后我们将了解到如何应用和管理链接文件，最后是共享坐标的应用和管理。

11.1　场地的设置

单击“体量和场地”选项卡下“场地建模”面板中的下拉菜单，弹出“场地设置”对话框。在其中设置等高线间隔值、经过高程、添加自定义等高线、剖面填充样式、基础土层高程、角度显示等参数，如图 11-1 所示。

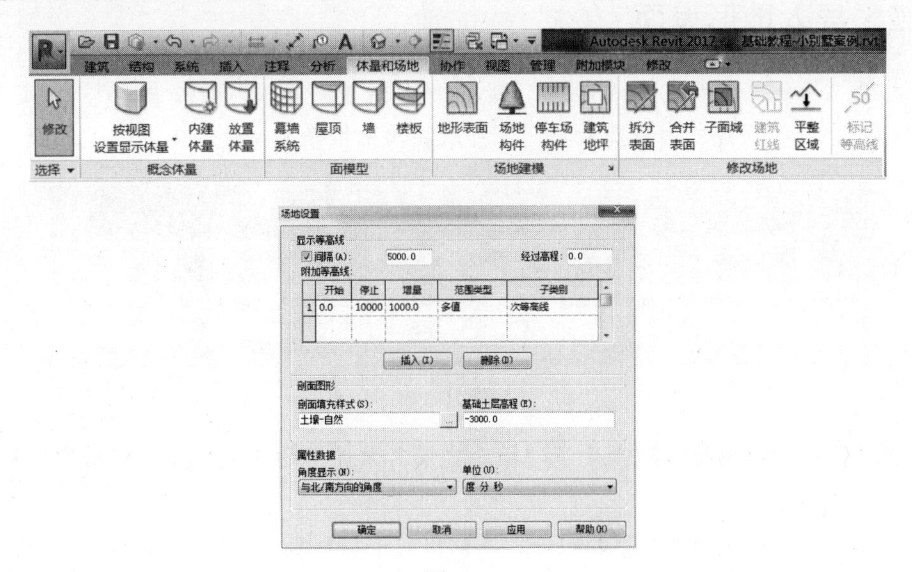

图 11-1

11.2　地形表面的创建

11.2.1　拾取点创建

Step 01 打开“场地”平面视图，单击“体量的场地”选项卡下“场地建模”面板中的“地形表面”按钮，进入绘制模式。

Step 02 单击“工具”面板中的“放置点”按钮，在选项栏中设置高程值，单击放置点，连续放置生成等高线。

Step 03 修改高程值，放置其他点。

Step 04 单击“表面属性”按钮，在弹出 高程 0.0 绝对高程 的“属性”对话框中设置材质，单击“完成表面”按钮，完成创建，如图 11-2 所示。

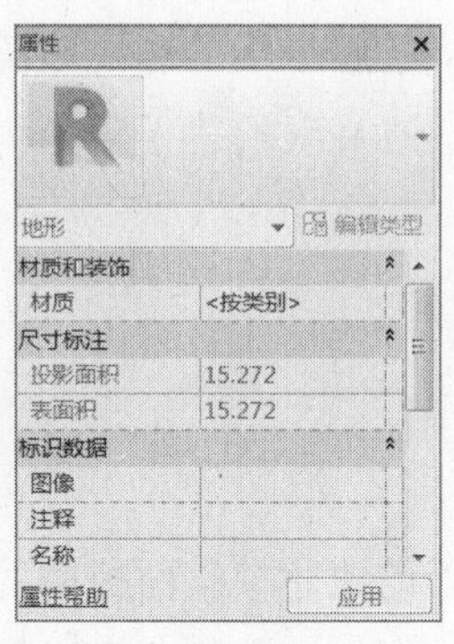

图 11-2

11.2.2 导入地形表面

Step 01 打开“场地”平面视图，单击“插入”选项卡下“导入”面板中的“导入 CAD”按钮，如果有 CAD 格式的三维等高数据，也可以导入三维等高线数据，如图 11-3 所示。

图 11-3

Step 02 单击“体量和场地”选项卡下“场地建模”面板中的“地形表面”按钮，进入绘制模式。

Step 03 单击“通过导入创建”下拉按钮，在弹出的下拉列表中选择“选择导入实例”选项，选择已导入的三维等高线数据，如图 11-4 所示。

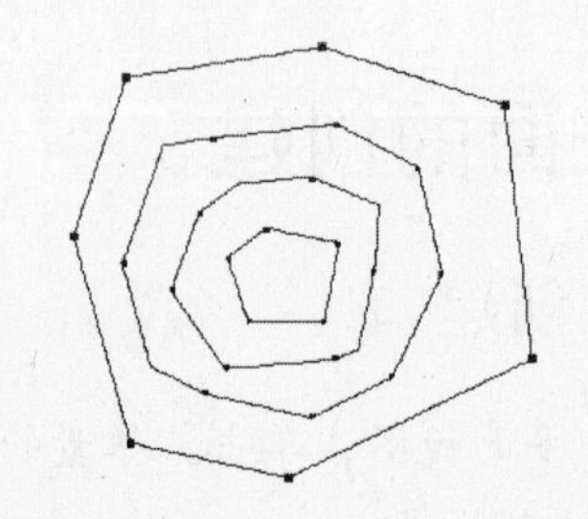

图 11-4

Step 04 系统会自动生成选择绘图区域中已导入的三维等高线数据。

Step 05 此时弹出“从所选图层添加点”对话框，选择要将高程点应用到的图层，并单击“确定”按钮。

Step 06 Revit Architecture 会分析已导入的三维等高线数据，并根据沿等高线放置的高程点来生成一个地形表面。

Step 07 单击“地形属性”按钮，设置材质，完成表面。

> 说明
>
> 指定点文件可以根据来自土木工程软件应用程序的点文件，来创建地形表面。

11.2.3 地形表面子面域

子面域用于在地形表面定义一个面积。子面域不会定义单独的表面，它可以定义一个面积，用户可以为该面积定义不同的属性，如材质等。要将地形表面分隔成不同的表面，可使用“拆分表面”工具。

Step 01 单击“体量和场地”选项卡下“修改场地”面板中的“子面域”按钮，进入绘制模式，如图 11-5 所示。

图 11-5

Step 02 单击“线”绘制按钮，绘制子面域边界轮廓线并修剪，如图 11-6 所示。

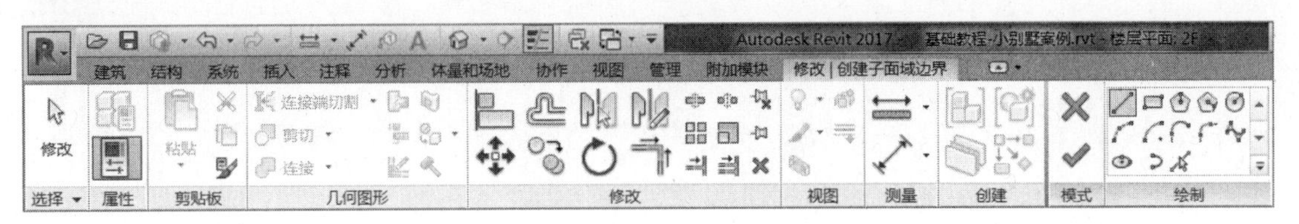

图 11-6

Step 03 在“属性”栏中设置子面域材质，完成绘制，如图 11-7 所示。

> 注意
>
> 场地不支持表面填充图案。

图 11-7

11.3　地形的编辑

11.3.1　拆分表面

将地形表面拆分成两个不同的表面，以便可以独立编辑每个表面。拆分之后，可以将不同的表面分配给这些表面，以便表示道路、湖泊，也可以删除地形表面的一部分。如果要在地形表面框出一个面积，则无须拆分表面，用子面域即可。

Step 01 打开“场地”平面视图或三维视图，单击“体量和场地”选项卡下“修改场地”面板中的“拆分表面”按钮，选择要拆分的地形表面进入绘制模式，如图 11-8 所示。

图 11-8

Step 02 单击“线”绘制按钮，绘制表面边界轮廓线。

Step 03 在“属性”栏中设置新表面材质，完成绘制。

11.3.2　合并表面

Step 01 单击“体量和场地”选项卡下“修改场地”面板中的“合并表面”按钮，勾选选项栏中的☑删除公共边上的点复选框。

Step 02 选择要合并的主表面，再选择次表面，两个表面合二为一。

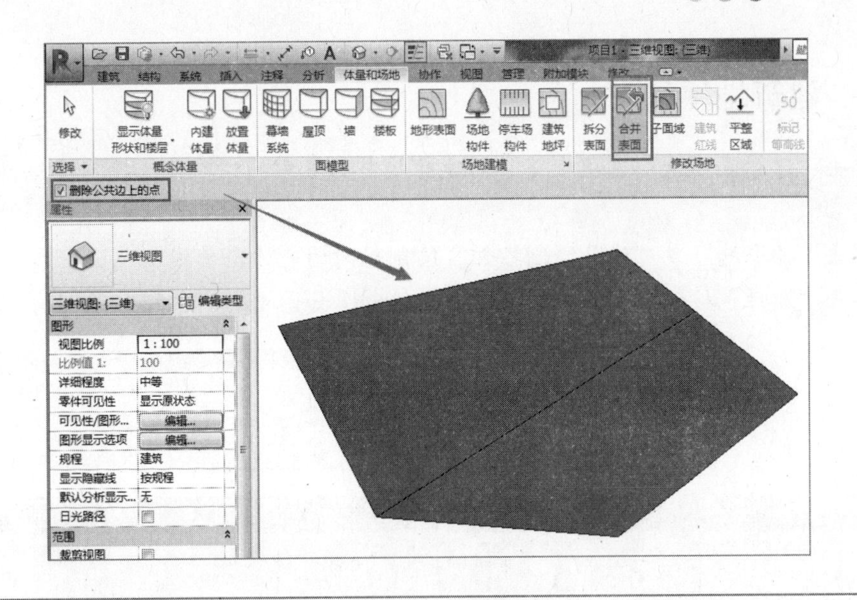

提示
合并后的表面材质，同先前选择的主表面相同。

11.3.3　平整区域

打开“场地”平面视图，单击“体量和场地”选项卡下“修改场地”面板中的“平整区域”按钮，在“编辑平整区域”对话框中选择下列选项之一：

- 创建与现有地形表面完全相同的新地形表面。
- 仅基于周界点创建新地形表面，如图 11-9 所示。

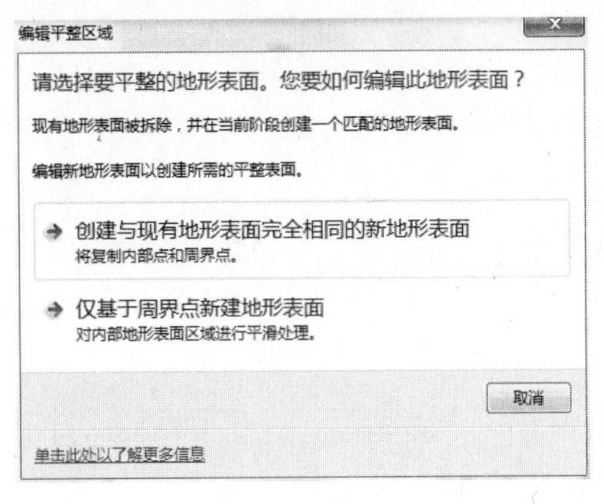

图 11-9

选择地形表面进入绘制模式，做添加或删除点、修改点的高程或简化表面等编辑，完成绘制。

注意
场地平整区域后将自动创建新的阶段，所以需要将视图属性中的阶段修改为新构造。

11.3.4 建筑地坪

Step 01 单击“体量和场地”选项卡下“场地建模”面板中的“建筑地坪”按钮，进入绘制模式。

Step 02 单击“拾取墙”或“线”绘制按钮，绘制封闭的地坪轮廓线。

Step 03 单击“属性”按钮设置相关参数，完成绘制，如图 11-10 所示。

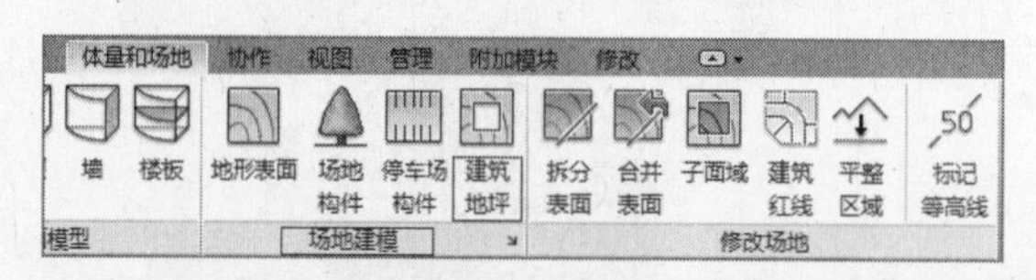

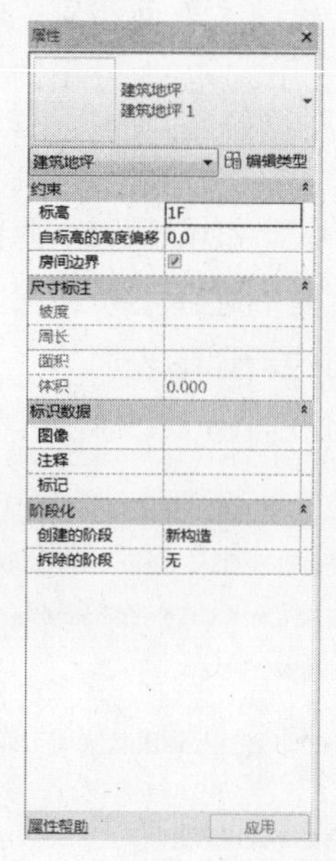

图 11-10

11.3.5 应用技巧

（1）建筑地坪会对地形进行挖方或填方，为切口添加边坡，如图 11-11 所示。

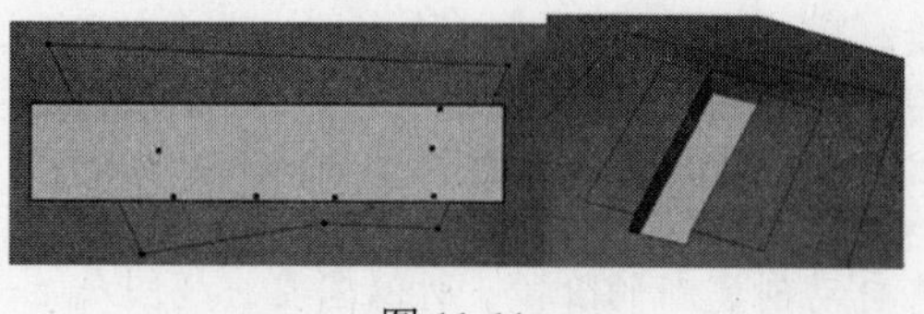

图 11-11

软件本身没有添加边坡的工具，可以编辑地形，通过在建筑地坪轮廓线或轮廓线附件中，添加与建筑地坪高度接近的高程点来实现，如图 11-12 所示。

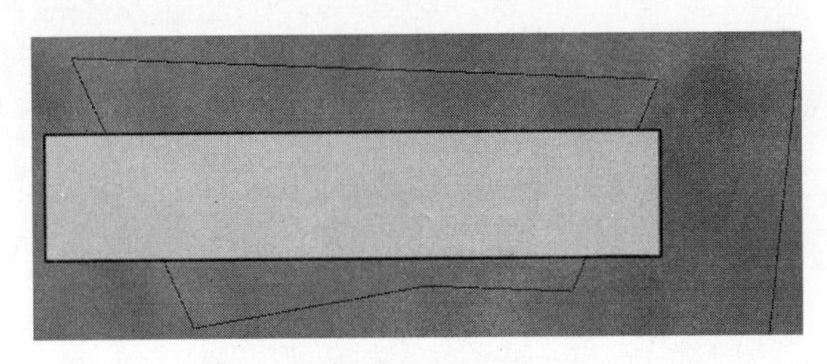

图 11-12

（2）隐藏等高线的显示。选择“视图”选项卡下“图形”面板中的“可见性/图形替换”命令，按图 11-13 所示设置，而并非在场地设置中进行设置。

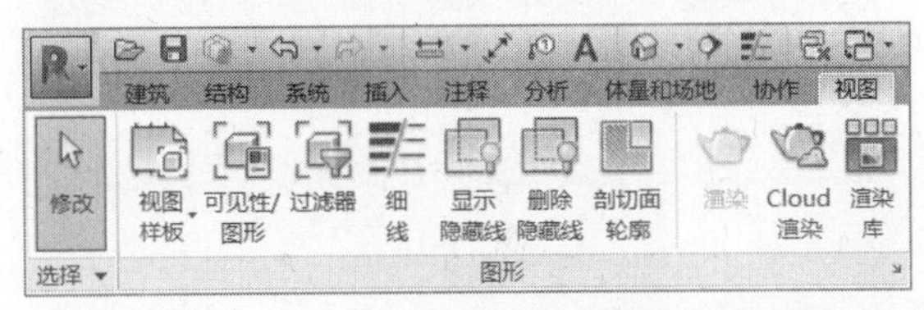

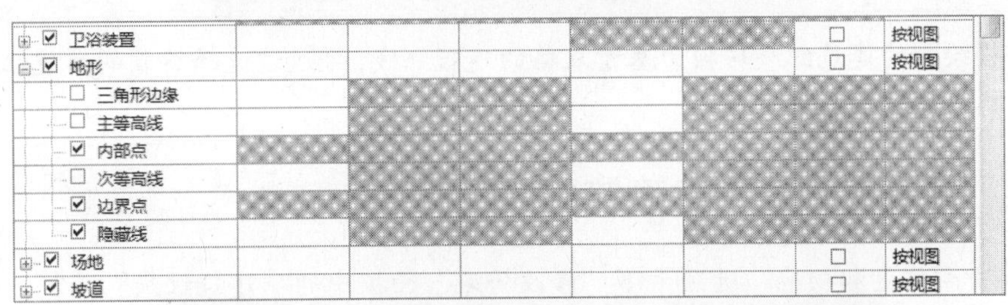

图 11-13

11.4　建筑红线

11.4.1　绘制建筑红线

Step 01 单击“体量和场地”选项卡下“修改场地”面板中的“建筑红线”命令，在弹出的下拉列表框中选择“通过绘制方式创建”选项进入绘制模式，如图 11-14 所示。

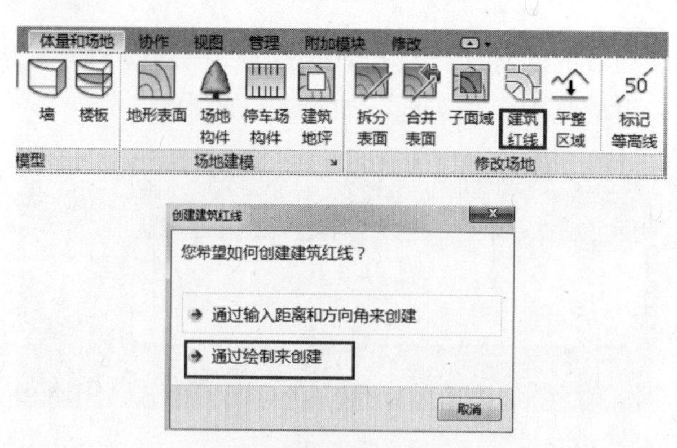

图 11-14

Step 02 单击“线”绘制按钮，绘制封闭的建筑红线轮廓线，完成绘制，如图 11-15 所示。

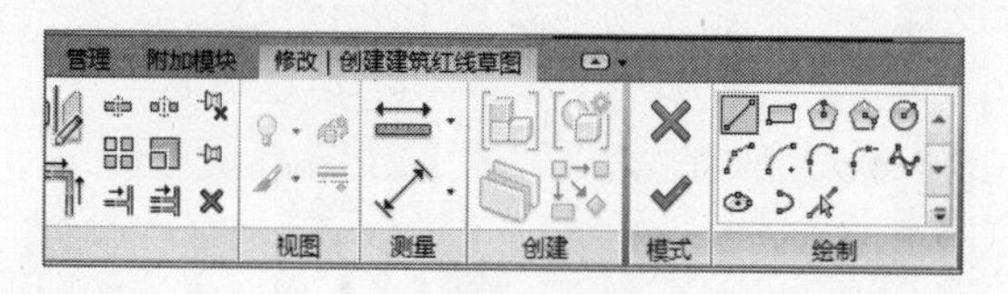

图 11-15

> **提示**
>
> 要将绘制的建筑红线转换为基于表格的建筑红线，可通过选择绘制的建筑红线并单击“编辑表格”按钮来实现。

11.4.2 用测量数据创建建筑红线

Step 01 单击“体量和场地”选项卡下“修改场地”面板中的“建筑红线”下拉按钮，在弹出的下拉列表框中选择“通过输入距离和方向角来创建”选项，如图 11-16 所示。

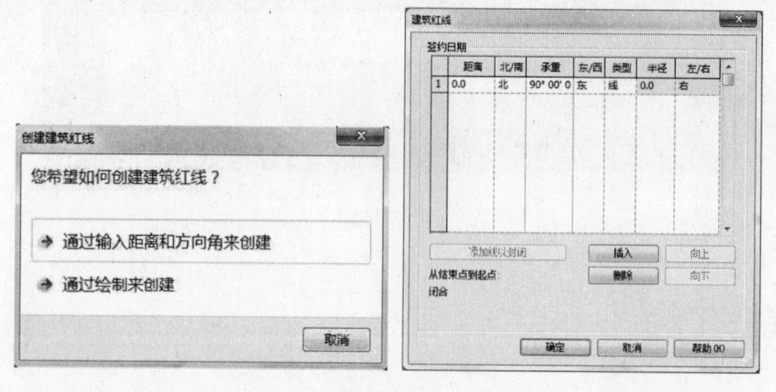

图 11-16

Step 02 单击“插入”按钮，添加测量数据，并设置直线、弧线边界的距离、方向、半径等参数。

Step 03 调整顺序，如果边界没有闭合，单击“添加线以封闭”按钮，如图 11-17 所示。

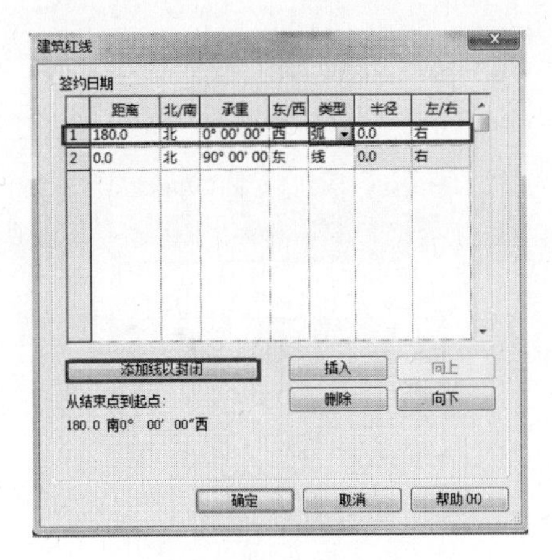

图 11-17

Step 04 确定后，选择红线移动到所需位置。

11.4.3　建筑红线明细表

单击“视图”选项卡下“创建”面板中的“明细表”下拉按钮，在弹出的下拉列表框中选择“明细表/数量”选项。选择“建筑红线”或“建筑红线线段”选项，可以创建建筑红线、建筑红线线段明细表，如图 11-18 所示。

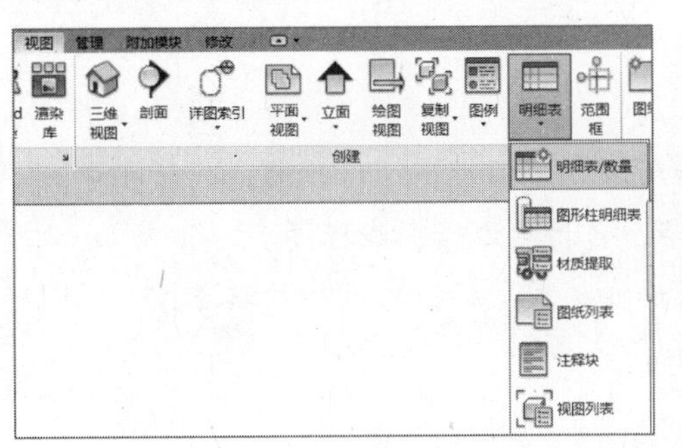

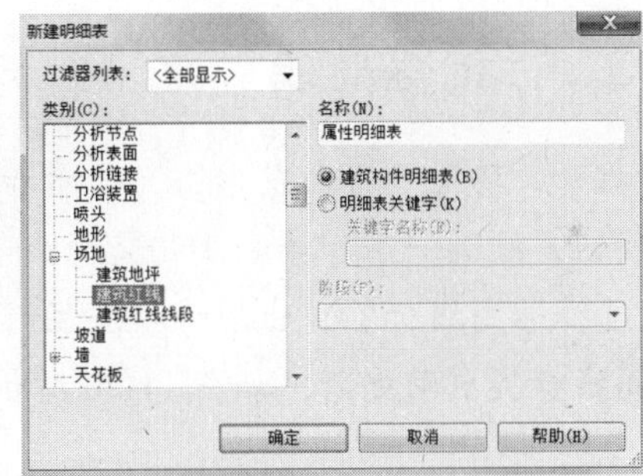

图 11-18

11.5　场地构件

11.5.1　添加场地构件

打开“场地”平面视图，单击“体量和场地”选项卡下“场地建模”面板中的“场地构件”选项，在弹出的下拉列表框中选择所需的构件，如树木、RPC 人物等，单击放置构件。

如列表中没有需要的构件，可从库中载入，也可定义自己的场地构件族文件，如图 11-19 所示。

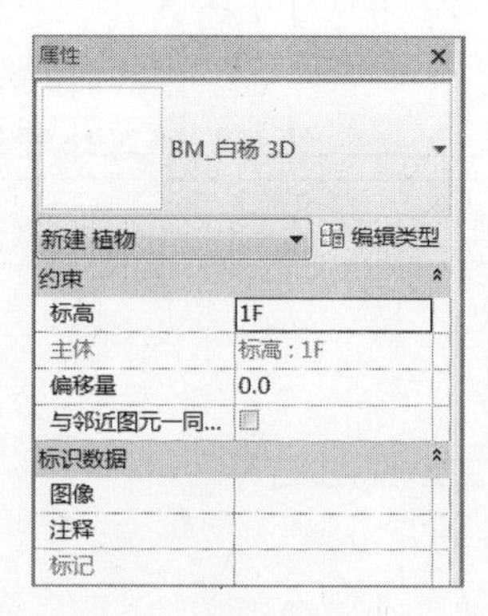

图 11-19

11.5.2 停车场构件

Step 01 打开“场地”平面，单击“体量和场地”选项卡下“场地建模”面板中的“停车场构件”按钮。

Step 02 在弹出的下拉列表框中选择所需不同类型的停车场构件，单击放置构件。可以用复制、阵列命令放置多个停车场构件。

选择所有停车场构件，然后单击“主体”面板中的“拾取新主体”按钮，选择地形表面，停车场构件将附着到表面上。

11.5.3 标记等高线

Step 01 打开“场地”平面，单击“体量和场地”选项卡下“修改场地”面板中的“标记等高线”按钮，绘制一条和等高线相交的线条，自动生成等高线标签。

Step 02 选择等高线标签，出现一条亮显的虚线，用鼠标拖曳虚线的端点控制柄调整虚线位置，等高线标签自动更新，如图 11-20 所示。

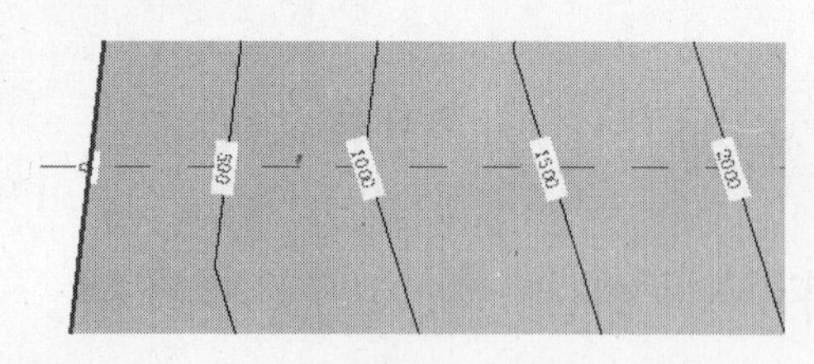

图 11-20

11.6 技术应用技巧

11.6.1 如何在地形表面中创建水池

问题：希望在有起伏的地形表面中创建一块水域，如果用子面域再赋予材质则会使得水面与地形起伏一致不能体现出水平面的特性，有其他方法可以实现创建水域吗？

Step 01 如图 11-21 所示，在创建地形表面后用建筑地坪绘制水域的边界线。

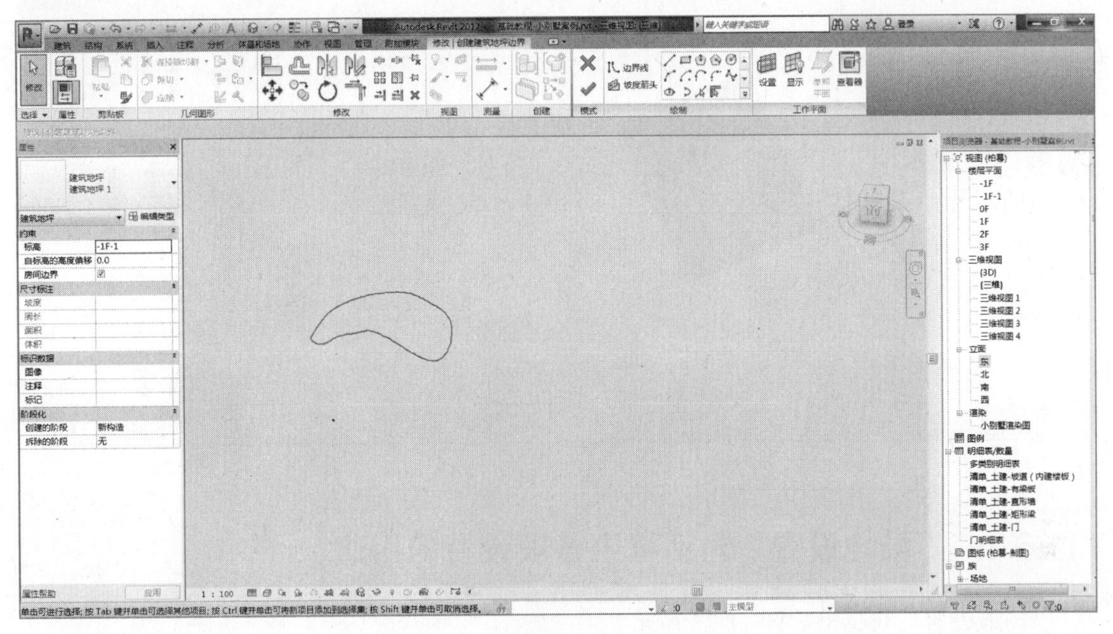

图 11-21

Step 02 如图 11-22 和图 11-23 所示设置建筑地坪实例属性及类型属性，并在结构中将其材质改为水，完成后即可实现如图 11-24 所示的水面效果。

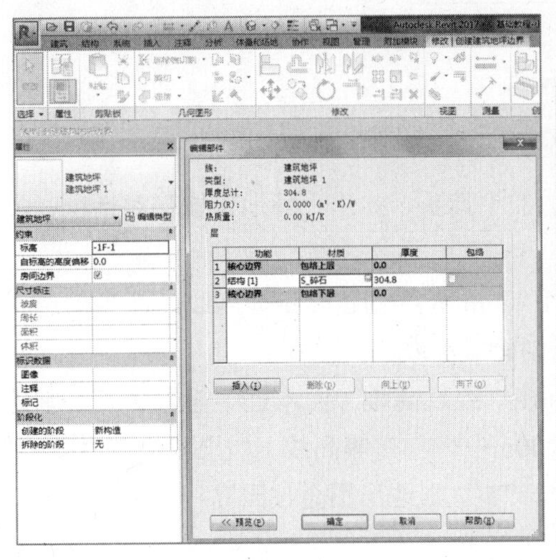

图 11-22

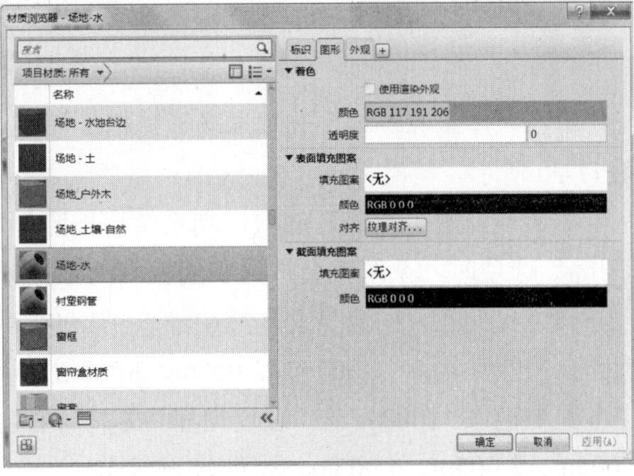

图 11-23

图 11-24

11.6.2 “场地设置”对话框中各项设置的用途

“场地设置”对话框如图 11-25 所示。

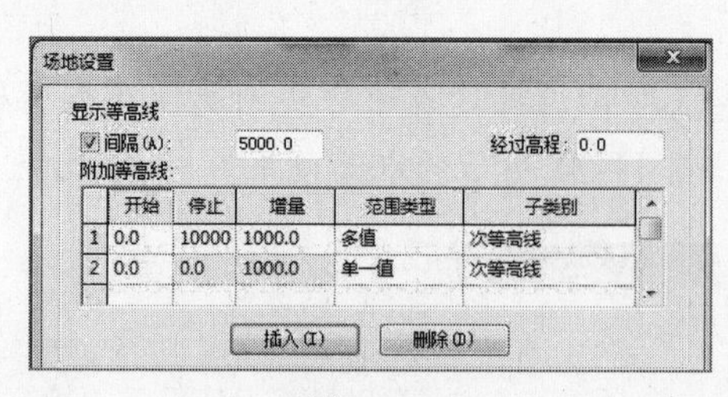

图 11-25

单击“体量和场地”选项卡场地建模面板旁边的小箭头，弹出“场地设置”对话框，如图 11-26 所示。

如果不勾选“间隔”选项，则系统会按照每 1 000m 高度创建一条等高线，而当勾选了“间隔”选项时，系统就会按照我们输入的数据来创建等高线。

如果我们在“间隔”文本框中输入“1 000”，在“经过高程”文本框中输入“0”，则地形图会按照高程 0、1 000m、2 000m、3 000m、4 000m……创建等高线。如果我们在“间隔”文本框中输入“1000”，在“经过高程”文本框中输入“5”，则地形图会按照高程 5m、1 005m、2 005m、3 005m、4 005m……创建等高线。

当我们在“范围类型”中选择“单一值”时，“停止”和“增量”数据显示为灰色，不可更改，“开始”下面的数据是可以更改的。当我们在“开始”下面输入“2 500”时，则会在地形图中高度 2 500m 处创建一条辅助的等高线。

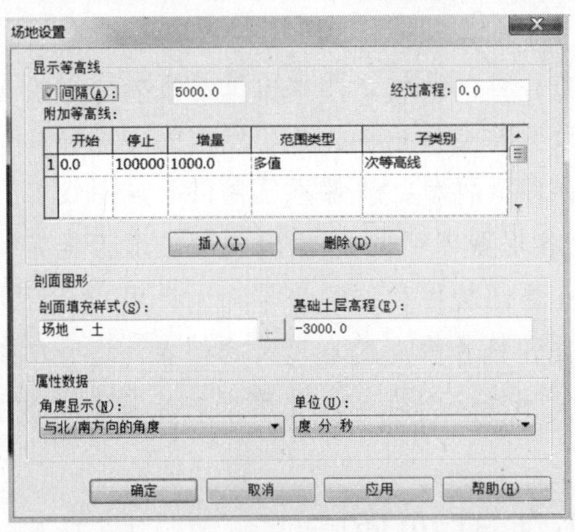

图 11-26

当我们在“范围类型”中选择“多值”时，“停止”“增量”和“开始”数据都可以更改，如果我们在“开始”下面输入“2 500”，在“停止”下面输入“3 500”，在“增量”下面输入“100”，则创建地形图时，就可以在 2 500～3 500m 之间每隔 100m 创建一条辅助等高线。

第 12 章　详图大样

概述：在 Revit 软件中，可以通过详图索引工具直接索引绘制出平面、立面、剖面的大样详图，而且可以随意修改大样图的出图比例，所有的文字标注、注释符号等会自动缩放与之相匹配。此外，在绘制详图大样时，软件不仅提供了详图线工具（所绘制的线仅在当前视图可见）、模型线工具（在各视图都可见）、编辑剖面轮廓工具等，而且还提供了各式各样的详图构件和注释符号。这些详图构件和注释符号都允许用户自行定制。正是因为详图索引工具的易用性，以及详图构件和符号的高度自定义的特点，使用户在 Revit 软件中绘制大样详图事半功倍，而且可以定制出完全符合本地化需求的施工图设计图纸。

12.1　创建详图索引视图

Step 01 单击“视图”选项卡下“创建”面板中的“详图索引”按钮，在选项栏中选择是否采用“参照其他视图”，如图 12-1 所示。

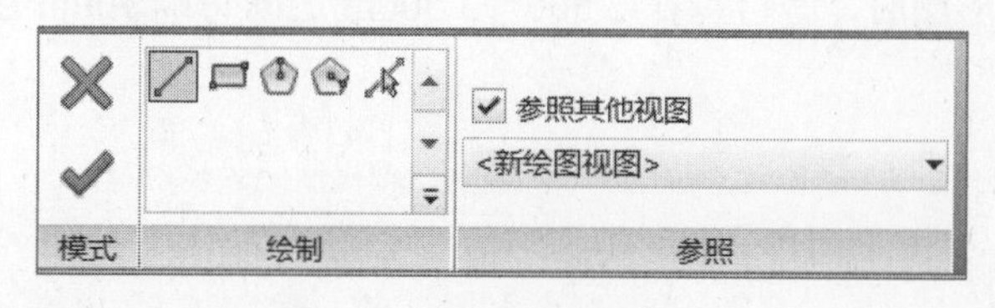

图 12-1

Step 02 在平面、立面、剖面或详图视图中绘制一个矩形，添加详图索引符号。选择详图索引符号，用鼠标拖曳蓝色控制柄，调整矩形大小和标头位置，如图 12-2 所示。

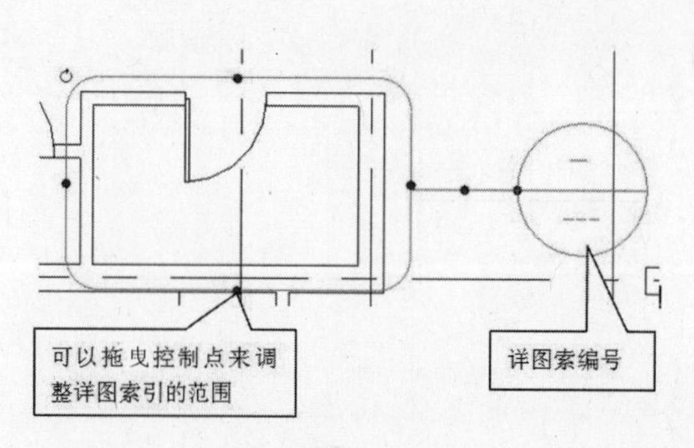

图 12-2

12.2 创建视图详图

创建详图索引视图后，双击索引标头或从项目浏览器中双击详图索引视图名称，打开详图索引视图。用如下工具创建详图内容，所有详图内容仅在当前视图中显示。

> **注意**
> 创建平面详图索引时，模型线和详图线绘制的区别：模型线绘制的内容在各个视图中显示，详图线绘制仅在当前视图中显示。

12.2.1 详图线

单击“注释”选项卡下“详图”面板中的“详图线”按钮，在弹出的线样式面板中选择适当的线类型，用直线、矩形、多边形、圆、弧、椭圆、样条曲线等绘制工具，绘制所需的详图图案，如图 12-3 所示。

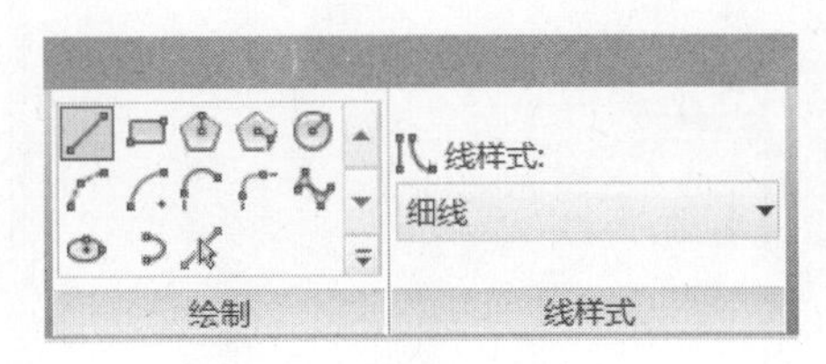

图 12-3

12.2.2 详图构件

Step 01 单击“注释”选项卡下“详图”面板中的“构件”下拉按钮，在弹出的下拉列表中选择“详图构件”选项，在子列表中选择适当的详图构件，如截断线、观察孔、木板、混凝土过梁、不同规格型钢剖面等。可用“载入族”从库中载入所需的构件，或创建自己的详图构件族文件。

Step 02 按空格键旋转构件方向，单击放置详图构件。

Step 03 选择详图构件，单击“图元”面板中的“图元属性”按钮，修改参数值。

Step 04 选择详图构件，用鼠标拖曳控制柄调整构件形状，如图 12-4 所示。

图 12-4

12.2.3 重复详图

Step 01 单击“注释”选项卡下“详图”面板中的“构件”下拉按钮，在弹出的下拉列表中选择“重复详图构件”选项，在弹出的“属性”对话框中单击“编辑类型”按钮，弹出“类型属性”对话框，单击“复制”按钮，输入重复详图类型名称，单击“确定”按钮。

Step 02 为“详图”参数选择要重复的详图构件，设置重复详图的布局方式，根据不同的布局方式来设置“内部”和“间距”参数，单击“确定”按钮，如图 12-5 所示。

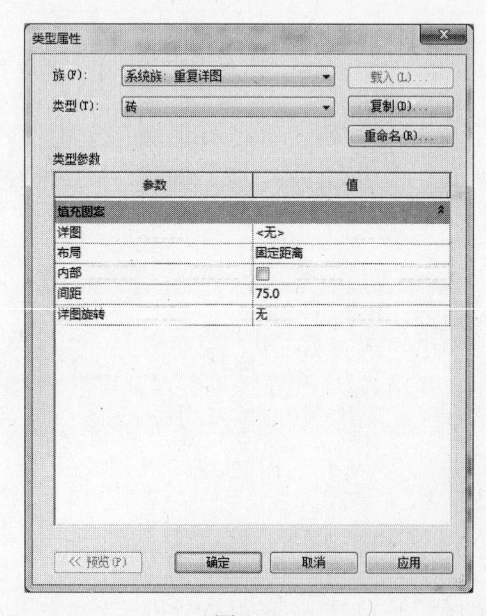

图 12-5

Step 03 用鼠标拾取两个点，系统按布局规则在两点之间放置多个重复的详图构件，如图 12-6 所示。

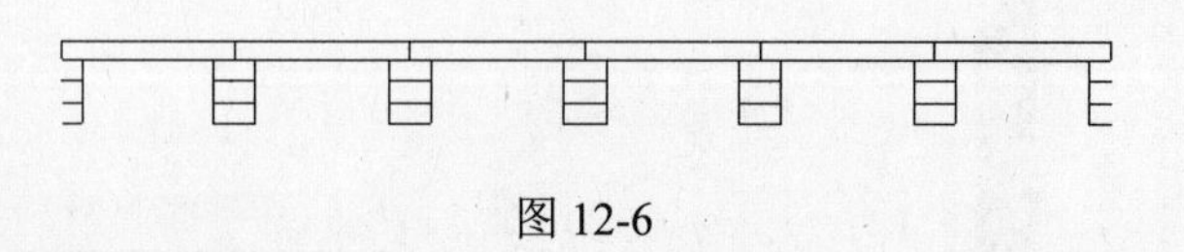

图 12-6

12.2.4 隔热层

单击“注释”选项卡下“详图”面板中的“隔热层”按钮，在选项栏做相应设置：隔热层宽度、偏移值、定位线，用鼠标拾取两个点放置隔热层。选择隔热层，用鼠标拖曳控制点调整隔热层长度，修改“隔热层宽度”和“隔热层膨胀与宽度的比率（1/x）”参数值，如图 12-7 所示。

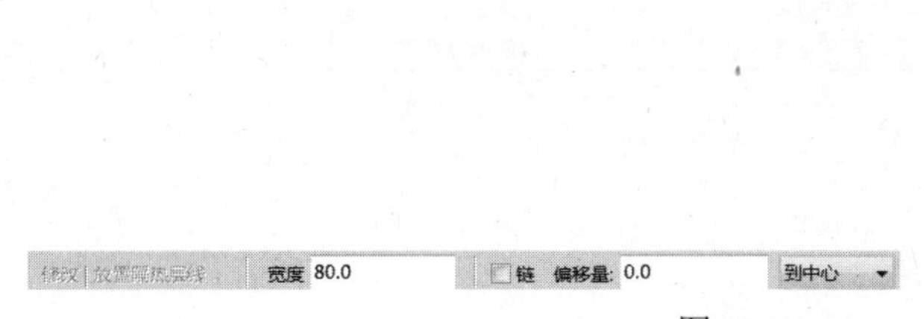

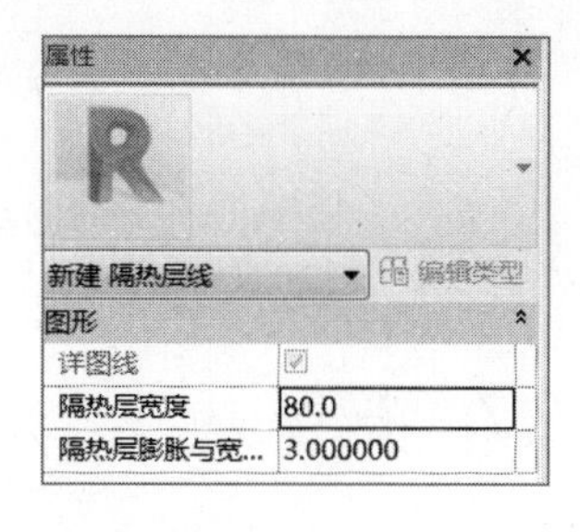

图 12-7

12.2.5 区域

Step 01 单击“注释”选项卡下“详图”面板中的“区域”按钮，用“线”绘制工具绘制区域的封闭轮廓。

Step 02 选择边界线条，从线样式面板中选择需要的线样式，如选择“不可见线”作为隐藏边界。

Step 03 选择刚才画的区域，单击“编辑类型”按钮，弹出“类型属性”对话框，选择填充样式，设置填充背景、线宽、颜色参数值，单击“确定”按钮，完成绘制，如图 12-8 所示。

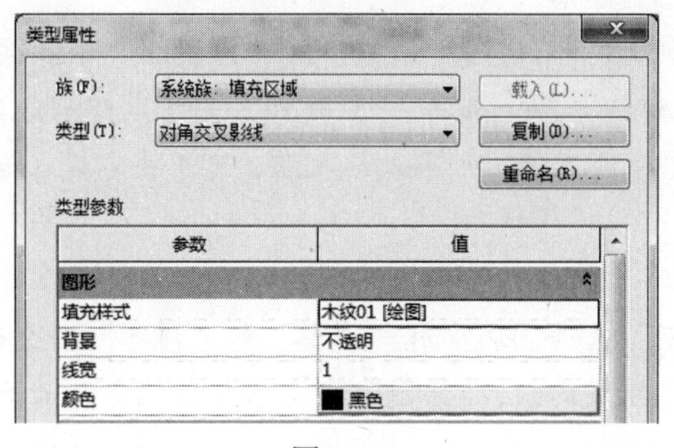

图 12-8

12.2.6 遮罩区域

Step 01 在“注释”选项卡中，单击“详图”面板中的“区域”下拉按钮，在弹出的下拉列表中选择“遮罩区域”选项，用“线”绘制工具绘制区域的封闭轮廓。

Step 02 选择边界线条，从线样式面板中选择需要的线样式，如选择“不可见线”作为隐藏边界，单击“确定”按钮，完成绘制，如图 12-9 所示。

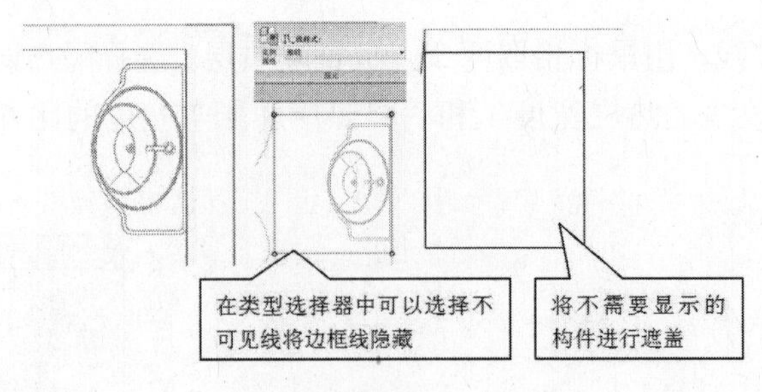

图 12-9

12.2.7 符号

单击“注释”选项卡下“符号”面板中的“符号”按钮，可以向视图中添加剖断线、指北针等注释符号。符号用于在当前视图中放置二维注释图形符号，符号是视图专有的注释图元，仅显示在当前所在的视图中。

12.2.8 云线批注

Step 01 单击“注释”选项卡下“详图”面板中的“云线批注”按钮，绘制云线批注轮廓。

Step 02 “云线批注”工具用于将云线批注添加到当前视图或图纸中，以指明已修改的设计区域。

12.2.9 详图组

Step 01 单击“注释”选项卡下“详图”面板中的“详图组”下拉按钮，在弹出的下拉列表中有“放置详图组”“创建组”两个工具。“创建组”用于创建一组图元以便重复使用；“放置详图组”用于在视图中放置实例，如果未载入组，可单击“载入组”按钮把组载入到当前Revit 文件中。

Step 02 单击“详图组”下拉按钮，在弹出的下拉列表中单击“创建组”工具，弹出“创建组”对话框，在“组类型”选项区域中有“模型”和“详图”两个选项，“模型”组是指由门窗、墙体等模型类图元组成的组，“详图”组是指由高程点、云线批注等注释类图元组成的组，如图 12-10 所示。

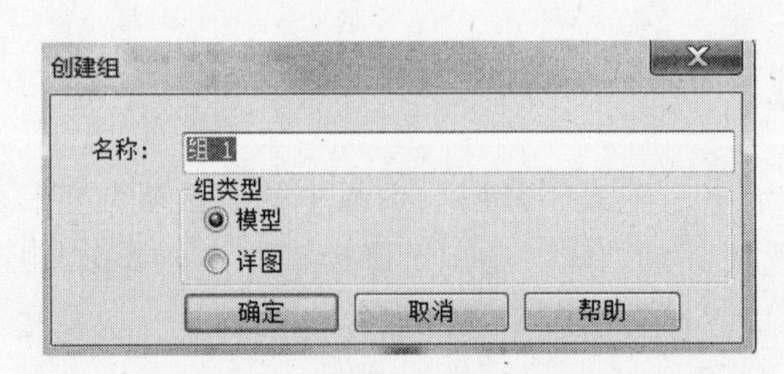

图 12-10

12.2.10　标记

Step 01 单击“标记”面板中的“按类别标记”按钮，可以根据图元类别将标记附着到图元中。

Step 02 单击“全部标记”按钮，可以一步将标记添加到多个图元中，使用“全部标记”之前，应将所需的标记族载入项目中。然后，打开二维视图。可以选择图元类型来标记要用于每种类别的标记族，并选择标记所有图元，还是仅标记选定图元。某些图元（如墙）必须单独进行标记。

Step 03 单击“多类别”按钮，可以根据共享参数，将标记附着到多种类别的图元上。要使用该按钮，必须首先创建多类别标记并将其载入项目中。要标记的图元类别必须包括由多类别标记使用的共享参数。

Step 04 单击“材质 标记”按钮，可以为选定图元材质指定的说明标记选定图元。标记中显示的材质基于“材质”对话框的“标识”选项卡的“说明”字段的值。如果材质标记中显示问号（？），双击问号以输入值。“说明”字段将用该值更新。

12.2.11　注释记号

Step 01 单击“注释”选项卡下“标记”面板中的“注释记号”下拉按钮，在弹出的下拉列表中包括“图元注释记号”“材质注释记号”“用户注释记号”“注释记号设置”4 个选项，如图 12-11 所示。

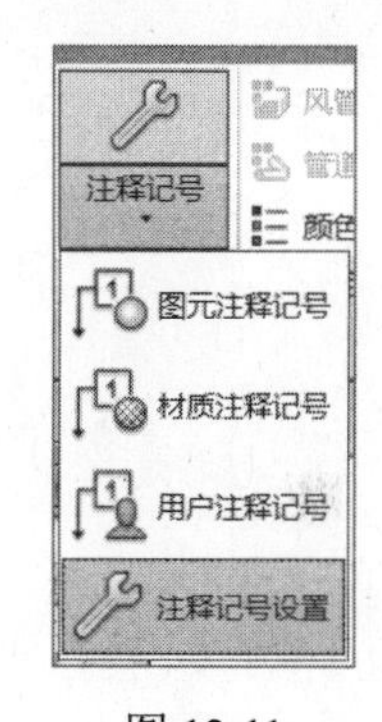

图 12-11

Step 02 选择“图元注释记号”选项，为图元类型指定的注释记号标记选定图元。要修改某种图元类型的注释记号，请修改类型属性中“注释记号”字段的值。

Step 03 选择“材质注释记号”选项，为选定图元材质指定的注释记号标记选定图元。注释记号基于“材质”对话框的“标识”选项卡中“注释记号”字段的值。

Step 04 选择“用户注释记号”选项，为选定的注释记号标记图元。激活该工具并选择图元时，将显示“注释记号”对话框，可以在该对话框中选择相应的注释记号。

12.2.12　导入详图

Step 01 单击“插入”选项卡下“导入”面板中的“导入 CAD”按钮，从外部图库中导入现有的 DWG 详图或标准图库来创建详图。

Step 02 单击“视图”选项卡下“创建”面板中的“绘图视图”按钮，在弹出的“新绘图视图”对话框中设置其名称及比例，如图 12-12 所示。

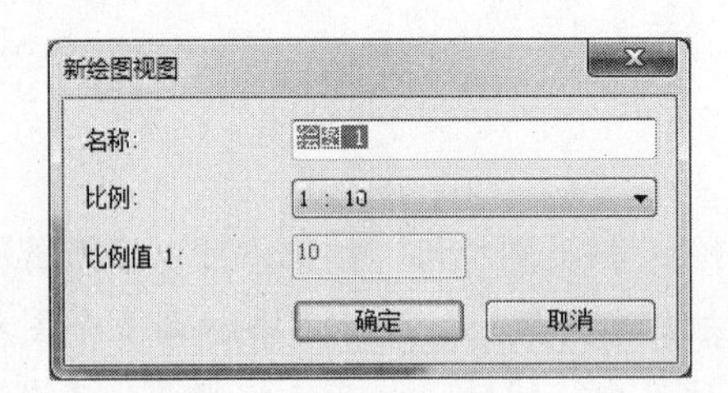

图 12-12

12.3 添加文字注释

Step 01 单击“注释”选项卡下“文字”面板中的“文字”按钮，从类型下拉列表中选择合适的文字样式，单击“编辑类型”按钮，弹出“类型属性”对话框，单击“复制”按钮，创建新的文字样式。或直接打开文字的“类型属性”对话框，修改其文字的基本参数及创建新的文字类型，如图 12-13 所示。

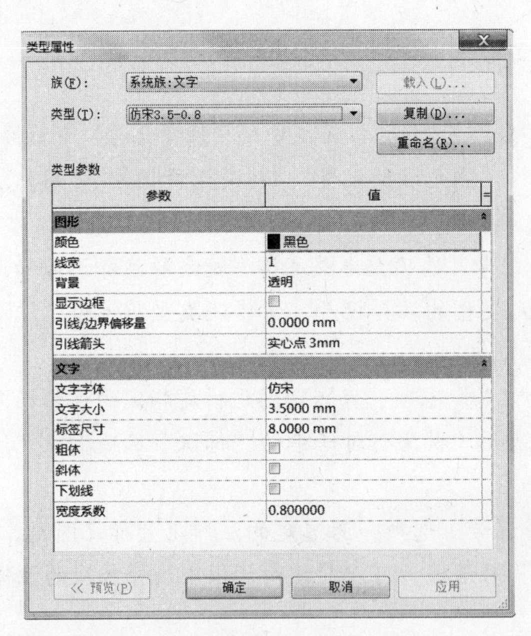

图 12-13

Step 02 在“格式”面板中设置文字对齐方式和引线类型。

Step 03 单击放置引线箭头、引线、文本框，输入文字内容，如图 12-14 所示。

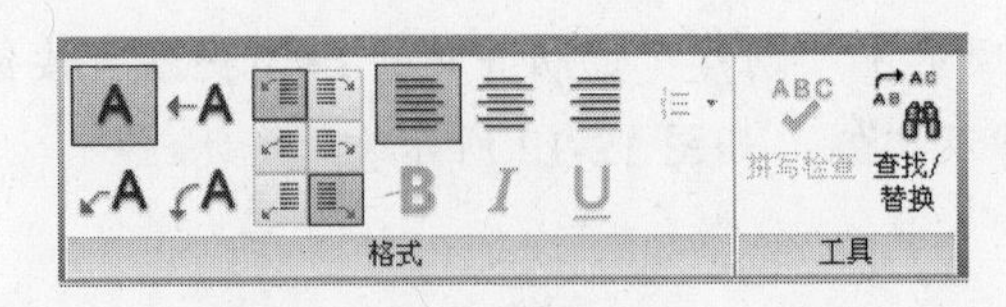

图 12-14

12.4　在详图视图中修改构件顺序和可见性设置

12.4.1　修改详图构件的顺序

单击详图构件，在“修改详图项目”选项卡下“排列”面板中使用“放到最前”“放到最后”“前移”和“后移”命令，修改详图构件的显示顺序，如图 12-15 所示。

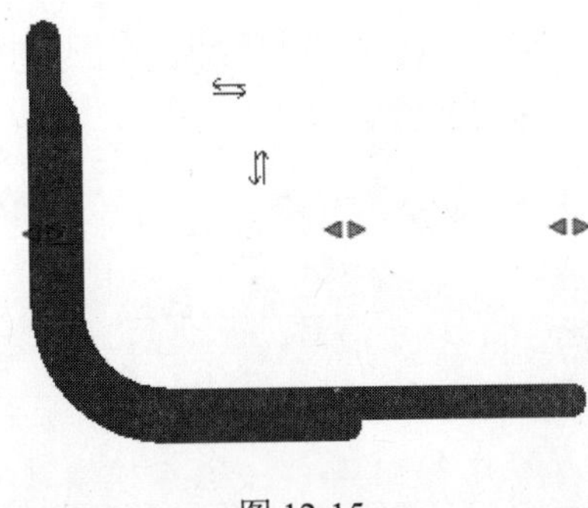

图 12-15

12.4.2　修改可见性设置

单击“视图”选项卡下“图形”面板中的“可见性/图形”按钮，在弹出的“可见性/图形替换”对话框中可以设置当前视图中的模型、注释、链接文件中某些对象的显示与否、半色调显示、替换的线样式、替换的详细程度显示等，如图 12-16 所示。

图 12-16

12.4.3 创建图纸详图

图纸详图在图纸视图中创建，并不直接基于建筑模型几何图形。因为与任何建筑模型构件没有参数化链接，所以这些详图不随建筑模型的修改而更新。

12.4.4 创建图纸视图

单击“视图”选项卡下“创建”面板中的“绘图 视图”按钮，在弹出的“新图纸视图”对话框中设置其名称及比例，如图 12-17 所示。

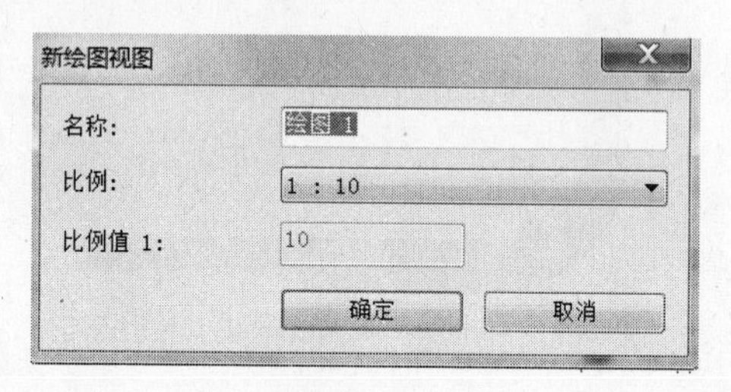

图 12-17

12.4.5 在图纸视图中创建详图

可以使用如上所述的方法如详图线、详图构件、重复详图、隔热层、填充面域、尺寸标注、文字注释等创建详图内容。

12.4.6 将详图导入到图纸视图中

可以从外部图库中导入现有的 DWG 详图或标准图库来创建详图。首先创建图纸视图，单击项目浏览器栏进入绘图视图。

Step 01 单击“插入”选项卡下“导入”面板中的“导入 CAD”按钮，选择要导入的图形。

Step 02 设置导入方式、颜色、比例及定位方式，单击“打开”按钮导入详图，如图 12-18 所示。

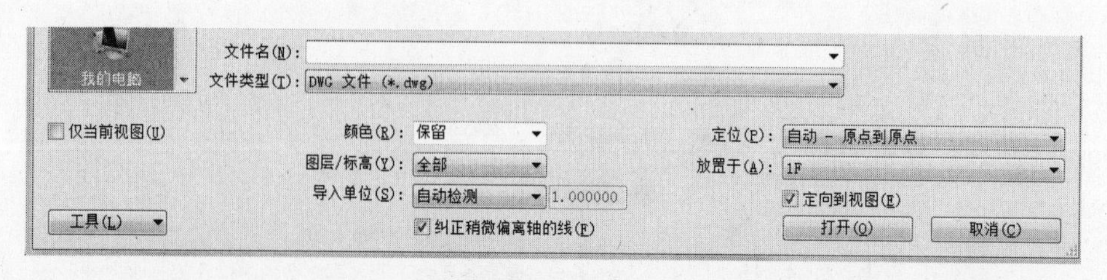

图 12-18

12.4.7 创建参照详图索引

Step 01 单击“视图”选项卡下“创建”面板中的“详图索引”按钮，在选项栏预设视图比例值。

Step 02 将 CAD 详图导入到绘图视图中，在视图中创建“详图索引”，在选项栏中勾选“参照其他视图”复选框，并在后边的下拉列表中选择“绘图视图：绘图 1”选项，此时详图符号上会显示参照标记，如 Sim 或参照字样，如图 12-19 所示。

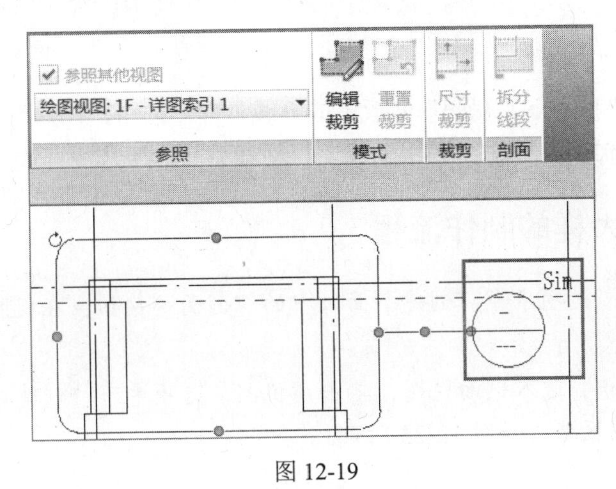

图 12-19

Step 03 在平面、立面、剖面或详图视图中绘制参照详图索引，双击索引标头即可进入图纸视图。

12.5 技术应用技巧

12.5.1 剖切面轮廓

利用“剖切面轮廓”工具可以修改在视图中剪切的图元（如屋顶、墙、楼板和复合的图层）的形状。

要编辑剪切轮廓，需打开一个平面视图或剖面视图，轮廓修改是视图专有的，不同的视图需要分别进行修改绘制。

单击“视图”选项卡下“图形”面板中的“剖切面轮廓”按钮，单击需要修改的线，进入剖切面轮廓草图绘制模式。

绘制剖切面轮廓，如图 12-20 所示。单击“完成剖切面轮廓”按钮，完成绘制，如图 12-21 所示。

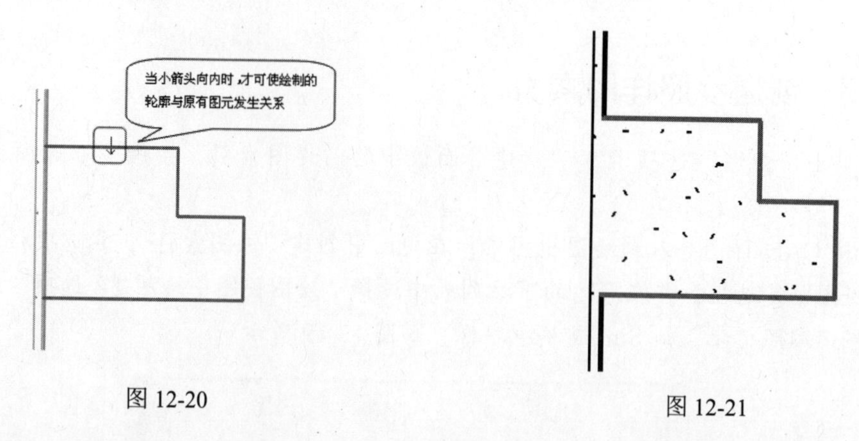

图 12-20　　　　图 12-21

单击“修改”选项卡下“视图”面板中的“线处理”按钮，在弹出的“线处理”上下文选项卡中选择“线样式”，单击视图中的线，可使线型变为所选线样式。

12.5.2　墙身大样的制作流程

Step 01 单击“视图”选项卡下“创建”面板中的“剖面”按钮，在视图中绘制剖面符号，如图 12-22 所示。

Step 02 双击剖面标识，进入剖面视图，单击“视图”选项卡下“创建”面板中的“详图索引”按钮，绘制详图区域，如图 12-23 所示。

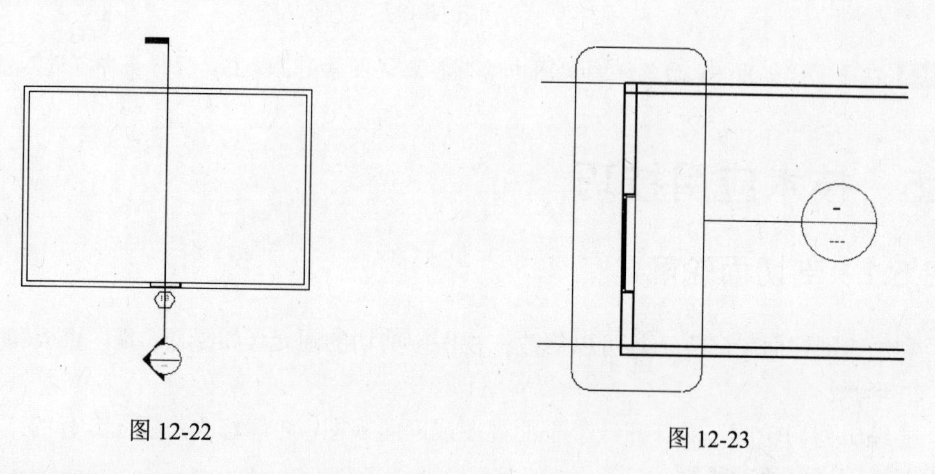

图 12-22　　　　图 12-23

Step 03 双击详图大样标识，进入详图大样绘制模式，如图 12-24 所示，单击“打断”按钮，移动详图边界。在“属性”对话框中，将“视图比例”改为 1:20，“详细程度”设置为“精细”，结果如图 12-25 所示。

Step 04 选择详图边框并右击，在弹出的快捷菜单中选择“在视图中隐藏|图元”命令，可以在视图中隐藏详图边框，如图 12-26 所示。如果需要显示隐藏的图元，可以单击“视图控制栏”中的灯泡按钮，将以红色显示隐藏的图元，选择隐藏的图元并右击，在弹出的快捷菜单中选择“取消在视图中隐藏|图元”命令。

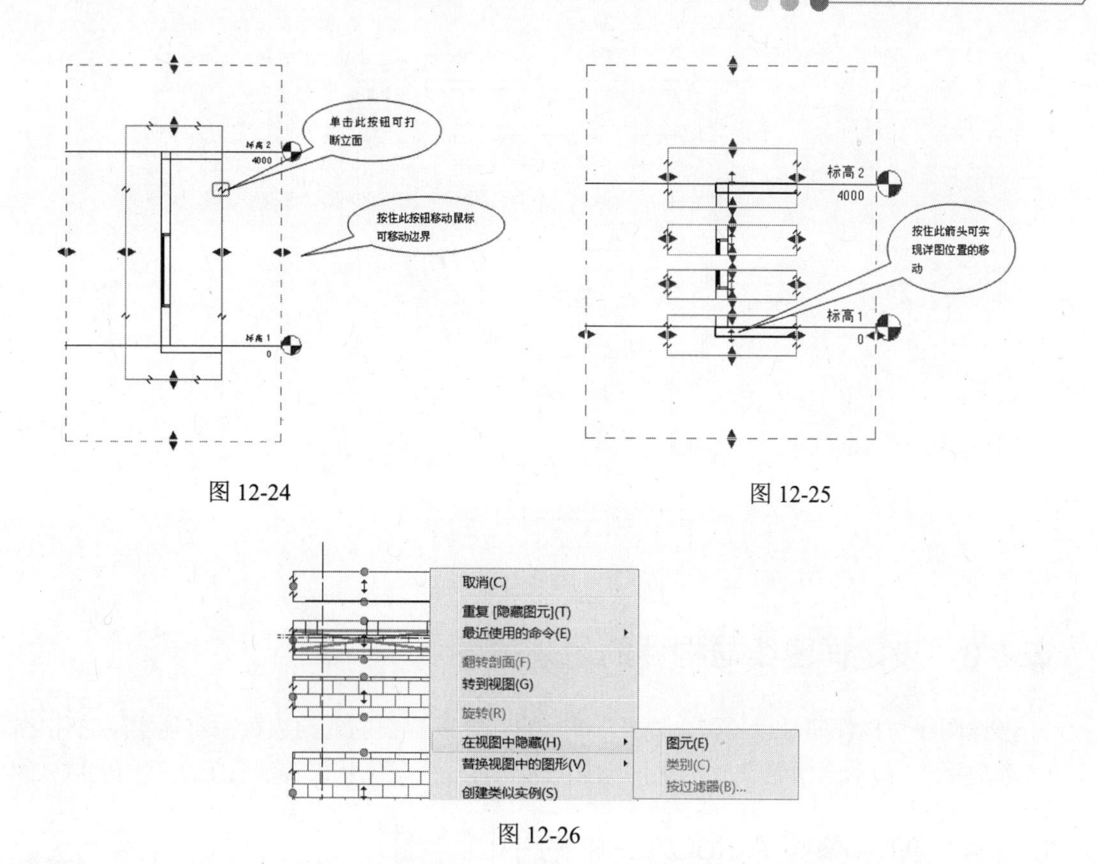

图 12-24

图 12-25

图 12-26

Step 05 连接墙体与楼板：单击“修改”选项卡下“几何图形”面板中的“连接”按钮，分别单击楼板与墙体，如图 12-27 所示。

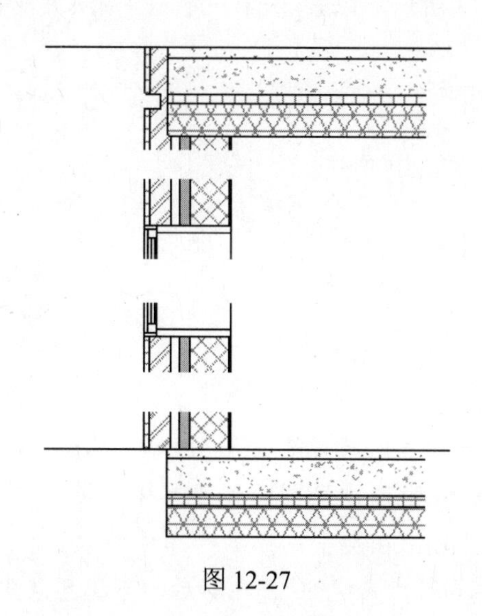

图 12-27

Step 06 为详图添加尺寸标注：如图 12-28 所示，打断命令并不影响尺寸标注，所注释的距离都是实际尺寸。

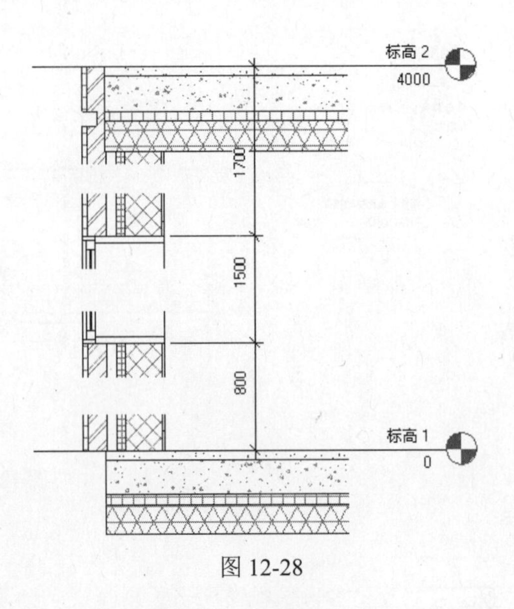

图 12-28

12.5.3 设定详图线与构件的约束关系

当详图线与构件间是以拾取命令绘制时，它们之间存在的弱约束关系不能实现它们之间的关联效果，一般的做法是在它们之间添加尺寸，通过锁定尺寸来实现它们之间的关联效果。

12.5.4 如何参照 AutoCAD 中的平面详图

问题：在 Revit Architecture 中生成构件大样时，需要引入已经在 AutoCAD 中绘制的详图索引大样图纸，如图 12-29 所示，以表达构件的详细作法大样。

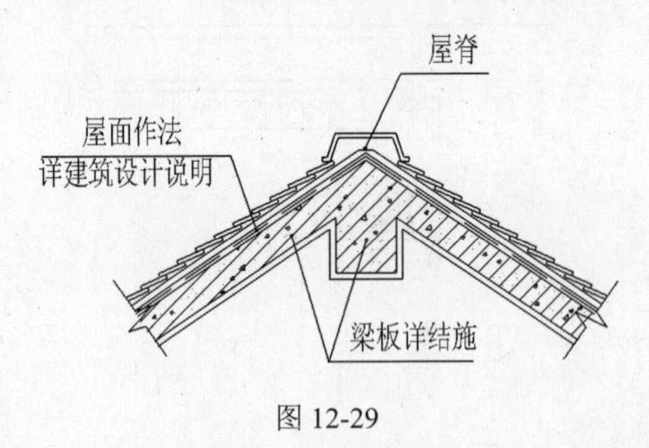

图 12-29

Step 01 在 Revit Architecture 中，除可以直接使用详图索引工具根据模型生成索引详图外，还可以在详图中引入已有 AutoCAD 中绘制的详图大样。

Step 02 在使用详图索引工具时，在类型选择器选择详图索引的类型，设置将要生成详图索引的比例，勾选选项栏中“参照其他视图”，在其后的下拉列表中选择“新绘图视图”选项，在视图中绘制要索引的详图索引范围，Revit Architecture 会生成空白详图索引视图。

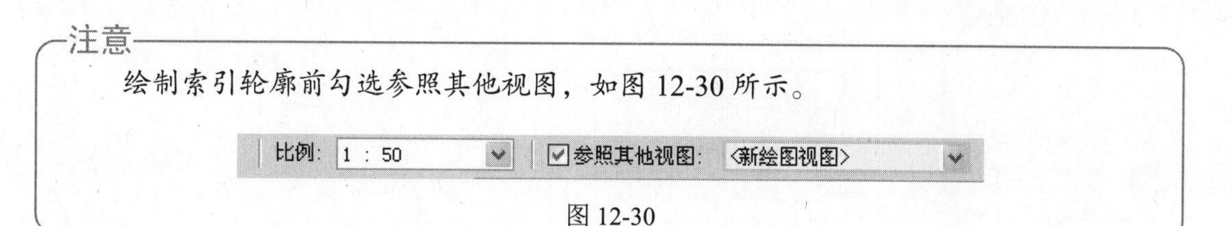

绘制索引轮廓前勾选参照其他视图，如图 12-30 所示。

图 12-30

Step 03 切换至详图索引视图，选择菜单“插入|导入 CAD”命令，弹出“导入 CAD 格式”对话框，如图 12-31 所示，找到需要导入的 AutoCAD 绘制的 DWG 大样图纸，设置导入单位及放置位置，单击“确定”按钮，即可将 DWG 格式导入至详图索引视图中，如图 12-32 所示。

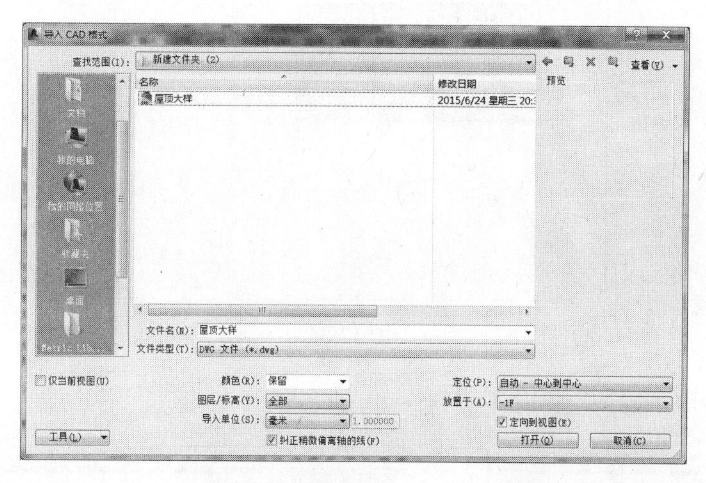

图 12-31

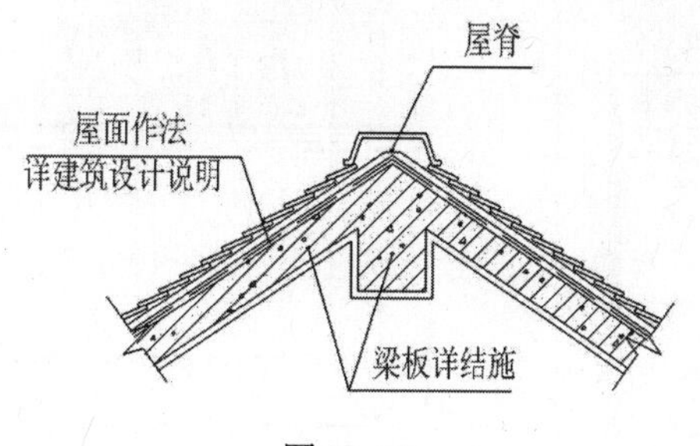

图 12-32

Step 04 使用导入 DWG 格式生成的详图视图，与详图索引视图的模型不再关联，无论如何修改详图索引的位置，导入的 DWG 文件都不会自动修正，除非重新导入对应的详图索引文件。

12.5.5 详图索引楼梯显示会出现的问题

有时我们在对楼梯详图做索引的时候它只会显示当前层，但是我们要的是整层楼梯的详图，如图 12-33、图 12-34 所示。

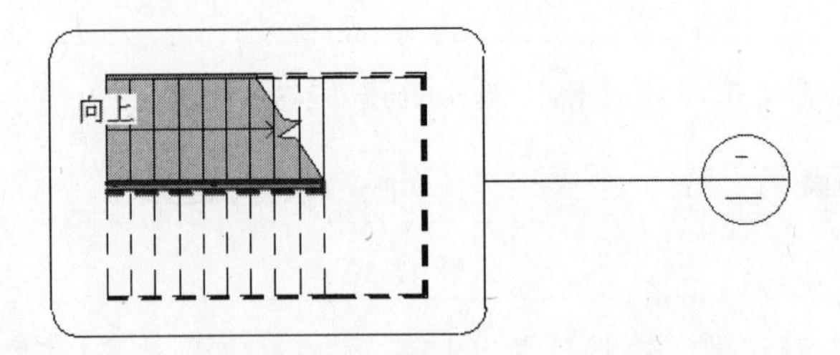

图 12-33

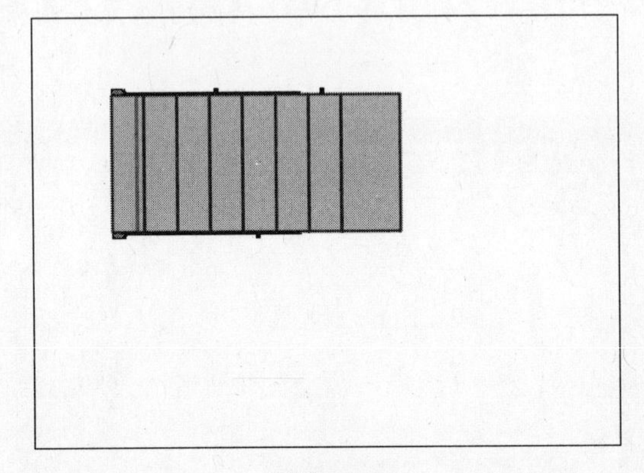

图 12-34

解决办法如图 12-35、图 12-36 所示。

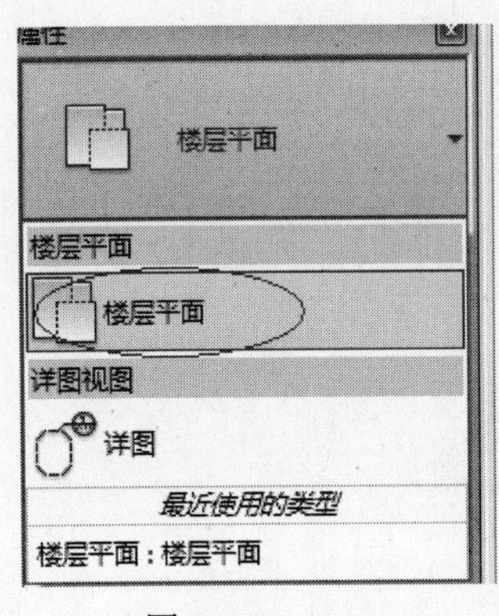

图 12-35

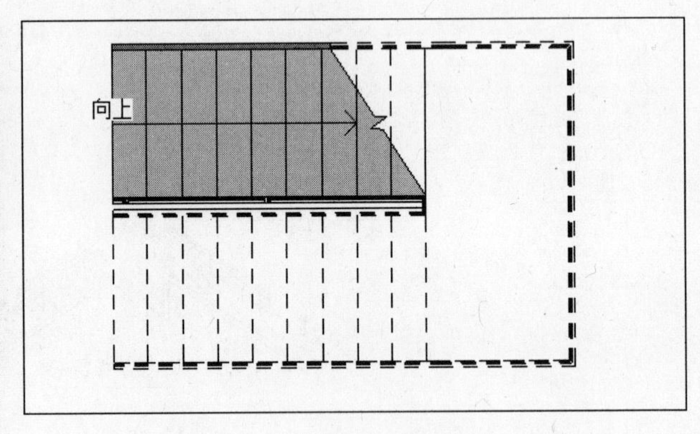

图 12-36

第 13 章　渲染与漫游

概述：在 Revit 中，利用现有的三维模型，还可以创建效果图和漫游动画，全方位展示建筑师的创意和设计成果。因此，在一个软件环境中既可完成从施工图设计到可视化设计的所有工作，又改善了以往在几个软件中操作所带来的重复劳动、数据流失等弊端，提高了设计效率。

Revit 集成了 Mental Ray 渲染器，可以生成建筑模型的照片级真实感图像，在其中可以及时看到设计效果，从而可以向客户展示设计或将它与团队成员分享。Revit 的渲染设置非常容易操作，只需要设置真实的地点、日期、时间和灯光即可渲染三维及相机透视图视图。设置相机路径，即可创建漫游动画，动态查看与展示项目设计。

本章将重点讲解设计表现内容，包括材质设置、给构件赋材质、创建室内外相机视图、室内外渲染场景设置及渲染，以及项目漫游的创建与编辑方法。

13.1　渲染

渲染之前，一般要先创建相机透视图，生成渲染场景。

13.1.1　创建透视图

Step 01 打开一个平面视图、剖面视图或立面视图，并且平铺窗口。

Step 02 在“视图”选项卡下“创建”面板的“三维视图”下拉列表中选择“相机”选项，如图 13-1 所示。

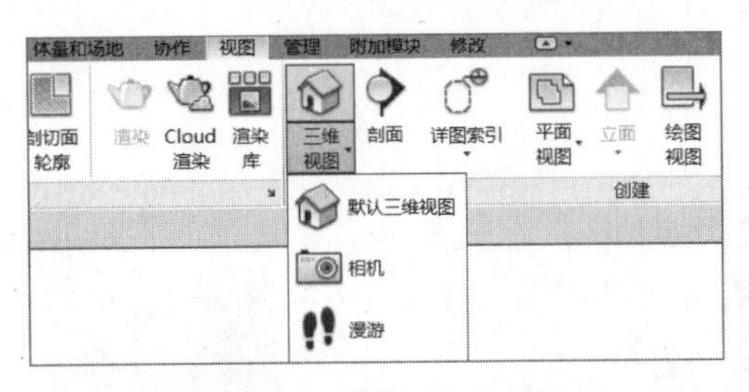

图 13-1

Step 03 在平面视图绘图区域中单击放置相机并将光标拖曳到所需目标点。

注意

如果清除选项栏中的“透视图”选项，则创建的视图会是正交三维视图，不是透视视图，如图 13-2 所示。

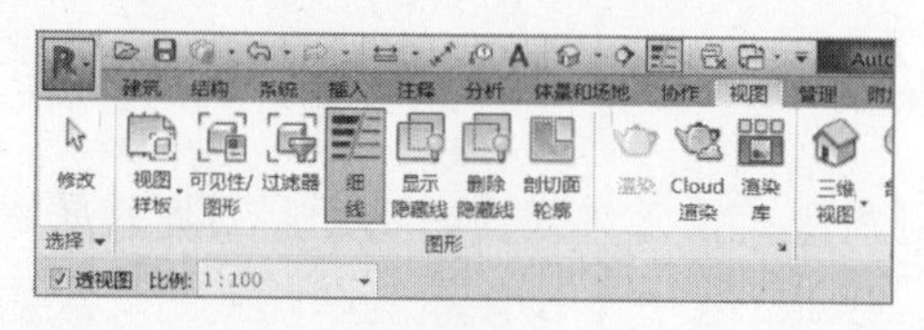

图 13-2

Step 04 光标向上移动，超过建筑最上端，单击放置相机视点。选择三维视图的视口，视口各边出现 4 个蓝色控制点，单击上边控制点向上拖曳，直至超过屋顶，单击拖曳左右两边控制点，超过建筑后释放鼠标，视口被放大。至此就创建了一个正面相机透视图，如图 13-3 所示。

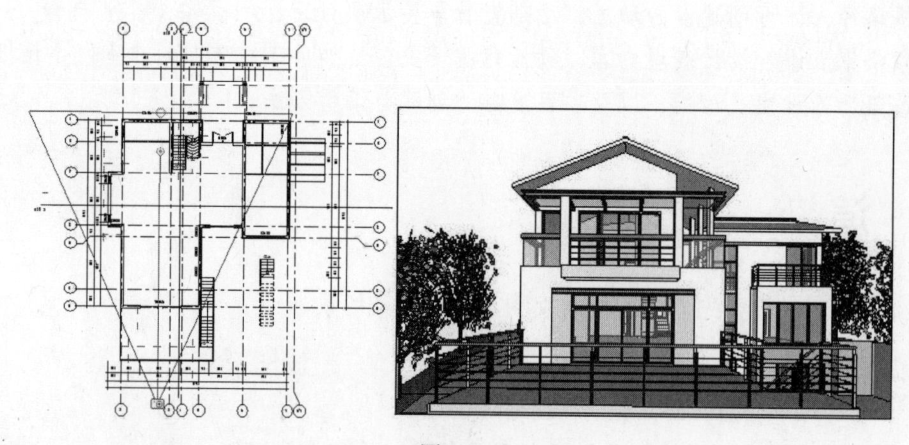

图 13-3

Step 05 在立面视图中按住相机可以上下移动，相机的视口也会跟着上下摆动，以此可以创建鸟瞰透视图或者仰视透视图，如图 13-4 所示。

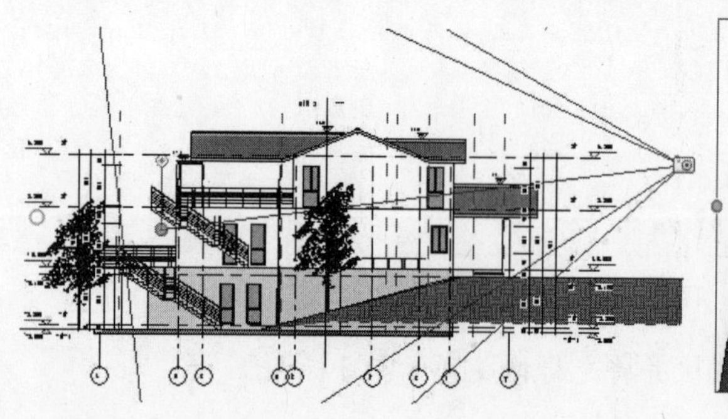

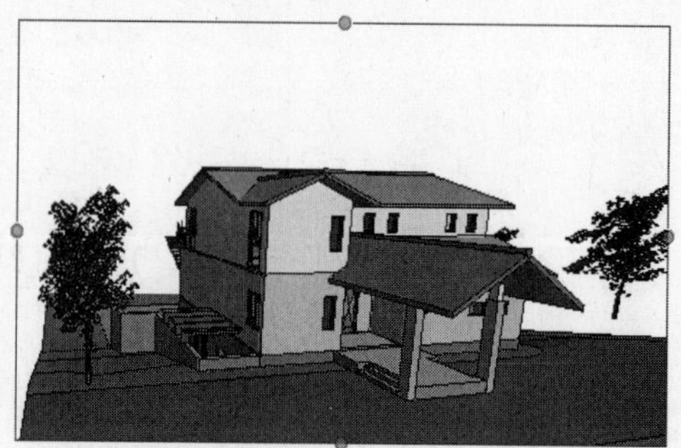

图 13-4

Step 06 使用同样的方法在室内放置相机就可以创建室内三维透视图，如图 13-5 所示。

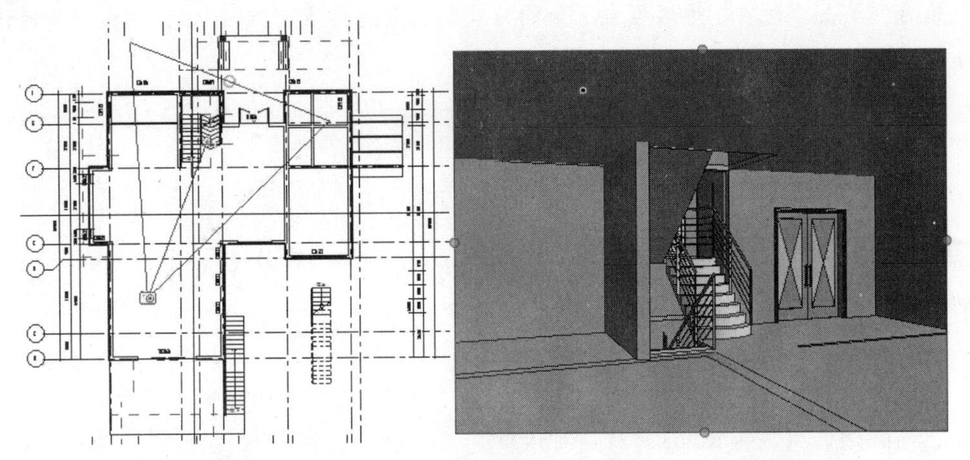

图 13-5

13.1.2　材质的替换

在渲染之前，需要先给构件设置材质。材质用于定义建筑模型中图元的外观，Revit Architecture 提供了默认的材质库，用户可以从中选择材质，也可以新建自己所需的材质。

Step 01 单击“管理”选项卡下“设置”面板中的“材质”按钮，弹出“材质”对话框，如图 13-6 所示。

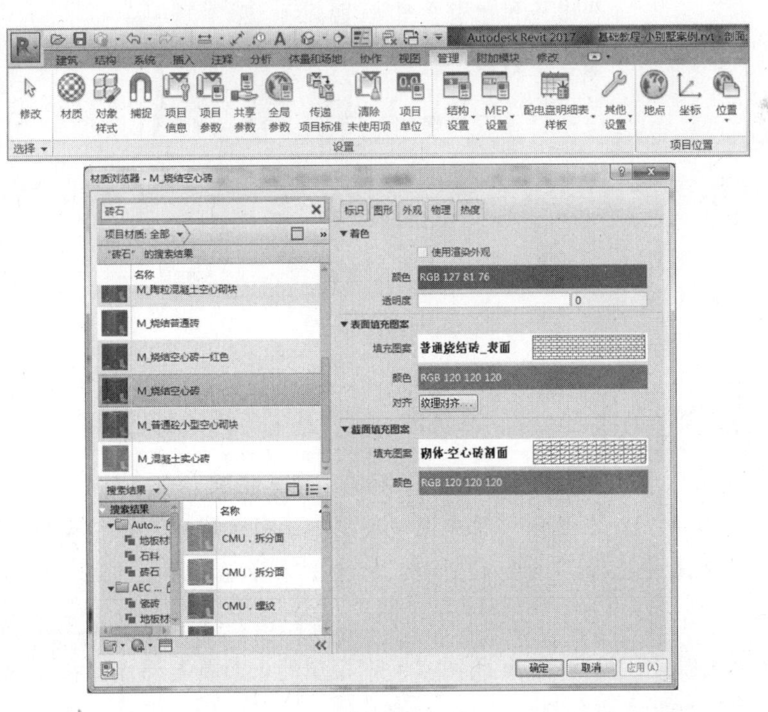

图 13-6

Step 02 在“材质”对话框左侧材质列表中选择物理性质类似的墙体——“M_烧结空心砖”材质，然后，单击“材质”对话框左下角的“复制选定的材质”按钮，弹出材质对话框，如图 13-7 所示。

图 13-7

Step 03 材质名称默认为“M_烧结空心砖(1)”，输入新名称“饰面砖”，单击“确定”按钮，创建新的材质名称。

> **注意**
> 复制现有材质也可在材质列表中现有材质上右击，在弹出的快捷菜单中选择“复制”命令，同样弹出“复制 Revit 材质”对话框。

Step 04 在材质列表中选择上一步创建的材质“饰面砖”，对话框右边将显示该材质的属性，单击“着色”下面的灰色图标，可打开“颜色”对话框，选择着色状态下的构件颜色，单击选择基本颜色的倒数第三个浅灰色，RGB 分别为“192、192、192”，单击“确定”按钮，如图 13-8 所示。

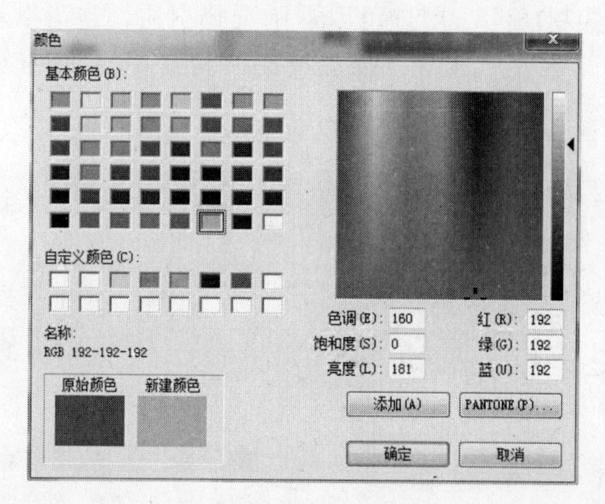

图 13-8

> **注意**
> 此颜色与渲染后的颜色无关，只决定着色状态下的构件颜色。

Step 05 单击材质属性中的“表面填充图案”后的“填充图案”灰色按钮，弹出“填充样式”对话框，如图 13-9 所示。在下方“填充图案类型”选项区域中选择“模型”单选按钮，在“填充图案”样式列表中选择“砌块 225×450”，单击“确定”按钮回到“材质”对话框。

> **注意**
> “表面填充图案”指在 Revit 绘图空间中模型的表面填充样式，在三维视图和各立面都可以显示，但与渲染无关。

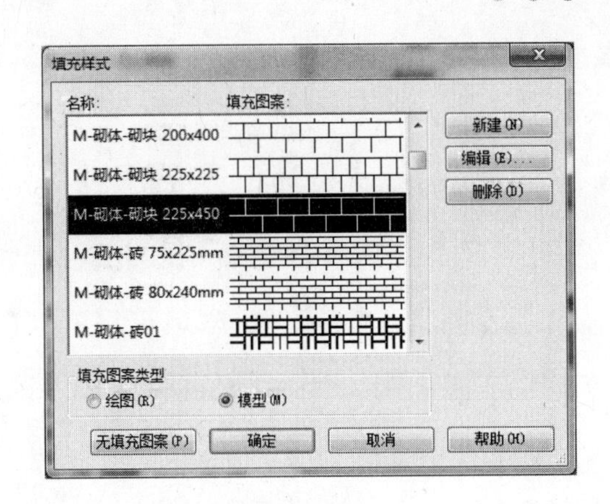

图 13-9

Step 06 单击“截面填充图案”后的“填充图案”灰色按钮，同样弹出“填充样式”对话框，单击左下角的“无填充图案”按钮，关闭“填充样式”对话框。

注意

“截面填充图案”指构件在剖面图中被剖切时，显示的截面填充图案，如剖面图中的墙体需要实体填充时，需要设置该墙体的“截面填充图案”为“实体填充”，而不是设置“表面填充图案”。平面图上需要黑色实体填充的墙体也需要将“截面填充图案”设置为“实体填充”，因为平面图默认为标高向上 1 200 的横切面（详细程度为中等或精细时才可见）。

Step 07 选择“材质浏览器”左下角的“打开，关闭资源浏览器”选项卡，切换为资源浏览器设置，如图 13-10 所示。

资源浏览器

Autodesk 物理资源

资源名称	特征	类型	类别
3 英寸方形 - 白色	外观	陶瓷	陶瓷: 瓷砖
3 英寸方形 - 赤土色	外观	陶瓷	陶瓷: 瓷砖
6 英寸方形 - 米色	外观	陶瓷	陶瓷: 瓷砖
PVC - 白色	外观	常规	塑料
白色橡木 - 天然中光泽	外观	木材	木材
白色橡木 ...中光泽实心	外观	木材	木材
白杨木	外观	常规	木材
板	外观	常规	金属: 钢
板岩 - 灰色方形	外观	常规	砖石: 石料
半抛光	外观	金属	金属: 钢

图 13-10

Step 08 选择“1 英寸方形-蓝色马赛克”，如图 13-11 所示，单击“确定”按钮关闭对话框。

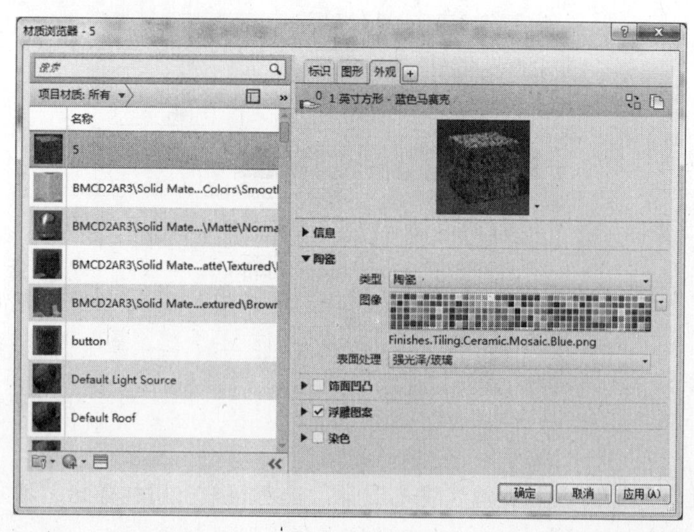

图 13-11

Step 09 在“材质”对话框中单击“确定”按钮，完成材质“饰面砖”的创建，保存文件。

在上述操作中设置了材质的名称、表面填充图案、截面填充图案和渲染外观。下面给构件设置材质。

注意

切换到“图形”选项卡，勾选“着色”选项区域中的“将渲染外观用于着色”复选框，是指在 Revit 绘图区域中着色模式下构件的颜色将与所设置的渲染外观的纹理图片颜色一致。例如，刚刚设置的渲染外观纹理为“饰面砖”，颜色为蓝色，当勾选“将渲染外观用于着色”复选框时，附着了“饰面砖”的构件在着色状态下将显示为蓝色。之前设置的此项颜色将不起作用。如图 13-12 所示，左图为不勾选“将渲染外观用于着色”复选框的效果，右图为勾选后的效果。

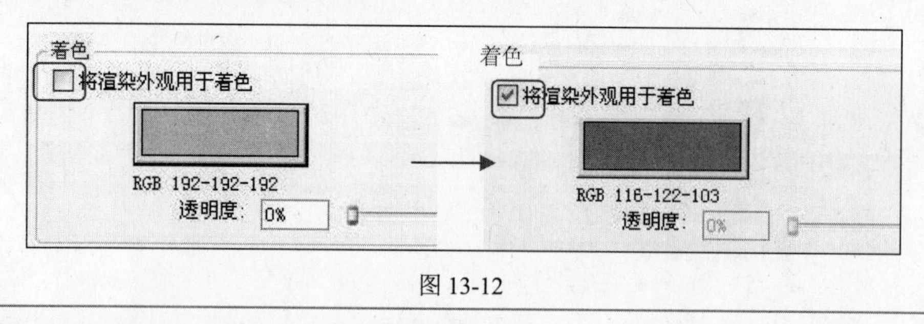

图 13-12

Step 10 选择模型中的一面外墙，如图 13-13 所示。

Step 11 在“属性”面板中单击“编辑类型”按钮，弹出“编辑类型”对话框。单击“结构”参数后的“编辑”按钮，弹出“编辑部件”对话框。

Step 12 选择“图层 1[4]”的材质“墙体-普通砖”，再单击后面的矩形“浏览”按钮，弹出“材质”对话框。在“材质”下拉列表中找到上一节中创建的材质“饰面砖”。因“材质”列表中的材质很多，无法快速找到所需材质，可在“输入搜索词”的位置单击输入关键字“砖”，即可快速找到。

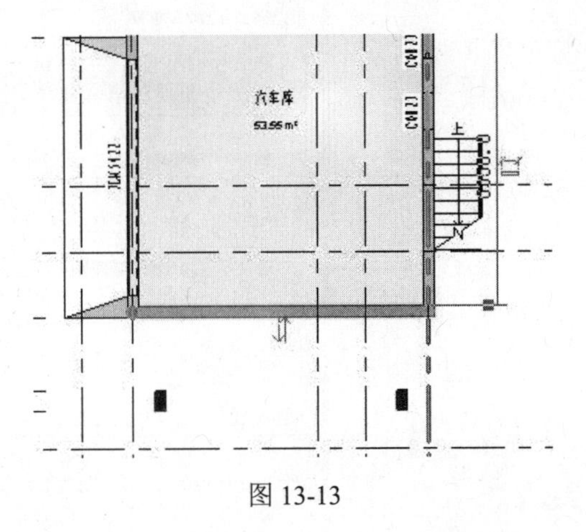

图 13-13

注意

此时选择“饰面砖”材质后，同样可以和材质创建阶段一样复制新材质或直接编辑右边的材质属性，如“表面填充图案”“截面填充图案”“渲染外观”等特性。

Step 13 单击“确定”按钮关闭所有对话框，完成材质的设置。此时为选中的墙体设置了“饰面砖”的材质。单击快速访问工具栏的“默认三维视图”按钮，打开三维视图查看效果，如图 13-14 所示。

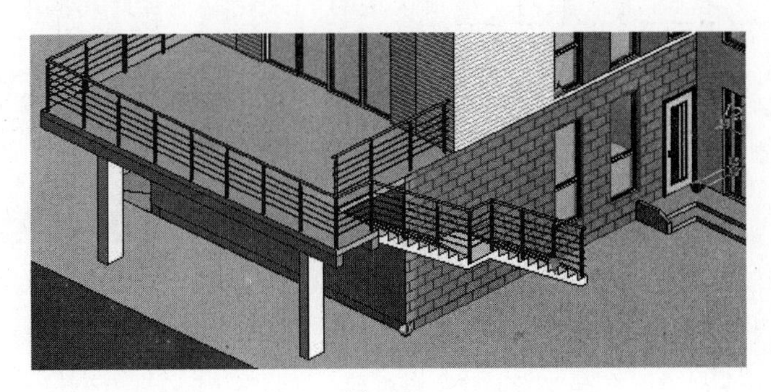

图 13-14

注意

如需为窗替换材质，可在任意视图选择窗，在类型属性中可以看到“窗框材质”“玻璃材质”等材质参数，单击现有材质，单击材质后的“浏览”按钮，同样打开“材质”对话框，此时即可选择或创建新材质。门、家具等族文件替换材质的方法与窗相同。

13.1.3 渲染设置

单击“视图”菜单，在图形面板中选中“渲染”按钮，弹出“渲染”对话框，对话框中各选项的功能如图 13-15 所示。

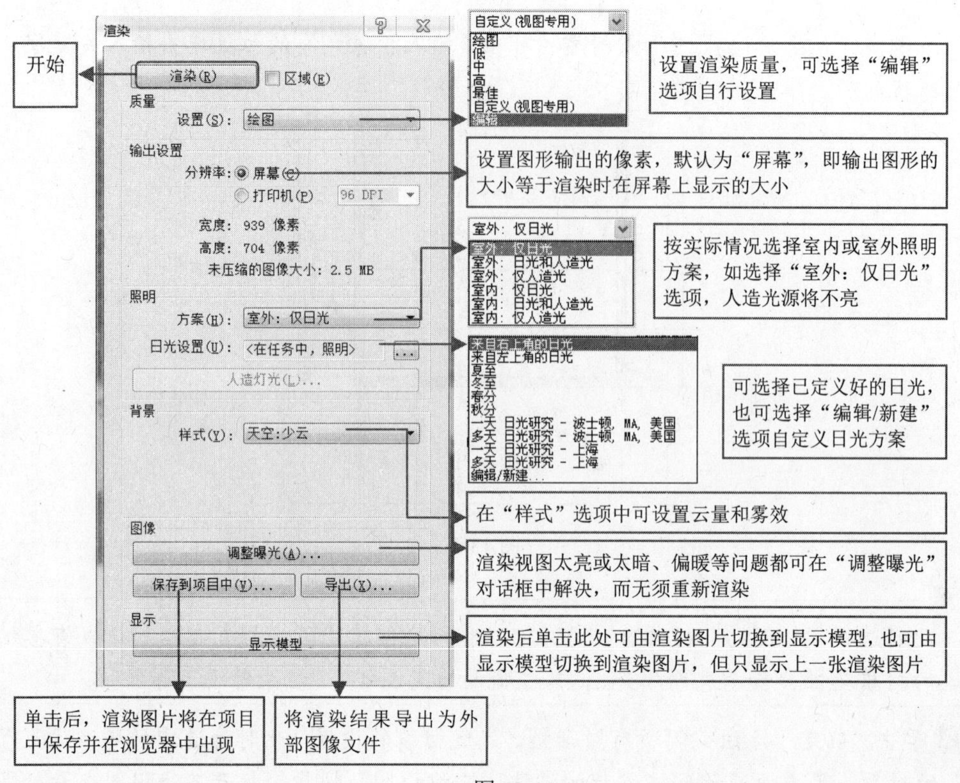

图 13-15

Step 01 在“渲染”对话框中“照明”选项区域的“方案”下拉列表框中选择“室外：仅日光”选项。

Step 02 在“日光设置”下拉列表框中选择“编辑/新建”选项，打开“日光位置”对话框，日光研究选择静止，如图 13-16 所示。

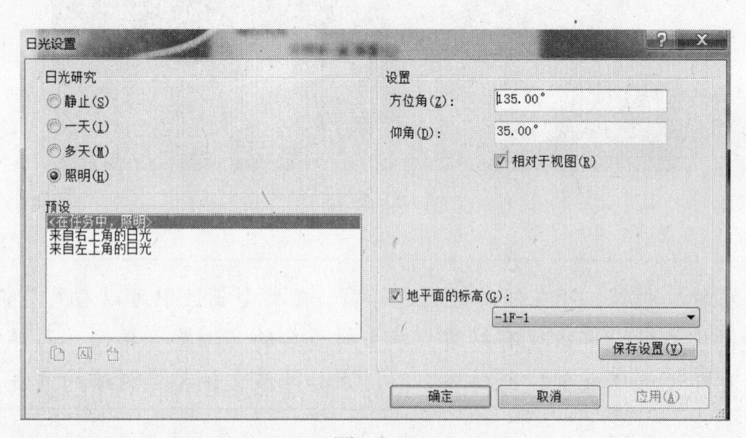

图 13-16

Step 03 在“日光设置”对话框右边的设置栏下面选择地点、日期和时间，单击“地点”后面的□按钮，弹出“位置、气候和场地”对话框。在项目地址中搜索“北京，中国”，经度、纬度将自动调整为北京的信息，勾选“根据夏令时的变更自动调整时钟”复选框。单击“确定”按钮关闭对话框，回到“日光设置”对话框。

Step 04 单击“日期”后的下拉按钮，设置日期为“2013-6-1”，单击时间的小时数值，输入“14”，单击分钟数值输入“0”，单击“确定”按钮返回“渲染”对话框。

Step 05 在“渲染”对话框中“质量”选项区域的“设置”下拉列表中选择“高”选项。

Step 06 设置完成后，单击“渲染”按钮，开始渲染，并弹出“渲染进度”对话框，显示渲染进度，如图 13-17 所示。

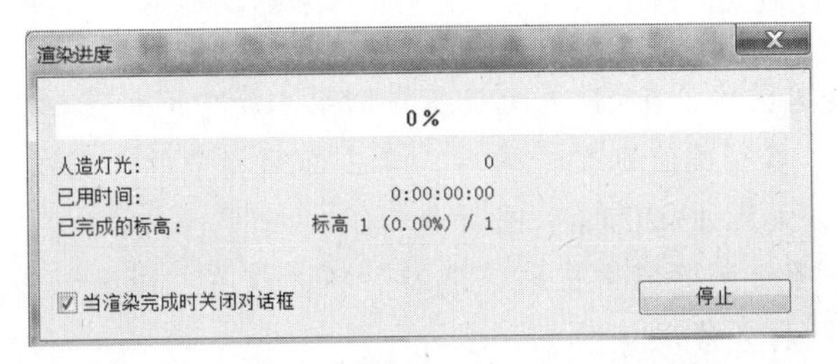

图 13-17

注意

可随时单击“取消”按钮，或按快捷键【Esc】结束渲染。

Step 07 勾选“渲染进度”对话框中的“当渲染完成时关闭对话框”复选框，渲染后此工具条自动关闭，渲染结果如图 13-18 所示，图中为渲染前后对比。如图 13-19 所示为其他渲染练习。

图 13-18

图 13-19

13.2 创建漫游

Step 01 在项目浏览器中进入1F平面视图。

Step 02 在“视图”选项卡下的“创建”面板中选择“三维视图”下拉按钮中的“漫游”命令。

> **注意**
>
> 选项栏中可以设置路径的高度，默认为1 750，可单击修改其高度。
>
> 修改 | 漫游　☑ 透视图　比例: 1 : 100　偏移量: 1750.0　自 -1F-1

Step 03 将光标移至绘图区域，在1F平面视图中别墅南面中间位置单击，开始绘制路径，即漫游所要经过的路径，路径围绕别墅一周后，单击选项栏中的“完成”按钮或按【Esc】键完成漫游路径的绘制，如图13-20（a）图所示。

Step 04 完成路径后，项目浏览器中出现“漫游”项，双击“漫游”项，显示的名称是“漫游1”，双击“漫游1”打开漫游视图。

Step 05 打开项目浏览器中的“楼层平面”项，双击“1F”，打开一层平面图，在功能区选择“窗口|平铺”命令，此时绘图区域同时显示楼层平面图、漫游视图和三维视图。

Step 06 单击漫游视图中的边框线，将显示模式替换为“着色”，选择漫游视口边框线，单击视口四边上的控制点，按住鼠标左键向外拖曳，放大视口，如图13-20（b）所示。

Step 07 选择漫游视口边界，单击“漫游”面板中的“编辑漫游”按钮，在1F视图上单击，此时选项栏的工具可以用来设置漫游，如图13-21所示。单击帧数“300”，输入“1”，按【Enter】键确认。“控制”下“活动相机”选项处于可调节状态时，1F平面视图中的相机为可编辑状态，此时可以拖曳相机视点改变相机方向，直至观察三维视图该帧的视点合适。在“控制”下拉列表框中选择“路径”选项即可编辑每帧的位置，在1F视图中关键帧变为可拖曳位置的蓝色控制点。

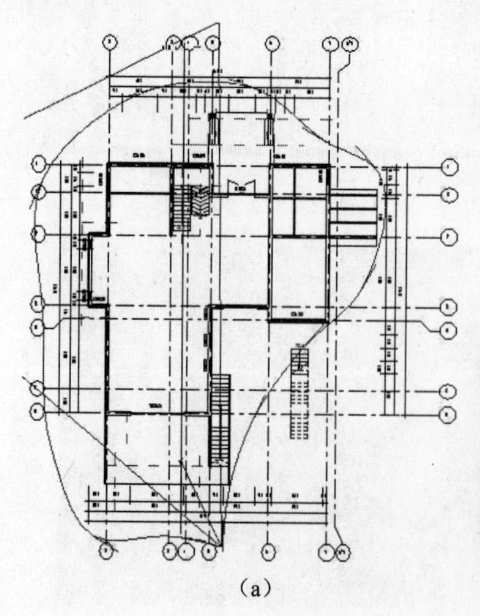

（a）

（b）

图13-20

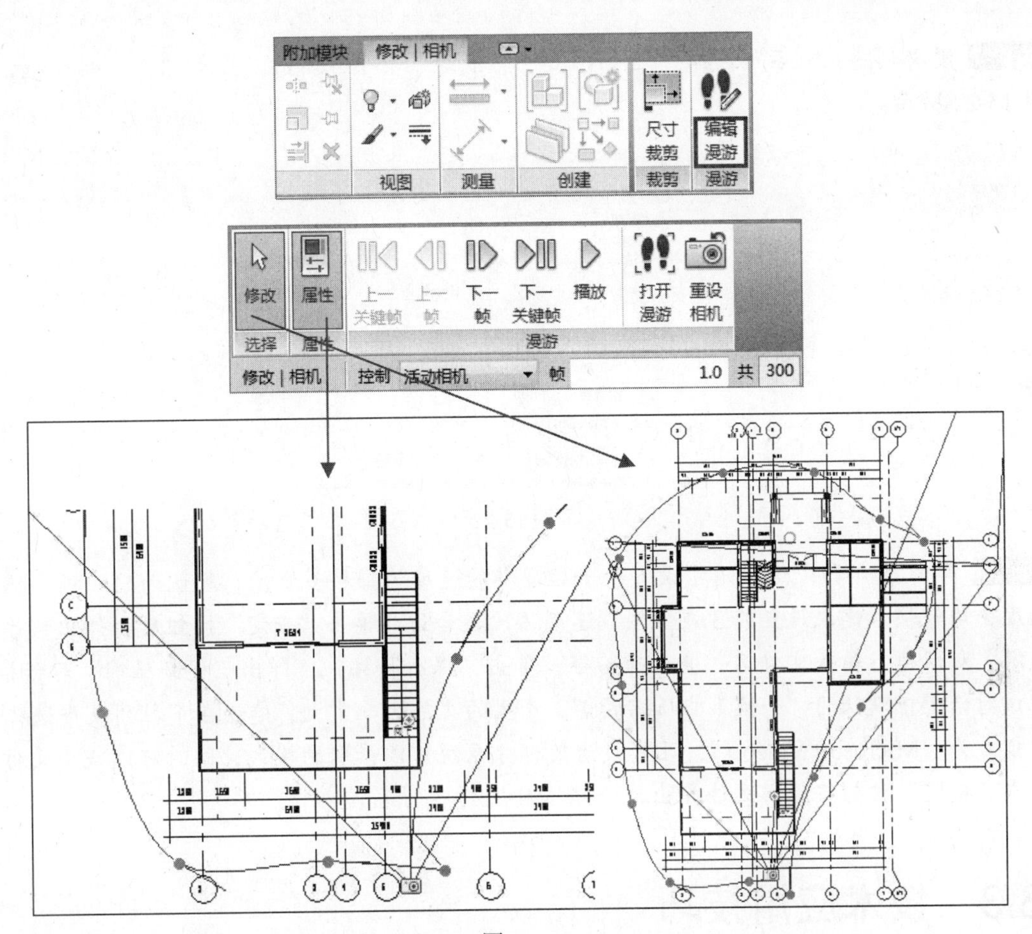

图 13-21

Step 08 第一个关键帧编辑完毕后单击选项栏的下一关键帧按钮 ▷II，借此工具可以逐帧编辑漫游，使每帧的视线方向和关键帧位置合适，得到完美的漫游。

Step 09 如果关键帧过少，则可以在“控制”下拉列表框中选择“添加关键帧”选项，就可以在现有两个关键帧中间直接添加新的关键帧；而“删除关键帧”则是删除多余关键帧的工具。

注意

为使漫游更顺畅，Revit 在两个关键帧之间创建了很多非关键帧。

Step 10 编辑完成后可单击选项栏中的“播放”按钮，播放刚刚完成的漫游。

注意

如需创建上楼的漫游，如从 1F 到 2F，可在 1F 起开始绘制漫游路径，沿楼梯平面向前绘制。当路径走过楼梯后，可将选项栏“自”设置为“1F”，路径即从 1F 向上，至 2F。同时可以配合选项栏的“偏移值”，每向前几个台阶，将偏移值增高，可以绘制较流畅的上楼漫游。也可以在编辑漫游时，打开楼梯剖面图，将选项栏的“控制”设置为“路径”，在剖面上修改每一帧位置，创建上下楼的漫游。

Step 11 漫游创建完成后可选择“文件|导出”|“漫游”命令，弹出“长度/格式”对话框，如图 13-22 所示。

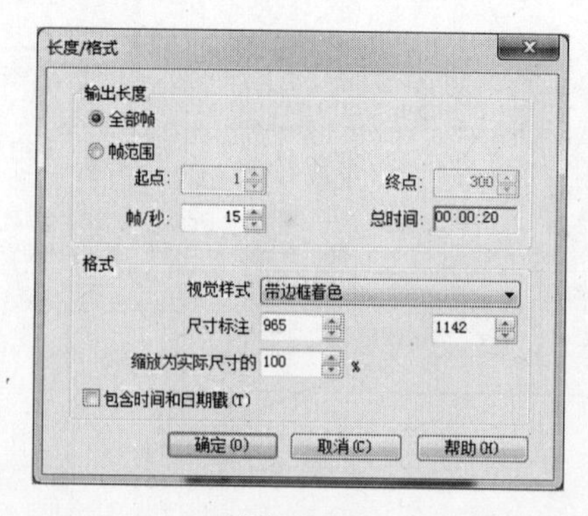

图 13-22

Step 12 其中“帧/秒”选项用于设置导出后漫游的速度为每秒多少帧，默认为 15 帧，播放速度会比较快，建议设置为 3 或 4 帧，速度将比较合适。单击“确定”按钮后会弹出“导出漫游”对话框，输入文件名，并选择路径，单击“保存”按钮，弹出“视频压缩”对话框。在该对话框中默认为“全帧（非压缩的）”，产生的文件会非常大，建议在下拉列表中选择压缩模式为“Microsoft Video 1”，此模式为大部分系统可以读取的模式，同时可以减小文件，单击“确定”按钮将漫游文件导出为外部 AVI 文件。

13.3 技术应用技巧

13.3.1 绘图填充与模型填充的区别

问题：在设置完楼板的表面填充图案以后，在三维视图中旋转模型，图案不跟随楼板旋转。这种情况怎么解决？（见图 13-23）

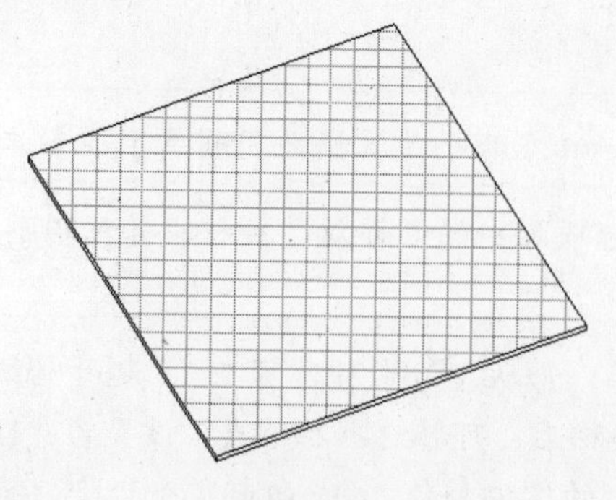

图 13-23

遇到这种情况要知道绘图填充与模型填充的区别。

Step 01 创建一块楼板（见图 13-24）。

图 13-24

Step 02 为楼板添加面层并且设置好面层的材质为水磨石（见图 13-25）。

	功能	材质	厚度	包络	结构材质	可变
1	面层 1 [4]	默认楼板	20	☐	☐	☐
2	**核心边界**	**包络上层**	**0.0**			
3	结构 [1]	Z_水泥砂浆	80.0	☐	☑	☐
4	**核心边界**	**包络下层**	**0.0**			

图 13-25

Step 03 单击面层材质后面的小方框打开材质框，再单击材质框后面的下拉框，如图 13-26 所示。

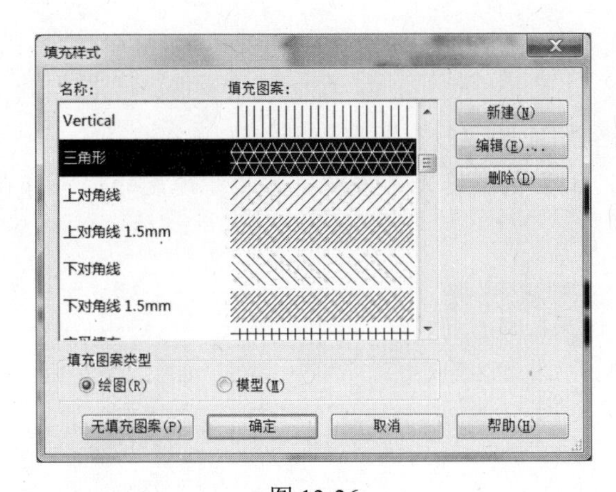

图 13-26

Step 04 在填充样式里面会看到有绘图和模型两个选项。填充时若选用绘图，填充上的图案不会在旋转模型时同步旋转。若选用模型填充，填充上的图案会随模型一同旋转。

Step 05 在绘图填充时，因为视图中的比例是 1:100，而图案填充的比例是 1:1，所以新建所需要的填充方式时要按比例放大 100，例如，地砖是 600 的，就要创建“地砖-6×6”的地砖填充方式，如图 13-27 所示。

图 13-28 中“地砖-6×6”即是刚刚创建的新的填充样式。

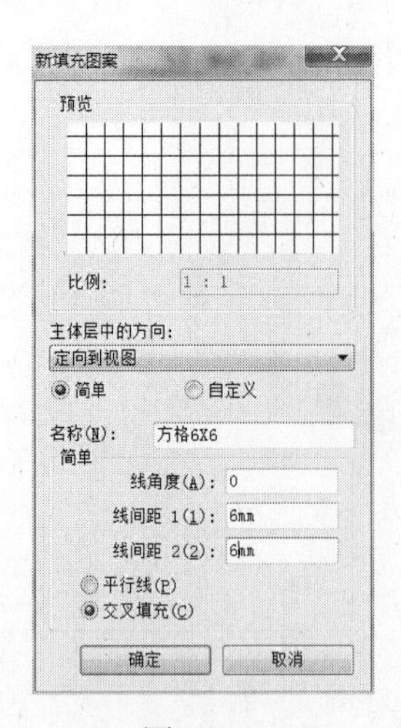

图 13-27

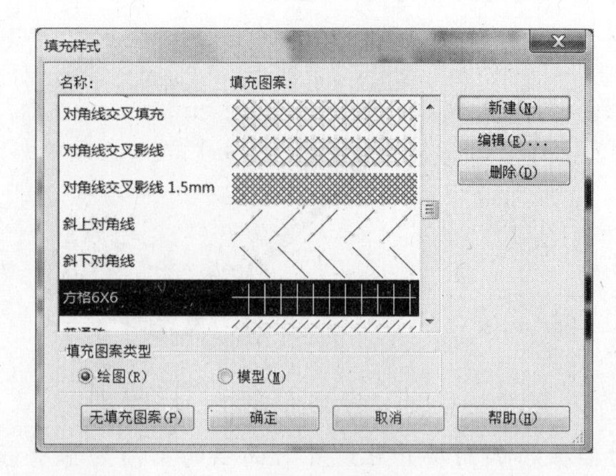

图 13-28

填充完图案的平面显示如图 13-29 所示。

填充完图案的三维显示如图 13-30 所示。

图 13-29

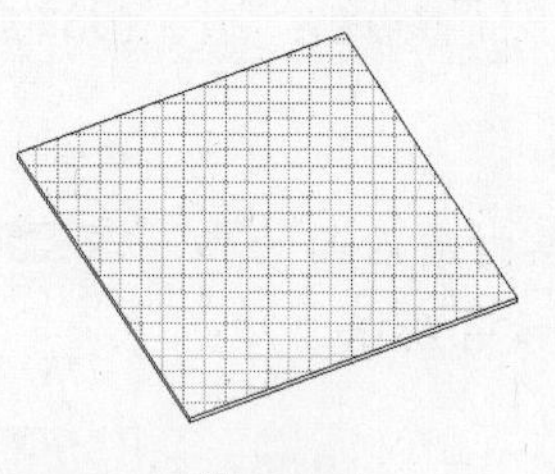

图 13-30

由图 13-30 可以看到填充图案没有跟着模型旋转。

Step 06 在模型填充时，因为模型填充是按照实际尺寸填充的，所以在填充时只要用实际数值即可，如图 13-31 所示。

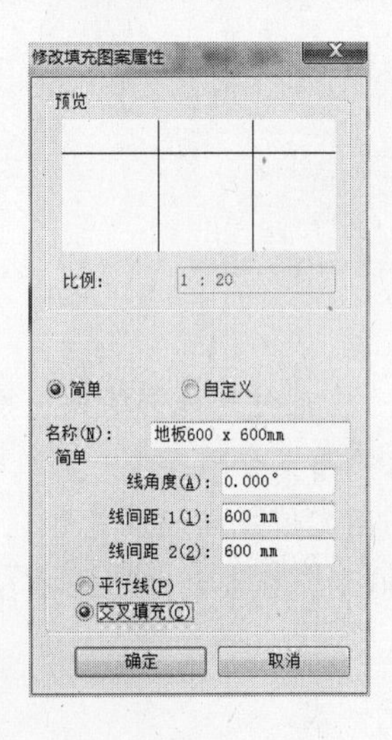

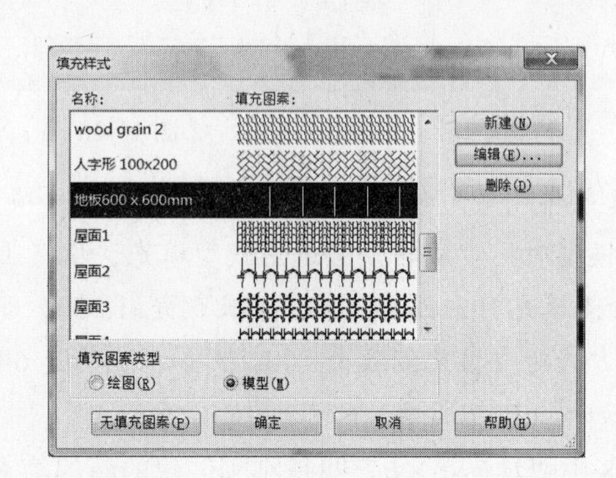

图 13-31

Step 07 “地砖 600×600”即是刚刚创建的新的填充样式，填充完图案的平面显示，如图 13-32 所示。

Step 08 填充完图案的三维显示（见图 13-33），可以看到填充图案已经跟模型一起旋转了。

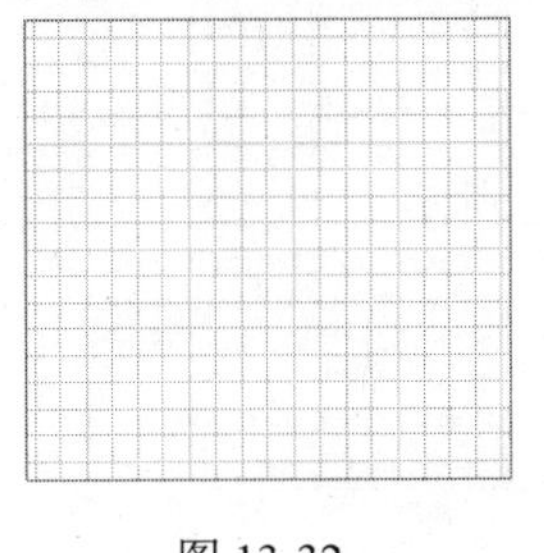

图 13-32

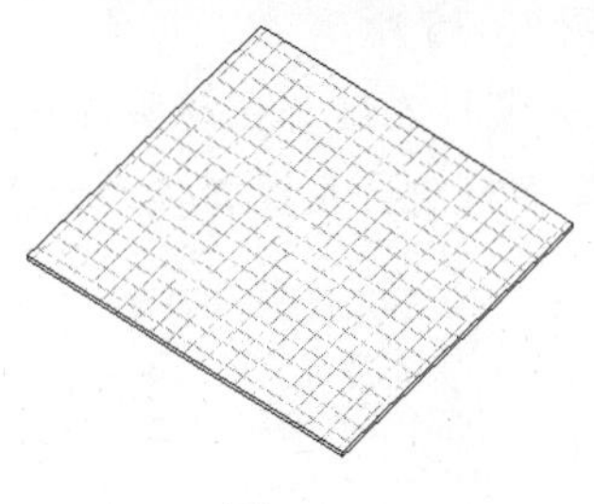

图 13-33

13.3.2　解决渲染时的黑屏问题

关于渲染的设置有很多，如日光、材质等的设置，在此不一一赘述，如果使用了所有的设置以后仍然渲染不出任何颜色，依旧是一块黑斑的话，则应该去操作系统（此处默认为 Windows XP 系统）中找原因，查看与软件安装相关的目录中是否包含有中文路径，此处所指的中文路径不仅指软件安装目录中包含的中文名称，还指诸如使用的中文登录名等。

如图 13-34 所示，如果在该系统中已有中文账户名，正确的方法不是将其改成英文或拼音，而是重新建立一个新的以英文字母命名的账户，或者启用系统内置的几个英文名账户。如果排除了以上所有的原因，那么一定可以在进行了正确的渲染设置（选对了灯光和材质等）的情况下渲染出满意的效果来。

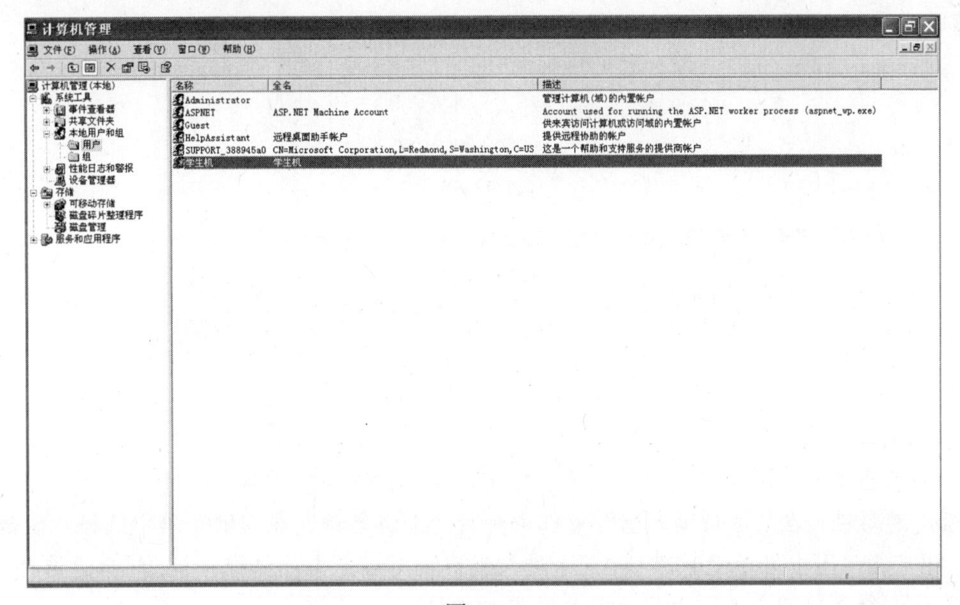

图 13-34

13.3.3 在 Revit 中进行漫游制作

Step 01 选择“视图”选项卡“创建”面板下的“三维视图”命令，在下拉选项中选择“漫游”命令，如图 13-35 所示。

Step 02 连续点击鼠标左键，在想要设置路径的地方设置关键帧，完成后按 Esc 键退出，此时在项目浏览器面板中会发现新建的漫游，如图 13-36 所示。

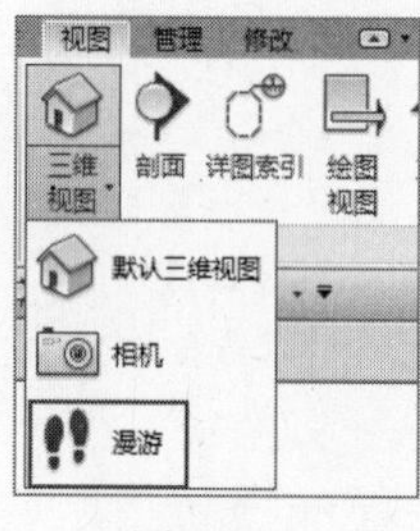

图 13-35

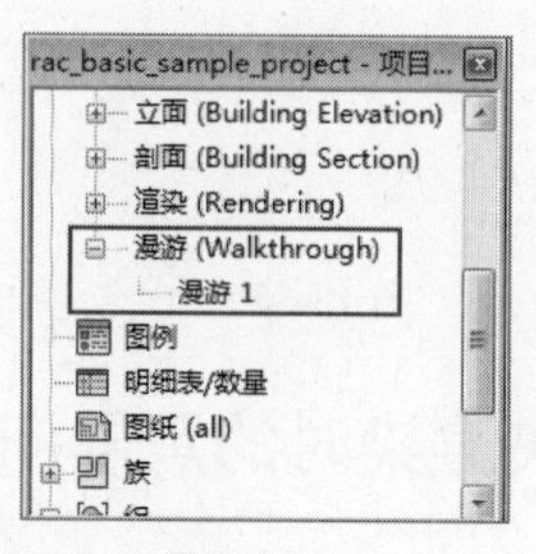

图 13-36

如果各关键帧上相机的高度不同，则需在添加点时在选项卡上提前设定，否则完成后不能逐个对路径上的相机点的高度进行调整，如图 13-37 所示。

图 13-37

Step 03 双击“漫游 1”进入相应视图，如图 13-38 所示，点击“编辑漫游”命令自动激活“编辑漫游”选项卡，如图 13-39 所示。

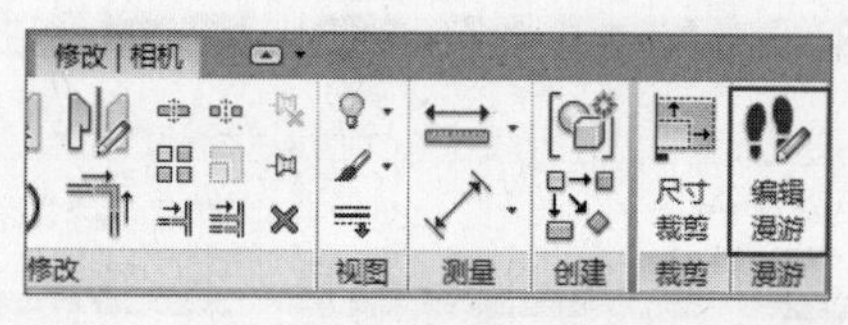

图 13-38

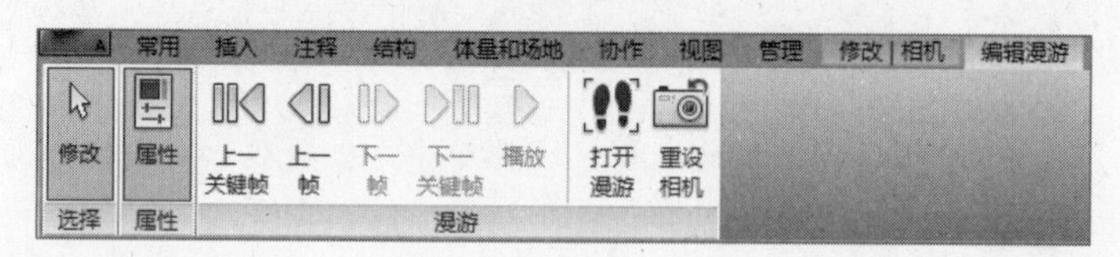

图 13-39

提示

如果已退出漫游路径的显示状态，那么路径在视图中不可见，通过以下方法可快速显示漫游路径：在“项目浏览器”中选中对应的漫游名称，在右键菜单中选择“显示相机”即可在视图中显示漫游路径；或者进入漫游视图后点击相机视口框，然后再选择“编辑漫游”命令即可在视图中显示各关键点和相机。

Step 04 回到原视图可以看到添加的各关键帧和相机位置，如图 13-40 所示。

Step 05 点击“漫游”面板下的“上一关键帧”等命令，移动相机的两个按钮可以逐帧设置相机的位置和视口的大小和方向，如图 13-41 所示。

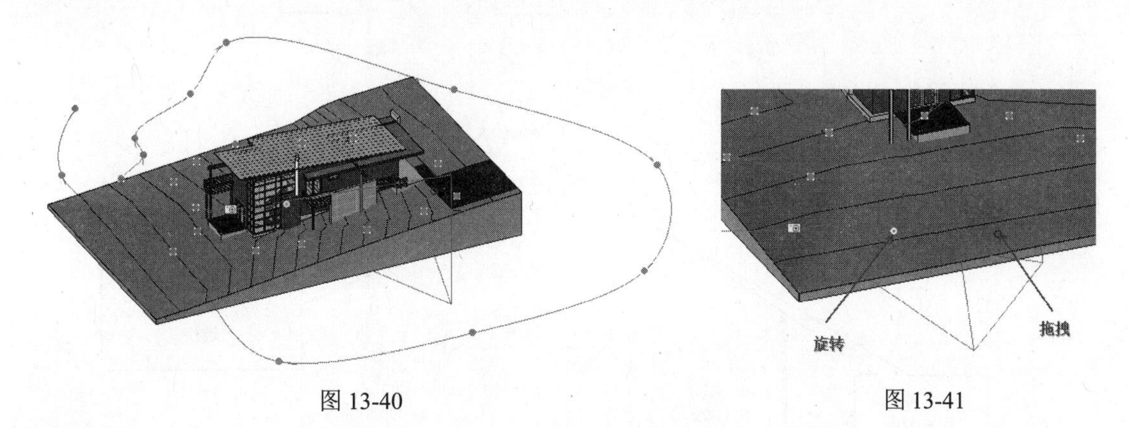

图 13-40　　　　图 13-41

Step 06 为了更方便和直观地设置检查制作的效果，我们可以打开平面、立面、漫游视图，查看相机效果，如图 13-42 所示。

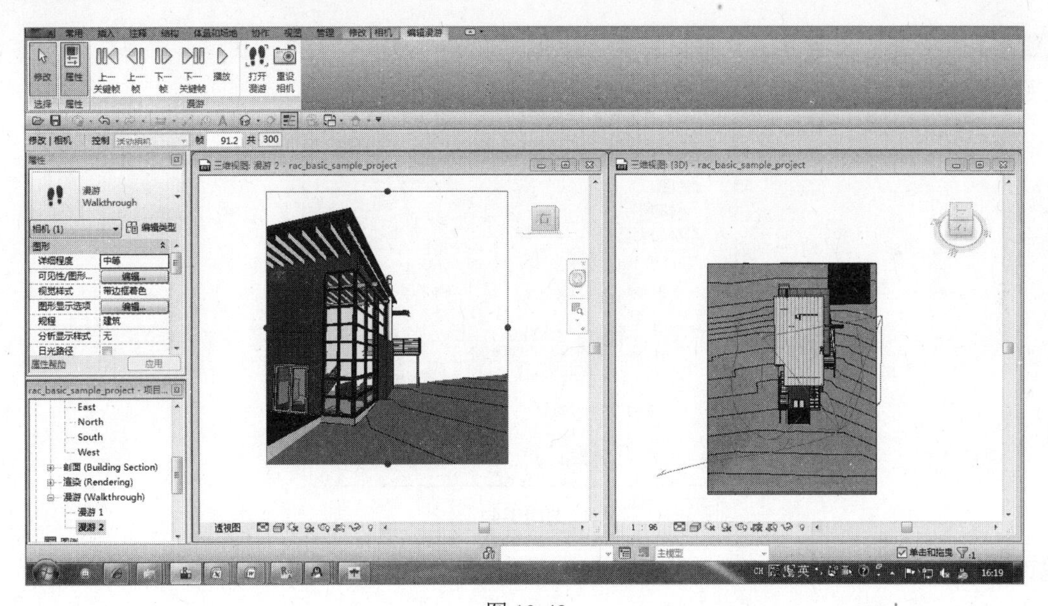

图 13-42

Step 07 设置完成后，点击“播放”观看漫游效果，如果速度过快或者对帧数不满意，可以单击帧数，并在弹出的对话框中按照图 13-43 设置漫游帧。

> **提示**
>
> 为了使形成的漫游视图富有变化，我们在构思漫游路径及视线时可以学习影视作品中的一些场景手法。例如在漫游的开始和结束时不是直接将视线对准目标建筑物，而是

通过镜头的转移，在漫游开始时将镜头视线从场景以外移动到建筑物场景之中，在漫游结束时再将镜头视线从建筑物场景向左右或向上移动到场景之外。

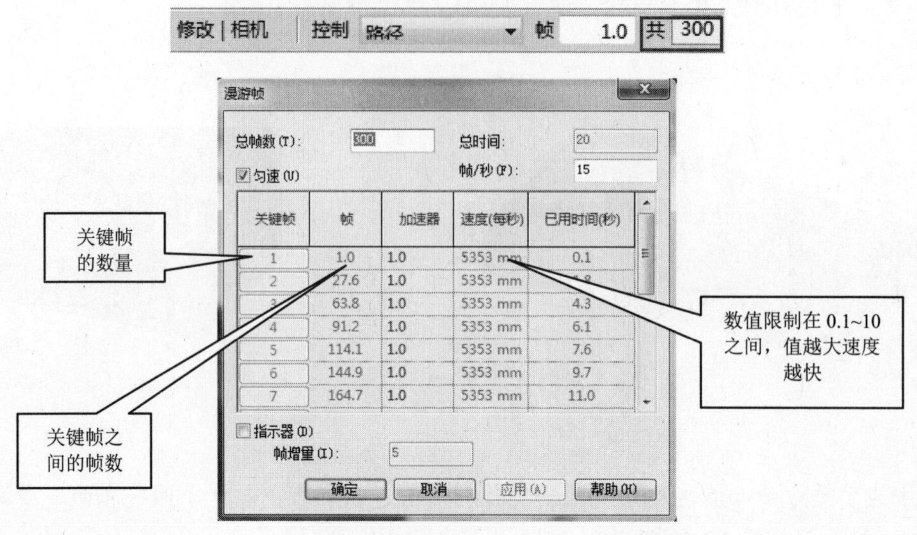

图 13-43

Step 08 下面是导出漫游，单击应用程序按钮，选择“导出”菜单“图像和动画”命令下的“漫游”命令，弹出如图 13-44 所示的对话框。

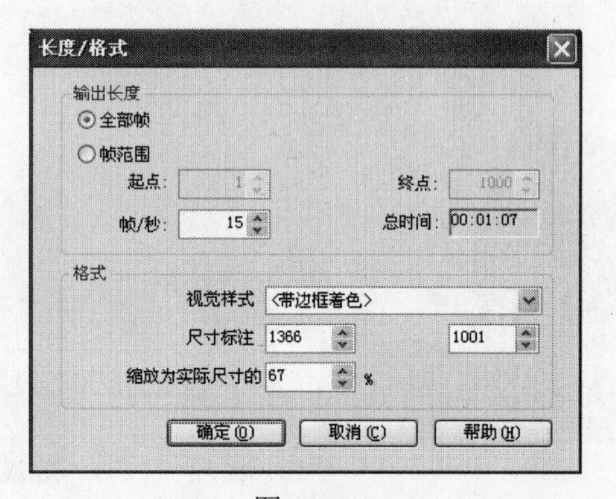

图 13-44

Step 09 最后根据需要调节输出长度、格式及视频压缩方式，如图 13-45 所示。

图 13-45

第 14 章　成果输出

概述：在 Revit 中，利用现有的三维模型，可创建施工图图纸。在模型上做图纸变更，可以真正理解“牵一发动全身”的概念，只要修改一个构件，其平立剖面数据就可以自动更新。本章重点讲解了创建图纸、布图、如何导出符合国家制图要求的 dwg 文件及图纸打印等。

14.1　创建图纸与设置项目信息

14.1.1　创建图纸

Step 01 单击“视图”选项卡下“图纸组合”面板中的“图纸”按钮，在弹出的“新建图纸”对话框中通过“载入”会得到相应的图纸。这里选择载入图签中的“A1 公制”，单击“确定”按钮，完成图纸的新建，如图 14-1 所示。

图 14-1

Step 02 此时创建了一张图纸视图，如图 14-2 所示，创建图纸视图后，在项目浏览器中“图纸”项下自动增加了图纸“J0-1-未命名”。

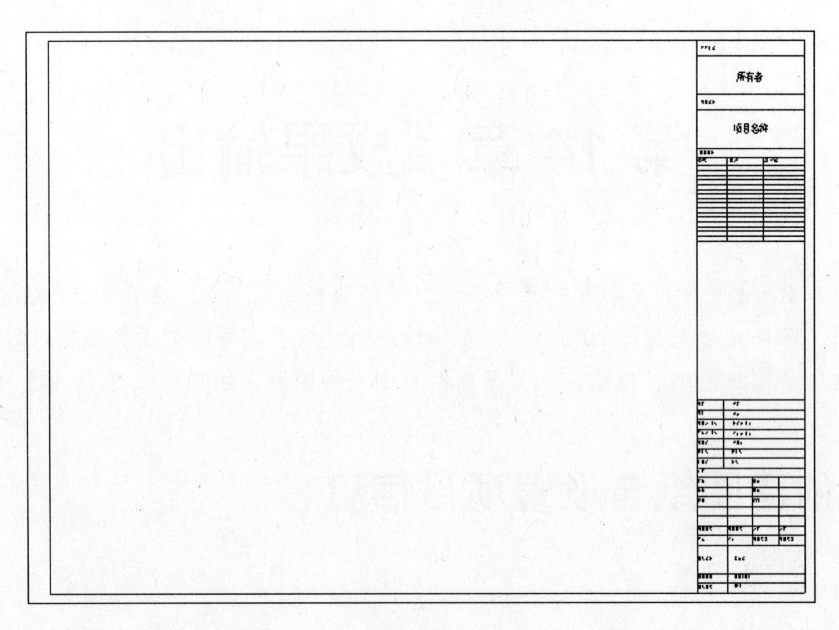

图 14-2

14.1.2 设置项目信息

Step 01 单击“管理”选项卡下“设置”面板中的“项目信息”按钮，按图示内容录入项目信息，单击“确定”按钮，完成录入，如图 14-3 所示。

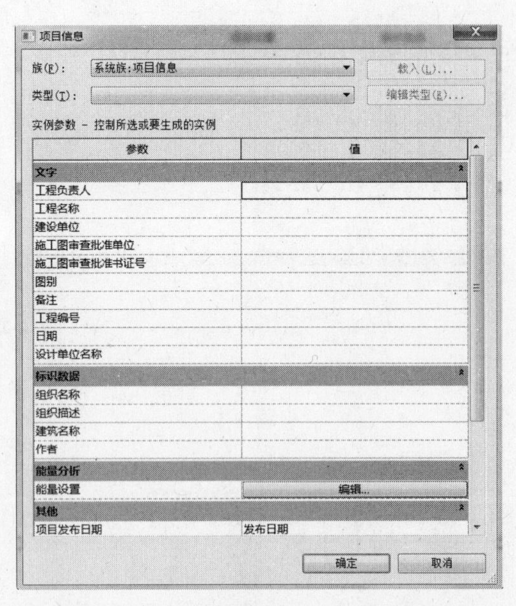

图 14-3

Step 02 图纸中的审核者、设计者等内容可在图纸属性中进行修改，如图 14-4 所示。

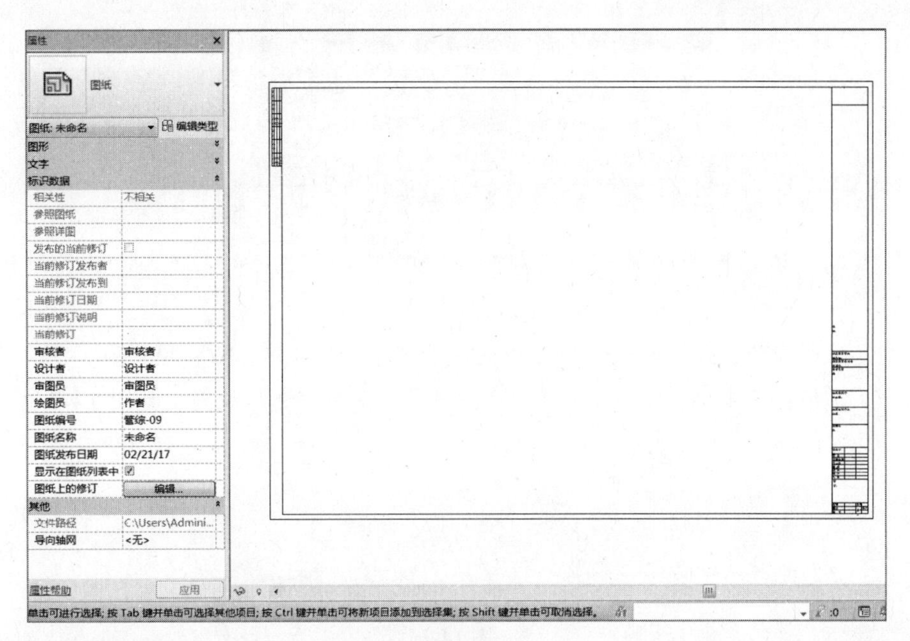

图 14-4

Step 03 至此完成了图纸的创建和项目信息的设置。

14.2 图例视图制作

Step 01 创建图例视图：单击“视图”选项卡下“创建”面板中“图例”右侧的下拉按钮，在弹出的下拉列表中选择“图例”选项，在弹出的“新图例视图”对话框中输入名称为“图例 1”，单击“确定”按钮完成图例视图的创建，如图 14-5 所示。

图 14-5

Step 02 选取图例构件：进入新建图例视图，单击 “注释”选项卡下“详图”面板中“构件”右侧的下拉按钮，在弹出的下拉列表中选择“图例构件”选项，按图示内容进行选项栏设置，完成后在视图中放置图例，如图 14-6 所示。

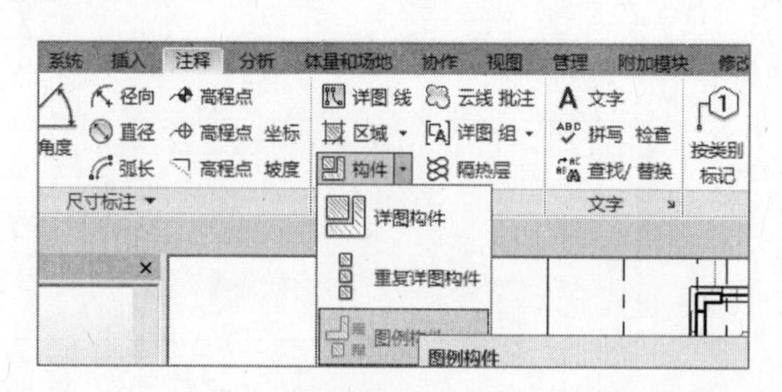

图 14-6

Step 03 重复上述操作，分别修改选项栏中的族为“墙：基本墙：NQ_200_隔”“墙：基本墙：NQ_200_剪”“墙：基本墙：WQ_50+（200）_剪”，在图中进行放置，如图 14-7 所示。

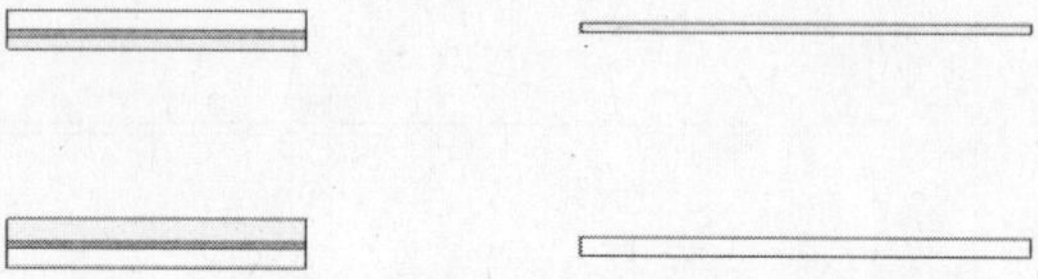

图 14-7

Step 04 添加图例注释：使用文字工具，按图示内容为其添加注释说明，如图 14-8 所示。

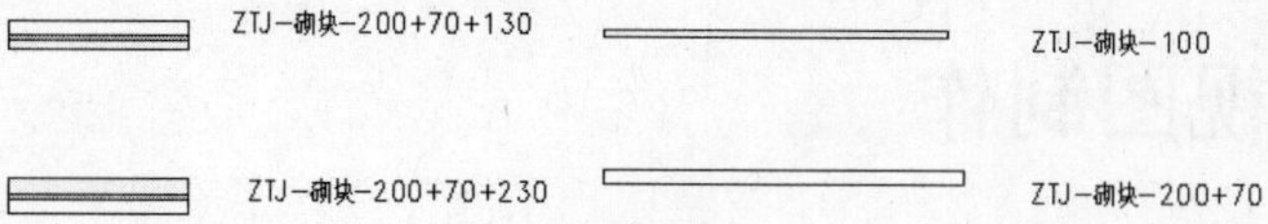

ZTJ—砌块—200+70+130
ZTJ—砌块—100
ZTJ—砌块—200+70+230
ZTJ—砌块—200+70

图 14-8

14.3 布置视图

创建了图纸后，即可在图纸中添加建筑的一个或多个视图，包括楼层平面、场地平面、天花板平面、立面、三维视图、剖面、详图视图、绘图视图、图例视图、渲染视图及明细表视图等。将视图添加到图纸后还需要对图纸位置、名称等视图标题信息进行设置。

14.3.1 布置视图的步骤

Step 01 定义图纸编号和名称：接 14.2 节练习，在项目浏览器中展开“图纸”选项，右击图纸“J0-1-未命名”，在弹出的快捷菜单中选择“重命名”命令，弹出“图纸标题”对话框，按图示内容定义，如图 14-9 所示。

Step 02 放置视图：在项目浏览器中按住鼠标左键，分别拖曳楼层平面“1F”到“建施-1a”图纸视图。

Step 03 添加图名：选择拖进来的平面视图 1F，在“属性”中修改 “图纸上的标题”为“首层平面图”，如图 14-10 所示。按相同操作，修改平面视图 2F 属性中“图纸上的标题”为“二层平面图”。将图纸标题拖曳到合适位置，并将标题文字底线调整到适合标题的长度。

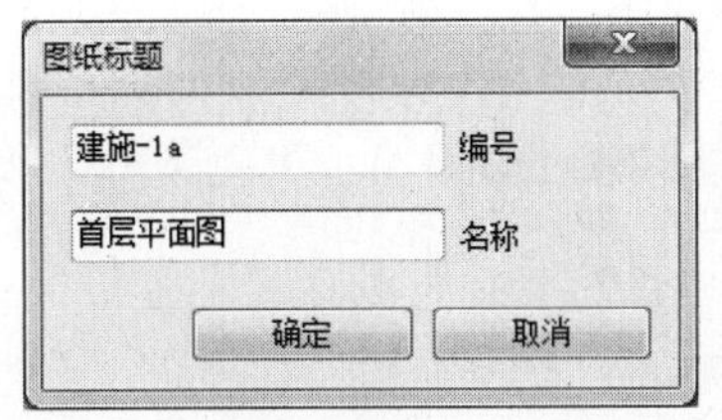

图 14-9

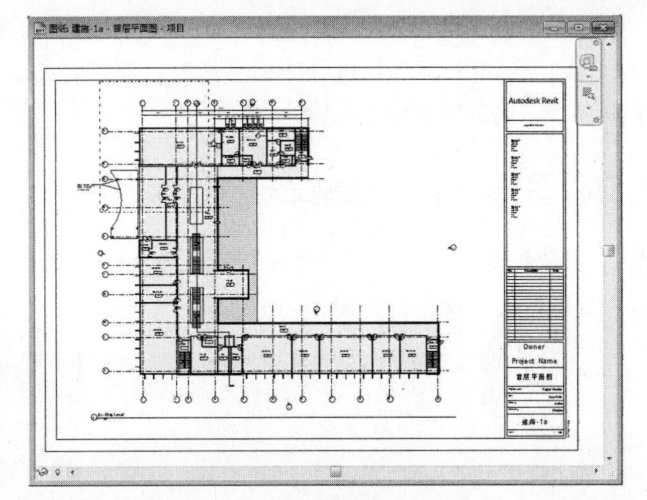

图 14-10

注意

每张图纸可布置多个视图，但每个视图仅可以放置到一个图纸上。要在项目的多个图纸中添加特定视图，可在项目浏览器中该视图名称上右击，在弹出的快捷菜单中选择“复制视图|复制作为相关”，创建视图副本，可将副本布置于不同图纸上。除图纸视图外，明细表视图、渲染视图、三维视图等也可以直接拖曳到图纸中。

Step 04 改变图纸比例：如需修改视口比例，可在图纸中选择 F1 视图并右击，在弹出的快捷菜单中选择“激活视图”命令。此时“图纸标题栏”灰显，单击绘图区域左下角视图控制栏比例，弹出比例列表，如图 14-11 所示。可选择列表中的任意比例值，也可选择“自定义”选项，在弹出的“自定义比例”对话框中将“200”更改为新值后单击“确定”按钮，如图 14-12 所示。比例设置完成后，在视图中右击，在弹出的快捷菜单中选择“取消激活视图”命令完成比例的设置，保存文件。

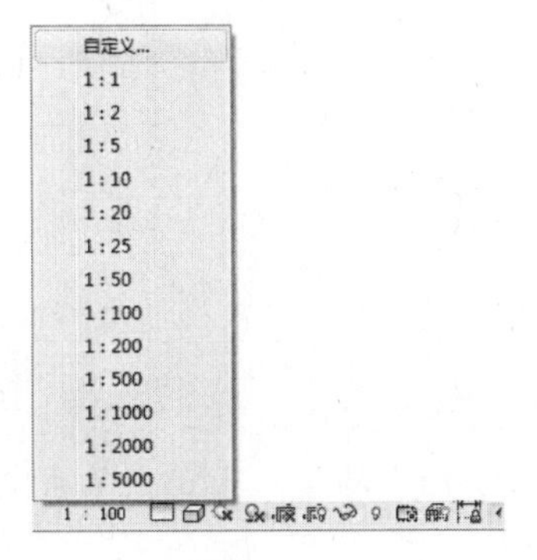

图 14-11

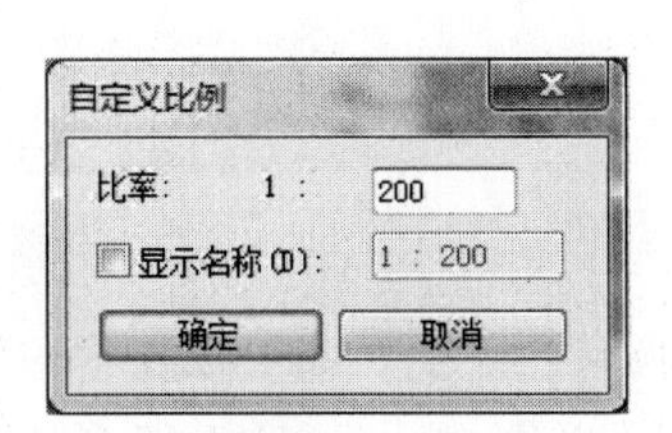

图 14-12

注意

本案例中不需重新设置比例。

注意

激活视图后，不仅可以重新设置视口比例，且当前视图和项目浏览器中“楼层平面”项下的“F1”视图一样可以进行绘制和修改。修改完成后在视图中右击，在弹出的快捷菜单中选择“取消激活视图”命令即可。

14.3.2 图纸列表、措施表及设计说明

Step 01 单击“视图”选项卡下“创建”面板中的“明细表”下拉按钮，在弹出的下拉列表中选择“图纸列表”选项，如图 14-13 所示。

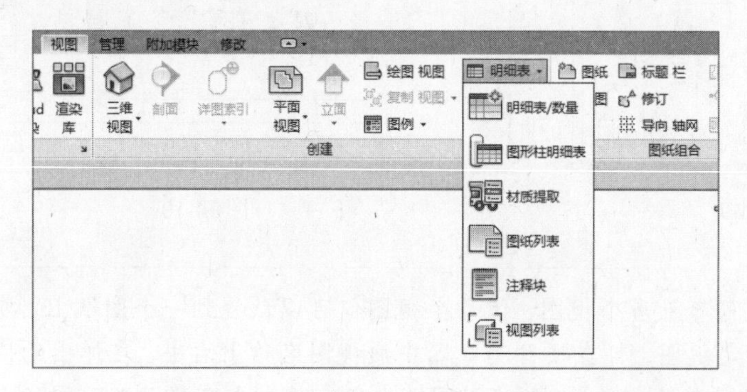

图 14-13

Step 02 在弹出的“图纸列表属性”对话框中根据项目要求添加字段，如图 14-14 所示。

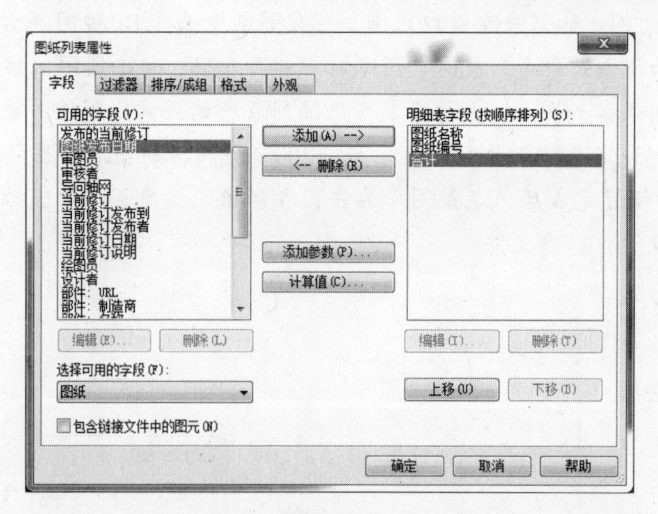

图 14-14

Step 03 切换到“排序/成组”选项卡，根据要求选择明细表的排序方式，单击“确定”按钮完成图纸列表的创建，如图 14-15 所示。

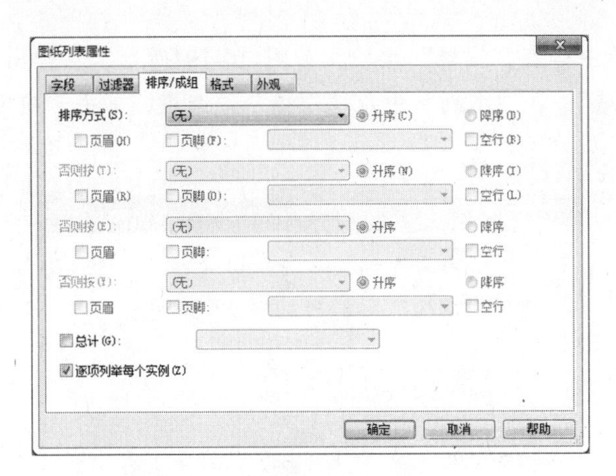

图 14-15

Step 04 单击“视图”选项卡下“创建”面板中的“图例”下拉按钮，在弹出的下拉列表中选择“图例”选项，在弹出的对话框中调整比例，单击“确定”按钮，如图 14-16 所示。

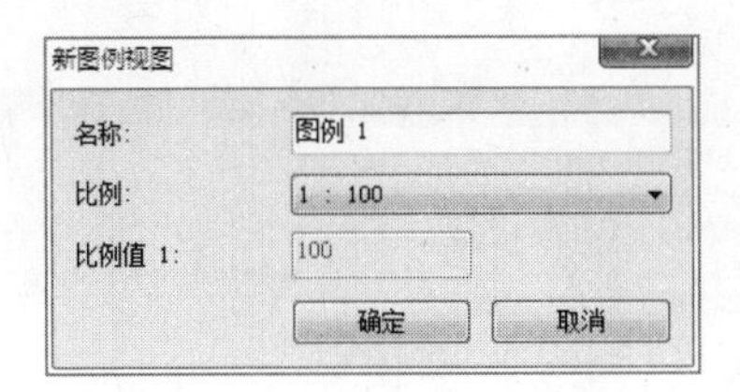

图 14-16

Step 05 进入图例视图，单击“注释”选项卡下“文字”面板中的“文字”按钮，根据项目要求添加设计说明，如图 14-17 所示。

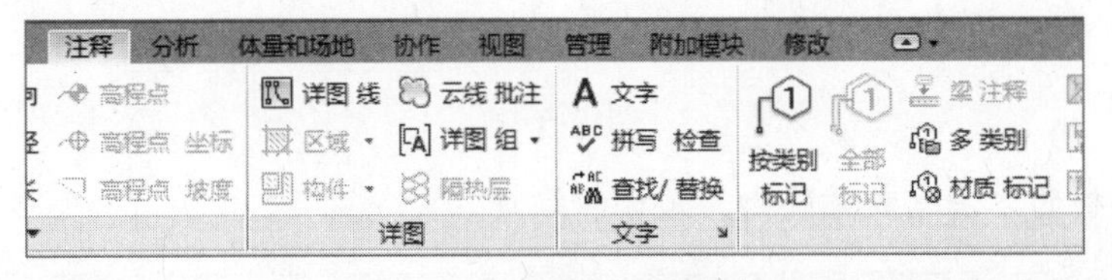

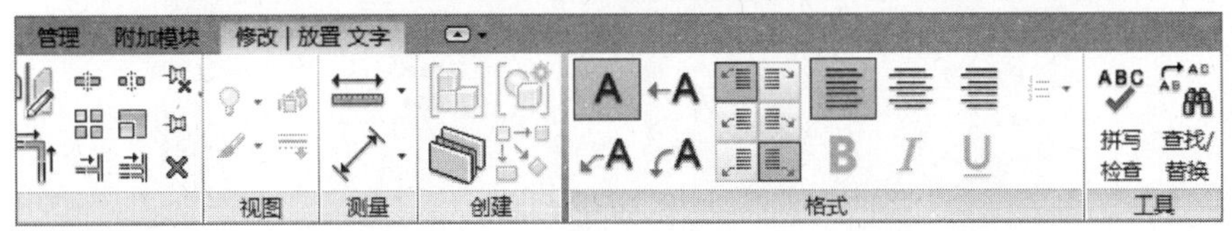

图 14-17

Step 06 装修做法表可以运用房间明细表来做，单击“视图”选项卡下“创建”面板中的“明细表”按钮，在弹出的下拉列表中选择“明细表”选项，弹出“新建明细表”对话框。在“类别”列表框中选择“房间”，修改名称为“装修做法表”，如图 14-18 所示。

Step 07 单击“确定”按钮，弹出“明细表属性”对话框。在做装修做法表时，也要把内墙、踢脚、顶棚计算在内，在“明细表属性”中的“可用字段”列表框下并没有这几个选项。在

“明细表属性”对话框中单击“编辑”按钮，如图 14-19 所示，在弹出的“参数属性”对话框中添加名称为“内墙”，在“类别”中勾选“墙”复选框，单击“确定”按钮，如图 14-20 所示。

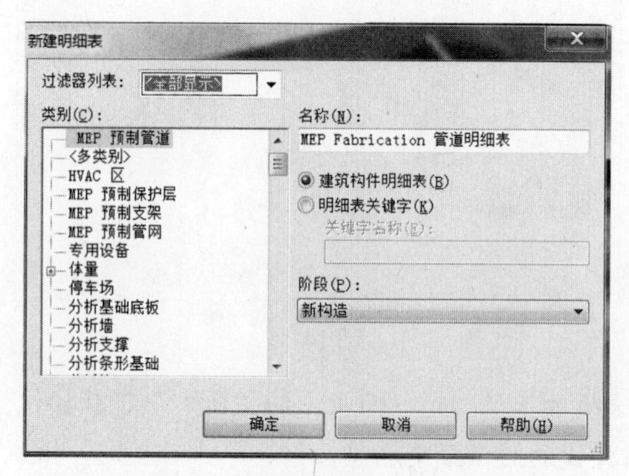

图 14-18

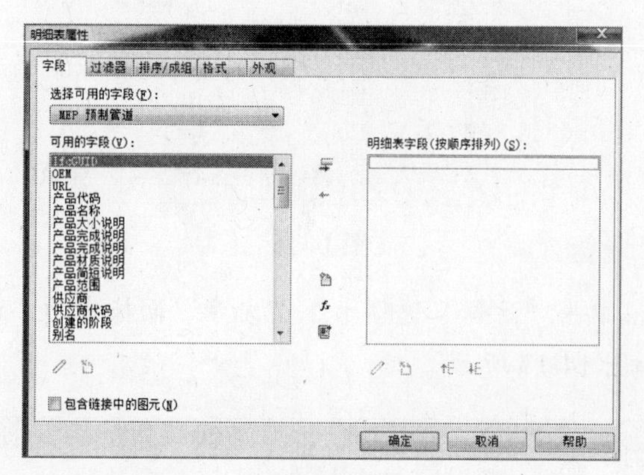

图 14-19

Step 08 运用同样的方法完成对踢脚、顶棚的编辑。

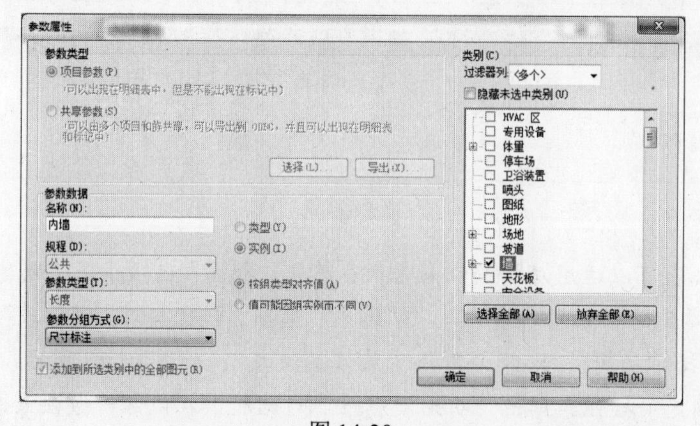

图 14-20

注意

在编辑踢脚时，在“参数属性”对话框中“过滤器列”下拉列表框中选择“建筑”，“类别”列表框中勾选“墙饰条”复选框，如图 14-21 所示。

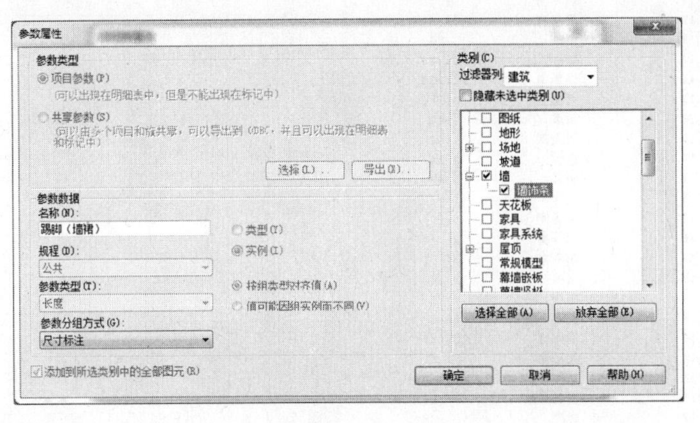

图 14-21

Step 09 在“明细表属性”对话框中选择“过滤器”选项卡，在“过滤条件”下拉列表中选择标高“标高 1”选项，如图 14-22 所示。

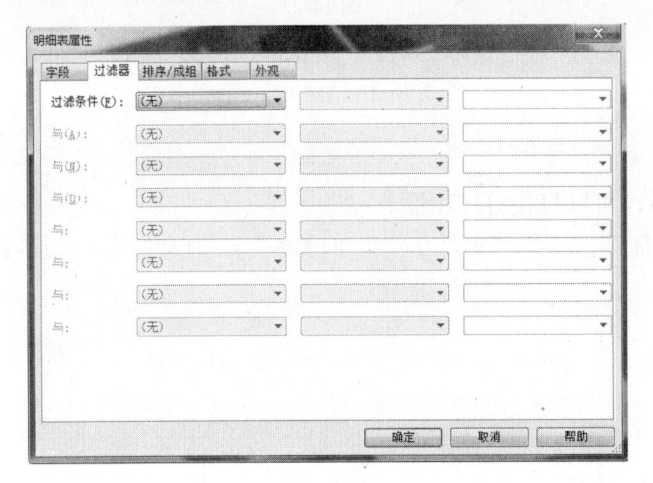

图 14-22

Step 10 完成上一步操作后单击“确定”按钮，完成明细表的创建，如图 14-23 所示。

注意

在项目中选择墙体，根据属性对话框中所显示的墙体信息，将信息手动输入到装修做法表中。

Step 11 在项目浏览器中分别把设计说明、图纸列表、装修做法表拖曳到新建的图纸中。

装修做法表					
标高	名称	面积	内墙	踢脚（墙裙）	顶棚
1F	玄关	2.84			
1F	餐厅	13.38			
1F	厨房	6.48			
1F	卫生间	1.50			
1F	娱乐室	21.33			
1F	起居室	34.51			
1F	玄关	2.84			
1F	餐厅	13.38			
1F	娱乐室	21.35			
1F	起居室	34.51			
1F	厨房	6.48			
1F	卫生间	1.50			
1F	玄关	2.84			
1F	厨房	6.48			
1F	餐厅	13.38			
1F	卫生间	1.50			
1F	娱乐室	21.35			
1F	起居室	34.51			
1F	玄关	2.84			
1F	厨房	7.31			
1F	餐厅	13.38			
1F	娱乐室	21.35			
1F	起居室	34.51			
1F	玄关	2.84			
1F	厨房	7.31			
1F	餐厅	13.38			
1F	娱乐室	21.35			
1F	起居室	34.51			
1F	卫生间	1.50			
1F	卫生间	1.50			
总计：30					

图 14-23

14.4 打印

创建图纸之后，可以直接打印出图。

Step 01 接 14.3 节练习，选择“应用程序菜单|文件”|“打印”命令，弹出“打印”对话框，如图 14-24 所示。

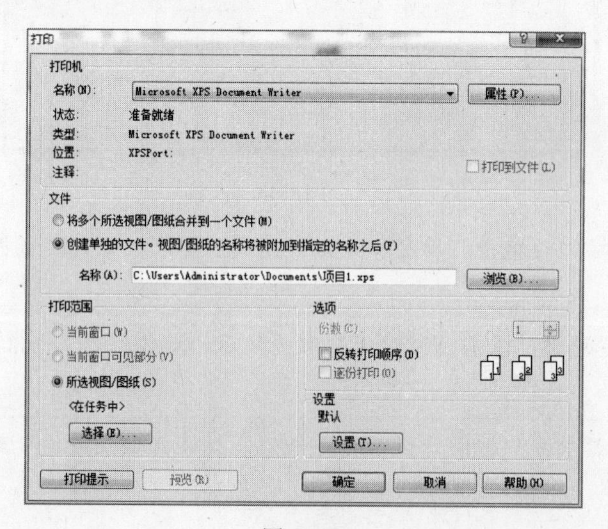

图 14-24

Step 02 在“名称”下拉列表框中选择可用的打印机名称。

Step 03 单击“名称”后的“属性”按钮，弹出打印机的“文档属性”对话框，如图 14-25 所示。选择方向为“横向”，并单击“高级”按钮，弹出“高级选项”对话框，如图 14-26 所示。

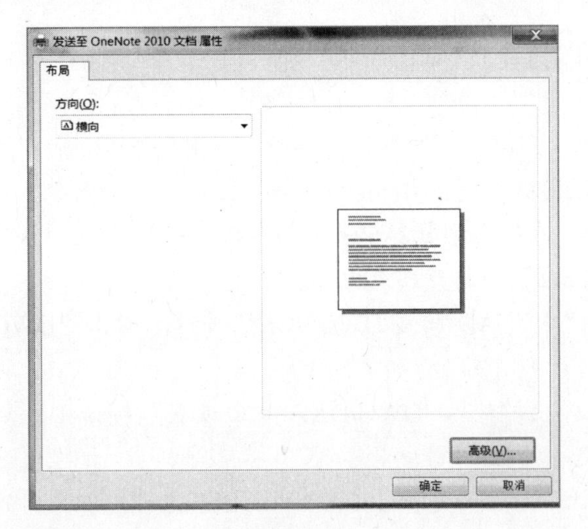

图 14-25

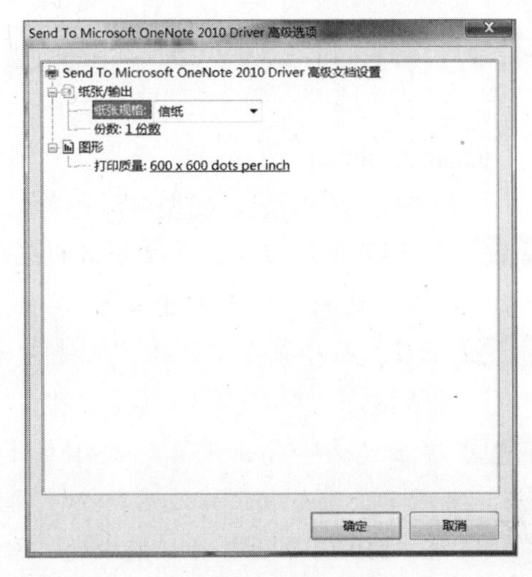

图 14-26

Step 04 在“纸张规格”下拉列表框中选择纸张“A2”选项，单击“确定”按钮，返回“打印”对话框。

Step 05 在“打印范围”选项区域中选择“所选视图/图纸”单选按钮，下面的“选择”按钮由灰色变为可用项。单击“选择”按钮，弹出“视图/图纸集”对话框，如图 14-27 所示。

Step 06 勾选对话框底部“显示”选项区域中的“图纸”复选框，取消勾选“视图”复选框，对话框中将只显示所有图纸。单击右边的“选择全部”按钮自动勾选所有施工图图纸，单击“确定”按钮回到“打印”对话框。

图 14-27

Step 07 单击“确定”按钮，即可自动打印图纸。

注意

Revit 打印机、绘图仪驱动在 Windows 的“设备和打印”中添加。

14.5 导出 DWG 与导出设置

Revit Architecture 所有的平、立、剖面、三维视图及图纸等都可以导出为 DWG 格式图形，而且导出后的图层、线型、颜色等可以根据需要在 Revit Architecture 中自行设置。

Step 01 接 14.4 节练习，打开要导出的视图，在项目浏览器中展开“图纸（全部）”选项，双击图纸名称“建施-101-首层平面图 二层平面图”，打开图纸视图。

Step 02 在应用程序菜单中选择“文件|导出”|“CAD 格式|DWG 文件”命令，弹出“DWG 导出”对话框。

Step 03 单击“选择导出设置”按钮 ，弹出“修改 DWG/DXF 导出设置”对话框，如图 14-28 所示，进行相关修改后单击“确定”按钮。

Step 04 在“DWG 导出”对话框中的“名称”对应的是 AutoCAD 中的图层名称。以轴网的图层设置为例，向下拖曳，找到“轴网”，默认情况下轴网和轴网标头的图层名称均为“S-GRIDIDM”，因此，导出后，轴网和轴网标头均位于图层“S-GRIDIDM”上，无法分别控制线型和可见性等属性。

Step 05 单击“轴网”图层名称“S-GRIDIDM”，输入新名称“AXIS”；单击“轴网标头”图层名称“S-GRIDIDM”；输入新名称“PUB_BIM”。这样，导出的 DWG 文件，轴网在“AXIS”图层上，而轴网标头在“PUB_BIM”图层上，符合绘图习惯。

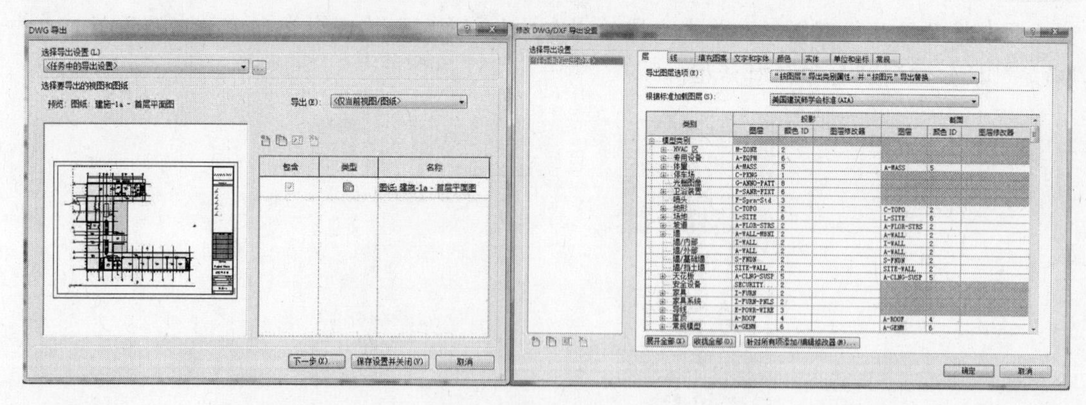

图 14-28

Step 06 “DWG 导出”对话框中的颜色 ID 对应 AutoCAD 中的图层颜色，如颜色 ID 设置为“7”，导出的 DWG 图纸中该图层为白色。

注意

Revit 的图层导出文件为独立 TXT 文件，生成 DGN 图层映射文件时，该文件的命名方式如下：exportlayers-DGN-<标准>.txt，其中<标准>表示所选的导出图层标准（如 AIA 或 BS1192）。

图层映射文件位于 C:\Documents and Settings\All Users\Application Data\Autodesk\<产品>目录中（对于 Windows® Vista 和 Windows 7，图层映射文件的位置为 C:\ProgramData\ Autodesk\<产品>）。导出项目时，会将其图层映射文件（与项目一起）导出为目标 CAD 程序的相应格式。

Step 07 在“DWG 导出”对话框中单击“下一步”按钮，在弹出的“导出 CAD 格式-保存到目标文件夹”对话框的“保存于”下拉列表中设置保存路径，在“文件类型”下拉列表中选择相应 CAD 格式文件的版本，在“文件名/前缀”文本框中输入文件名称，如图 14-29 所示。

图 14-29

Step 08 单击“确定”按钮，完成 DWG 文件导出设置。

14.6　技术应用技巧

14.6.1　如何在图纸上旋转平面而不影响模型本身

问题：搭建的模型有时并不是完全的水平方向或者垂直方向，而是与水平方向有一定的角度，如图 14-30 所示，那么怎样旋转平面才不会影响模型本身呢？

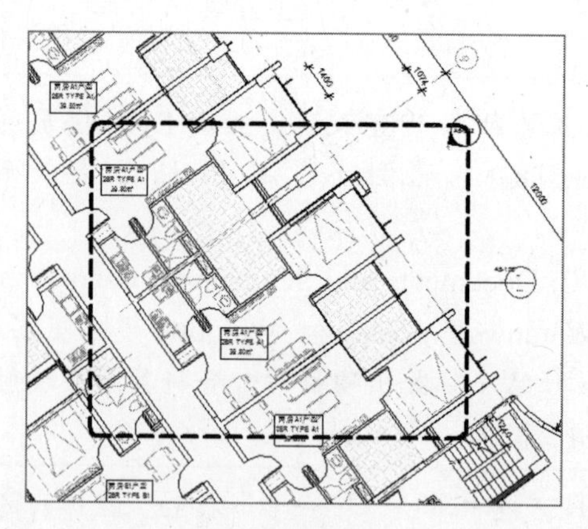

图 14-30

Step 01 将 A4-040 这个索引平面放在图纸上，如图 14-31 所示。

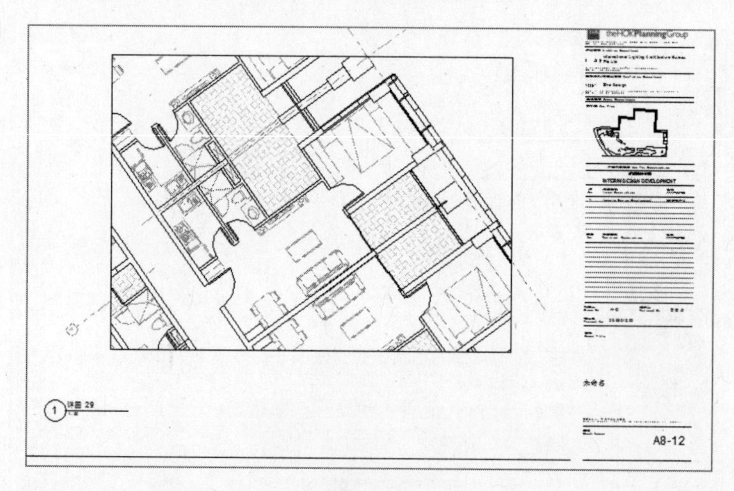

图 14-31

Step 02 在平面上用“旋转”命令将索引框进行旋转，如图 14-32 所示。

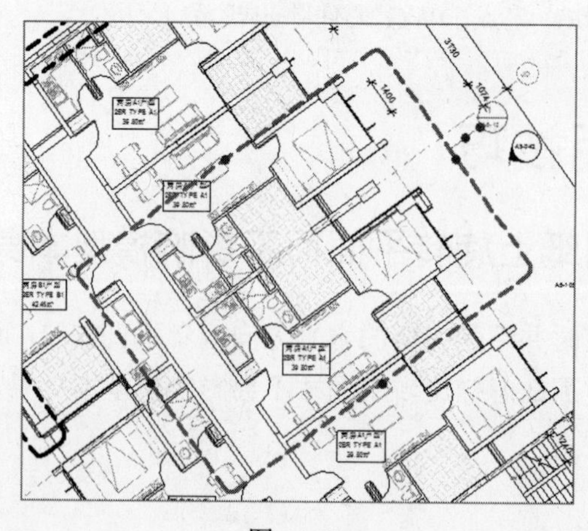

图 14-32

Step 03 图纸上的平面则会跟着旋转，如图 14-33 所示。

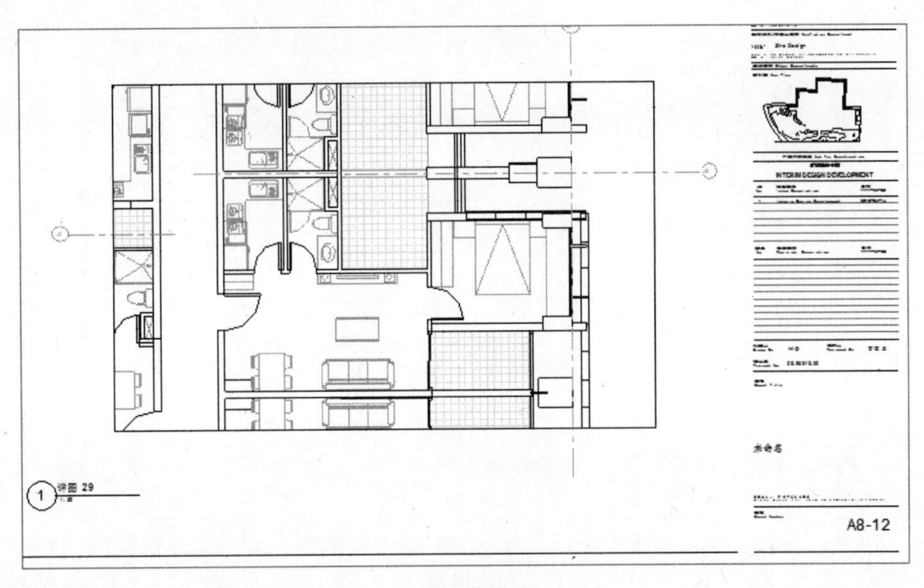

图 14-33

Step 04 索引框的线型样式在对象样式中可以设置。

14.6.2　在 Revit 中管理 CAD 的图层

当 CAD 文件作为链接底图时，底图会比较乱，为看清楚可以设置关掉 CAD 文件的一些不必要的图层。

Step 01 先选中 CAD 底图，然后在上下文选项卡选择“查询”，如图 14-34 所示。

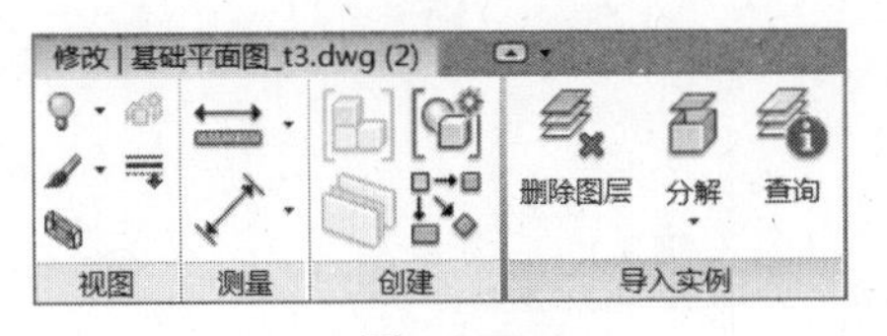

图 14-34

Step 02 然后再单击要查询的 CAD 线条，它就会显示出 CAD 线的图层，在出现的实例查询对话框中我们可以选择隐藏该图层或者删除该图层，如图 14-35 所示。

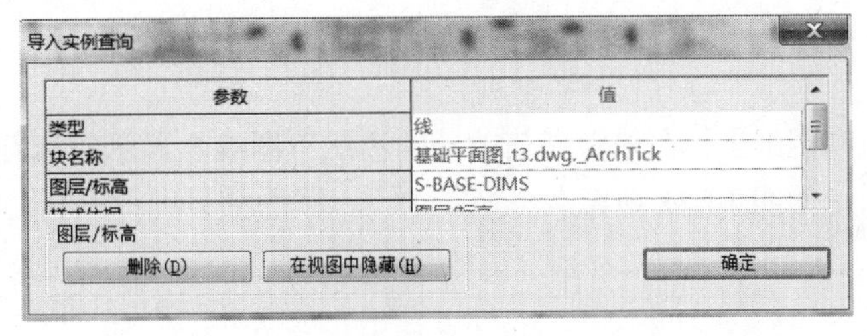

图 14-35

Step 03 可以在视图的可见性设置面板对导入的CAD线条进行全面的控制，如图14-36所示。

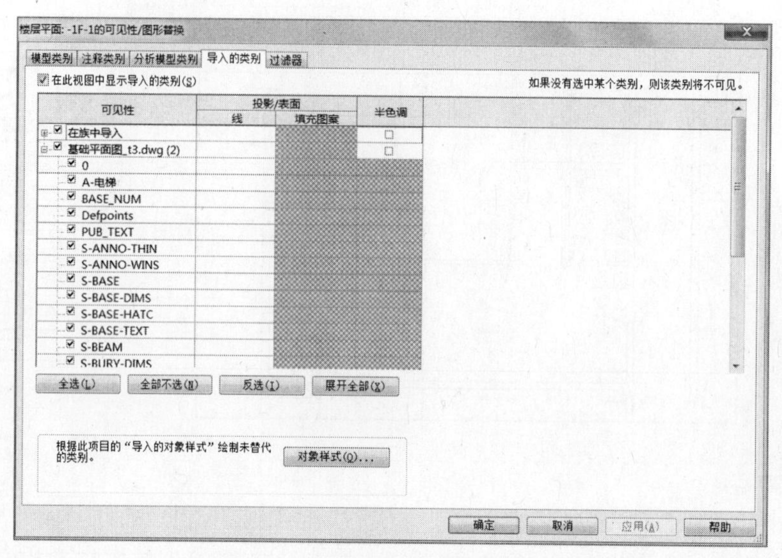

图14-36

14.6.3 如何区分“视图名称”与“图纸上的标题”

“视图名称”指的是对视图的命名，它显示在左面的“项目浏览器”中，如图14-37所示。

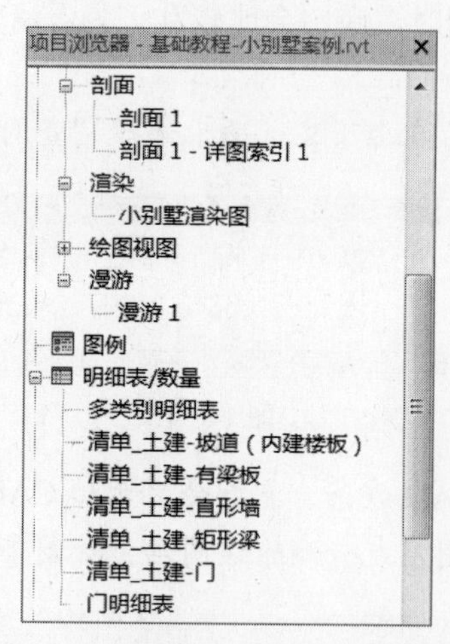

图14-37

如果将视图拖到图纸上，在未做任何改动的情况下图纸上显示的标题和视图原有的“视图名称”是相同的，如图14-38所示。

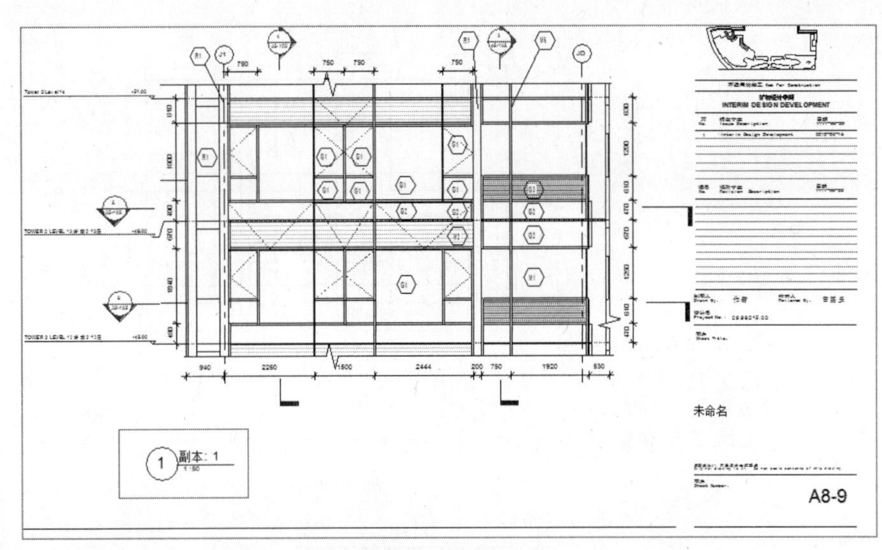

图 14-38

点击视图名称，在“属性”中将“视图名称”改为“立面”，那么项目浏览器中相应的视图名称也发生改变，如图 14-39 所示。

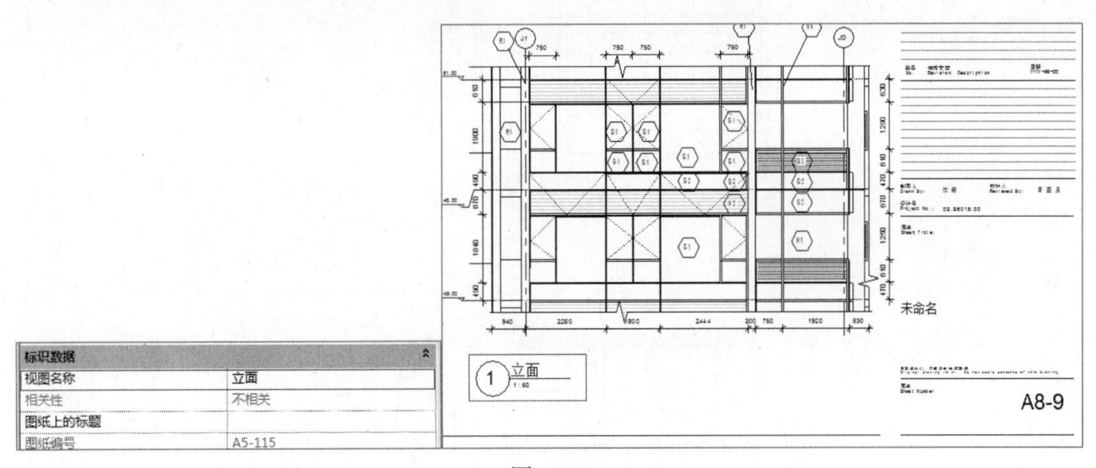

图 14-39

此外，更改图纸上的标题，左面项目浏览器中相应的视图名称不发生变化，但图纸上的标题发生变化，如图 14-40 所示。

“视图名称”具有唯一性，也就是说不能有两个相同的视图名称，而不同视图的“图纸上的标题”可以相同也可以不同。

如图 14-41 所示，在图纸 A5-115 和图纸 A5-110 中，两个不同的视图显示了相同的名称“立面　ELEVATION”。

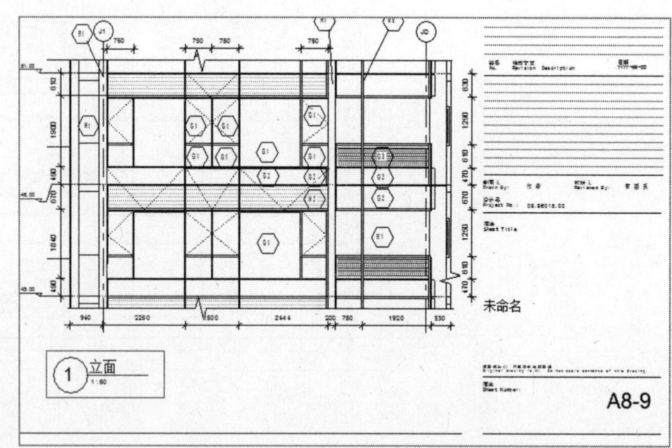
立面: Elevation 0 -
立面: 副本: 1
立面: 副本: 塔楼二东
立面: 副本: 塔楼二东
未命名
1 立面
A8-9

图 14-40

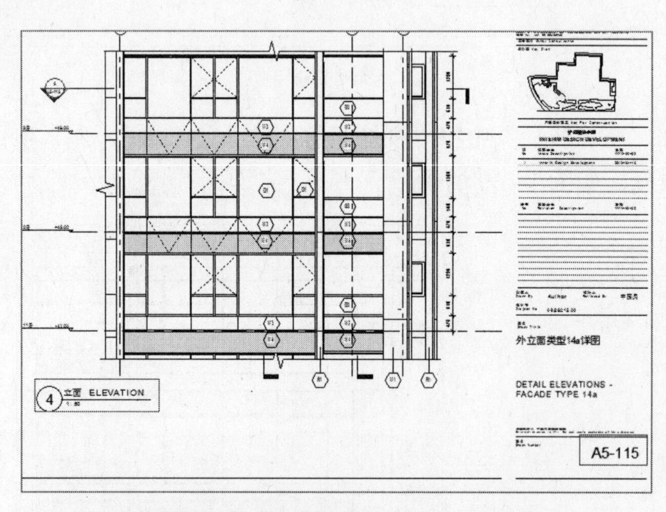
外立面类型14a详图
DETAIL ELEVATIONS -
FACADE TYPE 14a
4 立面 ELEVATION
A5-115

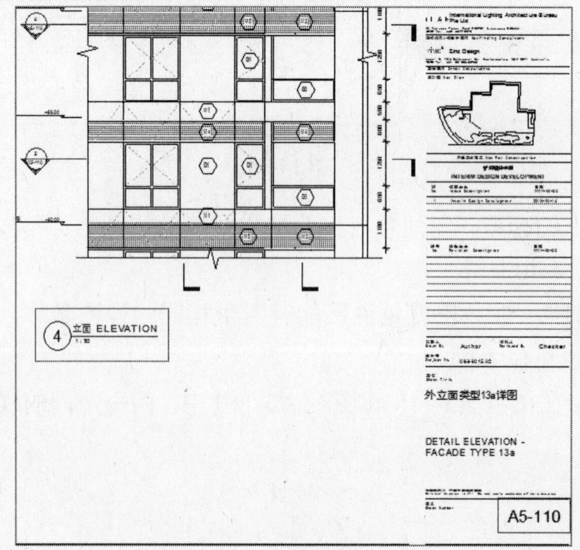
4 立面 ELEVATION
外立面类型13a详图
DETAIL ELEVATION -
FACADE TYPE 13a
A5-110

图 14-41

第 15 章　体量的创建与编辑

概述：在本章中，读者将了解 Revit Architecture 2017 的体量设计工具的应用方法，学习体量族的创建方法及创建基于公制幕墙嵌板填充图案构件族。

正是因为 Revit Architecture 2017 体量建模能力极大、极强，使得各种异型建筑的设计及平立剖面图纸的自动生成成为 Revit Architecture 2017 的一大亮点。

15.1　创建体量

体量是在建筑模型的初始设计中使用的三维形状。通过体量研究，可以使用造型形成建筑模型概念，从而探究设计的理念。概念设计完成后，可以直接将建筑图元添加到这些形状中。

Revit Architecture 2017 提供了如下两种创建体量的方式。

- 内建体量：用于表示项目独特的体量形状。
- 创建体量族：在一个项目中放置体量的多个实例，或者在多个项目中需要使用同一体量族时，通常使用可载入体量族。

15.1.1　内建体量

1. 新建内建体量

Step 01 单击“体量和场地”选项卡下“概念体量”面板中的“内建体量”按钮，如图 15-1 所示。

注意

默认体量为不可见的，为了创建体量，可先激活“显示体量 形状和楼层”模式。在 Revit Architecture 2017 中提供了 4 种体量显示：按视图设置显示体量，此选项将根据“可见性/图形”对话框中“体量”类别的可见性设置显示体量。当“体量”类别可见时，可以独立控制体量子类别（如体量墙、体量楼层和图案填充线）的可见性。这些视图专有的设置还决定是否打印体量。显示体量 形状和楼层：设置此选项后，即使体量类别的可见性在某视图中关闭，所有体量实例和体量楼层也会在所有视图中显示；显示体量表面类型：执行概念能量分析时，可使用此选项显示体量表面，以便可以选择各个表面并修改其图形外观或能量设置。要激活此选项，可单击“分析”选项卡下“能量设置”面板中的“创建能量模型”按钮；显示体量 分区和着色：执行概念能量分析时，可使用此选项显示体量分区和着色，以便可以选择各个分区并修改其设置。要激活此选项，可单击“分析”选项卡下“能量设置”面板中的“创建能量模型”。

图 15-1

Step 02 在弹出的“名称”对话框中输入内建体量族的名称，然后单击“确定”按钮，即可进入内建体量的草图绘制模型，如图 15-2 所示。

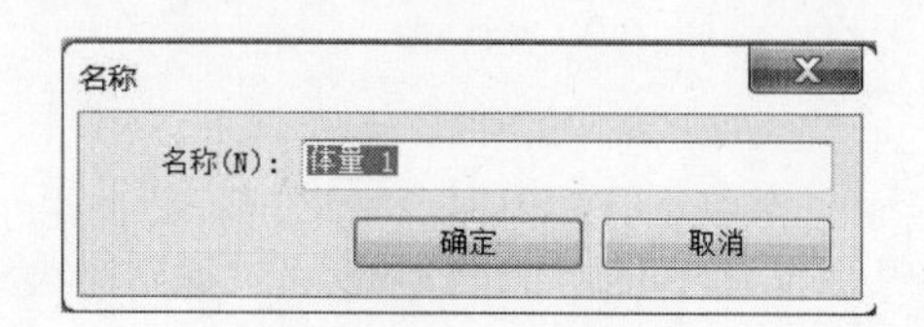

图 15-2

Step 03 Revit 将自动打开如图 15-3 所示的“内建模型体量”上下文选项卡，列出了创建体量的常用工具。可以通过绘制、载入或导入的方法得到需要被拉伸、旋转、放样、融合的一个或多个几何图形。

图 15-3

Step 04 可用于创建体量的线类型包括如下几种。

- 模型：使用线工具绘制的闭合或不闭合的直线、矩形、多边形、圆、圆弧、样条曲线、椭圆、椭圆弧等都可以用于生成体块或面。
- 参照线：使用参照线来创建新的体量或者创建体量的限制条件。
- 由点创建的线：选择“创建”选项卡/“绘制”面板/“模型”工具中的“通过点的样条曲线”，将基于所选点创建一个样条曲线，自由点将成为线的驱动点。通过拖曳这些点可修改样条曲线路径，如图 15-4 所示。
- 导入的线：外部导入的线。
- 另一个形状的边：已创建的形状的边。
- 来自已载入族的线或边：选择模型线或参照，然后单击“创建形状”按钮。参照可以是族中几何图形的参照线、边缘、表面或曲线。

图 15-4

2. 创建不同形式的内建体量

通过选择上一步的方法创建的一个或多个线、顶点、边或面，单击“修改 线”选项卡下“形状”面板中的“创建形状”按钮可创建精确的实心形状或空心形状。通过拖曳这些形状可以创建所需的造型，可直接操纵形状。不再需要为更改形状造型而进入草图模式。

Step 01 选择一条线创建形状：线将垂直向上生成面，如图 15-5 所示。

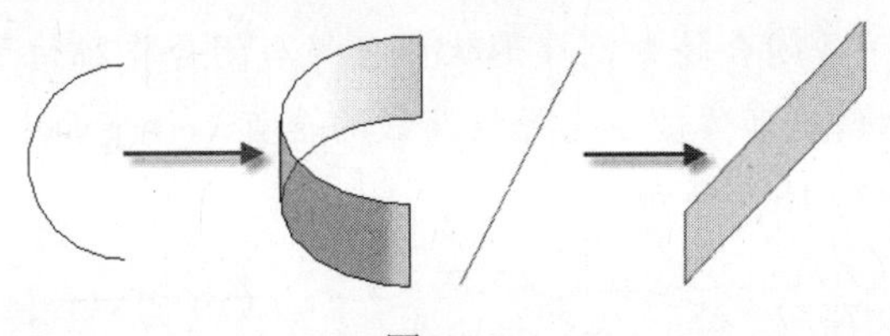

图 15-5

Step 02 选择两条线创建形状：选择两条线创建形状时，预览图形下方可选择创建方式，可以选择以直线为轴旋转弧线，也可以选择两条线作为形状的两边形成面，如图 15-6 所示。

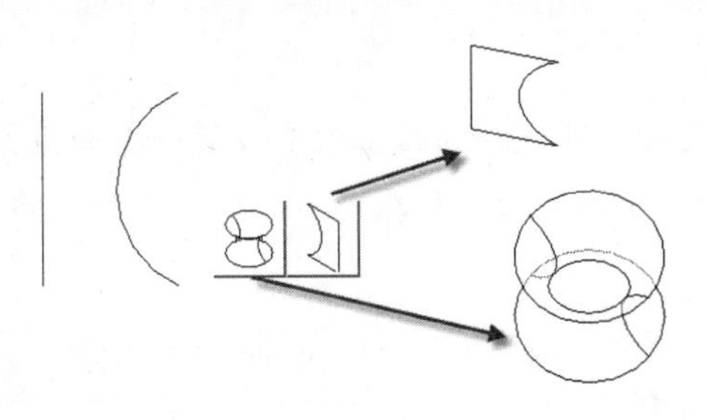

图 15-6

Step 03 选择一闭合轮廓创建形状：创建拉伸实体，按【Tab】键可切换选择体量的点、线、面、体，选择后可通过拖曳修改体量，如图 15-7 所示。

Step 04 选择两个及以上闭合轮廓创建形状：如图 15-8 所示，选择不同高度的两个闭合轮廓或不同位置的垂直闭合轮廓，Revit 将自动创建融合体量；选择同一高度的两个闭合轮廓无法生成体量。

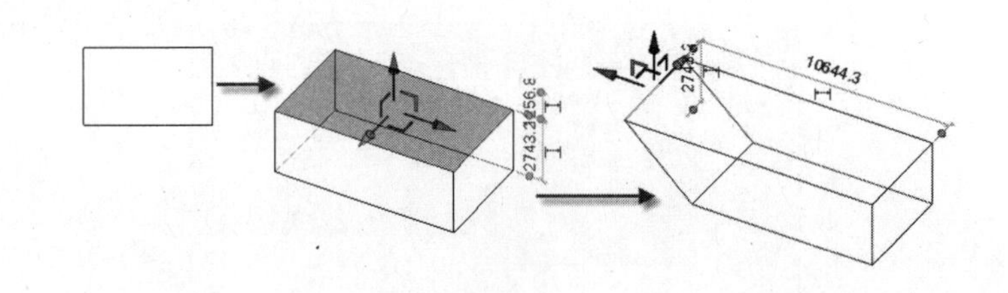

图 15-7

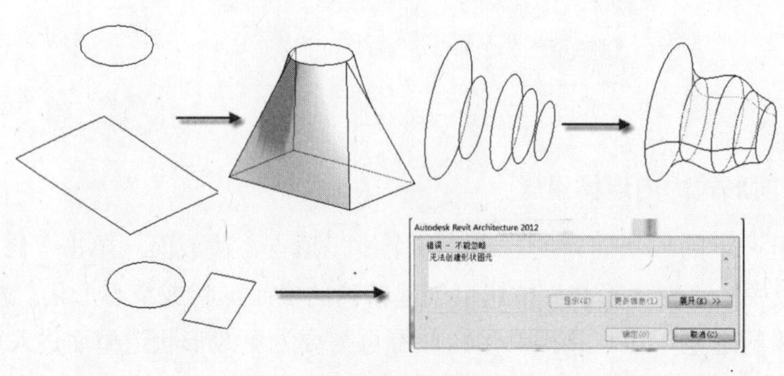

图 15-8

Step 05 选择一条线及一条闭合轮廓创建形状：当线与闭合轮廓位于同一工作平面时，将以直线为轴旋转闭合轮廓创建形体。当选择线及线的垂直工作平面上的闭合轮廓创建形状时，将创建放样的形体，如图 15-9 所示。

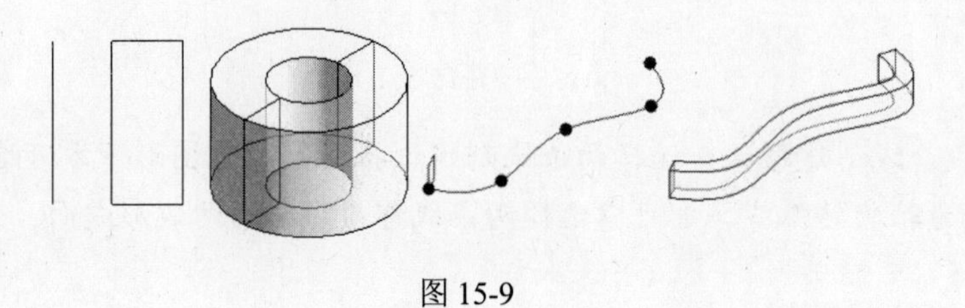

图 15-9

Step 06 选择一条线及多条闭合曲线：为线上的点设置一个垂直于线的工作平面，在工作平面上绘制闭合轮廓，选择多个闭合轮廓和线可以生成放样融合的体量，如图 15-10 所示。

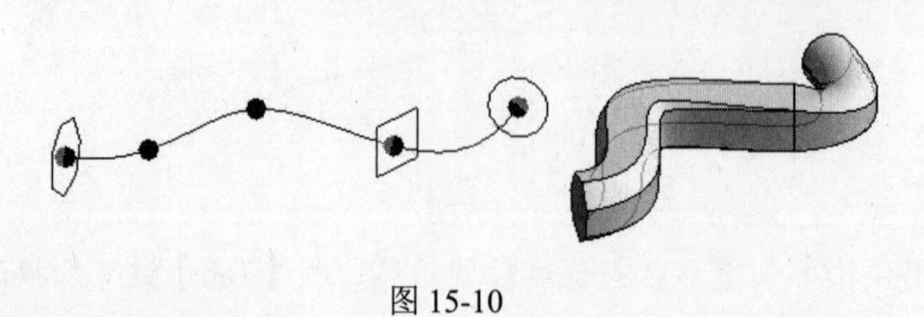

图 15-10

3．选择创建的体量进行编辑

见图 15-11。

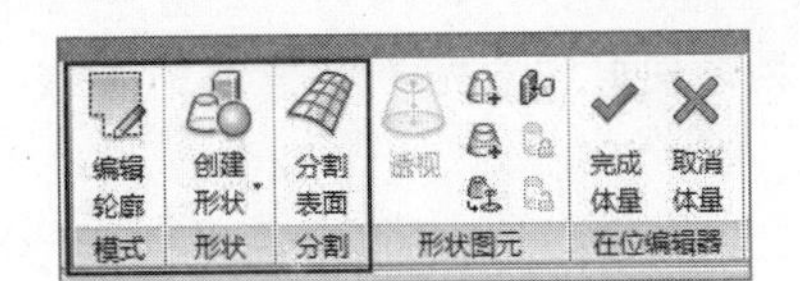

图 15-11

Step 01 按【Tab】键选择点、线、面，选择后将出现坐标系，当光标放在 X、Y、Z 任意坐标方向上，该方向箭头将变为亮显，此时按住并拖曳将在被选择的坐标方向移动点、线或面，如图 15-12 所示。

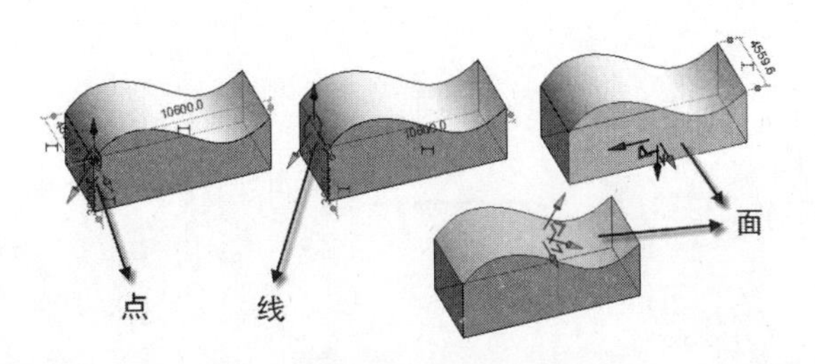

图 15-12

Step 02 选择体量，单击“修改 形式”上下文选项卡下“形状图元”面板中的“透视”按钮，观察体量模型。如图 15-13 所示，透视模式将显示所选形状的基本几何骨架。这种模式下便于更清楚地选择体量几何构架，对它进行编辑。再次单击“透视”工具将关闭透视模式。

注意

只需对一个形状使用透视模式，所有模型视图可以同时变为该模式。例如，如果显示了多个平铺的视图，当在一个视图中对某个形状使用透视模式时，其他视图中也会显示透视模式。同样，在一个视图中关闭透视模式时，所有其他视图的透视模式也会随之关闭，如图 15-13 所示。

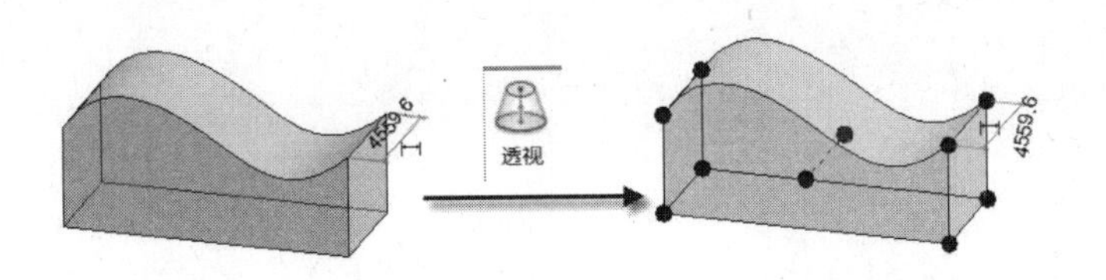

图 15-13

Step 03 选择体量，在创建体量时自动产生的边缘有时不能满足编辑需要，单击“修改 形式”上下文选项卡下“形状图元”面板中的“添加边”按钮，将光标移动到体量面上，将出现新边的预览，在适当位置单击即完成新边的添加。同时也添加了与其他边相交的点，可选择该边或点通过拖曳的方式编辑体量，如图 15-14 所示。

Step 04 选择体量，单击“修改 形式”上下文选项卡下“形状图元”面板中的“添加轮廓”按钮，将光标移动到体量上，将出现与初始轮廓平行的新轮廓的预览，在适当位置单击将完成新的闭合轮廓的添加。新的轮廓同时将生成新的点及边缘线，可以通过操纵它们来修改体量，如图 15-15 所示。

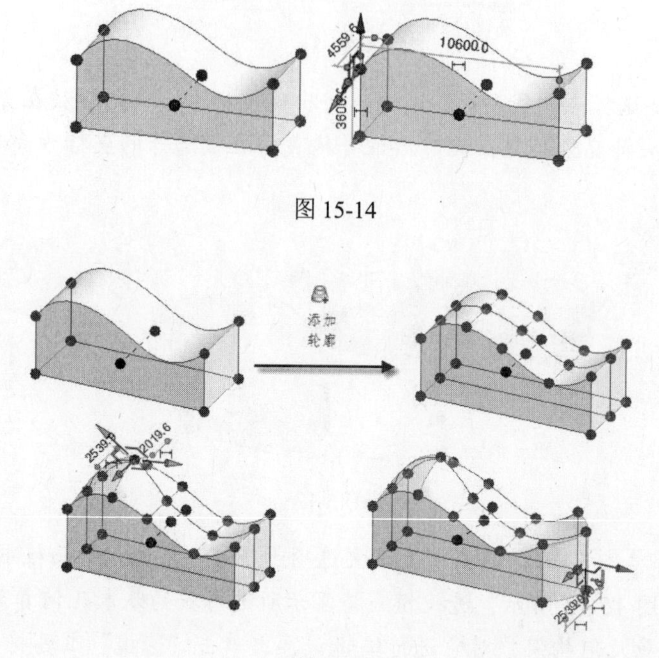

图 15-14

图 15-15

Step 05 选择体量中的某一轮廓，单击“修改 形式”上下文选项卡下“形状图元”面板中的“锁定轮廓”按钮，体量将简化为所选轮廓的拉伸，手动添加的轮廓将失效，并且操纵方式受到限制，而且锁定轮廓后无法再添加新轮廓，如图 15-16 所示。

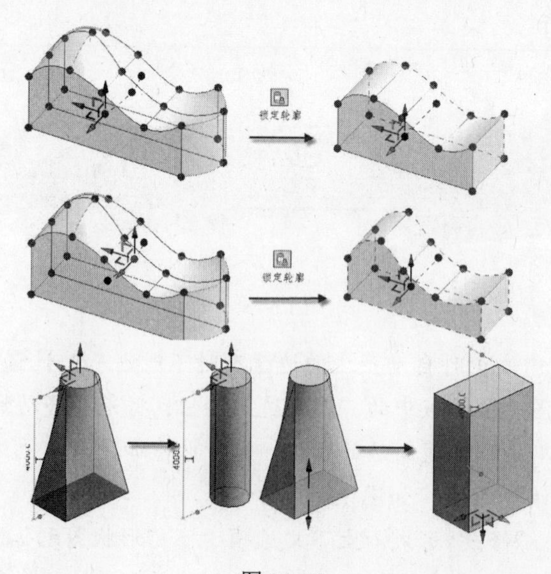

图 15-16

Step 06 选择被锁定的轮廓或体量，单击“修改 形式”上下文选项卡下“形状图元”面板中的“解锁轮廓”按钮，将取消对操纵柄的操作限制，添加的轮廓也将重新显示并可编辑，但不会恢复锁定轮廓前的形状，如图 15-17 所示。

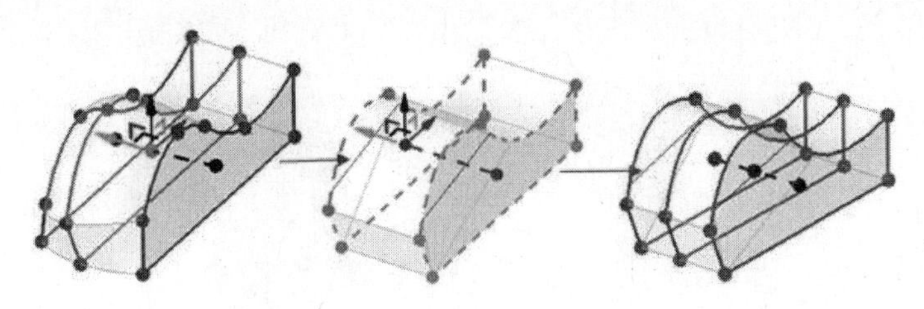

图 15-17

Step 07 选择体量，单击“修改 形式”上下文选项卡下“形状图元”面板中的“变更形状的主体”按钮，可以修改体量的工作平面，将体量移动到其他体量或构件的面上，如图 15-18 所示。

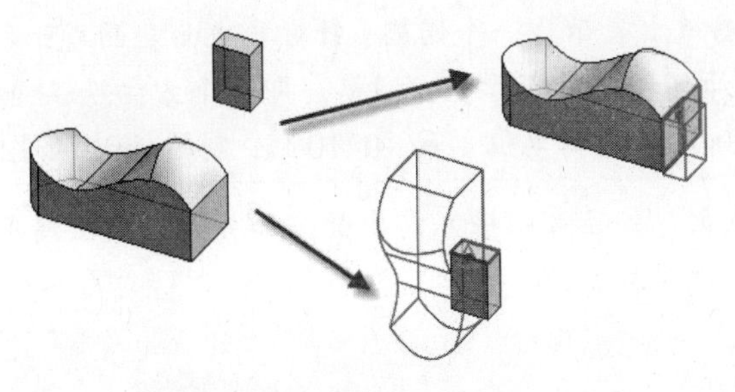

图 15-18

Step 08 选择体量，在“属性”面板中选择“标识数据|实心/空心”选项，可将该构件转换为空心形状，即用于掏空实心体量的空心形体，如图 15-19 所示。

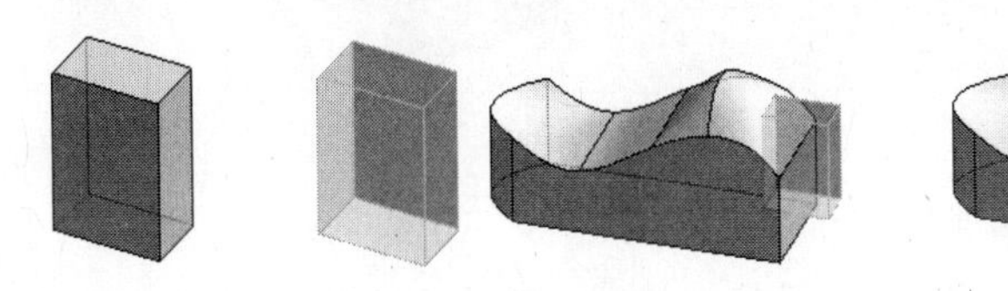

图 15-19

注意

空心形状有时不能自动剪切实心形状，可使用“修改”选项卡下“编辑几何图形”面板中的“剪切|剪切几何图形”工具，选择需要被剪切的实心形状后，单击空心形状，即可实现体量的剪切。

Step 09 创建空心形状可在选择线后，选择“修改 线”选项卡下“形状”面板中的“创建形状|形状”|“空心形状”命令，可直接创建空心形状，通过“属性”面板中的“实心/空心”选项转换实心和空心。

4．体量分割面的编辑

Step 01 选择体量上任意面，单击“修改 形状图元”上下文选项卡下“分割”面板中的“分割表面”按钮，表面将通过 UV 网格（表面的自然网格分割）进行分割所选表面，如图 15-20 所示。

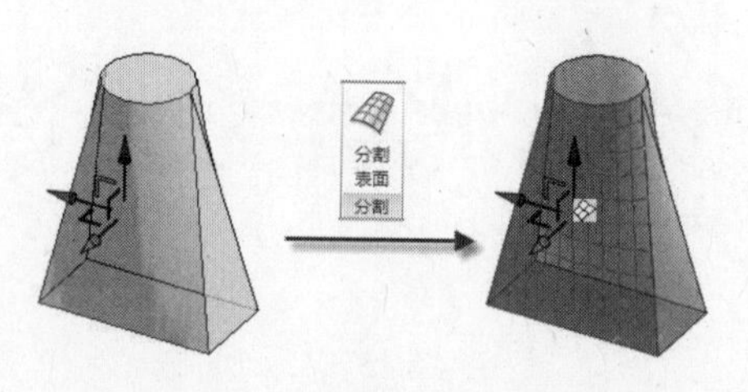

图 15-20

> **注意**
>
> UV 网格是用于非平面表面的坐标绘图网格。三维空间中的绘图位置基于 XYZ 坐标系，而二维空间则基于 XY 坐标系。由于表面不一定是平面，因此绘制位置时采用 UVW 坐标系。这在图纸上表示为一个网格，针对非平面表面或形状的等高线进行调整。UV 网格用在概念设计环境中相当于 XY 网格。即两个方向默认垂直交叉的网格，表面的默认分割数为：12×12（英制单位）和 10×10（公制单位），如图 15-21 所示。

Step 02 UV 网格彼此独立，并且可以根据需要开启和关闭。默认情况下，最初分割表面后，U 网格和 V 网格都处于启用状态。

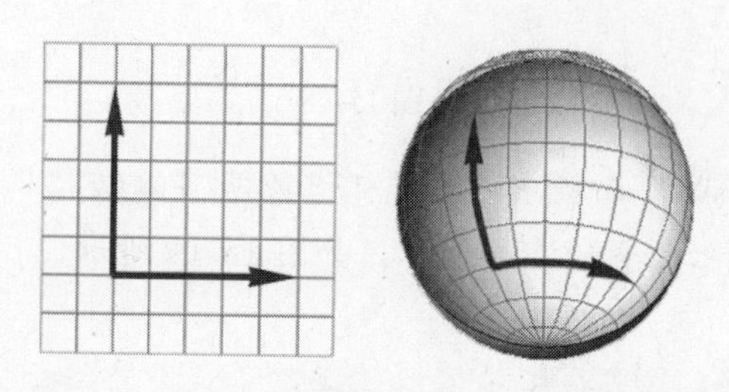

图 15-21

Step 03 单击“修改 分割表面”选项卡下“UV 网格”面板中的“U 网格”按钮，将关闭横向 U 网格，再次单击该按钮将开启 U 网格，关闭、开启 V 网格操作相同，如图 15-22 所示。

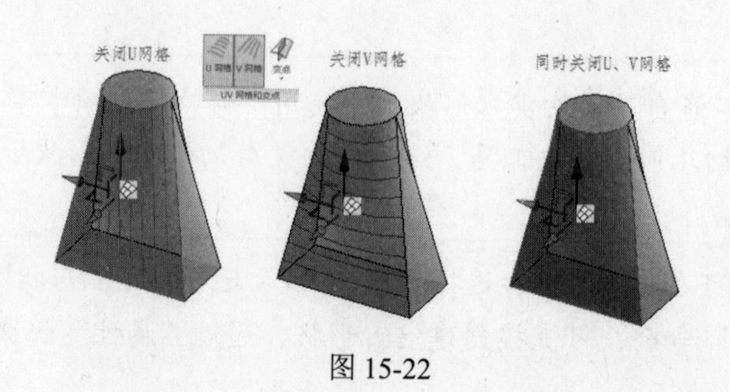

图 15-22

Step 04 选择被分割的表面，在选项栏可以设置 UV 排列方式："编号"即以固定数量排列网格，例如图 15-23 中的设置，U 网格"编号"为"10"，即共在表面上等距排布 10 个 U 网格。

图 15-23

Step 05 如选择选项栏的"距离"单选按钮，在下拉列表可以选择"距离""最大距离""最小距离"并设置距离。下面以距离数值 2 000mm 为例，介绍 3 个选项对 U 网格排列的影响，如图 15-24 所示。

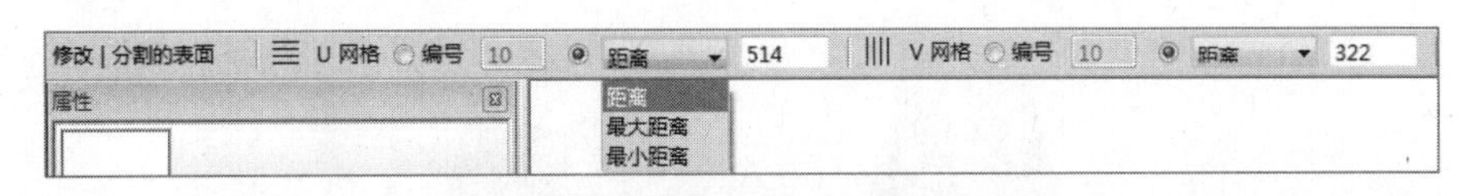

图 15-24

- 距离 2 000mm：表示以固定间距 2 000mm 排列 U 网格，第一个和最后一个不足 2 000mm 也自成一格。
- 最大距离 2 000mm：以不超过 2 000mm 的相等间距排列 U 网格，如总长度为 11 000mm，将等距产生 U 网格 6 个，即每段 2 000mm 排布 5 条 U 网格还有剩余长度，为了保证每段都不超过 2 000mm，将等距生成 6 条 U 网格。
- 最小距离 2 000mm：以不小于 2 000mm 的相等间距排列 U 网格，如总长度为 11 000mm，将等距产生 U 网格 5 个，最后一个剩余的不足 2 000mm 的距离将均分到其他网格。

Step 06 V 网格的排列设置与 U 网格相同。

5. 分割面的填充

Step 01 选择分割后的表面，单击"属性"面板中的"修改图元类型"下拉按钮，可在下拉列表中选择填充图案，默认为"无填充图案"，可以为已分割的表面填充图案，例如，选择"八边形"，效果如图 15-25 所示。

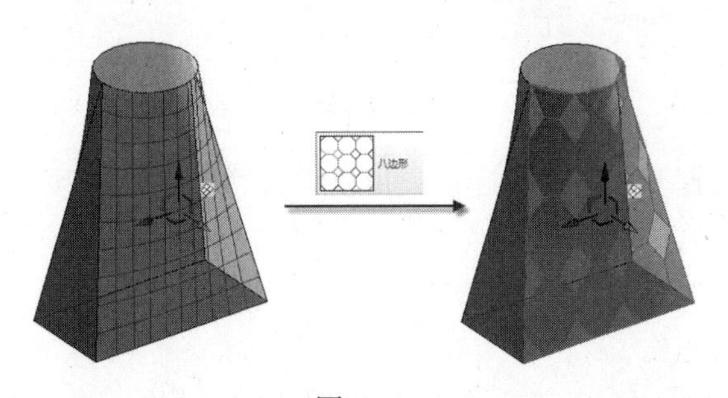

图 15-25

Step 02 选择填充图案，在"属性"面板中的"边界平铺"属性用于确定填充图案与表面边界相交的方式：空、部分或悬挑，如图 15-26 所示。

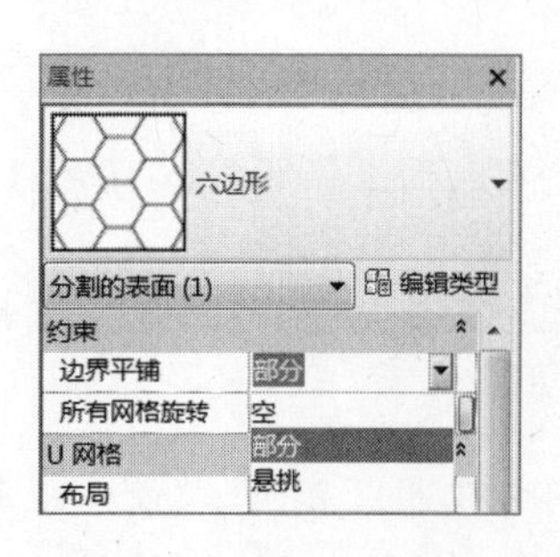

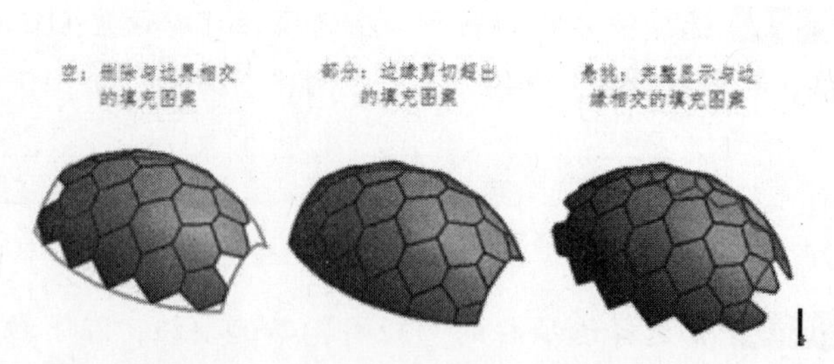

图 15-26

Step 03 所有网格旋转：即旋转 UV 网格以及表面填充图案，如图 15-27 所示。

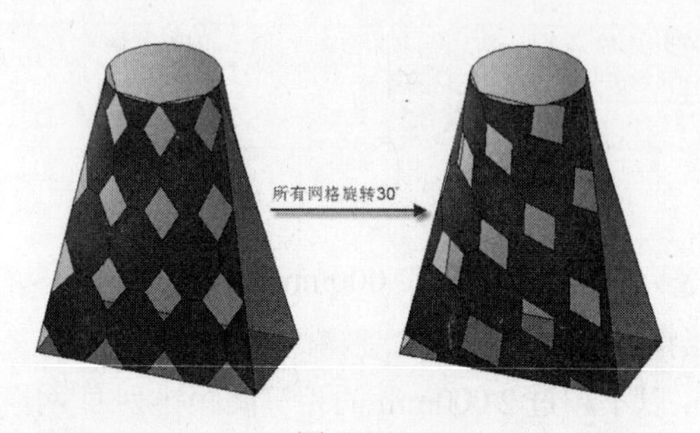

图 15-27

Step 04 网格的实例属性中 UV 网格的“布局”“距离”的设置等同于选择分割过的表面后选项栏的设置，如图 15-28 所示。

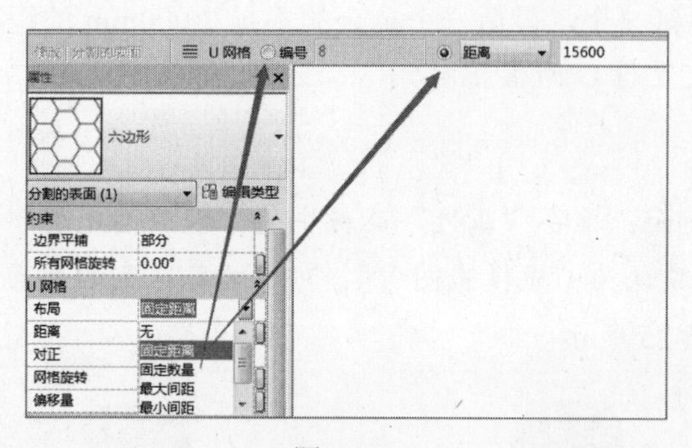

图 15-28

- 对正：此选项设置 UV 网格的起点，可以设置“起点”“中心”“终点”3 种样式，如图 15-29 所示。
- 中心：如图 15-29（a）所示，UV 网格从中心开始排列，上、下均有不完整的网格，默认设置为“中心”。
- 起点：如图 15-29（b）所示，从下向上排列 UV 网格，最上面有可能出现不完整的网格。
- 终点：如图 15-29（c）所示，从上向下排列 UV 网格，最下面有可能出现不完整的网格。

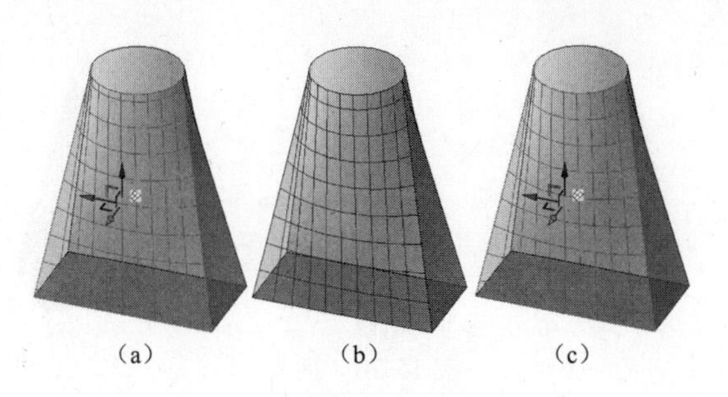

图 15-29

注意

对正的设置只有在“布局”设置为“固定距离”时可能有明显效果，其他几种布局方法网格均为均分，所以对正影响不大。

- 网格旋转：分别旋转 U、V 方向的网格或填充图案的角度。
- 偏移：调整 U、V 网格对正的起点位置，例如对正为起点，偏移 1 000mm，则表示底边向上 1 000mm 为起点。

Step 05 标识数据的“注释”和“标记”，可手动输入与表面有关的内容，用于说明该构件，可在创建明细表或标记该构件时被提取出来。

Step 06 单击“插入”选项卡下“从库中载入”面板中的“载入族”按钮，在默认的族库文件夹“建筑”中双击，打开“按填充图案划分的幕墙嵌板”文件夹，如图 15-30（a）所示，载入可作为幕墙嵌板的构件族，如选择“1-2 错缝表面.rfa”，单击“打开”按钮，完成族的载入。选择被分割的表面，单击“属性”面板中的“修改图元类型”按钮，选择刚刚载入的“1-2 错缝表面（玻璃）”，可以自定义创建“按填充图案划分的幕墙嵌板”族实现不同样式的幕墙效果，具体内容见“创建按填充图案划分的幕墙嵌板族”，如图 15-30（b）所示。

（a）

图 15-30

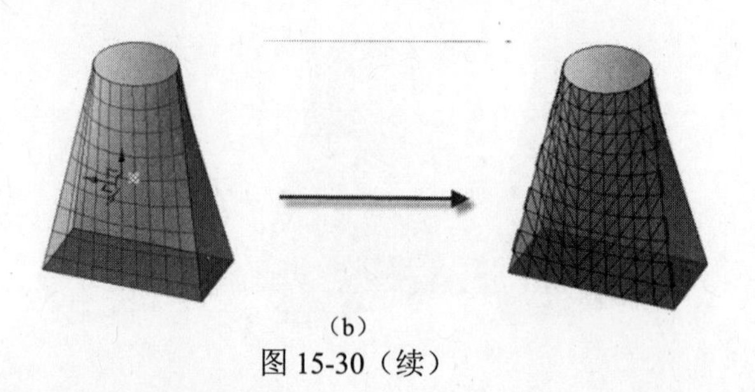

（b）

图 15-30（续）

6. 创建内建体量的其他注意事项

Step 01 选择体量被分割的表面，或者有填充图案的表面，或者填充了幕墙嵌板构件的表面，单击“修改 分割的表面”上下文选项卡下“表面表示”面板中的“表面”“填充图案”“构件”3 个按钮，用于设置面的显示：可设置显示表面、节点、网格线。默认单击“表面”工具将关闭 UV 网格，显示原始表面。单击“表面表示”面板右下角的按钮，将弹出“表面表示”对话框，如图 15-31 所示。

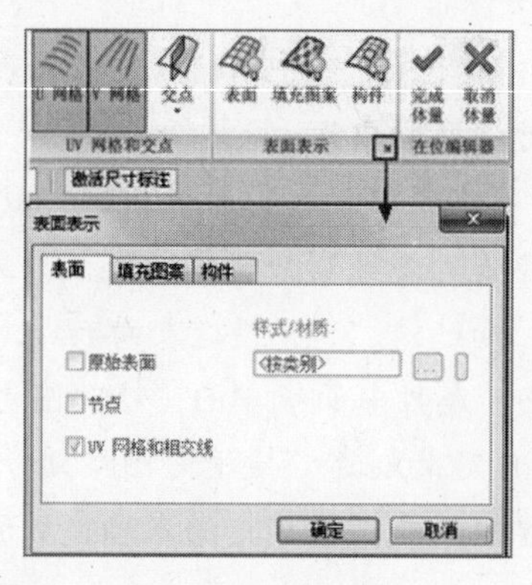

图 15-31

Step 02 表面：当选择一个未分割的表面，单击“修改 形状图元”选项卡下“分割”面板中的“分割表面”，图 15-32 中“表面表示”面板下的“表面”按钮将变为可用，单击该按钮可关闭或开启表面网格的显示。

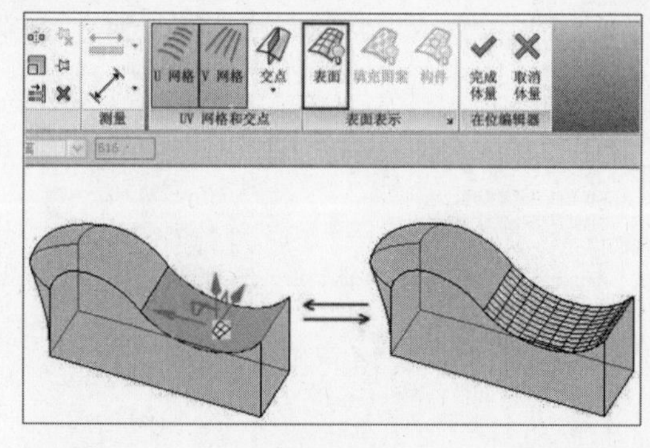

图 15-32

Step 03 单击“表面表示”面板右下角的按钮，将弹出“表面表示”对话框，可设置表面的“原始表面”“节点”“UV 网格和相交线”的显示设置。勾选各复选框后无须单击“确定”按钮即可预览效果，如图 15-33 所示。

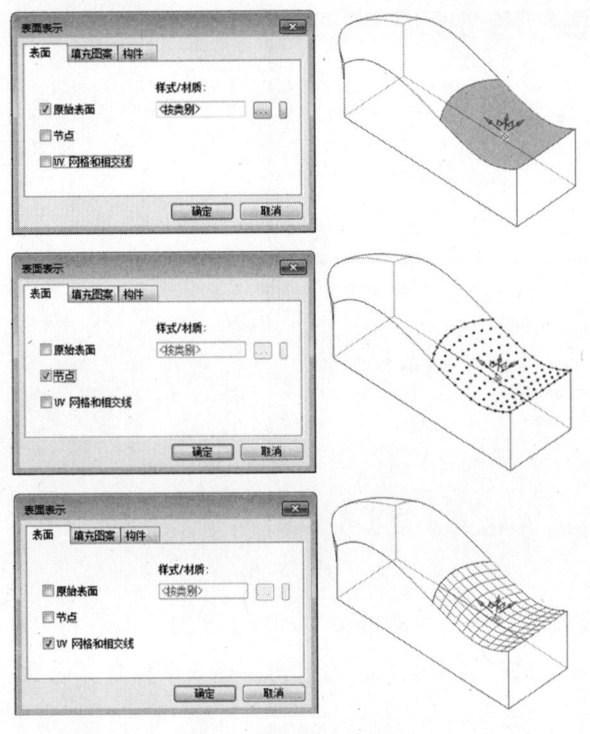

图 15-33

Step 04 如勾选了“节点”复选框并确定，单击“表面”按钮即可打开或关闭节点的显示。

Step 05 当为所选表面添加了表面填充图案时，“表面表示”面板下的“填充图案”按钮将由灰显变为可用。单击该按钮可设置图案填充是否显示，如图 15-34 所示。

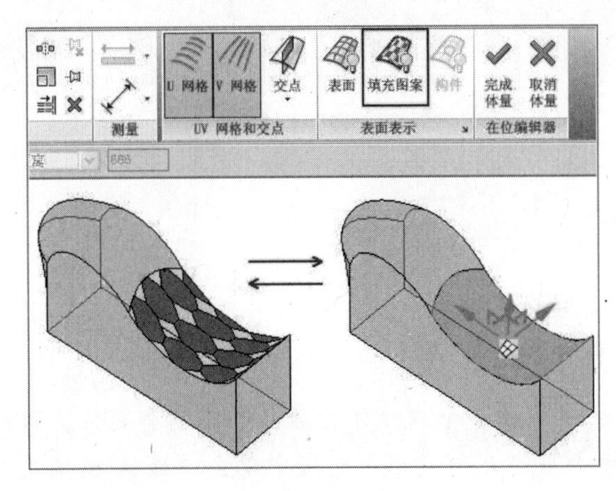

图 15-34

Step 06 单击“表面表示”面板右下角的按钮，将弹出“表面表示”对话框，可设置填充图案的“填充图案线”“图案填充”的显示设置。勾选各复选框后无须单击“确定”按钮即可预览效果，如图 15-35 所示。

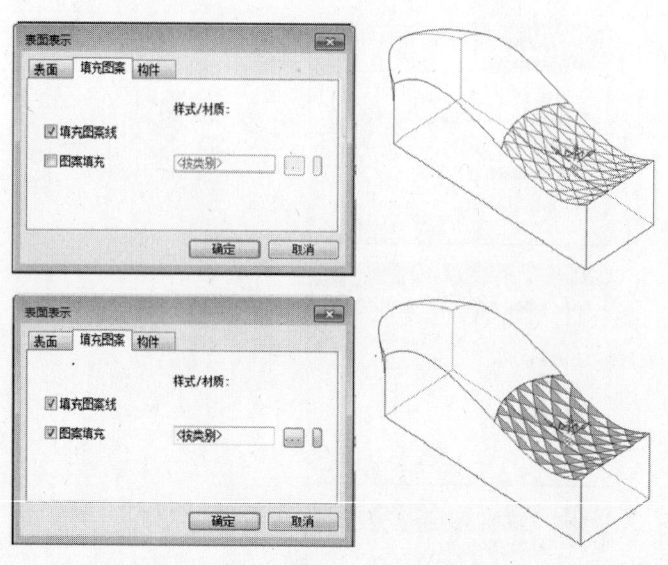

图 15-35

Step 07 当在项目中载入并为所选表面添加了“按填充图案划分的幕墙嵌板”构件时，“表面表示”面板下的“构件”按钮将由灰显变为可用。单击该按钮可设置表面构件是否显示，如图 15-36 所示。

Step 08 “构件”选项卡中只有一项设置，如果不勾选“填充图案构件”复选框，单击“表面表示”面板下的“构件”按钮将不起作用，建议勾选该复选框，如图 15-37 所示。

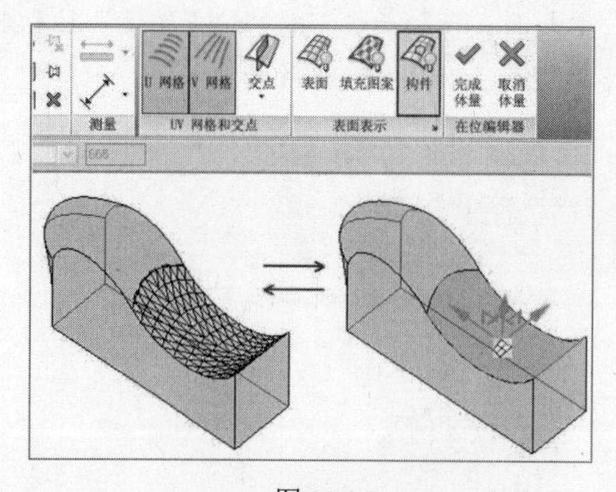

图 15-36

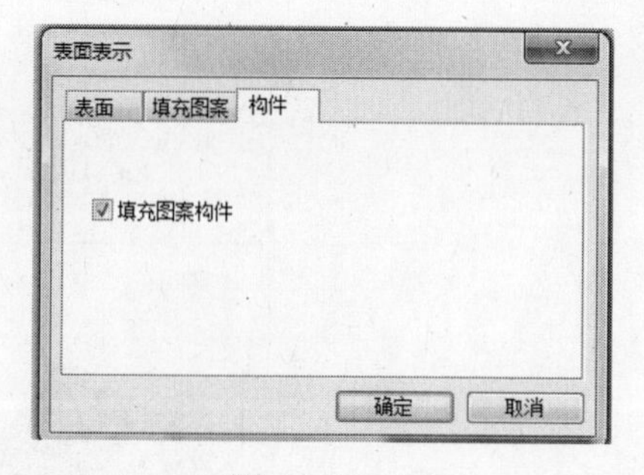

图 15-37

Step 09 创建、编辑完成一个或多个内建体量后，如体量有交叉，可以按如下操作连接几何形体：在“修改”选项卡下“几何图形”面板中单击“连接|连接几何图形”按钮，在绘图区域依次单击两个有交叉的体量，即可清理掉两个体量重叠的部分，如图 15-38 所示。

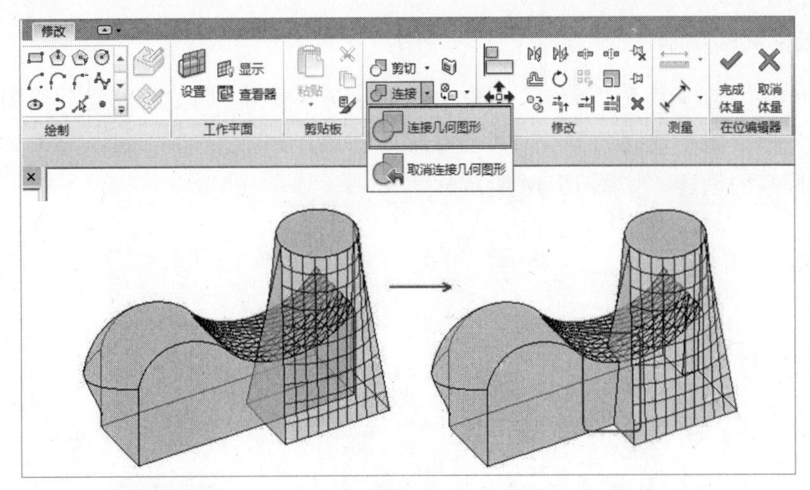

图 15-38

Step 10 单击“取消连接几何图形”按钮，单击任意一个被连接的体量即可取消连接。

Step 11 创建并编辑完体量后单击任意选项卡的“在位编辑器”，单击“完成体量”按钮，完成内建体量的创建。

15.1.2　创建体量族

15.1.1 节中介绍了内建体量的创建及编辑，体量族与内建体量创建形体的方法基本相同，但由于内建体量只能随项目保存，因此在使用上相对体量族有一定的局限性。而体量族不仅可以单独保存为族文件随时载入项目，而且在体量族空间中还提供了如三维标高等工具并预设了两个垂直的三维参照面，优化了体量的创建及编辑环境。

在应用程序菜单中选择“新建|概念体量”命令，在弹出的“新建概念体量-选择样板文件”对话框中双击“公制体量.rft”族样板，进入体量族的绘制空间。

Revit Architecture 2017 的概念体量族空间的三维视图提供了三维标高面，可以在三维视图中直接绘制标高，更有利于体量创建中工作平面的设置，如图 15-39 所示。

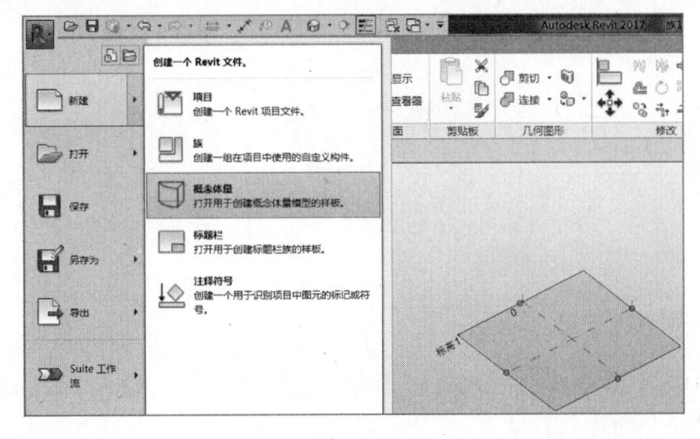

图 15-39

1．三维标高的绘制

单击“创建”选项卡下“基准”面板中的“标高”按钮，将光标移动到绘图区域现有标高面上方，光标下方出现间距显示，可直接输入间距，如“10 000”，即 10 米，按回车键即可完成三维标高的创建，如图 15-40 所示。

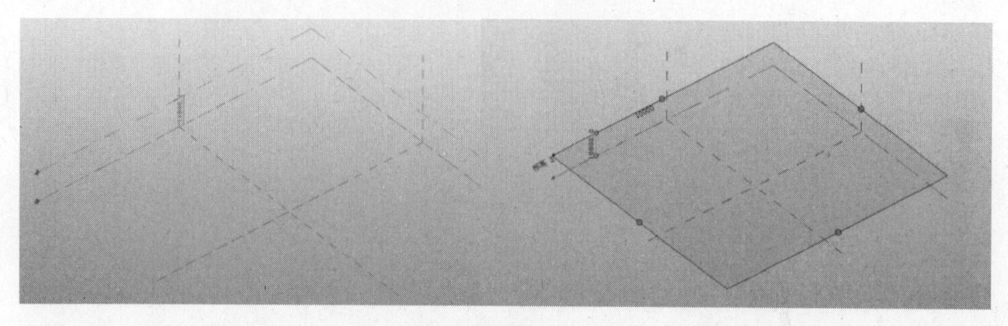

图 15-40

> **注意**
>
> 体量族空间中默认单位为“毫米”。

标高绘制完成后还可以通过临时尺寸标注修改三维标高高度，单击可直接修改以下两个标高数值，如图 15-41 所示。

三维视图同样可以“复制”没有楼层平面的标高，如图 15-42 所示。

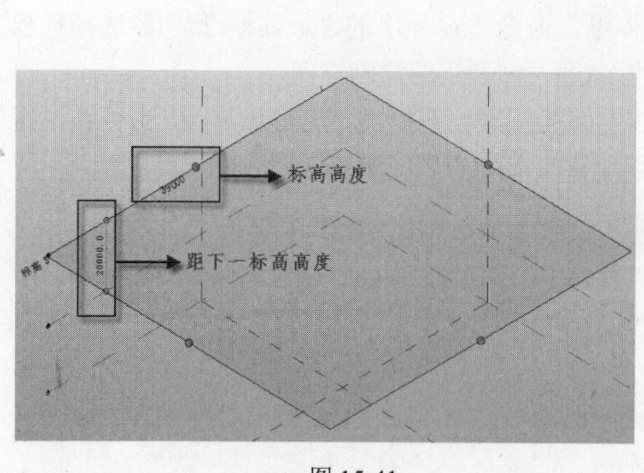

图 15-41

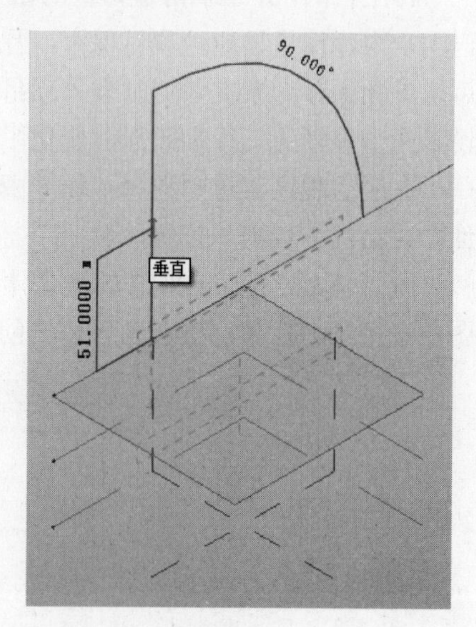

图 15-42

2．三维工作平面的定义

在三维空间中要想准确绘制图形，必须先定义工作平面，Revit Architecture 2017 的体量族中有两种定义工作平面的方法。

- 单击“创建”选项卡下“工作平面”面板中的“设置”按钮，选择标高平面或构件表面等即可将该面设置为当前工作平面。
- 单击激活“显示”工具可始终显示当前工作平面，如图 15-43 所示。

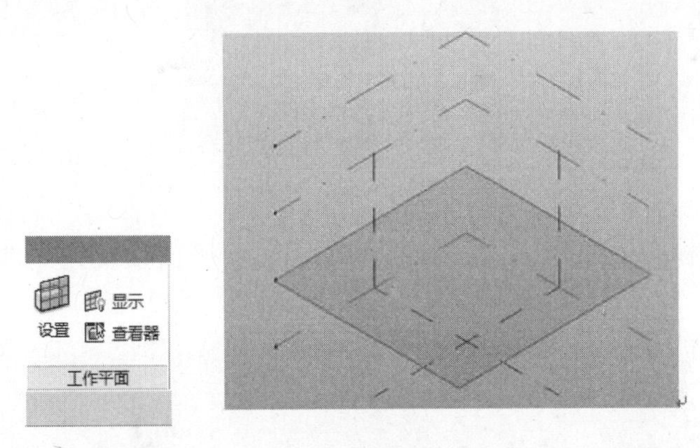

图 15-43

例如，在 F1 平面视图中绘制了如图 15-44 所示的样条曲线，如需以该样条曲线作为路径创建放样实体，则需要在样条曲线关键点绘制轮廓，可单击“创建”选项卡下“工作平面”面板中的“设置”按钮，在绘图区域样条曲线特殊点上单击，即可将当前工作平面设置为该点上的垂直面，此时可使用“绘制”面板中的“线”工具，单击线工具（如矩形）在该点的工作平面上绘制轮廓，如图 15-44 所示。

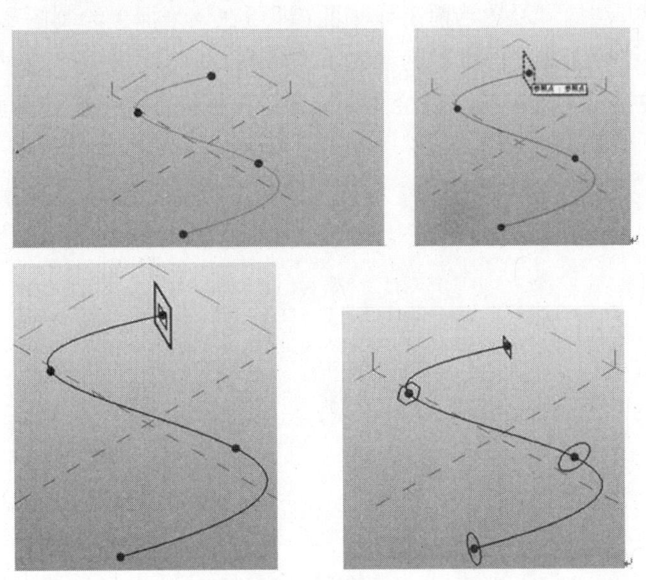

图 15-44

选择样条曲线，并按【Ctrl】键多选该样条曲线上的所有轮廓，单击“创建”选项卡下“形状”面板中的“创建形状”按钮的上半部分，直接创建实心形状，如图 15-45 所示。

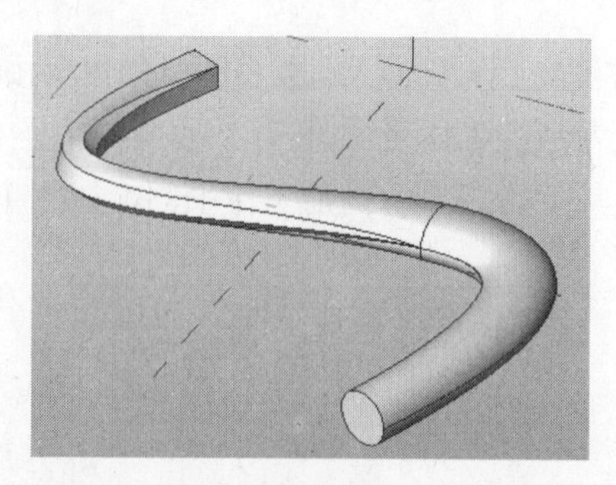

图 15-45

在绘图区域单击相应的工作平面即可将所选的工作平面设置为当前工作平面，如图 15-46 所示。

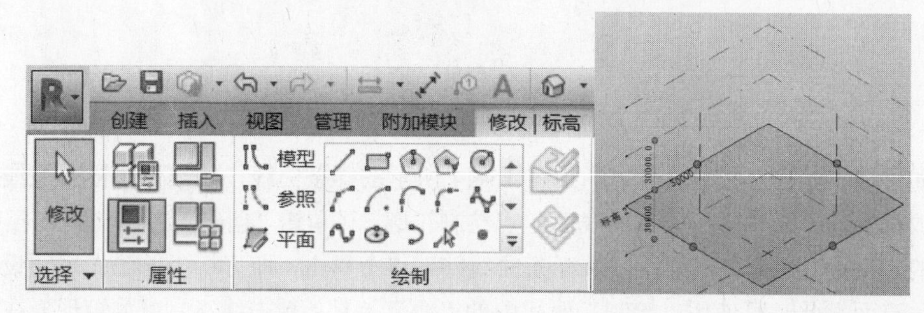

图 15-46

通过上述两种方法均可设置当前工作平面，即可在该平面上绘制图形。如图 15-47 所示，单击标高 2 平面，将标高 2 平面设置为当前工作平面，单击“创建”选项卡下“绘制”面板中的“线|椭圆”按钮，将光标移动到绘图区域即可以标高 2 作为工作平面绘制该椭圆。

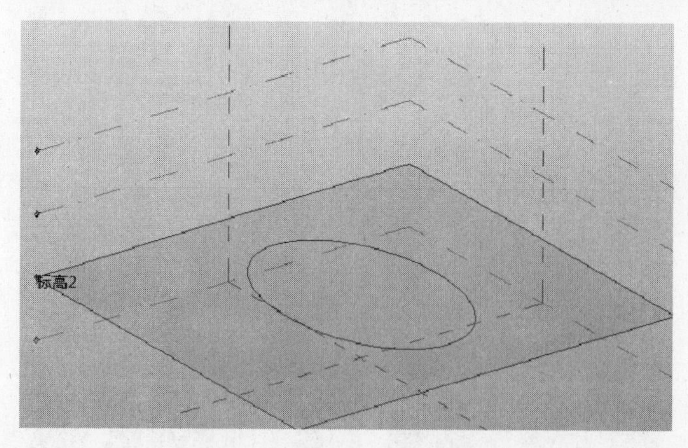

图 15-47

在概念设计环境的三维工作空间中，“创建”选项卡下“绘制”面板中的“点图元”工具提供特定的参照位置。通过放置这些点，可以设计和绘制线、样条曲线和形状（通过参照点绘制线条见内建族中的相关内容）。参照点可以是自由的（未附着）或以某个图元为主体，或者也可以控制其他图元。例如，选择已创建的实心形体，单击“修改 形式”上下文选项卡下“形状图元”面板中的“透视”按钮，在绘图区域选择路径上的某参照点，并通过拖曳调整其位置皆可实现修改路径，从而达到修改形体的目的，如图 15-48 所示。

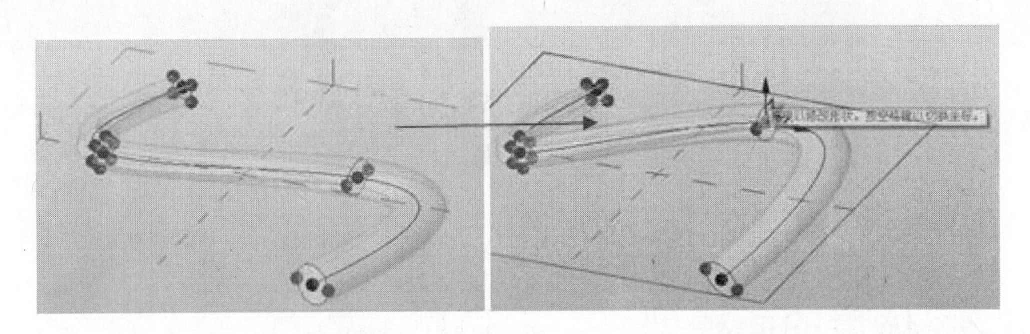

图 15-48

15.1.3 创建应用自适应构件族

自适应构件功能经过专门设计能够使构件灵活地适应独特的关联情况。自适应点可通过修改参考点创建。通过排列这些自适应点绘制的几何图形可用于创建自适应构件。

Step 01 在应用程序菜单中选择“新建|概念体量”命令，在弹出的“新建概念体量-选择样板文件”对话框中双击“公制体量.rft”的族样板，创建自适应构件族，如图 15-49 所示。

Step 02 单击“体量和场地”选项卡下“概念体量”面板中的“内建体量”按钮，弹出名称对话框，输入名称单击“确定”按钮后创建体量。选择体量表面，单击“分割”面板中的“分割表面”按钮，使用“UV 网格和交点”面板上的 UV 网格命令编辑表面，找到在“属性”面板中的“限制条件”，在其下方单击“边界平铺”后的方框，在下拉列表中选择“部分”选项，如图 15-50 所示。

图 15-49

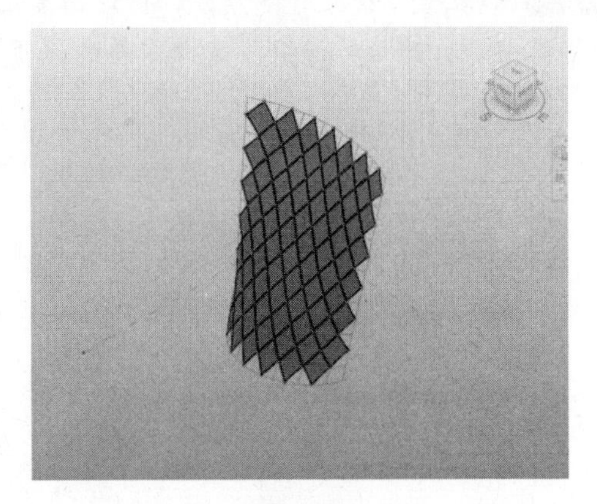

图 15-50

Step 03 在使用 UV 网格编辑表面时，平面的边缘部分无法编辑到，类似于这样的情况就要用上自适应构件族来补充不规则的平面边缘，如图 15-51 所示。

图 15-51

15.2 体量的面模型

Revit Architecture 2017 的体量工具可以实现初步的体块穿插的研究，当体块的方案确定后，“面模型”工具可以将体量的面转换为建筑构件，如墙、楼板、屋顶等，以便继续深入方案。

15.2.1 在项目中放置体量

下面介绍在项目中放置体量。

Step 01 如果在项目中绘制了内建体量，完成体量皆可使用“面模型”工具细化体量方案。

Step 02 如需使用体量族，需单击“体量和场地”选项卡下“概念体量”面板中的“放置体量”按钮，如未开启“显示体量”工具，将自动弹出“体量-显示体量已启用”提示对话框，直接关闭即可自动启动“显示体量”，如图 15-52 所示。

Step 03 如果项目中没有体量族，将弹出如图 15-53 所示的 Revit 提示对话框。单击“是”按钮将弹出“打开”对话框，选择需要的体量族，单击“打开”按钮即可载入体量族。

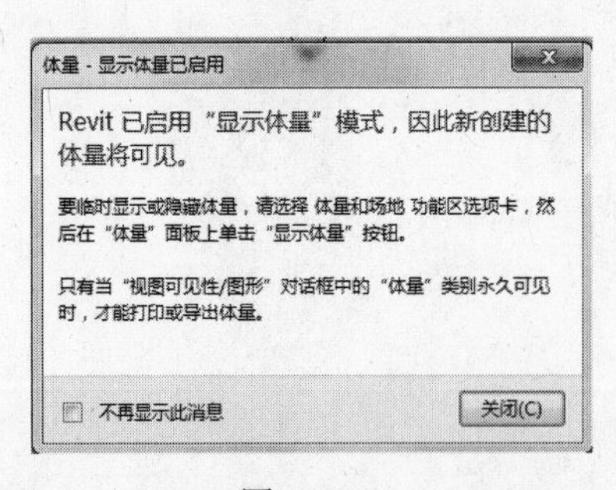

图 15-52

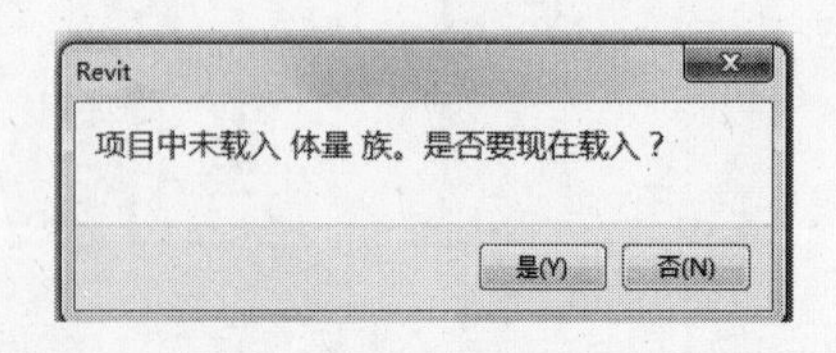

图 15-53

Step 04 光标在绘图区域可能会是不可用“⊘”状态，因为“放置 体量”选项卡下“放置”面板中的“放置在面上”工具默认被激活，如项目中有楼板等构件或其他体量时可直接放置在现有的构件面上，如图 15-54 所示。

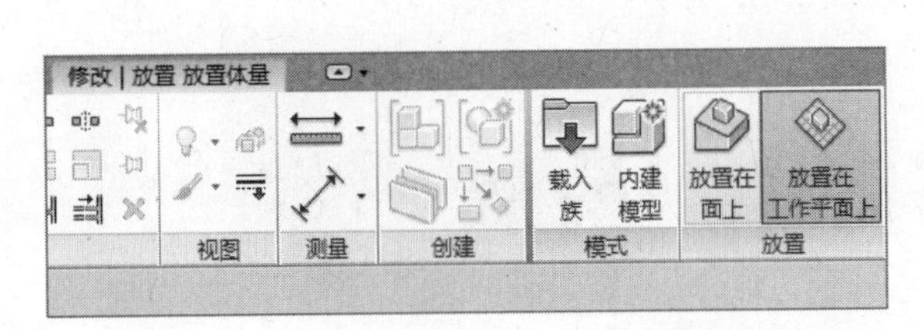

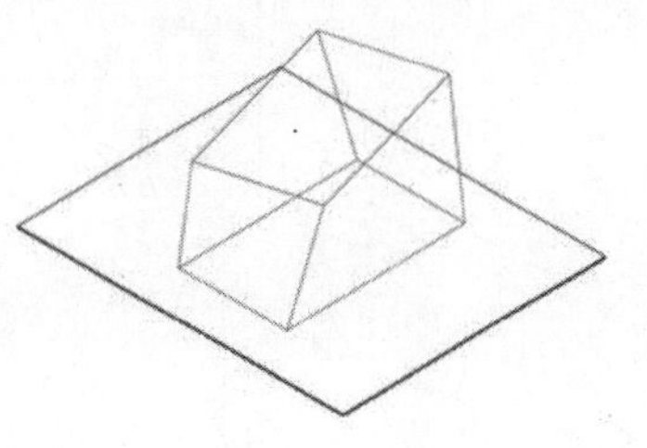

图 15-54

Step 05 如不需要放置在构件面上，则需要激活“放置 体量”选项卡下“放置”面板中的“放置在工作平面上”工具，如图 15-55 所示。

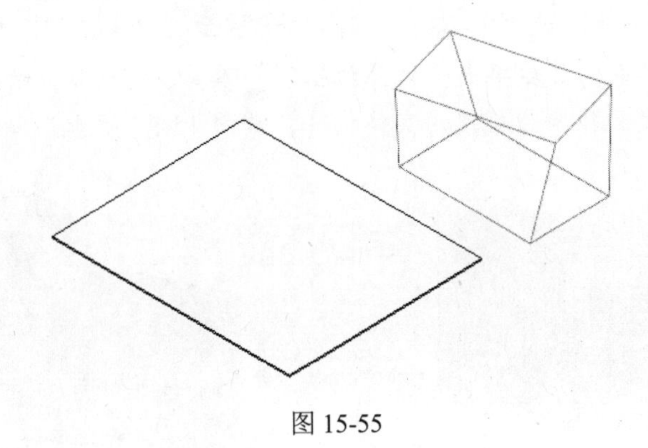

图 15-55

15.2.2　创建体量的面模型

Step 01 可以在项目中载入多个体量，如体量之间有交叉可使用“修改”选项卡下“几何图形”面板中的“连接|连接几何图形”按钮，依次单击交叉的体量，即可清理掉体量重叠部分，如图 15-56 所示。

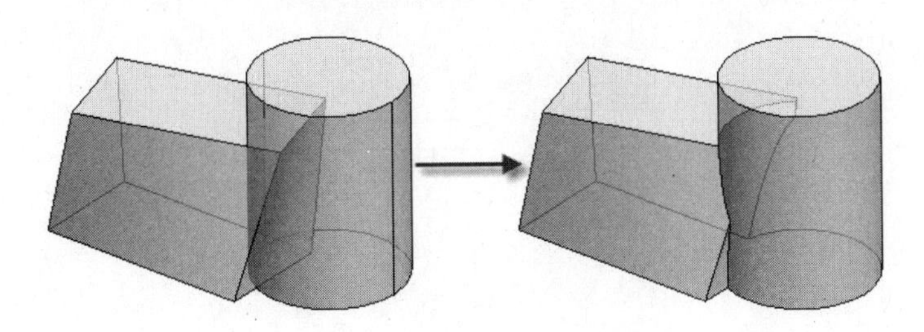

图 15-56

Step 02 选择项目中的体量，单击“修改 体量”上下文选项卡下“模型”面板中的“体量楼层”按钮，将弹出“体量楼层”对话框，将列出项目中标高名称，勾选各复选框并单击“确定”按钮后，Revit 将在体量与标高交叉位置生成符合体量的楼层面，如图 15-57 所示。

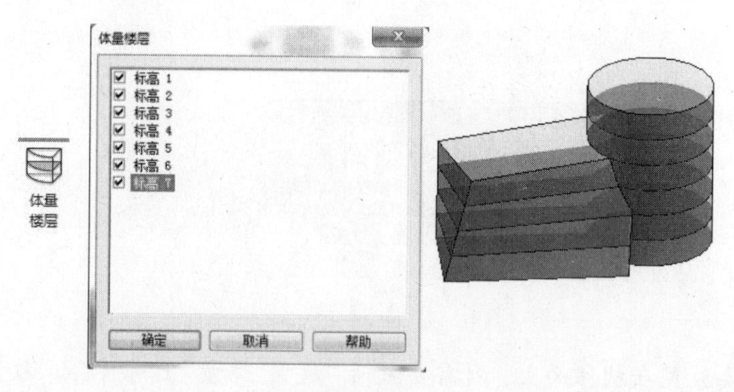

图 15-57

Step 03 进入“体量和场地”选项卡下的“概念体量”面板，单击“面模型|屋顶”按钮，在绘图区域单击体量的顶面，然后单击“放置面屋顶”选项卡下“多重选择”面板中的“创建屋顶”按钮，即可将顶面转换为屋顶的实体构件，如图 15-58 所示。

图 15-58

Step 04 在“属性”面板中可以修改屋顶类型，如图 15-59 所示。

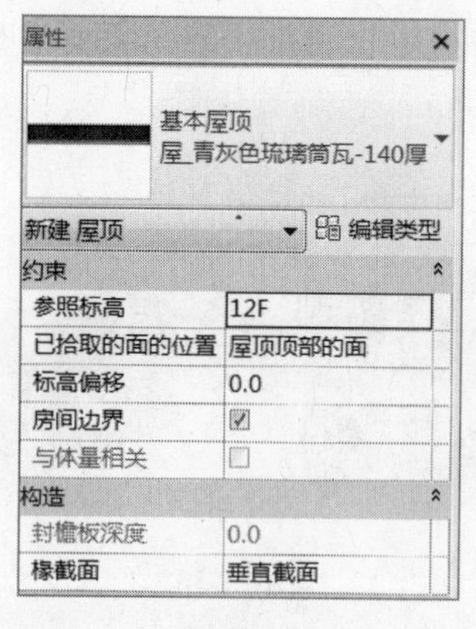

图 15-59

Step 05 单击“体量和场地”选项卡下“面模型”面板中的“幕墙系统”按钮，在绘图区域依次单击需要创建幕墙系统的面，并单击“多重选择”面板中的“创建系统”按钮，即可在选择的面上创建幕墙系统，如图 15-60 所示。

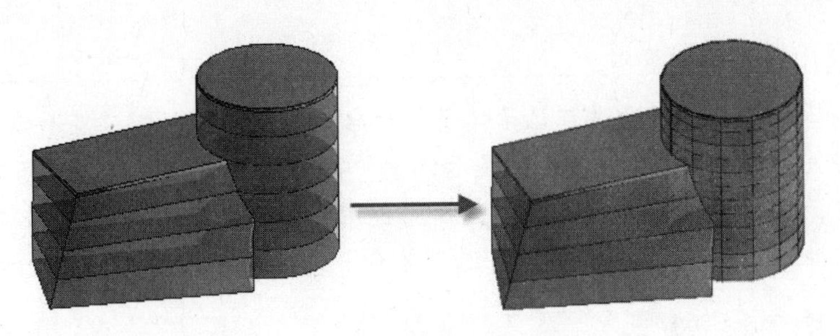

图 15-60

Step 06 单击“体量和场地”选项卡下“面模型”面板中的“墙”按钮，在绘图区域单击需要创建墙体的面，即可生成面墙，如图 15-61 所示。

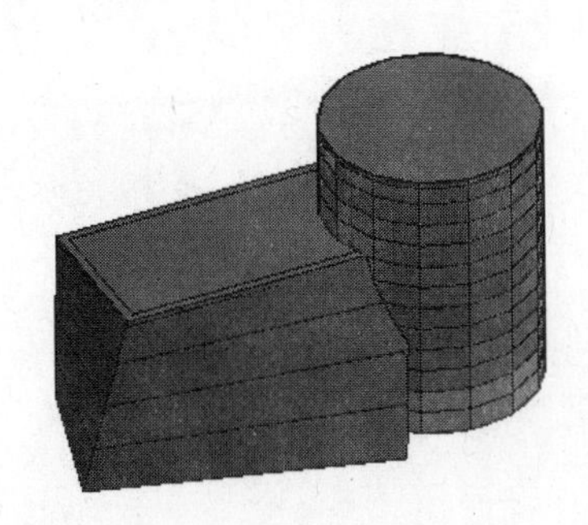

图 15-61

Step 07 单击“体量和场地”选项卡下“面模型”面板中的“楼板”按钮，在绘图区域单击楼层面积面，或直接框选体量，Revit 将自动识别所有被框选的楼层面积，单击“放置面楼板”上下文选项卡下“多重选择”面板中的“创建楼板”按钮，即可在被选择的楼层面积面上创建实体楼板。

Step 08 内建体量，可以直接选择体量并通过拖曳的方式调整形体，对于载入的体量族也可以通过其图元属性修改体量的参数，从而实现修改体量的目的。体量变更后通过“面模型”工具创建的建筑图元不会自动进行更新，可以“重做”图元以适应体量面的当前大小和形状：体量圆柱半径减小，从右下角框选体量上的构件，单击“选择多个”选项卡下“过滤器”按钮，选择面模型：“屋顶”“幕墙系统”“楼板”。确定后单击“选择多个”选项卡下“面模型”面板中的“面的更新”按钮，如图 15-62 所示。

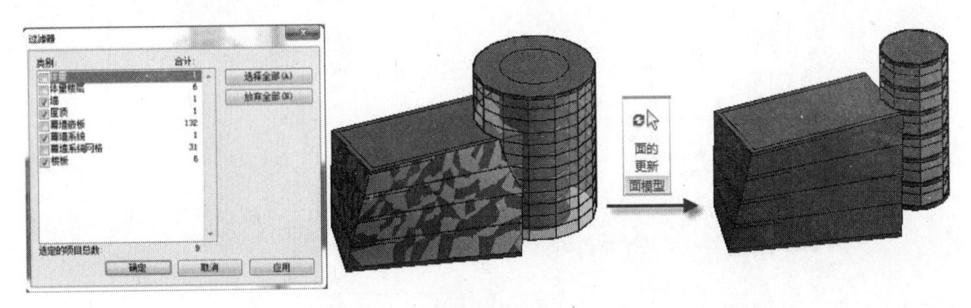

图 15-62

注意

如需编辑体量随时可通过“显示体量”开启体量的显示，但“显示体量”工具是临时工具，当关闭项目下次打开时，“显示体量”将为关闭状态，如需在下次打开项目时体量仍可见，需在“属性”对话框中选择“视图属性|可见性/图形替换”选项，在该视图的“可见性/图形替换”对话框中勾选“体量”复选框，如图 15-63 所示。

图 15-63

15.3　创建基于公制幕墙嵌板填充图案构件族

Step 01 在应用程序菜单中选择“新建|族”命令，在弹出的“新族-选择样板文件”对话框中选择“基于公制幕墙嵌板填充图案.rft”的族样板，单击“打开”按钮，即可进入族的创建空间，如图 15-64 所示。

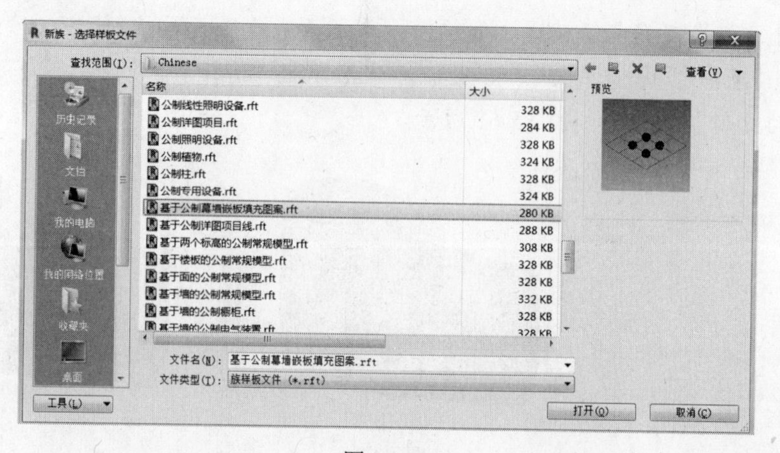

图 15-64

Step 02 构件样板由网格、参照点和参照线组成，默认的参照点是锁定的，只允许垂直方向的移动。这样可以维持构件的基本形状，以便构件按比例应用到填充图案。

Step 03 打开该族样板默认为矩形网格，选择网格，可在“修改瓷砖填充图案网格”上下文选项卡下“图元”面板中的“修改图元类型”下拉列表中修改网格，创建不同样式的幕墙嵌板填充构件，如图 15-65 所示。

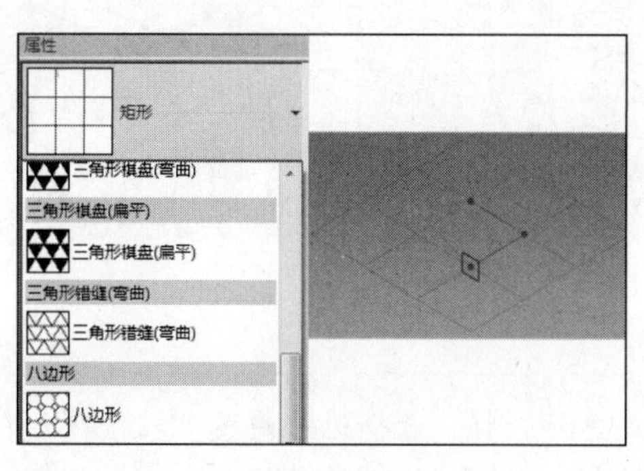

图 15-65

Step 04 基于公制幕墙嵌板填充图案的族空间与体量族的建模方式基本相同，步骤如下。

① 该族样板默认有 4 条参照线，可作为创建形体的线条，本例中以 4 条参照线作为路径，如图 15-66 所示。

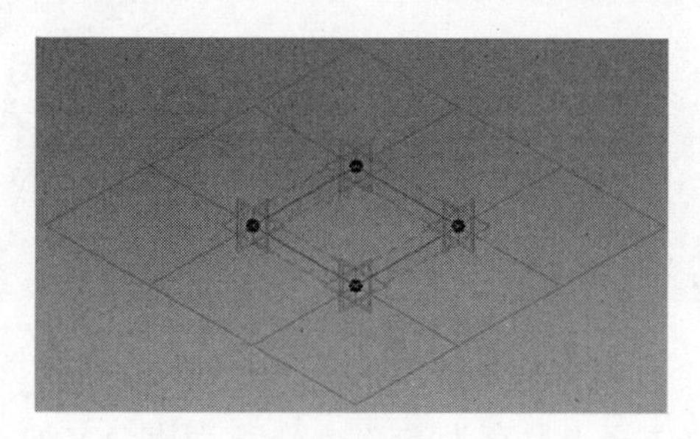

图 15-66

② 打开默认三维视图，单击“创建”选项卡下“绘制”面板中的“矩形”按钮，单击“创建”选项卡下“工作平面”面板中的“设置 设置”按钮，在绘图区域任意参照点单击，将设置该点的垂直面为工作平面，开始绘制矩形，并锁定，如图 15-67 所示。

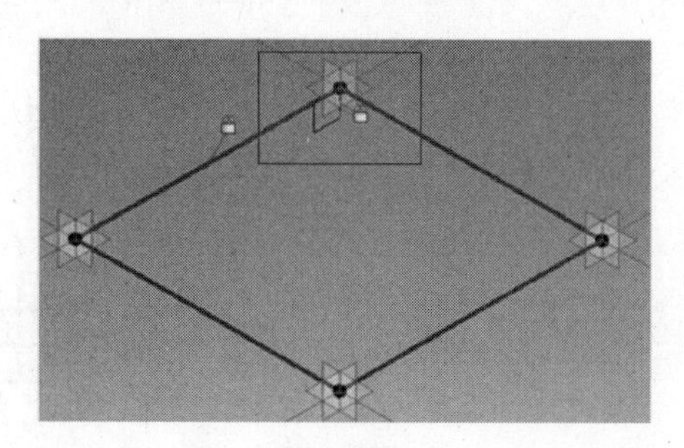

图 15-67

③ 按【Ctrl】键多选 4 条参照线及刚刚绘制的矩形轮廓，单击“选择多个”选项卡下“形状”面板中的“创建形状”工具，即完成了如图 15-68 所示形体的创建。

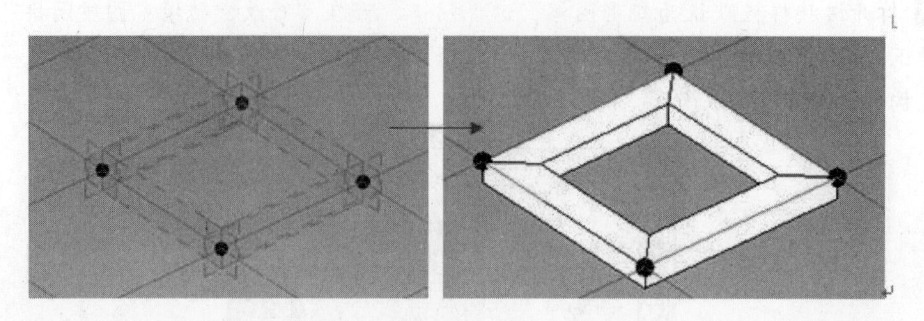

图 15-68

注意

同理，体量族及内建体量一样，选择边并拖曳可以修改形体，也可以为形体“添加边”或“添加轮廓”并编辑，如图 15-69 所示。

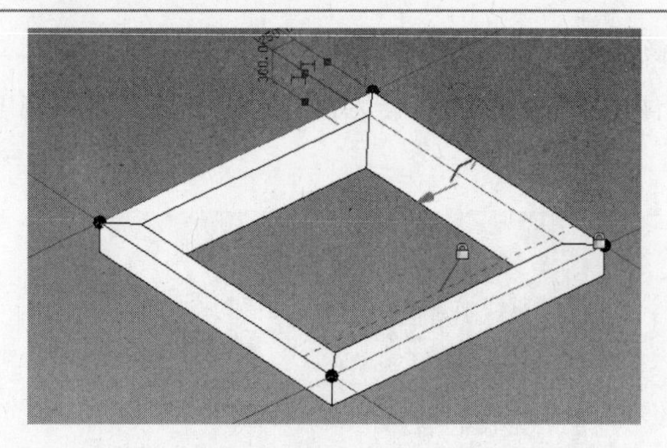

图 15-69

④ 在应用程序菜单中选择“另存为|族”命令，为族命名如“矩形幕墙嵌板构件”，并载入体量族或内建体量族中。

⑤ 在体量族中选择面，单击“修改 形状图元”选项卡下“分割”面板中的“分割表面”按钮，选择已经分割的表面，在“属性”面板中的“修改图元类型”下拉列表中选择刚刚创建并载入的“矩形幕墙嵌板构件”即可应用，如图 15-70 所示。

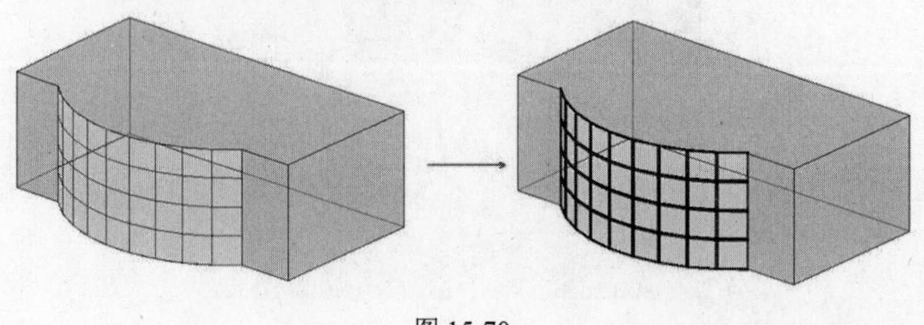

图 15-70

注意

项目中关闭“显示体量”时该幕墙嵌板构件不会被关闭。

15.4　技术应用技巧

下面介绍莫比乌斯环的简单做法。

Step 01 新建“概念体量”，利用模型线“直线”“圆形”命令绘制如图 15-71 所示的轮廓，直线之间角度为 30°。

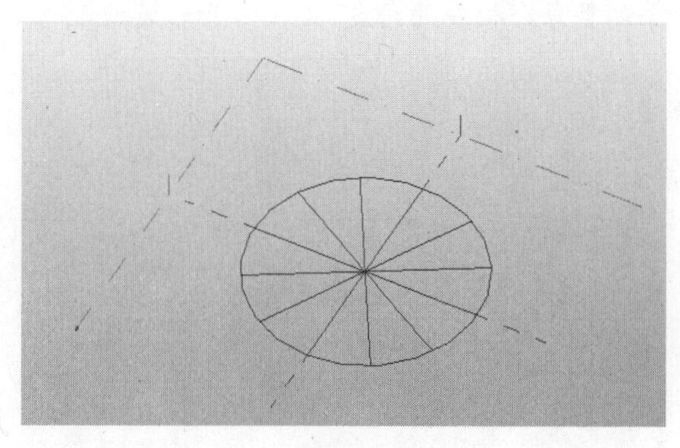

图 15-71

Step 02 新建“族|自适应公制常规模型”，在平面上随便画一个参照点，选中参照点，使自适应，绘制一个矩形轮廓，包围参照点，标注矩形的边与参照点的工作平面，单击 EQ 使之平分，并给矩形对角边标注尺寸，添加参数 a，b，如图 15-72 所示，然后载入到项目中。

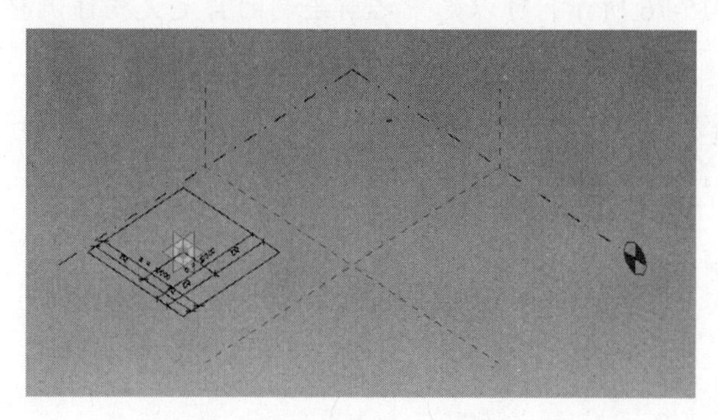

图 15-72

Step 03 在圆与直线的交点上放置刚刚绘制的构件，使构件与圆垂直，如图 15-73 所示。

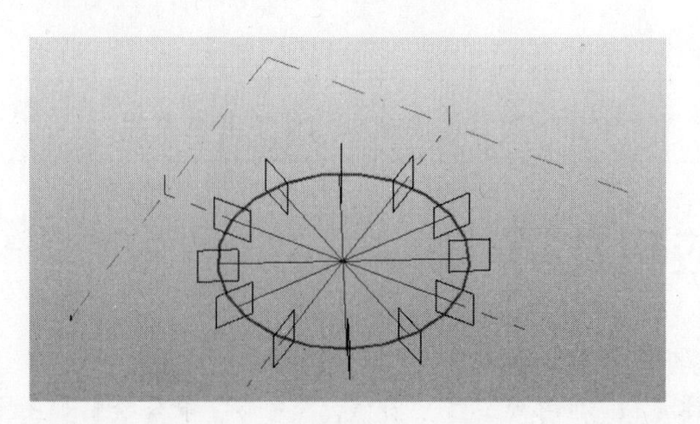

图 15-73

Step 04 利用“旋转”命令调整每个构件的角度，从 0° 开始递增 15° ，直到结束，如图 15-74 所示。

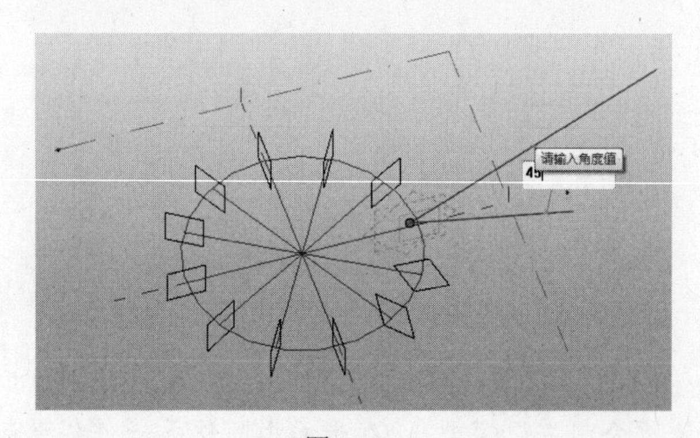

图 15-74

Step 05 选中 0° ~60° 的 5 个构件，选择“创建形状”命令，如图 15-74 所示，然后选中刚刚创建的图元的最后的一个构件及后面的 4 个构件，选择“创建形状”命令，如图 15-75 所示，最后的效果如图 15-76 所示，可以选中之前绘制的自定义构件调整参数 a、b，重新定义环的尺寸。

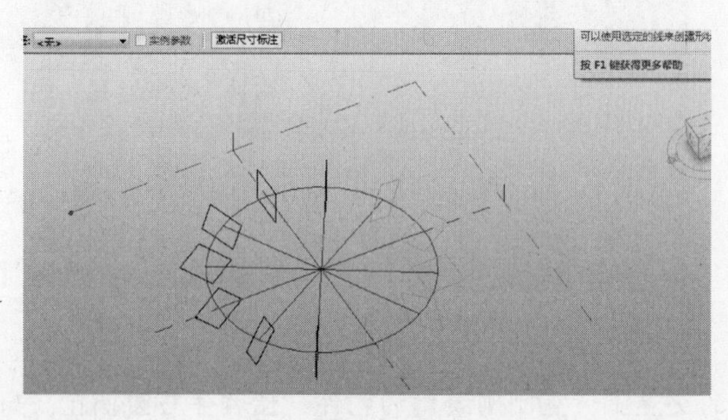

图 15-75

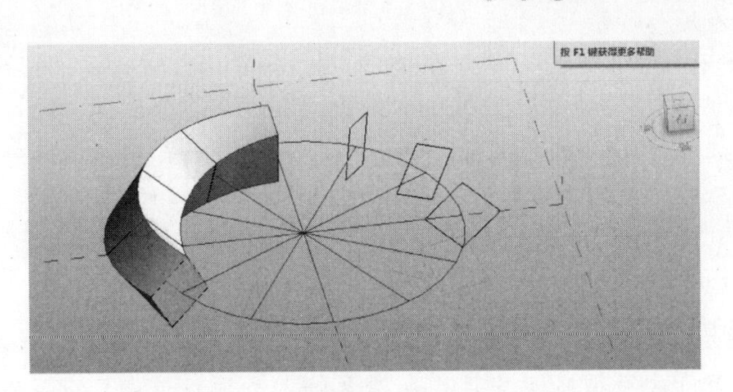

图 15-76

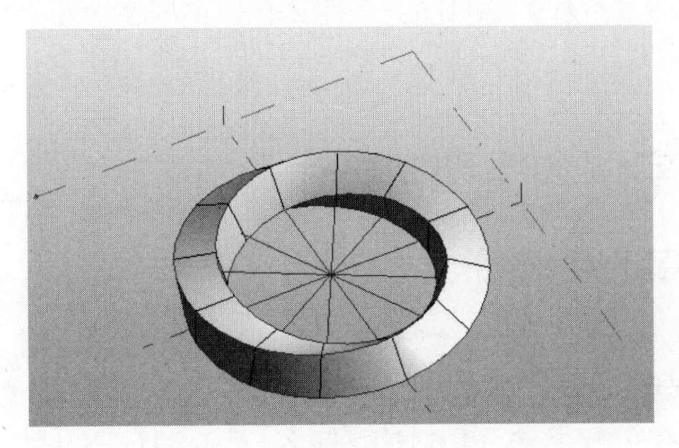

图 15-77

第 16 章 明细表

概述：明细表是 Revit 软件的重要组成部分。通过定制明细表，可以从所创建的 Revit 模型（建筑信息模型）中获取项目应用中所需要的各类项目信息，应用表格的形式直观地表达。此外，Revit 模型中所包含的项目信息还可以通过 ODBC 数据库导出到其他数据库管理软件中。

16.1 创建实例和类型明细表

16.1.1 创建实例明细表

Step 01 单击“视图”选项卡下“创建”面板中的“明细表”下拉按钮，在弹出的下拉列表中选择“明细表/数量”命令，在弹出的“新建明细表”对话框中选择要统计的构件类别，例如窗，设置明细表名称，选择“建筑构件明细表”单选按钮，设置明细表应用阶段，单击“确定”按钮，如图 16-1 所示。

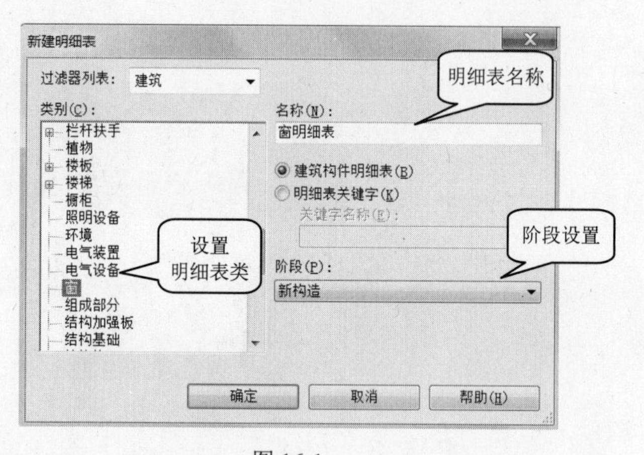

图 16-1

Step 02 “字段”选项卡：从“可用字段”列表框中选择要统计的字段，单击“添加”按钮，将其移动到“明细表字段”列表框中，利用“上移”“下移”按钮调整字段顺序，如图 16-2 所示。

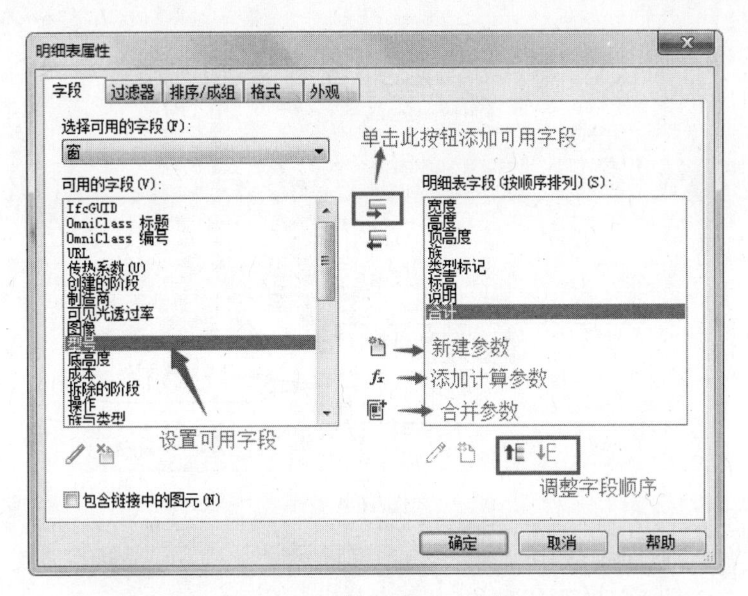

图 16-2

Step 03 “过滤器”选项卡：设置过滤器可以统计其中部分构件，不设置则统计全部构件，如图 16-3 所示。

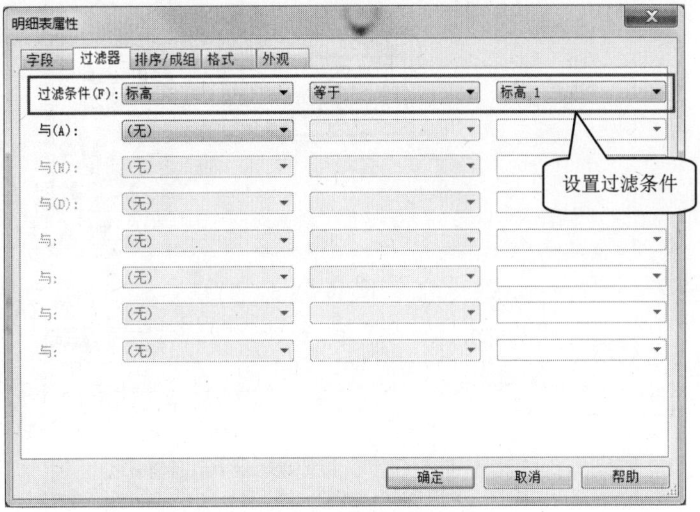

图 16-3

Step 04 “排序/成组”选项卡：设置排序方式，勾选“总计”“逐项列举每个实例”复选框，如图 16-4 所示。

Step 05 “格式”选项卡：设置字段在表格中的标题名称（字段和标题名称可以不同，如“类型”可修改为窗编号）、方向、对齐方式，需要时可选择“计算总数”，如图 16-5 所示。

Step 06 “外观”选项卡：设置表格线宽、标题和正文文字字体与大小，单击“确定”按钮，如图 16-6 所示。

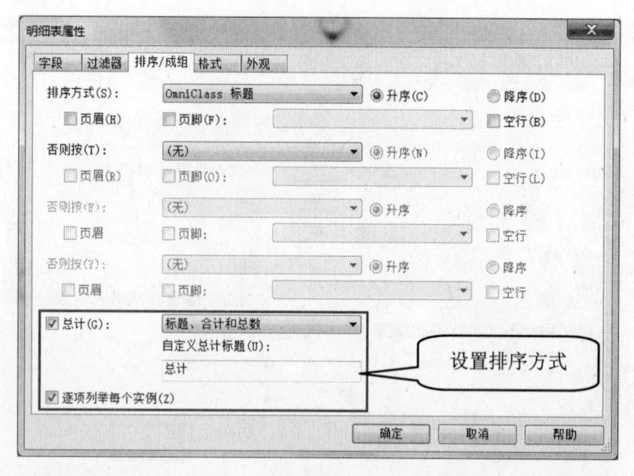

图 16-4

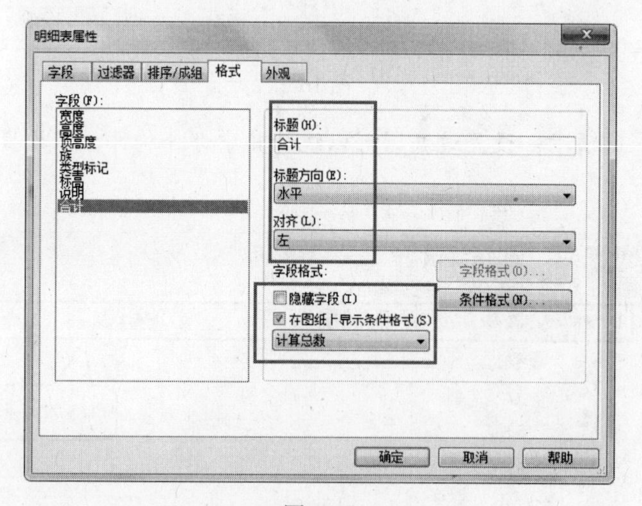

图 16-5

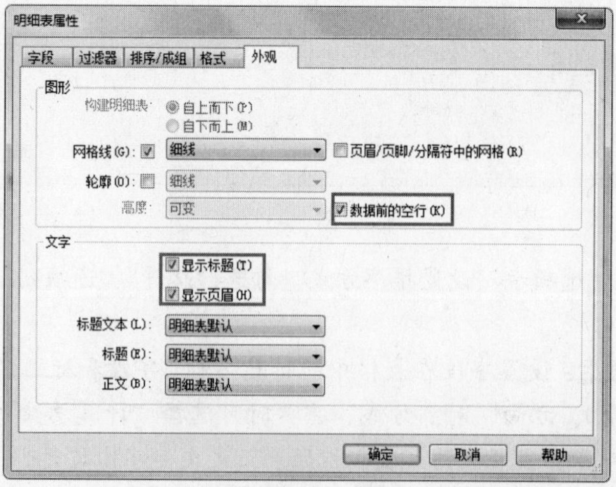

图 16-6

16.1.2 创建类型明细表

在实例明细表视图左侧“视图属性”面板中单击“排序/成组”对应的“编辑”按钮，在“排序/成组”选项卡中取消勾选□逐项列举每个实例(Z)复选框，注意，“排序方式”选择构件类型，确定后自动生成类型明细表。

16.1.3 创建关键字明细表

Step 01 在功能区“视图”选项卡“创建”面板中的“明细表”下拉列表中选择“明细表/数量”选项，选择要统计的构件类别，如房间。设置明细表名称，选择“明细表关键字”单选按钮，输入“关键字名称”，单击“确定”按钮，如图 16-7 所示。

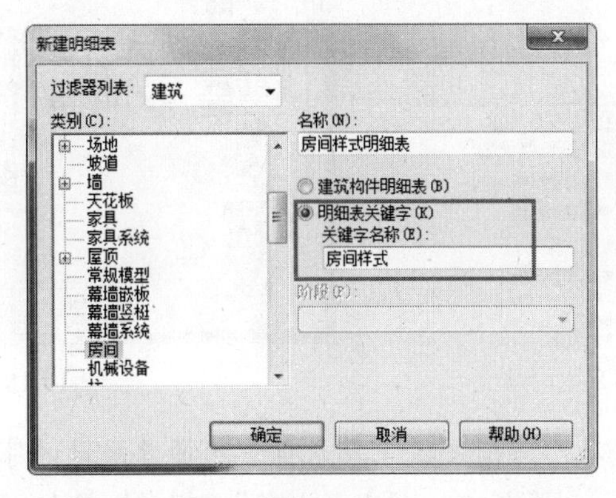

图 16-7

Step 02 按上述步骤设置明细表的字段、排序/成组、格式、外观等属性。

Step 03 在功能区，单击“行”面板中的“插入”按钮向明细表中添加新行，创建新关键字，并填写每个关键字的相应信息，如图 16-8 所示。

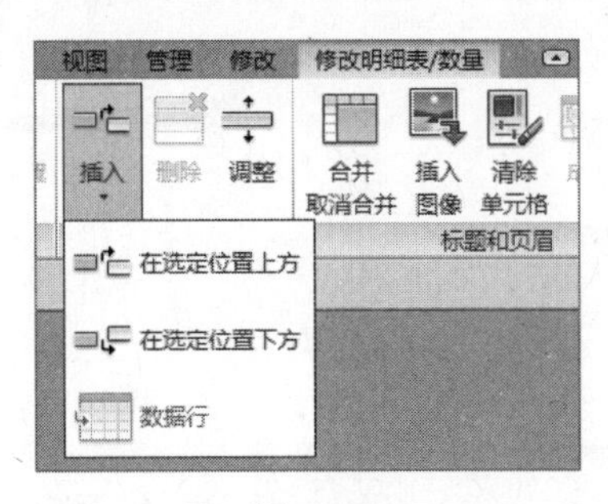

图 16-8

Step 04 将关键字应用到图元中：在图形视图中选择含有预定义关键字的图元。

Step 05 将关键字应用到明细表：按上述步骤新建明细表，选择字段时添加关键字名称字段，如“房间样式”，设置表格属性，单击“确定”按钮。

16.1.4 多类别明细表

Step 01 右击项目浏览器中“明细表/数量”按钮，如图 16-9 所示，弹出新建明细表对话框。选择“多类别”标签，点击“确定”按钮，如图 16-10 所示。

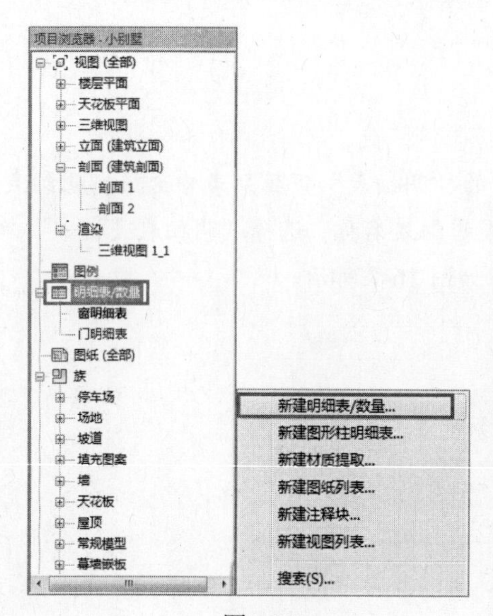

图 16-9

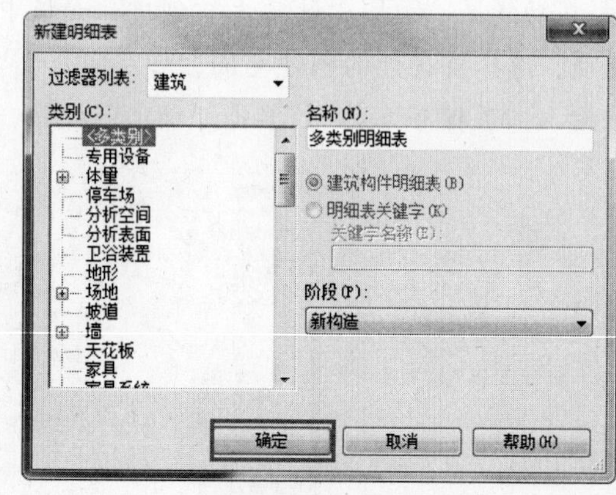

图 16-10

Step 02 “字段”选项卡：从“可用字段”列表框中选择要统计的字段，单击“添加”按钮，将其移动到“明细表字段”列表框中，利用“上移”“下移”按钮调整字段顺序，如图 16-11 所示。

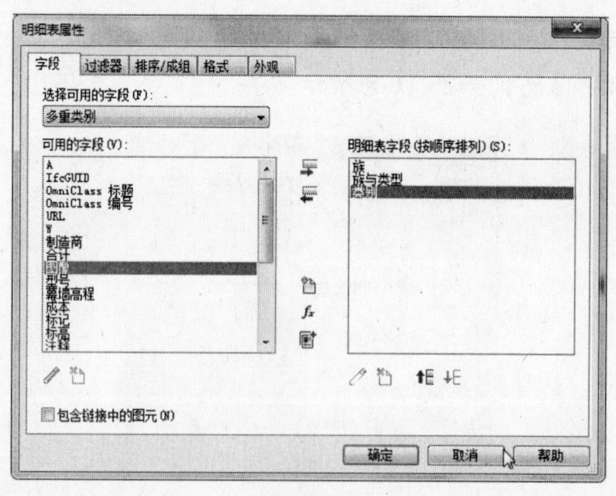

图 16-11

Step 03 “排序/成组”选项卡：设置排序方式，勾选“总计”“逐项列举每个实例”复选框，如图 16-12 所示。

Step 04 “格式”选项卡：设置字段在表格中的标题名称（字段和标题名称可以不同，如“类型”可修改为窗编号）、方向、对齐方式，需要时可选择“计算总数”，如图 16-13 所示。

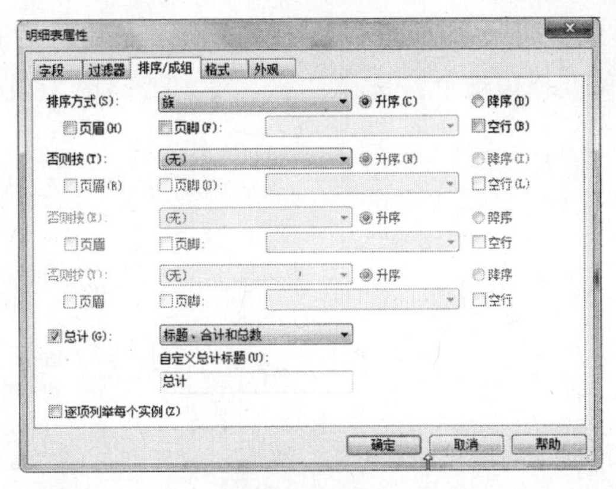

图 16-12

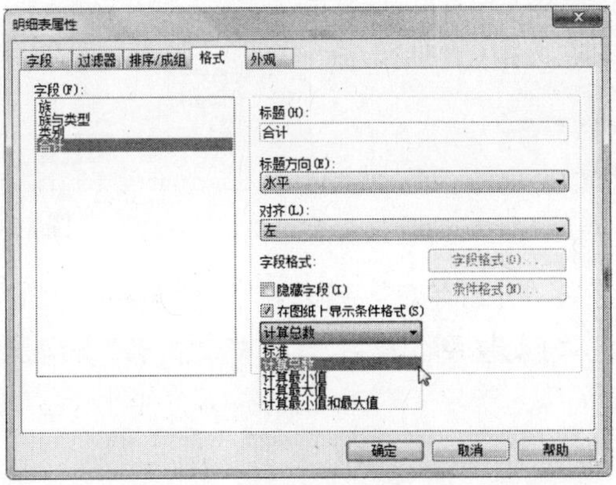

图 16-13

Step 05 “外观”选项卡：设置表格线宽、标题和正文文字字体与大小，单击“确定”按钮，如图 16-14 所示。

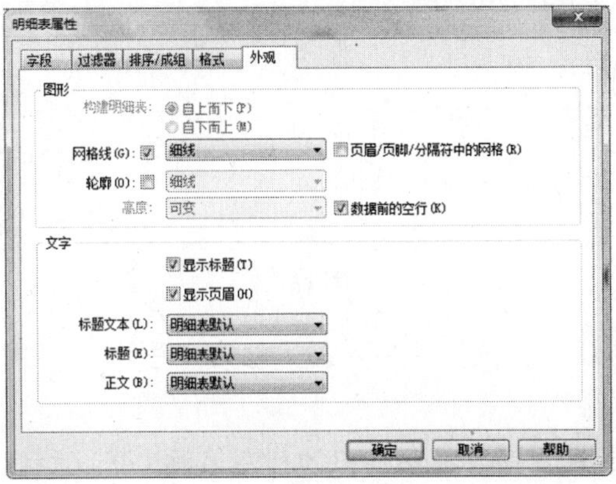

图 16-14

16.1.5 材质明细表

Step 01 右击项目浏览器中“明细表/数量”按钮，选择“新建材质提取”选项，如图 16-15 所示。在“新建材质提取”对话框中，选择“窗”类别，如图 16-16 所示。

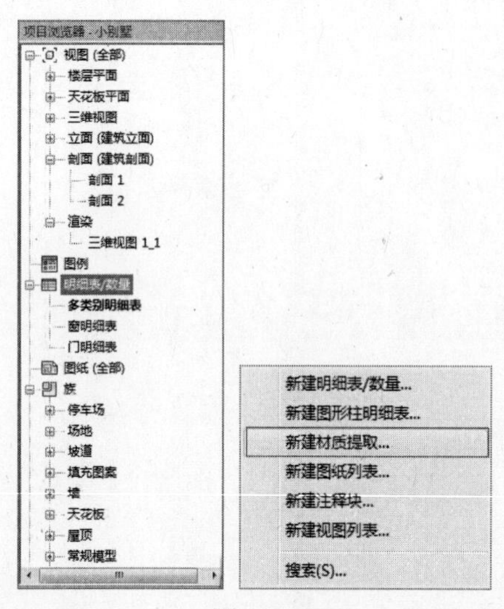

图 16-15

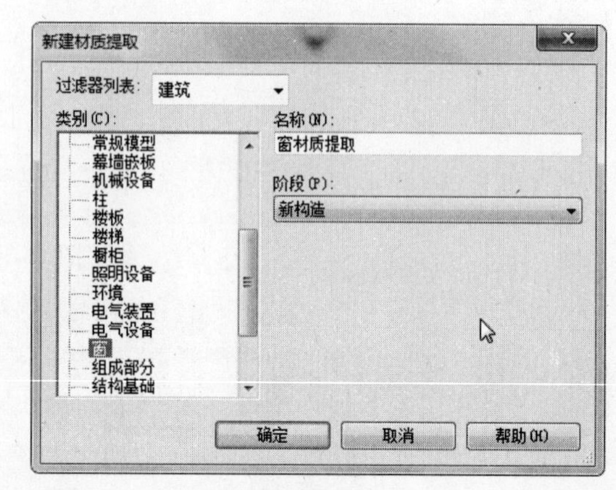

图 16-16

Step 02 “字段”选项卡：从“可用字段”列表框中选择要统计的字段，单击“添加”按钮，将其移动到“明细表字段”列表框中，利用“上移”“下移”按钮调整字段顺序，如图 16-17 所示。

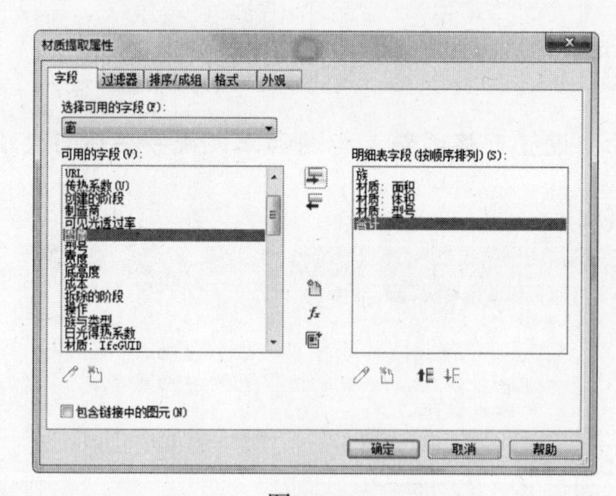

图 16-17

Step 03 “排序/成组”选项卡：设置排序方式，勾选“总计”“逐项列举每个实例”复选框，如图 16-18 所示。

Step 04 “格式”选项卡：设置字段在表格中的标题名称（字段和标题名称可以不同，如“类型”可修改为窗编号）、方向、对齐方式，需要时可选择“计算总数”，如图 16-19 所示。

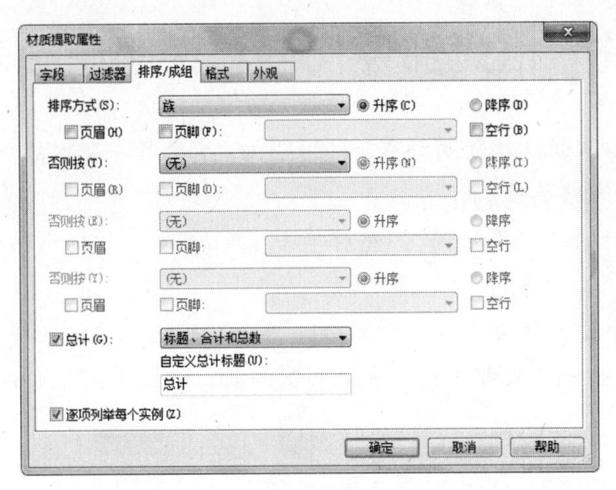

材质提取属性
字段
过滤器
排序/成组
格式
外观
排序方式(S):
族
升序(C)
降序(D)
页眉(H)
页脚(F):
空行(B)
否则按(T):
(无)
升序(N)
降序(I)
页眉(R)
页脚(O):
空行(L)
否则按(E):
(无)
升序
降序
页眉
页脚:
空行
否则按(Y):
(无)
升序
降序
页眉
页脚:
空行
总计(G):
标题、合计和总数
自定义总计标题(U):
总计
逐项列举每个实例(Z)
确定
取消
帮助

图 16-18

材质提取属性
字段
过滤器
排序/成组
格式
外观
字段(F):
族
材质: 面积
材质: 体积
材质: 型号
合计
标题(H):
合计
标题方向(E):
水平
对齐(L):
左
字段格式:
字段格式(O)...
隐藏字段(I)
条件格式(N)...
在图纸上显示条件格式(S)
计算总数
标准
计算总数
计算最小值
计算最大值
计算最小值和最大值
确定
取消
帮助

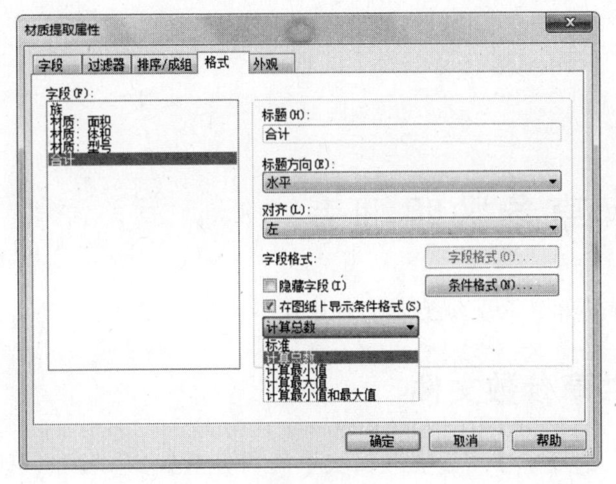

图 16-19

Step 05 “外观”选项卡：设置表格线宽、标题和正文文字字体与大小，如图 16-20 所示。

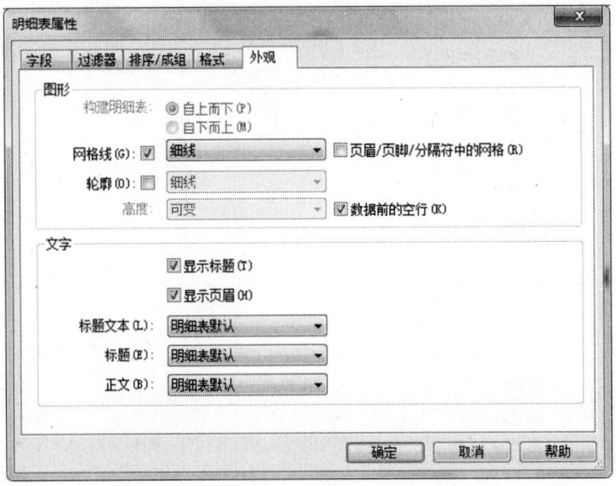

明细表属性
字段
过滤器
排序/成组
格式
外观
图形
构建明细表:
自上而下(P)
自下而上(M)
网格线(G):
细线
页眉/页脚/分隔符中的网格(R)
轮廓(O):
细线
高度:
可变
数据前的空行(K)
文字
显示标题(T)
显示页眉(H)
标题文本(L):
明细表默认
标题(E):
明细表默认
正文(B):
明细表默认
确定
取消
帮助

图 16-20

16.2 生成统一格式部件代码和说明明细表

Step 01 按前面所述步骤新建构件明细表，如墙明细表。选择字段时添加“部件代码”和“部件说明”字段，设置表格属性。

Step 02 单击表中某行的“部件代码”，然后单击 A1010210 ... 矩形按钮，选择需要的部件代码。

Step 03 在明细表中单击，将弹出一个对话框，单击“确定”按钮，将修改应用到所选类型的全部图元中，生成统一格式部件代码和说明明细表，如图 16-21 所示。

图 16-21

16.3 创建共享参数明细表

使用共享参数可以将自定义参数添加到族构件中进行统计。

16.3.1 创建共享参数文件

Step 01 单击“管理”选项卡下“设置”面板中的“共享参数”按钮，弹出“编辑共享参数”对话框，如图 16-22 所示。单击“创建”按钮，在弹出的对话框中设置共享参数文件的保存路径和名称，单击“确定”按钮，如图 16-23 所示。

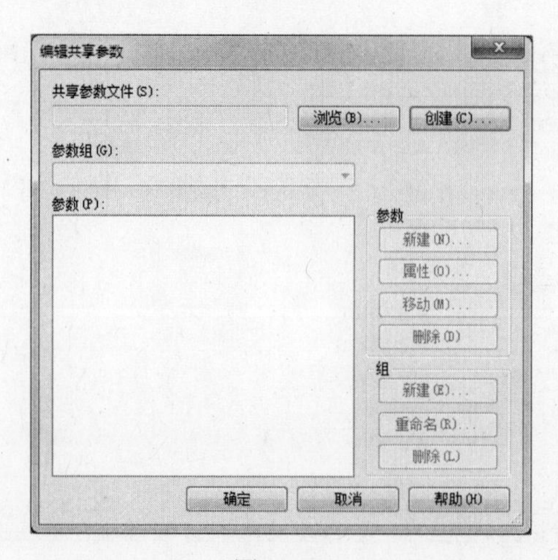

图 16-22

图 16-23

Step 02 单击“组”选项区域的“新建”按钮，在弹出的对话框中输入组名创建参数组；单击“参数”选项区域的“新建”按钮，在弹出的对话框中设置参数的名称、类型，给参数组添加参数。确定创建共享参数文件，如图 16-24 所示。

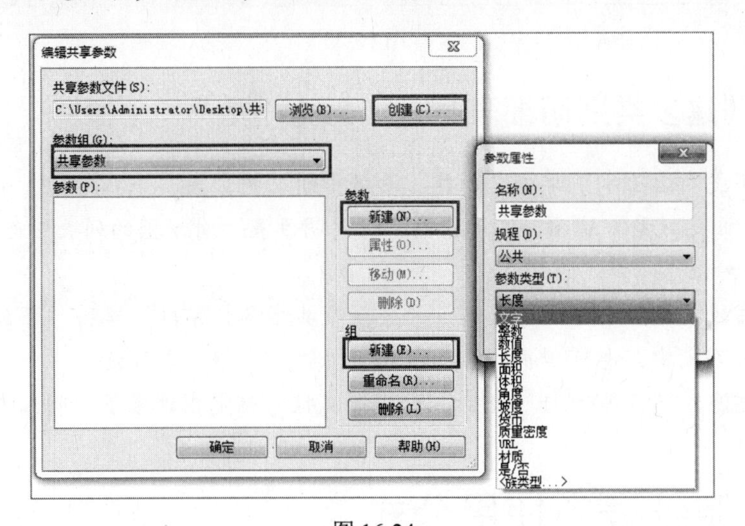

图 16-24

16.3.2　将共享参数添加到族中

新建族文件时，在“族类型”对话框中添加参数时，选择“共享参数”单选按钮，然后单击“选择”按钮即可为构件添加共享参数并设置其值，如图 16-25 所示。

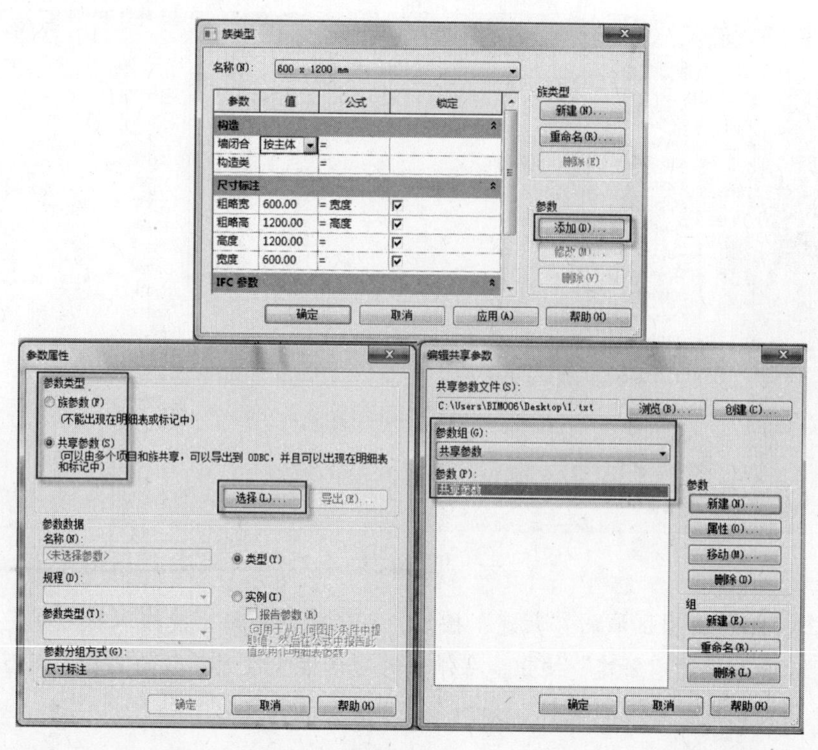

图 16-25

16.3.3 创建多类别明细表

Step 01 在“视图”选项卡下单击“创建”面板中的“明细表”下拉按钮，在弹出的下拉列表中选择“明细表/数量”选项，在弹出的“新建明细表”对话框的列表中选择“多类别”，单击“确定”按钮。

Step 02 在“字段”选项卡中选择要统计的字段及共享参数字段，单击“添加”按钮移动到“明细表字段”列表中，也可单击“添加参数”按钮，选择共享参数。

Step 03 设置过滤器、排序/成组、格式、外观等属性，确定创建多类别明细表。

16.4 在明细表中使用公式

在明细表中可以通过给现有字段应用计算公式来求得所需要的值，例如，可以根据每一种墙类型的总面积创建项目中所有墙的总成本的墙明细表。

Step 01 按 16.4 节所述步骤新建构件类型明细表，如墙类型明细表，选择统计字段：合计、族与类型、成本、面积，设置其他表格属性。

Step 02 在“成本”一列的表格中输入不同类型墙的单价。在“属性”面板中单击“字段参数”后的“编辑”按钮，打开“表格属性”对话框的“字段”选项卡。

Step 03 单击“计算值”按钮，弹出“计算值”对话框，输入名称（如总成本）、计算公式（如“成本*面积/(1 000.0)”），选择字段类型（如面积），单击“确定”按钮。

Step 04 明细表中会添加一列“总成本”，其值自动计算，如图 16-26 所示。

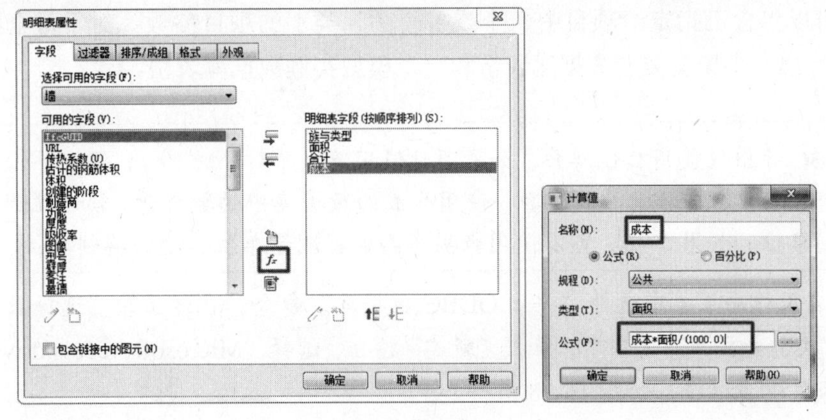

图 16-26

提示

“/(1 000.0)”是为了隐藏计算结果中的单位，否则计算结果中会含有“面积”字段的单位。

16.5　使用 ODBC 导出项目信息

16.5.1　导出明细表

Step 01 打开要导出的明细表，在“应用程序”菜单中选择“导出|报告”|“明细表”命令，在“导出”对话框中指定明细表的名称和路径，单击“保存”按钮将该文件保存为分隔符文本。

Step 02 在“导出明细表”对话框中设置明细表外观和输出选项，单击“确定”按钮，完成导出，如图 16-27 所示。

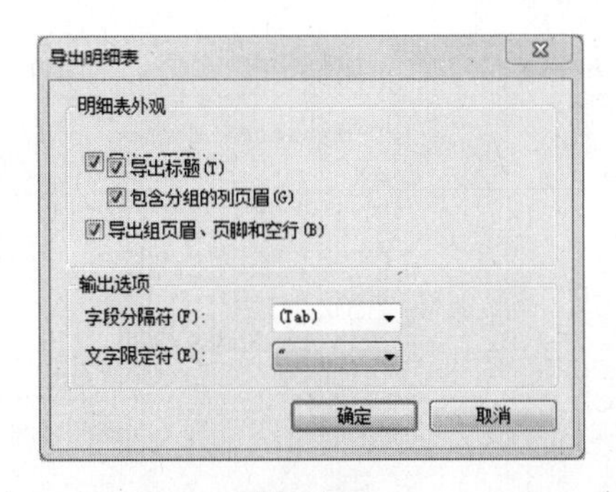

图 16-27

Step 03 启动 Microsoft Excel 或其他电子表格程序，打开导出的明细表，即可进行任意编辑修改。

16.5.2 导出数据库

Revit Architecture 可以将模型构件数据导出到 ODBC（开发数据库连接）数据库中。导出的数据可以包含已指定给项目中一个或多个图元类别的项目参数。对于每个图元类别，Revit 都会导出一个模型类型数据库表格和一个模型实例数据库表格。

> 注意
>
> ODBC 导出仅使用公制单位。如果项目使用英制单位，则 Revit 将在导出到 ODBC 前把所有测量单位转换为公制单位。使用生成的数据库中的数据时，须记住测量单位应反映公制单位。如果需要，可以使用数据库函数将测量单位转换回英制单位。

Step 01 在应用程序菜单中选择“导出|ODBC 数据库”命令，在弹出的“选择数据源”对话框中选择“文件数据源”选项卡，单击“新建”按钮，选择“Microsoft Access driver (*mdb)”或其他数据库驱动程序，如图 16-28 所示。

Step 02 单击“下一步”按钮，设置文件名称和保存路径。

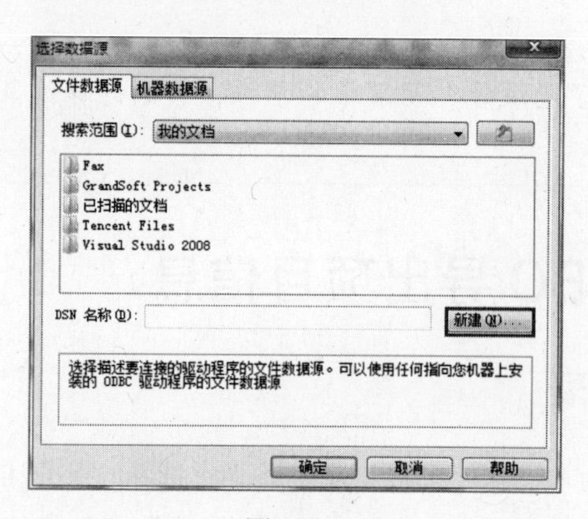

图 16-28

Step 03 单击“下一步”按钮，确认设置。单击“完成”按钮，弹出“ODBC Microsoft Access 安装”对话框，如图 16-29 所示。

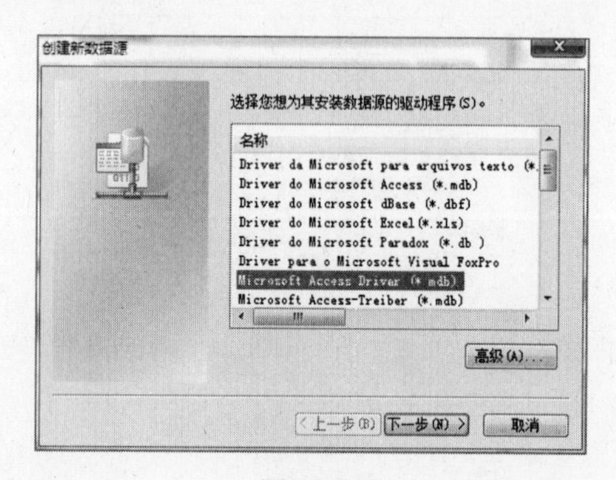

图 16-29

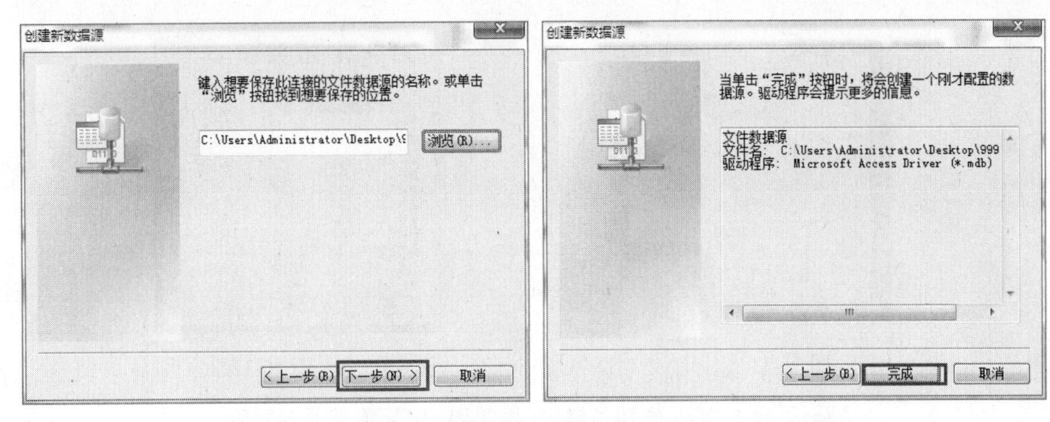

图 16-29（续）

Step 04 单击“创建”按钮，设置数据库文件名称和保存路径，在所有对话框中单击“确定”按钮，完成导出，如图 16-30 所示。

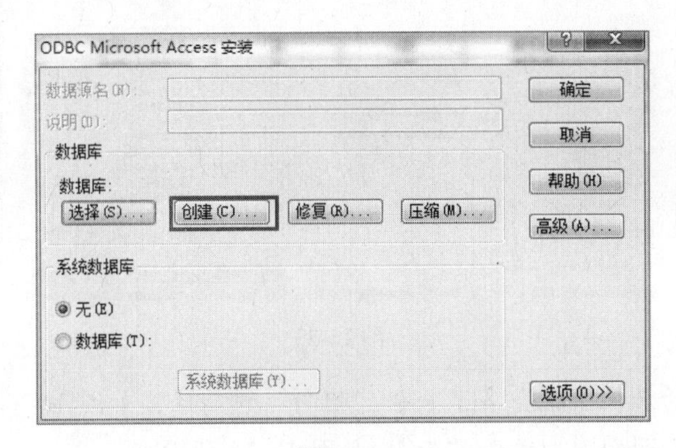

图 16-30

16.6　技术应用技巧

16.6.1　在明细表中统计窗户朝向等信息

在有些建筑中，我们需要知道窗户的朝向，那么这些数据如何通过 revit 的明细表实现。

Step 01 在项目中若要统计房间中所有向南的窗户，如图 16-31 所示，可以通过添加项目参数和明细表的过滤共同完成。

Step 02 在“管理选项”选项卡中单击“设置”面板中的“项目参数”添加项目参数，如图 16-32 所示。

Step 03 在“参数属性”对话框中，添加名称为“朝向”，参数类型为“文字”，类别选择为“窗”，如图 16-33 所示。

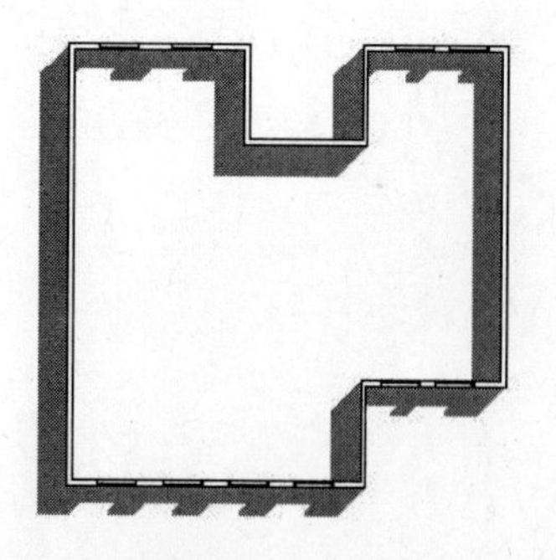

图 16-31

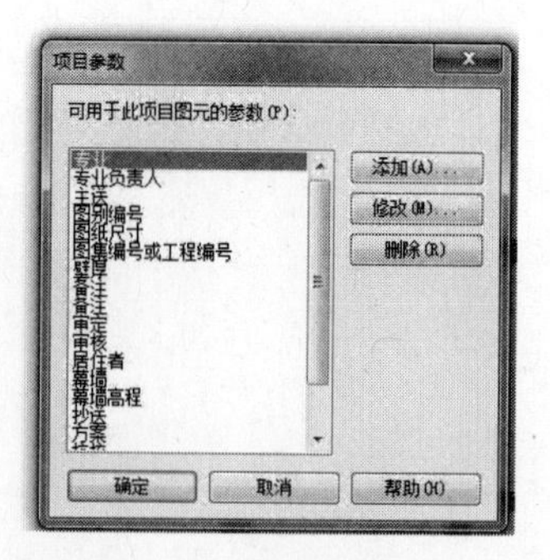

图 16-32

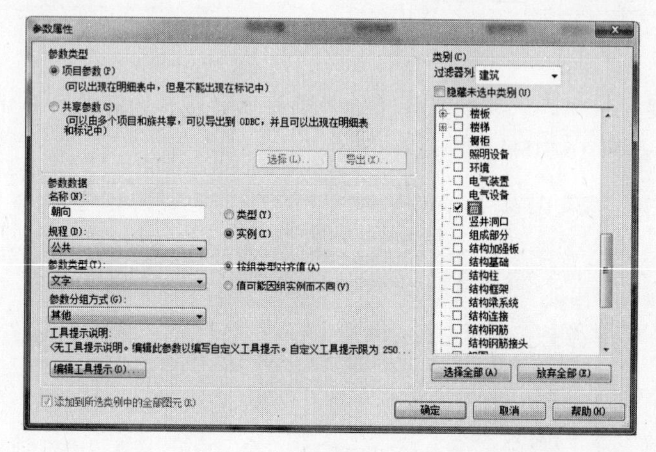

图 16-33

Step 04 此时在窗户的属性中就会多了一个“朝向”的属性，如图 16-34 所示。

Step 05 在“朝向”后面的栏中添加“南”，如图 16-35 所示。

图 16-34

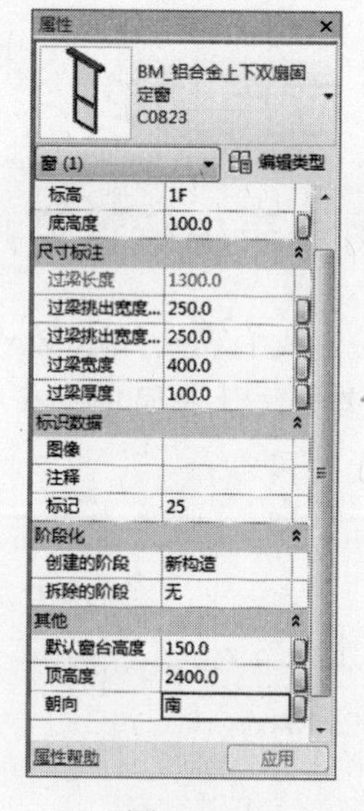

图 16-35

Step 06 单击“视图”选项卡下“创建”面板中的“明细表”，如图 16-36 所示。

Step 07 选择窗类别，添加窗户的明细表，如图 16-37 所示。

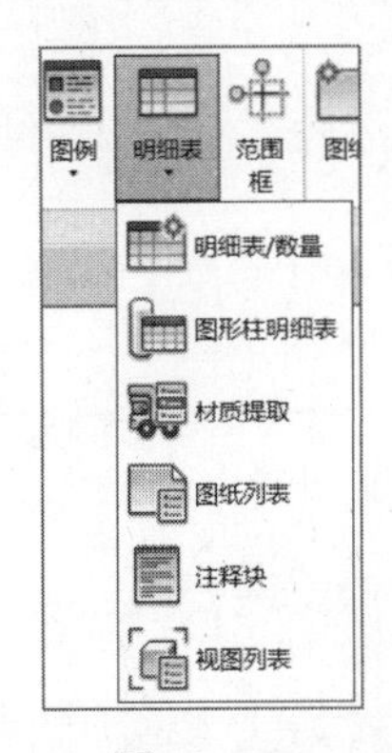

图 16-36

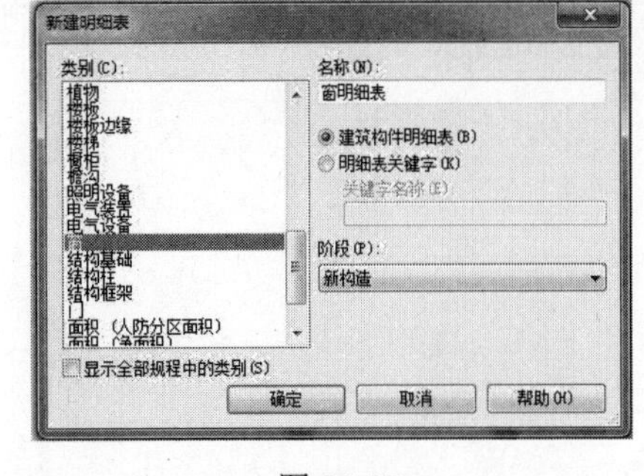

图 16-37

Step 08 在“字段”中添加参数，如图 16-38 所示。

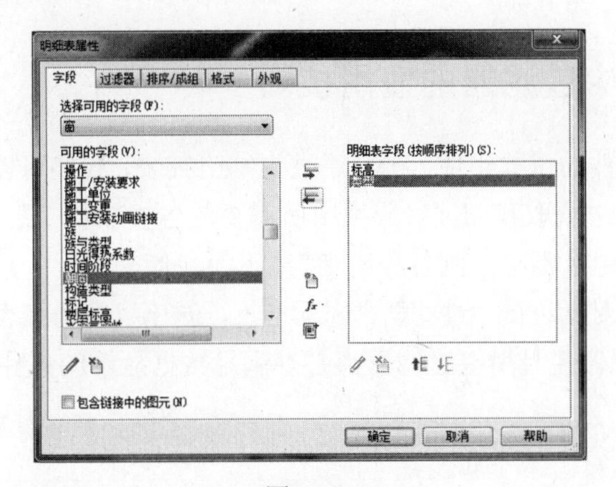

图 16-38

Step 09 添加“标高”“类型”等参数，如图 16-39 所示。

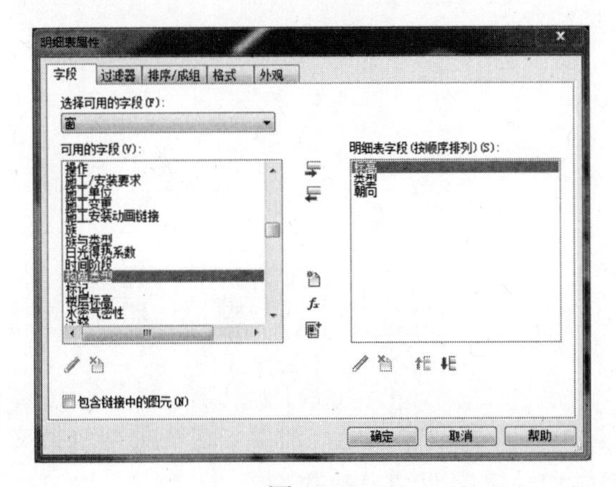

图 16-39

Step 10 在“过滤器”中，过滤条件为“朝向”“等于”“南”，如图 16-40 所示。

Step 11 朝向为南的窗明细表创建完成，如图 16-41 所示。

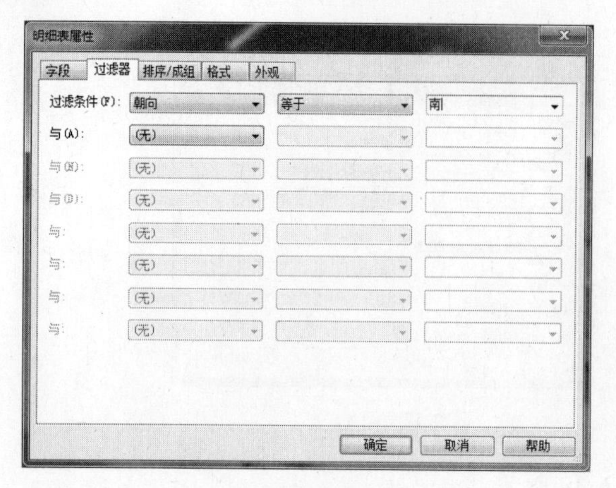

图 16-40

窗明细表		
标高	类型	朝向
室外标高	1500 x 15	南
室外标高	1500 x 15	南
室外标高	1500 x 15	南
室外标高	1500 x 15	南
室外标高	1500 x 15	南
室外标高	1500 x 15	南

图 16-41

16.6.2 明细表中过滤器的使用技巧

明细表是 Revit 软件的重要组成部分。通过定制明细表，我们可以从我们所创建的 Revit 模型（建筑信息模型）中获取我们项目应用中所需要的各类项目信息，用表格的形式直观地表达。我们在实际项目中经常会用到各种明细表，下面我们来看一些过滤器的运用技巧实例。

在“明细表属性”对话框的“过滤器”选项卡上，创建限制明细表中数据显示的过滤器。最多可以创建 8 个过滤器，且所有过滤器都必须满足数据显示的条件，如图 16-42 所示。

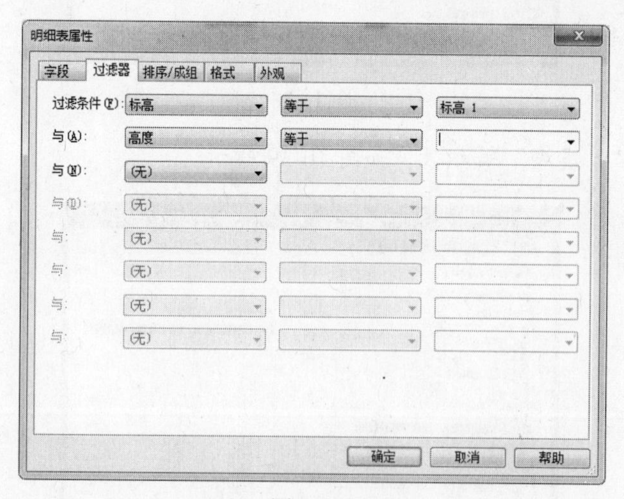

图 16-42

可以使用明细表字段的许多类型来创建过滤器。这些类型包括文字、编号、整数、长度、面积、体积、是/否、楼层和关键字明细表参数。

以下明细表字段不支持过滤：

- 族
- 类型
- 族和类型

可基于项目中的字段创建过滤器。要基于不在明细表中显示的字段创建过滤器，则需要将该字段添加到“明细表字段”列表中，然后在“格式”选项卡上将其隐藏。

使用过滤器的一个示例是，在“门”明细表中按楼层进行过滤。在“过滤器”选项卡中，可以选择“标高”作为过滤参数，并将其值设置为“标高 3”，这样只有位于 3 层上的门才显示在明细表中。

另一个示例是，当我们在统计数据比较多，要区分两种类型时，可以使用添加参数字段的方法。如图 16-43 所示，如果这个表格要分成两个表格，一个普通门表格，一个特殊门表格，该如何做呢？

门明细表					
门编号	洞口尺寸		个数	说明	构造类型
	宽度	高度			
M1	900	2100	10		
M2	1000	2100	4		
M3	750	2100	5		
M4	700	2100	4		
MLC1	800	2100	1		
TLM	2400	2000	2		
TLM 1	3000	2000	1		

图 16-43

Step 01 首先添加一个参数字段。打开“明细表实例属性”对话框，点击“字段”命令，出现“明细表属性”对话框，点击“添加参数”按钮，输入名称并点击“确定”按钮。明细表将多出一个新建的 A1 列，如图 16-44 所示。

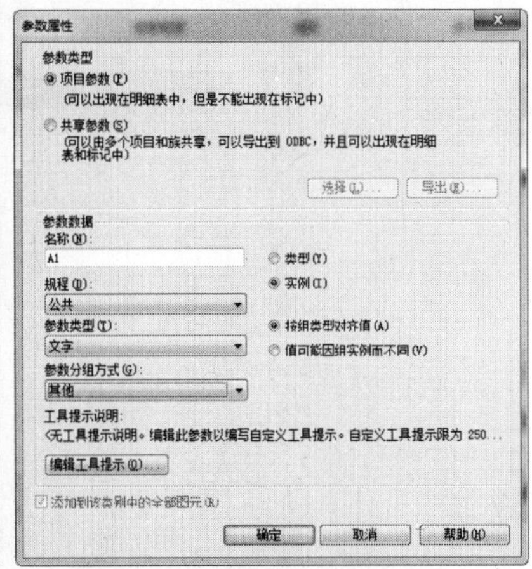

图 16-44

Step 02 若不需要将其显示在明细表中，可以打开“格式”面板，选择“字段”中的“A1”，勾选“隐藏字段”选项，如图 16-45 所示。

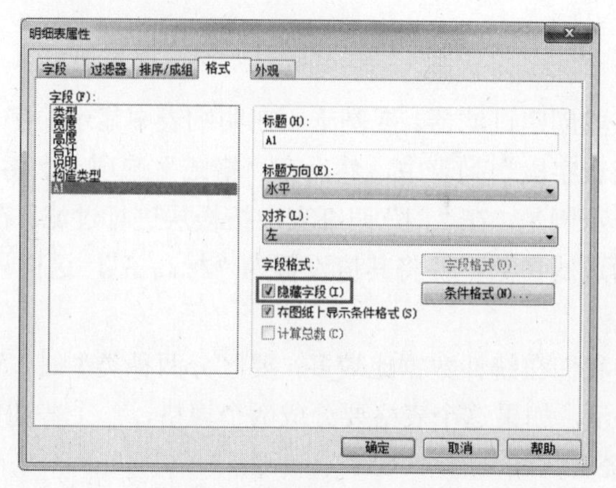

图 16-45

Step 03 选择特殊门的行，在 A1 列输入数字 1，如图 16-46 所示。

门明细表						
门编号	洞口尺寸		个数	说明	构造类型	A1
	宽度	高度				
M1	900	2100	10			
M2	1000	2100	4			
M3	750	2100	5			
M4	700	2100	4			
MLC1	800	2100	1			1
TLM	2400	2000	2			1
TLM 1	3000	2000	1			1

图 16-46

Step 04 在“过滤器”面板中选择过滤条件为 A1、等于、1，点击“确定”按钮，则只显示特殊门，如图 16-47 所示。按照同样步骤，也可以做一个普通门表格。

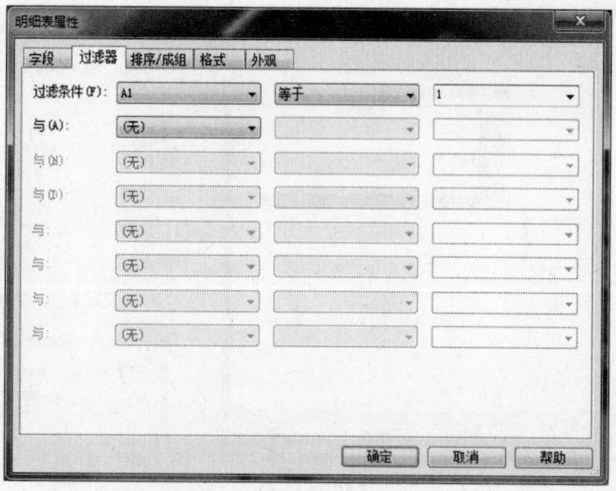

图 16-47

门明细表					
门编号	洞口尺寸		个数	说明	构造类型
	宽度	高度			
MLC1	800	2100	1		
TLM	2400	2000	2		
TLM 1	3000	2000	1		

图 16-47（续）

16.6.3　将明细表导出到 DWG 文件中

方法一：将明细表通过“导出为报表”选项导出成纯文本文件。如图 16-48 所示，将其复制到 Excel 中，然后复制 Excel 中的数据，通过在 CAD 中进行选择性粘贴，并选择粘贴为“AutoCAD 图元”，如图 16-49 所示。通过以上步骤即可生成在 CAD 中可以编辑的明细表了，如图 16-50 所示。

方法二：将明细表拖进图纸中，将图纸导出为 DWG 格式文件，此时可进入 CAD 的图纸空间中找到已经导出的明细表，如果希望将其放至模型空间，可以在 2004 版及以下的 CAD 版本中用 Express 工具条的“改变空间”命令，或高版本 CAD 中的“修改|更改空间”命令来将图纸空间中的图形导入模型空间。

图 16-48

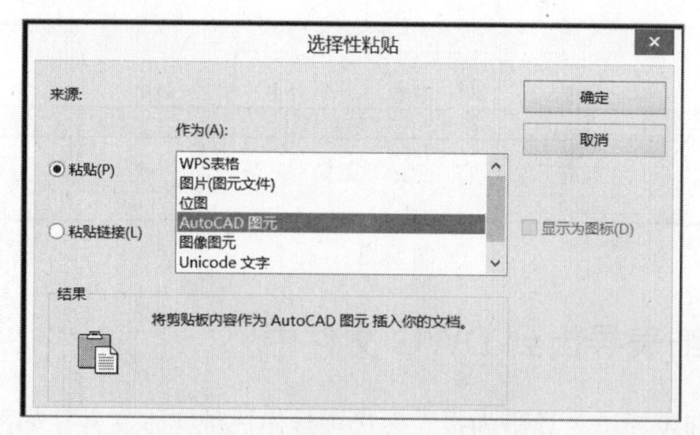
选择性粘贴
来源:
作为(A):
确定
取消
粘贴(P)
粘贴链接(L)
WPS表格
图片(图元文件)
位图
AutoCAD 图元
图像图元
Unicode 文字
显示为图标(D)
结果
将剪贴板内容作为 AutoCAD 图元 插入你的文档。

图 16-49

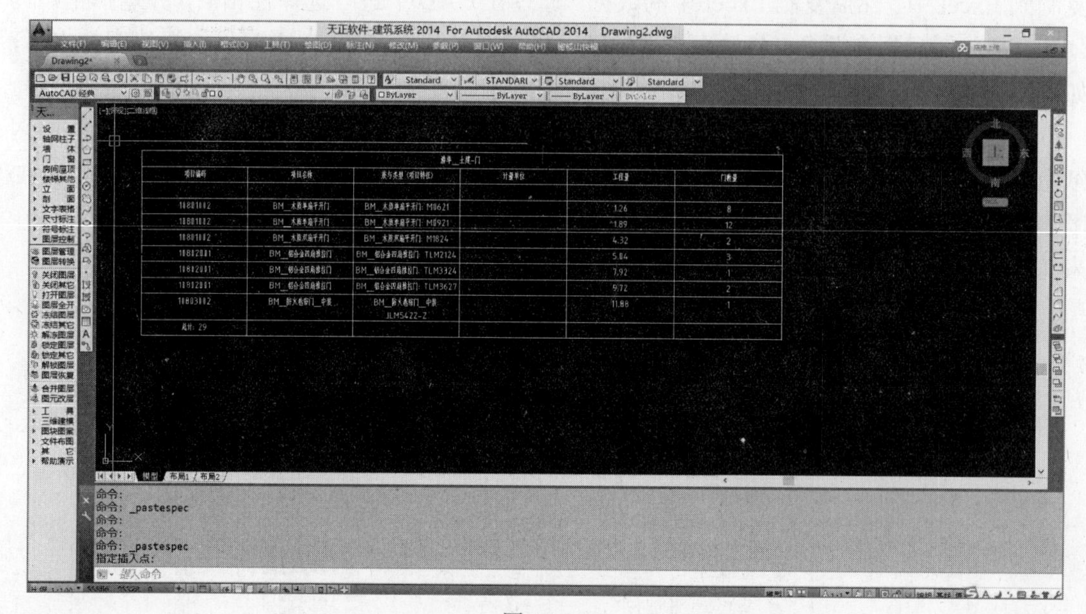
天正软件-建筑系统 2014 For Autodesk AutoCAD 2014 Drawing2.dwg
命令:
命令: _pastespec
命令:
命令:
命令: _pastespec
指定插入点:

图 16-50

第 17 章　设计选项、阶段

概述：在 Revit 软件中提供了设计选项的工具，使用户可以在同一个模型中进行多方案的对比，从而方便方案的汇报演示和方案优选。而“阶段”概念的引入，则是把时间的概念引入到模型创建过程。通过阶段的划分，使用户能实现四维的施工模拟及分阶段统计工程量。“工作集”的应用，则为用户提供了统一的模型文件和工作环境，也就是说项目的各成员通过局域网，都在同一个工作模型（中心文件）中工作，项目进度随时更新。从而实现专业内部及多专业间的三维协同设计。

17.1　创建多个设计选项

在处理建筑模型过程中，随着项目的不断推进，一般希望探索多个设计方案。这些方案既可能仅仅是概念性设计方案，也可能是详细的工程设计方案。使用设计选项，可以在一个项目文件中创建多个设计方案（见图 17-1）。因为所有设计选项与主模型（主模型由没有专门指定给某个设计选项的图元组成）同存于项目之中，可研究和修改各个设计选项，并向客户展示这些选项。

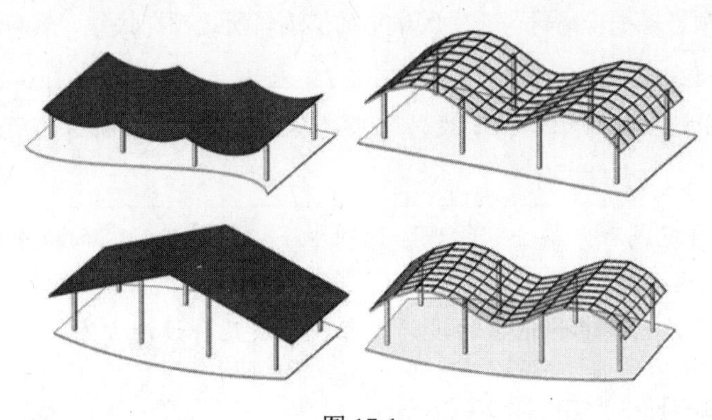

图 17-1

17.1.1　创建设计选项

创建设计选项的步骤如下。

Step 01 打开要创建设计选项的主模型，单击“管理”选项卡下“设计选项”面板中的“设计选项”按钮，弹出“设计选项”对话框，如图 17-2 所示。

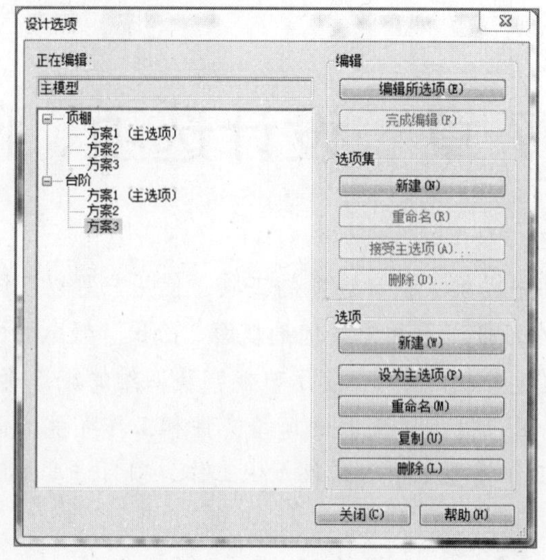

图 17-2

Step 02 单击“选项集”选项区域中的“新建”按钮，新建“选项集 1”（针对某个特定设计问题的几个备选方案的集合）。选择该选项集，单击“选项集”选项区域中的“重命名”按钮，重命名选项集，如“顶棚”。

Step 03 新建“选项集 1”的同时，会自动生成一个选项“选项 1（主选项）”。选择“选项 1（主选项）”，单击“选项”选项区域中的“重命名”按钮，命名选项，如“方案 1”。

Step 04 单击“选项”选项区域中的“新建”按钮，新建其他“选项”作为次选项（备选方案），并重命名。可以“复制”“删除”选项，或将次选项“设为主选项”。

Step 05 选择主选项，单击“编辑”选项区域中的“编辑所选项”按钮，然后单击“关闭”按钮。

注意

这时可以开始在项目中绘制本设计选项的各项内容。此后新建的所有图元都将自动添加至此选项中。

Step 06 该设计方案完成后，单击“管理”选项卡下“设计选项”面板中的“设计选项”按钮，然后单击“完成编辑”。

Step 07 用同样的方法创建其他选项的设计内容，生成几种设计方案。

17.1.2 准备设计选项进行演示

打开三维视图，图形显示的是选项集中主选项的设计内容，要查看各个设计方案的三维建筑模型，需要复制三维视图，并设置每个视图的可见性。

Step 01 在项目浏览器中选择三维视图，右击，在弹出的快捷菜单中选择“复制视图”复制命令，然后“重命名”得到新的视图。

Step 02 双击打开新的三维视图，单击“视图”选项卡下“图形”面板中的“可见性/图形”

按钮，在打开的“可见性/图形替换”对话框中选择“设计选项”选项卡。单击设计选项名称，从下拉列表中选择要显示的选项，如图 17-3 所示。

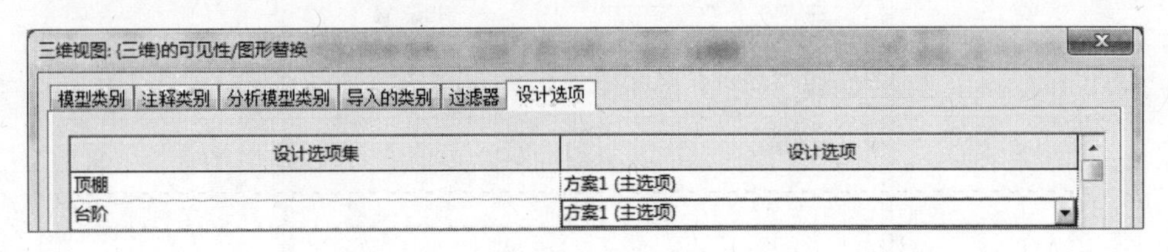

图 17-3

提示

如果选项名称都选择“自动”，则三维视图显示主选项的设计方案；如果有几个选项集，每个选项集又有几个不同的选项，则可以搭配出几种不同的设计方案。

17.1.3　编辑设计选项

在主模型状态下，设计选项中的图元是不能选择并编辑的，要编辑设计选项内的图元，有如下两种方法。

方法一：先选择要编辑的选项。

Step 01 在类型选择器为主模型状态下，单击“管理”选项卡下“设计选项”面板中的“拾取以进行编辑”按钮，然后在屏幕上选择需要修改编辑的图元，进入编辑状态。也可直接在选择器中选择所需编辑的方案选项，如图 17-4 所示，进行方案的修改。

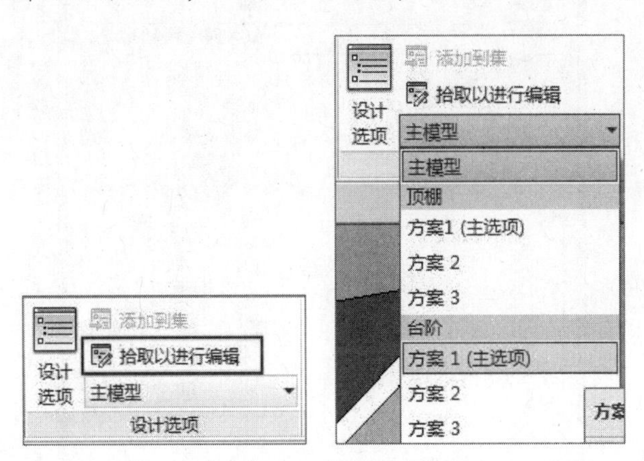

图 17-4

Step 02 完成修改后，再次单击“设计选项”按钮，正在编辑的方案此时其名称会加粗显示，单击“完成编辑”按钮，退出此次编辑，如图 17-5 所示。

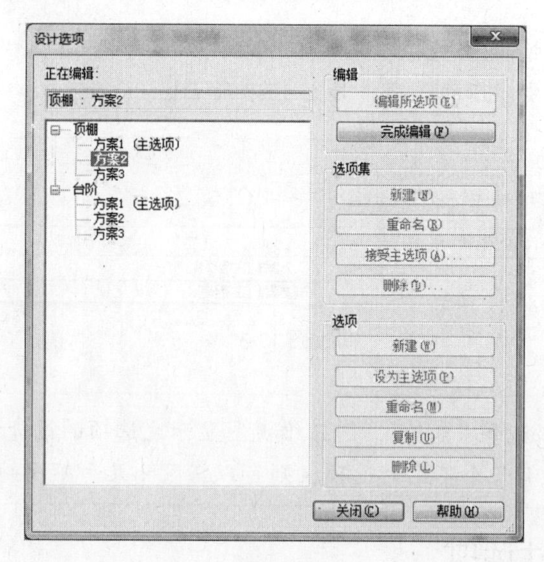

图 17-5

方法二：在“设计选项”对话框中选择一个选项，单击“编辑所选项”按钮，如图 17-6 所示，然后单击“关闭”按钮，进入项目开始修改设计方案。完成修改后，单击“管理”选项卡下“设计选项”面板中的“设计选项”按钮，在“设计选项”对话框中单击“完成编辑”按钮。

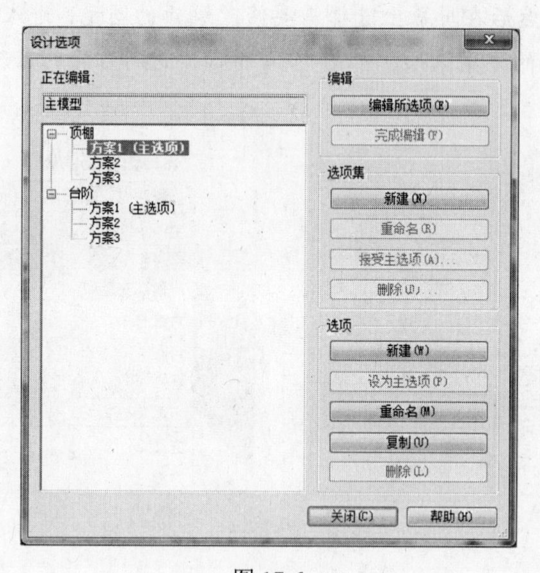

图 17-6

注意

主模型不能与各选项发生联动关系，例如，主模型为墙体时不能与选项屋顶发生附着关系等。但是可以将已完成附着关系的墙体与屋顶作为选项屋顶，这样在演示方案时就能看到更完整的效果。

17.1.4 接受主选项

经过方案比较并选定最终设计方案后，可将该选项纳入主模型，并删除其他选项。

Step 01 在“设计选项”对话框中选择选中的选项，单击“选项”选项区域中的“设为主选项”按钮，将其设置为主选项。

Step 02 单击“选项集”选项区域中的“接受主选项”按钮，确认提示后单击“是”按钮，Revit Architecture 会将主选项添加到主模型并删除所有其他选项及选项集，如图 17-7 所示。

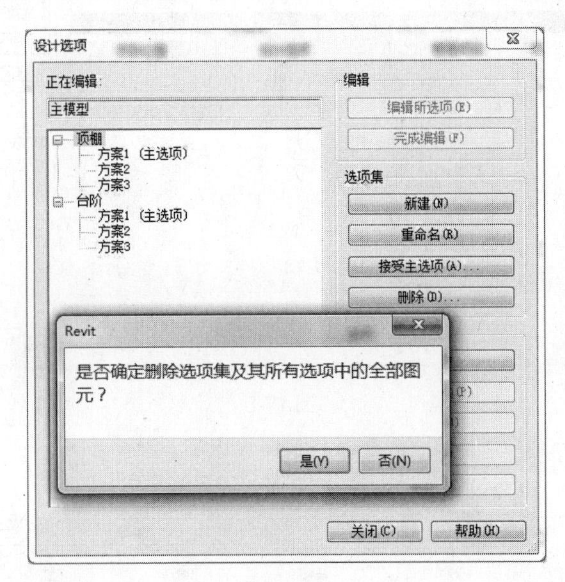

图 17-7

17.2 工程阶段

阶段表示项目周期的不同时间段，Revit Architecture 提供了视图和建模构件的阶段表示，当开始新项目时，在默认情况下它会定义两个阶段：

（1）现有阶段。

（2）新构造阶段。

每一模型构件都有两个阶段属性：创建阶段和拆除阶段。通过确定对象创建的阶段和可能拆除的阶段，可以定义项目如何出现于不同工作阶段中。

17.2.1 创建阶段

Step 01 单击“管理”选项卡下“阶段化”面板中的“阶段”按钮，在弹出的“阶段化”对话框中选择“阶段”选项卡，可以新建、合并阶段，单击阶段名称可以重命名阶段，如图 17-8 所示。

Step 02 切换到“阶段过滤器”选项卡：设置新建、现有、已拆除、临时等各阶段的显示状况，如图 17-9 所示。

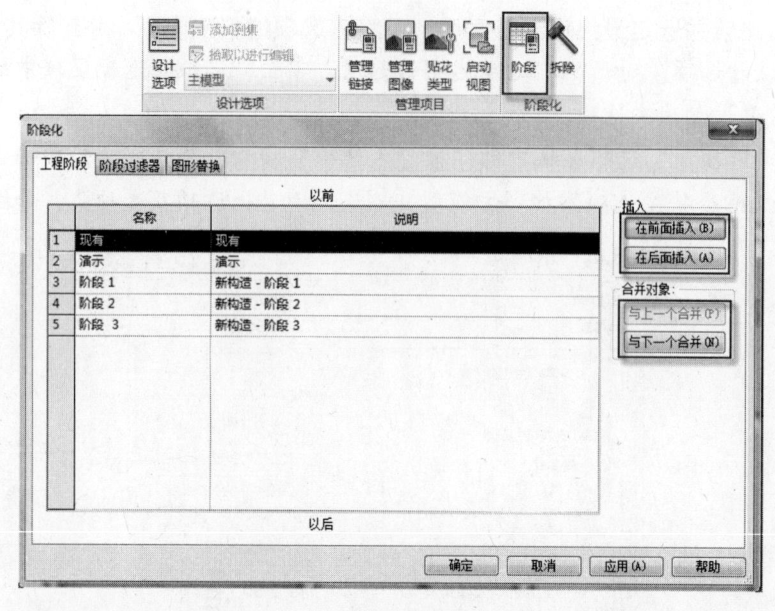

图 17-8

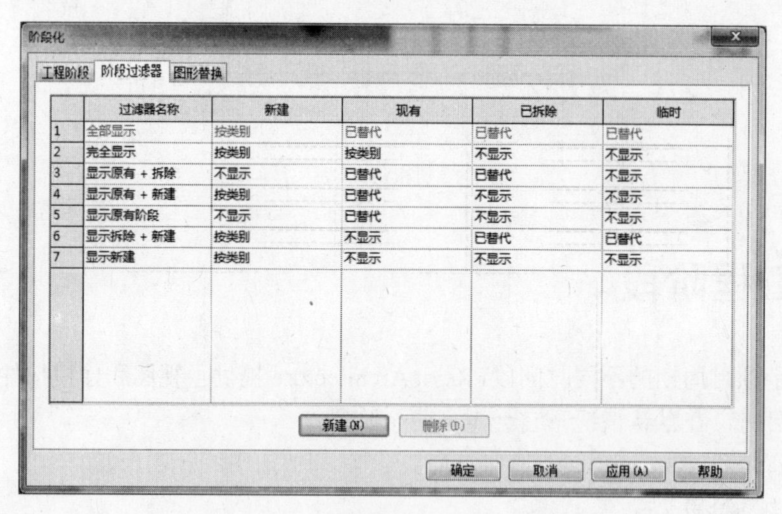

	过滤器名称	新建	现有	已拆除	临时
1	全部显示	按类别	已替代	已替代	已替代
2	完全显示	按类别	按类别	不显示	不显示
3	显示原有 + 拆除	不显示	已替代	已替代	不显示
4	显示原有 + 新建	按类别	已替代	不显示	不显示
5	显示原有阶段	不显示	已替代	不显示	不显示
6	显示拆除 + 新建	按类别	不显示	已替代	已替代
7	显示新建	按类别	不显示	不显示	不显示

图 17-9

Step 03 切换到“图形替换”选项卡：定义新建、临时、拆除和现有的图元的外观，如图 17-10 所示。

Step 04 在项目中，开始绘制前在“属性”选项板对其进行阶段化的设置，如图 17-11 所示。

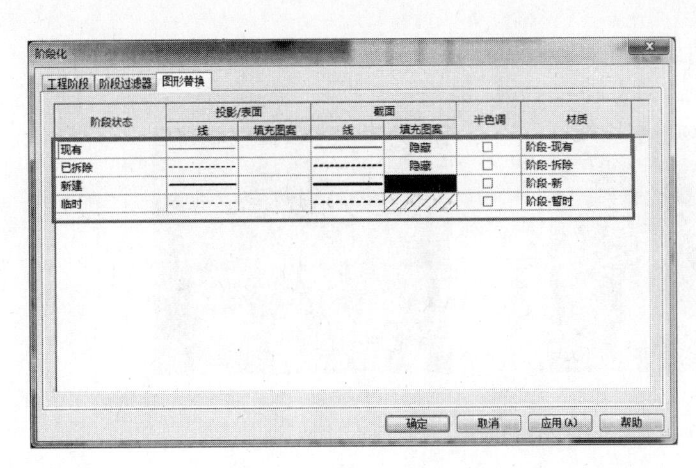

阶段状态	投影/表面		截面		半色调	材质
	线	填充图案	线	填充图案		
现有				隐藏	□	阶段-现有
已拆除				隐藏	□	阶段-拆除
新建					□	阶段-新
临时					□	阶段-暂时

图 17-10

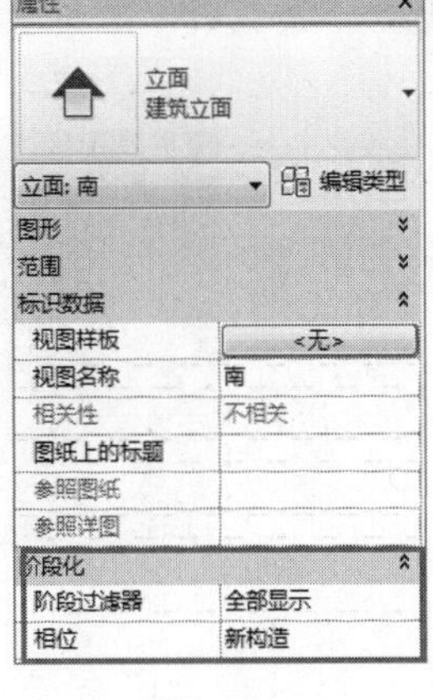

图 17-11

注意

也可对独立图元进行阶段化设置，方法是选中图元在其“属性”选项板下进行阶段化设置。

Step 05 设置后，项目中的显示情况如图 17-12 所示。

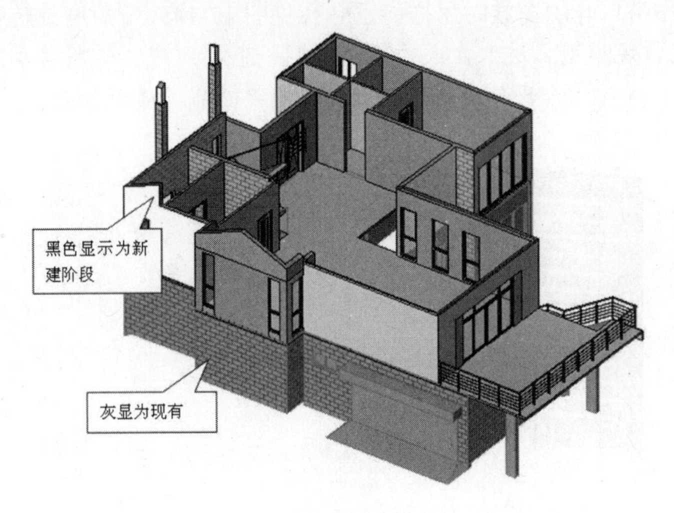

图 17-12

17.2.2　拆除

当拆除一个构件后，其外观将会根据阶段过滤器中的设置改变。例如，如果在视图中应用了“显示拆除 + 新建”过滤器，则视图中已拆除的构件将会以蓝色虚线显示。当使用拆除锤单击此视图中的一个构件后，此构件将会以蓝色虚线显示。如果在阶段过滤器中关闭了拆除构件的显示，则当单击构件时它们将会消失。

Step 01 单击“修改”选项卡下“几何图形”面板中的“拆除”按钮，拆除工具被激活且光标将变为一个锤子。

Step 02 单击视图中要拆除的图元，完成后按 Esc 键以退出编辑器，如图 17-13 所示。

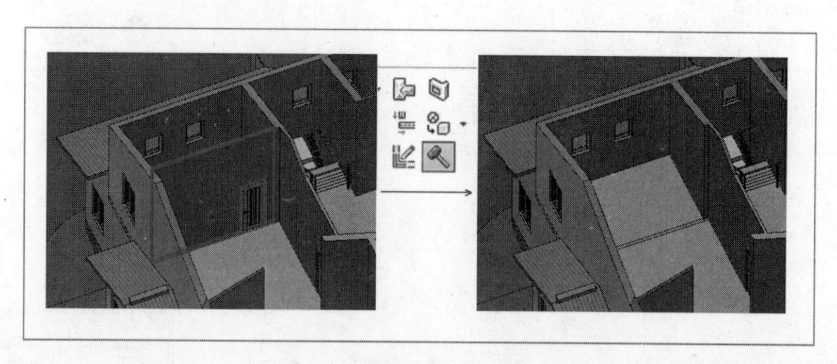

图 17-13

17.3 技术应用技巧

17.3.1 百叶窗中百叶旋转角度的技巧

问题：在制作带百叶的窗族时怎样将百叶（见图 17-14）带角度旋转呢？

Step 01 新建公制常规模型，进入左或右视图绘制一条参照线，并将其端点与两条参平面锁定在一起（见图 17-15），添加角度参数并测试参照平面能否随之转动。

图 17-14

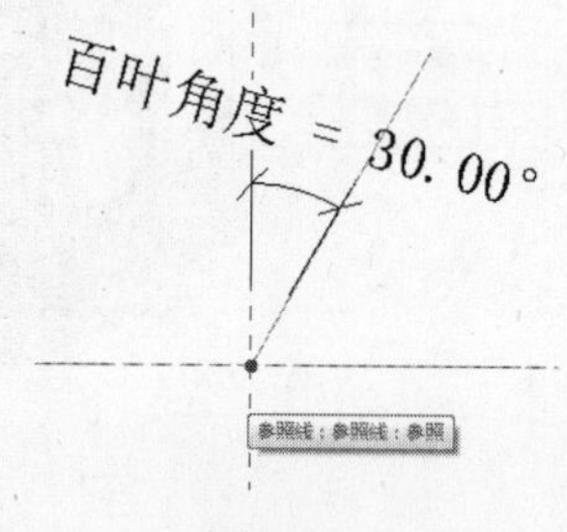

图 17-15

提示

参照线与参照平面的区别是参照线有端点而参照平面没有，百叶旋转角度靠两条参照线相交的端点为圆心旋转，所以在做旋转构件时最好使用参照线。

Step 02 将百叶角度设置为零度，选择“常用”上下文选项卡中“工作平面”面板下的“设置”命令，拾取绘制的参照线进入前视图，利用拉伸命令创建百叶，并添加百叶参数，如图 17-16 所示。

Step 03 新建一个窗族，将刚才创建的“百叶”载入族中，利用对齐命令将其锁定在中心处，打开某个立面，绘制一参照平面，再次利用对齐命令将之锁在中心，如图 17-17 所示。

图 17-16

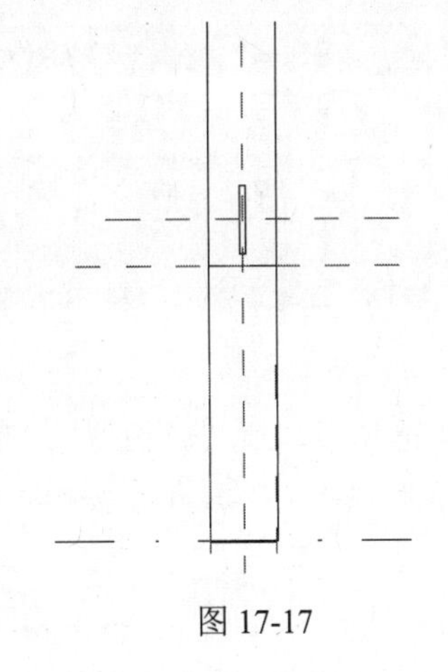

图 17-17

> **提示**
>
> 立面上使用对齐命令时，若不能捕捉百叶窗扇的中心，可以选择百叶窗扇，将百叶的角度参数关联起来，再在族参数中将百叶角度设置为零度。

Step 04 在族参数中调整百叶角度数值并应用观察，这样便完成了带角度百叶的创建了，如图 17-18 所示。

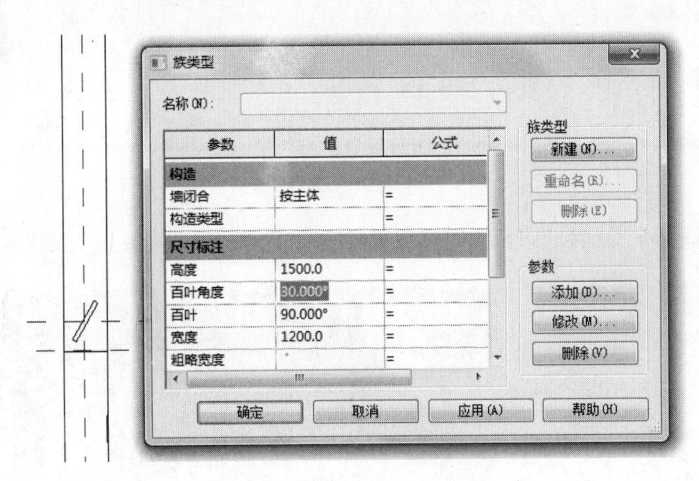

图 17-18

17.3.2　阶段化应用

问题：模板之类图元，在使用结束后需要手动“拆除”，否则在正常建模之后，它就会一直存在。虽然我们可以进行视图处理，但是新建立的视图还会显示这类图元，我们可以用其他方法处理吗？

我们可以用阶段化方法来控制，下面我们以小别墅为例进行说明。

1）创建阶段

Step 01 在“管理”选项卡下，“阶段”面板中，点击“阶段”命令，如图 17-19 所示。

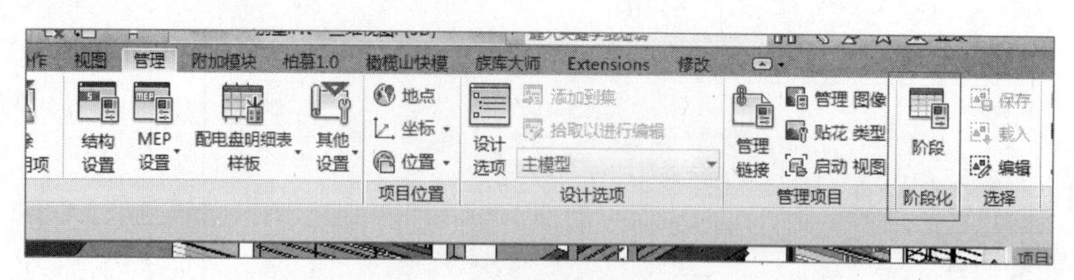

图 17-19

Step 02 选择第二项“新构造”，再点击“在后面插入”按钮，创建第三个阶段，名称为“模板”，单击“确定”按钮，如图 17-20 所示。

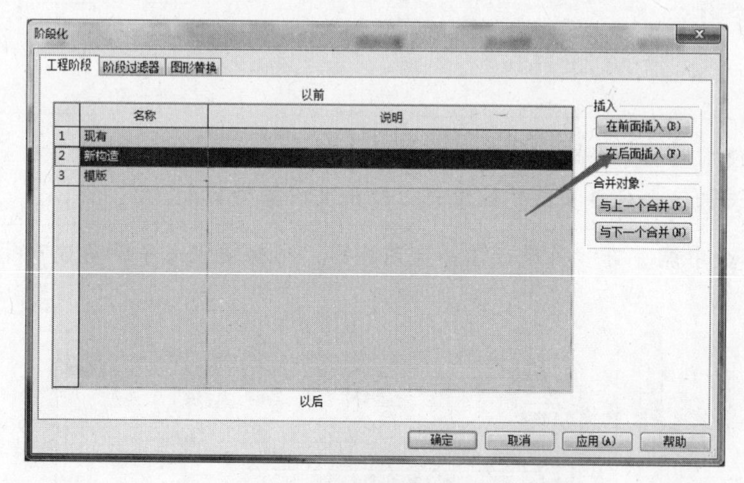

图 17-20

Step 03 在视图属性的“相位”栏我们可以看到新建的阶段“模板”，如图 17-21 所示。

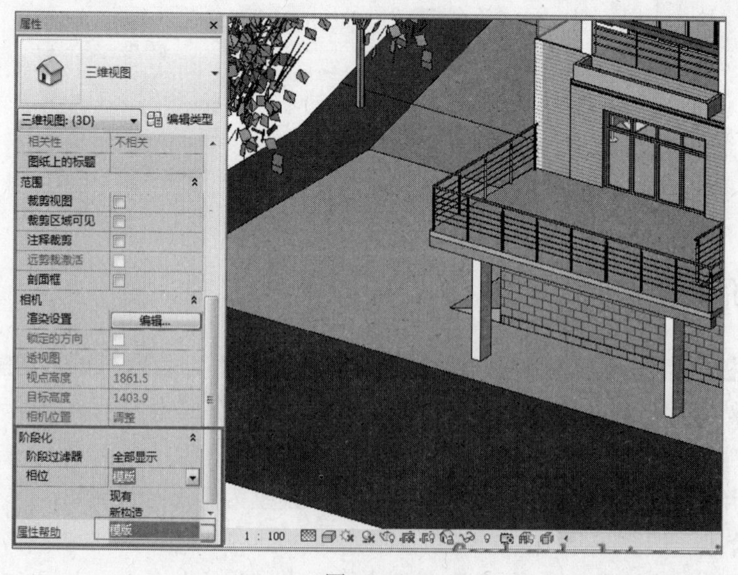

图 17-21

Step 04 将阶段过滤器改为“全部显示”，相位改回“新构造”。

2）创建实例阶段

Step 01 创建模板图元，如图 17-22 所示。

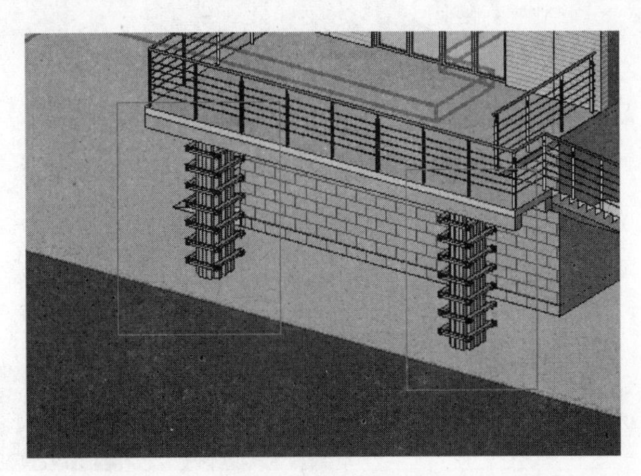

图 17-22

Step 02 点击模板构件，在属性下方更改“创建的阶段”为“模板”（在没有创建阶段时，系统会默认创建的阶段为“新构造”），如图 17-23 所示。

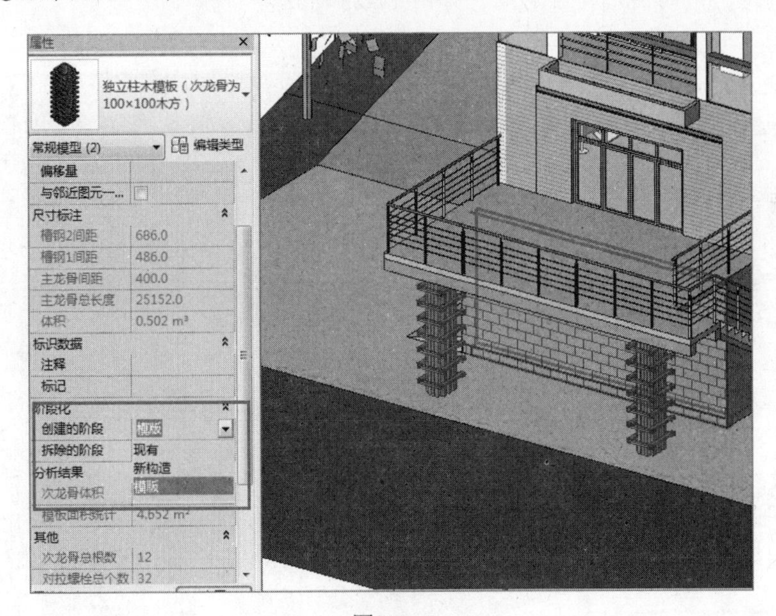

图 17-23

Step 03 更改之后，在视图属性下“相位”为“新构造”时，模板不会显示，如图 17-24 所示。

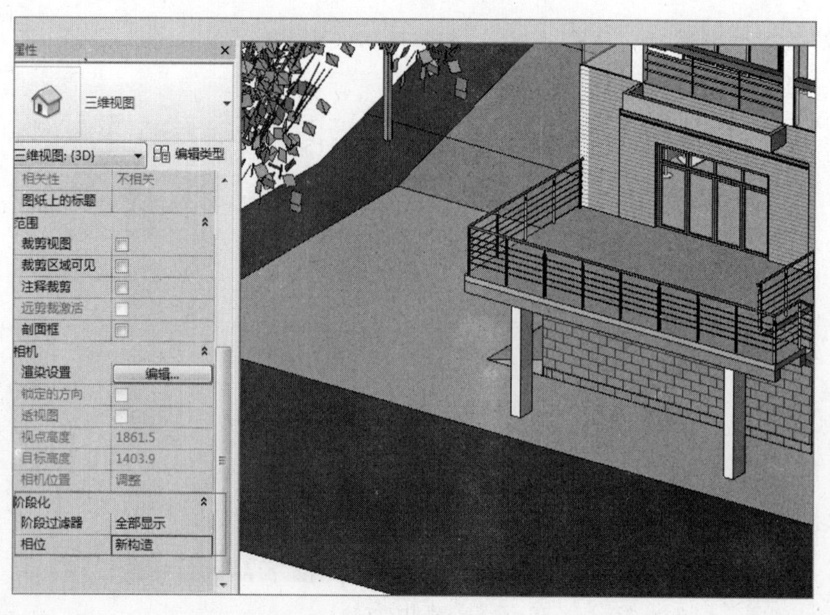

图 17-24

Step 04 在视图属性下，相位为“模板”时，就会显示我们创建的模板图元，并且模板图元不会对“新构造”中的图元产生影响，如图 17-25 所示。

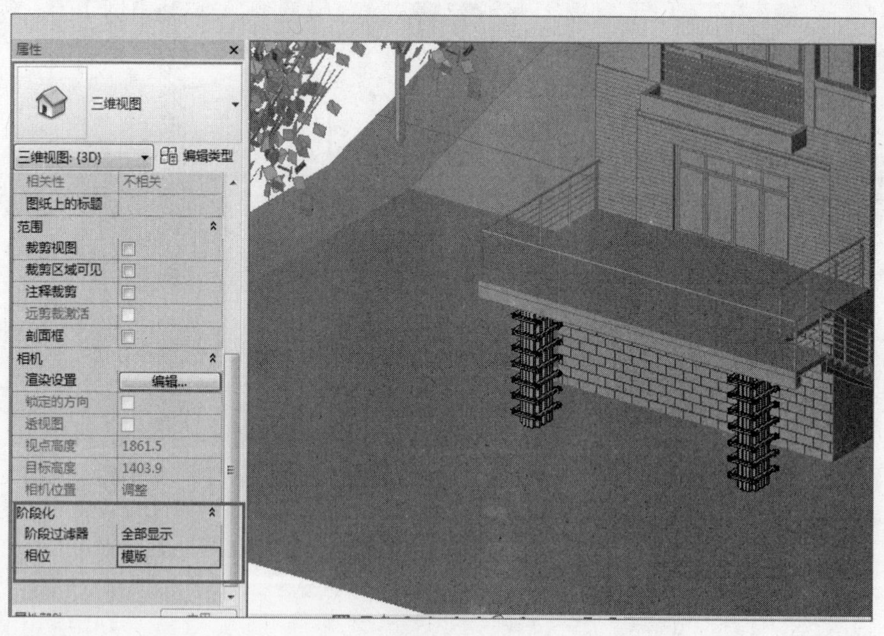

图 17-25

Step 05 如果想让模板和其他构件一样一直显示，只需要把属性中的“创建的阶段”改回“新构造”即可。

第 18 章　工作集、链接文件和共享坐标

概述：对于许多建筑项目，建筑师都会进行团队协作，并且每个人都会负责一个特定功能区。这就会出现在同一时间要处理和保存项目的不同部分的情况。Revit Architecture 项目可以通过细分工作集和链接两种方式进行项目工作细分和项目协同。

18.1　使用工作集协同设计

对于许多建筑项目，建筑师都会进行团队协作，并且每个人都会被指定一个特定功能区。这就会出现在同一时间要处理和保存项目的不同部分的情况。Revit Architecture 项目可以细分为工作集。

工作集即为每次可由一位项目成员编辑的建筑图元的集合，所有其他工作组成员可以查看此工作集中的图元，但禁止修改此工作集，这样就防止了在项目中可能发生的冲突。因此，工作集的功能类似于 AutoCAD 的外部参照（xref）功能，但具有附加的传播和协调设计者之间的修改的功能。

设置工作集时，应该考虑一些注意事项。

- 项目大小：建筑物的大小可能会影响决定为工作组划分工作集的方式。
- 工作组大小：应当每人至少有一个工作集。根据经验可知，为每个工作组成员分配的最佳工作集数量是 4 个。
- 工作组成员角色：设计者以工作组形式协同工作，每个人被指定特定的功能任务。
- 默认的工作集可见性：共享项目后，“视图可见性/图形”对话框上显示了“工作集”选项卡，在此选项卡中可以对每个视图控制工作集可见性。

18.1.1　启用工作集

当项目发展到一定程度后，即可由项目经理启用工作集。

> 警告
>
> 启用工作集时应注意备份原始文件，一旦启用就不能再回到没有启用时的状态，具有“不可逆性”。

1．创建工作集

Step 01 单击“协作”选项卡下“工作集”面板中的“工作集”按钮，会弹出“工作共享”

对话框，如图 18-1 所示，在对话框中输入默认工作集名称，单击“确定”按钮，启动工作集。

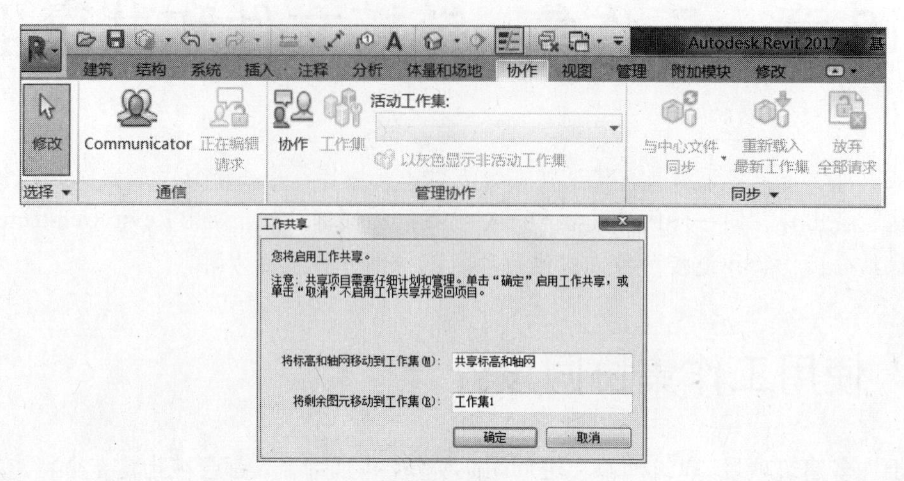

图 18-1

注意

所有工作集都处于打开状态，且可由用户进行编辑。

Step 02 单击“新建”按钮，输入新工作集名称，勾选或取消勾选“在所有视图中可见”下方的复选框，设置工作集的默认可见性和打开/关闭链接模型。选择工作集，可“重命名”或“删除”。

Step 03 创建完所有工作集后，单击“确定”按钮，如图 18-2 所示。

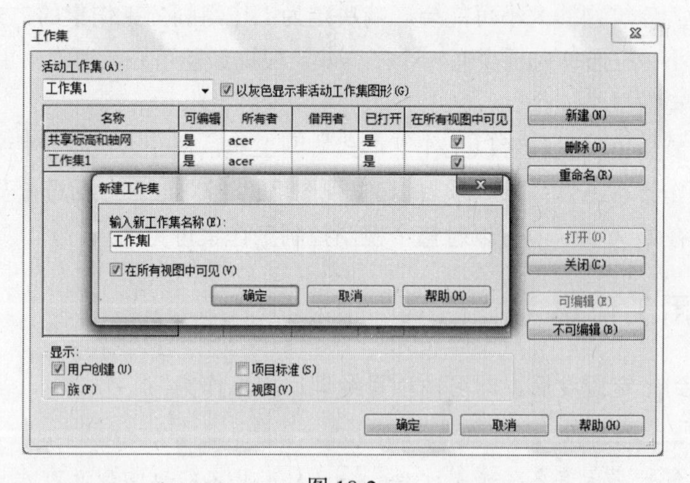

图 18-2

2. 细分工作集

Step 01 在视图中选择相应的图元，单击“属性”选项板下的“标识数据”一栏，在“工作集”对应参数下拉列表中选择对应的工作集名称，将图元分配给该工作集，如图 18-3 所示。

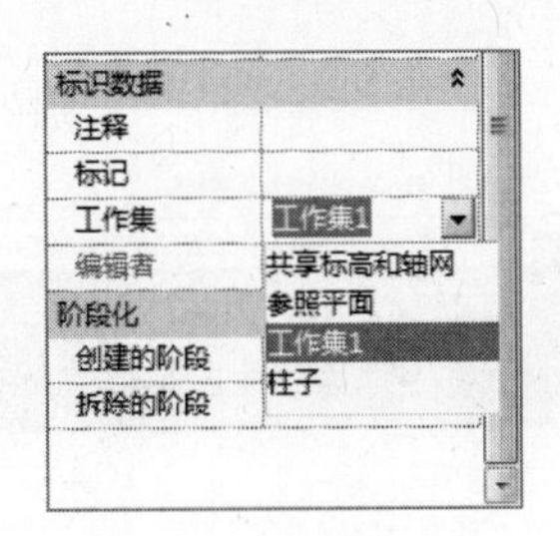

图 18-3

Step 02 启用工作集后，在视图可见性对话框中选择“工作集”选项卡，可以设置工作集的可见与否，如图 18-4 所示。

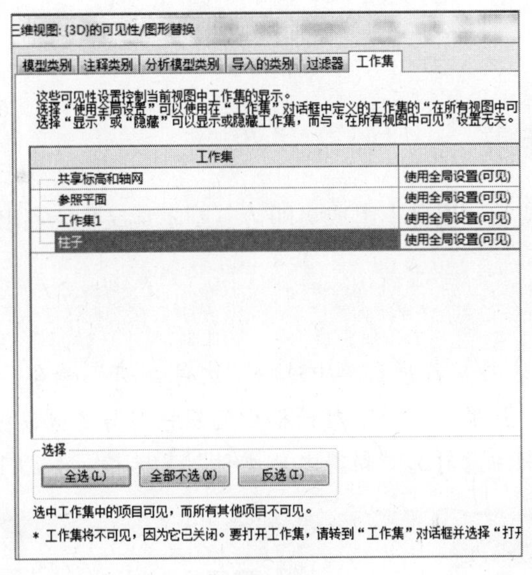

图 18-4

3．创建中心文件

在启用工作集后第一次保存项目时，将自动创建中心文件。在应用程序菜单中选择“文件|另存为”命令，设置保存路径和文件名称，单击“保存”按钮创建中心文件。

提示

应确保将文件保存到所有工作组成员都可以访问的网络驱动器上。

4．签入工作集

创建了中心文件以后，项目经理必须放弃工作集的可编辑性，以便其他用户可以访问所需的工作集。

单击“协作”选项卡下“工作集”面板中的“工作集”按钮，按【Ctrl + A】组合键选择所有，勾选显示选项区域的“用户创建”复选框，在对话框的右侧单击“不可编辑”按钮，确定释放编辑权，如图 18-5 所示。

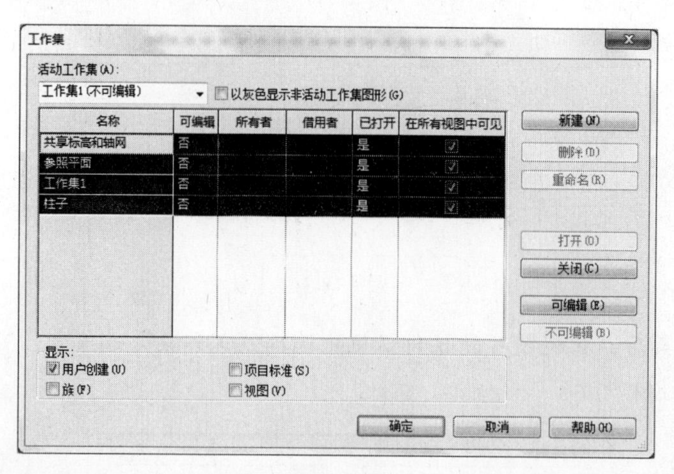

图 18-5

18.1.2 设置工作集

项目经理启用工作集后，项目小组成员即可复制本地文件，签出各自负责工作集的编辑权限进行设计。

1. 创建本地文件

Step 01 项目小组成员：在应用程序菜单中选择“文件|打开”命令，通过网络路径选择项目中心文件并打开，注意，如果“选项”对话框中的用户名与之前设置的不同，如图 18-6 所示，在“打开”对话框中注意勾选“新建本地文件”复选框，如图 18-7 所示。

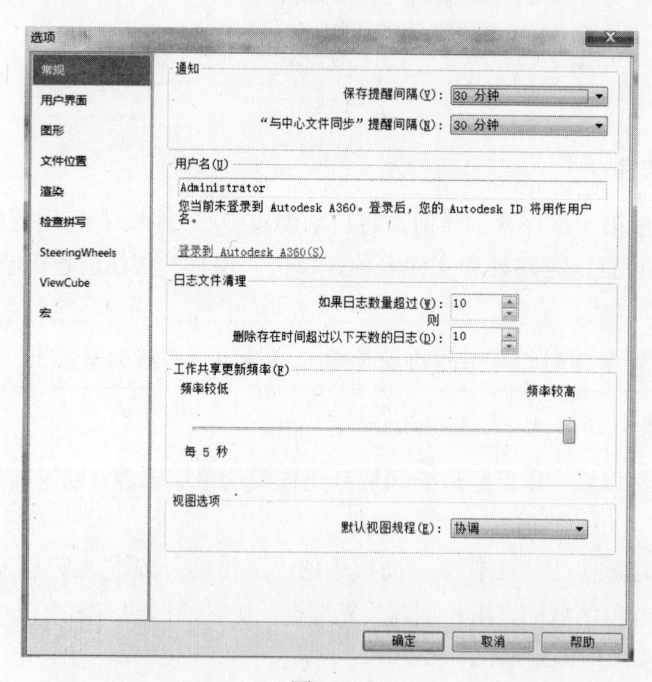

图 18-6

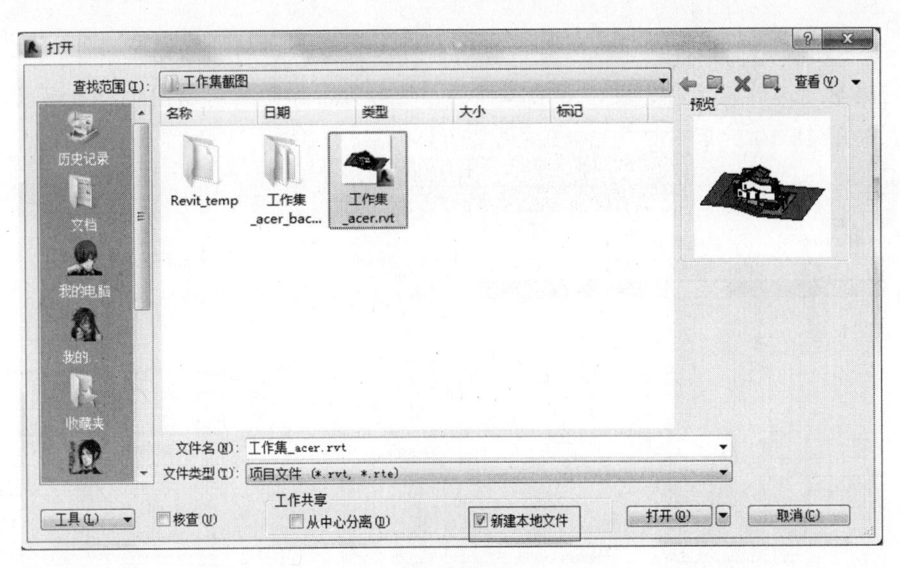

图 18-7

Step 02 在应用程序菜单中选择“文件|另存为”命令，在弹出的“另存为”对话框中单击“选项”按钮，在弹出的“文件保存选项”对话框中确保取消勾选“保存后将此作为中心文件”复选框，单击“确定”按钮，如图 18-8 所示。

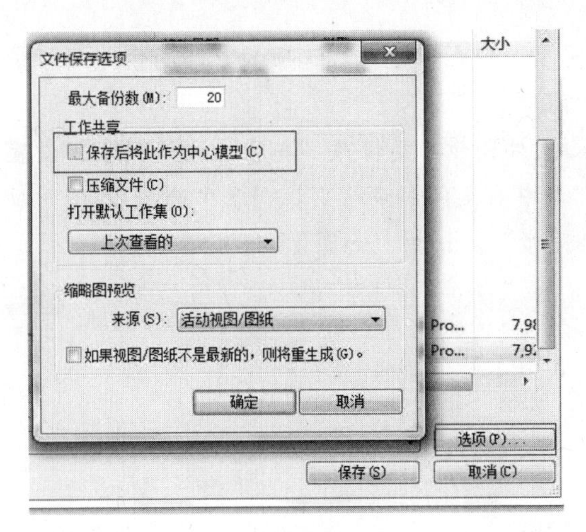

图 18-8

Step 03 设置本地文件名后单击“保存”按钮。

2. 签出工作集

Step 01 单击“协作”选项卡下“工作集”面板中的“工作集”按钮，选择要编辑的工作集名称，单击“可编辑”按钮获取编辑权，用户将显示在工作集的“所有者”一栏。

Step 02 选择不需要的工作集名称，单击“关闭”按钮，隐藏工作集的显示，提高系统的性能，如图 18-9 所示。

Step 03 在“协作”选项卡下“工作集”面板中“工作集”后的“活动工作集”下拉列表中选择即将编辑的工作集名称，设为活动工作集，之后所添加的所有新图元将自动指定给活动工作集，如图 18-10 所示。

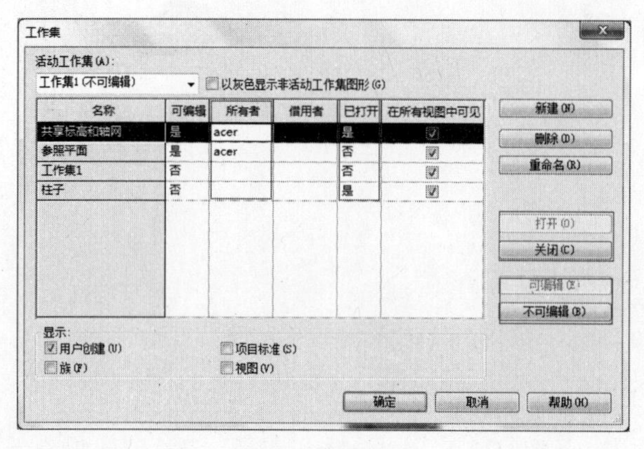

图 18-9

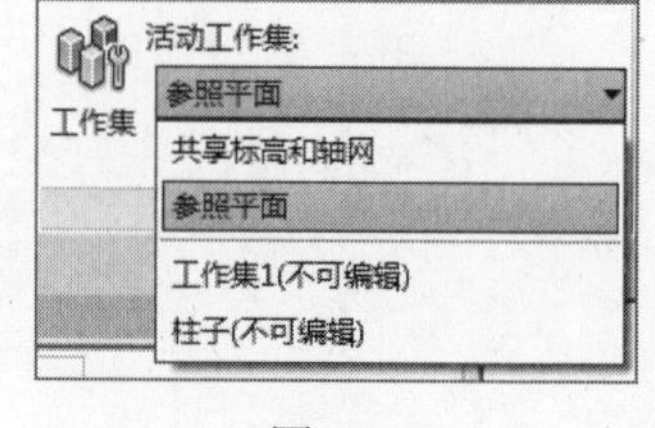

图 18-10

3．保存修改

Step 01 单击“应用程序”按钮，在弹出的下拉菜单中选择“文件|保存”命令，或直接单击按钮保存到本地硬盘。

Step 02 要与中心文件同步，可在“协作”选项卡下“同步”面板中的“与中心文件同步”下拉列表中选择“立即同步”选项。

Step 03 如果要在与中心文件同步之前修改“与中心文件同步”设置，可在“协作”选项卡下“同步”面板中的“与中心文件同步”下拉列表中选择（同步并修改设置）命令。此时将弹出“与中心文件同步”对话框，如图 18-11 所示。

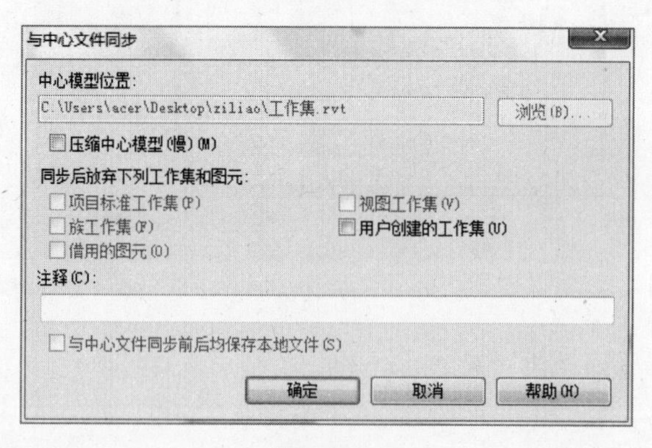

图 18-11

4．签入工作集

单击“协作”选项卡下“工作集”面板中的“工作集”按钮，选择自己的工作集，在对话框的右侧单击“不可编辑”按钮，确定释放编辑权。

18.1.3　与多个用户协同设计

1．重新载入最新工作集

（1）项目小组成员间协同设计时，如果要查看别人的设计修改，只需要单击“协作”选项卡下“同步”面板中的“重新载入最新工作集”按钮即可，如图 18-12 所示。

（2）建议项目小组成员每隔 1～2 小时将工作保存到中心一次，以便于项目小组成员间及时交流设计内容。

图 18-12

2．图元借用

Step 01 默认情况下，没有签出编辑权的工作集的图元只能查看，不能选择和编辑。如果需要编辑这些图元，可在选项栏上取消勾选“仅可编辑项”复选框。选择图元出现符号（使图元可编辑），提示用户它属于用户不拥有的工作集，如图 18-13 所示。

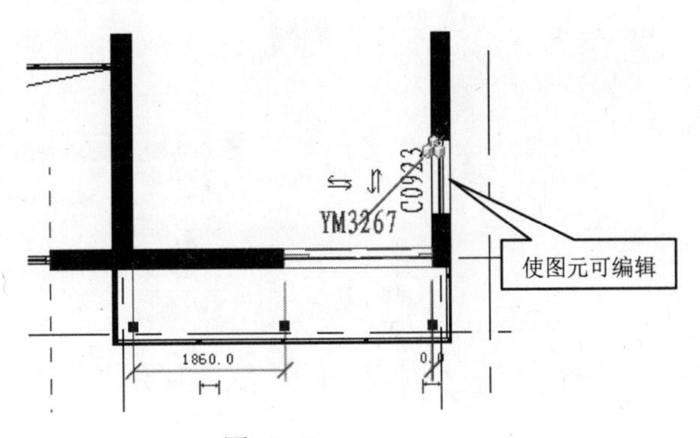

图 18-13

Step 02 如果该图元没有被别的小组成员签出：右击，在弹出的快捷菜单中选择“使图元可编辑”命令，则 Revit Architecture 会批准请求，可以编辑修改该图元。

Step 03 如果该图元已经被别的小组成员签出：右击，在弹出的快捷菜单中选择“使图元可编辑”命令，将显示错误，通知用户必须从该图元所有者处获得编辑权限。单击“放置请求”按钮，向所有者请求编辑权限，提交请求后，将弹出“编辑请求已放置”对话框，如图 18-14 所示。但是所有者不会收到用户请求的自动通知。用户必须联系所有者。

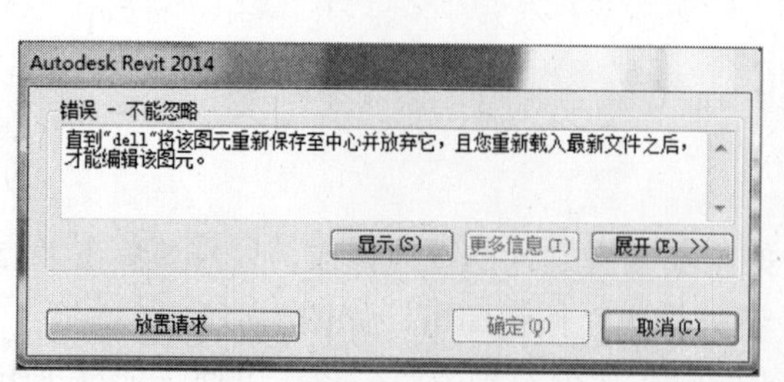

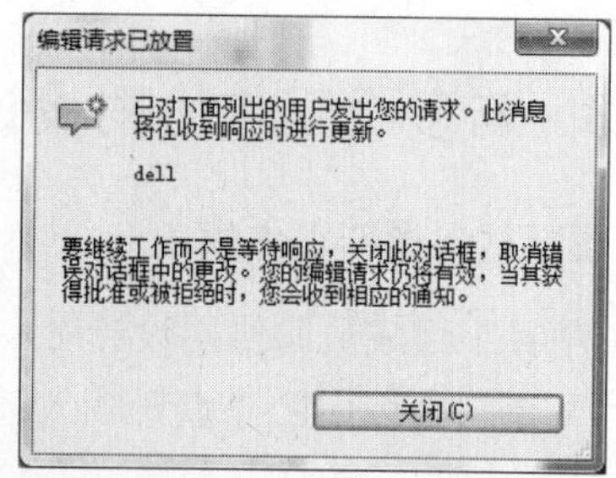

图 18-14

Step 04 “dell”接到用户的通知后：单击弹出的“已收到编辑请求”对话框中的“批准”按钮，赋予用户编辑权，如图 18-15 所示。

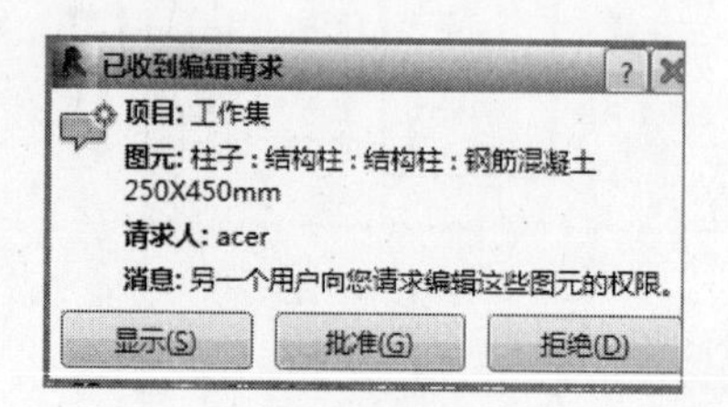

图 18-15

Step 05 如“dell”已经同意授权，此时软件将自动显示一条消息，提示用户的编辑请求已被授权，可以编辑修改该图元，借用前后图元的属性变化，如图 18-16 所示。

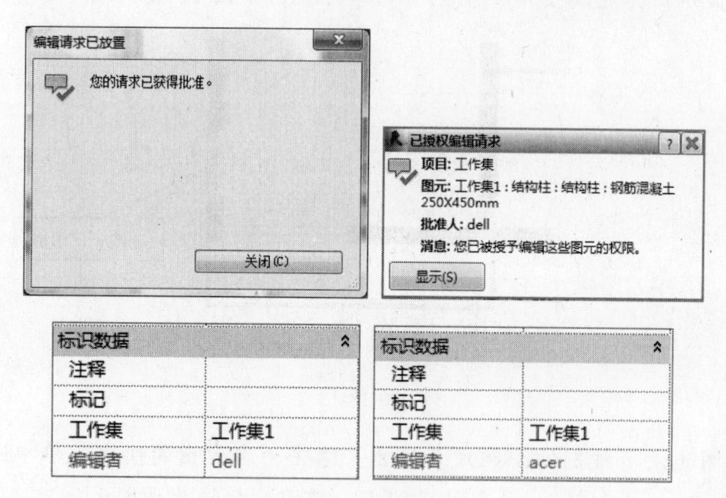

图 18-16

Step 06 单击“同步”面板下的“与中心文件同步”按钮，在弹出的对话框中勾选“借用的图元”复选框，确定后保存到中心文件，并返还借用的图元，如图 18-17 所示。

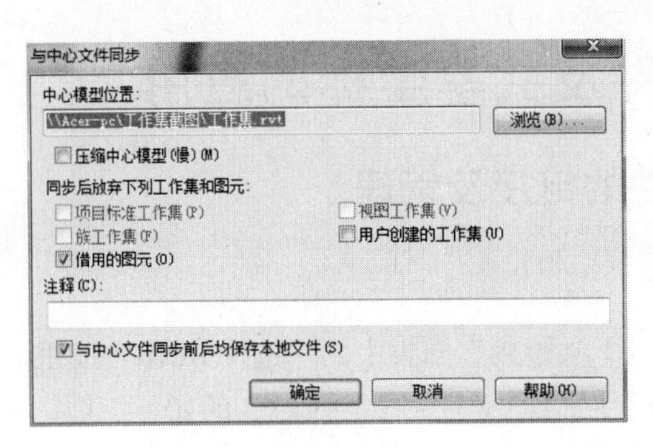

图 18-17

18.1.4　管理工作集

1．工作集备份

当保存共享项目时，Revit Architecture 会创建文件备份目录。例如，如果共享文件名为 brickhouse.rvt，Revit Architecture 将创建名为 brickhouse_backup 的目录。在此目录中可以保存每次创建的备份。如果需要，可以让项目返回到以前某个版本的状态中。

Step 01 单击“协作”选项卡下“同步”面板中的“恢复备份”按钮，选择要恢复的版本，然后单击“打开”按钮。

Step 02 单击“返回到”按钮，可以返回到以前某版本状态。

注意

不能删除“工作集 1”“项目标准”“族”或“视图”工作集。

警告

不能撤销返回，并且所选版本之后的所有备份版本都会丢失。在继续之前应确定是否想返回项目，并且在必要情况下保存较新的版本。

2．工作集修改历史记录

Step 01 单击“协作”选项卡下“同步”面板中的“显示历史记录”按钮，选择启用工作集的文件，单击“打开”按钮。列出共享文件中的全部工作集修改信息，包括修改时间、修改者和注释。

Step 02 单击“导出”按钮，将表格导出为分隔符文本，并读入电子表格程序，如图 18-18 所示。

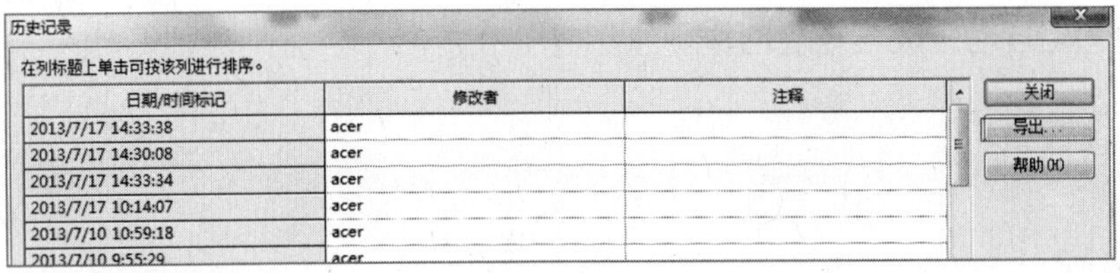

历史记录

在列标题上单击可按该列进行排序。

日期/时间标记	修改者	注释
2013/7/17 14:33:38	acer	
2013/7/17 14:30:08	acer	
2013/7/17 14:33:34	acer	
2013/7/17 10:14:07	acer	
2013/7/10 10:59:18	acer	
2013/7/10 9:55:29	acer	

关闭　导出...　帮助(H)

图 18-18

18.2 链接文件及共享坐标的应用

18.2.1 项目文件的链接及管理

1. 文件的导入

单击“插入”选项卡下“链接”面板中的“链接 Revit”按钮，选择需要链接的 RVT 文件，在“导入/链接 RVT”对话框中有关于“定位”的如下选项。

（1）在“定位”下拉列表中选择“自动-中心到中心”时会按照在当前视图中链接文件的中心与当前文件的中心对齐，如图 18-19 所示。

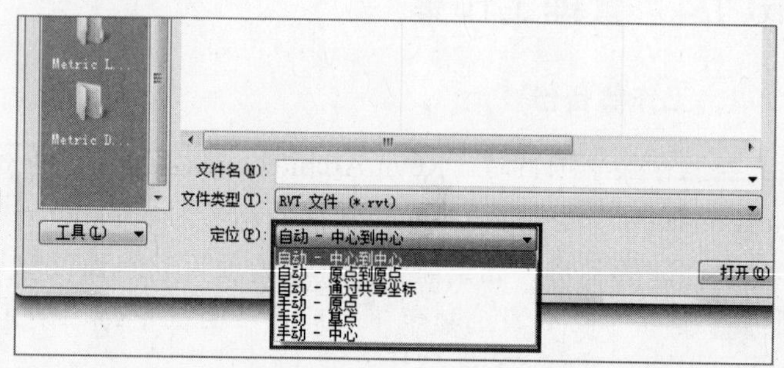

图 18-19

（2）在“定位”下拉列表中选择“自动-原点到原点”时会将链接文件的原点与当前文件的原点对齐。

（3）在“定位”下拉列表中选择“自动-通过共享坐标”时，如果链接文件与当前文件没有进行坐标共享的设置，该选项会无效，系统会以“中心到中心”的方式来自动放置链接文件。

> **注意**
>
> 为了绘图的方便，最好将链接文件调整好各视图的显示状态再插入。

2. 管理链接

当导入了链接文件之后，可以单击“插入”选项卡下“链接”面板中的“管理链接”按钮，弹出“管理链接”对话框，并选择“Revit”选项卡进行设置，如图 18-20 所示。在管理链接可见性设置中分别可以按照主体模型控制链接模型的可见性，可以将视图过滤器应用于主体模型中的链接模型，可以标记链接文件中的图元，但是房间、空间和面积除外，可以从链接模型中的墙自动生成天花板网格。

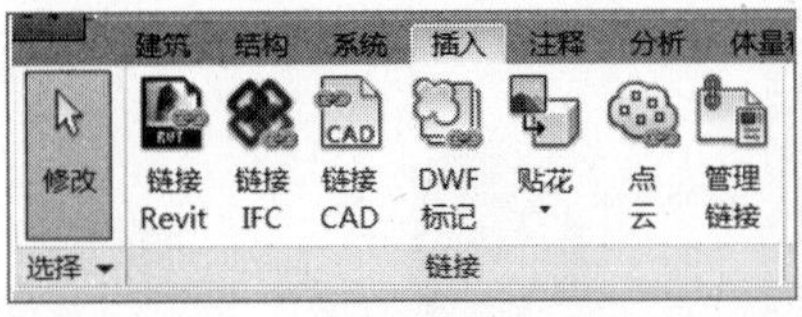

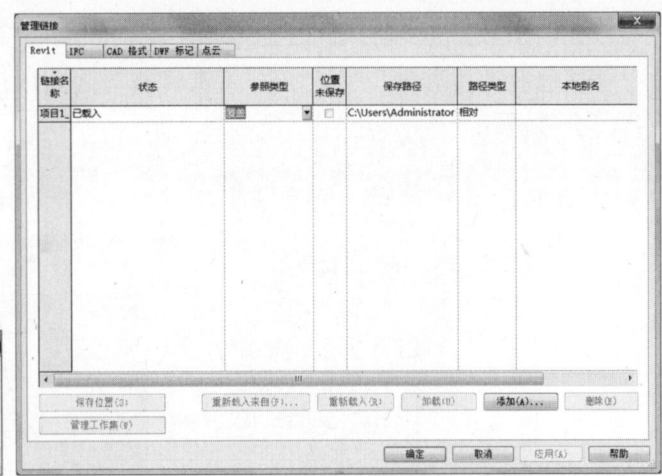

图 18-20

Step 01 “参照类型”的设置：在该栏的下拉选项中有“覆盖”和“附着”两个选项。

> **注意**
>
> 打开“参照类型”设置的方法，还可以通过选择链接文件的属性面板，在类型属性下“其他”栏的“类型参照”中选择“覆盖”和“附着”两个选项，如图 18-21 所示。

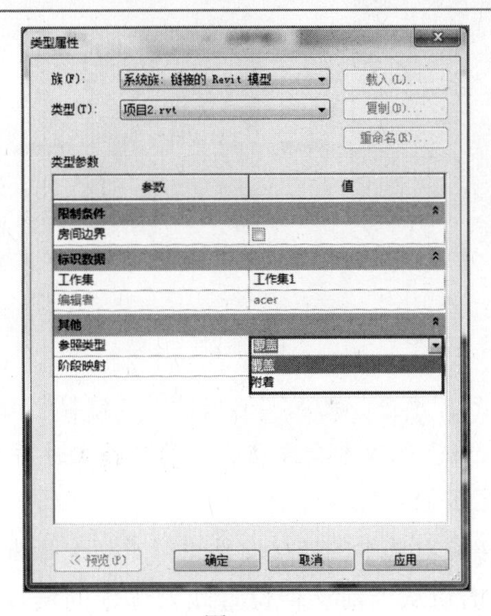

图 18-21

Step 02 选择“覆盖”不载入嵌套链接模型（因此项目中不显示这些模型）；选择“附着”则显示嵌套链接模型。

- 如图 18-22（a）所示，显示项目 A 被链接到项目 B 中（因此，项目 B 是项目 A 的父模型）。项目 A 的“参照类型”被设置为“在父模型（项目 B）中覆盖”，因此将项目 B 导入项目 C 中时，将不显示项目 A。

- 如图 18-22（b）所示，如果将项目 A（位于其父模型项目 B 中）的“参照类型”设置修改为“附着”，则当用户将项目 B 导入到项目 C 中时，嵌套链接（项目 A）将会显示。

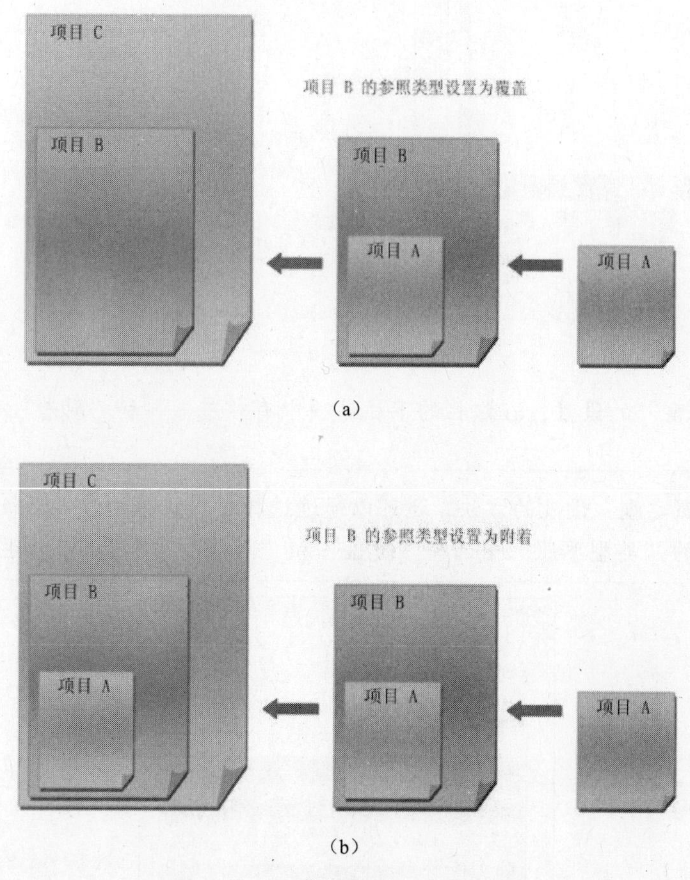

图 18-22

Step 03 当链接文件被载入后，单击“插入”选项卡下“链接”面板中的“管理链接”按钮，在弹出的对话框中选择“Revit”选项卡会发现载入的链接文件存在，选择载入的文件时会在窗口下方出现如下命令（见图 18-23）。

- “重新载入来自”：用来对选中的链接文件进行重新选择来替换当前链接的文件。
- “重新载入”：用来重新从当前文件位置载入选中的链接文件以重现链接卸载了的文件。
- “卸载”：用来删除所有链接文件在当前项目文件中的实例；但保存其位置信息。
- “添加”：可以在链接管理平台内直接进行文件的链接。
- “删除”：在删除了链接文件在当前项目文件中的实例的同时也从“链接管理”对话框的文件列表中删除选中的文件。
- 管理工作集：用以在链接模型中打开和关闭工作集。

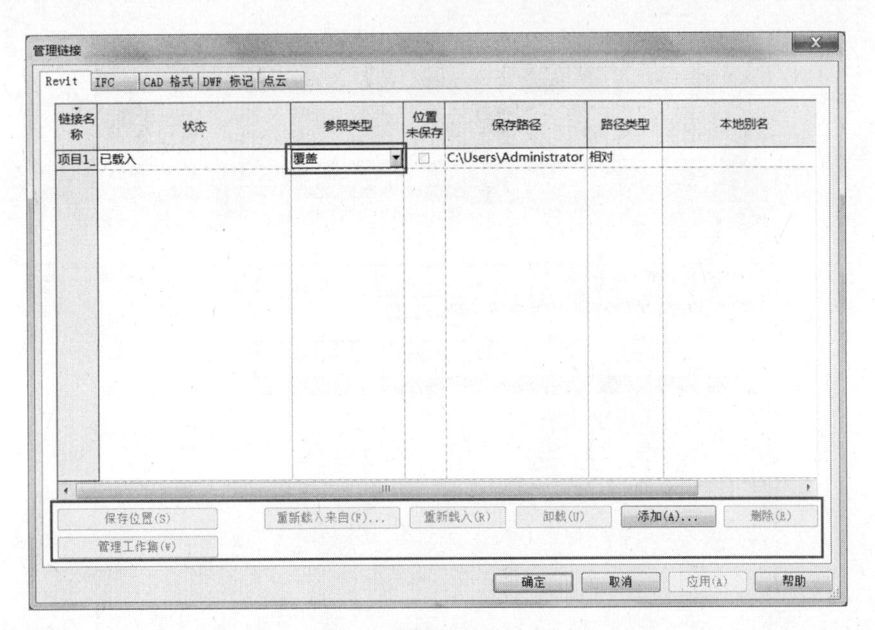

图 18-23

3．绑定

在视图中选中链接文件的实例，并单击“链接”面板中出现的“绑定链接”按钮，可以将链接文件中的对象以“组”的形式放置到当前的项目文件中。

在绑定时会出现“绑定链接选项”对话框，供用户选择需要绑定的除模型元素之外的元素，如图 18-24 所示。

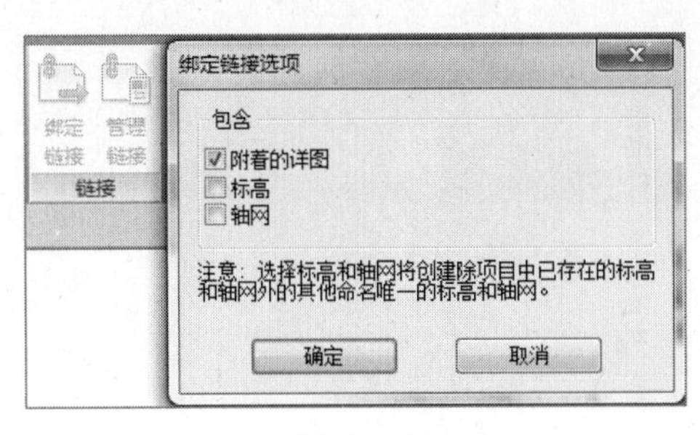

图 18-24

4．修改各视图显示

在“视图”选项卡下单击“可见性/图形替换”按钮，在弹出的“可见性/图形替换”对话框中选择“Revit 链接”选项卡，选择要修改的链接模型或链接模型实例，单击“显示设置”列中的按钮，在弹出的“RVT 链接显示设置”对话框中进行相应设置，如图 18-25 所示。

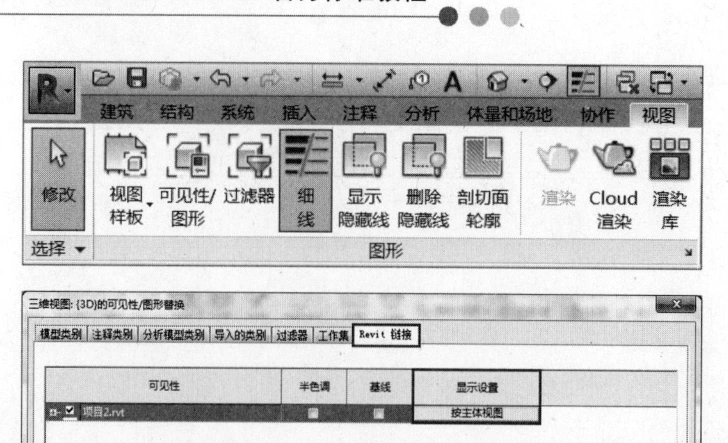

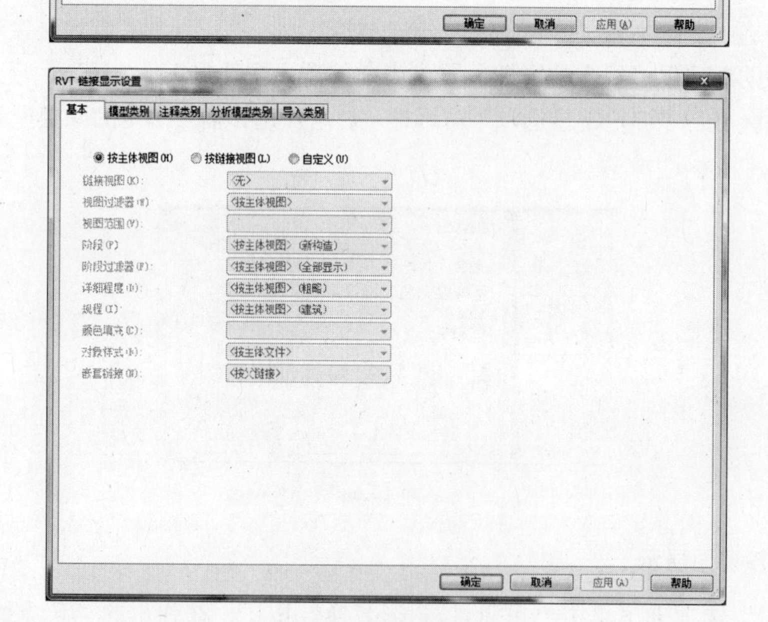

图 18-25（续图）

（1）“按主体视图”：选择此单选按钮后，嵌套链接模型会使用在主体视图中指定的可见性和图形替换设置。

（2）“按链接视图”：选择此单选按钮后，嵌套链接模型会使用在父链接模型中指定的可见性和图形替换设置。用户也可以选择要为链接模型显示的项目视图。

（3）“自定义”：从“嵌套链接”列表中选择下列选项。

- “按父链接”，父链接的设置控制嵌套链接。例如，如果父链接中的墙显示为蓝色，则嵌套链接中的墙也会显示为蓝色。

注意

仅能控制既存在于嵌套链接中，也存在于父链接中的类别。

- 选择“基本”选项卡，在“模型类别”后选择“自定义”即可激活视图中的模型类别，此时可以控制链接模型在主模型中的显示情况，关闭或打开链接文件中的模型，同理，“注释类别”与“导入类别”也可以按如上方法进行处理显示，如图 18-26 所示。

注意

立面、剖面等视图均用此方法来处理其显示情况，立面需要关闭链接文件的标高、参照平面等构件的显示。

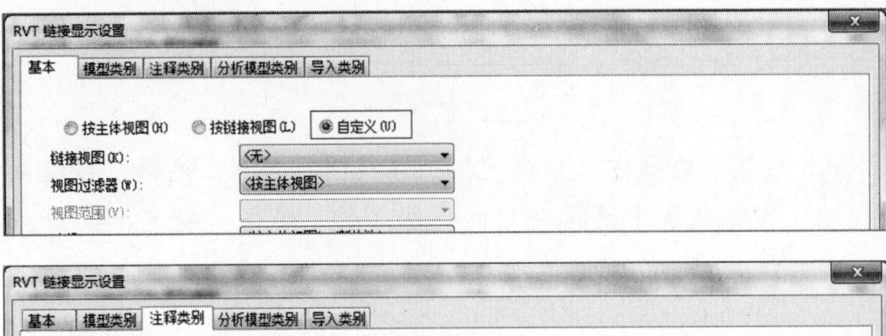

图 18-26

5. 案例

导入进来的链接文件应用了“按链接视图”，并对链接过来的平面和立面进行调整。

具体步骤如下。

Step 01 单击“插入”选项卡下“链接”面板中的“链接 Revit”按钮，选择需要链接的 RVT 文件。

Step 02 在“属性”栏中单击“可见性/图形”后的“编辑”按钮；也可通过单击“视图”选项卡下“图形”面板中的“可见性/图形”按钮进行编辑，如图 18-27 所示。

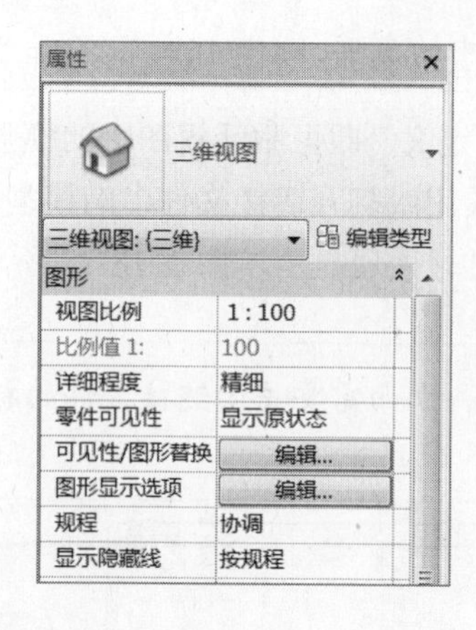

图 18-27

Step 03 选择“Revit 链接”选项卡，单击“按主体视图”按钮。选择“按链接视图”单选按钮，在“链接视图”下拉列表中选择对应的视图名称，单击“确定”按钮，完成设置，如图 18-28 所示。

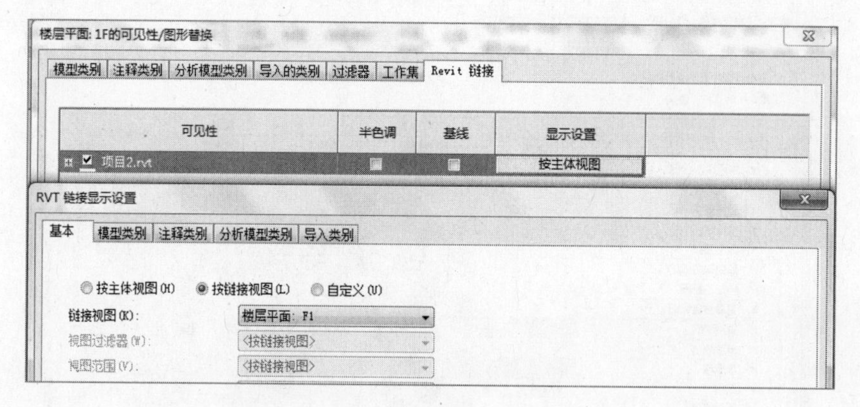

图 18-28

Step 04 平面处理结果如图 18-29 所示。

Step 05 立面的处理方法与平面相同，需要注意的是，在“链接视图”下拉列表中一定要选择对应的立面视图，如图 18-30 所示，立面处理结果如图 18-31 所示。

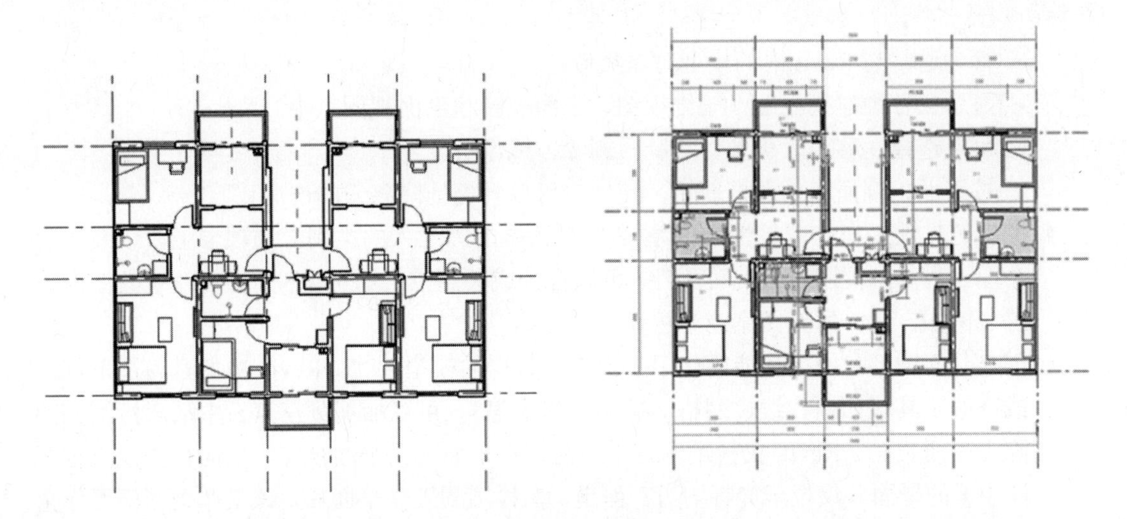

图 18-29

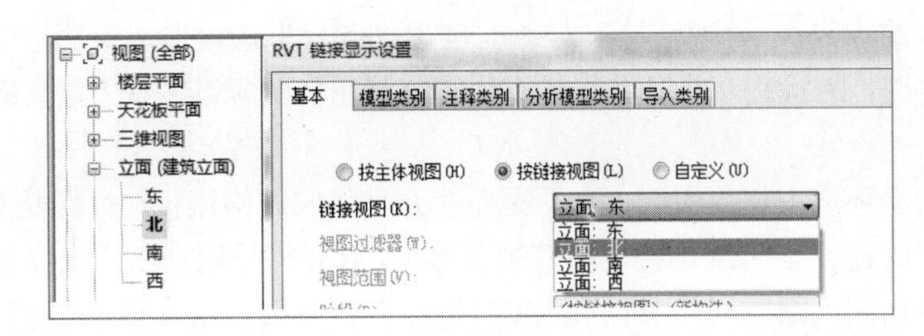

图 18-30

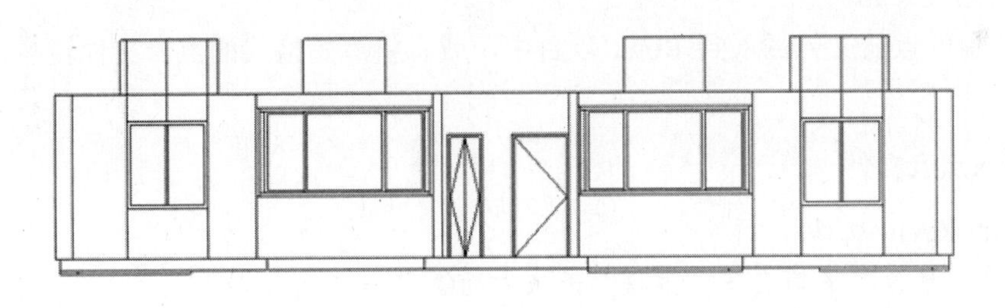

图 18-31

6．使用项目中的点云文件

当放置或编辑模型图元时，将点云文件链接到项目可提供参照。

在涉及现有建筑的项目中，需要捕获某一栋建筑的现有情况，这通常是一个重要的项目任务。可使用激光扫描仪对现有物理物体（如建筑）表面进行点采样，然后将该数据作为点云保存。此特定激光扫描仪生成的数据量通常很大（几亿个到几十亿个点），因此，Revit 模型将点云作为参照链接，而不是嵌入文件。为提高效率和改进性能，在任何给定时间内，Revit 仅使用点的有限子集进行显示和选择。可以链接多个点云，可以创建每个链接的多个实例。

- 点云：
  - ➢ 行为通常与 Revit 内的模型对象类似。
  - ➢ 显示在各种建模视图（三维视图、平面视图和剖面视图）中。
  - ➢ 可以选择、移动、旋转、复制、删除、镜像等。
  - ➢ 按平面、剖面和剖面框剪切，使用户可以轻松地隔离云的剖面。
- 控制可见性：在“可见性/图形替换”对话框的“导入的类别”选项卡上，以及以每个图元为基础控制点云的可见性。可以打开或关闭点云的可见性，但无法更改图形设置，例如，线、填充图案或半色调。
- 创建几何图形：捕捉功能简化了基于点云数据的模型创建。Revit 中的几何图形创建或修改工具（如墙、线、网格、旋转、移动等）。可以捕捉到在点云中动态检测到的隐含平面表面。Revit 仅检测垂直于当前工作平面（在平面视图、剖面视图或三维视图中）的平面并仅位于光标附近。但是，在检测到工作平面后，该工作平面便用作全局参照，直到视图放大或缩小为止。
- 管理链接的点云：“管理链接”对话框包含“点云”选项卡，该选项卡列出所有点云链接（类型）的状态，并提供与其他种类链接相似的标准——“重新载入/卸载/删除”功能。
- 在工作共享环境中使用点云：为了提高性能和降低网络流量，对需要使用相同点云文件的用户的建议工作流是将文件复制到本地。只要每位用户的点云文件的本地副本的相对路径相同，则当与“中心”同步时链接保持有效。相对路径在“管理链接”对话框中显示为“保存路径”，并与在“选项”对话框的“文件位置”选项卡上指定的“点云根路径”相对。

将带索引的点云文件插入到 Revit 项目中，或者将原始格式的点云文件转换为 .pcg 索引的格式。

7. 插入点云文件

Step 01 打开 Revit 项目。

Step 02 单击“插入”选项卡下“链接”面板中的（点云）按钮。

Step 03 指定要链接的文件，如下所述：

- 对于“查找范围”，定位到文件位置。
- 对于“文件类型”，选择下列选项之一。
  - ➢ Autodesk 带索引的点云：拾取扩展名为.pcg 的文件。
  - ➢ 原始格式：拾取扩展名为.fls、.fws、.las、.ptg、.pts、.xyb 或 .xyz 的文件以自动启动索引应用程序，该程序会将原始文件转换为 .pcg 格式。

> 注意
>
> 创建索引文件之后，必须再次使用点云工具插入文件。

  - ➢ 所有文件：拾取任意扩展名的文件。

- 对于“文件名”，选择文件或指定文件的名称。

Step 04 对于“定位”，选择下列选项。

- 自动 - 中心到中心：Revit 将点云的中心放置在模型中心。模型的中心是通过查找模型周围的边界框的中心来计算的。如果模型的大部分都不可见，则在当前视图中可能看不到此中心点。要使中心点在当前视图中可见，可将缩放设置为“缩放匹配”。这会将视图居中放置在 Revit 模型上。
- 自动 - 原点到原点：Revit 会将点云的世界原点放置在 Revit 项目的内部原点处。如果所绘制的点云距原点较远，则它可能会显示在距模型较远的位置。要对此进行测试，可将缩放设置为“缩放匹配”。
- 自动 - 原点到最后放置：Revit 将以一致的方式放置前后分别导入的点云。选择此选项可帮助对齐在同一场地创建且坐标一致的多个点云。

Step 05 单击“打开”按钮。对于.pcg 格式的文件，Revit 会检索当前版本的点云文件，并将文件链接到项目。

Step 06 对于原始格式的文件，可执行如下操作。

- 单击“是”按钮，使 Revit 创建索引（.pcg）文件。
- 索引建立过程完成时，单击“关闭”按钮。
- 再次使用点云工具插入新的索引文件。

除了绘图视图和明细表视图，云在所有视图中都可见。

18.2.2　共享坐标的应用及管理

1．发布坐标

使用“发布坐标”命令，能够按照当前项目文件中的坐标系重新为链接的项目文件实例定义共享坐标。

Step 01 单击“管理”选项卡下“项目位置”面板中“坐标”下拉列表中的“发布坐标”按钮，单击选中链接项目文件的实例，将当前坐标发布给链接文件，并为新的坐标位置提供名称为“内部”的命名，如图 18-32 所示。

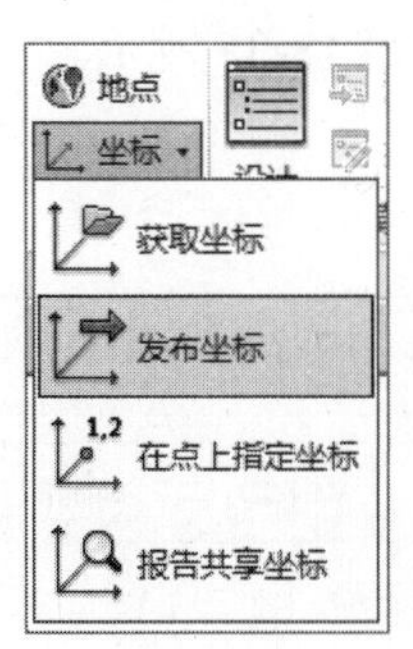

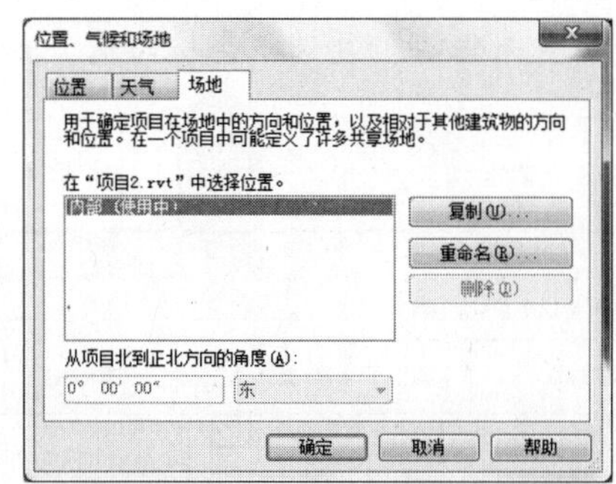

图 18-32

注意

名称可以更换成用户需要的名字。

Step 02 选择位置选项，可以通过 Internet 网络定义项目的具体位置，也可以默认城市列表，手工输入项目位置，如图 18-33 所示。

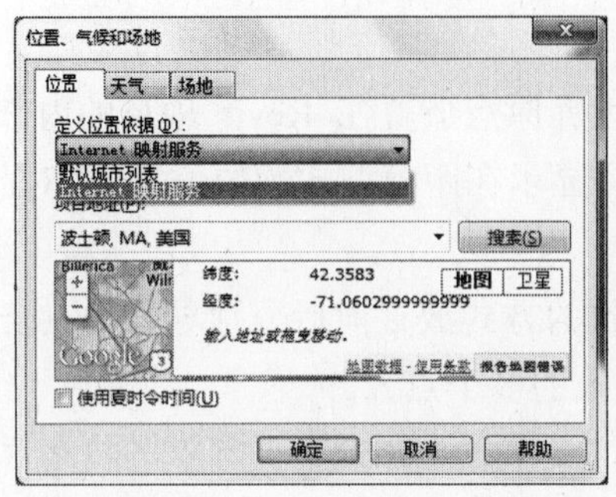
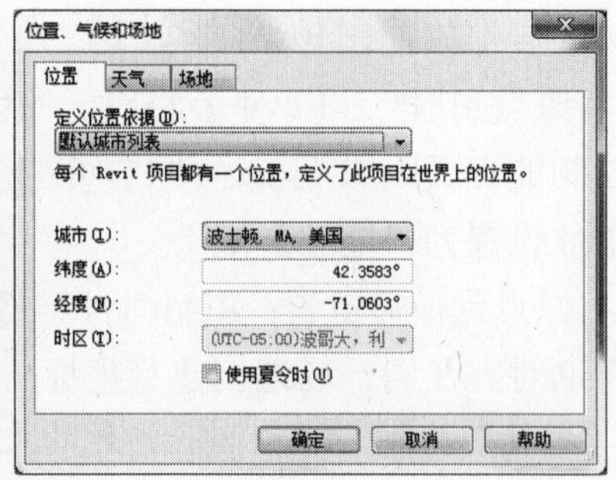

图 18-33

Step 03 发布坐标之后，在链接文件的“属性”对话框中，从其实例参数中“共享场地”的值可以看出该实例的坐标位置位于名为“内部”的坐标位置，如图 18-34 所示。

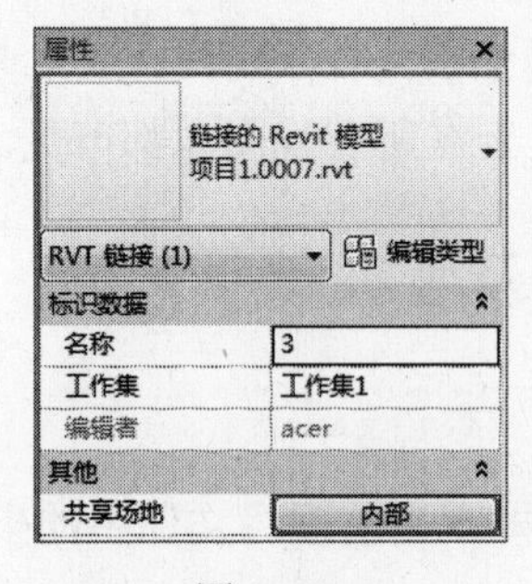

图 18-34

提示

一个链接文件的共享坐标位置可以有多个，并以不同的位置名称来命名保存。

Step 04 发布坐标之后，由于链接文件的共享坐标被更新，因此这时打开“管理链接”对话框，该链接文件的“位置未保存”复选框会被勾选，如图 18-35 所示。

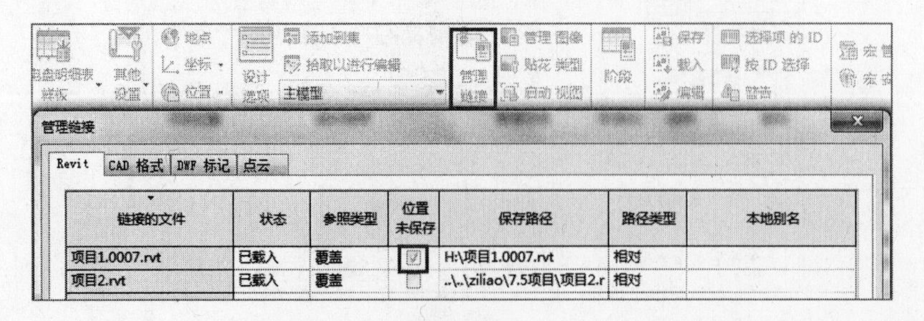

图 18-35

2. 对发布坐标的实例操作及观察

Step 01 在新建项目文件“a.rvt”中，绘制一些用于示意的模型（如墙体），打开平面视图，在平面视图的“实例属性”对话框，设置其中的实例参数“方向”的值为“正北”，并在“管理”选项卡下“项目位置”面板中的“位置”下拉列表中选择“旋转正北”选项来旋转该视图的方向到新的正北方向，得到的平面视图如图 18-36 所示并保存关闭。

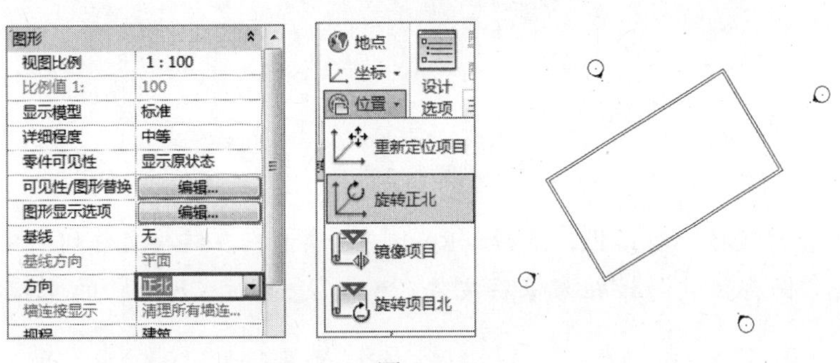

图 18-36

Step 02 新建项目文件“b.rvt”，绘制一些用于示意的模型，使用“注释”选项卡下“尺寸标注”面板中的“高程点坐标”作为示意模型上的一个点标注平面坐标，如图 18-37 所示，并保存关闭。

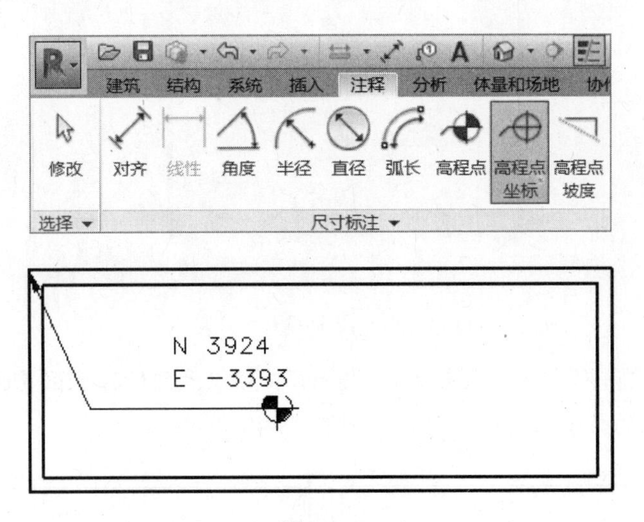

图 18-37

Step 03 使用“中心到中心”的放置方式将“b.rvt”链接到“a.rvt”中来，此时“b.rvt”链接会自动适应“a.rvt”中的坐标，但是仍需使用上述方法，用“发布坐标命令”将坐标指定给“b.rvt”，如图 18-38 所示。

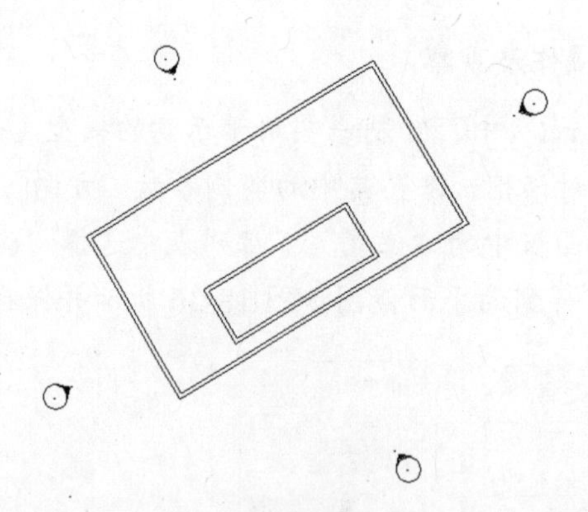

图 18-38

Step 04 打开“管理链接”对话框，选择“Revit”选项卡，在链接文件列表中选中“b.rvt”文件名，单击“保存位置”按钮来保存文件“b.rvt”，此时“b.rvt”的坐标将被更新，如图 18-39 所示。

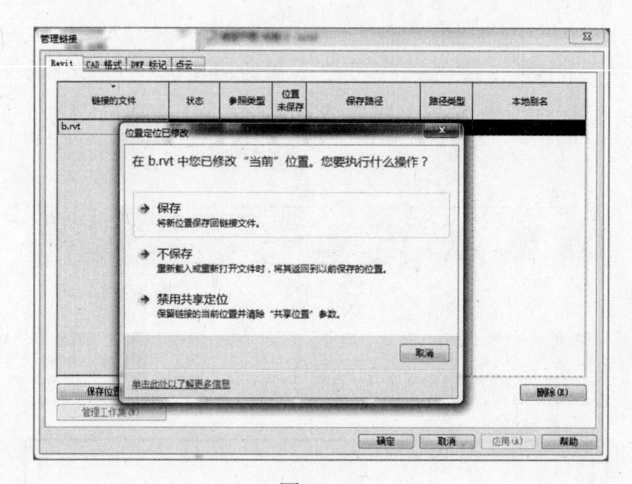

图 18-39

Step 05 关闭文件“a.rvt”，重新打开文件“b.rvt”，可以看到保存了位置的“b.rvt”文件中预先标注的平面坐标的数值已发生了变化，如图 18-40 所示。

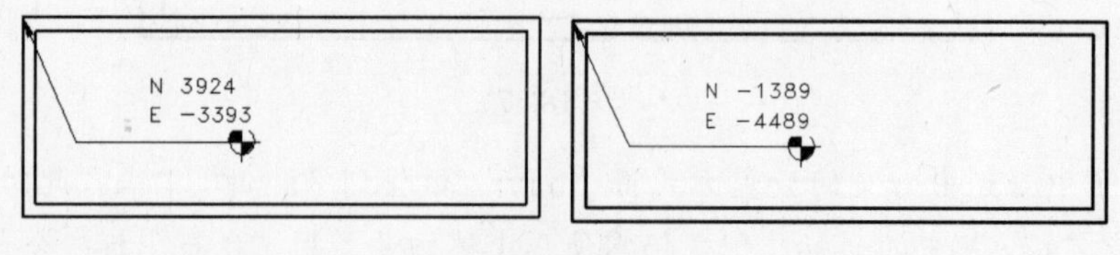

图 18-40

3. 获取坐标

“获取坐标”会按照链接的项目文件实例中的坐标位置重新为当前的项目文件定义共享坐标。

Step 01 在“管理”选项卡下“项目位置”面板中的“坐标”下拉列表中选择“获取坐标”选项，并选中链接项目文件的实例，按照其坐标位置重新为当前项目文件建立共享坐标。

> 警告
>
> 如果链接的项目文件中的共享坐标位置有多个，则不能从该链接文件中获取坐标。

Step 02 获取坐标后，链接文件实例的“属性”对话框中的实例参数中“共享场地”的值会由“未共享”改变为“内部”，如图 18-41 所示。

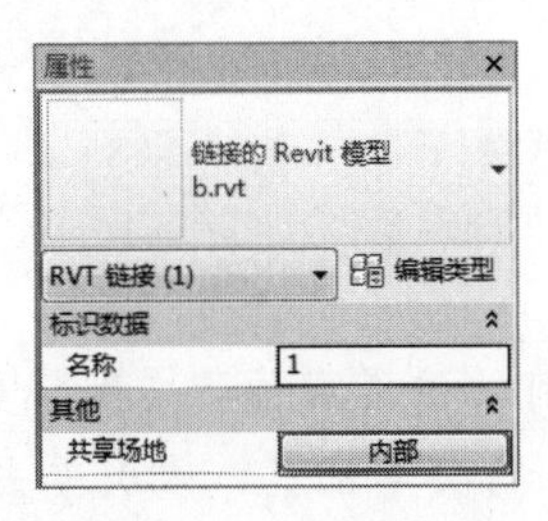

图 18-41

Step 03 获取坐标后，链接文件实例的坐标位置并不发生改变，因此这时打开“管理链接”对话框，该链接文件的“位置未保存”复选框不会被勾选，如图 18-42 所示。

管理链接

Revit | CAD 格式 | DWF 标记 | 点云

链接的文件	状态	参照类型	位置未保存	保存路径	路径类型	本地别名
b.rvt	已载入	覆盖	□	b.rvt	相对	

图 18-42

> 总结
>
> 发布坐标是把当前文件的坐标指定给链接文件，使链接文件和当前文件在同一个坐标系统内；获取坐标是将当前文件的坐标指定为链接文件的坐标，使当前文件的坐标系统和链接文件的坐标系统相同。

4. 多坐标管理

同一个链接文件在主文件当中可以为其设置并保存多个共享位置，在上一个例子中完成了“获取坐标”操作之后的基础上来为文件“b.rvt”设置多个共享位置，其设置步骤如下。

Step 01 首先，修改当前的共享位置：在平面视图中移动链接文件实例到需要的位置，这时系统会弹出“警告”对话框，如图 18-43 所示。单击“现在保存”或“确定”按钮均可，在这里单击“确定”按钮。

Step 02 选中链接文件实例并打开其“属性”对话框，单击“共享场地”后面的“内部”按钮，弹出“选择场地”对话框，单击“修改”按钮，弹出“位置、气候和场地”对话框。

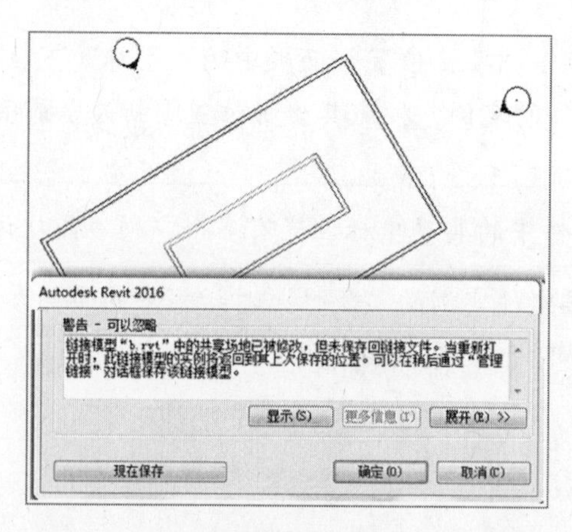

图 18-43

Step 03 使用“重命名”按钮将当前的位置名称“内部”重命名为“位置 1”，使用“复制”按钮新建一个新的名为“位置 2”的共享位置，依次单击“确定”按钮后，“共享位置”参数值变成“位置 2”。单击“确定”按钮，退出对话框。到平面视图界面，如图 18-44 所示。

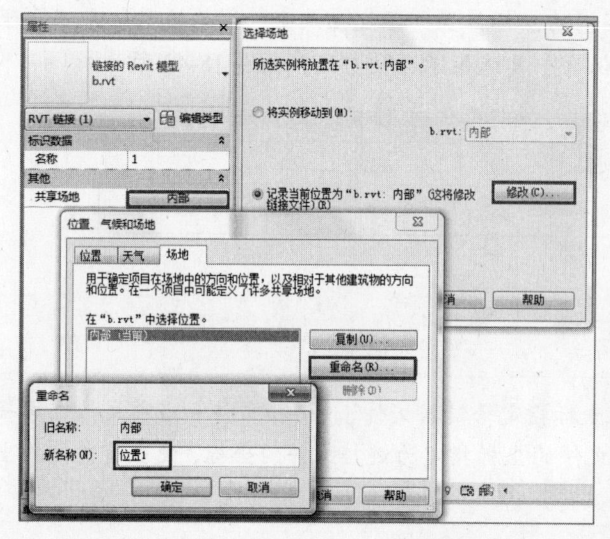

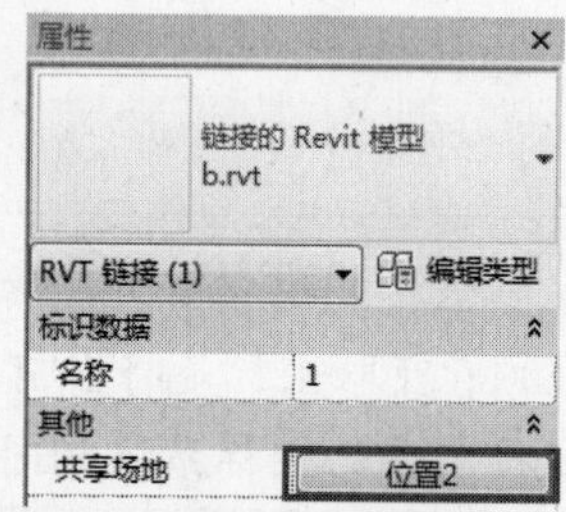

图 18-44

> **提示**
>
> 这时，链接文件实例的位置处在“位置 2”上，且“位置 2”与“位置 1”的位置目前是一致的。

Step 04 在平面视图中移动链接文件实例到新的位置作为“位置 2”对应的共享位置。

Step 05 保存当前文件，在保存时系统会自动弹出“位置定位已修改”对话框，单击“保存”按钮，系统将同时保存链接文件“b.rvt”和当前文件“a.rvt”。

提示

使用同样的方法来为链接文件复制更多的共享位置，并注意如下操作顺序：新建一个共享位置时应该先复制一个新的位置名称，并设置为当前的位置，然后按照要求来移动链接文件的实例到该位置名称所对应的空间位置。

5. 共享坐标的实际应用

首先，在场地中确定 4 个布置别墅的位置，在设计中需要从这 4 个位置中选择 3 个位置来最终放置 3 栋别墅，可以使用共享坐标中的有关功能来完成设计及推敲工作，步骤如下。

Step 01 新建一个场地的项目文件，绘制好道路等场地条件。

Step 02 将链接文件的实例放置到第一个位置后，使用“发布坐标”工具将当前场地项目文件的坐标系发布给别墅单体文件，并将当前的共享位置命名为“位置 1”，如图 18-45 所示。

Step 03 将当前的链接文件的实例复制一个副本，并移动、旋转或者镜像到第二个位置。

提示

副本的“共享位置”参数会自动设置为“未共享”。

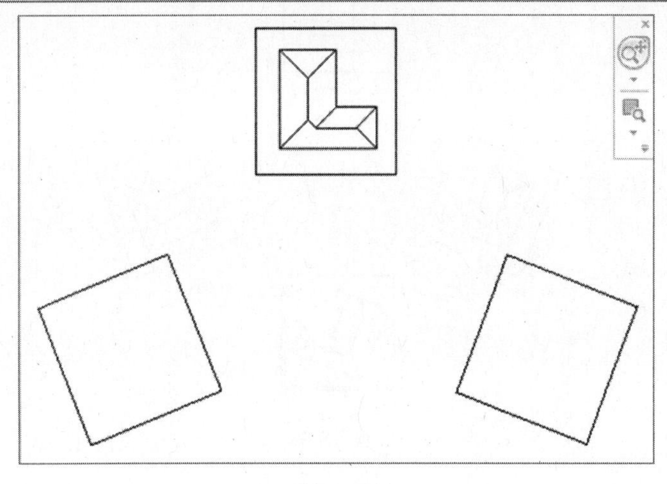

图 18-45

Step 04 通过单击副本的“属性”对话框中“共享场地”参数后的“未共享”按钮弹出“选择场地”对话框。单击“修改”按钮，弹出“位置、气候和场地”对话框，单击“复制”按钮为副本复制一个新的共享位置并命名为“位置 2”。

Step 05 同样，复制第 2 个副本并添加一个新的共享位置并命名为“位置 3”，如图 18-46 所示。

Step 06 在推敲方案中，需将“位置 1”的别墅移动到新的位置：首先选中“位置 1”中的链接文件实例，为“共享场地”参数复制一个新的位置并命名为“位置 4”，然后将实例移动并旋转到新的位置，如图 18-47 所示。

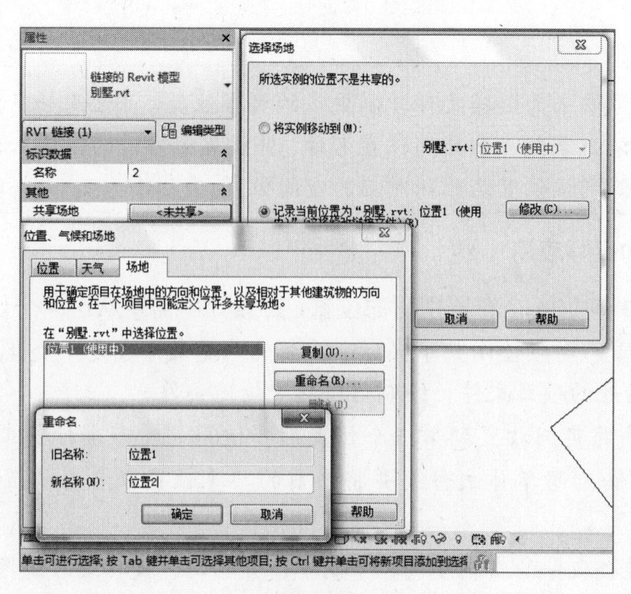

图 18-46

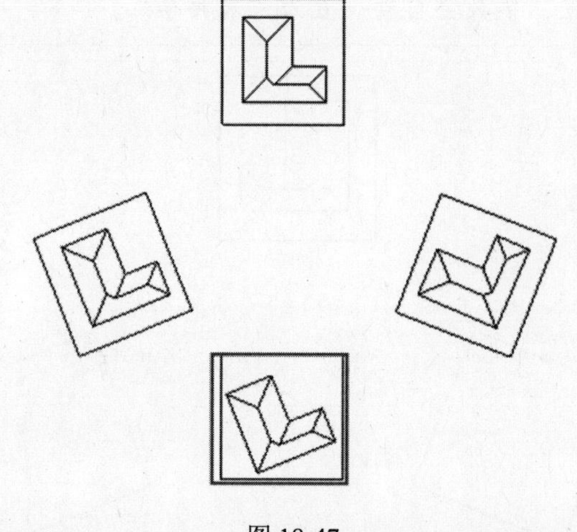

图 18-47

Step 07 当确定了 4 种别墅可能放置的位置之后，保存场地文件，并从弹出的对话框中选择保存修改了共享坐标的别墅单体文件。

Step 08 调整别墅位置，保留一栋别墅，删除其他别墅，将“位置 3”的别墅放置到“位置 1”：选中“位置 3”中的实例，在其“属性”对话框中单击“共享场地”后的“位置 3”按钮，弹出“选择场地”对话框，选择“将实例移动到”单选按钮，并在后面的下拉列表中选择“位置 1”选项，确定后，位置 3 的别墅会自动放置到位置 1。

提示

在从下拉列表中选择位置时，不能选择已经被其他实例使用的选项。如图 18-48 所示，可以看到被其他使用了的位置，系统会给予提示。

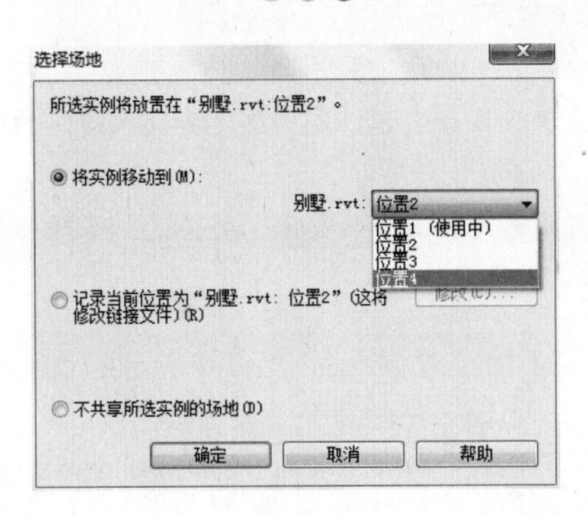

图 18-48

Step 09 通过上述方法，可以不断地从 4 个位置中选择 3 个最满意的位置，如果有一个新的位置方案，则在移动实例前应先复制一个共享位置，然后就可以在 5 个位置中来选择 3 个最满意的位置。

18.3　技术应用技巧

18.3.1　创建工作集权限

Step 01 创建本地文件。打开工作集，根据工作表中所分配的，得到工作集编辑权限，如图 18-49 所示。

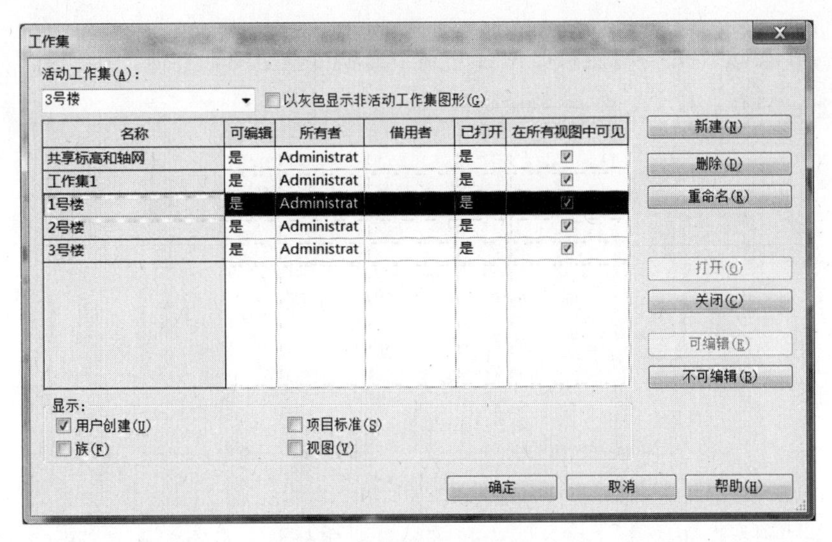

图 18-49

注意

不要删除地下层底图。

Step 02 在自己的工作集中导入 CAD 底图。

Step 03 为保证绘制速度，以及区分自己绘制的图元和别人绘制的图元，可按图 18-50 进行设置。

Step 04 在已打开处将不需要看见的工作集关闭，将“是”修改为“否”，如图 18-50 所示，此操作不会影响组员工作集的显示。

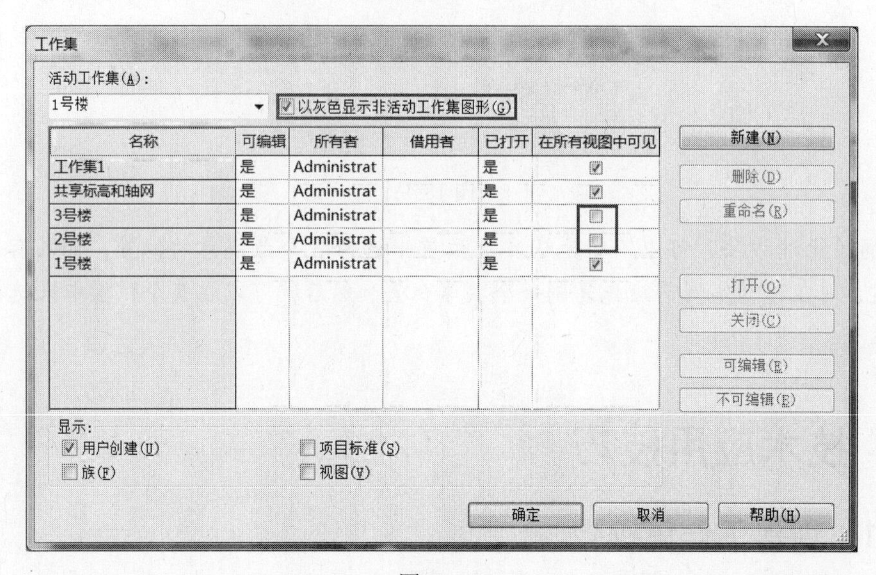

图 18-50

18.3.2 将链接文件合并到当前项目中

问题：在 Revit 中如何将链接文件合并到当前项目模型中？

Step 01 选择“链接”命令，如图 18-51 所示。

图 18-51

Step 02 单击“修改”选项卡“链接”面板下的“绑定链接”命令，如图 18-52 所示。

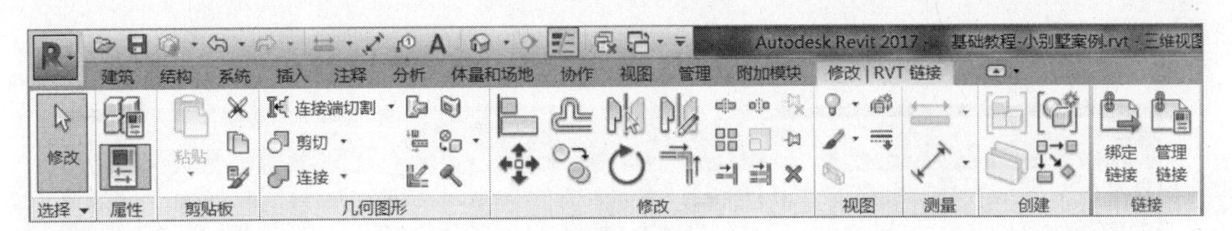

图 18-52

Step 03 在“绑定链接选项”对话框中，选择是否包含附着的详图、标高和轴网，如图 18-53 所示。

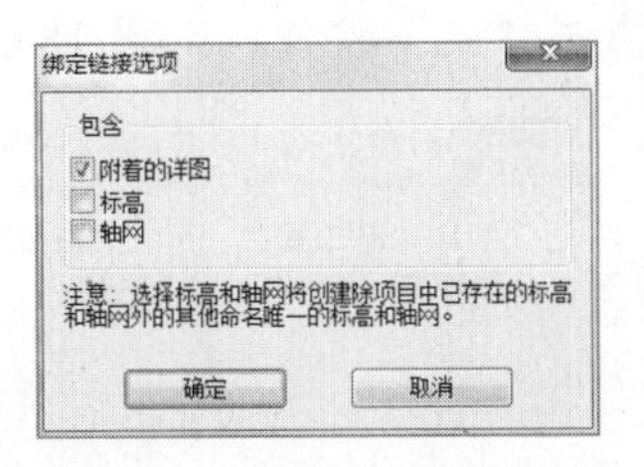

图 18-53

若勾选“标高”与“轴网”，则链接模型中的轴网会被载入，与当前项目中的轴网冲突，所以一般不勾选这两项。下面是勾选“附着的详图”与不勾选“附着的详图”的对比。

若勾选，单击“附着的详图组”，勾选所有选项，模型中的尺寸标注将会显示出来，如图 18-54、图 18-55 所示。

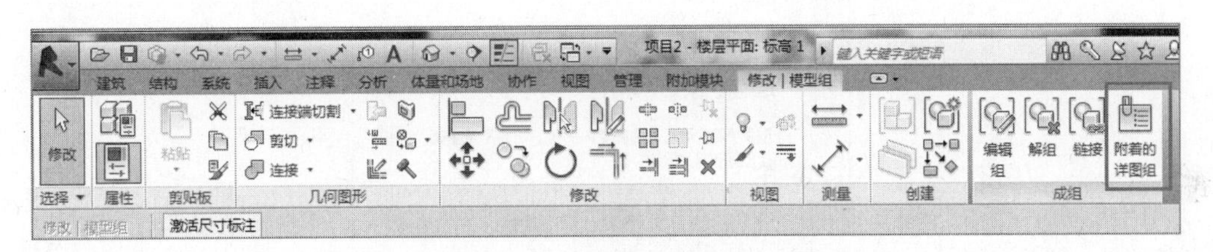

图 18-54

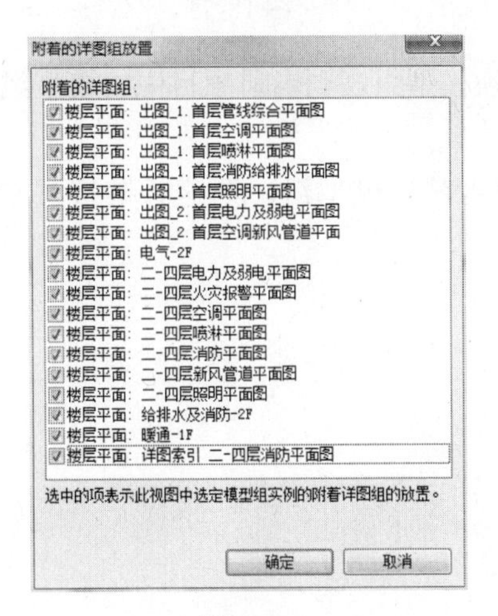

图 18-55

若不勾选，那么此时模型中的尺寸标注则不会显示，如图 18-56 所示。

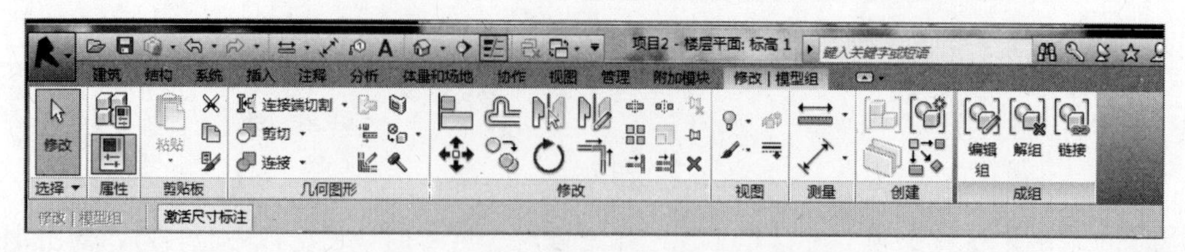

图 18-56

Step 04 弹出“Revit”对话框，点击“是”按钮，如图 18-57 所示。

图 18-57

此外，当文件中存在与连接的模型同名的组时会弹出如图 18-58 所示的对话框。

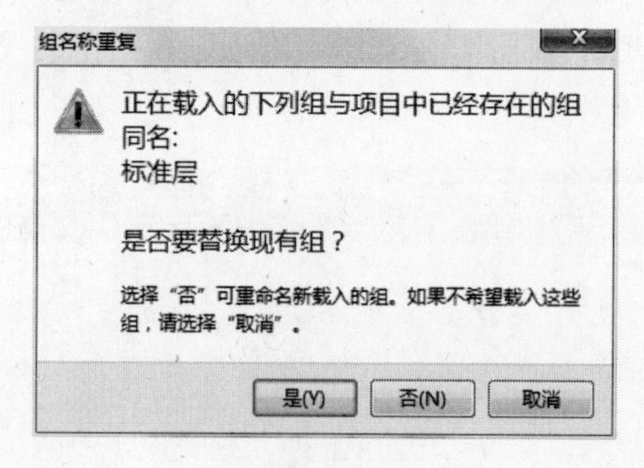

图 18-58

若单击“是”按钮，替换模型组，则当前项目中的模型组将被链接进来的模型组替换，模型组名称为“标准层”。

若单击“否”按钮，使用链接模型组，则这时链接进来的模型组会自动命名为“标准层 2”。

第 19 章　族

概述：族，是 Revit 软件中一个非常重要的构成要素。掌握族的概念和用法至关重要。

正是因为族的概念的引入，才可以实现参数化的设计。比如，在 Revit 中可以通过修改参数，从而实现修改门窗族的宽度、高度或材质等。

也正是因为族的开放性和灵活性，在设计时可以自由定制符合设计需求的注释符号和三维构件族等，从而满足了中国建筑师应用 Revit 软件的本地化标准定制的需求。

19.1　族的概述

所有添加到 Revit Architecture 项目中的图元（从用于构成建筑模型的结构构件、墙、屋顶、窗和门到用于记录该模型的详图索引、装置、标记和详图构件）都是使用族创建的。

通过使用预定义的族和在 Revit Architecture 中创建新族，可以将标准图元和自定义图元添加到建筑模型中。通过族，还可以对用法和行为类似的图元进行某种级别的控制，以便用户轻松地修改设计和更高效地管理项目。

族是一个包含通用属性（称为参数）集和相关图形表示的图元组。属于一个族的不同图元的部分或全部参数可能有不同的值，但是参数（其名称与含义）的集合是相同的。族中的这些变体称为族类型或类型。

例如，家具族包含可用于创建不同家具（如桌子、椅子和橱柜）的族和族类型。尽管这些族具有不同的用途并由不同的材质构成，但它们的用法却是相关的。族中的每一类型都具有相关的图形表示和一组相同的参数，称为族类型参数。

19.2　族的分类

19.2.1　内建族

1. 内建族的应用范围

内建族的应用范围主要有如下几种：

- 斜面墙或锥形墙。
- 独特或不常见的几何图形，如非标准屋顶。
- 不需要重复利用的自定义构件。

- 必须参照项目中的其他几何图形的几何图形。
- 不需要多个族类型的族。

2. 内建族的创建

> 注意
>
> 仅在必要时使用它们。如果项目中有许多内建族，将会增加项目文件的大小并降低系统的性能。

Step 01 创建内建族，在“建筑”选项卡下“构建”面板中的“构件”下拉列表中选择“内建模型”选项，在弹出的对话框中选择族类别为“屋顶”，输入名称，进入创建族模式。

> 注意
>
> 设置类别的重要性。只有设置了“族类别”，才会使它拥有该类族的特性。在该案例中，设置“族类别”为屋顶才能使它拥有让墙体“附着/分离”的特性等。

Step 02 通过设置工作平面进入到西立面视图，绘制 4 条表示参照平面的线，如图 19-1 所示。

图 19-1

> 注意
>
> 一般情况需要在立面上绘制拉伸轮廓时，首先在标高视图上通过“设置工作平面”命令来拾取一个面进入到立面视图中绘制。此案例可以在标高视图中绘制一条参照平面作为设置工作平面时需要拾取的面。

Step 03 单击“创建”选项卡下“形状”面板上的“拉伸”“融合”“旋转”“放样”“放样融合”和“空心形状”等建模工具为族创建三维实体和洞口，此案例使用“拉伸”工具创建屋顶形状，如图 19-2 所示。

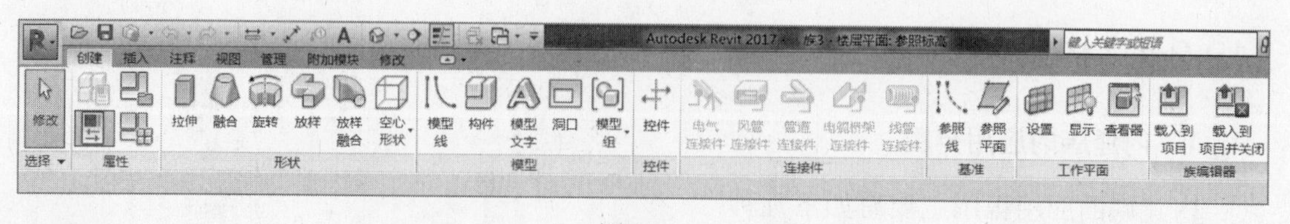

图 19-2

Step 04 单击“拉伸”按钮，选择“拾取一个平面”，转到视图“立面：北”绘制屋顶形状，完成拉伸，如图 19-3 所示。

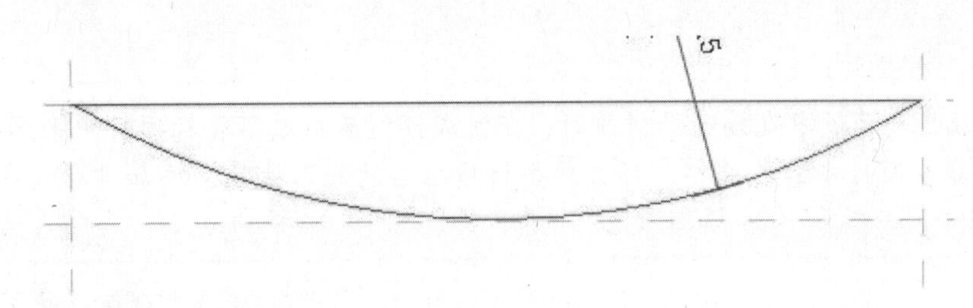

图 19-3

Step 05 进入 3D 视图，通过拖曳修改屋顶长度，如图 19-4（a）所示。单击“在位编辑”，选择“创建”选项卡下“形状”面板中“空心形状”上下文选项卡中的“空心拉伸”命令，绘制洞口，完成空心形状，单击完成。单击几何图形中 “剪切”上下文选项卡中的“剪切几何图形”为屋顶开洞，完成效果如图 19-4（b）所示。

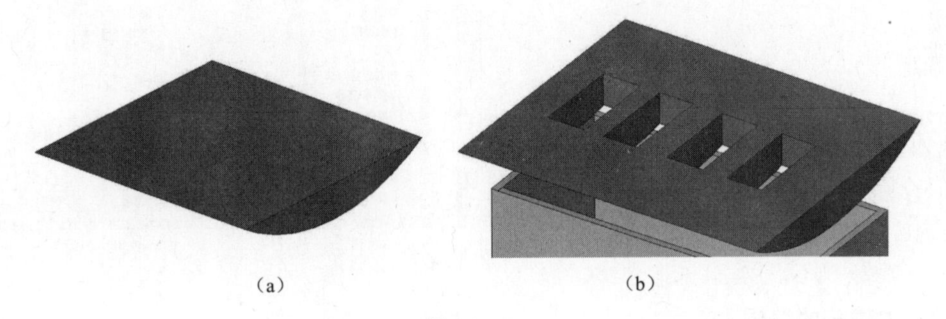

（a） （b）

图 19-4

Step 06 为几何图形指定材质，设置其可见性/图形替换。在模型编辑状态下单击选择屋顶，在“属性”面板上设置其材质及可见性，如图 19-5 所示。

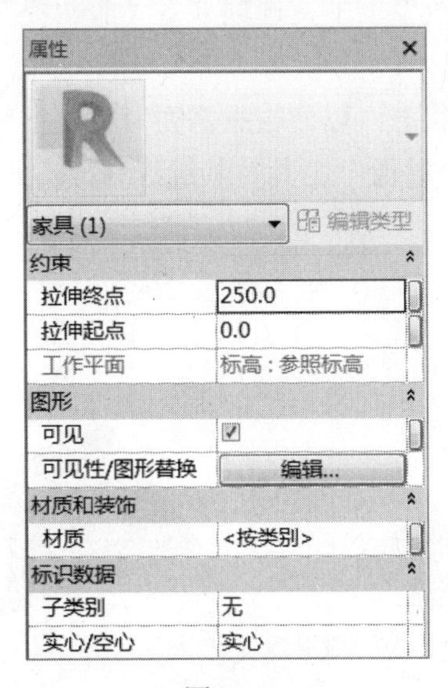

图 19-5

注意

在“属性”面板中直接选择材质时，在完成模型后材质不能在项目中来调整；如果需要材质能在项目中进行调整，那么单击材质栏后的矩形按钮，添加“材质参数”，如图 19-6 所示。

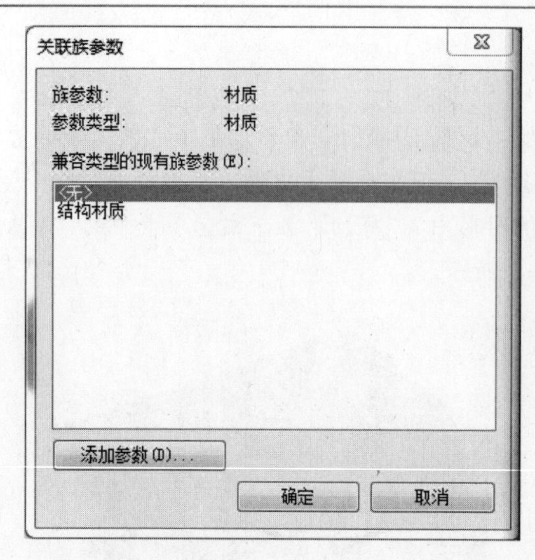

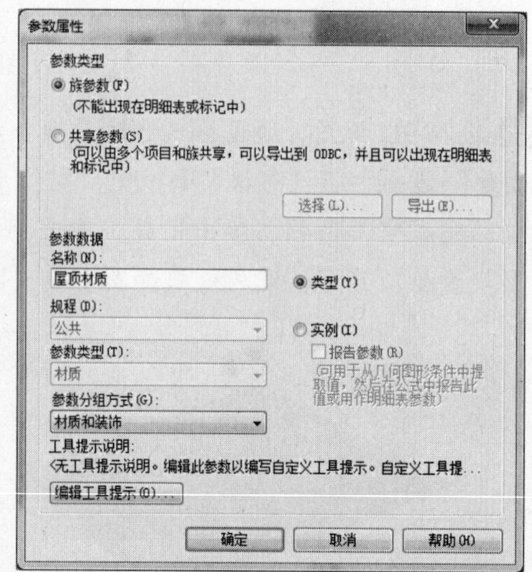

图 19-6

3．内建族的编辑

1）复制内建族

展开包含要复制的内建族的项目视图，选择内建族实例，或在项目浏览器的族类别和族下选择内建族类型。单击“修改”上下文选项卡下“剪贴板”面板中的“复制-粘贴”按钮，单击视图放置内建族图元。

此时粘贴的图元处于选中状态，以便根据需要对其进行修改。根据粘贴的图元的类型，可以使用“移动”“旋转”和“镜像”工具对其进行修改。此外，还可以使用选项栏中的选项，如图 19-7 所示。

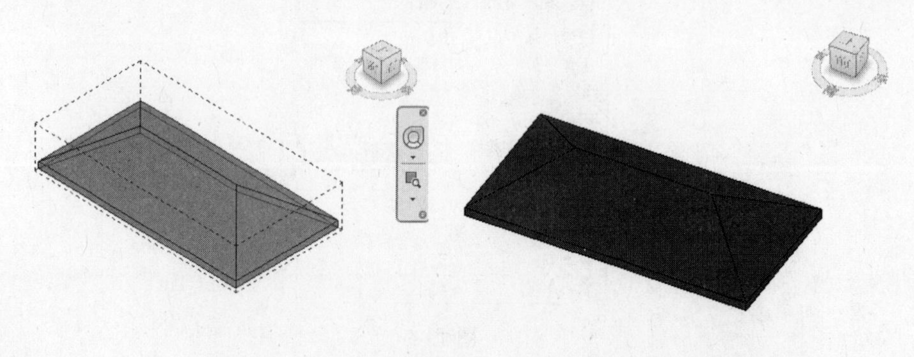

图 19-7

注意

如果放置了某个内建族的多个副本，则会增加项目的文件大小。处理项目时，多个副本会降低软件的性能，具体取决于内建族的大小和复杂性。如果要复制的内建族是在参照平面上创建的，则必须选择并复制带内建族实例的参照平面，或将内建族作为组保存并将其载入到项目中。

2）删除内建族

在项目浏览器中展开“族”和族类别，选择内建族的族类型（也可以在项目中，选择内建族图元）。然后右击，在弹出的快捷菜单中选择“删除”命令。

注意

如果要从项目浏览器中删除该内建族类型，但项目中具有该类型的实例，则会显示一个警告。在“警告”对话框中单击“确定”按钮，删除该类型的实例。如果单击“取消”按钮，则会修改该实例的类型并重新删除该类型。此时该内建族图元已从项目中删除，并不再显示在项目浏览器中。

3）查看项目中的内建族

可以使用项目浏览器查看项目中使用的所有内建族。展开项目浏览器的“族”，此时显示项目中所有族类别的列表。该列表中包含项目中可能包含的所有内建族、标准构建族和系统族。

要点

内建族将在项目浏览器的该类别下显示，并添加到该类别的明细表中，而且还可以在该类别中控制该内建族的可见性。

19.2.2　系统族

1. 系统族的概念和设置

系统族包含基本建筑图元，如墙、屋顶、天花板、楼板及其他要在施工场地使用的图元。标高、轴网、图纸和视口类型的项目和系统设置也是系统族。有关项目和系统设置的特定信息，可参见本教程第二部分样板文件定制的“项目设置”内容。

系统族已在 Revit Architecture 中预定义且保存在样板和项目中，系统族中至少应包含一个系统族类型，除此以外的其他系统族类型都可以删除。可以在项目和样板之间复制和粘贴或者传递系统族类型。

2. 查看项目或样板中的系统族

使用项目浏览器来查看项目或样板中的系统族和系统族类型。在项目浏览器中，展开“族”和族类别，选择墙族类型。在 Revit Architecture 中有 3 个墙系统族：基本墙、幕墙和叠层墙。展开“基本墙”，此时将显示可用基本墙的列表，如图 19-8 所示。

图 19-8

3. 创建和修改系统族类型

1）创建墙体类型

在“属性”选项卡中单击“编辑类型”按钮，弹出“类型属性”对话框，单击“复制”按钮，创建一个新的墙类型，如图 19-9 所示。

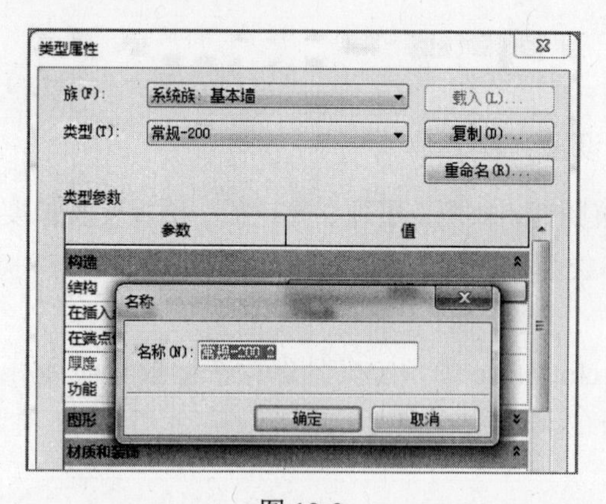

图 19-9

2）创建墙材质

单击“管理”选项卡下“设置”面板中的“材质”按钮，弹出“材质”对话框，如图 19-10 所示。

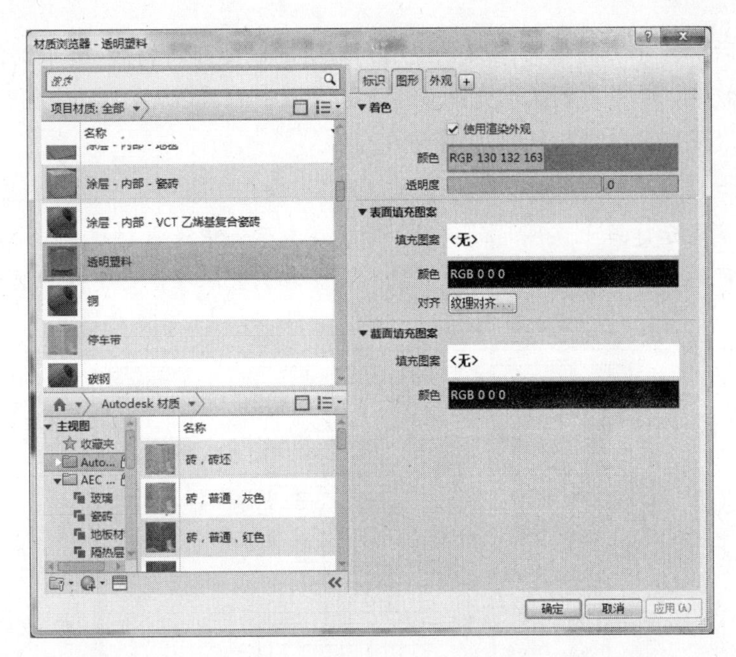

图 19-10

在“材质”对话框的左侧窗格中，选择“隔热层/保温层-空心填充”，右击，在弹出的快捷菜单中选择“复制”选项，在对话框中输入“隔 1”作为名称，如图 19-11 所示。

在“材质”对话框的“图形”选项卡下的“着色”选项区域，单击颜色样例，指定材质的颜色，单击“确定”按钮。

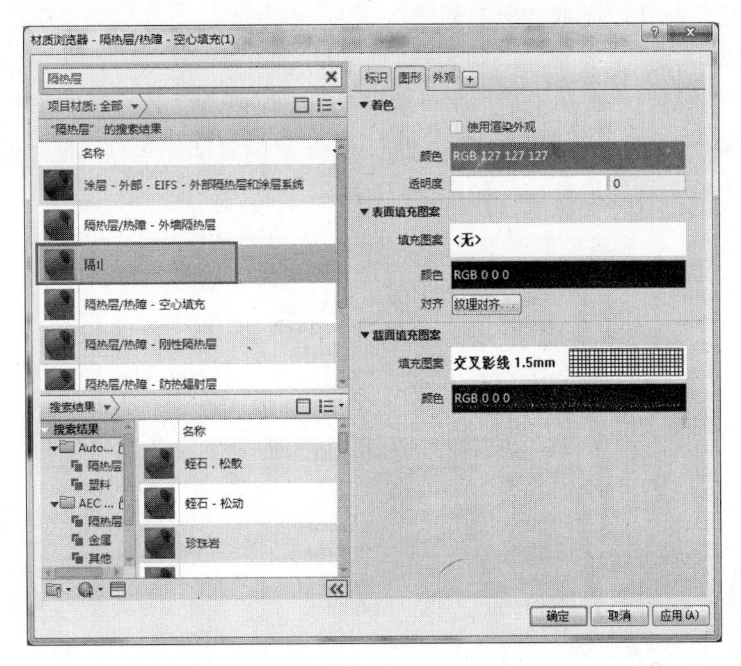

图 19-11

指定颜色后，创建表面填充图案并应用到材质，以便在将材质 应用到自定义墙类型时能够产生木材效果。单击“表面填充图案”选项区域中的“填充样式”。在“填充图案类型”选项区域选择“模型”单选按钮，如图 19-12 所示。

注意

模型图案表示建筑上某图元的实际外观，在本示例中是木材覆盖层。模型图案相对于模型是固定的，即随着模型比例的调整而调整比例。同理，创建截面填充图案并应用到材质。

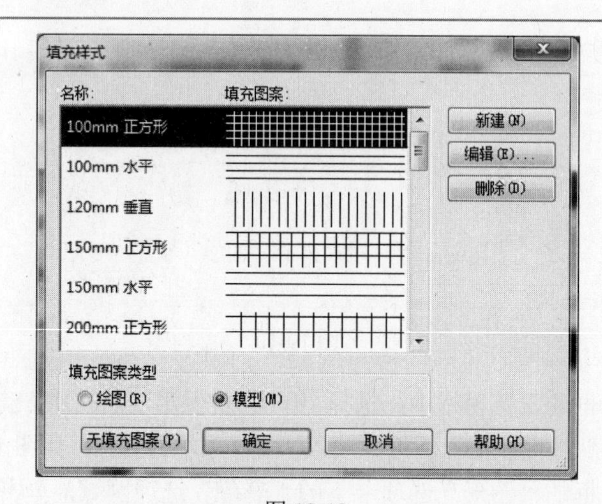

图 19-12

单击“确定”按钮，完成材质的创建。

3）修改墙体构造

选择墙，在“属性”选项卡中单击“编辑类型”按钮，弹出“类型属性”对话框。单击类型参数中“构造”下的“结构-编辑”按钮，弹出“编辑部件”对话框，可以通过在“层”中插入构造层来修改墙体的结构，如图 19-13 所示。

编辑部件

族: 基本墙
类型: 外墙 - 机刨横纹灰白色花岗石墙面
厚度总计: 240.0　　样本高度(S): 3000.0
阻力(R): 0.0000 (m²·K)/W
热质量: 0.00 kJ/K

层

外部边

	功能	材质	厚度	包络	结构材质
1	面层 1 [4]	机刨横纹灰	20.0	☑	☐
2	核心边界	包络上层	0.0		
3	结构 [1]	墙体-普通砖	200.0	☐	☑
4	核心边界	包络下层	0.0		
5	面层 2 [5]	<按类别>	20.0	☑	☐

内部边

插入(I)　删除(D)　向上(U)　向下(O)

图 19-13

4．删除项目中或样板文件中的系统族

尽管不能从项目和样板中删除系统族，但可以删除未使用的系统族类型。要删除系统族类型，可以使用两种不同的方法：

（1）在项目浏览器中选择并删除该类型：展开项目浏览器中的“族”，选择包含要删除的类型的类别和族，右击，在弹出的快捷菜单中选择“删除”命令，或按【Delete】键，即可从项目或样板中删除了该系统族类型。

> 注意
>
> 如果要从项目中删除系统族类型，而项目中具有该类型的实例，则将会显示一个警告。在“警告”对话框中单击“确定”按钮，删除该类型的实例，或单击“取消”按钮，修改该实例的类型并重新删除该类型。

（2）使用“清除未使用项”命令：单击“管理”选项卡下“设置”面板中的“清除未使用项”工具，弹出“清除未使用项”对话框。该对话框中列出了所有可从项目中卸载的族和族类型，包括标准构件和内建族，如图 19-14 所示。

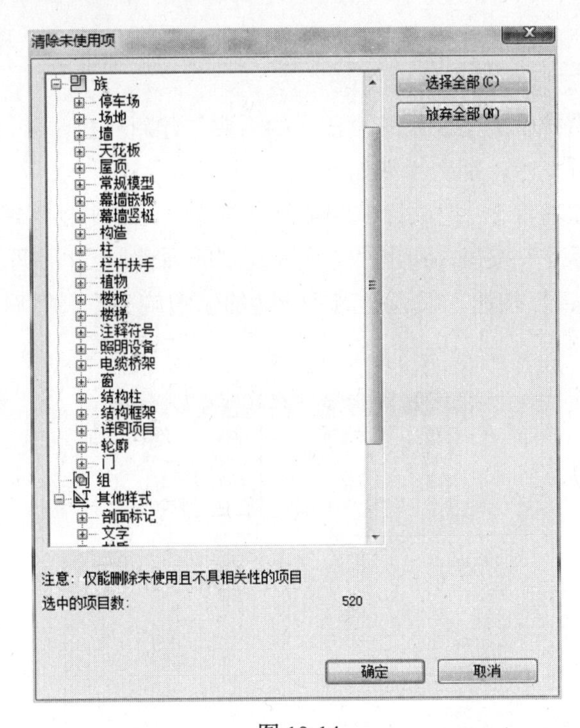

图 19-14

选择需要清除的类型，可以单击“放弃全部”按钮，展开包含要清除的类型的族和子族，选择类型，然后单击“确定”按钮。

> 注意
>
> 如果项目中未使用任何系统族类型，则在清除族类型时将至少保留一个类型。

5．将系统族载入到项目或样板中

1）在项目或样板之间复制墙类型

如果仅需要将几个系统族类型载入到项目或样板中，步骤如下：

Step 01 打开包含要复制的墙类型的项目或样板，再打开要将类型粘贴到其中的项目，选择要复制的墙类型，单击“修改\墙”选项卡下“剪贴板”面板中的“复制到剪贴板”按钮，如图 19-15 所示。

Step 02 单击“视图”选项卡下“窗口”面板中的“切换窗口”按钮，如图 19-16 所示。

图 19-15

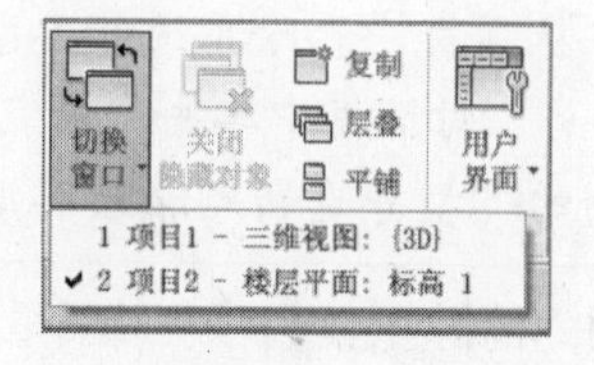

图 19-16

Step 03 选择视图中要将墙粘贴到其中的项目。单击“修改\墙”的上下文选项卡中“剪贴板”面板中的“粘贴”按钮。此时，墙类型将被添加到另一个项目中，并显示在项目浏览器中。

2）在项目或样板之间传递系统族类型

如果要传递许多系统族类型或系统设置（如需要创建新样板时），假设要把项目 2 中的系统族类型传递到项目 1 中，那么步骤如下：

分别打开项目 1 和项目 2，把项目 1 切换为当前窗口，单击“管理”选项卡下“设置”面板中的“传递项目标准”按钮，弹出“选择要复制的项目” 对话框，“复制自”选择“项目 2”。单击“放弃全部”按钮，仅选择需要传递的系统族类型，然后单击“确定”按钮，如图 19-17 所示。

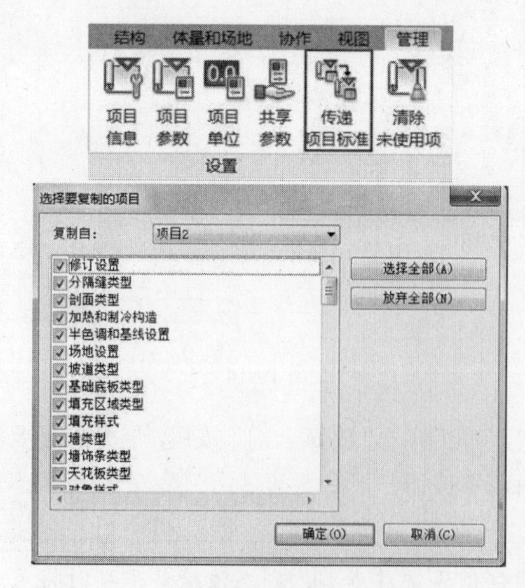

图 19-17

提示

可以把自己常用的系统族（如墙、天花板、楼梯等）分类集中存储为单独的一个文件，需要调用时，打开该文件，通过“复制到剪贴板”“粘贴”命令或“传递项目标准”命令，即可应用到项目中。

19.2.3　标准构件族

1. 标准构件族的概念

标准构件族是用于创建建筑构件和一些注释图元的族。构件族包括在建筑内和建筑周围安装的建筑构件，例如窗、门、橱柜、装置、家具和植物。此外，构件族还包含一些常规自定义的注释图元，例如符号和标题栏。构件族具有高度可自定义的特征，是在外部.rfa 文件中创建的，并可导入（载入）到项目中。

创建标准构件族时，需要使用软件提供的族样板，样板中包含有关要创建的族的信息。先绘制族的几何图形，使用参数建立族构件之间的关系，创建其包含的变体或族类型，确定其在不同视图中的可见性和详细程度。完成族后，需要在项目中对其进行测试，然后使用。

Revit Architecture 中包含族库，用户可以直接调用。此外，还可以从 www.51bim.com 柏慕网站上的柏慕产品下载族库，包括建筑族、结构族、设备族、注释族等，能够很好地满足设计要求，提高工作效率（见图 19-18～图 19-20）。

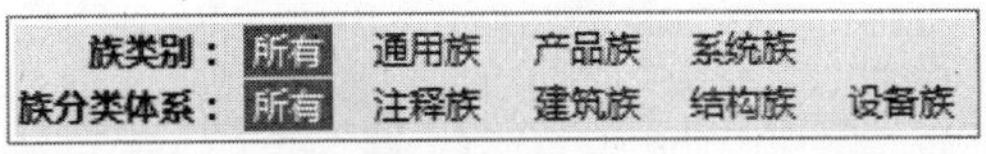

族类别：所有　通用族　产品族　系统族
族分类体系：所有　注释族　建筑族　结构族　设备族

图 19-18

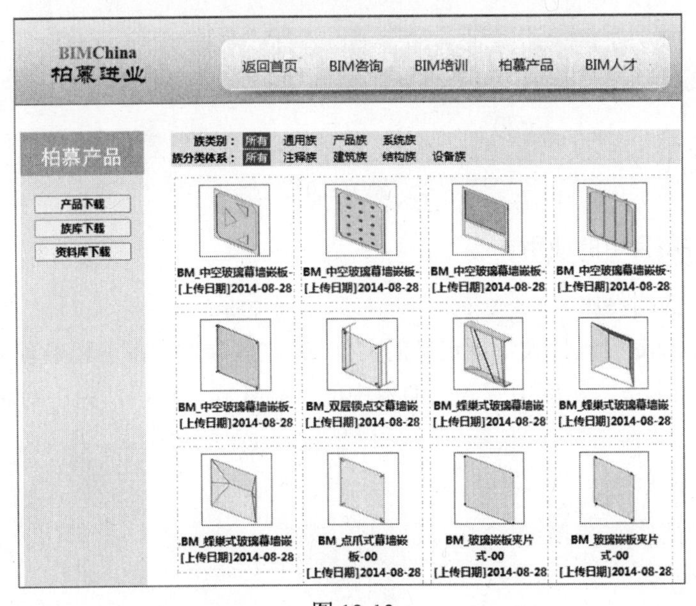

图 19-19

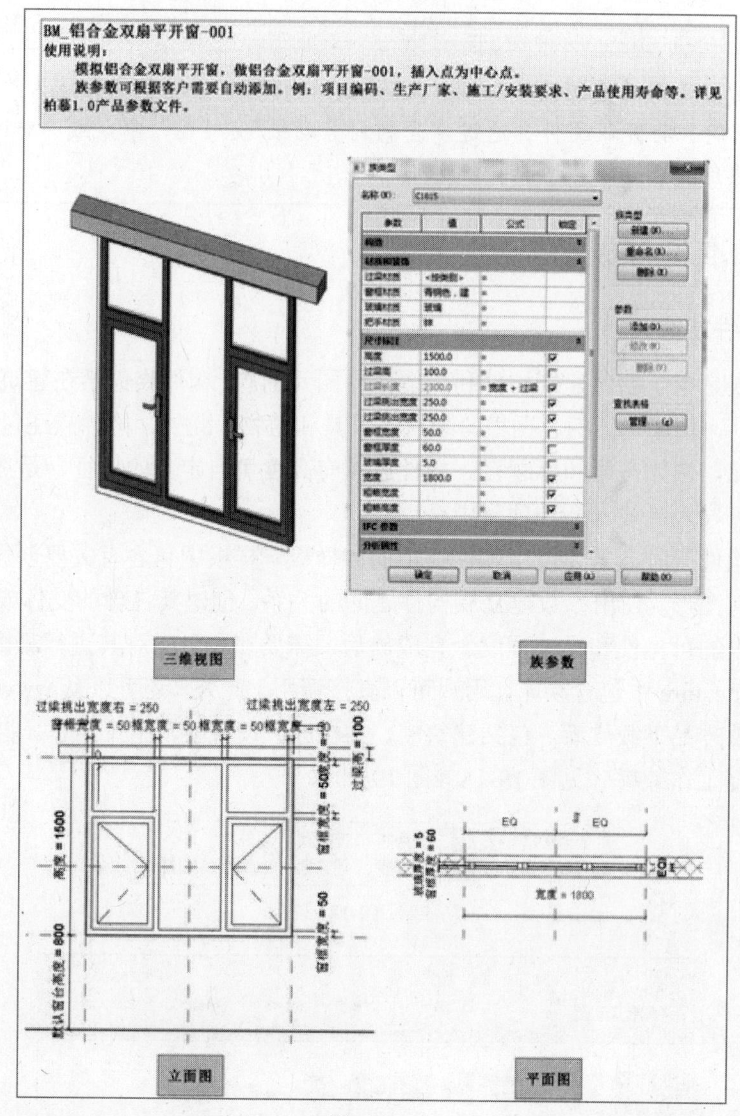

图 19-20

2. 构件族在项目中的使用

1）使用现有的构件族

Revit Architecture 中包含大量预定义的构件族。这些族的一部分已经预先载入到样板中，单击“插入”选项卡下“从库中载入”面板中的“载入族”按钮，弹出的对话框如图 19-21 所示。

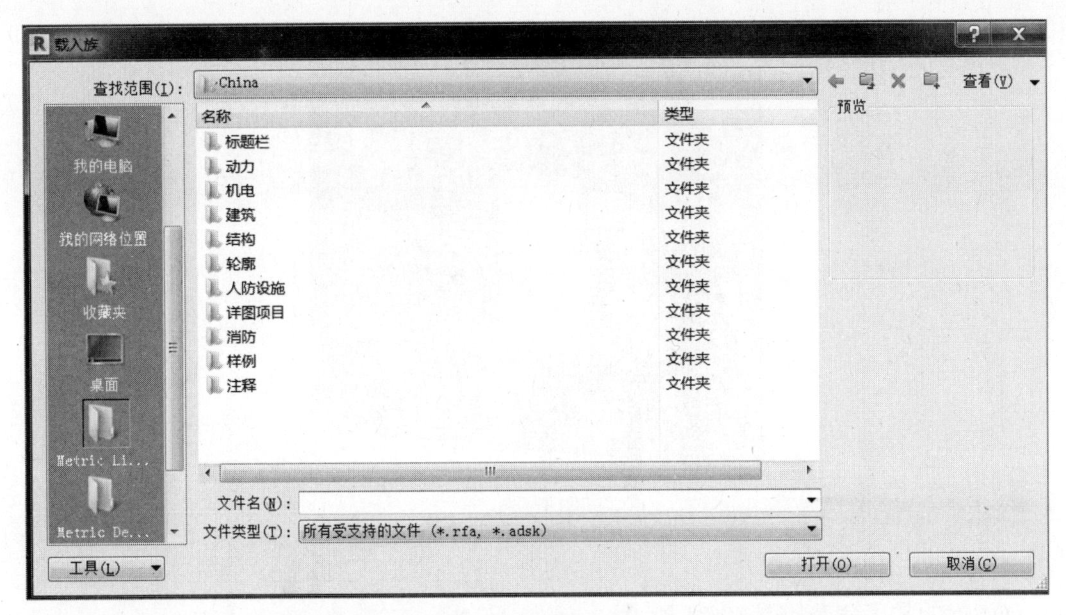

图 19-21

而其他族则可以从该软件包含的 Revit Architecture 英制库、公制库或个人制作的族库中导入。用户可以在项目中载入并使用这些族及其类型。

2）查看和使用项目或样板中的构件族

单击展开项目浏览器中的“族”列表，直接点选图元拉到项目中，或者单击项目中的构件族，在“属性”面板中修改图元类型。

单击展开项目浏览器中的“族”列表，右击构件族，在弹出的快捷菜单中选择“创建实例”命令，此时在项目中创建该实例。

3．构件族制作的基础知识

1）族编辑器的概念

族编辑器是 Revit Architecture 中的一种图形编辑模式，使用户能够创建可引入到项目中的族。当开始创建族时，在族编辑器中打开要使用的样板。样板可以包括多个视图，如平面视图和立面视图等。族编辑器与 Revit Architecture 中的项目环境具有相同的外观和特征，但在各个设计栏选项卡中包括的命令不同。

2）访问族编辑器的方法

打开或创建新的族（.rfa）文件，如图 19-22 所示。

选择使用构件或内建族类型创建的图元，并单击“模式”面板中的“编辑族”按钮。

图 19-22

3）族编辑器命令

创建族的常用命令如图 19-23 所示。

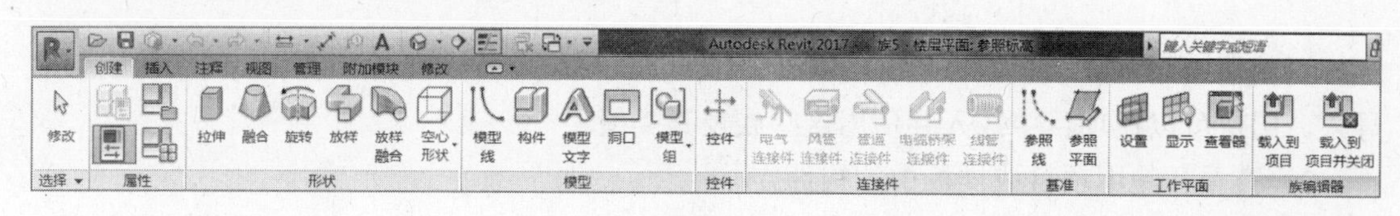

图 19-23

- 族类型命令：用于打开“族类型”对话框。可以创建新的族类型或新的实例参数和类型参数。
- 形状命令：可以通过“拉伸”“融合”“旋转”“放样”“放样融合”来创建实心或者空心形状。
- 模型线命令：用于在不需要显示实心几何图形时绘制二维几何图形。例如，可以以二维形式绘制门面板和五金器具，而不用绘制实心拉伸。在三维视图中，模型线总是可见的。可以选择这些线，并从选项栏中单击“可见性”按钮，控制其在平面视图和立面视图中的可见性。
- 构件命令：用于选择要被插入族编辑器中的构件类型。选择此命令后，类型选择器为激活状态，可以选择构件。
- 模型文字命令：用于在建筑上添加指示标记或在墙上添加字母。
- 洞口命令：仅用于基于主体的族样板（例如，基于墙的族样板或基于天花板的族样板）。通过在参照平面上绘制其造型，并修改其尺寸标注来创建洞口。创建洞口后，在将其载入项目前，可以选择该洞口并将其设置为在三维和/或立面视图中显示为透明。单击选择该窗口，出现修改洞口剪切选项栏后，从选项栏中勾选“透明于”旁边的“3D”和/或“立面”复选框。

- 参照平面命令：用于创建参照平面（为无限平面），从而帮助绘制线和几何图形。
- 参照线命令：用于创建与参照平面类似的线，但创建的线有逻辑起点和终点。

控件命令：将族的几何图形添加到设计中后，“控件”命令可用于放置箭头以旋转和镜像族的几何图形。在“常用”选项卡中单击“控件”面板中的“控件”按钮，在“控制”面板中选择“垂直”或“水平”箭头，或选择“双垂直”或“双水平”箭头。也可以选择多个选项，如图 19-24 所示。

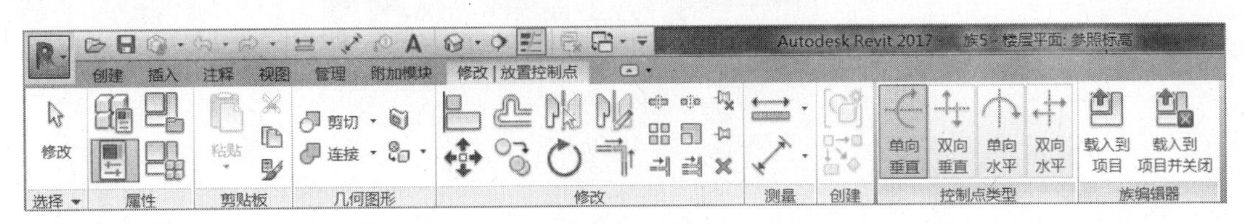

图 19-24

注意

Revit Architecture 将围绕原点旋转或镜像几何图形。使用两个方向相反的箭头，可以垂直或水平双向镜像。可在视图中的任何地方放置这些控制。最好将它们放置在可以轻松判断出其所控制的内容的位置。

提示

创建门族时“控件”命令很有用。双水平控制箭头可改变门轴处于门的哪一边。双垂直控制箭头可改变开门方向是从里到外还是从外到里。

创建族的注释工具如图 19-25 所示。

图 19-25

- 尺寸标注命令：在绘制几何图形时，除了 Revit Architecture 会自动创建永久性尺寸标注，该命令也可向族添加永久性尺寸标注。如果希望创建不同尺寸的族，该命令很重要。
- 符号线命令：用于绘制仅用于符号目的的线。例如，在立面视图中可绘制符号线以表示开门方向。
- 详图构件命令：用于放置详图构件。
- 符号命令：用于放置二维注释绘图符号。
- 遮罩区域命令：用于对族的区域应用遮罩。如果使用族在项目中创建图元，则遮罩区域将遮挡模型图元。

- 文字命令：用于向族中添加文字注释。在注释族中这是典型的使用方法。该文字仅为文字注释。
- 填充区域命令：用于对族的区域应用填充，如图 19-26 所示。

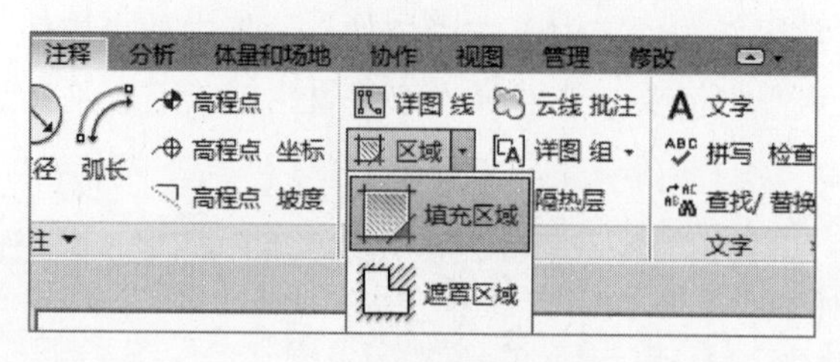

图 19-26

> 注意
> 此命令仅在二维族样板中显示。

- 标签命令：用于在族中放置智能化文字，该文字实际代表族的属性。指定属性值后，它将显示在族中。

> 注意
> 此命令仅在注释族样板中显示，如图 19-27 所示。

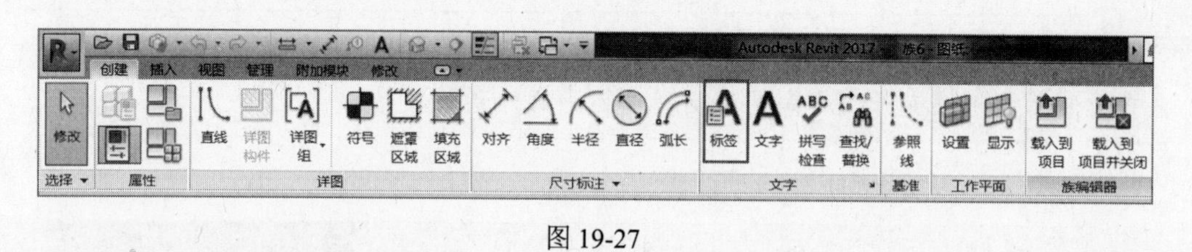

图 19-27

4. 创建构件族的工作流程

通常情况下，需要创建的标准构件族是指建筑设计中使用的标准尺寸和配置的常见构件与符号。要创建构件族，可使用 Revit Architecture 中提供的族样板定义族的几何图形和尺寸。随后可将族保存为独立的 Revit 族文件（.rfa 文件），并可根据需要将其载入到任意一个项目中。创建过程可能很耗时，具体取决于族的复杂程度。如果能够识别与用户要创建的族比较类似的族，则通过复制、重命名和修改该族来创建新族，既省时又省力。

1）在开始创建族之前，先规划族

族是否需要适应多个尺寸？如何在不同视图中显示族？该族是否需要主体？以此确定用于创建族的样板文件。.rft 格式文件，基于墙的样板、基于天花板的样板、基于楼板的样板和基于屋顶的样板被称为基于主体的样板。只有当某主体类型的图元存在时，才能在项目中放置基于主体的族。

如何确定建模的详细程度？

在某些情况下，可能不需要以三维形式表示几何图形，而只需要绘制二维形状来表示族即可。

族的原点即插入点位置。

选择合适的族样板创建新族文件（.rfa）。

定义族的子类别有助于控制族几何图形的可见性。

创建族时，样板会将其指定给可用于定义族几何图形的线宽、线颜色、线型图案和材质指定的类别。要向族的不同几何构件指定不同的线宽、线颜色、线型图案和材质指定，需要在该类别中创建子类别。稍后，在创建族几何图形时，将相应的构件指定给各个子类别。

例如，在窗族中，可以将窗框、窗扇和竖梃指定给一个子类别，而将玻璃指定给另一个子类别。然后可将不同的材质（木质和玻璃）指定给各个子类别。

2）创建族的构架

定义族的原点（插入点）。

视图中两个参照平面的交点定义了族原点。通过选择参照平面并修改它们的属性可以控制哪些参照平面定义原点。

设置参照平面和参照线的布局有助于绘制构件几何图形。

添加尺寸标注以指定参数化关系。

测试或调整构架。

通过指定不同的参数定义族类型的变化。

在实心或空心中添加单标高几何图形，并将该几何图形约束到参照平面。

调整新模型（类型和主体），以确认构件的行为是否正确。

重复上述步骤直到完成族几何图形。

3）设置族的可见性

选择已经创建的几何图形，单击“属性”面板中的“可见性设置”按钮，弹出“族图元可见性设置”对话框，如图 19-28 所示。

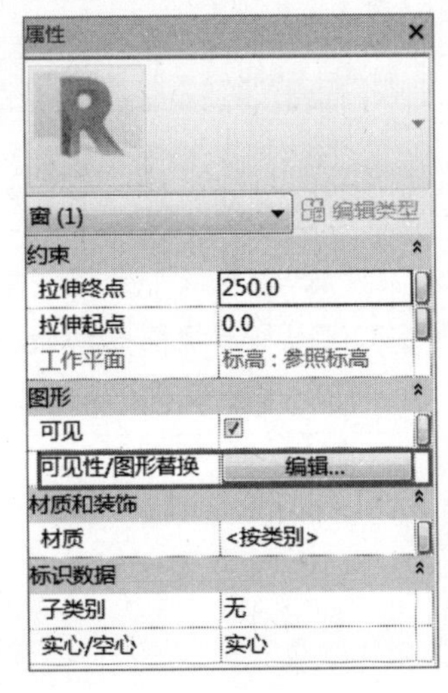

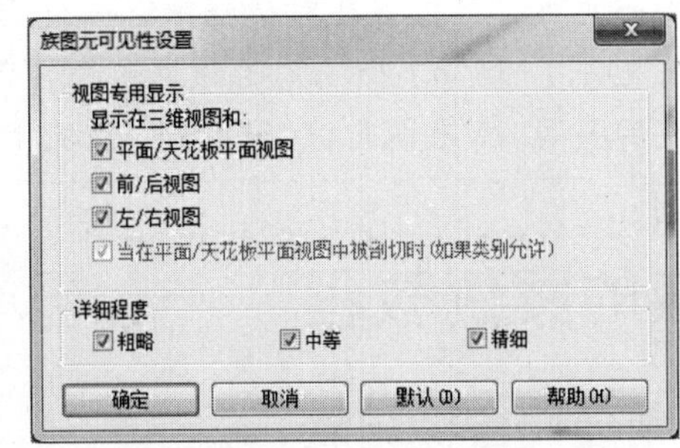

图 19-28

在“族图元可见性设置”对话框中，选择要在其中显示该几何图形的视图：平面/天花板平面视图、前/后视图、左/右视图。

选择希望几何图形在项目中显示的详细程度：粗略、中等、精细。其详细程度取决于视图比例。

> **注意**
>
> 所有的几何图形都会自动显示在三维视图中。

4）保存新定义的族，然后将其载入到项目进行测试

将要进行测试的族载入到项目中，选中该族，单击“修改族”的上下文选项卡下“属性”面板中的类型属性，弹出“类型属性”对话框，修改任意参数，单击“确定”按钮，查看并确认修改，例如，门被载入时（见图 19-29）确定族类别是否为可剖切的。如果“线宽”下的“截面”列处于禁用状态，则该类别是不可剖切的。

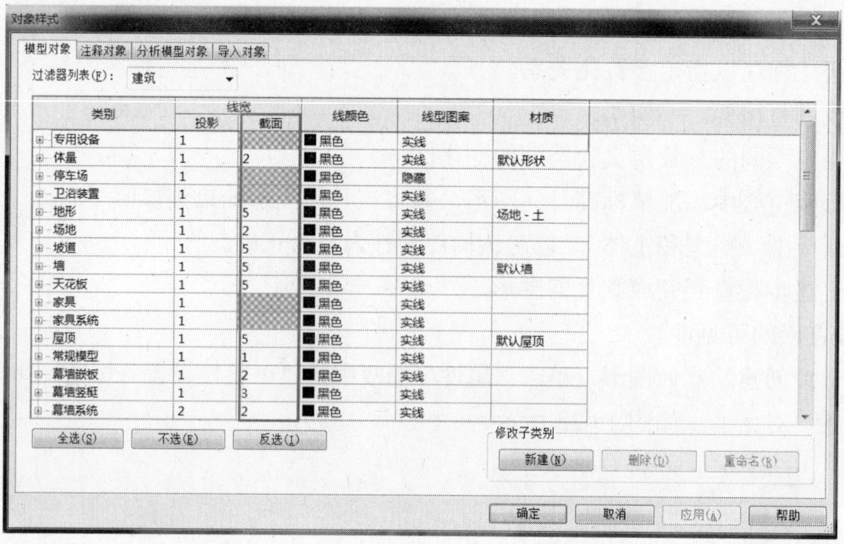

对象样式

模型对象 | 注释对象 | 分析模型对象 | 导入对象

过滤器列表(F)： 建筑

类别	线宽		线颜色	线型图案	材质
	投影	截面			
专用设备	1		黑色	实线	
体量	1	2	黑色	实线	默认形状
停车场	1		黑色	隐藏	
卫浴装置	1		黑色	实线	
地形	1	5	黑色	实线	场地 - 土
场地	1	2	黑色	实线	
坡道	1	5	黑色	实线	
墙	1	5	黑色	实线	默认墙
天花板	1	5	黑色	实线	
家具	1		黑色	实线	
家具系统	1		黑色	实线	
屋顶	1	5	黑色	实线	默认屋顶
常规模型	1	1	黑色	实线	
幕墙嵌板	1	2	黑色	实线	
幕墙竖梃	1	3	黑色	实线	
幕墙系统	2	2	黑色	实线	

全选(S)　不选(E)　反选(I)

修改子类别：新建(N)　删除(D)　重命名(R)

确定　取消　应用(A)　帮助

图 19-29

> **注意**
>
> 在“族图元可见性设置”对话框中有一个“当在平面/天花板平面视图中被剖切时（如果类别允许）”选项。如果勾选该复选框，则当几何图形与视图剖切面相交时，几何图形将显示截面。如果图元被剖面视图剪切，则在选择了此选项后，该图元也将显示。

19.3 族的案例教程

19.3.1 创建门窗标记族

本节重点讲解如下内容。

- 标签的选择与明细表的关系。
- 定位关系：以参照平面的交点定位。
- 文字方向的调整。

以门为例介绍门窗标记方法的步骤。

Step 01 打开样板文件。在应用程序菜单中选择“新建|注释符号”命令，弹出“新注释符号-选择样板文件”对话框，选择“公制门标记”，单击“打开”按钮。

单击“创建”选项卡下“文字”面板中的“标签”按钮，打开“修改|放置标签”的上下文选项卡。单击“对齐”面板中的和按钮，单击参照平面的交点，以此来确定标签位置，如图 19-30 所示。

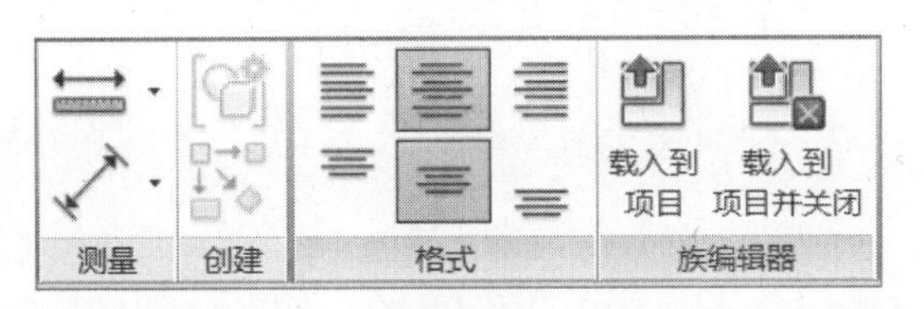

图 19-30

单击“属性”面板中的“编辑类型”，弹出“类型属性”对话框。可以调整文字大小、文字字体、下画线是否显示等，如图 19-31 所示。

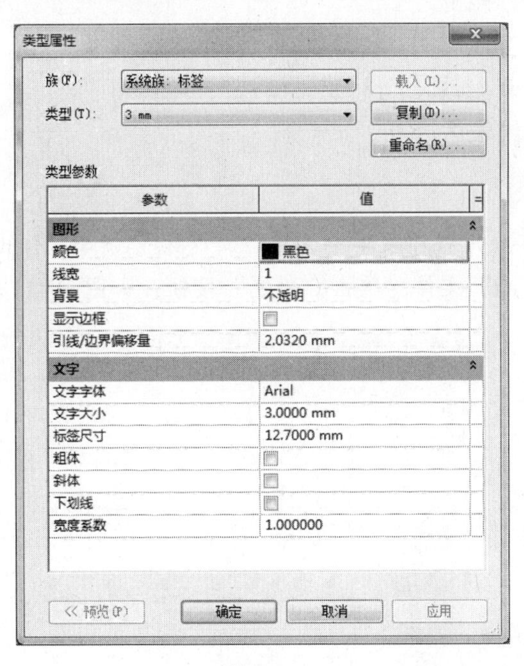

图 19-31

Step 02 将标签添加到窗标记。在“编辑标签”对话框的“类别参数”列表框中选择“类型名称”选项，单击按钮，将“类型名称”参数添加到标签，单击“确定”按钮，如图 19-32 所示。

Step 03 载入到项目中进行测试。

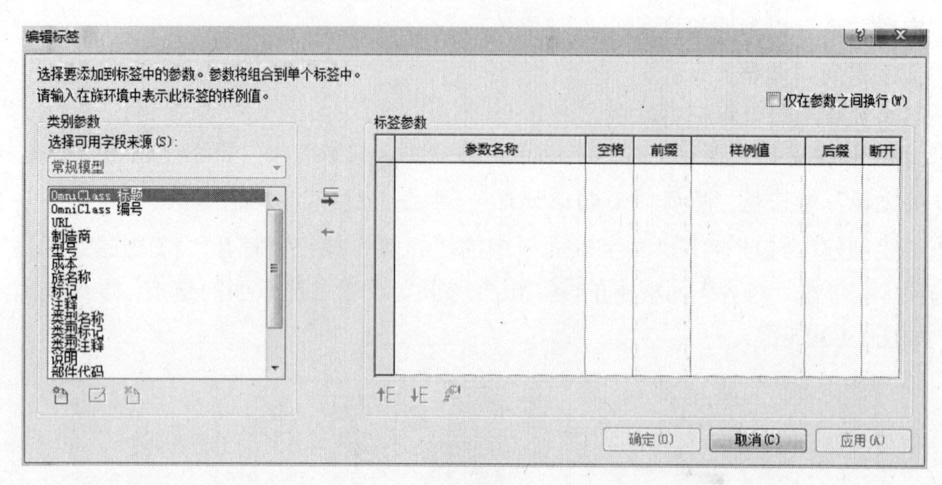

图 19-32

19.3.2 创建推拉门族

本节重点讲解如下内容。

- 创建门框、门扇、亮子。
- 在嵌套族中添加参数，并关联参数。
- 添加可见参数和 if 参数。
- 设置推拉门的二维表达。

1. 绘制门框

Step 01 选择族样板。在应用程序菜单中选择“新建|族”命令，弹出“新族-选择样板文件”对话框，选择“公制门.rft”文件，单击“确定”按钮，如图 19-33 所示。

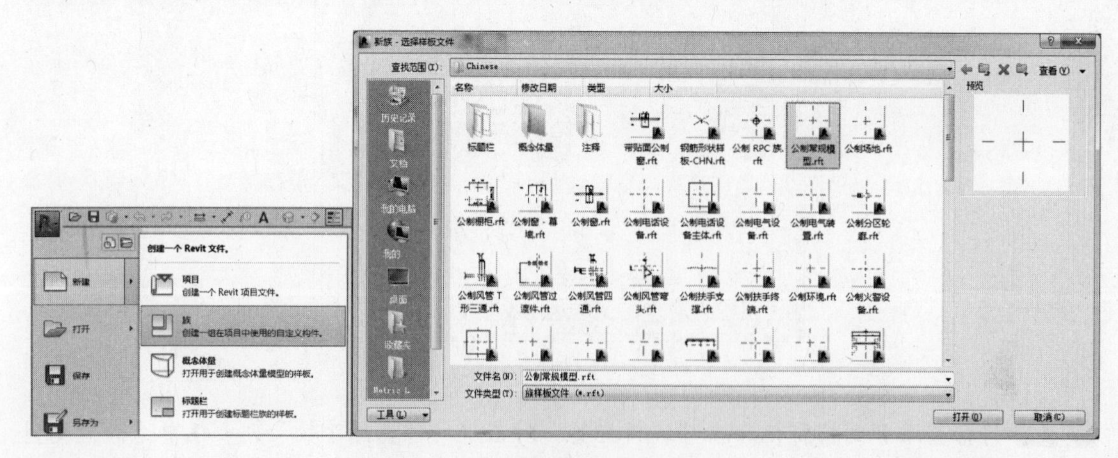

图 19-33

Step 02 定义参照平面与内墙的参数，以控制门在墙体中的位置。进入参照标高平面视图，单击“创建”选项卡下“基准”面板中的“参照平面”按钮，绘制参照平面，并命名“新中心”，如图 19-34 所示。

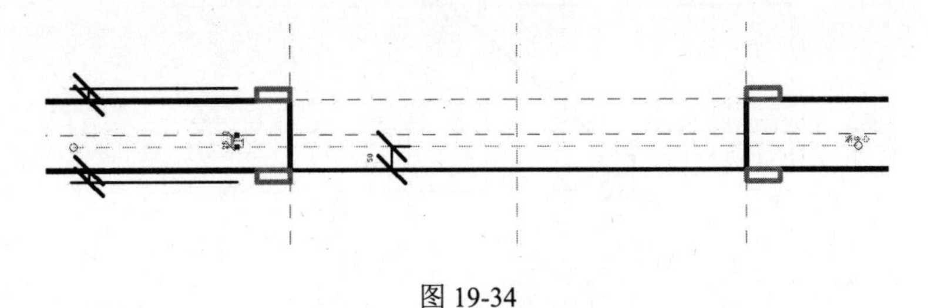

图 19-34

注意

为参照平面命名的方式为：选择需要命名的参照平面，在“属性”面板的“名称”栏中填写参照平面的名称，如图 19-35 所示。

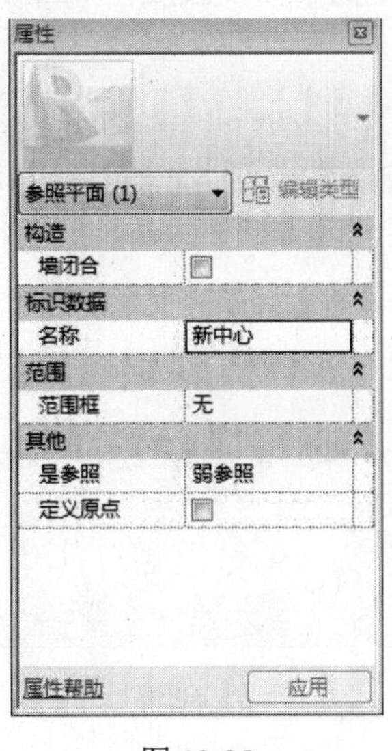

图 19-35

单击“注释”选项卡下“尺寸标注”面板中的“对齐”工具，为参照平面“新中心”与内墙标注尺寸。选择此标注，单击选项栏中的“标签”下拉按钮，在弹出的下拉列表中选择“添加参数”选项，弹出“参数属性”对话框，将“参数类型”设置为“族参数”，在“参数数据”选项区域添加参数“名称”为“窗户中心距内墙距离”，并设置其“参数分组方式”为“尺寸标注”，然后选择为“实例”属性，单击“确定”按钮，完成参数的添加，如图 19-36 所示。

注意

将该参数设置为“实例”参数能够分别控制同一类窗在结构层厚度不同的墙中的位置。

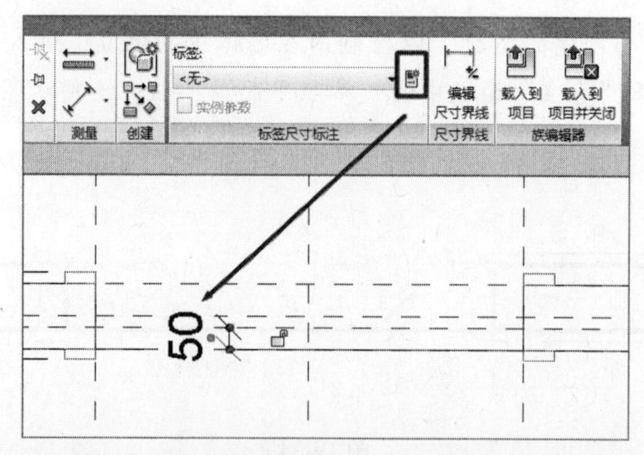

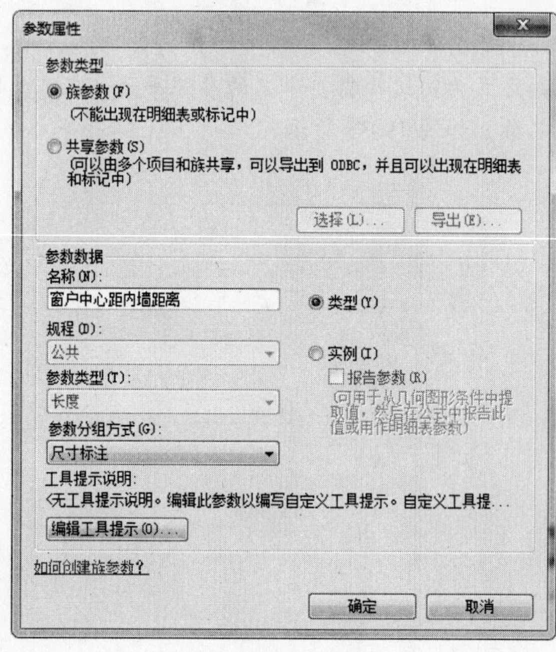

图 19-36

2．设置工作平面

单击“创建”选项卡下“工作平面”面板中的“设置”按钮，在弹出的“工作平面”对话框中选择“拾取一个平面”单选按钮，单击“确定”按钮。选择参照平面“新中心”为工作平面，在弹出的“转到视图”对话框中选择“立面：内部”，单击“打开视图”按钮，如图 19-37 所示。

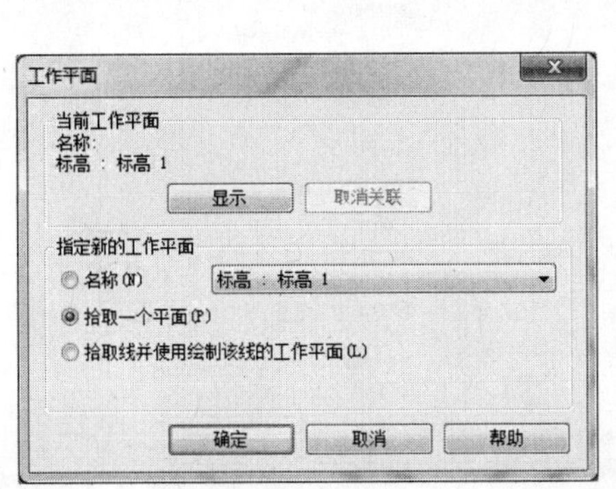

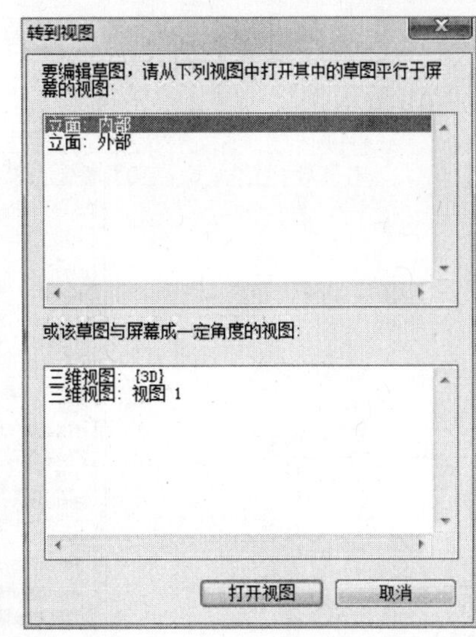

图 19-37

3．创建实心拉伸

单击“创建”选项卡下“形状”面板中的“拉伸”按钮，单击“绘制”面板中的▭按钮，绘制矩形框轮廓与四边锁定，如图 19-38 所示。

重复使用上述命令，并在选项栏中设置偏移值为-50，利用修剪命令编辑轮廓，如图 19-39 所示。

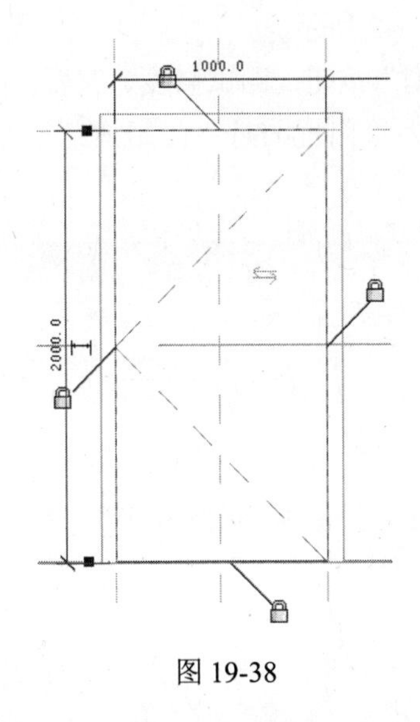

图 19-38

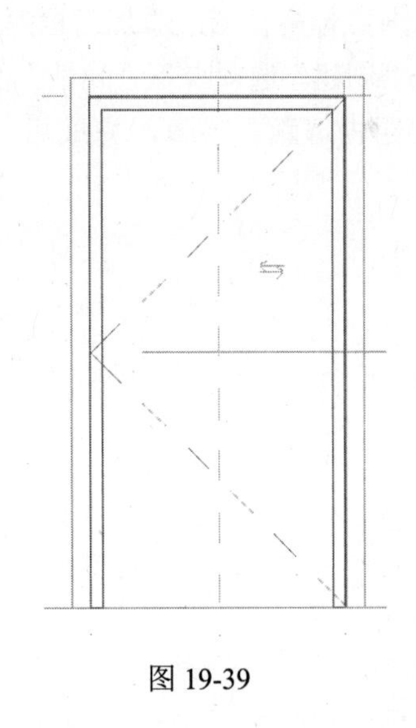

图 19-39

注意

此时并没有为门框添加门框宽度的参数，现在的门框宽度是一个 50 的定值，可以通过标注尺寸添加参数的方式为窗框添加宽度参数，如图 19-40 所示，方法与添加“门中心距内墙距离”参数相同。

在“属性”面板中设置拉伸起点、终点分别为-30、30，并添加门框材质参数，完成拉伸，如图 19-41 所示。

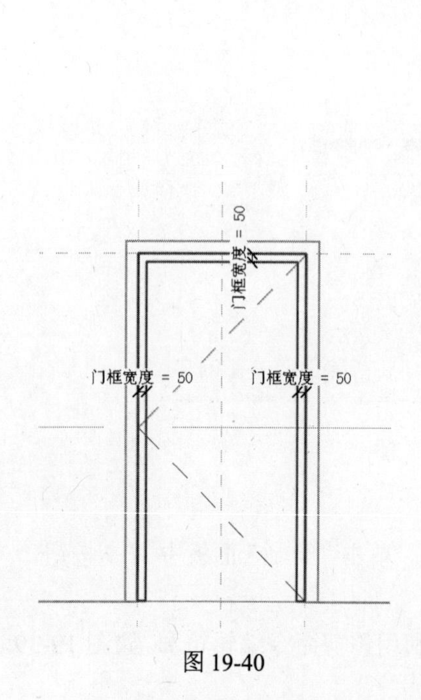

图 19-40

图 19-41

进入参照标高视图，添加门框厚度参数，如图 19-42 所示。

单击“创建”选项卡下“属性”面板中的“族类型”按钮，测试高度、宽度、门框宽度、窗户中心距内墙距离参数，完成后分别将文件保存为“门框.rfa”“门扇.rfa”，如图 19-43 所示。

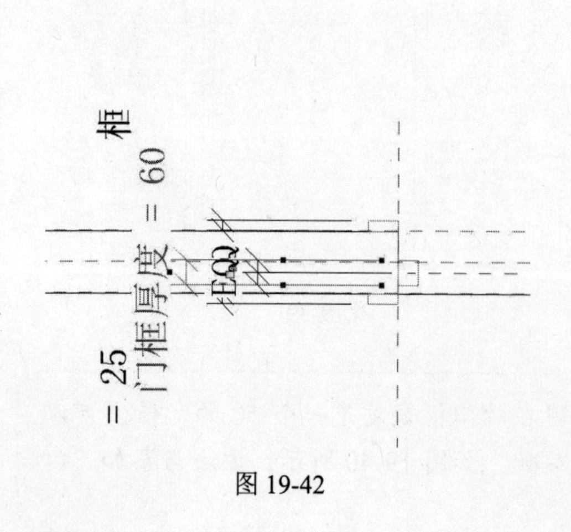

图 19-42

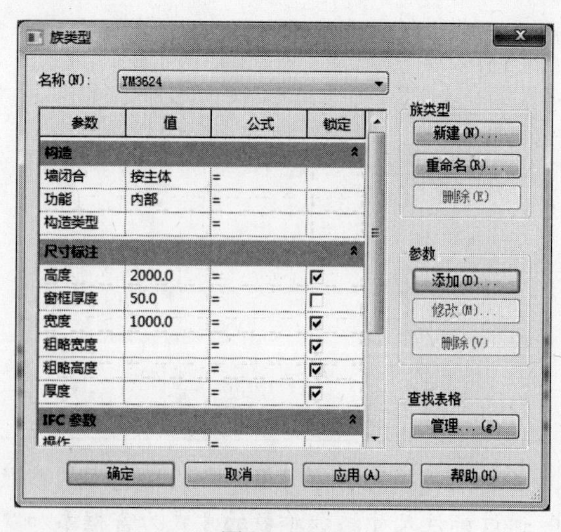

图 19-43

4. 创建推拉门门扇

1）打开“门扇”族

在应用程序菜单中选择“打开|族”命令，选择已保存的“门扇.rfa”，单击“确定”按钮；或者双击“门扇.rfa”，进入族编辑器工作界面。

2）编辑门框

选择创建好的门框，单击“修改|编辑拉伸”上下文选项卡中的“绘制”，修改门框轮廓并添加门框宽度参数，如图 19-44 所示。

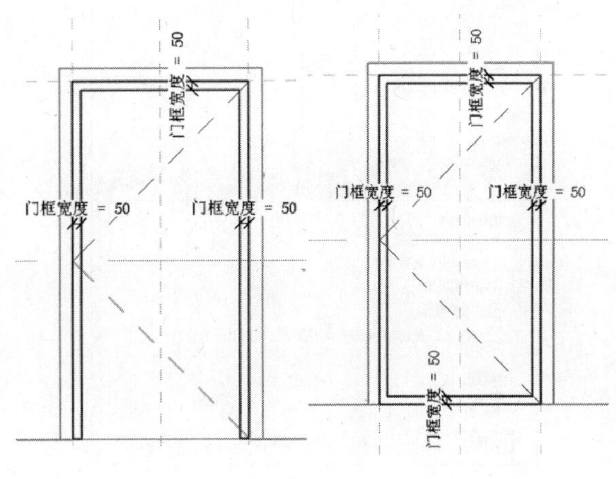

图 19-44

3）创建玻璃

单击“创建”选项卡下“形状”面板中的“拉伸”按钮，单击“绘制”面板中的按钮，绘制矩形框轮廓与门框内边四边锁定，如图 19-45 所示。

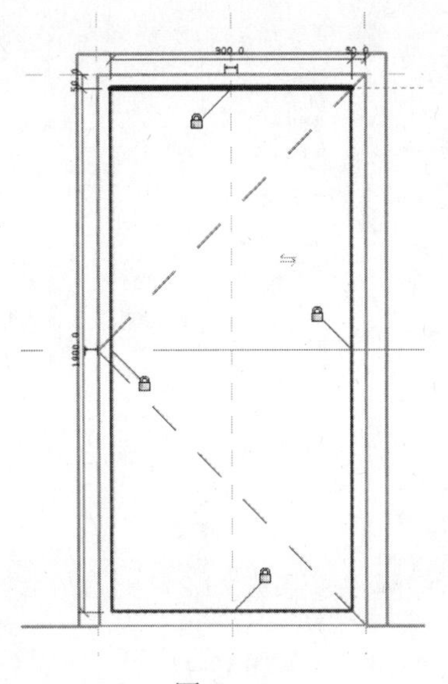

图 19-45

注意

保证此时的工作平面为参照平面“新中心”。

设置玻璃的拉伸终点、拉伸起点，设置玻璃的可见性/图形替换，添加玻璃材质，如图 19-46 和图 19-47 所示，完成拉伸并测试各参数的关联性。

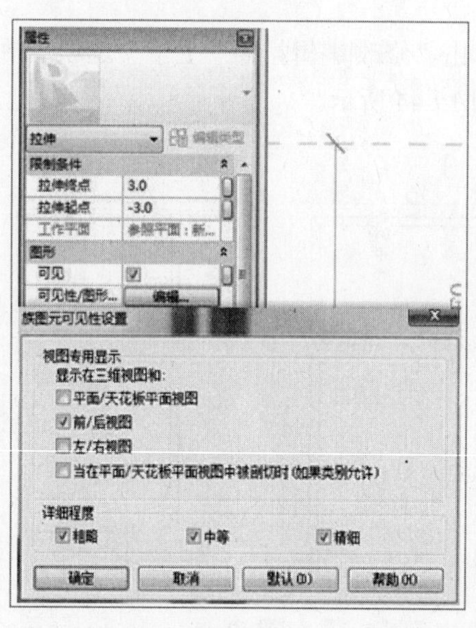

图 19-46

图 19-47

在项目浏览器的族列表中右击墙体，利用快捷菜单中的命令复制“墙体 1”，生成“墙体 2”，再删除“墙体 1”，如图 19-48 所示。

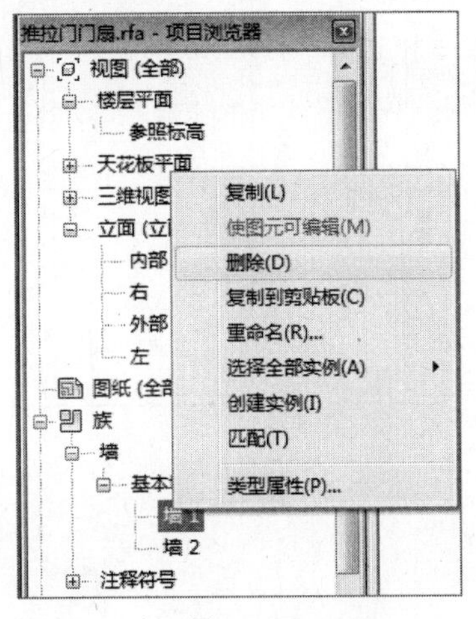

图 19-48

由于默认的门样板中已经创建好了门套及相关参数，还创建了门的立面开启线，此时删除不需要的参数，如图 19-49 所示。

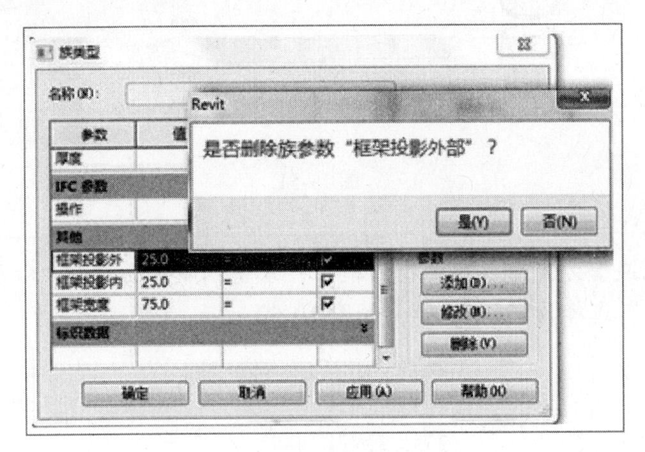

图 19-49

注意

删除墙体 1 后，“高度”参数一起被删掉，这样就必须再次添加“高度”参数，如图 19-50 所示。

进入参照标高视图，为门扇添加门扇厚度参数，如图 19-51 所示，完成“推拉门门扇”设置并保存文件“推拉门门扇.rfa”。

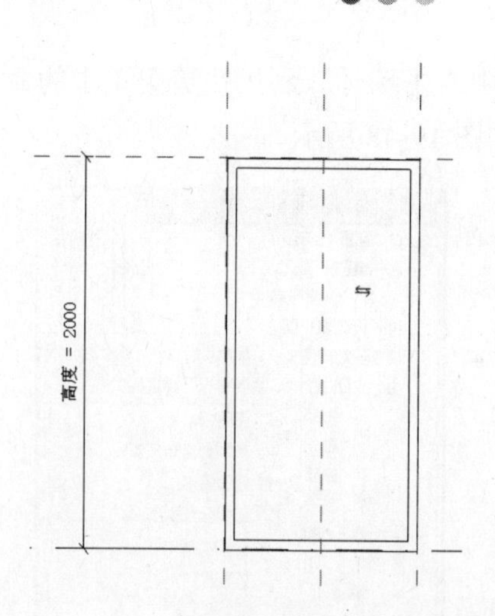

图 19-50

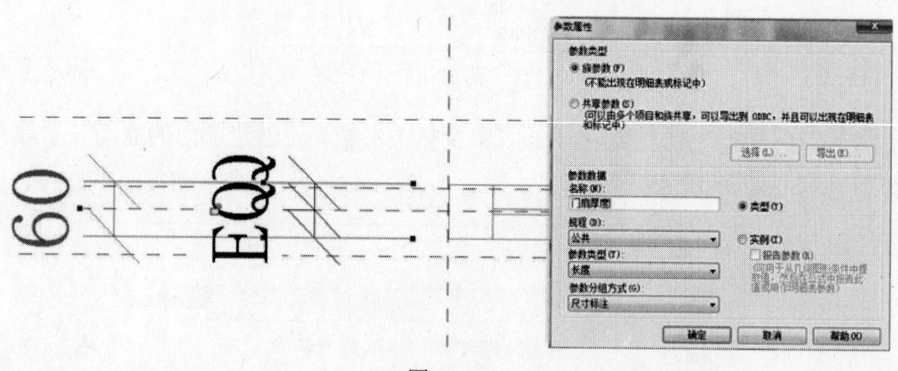

图 19-51

注意

此门扇会以嵌套方式进入推拉门门框中，单击参照平面“新中心”，在“属性”面板中将“是参照”选择为“强参照”，如图 19-52 所示。

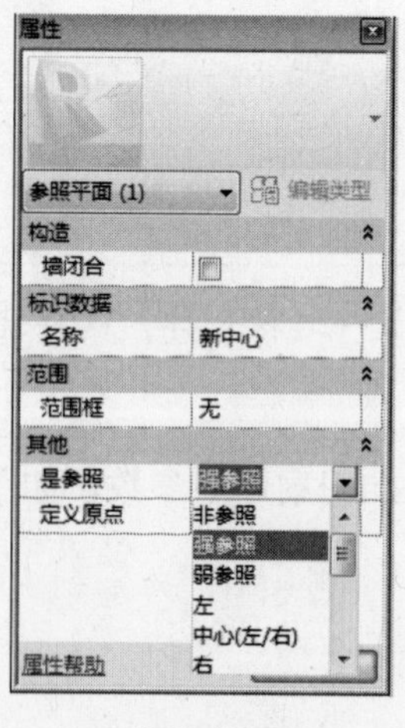

图 19-52

5．绘制亮子

1）选择族样板

在应用程序菜单中选择“新建|族”命令，弹出“新族-选择样板文件”对话框，选择“公制常规模型.rft”，单击“打开”按钮。

2）绘制参照平面添加亮子宽度

进入参照标高视图，绘制两条参照平面并添加宽度参数，如图 19-53 所示。

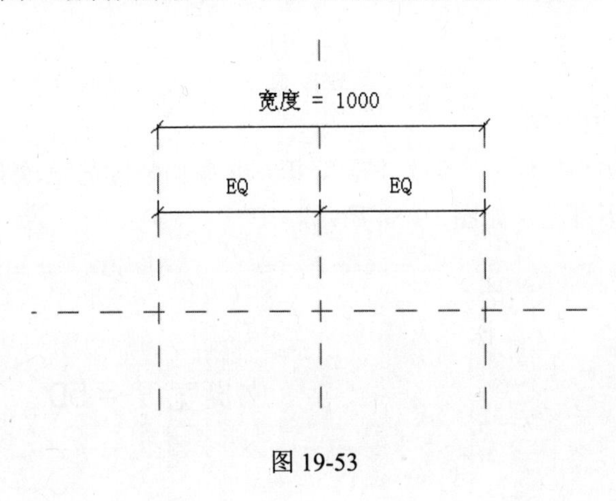

图 19-53

3）创建亮子框

拾取参照中心线，设置为拉伸的参照平面，进入前立面视图，绘制亮子框轮廓，并添加亮子框宽度、高度、厚度参数，如图 19-54 所示。

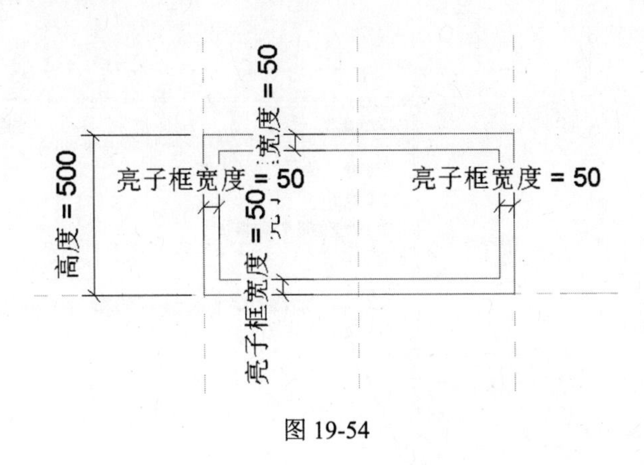

图 19-54

设置拉伸起点、终点分别为-30、30，并添加亮子框材质，进入参照标高视图，添加“亮子框厚度”参数，完成拉伸后测试各参数的关联性，如图 19-55 所示。

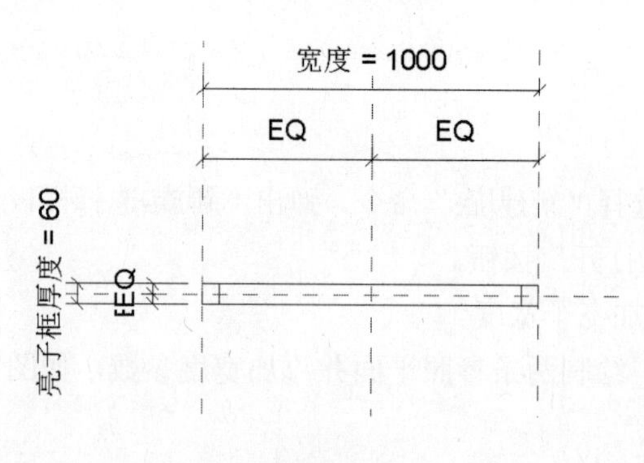

图 19-55

4）创建中梃并添加玻璃

以同样的方式用实心拉伸命令创建亮子竖梃，并添加竖梃宽度、厚度、材质、中梃可见参数，设置竖梃默认不可见，如图 19-56 所示。

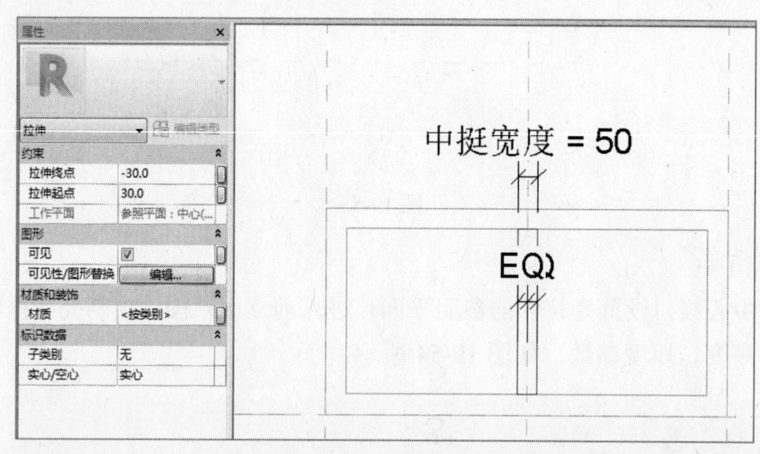

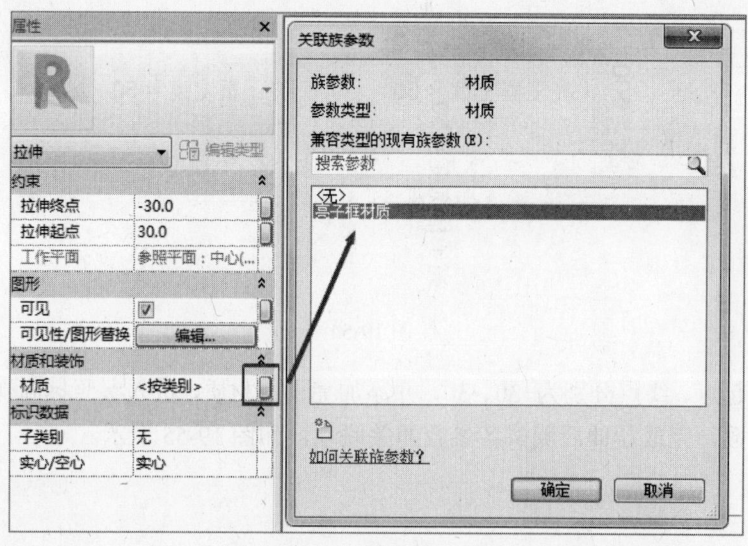

图 19-56

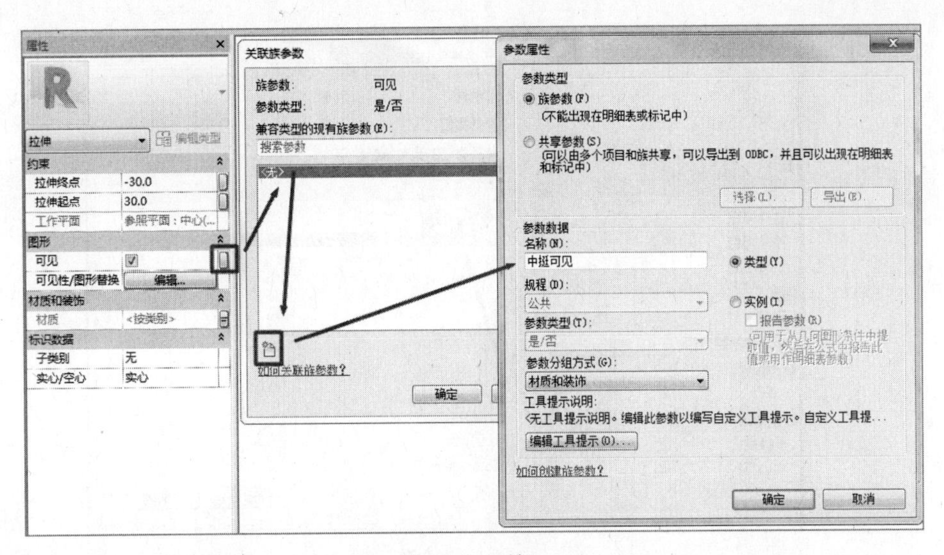

图 19-56（续）

注意

中梃的厚度可以与亮子框厚度相同，方法是在参照标高视图中拖曳中梃厚度与亮子框的边锁定，如图 19-57 所示。

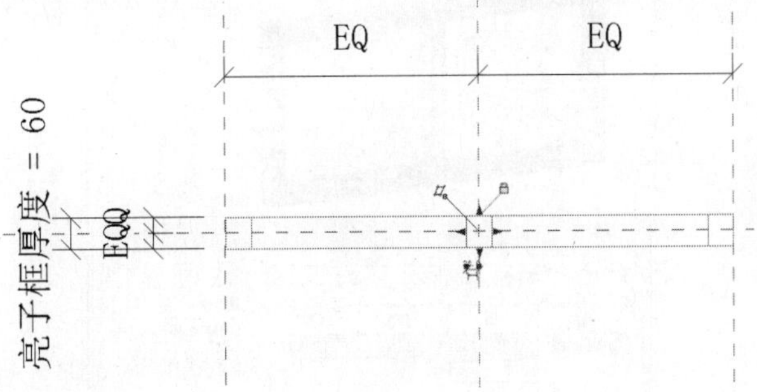

图 19-57

在前立面视图中，创建实心拉伸，将轮廓四边锁定，设置拉伸起点、终点分别为-3、3，添加玻璃材质，如图 19-58 所示，完成拉伸并测试各参数的正确性。

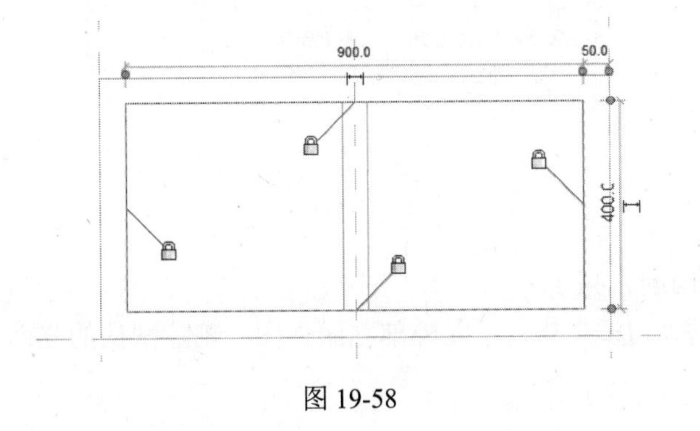

图 19-58

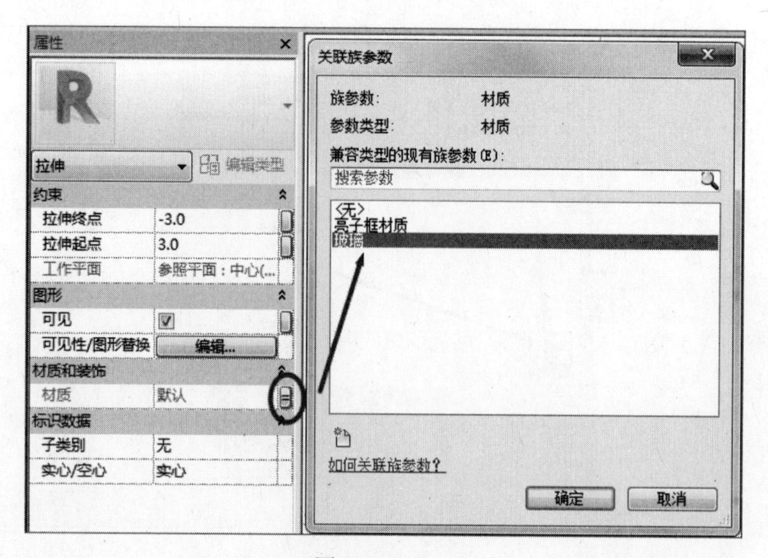

图 19-58

在族类型中测试各参数值，并将其载入至项目中测试可见性，无错误后保存为“亮子”，如图 19-59 所示。

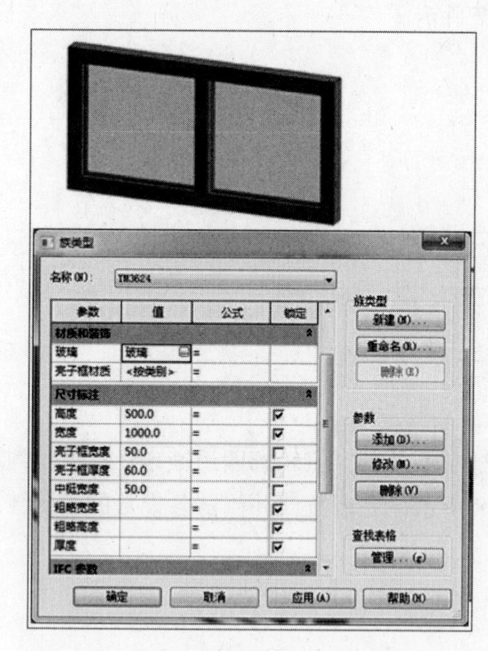

图 19-59

6．创建推拉门

1）嵌套推拉门门扇、亮子

打开先前完成的“门框”族，进入外部立面视图，删除默认的立面开启方向线，完成后如图 19-60 所示。

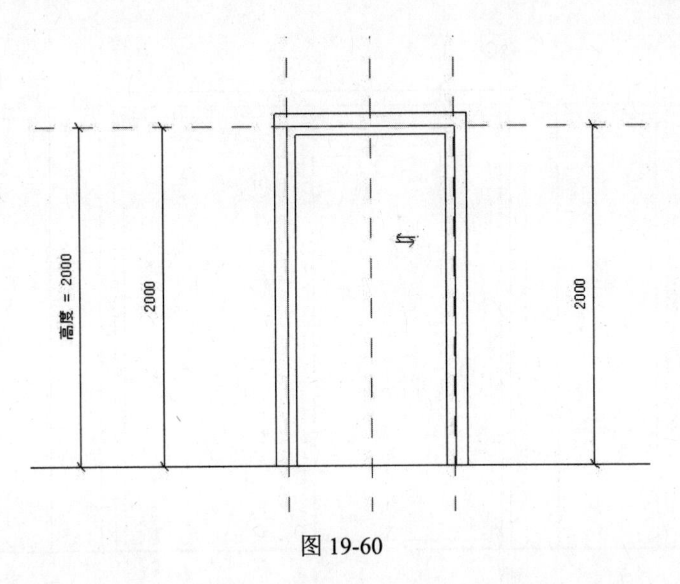

图 19-60

将“亮子”“推拉门门扇”载入到“门框”中。进入参照标高视图，在项目浏览器中选择“族-门—推拉门门扇”直接拖入绘图区域，用对齐命令将其边与参照平面“新中心”锁定，如图 19-61 所示。

进入外部立面视图，用对齐命令将“推拉门门扇”的下边和左边分别与参照标高和门框内边锁定，如图 19-62 所示。

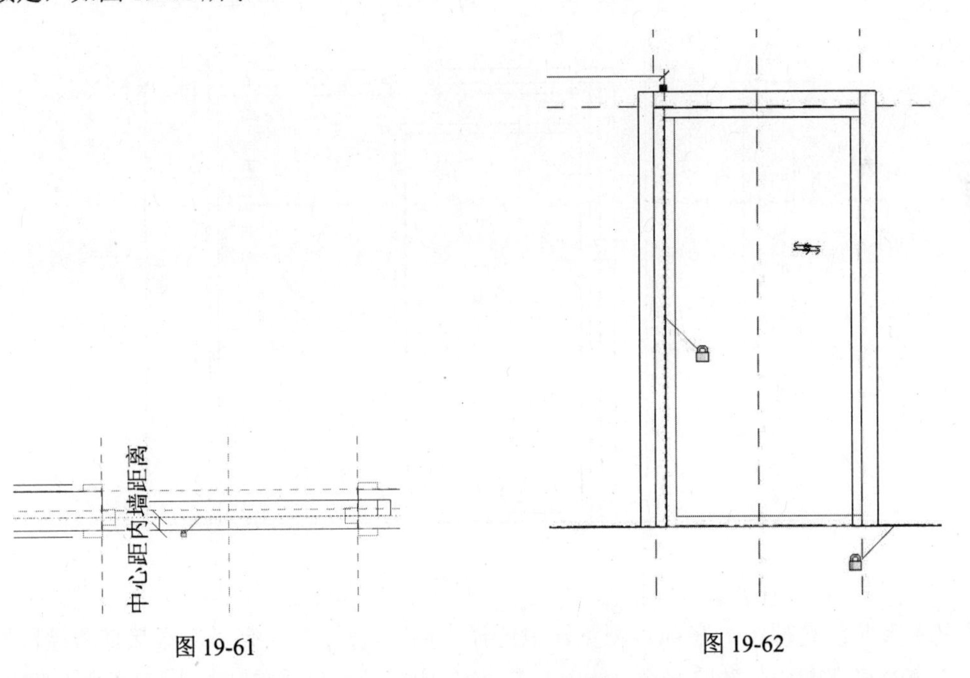

图 19-61

图 19-62

说明

为了便于操作，现将门宽度和高度分别设置为 2 000 与 2 200，如图 19-63 所示。

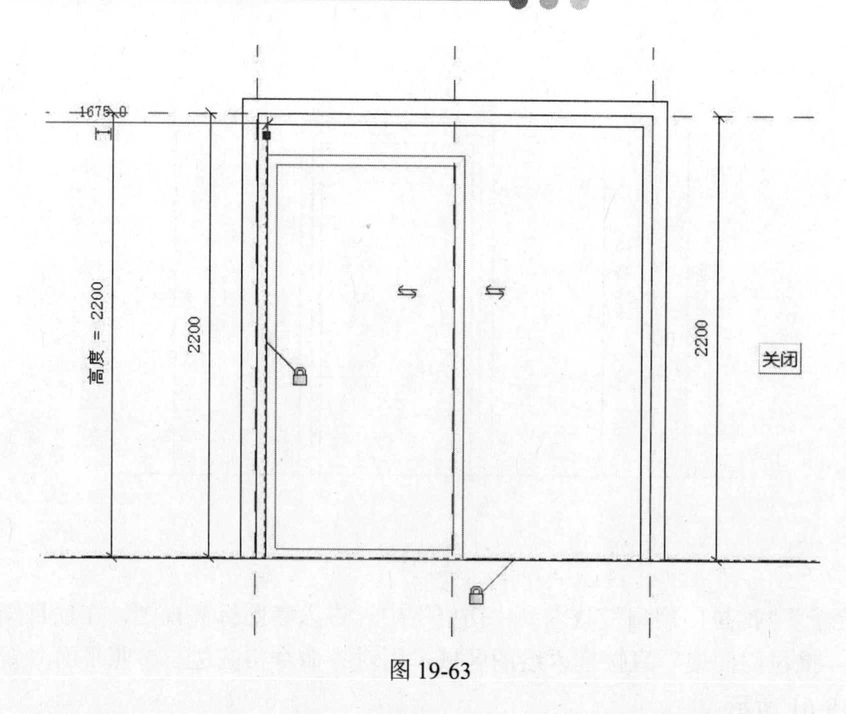

图 19-63

进入内部或外部立面视图，绘制一条参照平面，并添加参数“亮子高度”，如图 19-64 所示。

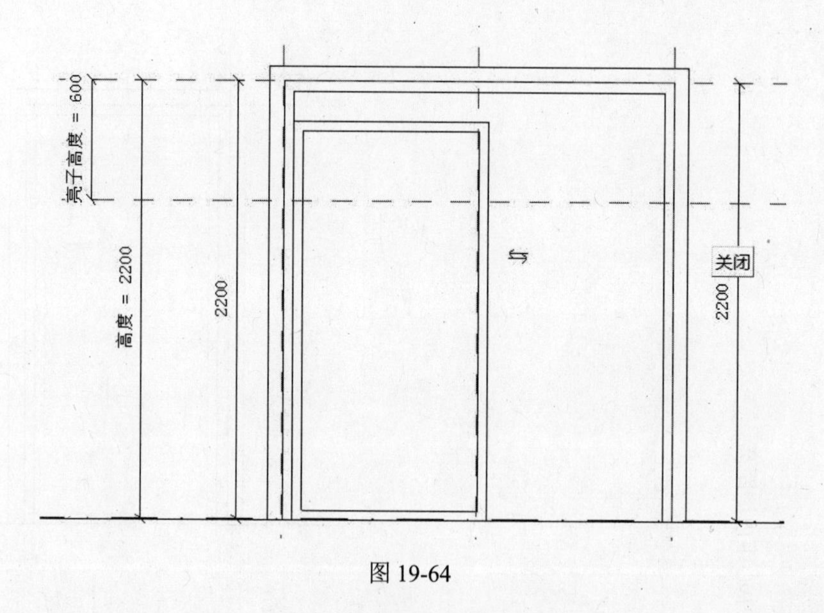

图 19-64

进入参照标高视图，在项目浏览器中选择“族-常规模型—亮子”直接拖入绘图区域，用对齐命令将其中心与参照平面“新中心”锁定。进入外部立面视图，用对齐命令将“亮子”的下边和左边分别与参照平面和门框内边锁定，如图 19-65 所示。

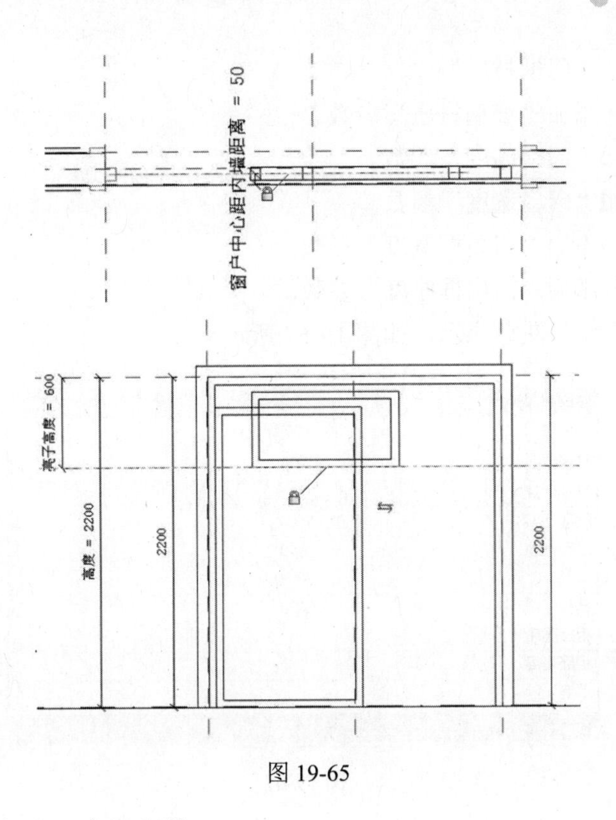

图 19-65

2）关联推拉门门扇、亮子参数

选择推拉门门扇，在类型属性栏中设置并关联其参数，如图 19-66 所示。

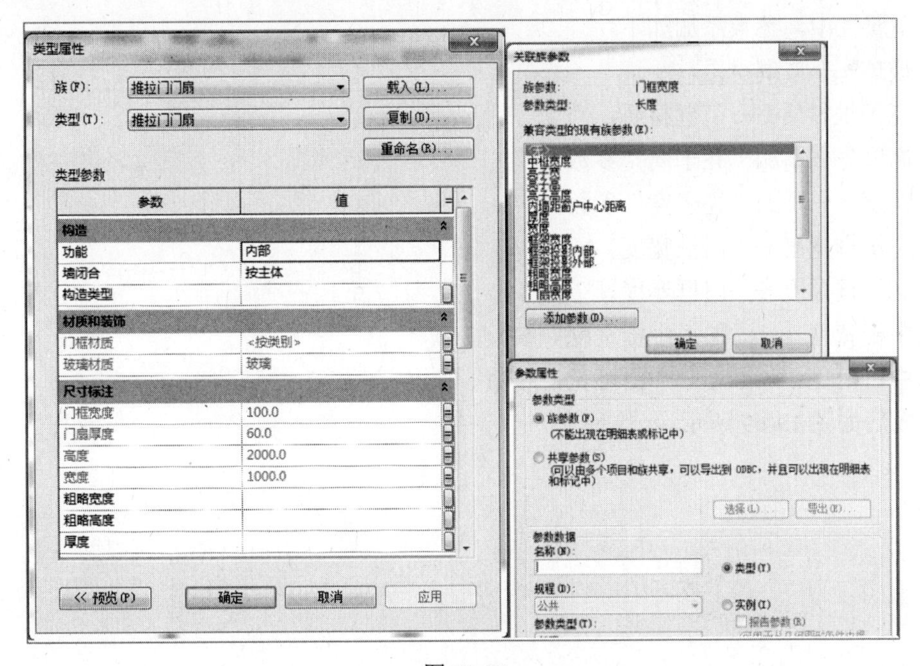

图 19-66

- 门框材质——“门框材质”。
- 玻璃材质——添加“玻璃材质”参数。
- 高度——添加“门扇高度”参数。
- 宽度——添加“门扇宽度”参数。
- 门框宽度——添加“门扇框宽度”参数。
- 门扇厚度——添加“门扇框厚度”参数。

完成关联后文字将呈灰色显示，如图 19-67 所示。

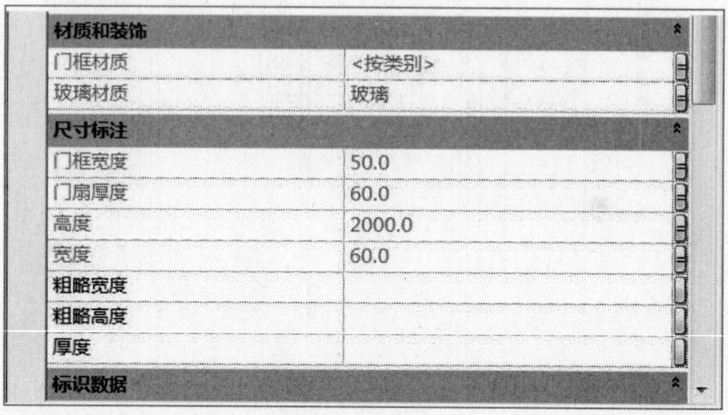

材质和装饰	
门框材质	<按类别>
玻璃材质	玻璃
尺寸标注	
门框宽度	50.0
门扇厚度	60.0
高度	2000.0
宽度	60.0
粗略宽度	
粗略高度	
厚度	
标识数据	

图 19-67

同理，将亮子的参数做关联：

在实例属性中添加“亮子可见”参数，如图 19-68 所示。

类型属性中，参数添加如下。

- 玻璃——玻璃材质。
- 亮子框材质——门框材质。
- 高度——添加“亮子高”参数。
- 宽度——添加“亮子宽”参数。
- 亮子框宽度——门框宽度。
- 亮子框厚度——门框厚度。
- 中梃宽度——添加“中梃宽度”参数。
- 中梃可见——添加“中梃可见”参数。

完成后如图 19-69 所示。

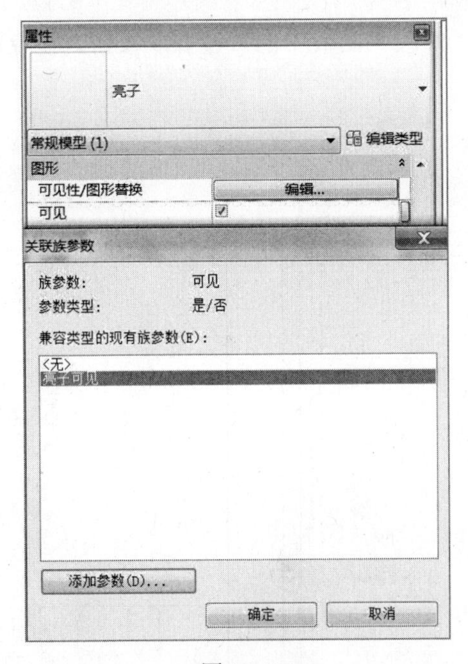

图 19-68

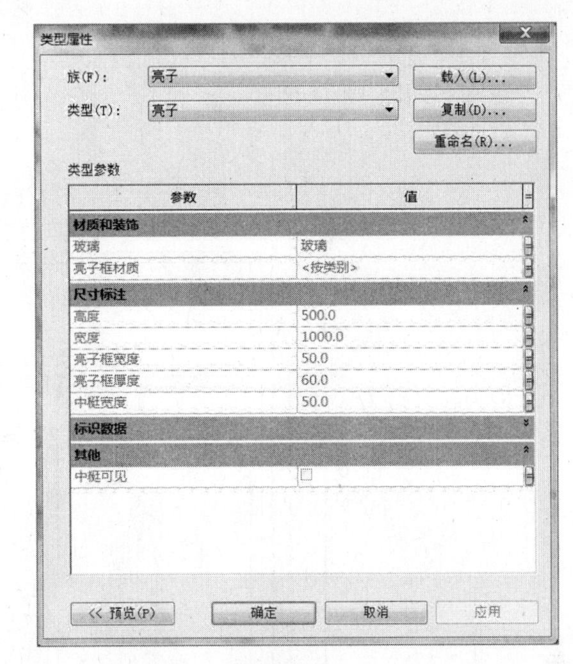

图 19-69

3）编辑参数公式

打开“族类型”对话框，编辑如下公式，如图 19-70 所示。

- 门扇宽度=(宽度 － 2 * 门框宽度) / 2 + 门扇框宽度 / 2。
- 门扇高度=if(亮子可见，高度－亮子高度，高度－门框宽度)。
- 亮子高=亮子高度－门框宽度。
- 亮子宽=宽度－2 * 门框宽度。

注意

参数公式必须为英文书写，即英文字母、标点、各种符号都必须为英文书写格式，否则会出错。

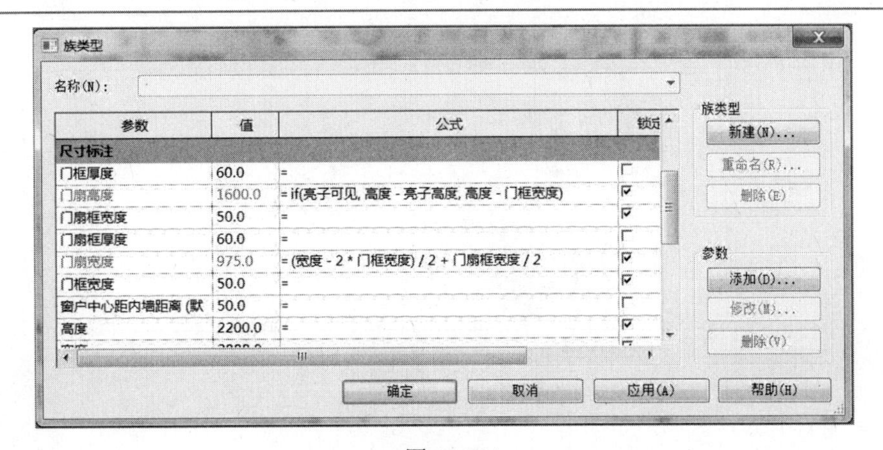

图 19-70

选择门扇，单击“修改\门”上下文选项卡下“修改”面板中的“镜像”按钮，镜像门扇，并锁定，如图 19-71 所示。

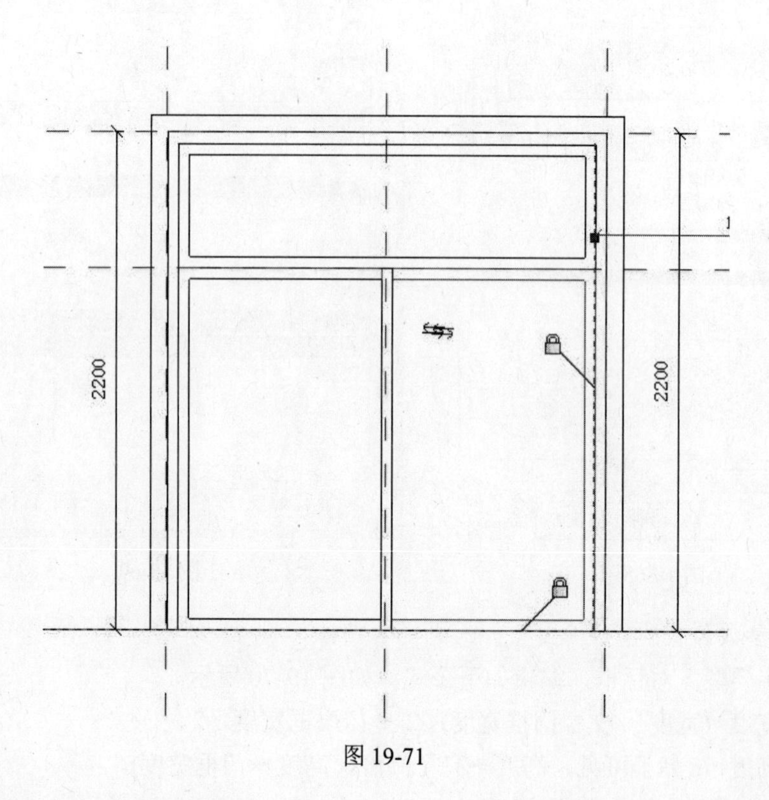

图 19-71

4）调整推拉门门扇平面位置

进入参照标高视图，调整两个推拉门门扇的位置，并调整门扇厚度，如图 19-72 所示。

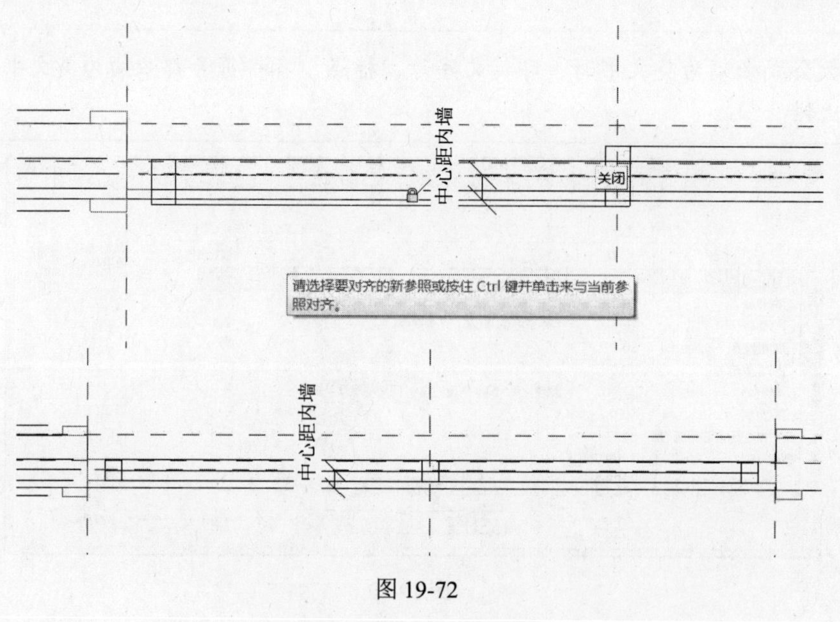

图 19-72

测试各项参数的正确性。

7．设置推拉门的二维表达

Step 01 绘制推拉门的平面表达。选择图元，单击“可见性”面板中的“可见性设置”按钮，在弹出的对话框中分别做如下设置。

勾选亮子的“平面/天花板平面视图”的可见性，如图 19-73 所示。

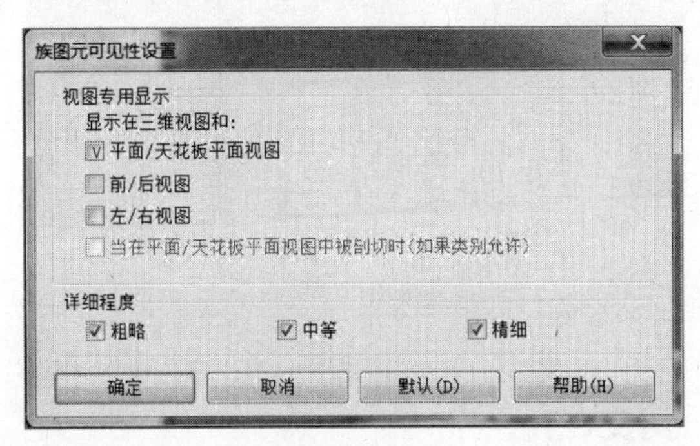

图 19-73

在载入项目中测试二维表达，如图 19-74 所示。

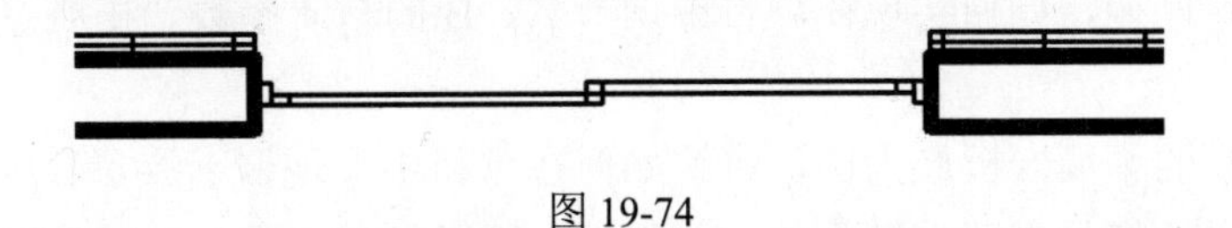

图 19-74

Step 02 设置推拉门的立面，剖面二维表达，单击“注释”选项卡下“详图”面板中的“符号线”按钮，绘制二维线，如图 19-75 所示。

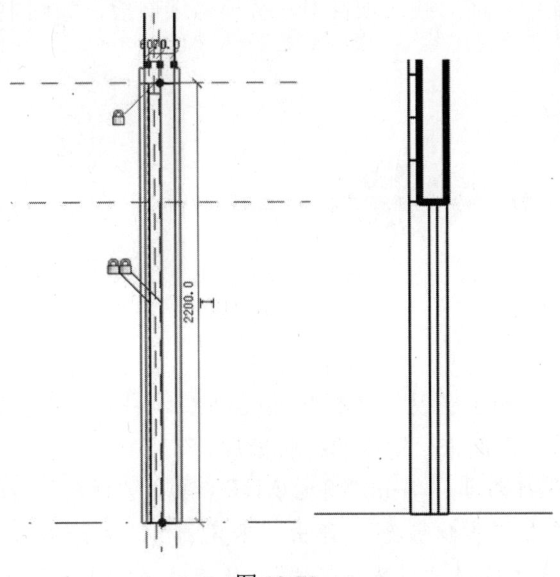

图 19-75

8. 测试结果

载入项目中测试得到的结果如图 19-76 所示。

图 19-76

19.4 技术应用技巧

在创建族时，有时需要把一个族 A 嵌套进另一个族 B 中，如何实现在项目中调节 A、B 两个族的参数呢？例如，如何实现在项目中调节 A、B 的材质参数？拓展：如何调节尺寸、距离等参数？

下面以带灯具的幕墙嵌板族为例，讲解如何在项目中实现嵌套族参数的调节。

由于嵌板族中的灯具需要有灯具的一些特性，所以必须先用“公制照明设备”族样板来制作灯具，然后载入到嵌板族中。由于嵌板是由面构成的，所以，把灯具载入到嵌板族中之前，必须把灯具族先载入到“基于面的公制常规模型”，变成“基于面的灯具族”，然后载入到“公制幕墙嵌板”族中。最后载入项目中，替换幕墙嵌板，如图 19-77 所示。

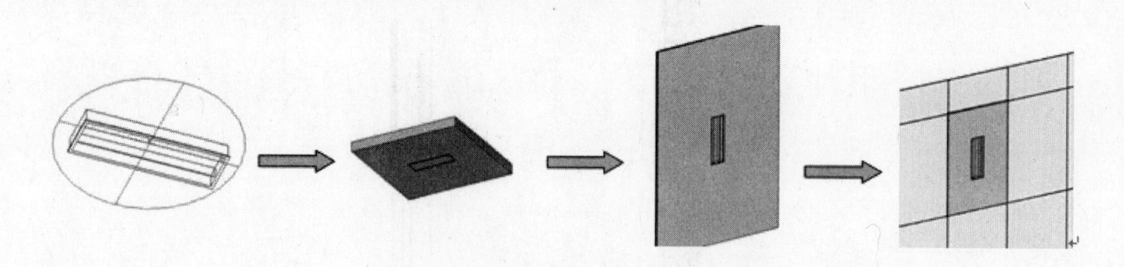

图 19-77

替换幕墙嵌板后，选择该嵌板，单击“图元属性”，进入“类型属性”对话框，发现没有可供调节的材质参数。下面来设置族的材质参数。

Step 01 打开灯具族，选择灯罩，单击“图元属性”，单击“材质”后面的小方块，弹出“关联族参数”对话框，单击“添加参数”，弹出“参数属性”对话框，在“名称”文本框中输入“灯罩材质”，分组方式选择“材质和装饰”，然后选择“实例”。单击两次确定，可以看到，在“图元属性”对话框中，材质为灰色显示，后面的小方块上出现三条细线。表示该图元的材质参数已与族类型相关联，可以单击确定后，再选择“族类型”命令，在“材质和装饰”栏内可看见刚才添加的“灯罩材质”参数，可以在此设置灯罩的材质，如图 19-78 所示。灯管的材质设置同上。

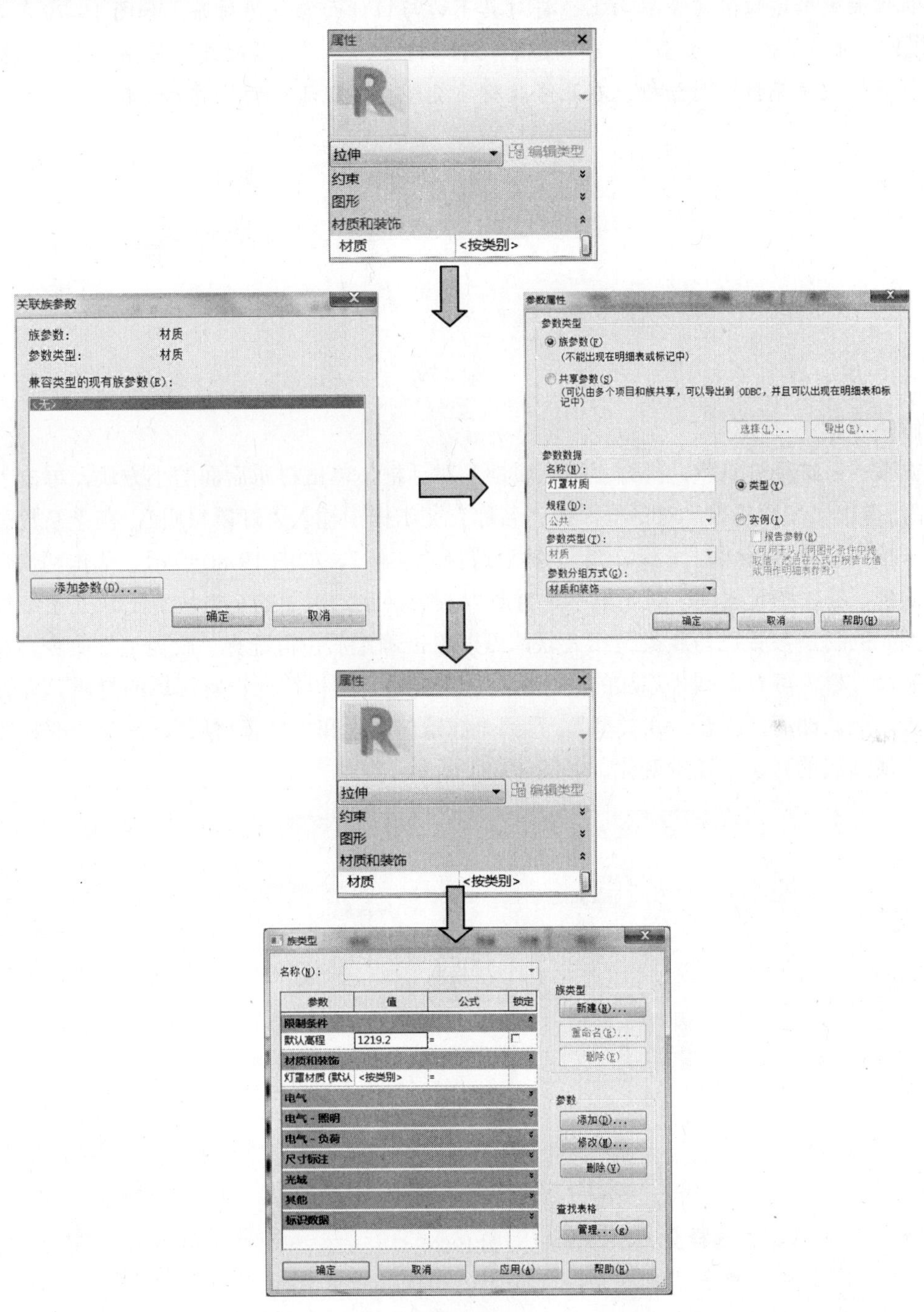

图 19-78

注意

一定要选择“实例”，若选择“类型”，则不能在嵌套进去的族中调节材质。

Step 02 新建族，打开“基于面的常规模型”族样板，载入刚刚设置完的“灯具族”，放置在族中拉伸面的合适位置。在立面上，将灯具下边与拉伸面的下边对齐，如图 19-79 所示。

Step 03 此时，单击“族类型”，发现没有“灯罩材质”和“灯具材质”可供调节。选择灯具族，打开“图元属性”对话框，在此修改材质类型，发现族中的材质无变化。

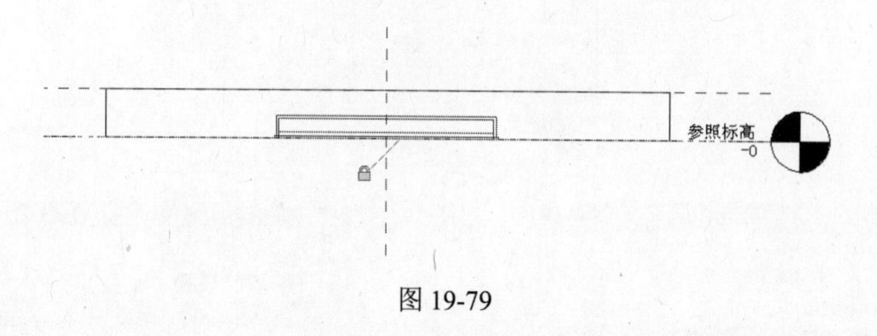

图 19-79

解决方案：

方案一：选择灯具族，打开“图元属性”对话框，单击材质后面的小方块，单击“添加参数”，弹出“参数属性”对话框，在“名称”文本框中输入“灯罩材质”，在“参数分组方式”下拉列表中选择“材质和装饰”，然后选择“实例”，如图 19-80 所示。单击两次确定，可以看到，在“图元属性”对话框中，材质为灰色显示，后面的小方块上出现三条细线。表示该图元的材质参数已与族类型相关联，可以单击确定后，再选择“族类型”命令，在“材质和装饰”栏内可看见刚才添加的“灯罩材质”参数，可以在此设置灯罩的材质。灯管的材质设置同上。然后，打开“族类型”，看到“灯罩材质”和“灯管材质”，在此修改材质，则族中的灯具族的材质也发生变化，如图 19-81 所示。

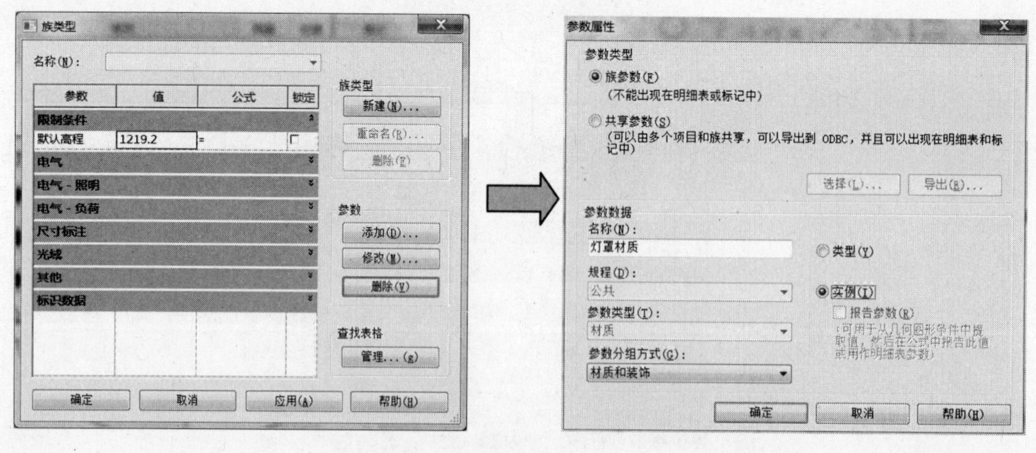

图 19-80

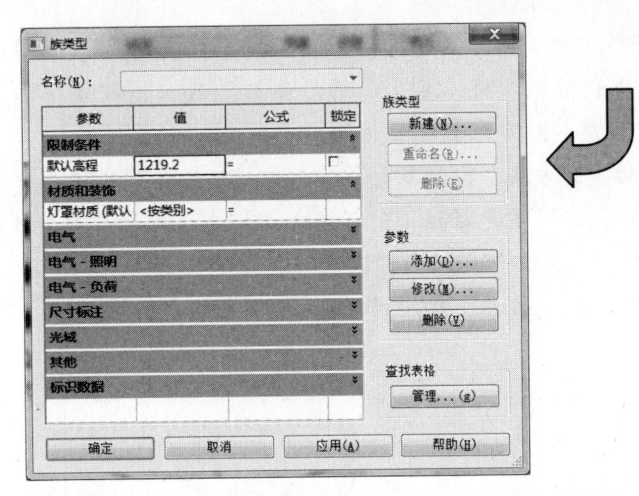

图 19-81

方案二：打开“族类型”对话框，单击“添加”按钮，将名称设置为“灯罩材质”，规程设置为“公共”，参数分组方式选择“材质和装饰”，参数类型选择“材质”，然后选择“实例”，单击“确定”按钮。

> 注意
>
> 参数类型一定要选“材质”。

选择“灯具族”，打开“图元属性”对话框，单击“灯罩材质”后面的小方块，弹出“关联族参数”对话框，选择已有的“灯罩材质”，单击“确定”按钮，如图 19-82 所示。发现“灯罩材质”为灰色显示，后面的小方块上出现三条细线，表示该图元的材质参数已与族类型相关联，可以单击确定。然后，观察族中灯具的灯罩材质，与族类型中的设置相同，并可以随之改变。灯管材质的设置同上。

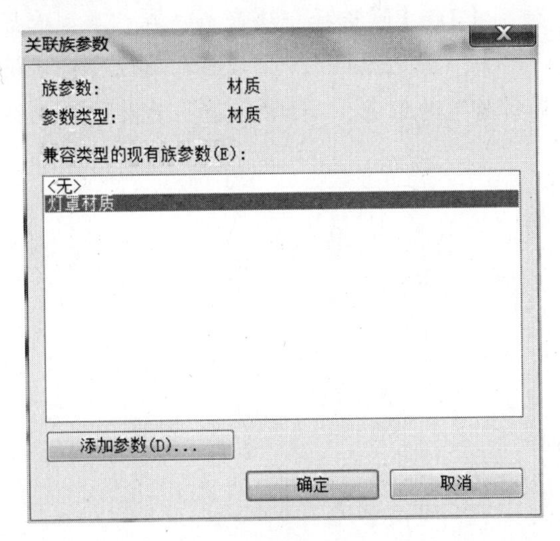

图 19-82

方案一和方案二都可以实现材质的设置，只是先后顺序有所不同罢了。

Step 04 打开一个嵌板族，将“基于面的灯具族”载入，放置在已有嵌板的合适位置，如图 19-83 所示。位置的锁定不再详细讲解。

Step 05 按照步骤 3 的方法，将灯罩材质和灯管材质添加到嵌板族中。

Step 06 选择嵌板，在“图元属性”对话框中，将嵌板的材质也与族的类型参数相关联。方法同上。

Step 07 将“带灯具的嵌板族”载入到项目中。

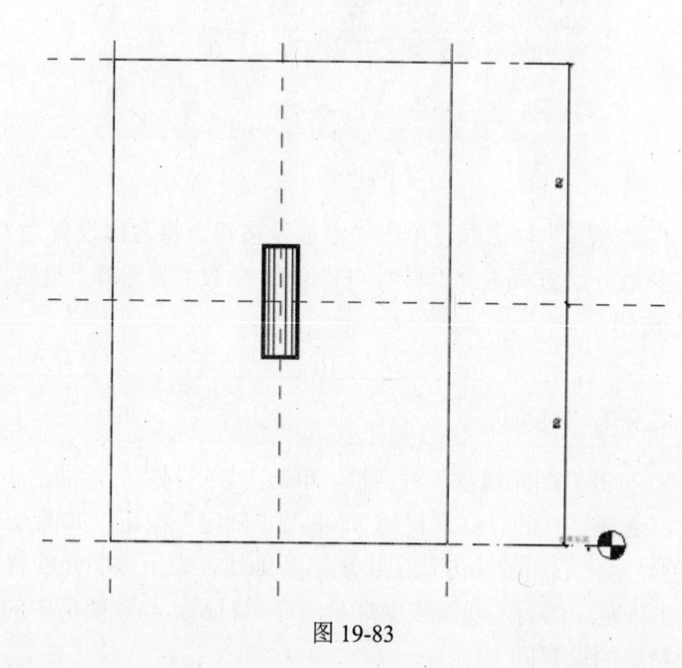

图 19-83

Step 08 绘制一道幕墙，使用【Tab】键选择一块嵌板，在“类型选择器”中选择刚刚载入的“带灯具的嵌板族”，然后单击“图元属性”，在“图元属性”对话框中修改材质参数，观看效果。例如，设置“灯罩材质”为红色，“灯管材质”为蓝色，观察效果；更改材质颜色，观察效果。

第 20 章　Autodesk Revit 2017 中的新功能

概述：Autodesk Revit 2017 较 Autodesk Revit 2016 及之前版本的整体性能提高了，加快了对模型的更新，使用更加顺畅，同时也调整了功能模块。它在土建、机电及结构建模方面都有众多增强的新功能。在本章中，我们主要了解 Revit 2017 的新功能和增强功能。

20.1　建筑增强功能

20.1.1　可视化

1. 深度提示

若要控制远离查看器的图元在剖面和立面视图中的显示方式，可以使用“深度提示”功能，如图 20-1 所示。

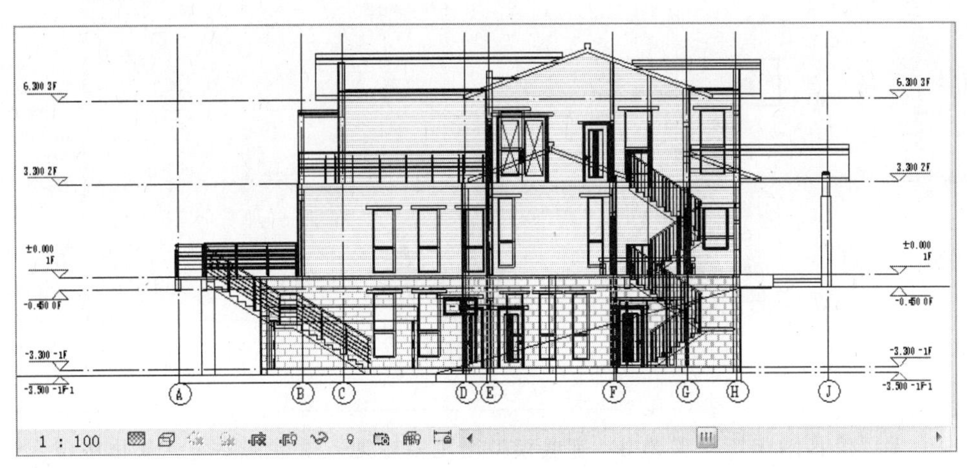

图 20-1

深度效果通过增加与查看器的距离将对象淡入背景颜色中来创建。

深度提示在“建筑和协调”专业视图中可用，以使建筑师能更好地将视图立面和剖面可视化。

要控制模型视图的深度和提高深度提示的效用，可以为视图启用“远剪裁”参数，并指定“远剪裁偏移”值，如图 20-2 所示。

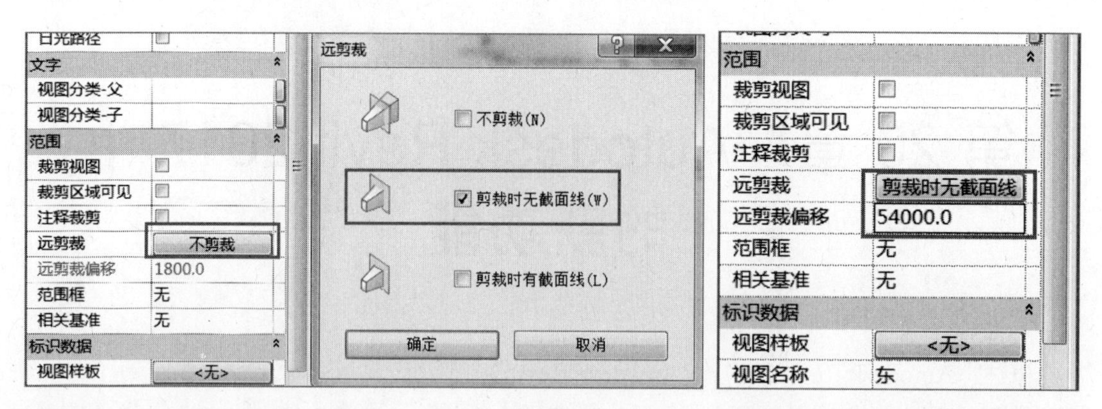

图 20-2

在视图控制栏上，单击“图形显示选项”菜单，在“图形显示选项”对话框中，展开“深度提示”，然后选择“显示深度”，对于淡入开始和结束位置，移动双滑块控件以指定渐变色效果边界（“近”滑块控制混合开始的距离，此距离从正面视图剪裁平面测量，“远”滑块控制图元以淡出限值百分比显示的起始距离，此距离从背面视图剪裁平面测量），如图 20-3 所示。

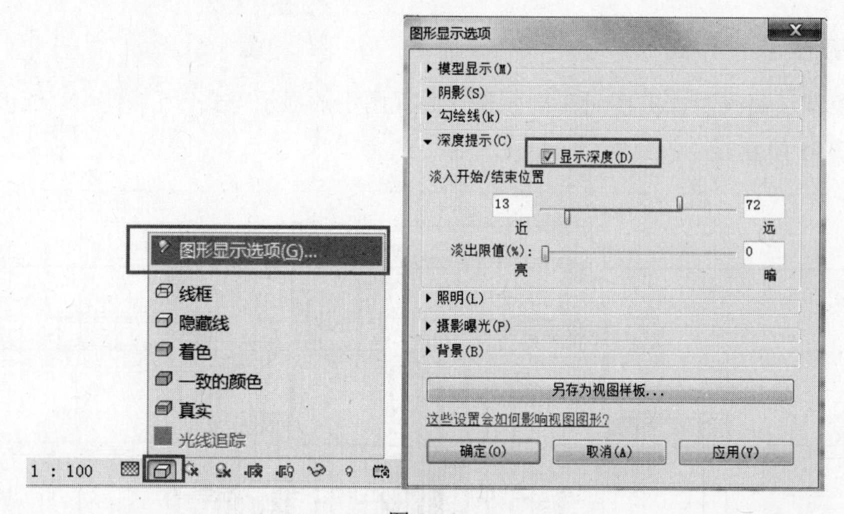

图 20-3

注意

由于“淡出限值”设置为 0，有些模型图元不可见，通常需要将“淡出限值”设置为大于 0 的值，以确保能够看到和打印所有的建筑图元。

移动“淡出限值”滑块以指定在“远端位置”处视图的强度，可从最大强度开始，然后淡入到为“淡出限值”滑块设定的百分比，调整“深度提示”值以获得所需的显示效果，“深度提示”不会影响网格线等注释图元，如图 20-4 所示。

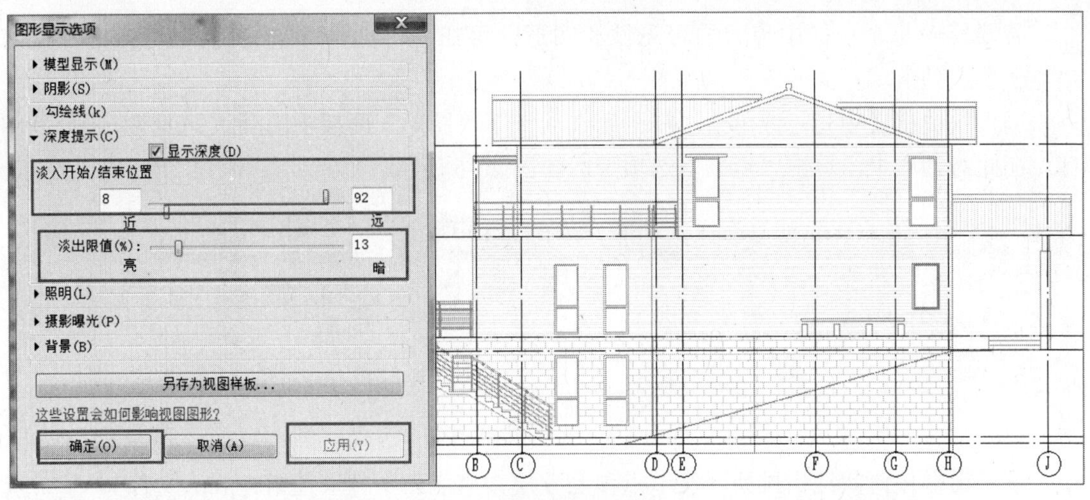

图 20-4

深度提示应用于模型图元和图形显示效果，如阴影和勾绘线，如图 20-5 所示。

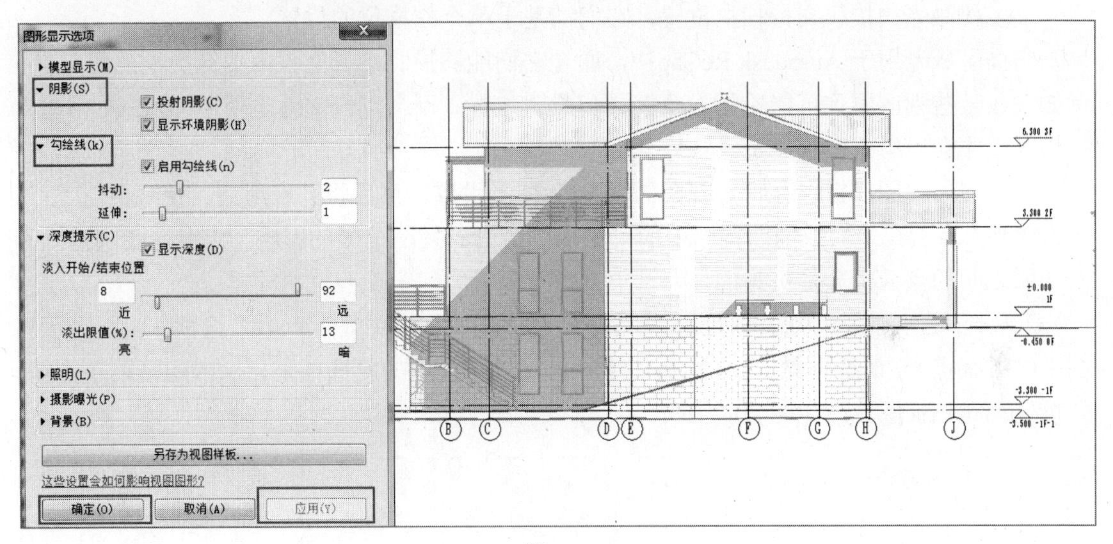

图 20-5

在将深度提示应用到视图后，可以执行以下操作：

- 将视图导出到图像文件中。
- 打印视图（仅光栅处理）。
- 将视图添加到图纸。

2. 可见性

在将一个或多个点云导入模型中后，现在可以控制每个视图中单个扫描位置和扫描区域的可见性。通过此功能可以隐藏不重要的或与特定视图相关的点云信息，它也有助于提高在模型中工作时的系统性能。

若要修改每个视图中点云的可见性和图形，可在“可见性/图形替换”对话框中使用“点云”选项卡。

键入快捷键【VG】，或单击“视图”选项卡下“图形”面板中的（可见性/图形）图标。在此对话框中，单击“点云”选项卡，如图 20-6 所示。

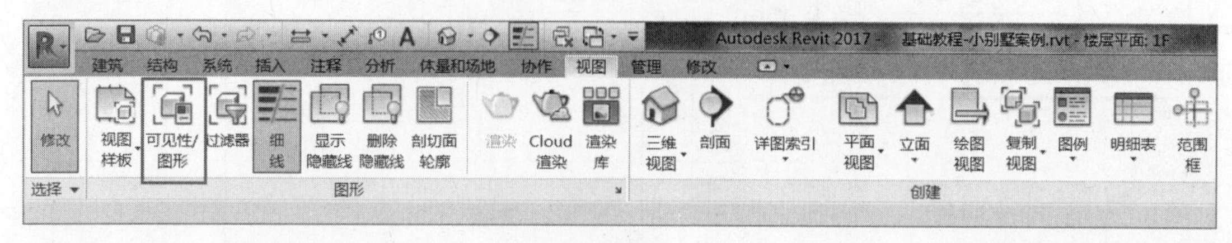

图 20-6

该对话框按树状结构排列。父节点参照顶层索引点云文件（通常为.rcp 文件），子节点为点云文件的单个扫描位置和扫描区域。修改父节点会影响点云文件中的所有扫描，而修改子节点仅影响该单个扫描位置或区域。

大多数激光扫描仪支持扫描位置，它们都基于单个扫描仪的位置。

扫描区域专用于 Autodesk ReCap™，通过它们能够控制点云文件内图元类别的可见性。例如，在某些视图中你可能希望隐藏家具和照明装置。仅当点云文件是使用 ReCap 创建，扫描区域才会以树状结构显示。

可以使用视图样板保存特定视图的可见性/图形设置，然后将其应用到其他视图。

此外，点云在平面或剖面视图中的可见范围会受到视图范围的影响。特别是底部范围和剖切面之间的点云部分是可见的。

若要隐藏当前视图中的所有点云，请不要选“在此视图中显示点云”选项。若要显示视图中的所有点云，请选择此选项，然后使用“可见性”列中的复选框来显示或隐藏单个点云、扫描位置和扫描区域，如图 20-7 所示。

图 20-7

3．渲染

Autodesk Raytracer 现在可用于所有的渲染功能。Autodesk Raytracer 基于物理的无偏差渲染引擎。渲染过程根据物理方程式和真实着色/照明模型模拟光线流，以精确地表示真实的材料。作为无偏差渲染器，Raytracer 会尽可能准确地计算灯光路径。

渲染场景基于物理上精确的光源、材质和反射光。反射和漫射是和灯光相关的两个重要术语，描述了面与灯光交互的最基本原理。

在渲染三维视图前，先设置照明、曝光、分辨率、背景和图像质量等。如有需要，请使用默认设置来渲染视图，默认设置经过智能化设计，可在大多数情况下得到令人满意的结果。

Step 01 打开“渲染”对话框。

Step 02 定义要渲染的视图区域。

Step 03 在“渲染”对话框的“质量”设置区，指定渲染质量。

Step 04 在“输出”设置区，指定下列各项：

- 分辨率：要为屏幕显示生成渲染图像，请选择“屏幕”选项。要生成供打印的渲染图像，请选择“打印机”选项。
- DPI：在“分辨率”是“打印机”时，请指定要在打印图像时使用的 DPI（每英寸点数）（如果该项目采用公制单位，则 Revit 会先将公制值转换为英寸，再显示 DPI 或像素尺寸）。选择一个预定义值，或输入一个自定义值。“宽度”“高度”和“未压缩的图像大小”字段会更新以反映这些设置。

Step 05 在“照明”设置区，为渲染图像指定照明设置。

Step 06 在“背景”设置区，为渲染图像指定背景。

Step 07 为渲染图像调整曝光设置。

如果你知道要使用的曝光设置，则可以现在设置它们。否则，请稍等以观察当前渲染设置的效果，如果有需要，请在渲染图像之后调整曝光设置。这些渲染设置会作为视图属性的一部分保存。要将这些设置应用于其他三维视图，请使用视图样板。

在定义完渲染设置后，可以创建渲染图像。

- 反射：灯光照射到曲面边界时，一些灯光将以相反的角度从表面反射。
- 漫射：并非所有的灯光都会从曲面上反射回来。在大多数情况下，一些灯光会透入照亮对象内部，这些灯光会被材料吸收或在其内部散射。散射灯光再次穿出曲面，并可通过眼睛和摄影机看到。该灯光也被称为漫射或漫反射灯光。

使用基于物理的渲染，不同类型的曲面（如金属、砖块、塑料、玻璃等）显示应十分自然，这是由材料反射灯光的计算方法和阴影创建的精度所决定的。

导出漫游时，如果“视觉样式”设置为“渲染”，则为漫游视图指定的 Autodesk Raytracer 渲染设置将用于导出。

可以将漫游导出为 AVI 或图像文件。将漫游导出为图像文件时，漫游的每个帧都会保存为单个文件。可以导出所有帧或一定范围内的帧。

Autodesk Raytracer 渲染设置现在随视图属性一起保存。

渲染材质预览时会使用 Autodesk Raytracer。你可以选择“草稿”或“生产”两种材质渲染质量。升级模型时，为 NVIDIA mental ray 引擎指定的渲染设置会映射到 Autodesk Raytracer 相应的设置。

新样式可用于“渲染”对话框的“背景”。选择“透明”则创建透明背景，该背景可在将图像导出为 PNG 或 TIFF 格式时保留下来。

20.1.2 分析

1. 能量分析

为简化生成能量分析模型所需的设置，执行了以下更改：

- 能量设置：此对话框已重新设计，因此您只需为模型指定位置。所有其他参数使用智能默认值以提供输入量最少的最佳分析。

能量设置可控制能量模型的创建行为，还可控制 Revit 模型中其他指定信息的选择性使用，如材质属性和热空间属性。执行初始能量优化时，无须更改能量设置。更改默认能量设置之前，请先了解 Energy Optimization for Revit 的整体范式。

> **注意**
>
> 在线帮助中的说明指出，“能量设置”对话框使用的是默认值。这些默认设定适用于 Revit 2017 模型。如果您使用的是旧版模型，或之前使用过不同设置下的 Energy Analysis for Revit，请查看联机帮助以了解这些设置的影响。

若要打开“能量设置”对话框，请单击“分析”菜单下“能量分析”面板中的“能量设置”按钮，如图 20-8 所示。

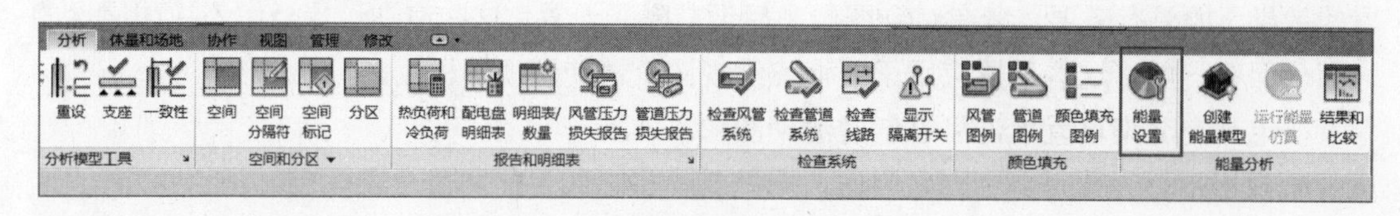

图 20-8

若要打开“高级能量设置”对话框，请在“其他选项”右侧单击“编辑”按钮，如图 20-9 所示。

- 高级能量设置：以前在“能量设置”对话框中的许多参数现已移到“高级能量设置”对话框中。若想了解这些设置的效果并做优化分析，可在执行初始分析后调整这些设置。

与能量分析相关的许多参数已重命名。在“能量设置”对话框中，“分析模式”现为“模式”，“核心层偏移”现为“周边分区深度”，“划分周边分区”现为“周边分区划分”。在“高级能量设置”对话框中，“概念构造”现为“概念类型”，“建筑构造”现为“示意图类型”，“包括热属性”现为“详图图元”。

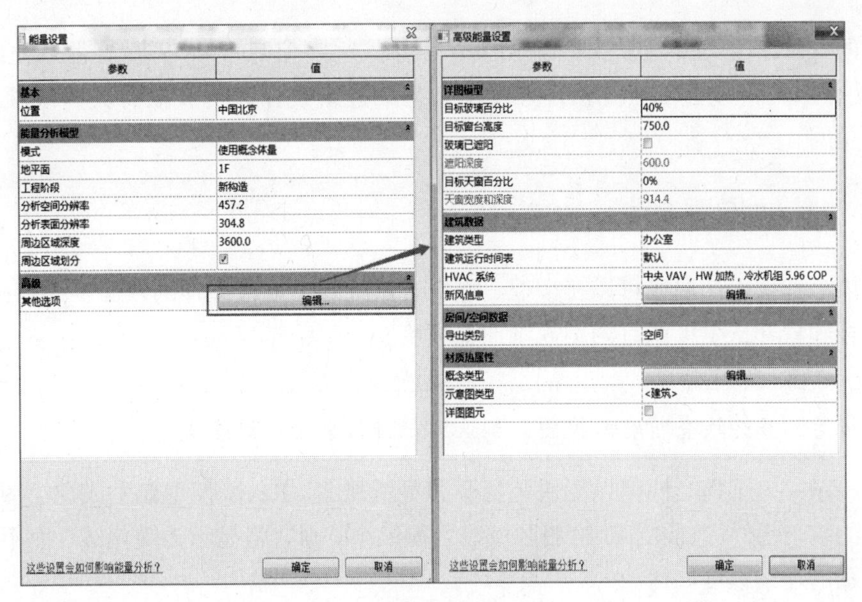

图 20-9

单击“能量设置”对话框和“高级能量设置”对话框中的“帮助”链接可直接访问对参数的说明。

在能量分析过程中，基于以下层次结构为建筑材质定义热属性：

- 在默认情况下将概念类型应用到所有的概念体量和建筑图元。
- 更多特定示意图类型可以替换单个概念类型。
- 启用“详图图元”参数后，为房间边界 Revit 图元定义的热属性替换示意图类型和概念类型。
- “高级能量设置”对话框中的“导出类别”参数不再与能量分析期间所使用的热属性相关。

2．导出为 gbXML

“导出为 gbXML”工具现在可用于选择导出使用能量设置创建的能量分析模型还是导出使用基于房间或空间的体积创建的模型。

若要使用其他软件执行能量分析，请将模型导出为 gbXML。

Revit 提供了导出为 gbXML 的两种方法。

- 使用能量设置：此方法可导出通过 Revit 创建的能量分析模型。

能量分析模型由分析空间和分析表面组成，是基于“能量设置”对话框中指定的参数创建的。导出的数据可为分析提供精确的能量模型。在使用此方法之前，应在“能量设置”对话框中指定参数并创建能量分析模型。

- 使用房间/空间体积：此方法使用建筑模型中指定的体积（基于模型中的房间或空间）。这些体积可能没有使用“能量设置”创建的体积准确。在使用此方法之前，应将房间或空间添加到模型中。

生成的 gbXML 文件包含模型的能量信息，这些信息取决于基于 gbXML 方案的 gbXML 文件结构。创建的 gbXML 方案用来帮助建筑设计人员获取有关建筑项目能量消耗特征的信息。

20.1.3 其他增强功能

- 主体栏杆扶手：现在可以在楼板、底板、底板边、墙或屋顶的顶面上绘制栏杆扶手。栏杆和栏杆扶手可调整为不规则曲面坡度。

> 注意
> 升级后，务必检查所有的视图，确认对栏杆扶手的任何修改。

- 墙显示：为了提高性能以更快地打开和更新视图，Revit 仅重新生成在绘图区域中可见的墙。此外，如果墙在绘图区域显示得很小，则它将显示为简化线，而不管指定给视图的详细程度如何。
- 导出为 FBX 文件：将三维模型视图导出为 FBX 文件时，请选择正确格式以确保导入的兼容性，FBX 文件用于导入 2016 及以上版本中，FBX 2015 及更低版本文件用于导入 2015 及更低版本产品中。
- FormIt 360 Converter：此附加模块现在与 Revit 安装在一起，位于“附加模块”选项卡中。使用此选项可将 FormIt 360 文件转换为可供 Revit 使用的文件，并可将 Revit 文件转换为可供 FormIt 360 使用的文件。
- 内建图元：楼梯已添加到内建几何图形的可用族类别列表中。现在可以在模型的关联环境中创建内建楼梯图元。

20.2 结构增强功能

20.2.1 结构化工作流程增强功能

1. 通用连接

为了便于工程师、详图设计师及制造商就钢框架图元之间的连接交换信息，Revit 支持常规钢连接，可以放置常规连接以定义各图元之间的关系。可使用参数来提供有关连接的信息，包括图片和链接，以连接要求或其他信息。常规连接可以在图形中显示并使用基于审批的颜色和/或规范检查状态参数，以便更轻松地审阅/审批流程。如果需要，可以稍后使用附加模块创建的详细钢连接替换常规连接。

设计结构模型时，图元的结构连接取决于超出其连接图元用途范围的许多因素。这些因素通常包含承包工程师、承包商或装配工的标准，甚至结构的类型也会影响连接的类型，如图 20-10 所示。

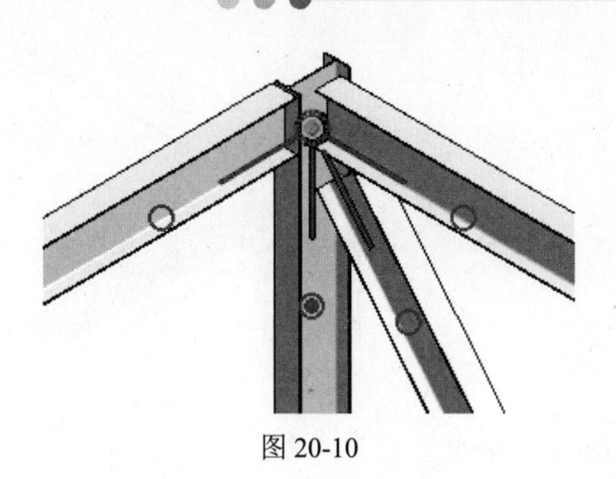

图 20-10

注意

除非已安装 Steel Connections 附加模块，否则仅可使用符号通用连接。连接图元不预载到样板中。

2．常规连接

通用连接用以完整的几何图形设计的钢连接符号来代表钢结构的连接状态。除非安装了结构连接附加模块，否则只能使用符号常规连接来细化模型，如图 20-11 所示。

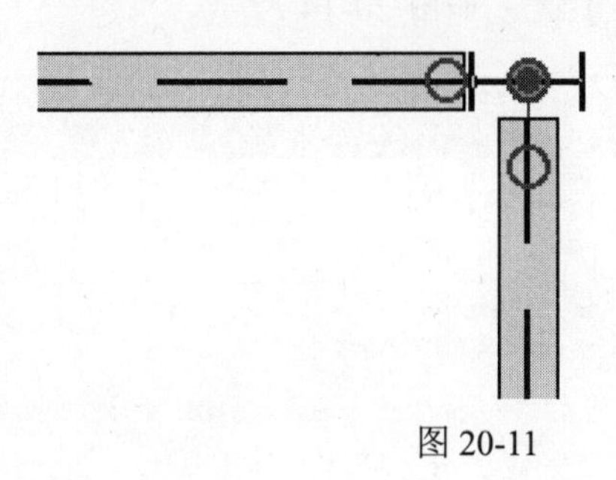

图 20-11

常规连接显示相连和连接的图元，例如，有线段向外扩散到已连接图元的圆，如图 20-12 所示。

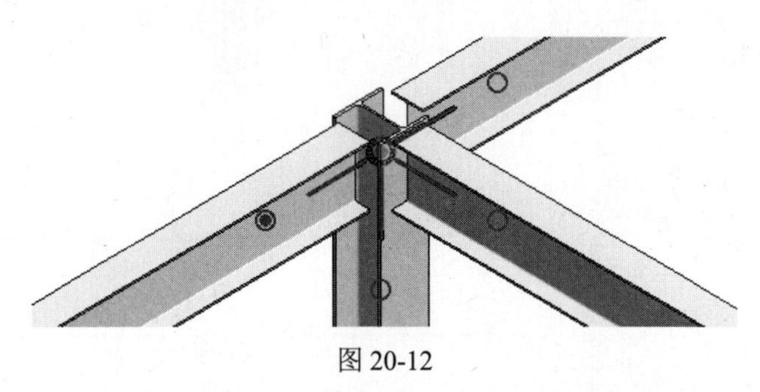

图 20-12

某些连接需要一种识别连接中主要图元的方法以便按照预制意图正确创建几何图形。在上述图像中，左侧梁是主要图元。通过单击绘图区域中相应圆形控制柄指定主要图元。在图 20-13 中，柱现在是主要图元。

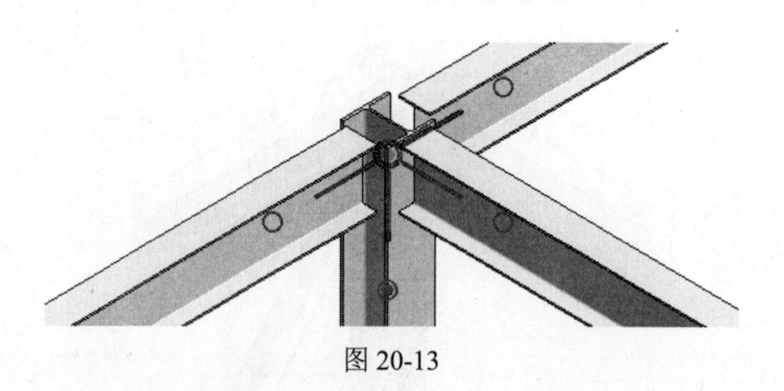

图 20-13

3. Steel Connections for Revit

此 Autodesk 附加模块允许查看详细的结构件几何图形和修改 Revit 建模环境中的其他参数。

此结构连接附加模块是 API 驱动用户界面，用于查看详细的结构连接件几何图形和修改 Revit 建模环境中的其他参数。

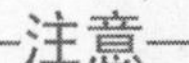

要访问“钢连接帮助”，请将鼠标光标悬停在“连接”按钮上（位于“连接”面板的“结构”选项卡中），然后按【F1】键，如图 20-14 所示。

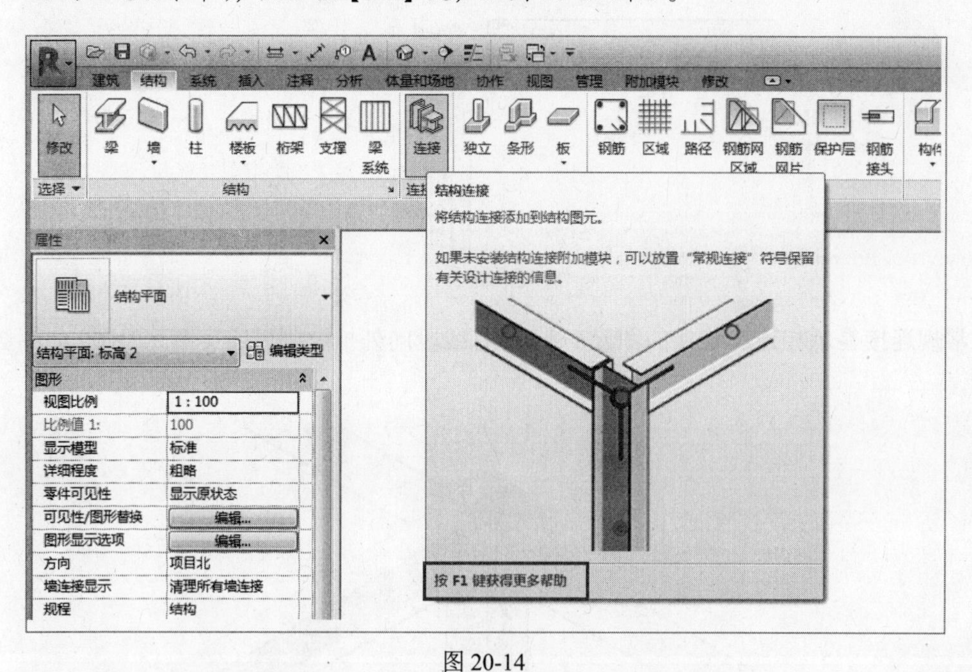

图 20-14

4. 拆分柱

为改进工作流程和扩展预制模型的可用性，“拆分图元”工具现在可以在所需点垂直拆分柱。

在选定点剪切图元（例如墙或管道），或删除两点之间的线段。

Step 01 单击“修改”选项卡下“修改”面板中的（拆分图元）图标。

Step 02 如果需要，在选项栏选择“删除内部线段”。选择此选项时，Revit 会删除墙或线上所选点之间的线段。

Step 03 在图元上要拆分的位置单击鼠标。如果选择了“删除内部线段”，则请单击另一个点来删除一条线段，选择“删除内部线段”选项后拆分墙，如图 20-15 所示。

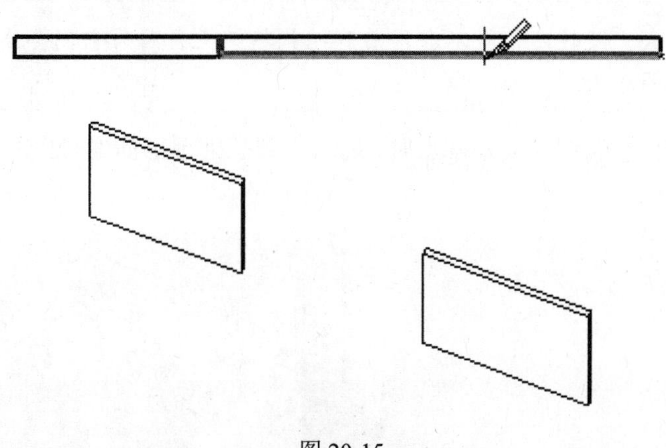

图 20-15

20.2.2 结构设计建模和文档编制

1. 柱底部附着

“附着顶部/底部”命令现在可将结构柱附着到独立基础和基脚上。调整基础高度会导致柱长度的相应调整。

柱不会自动附着到屋顶、楼板、天花板和基础上。选择一根（或多根）柱时，可以将其附着到屋顶、楼板、天花板、参照平面、结构框架构件、独立基础及基础底板上。

Step 01 在绘图区域中，选择一个或多个柱。

Step 02 单击“修改|柱”选项卡下“修改柱”面板中的（附着顶部/底部）。

Step 03 在选项栏，可以执行以下操作：

- 选择“顶部”或“底部”作为“附着柱”的位置，以指定要附着柱的哪一部分。
- 选择“剪切柱”“剪切目标”或“不剪切”作为“附着样式”。
- 选择“最小相交”“相交柱中线”或“最大相交”作为“附着对正”的条件。

目标（屋顶、楼板、天花板）可以被柱剪切，柱也可以被目标剪切，两者重合时则不互相剪切。将柱附着到目标上后，可以编辑其属性并重设“顶部附着对正”和“从顶部附着点偏移”实例参数的值。

- 指定“从附着物偏移”。“从附着物偏移”用于设置要从目标偏移的值。

注意

如果柱和目标都是结构混凝土，则将清理而不是剪切它们。如果柱是结构混凝土，目标是非结构混凝土，则将显示一条警告消息。

Step 04 在绘图区域中，选择要将柱附着上去的目标（例如屋顶或楼板）。

注意

通过这种方式，倾斜结构柱不会附着到结构框架上，因为它们会连接结构图元，而不是附着到结构图元上。

将结构柱的底部附着到独立基础上时，柱附着到基础顶部曲面每个图元几何形状相交的地方，如图 20-16 所示。

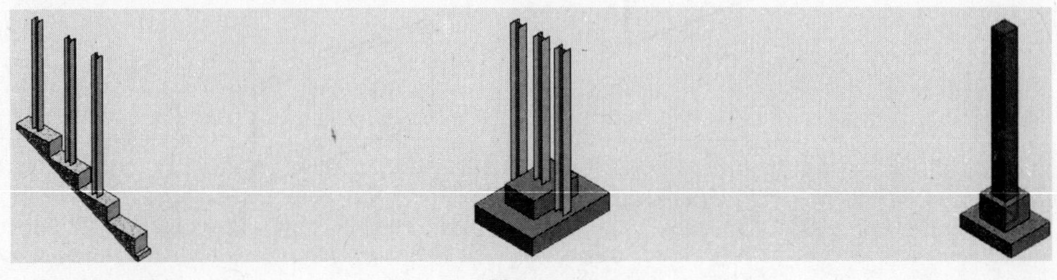

图 20-16

2. 结构基础参数

为达到一致性和使用更容易识别的术语，已为条形基础、独立基础和楼板基础重命名或更改了多个报告参数，如图 20-17 所示。

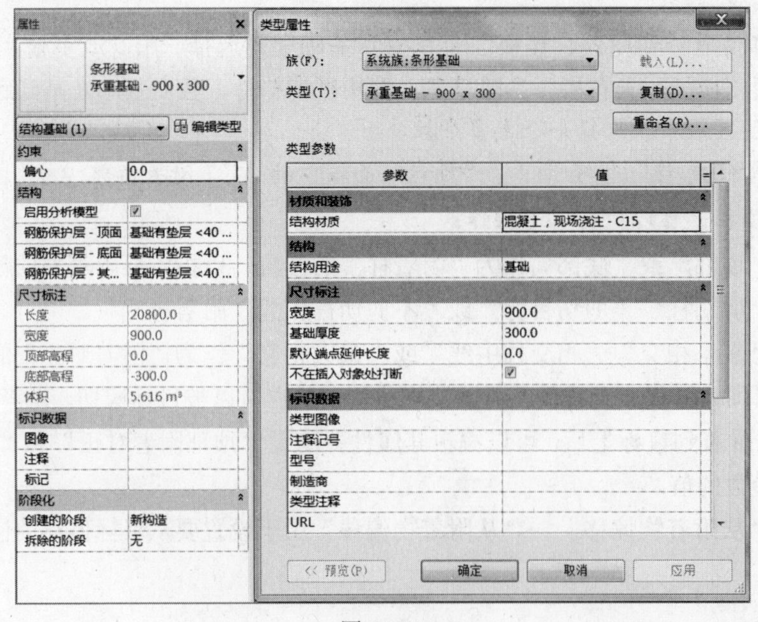

图 20-17

3. 楼板文档的新参数

为改进楼板的标记和明细表，通过各个新参数可以指定楼板类型的默认（总计）厚度和核心层厚度，可将这些参数用于标记和明细表，如图 20-18 所示。当一个楼板图层设置为“变量”且子图元具有可变厚度时，此参数将显示为“变化”。

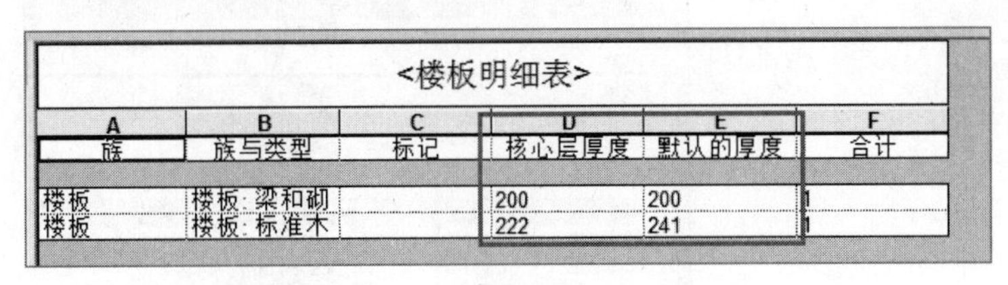

<楼板明细表>

A	B	C	D	E	F
族	族与类型	标记	核心层厚度	默认的厚度	合计
楼板	楼板: 梁和砌		200	200	1
楼板	楼板: 标准木		222	241	1

图 20-18

20.3 多规程增强功能

20.3.1 文字注释

1. 基本增强功能

文本编辑器已得到增强，用户可以直接在画布中添加文字注释。在编辑期间，文字将以正确的字体和样式显示。其他文本编辑器的改进如下：

- 为快速访问，功能区中设有新的上下文文本编辑工具，所有的文字在编辑时可见，如图 20-19 所示。

图 20-19

- 文字可按预期换行，可按比例缩放和滚动。
- 编辑文字注释时可以缩放和平移。缩放比例不影响文字换行。
- 按【Shift+Enter】键可以在列表中输入尚未进行编号的或非项目符号的文字。
- 可以在编辑注释时指定文字编辑器以显示不透明背景和边框。此选项可让用户在复杂图形中输入文字时更好地观察文字，如图 20-20 所示。

2. 更多改进内容

（1）改进了将文字导出为 DWF、DWG 和 DGN 文件的操作：增强功能改进了字符的保真度、位置、字体、间距、缩进、替代功能，以及线间距、编号、制表符和其他相关特性。

单击图标，在下拉菜单中单击“导出”菜单下“选项”中的（导出设置 DWG/DXF）图标，选择要修改的设置，单击“文字和字体”选项卡。

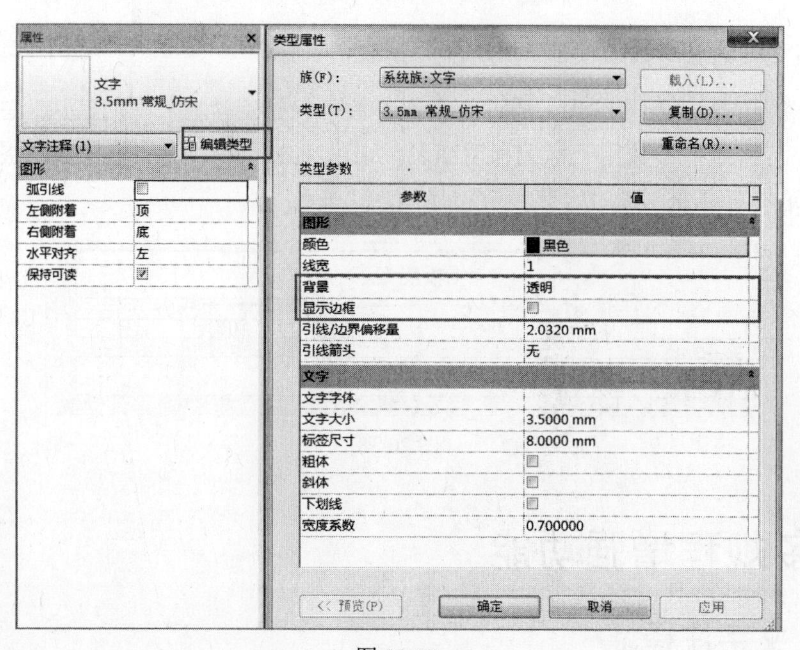

图 20-20

注意

也可以单击“导出”菜单中的 ... （修改导出设置）以启动“文件特定导出设置”对话框，如图 20-21 所示。

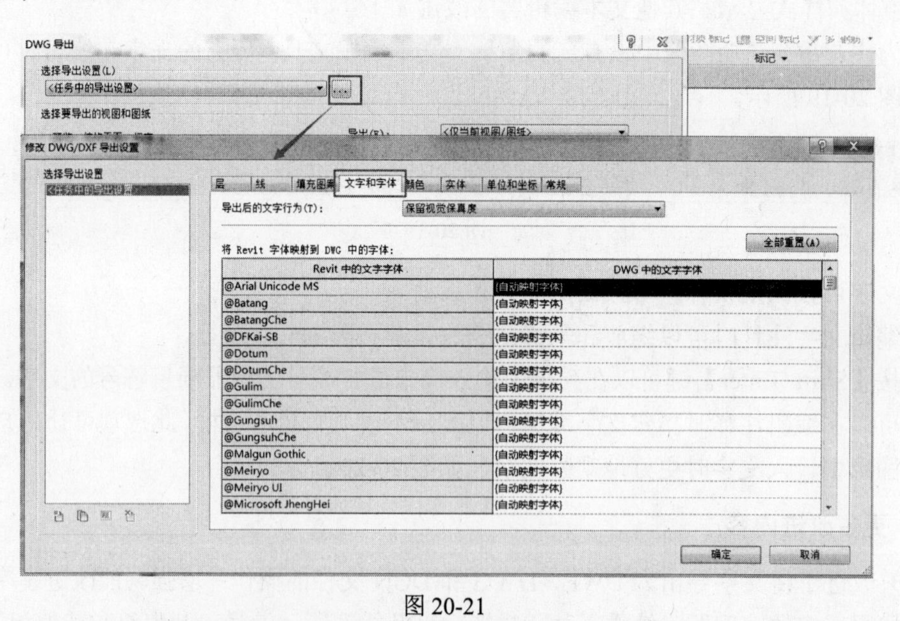

图 20-21

（2）多级列表：可以在段落的有序列表内创建多级列表，可以通过更改缩进和增量修改多级列表，如图 20-22 所示。

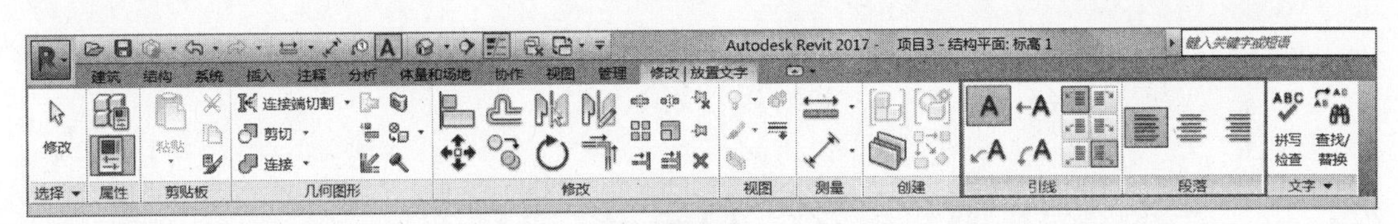

图 20-22

3. 旋转“项目北”时的文本方向

使用“旋转项目北”工具时，新的选项使用户能指定文字注释是与模型一起旋转还是保持视图中的当前方向。单击“管理”菜单，打开“项目位置”面板，在“位置”下拉列表中单击“旋转项目北”，如图 20-23 所示。

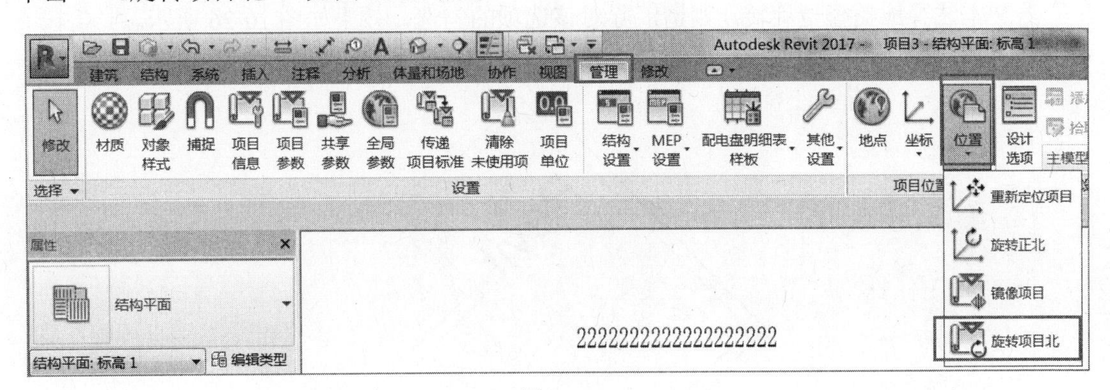

图 20-23

如图 20-24 所示为“旋转项目”对话框，用户可执行下列操作。

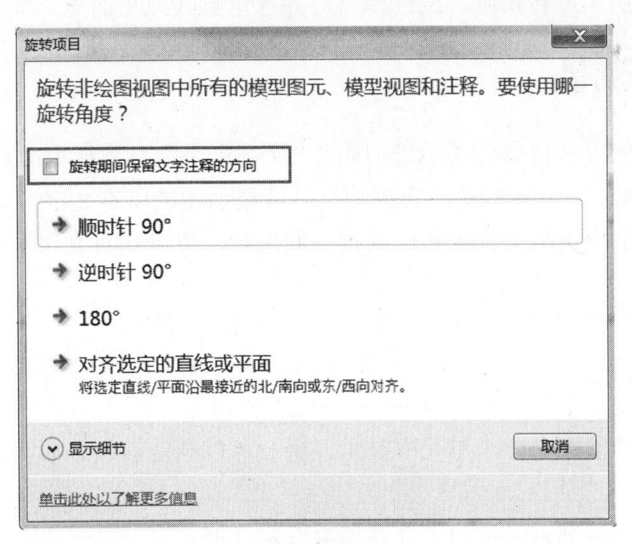

图 20-24

对于“旋转期间保留文字注释的方向”选项，若需要文字注释的方向保持不变，则请勾选此选项，效果如图 20-25 所示。

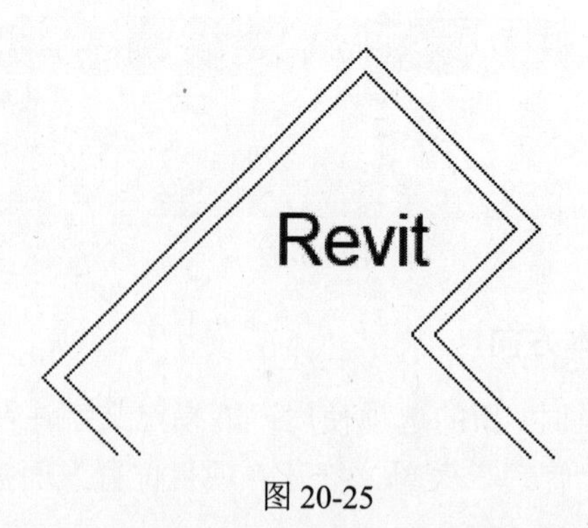

图 20-25

若文本注释应随模型旋转，则请清除对该选项的勾选，效果如图 20-26 所示。

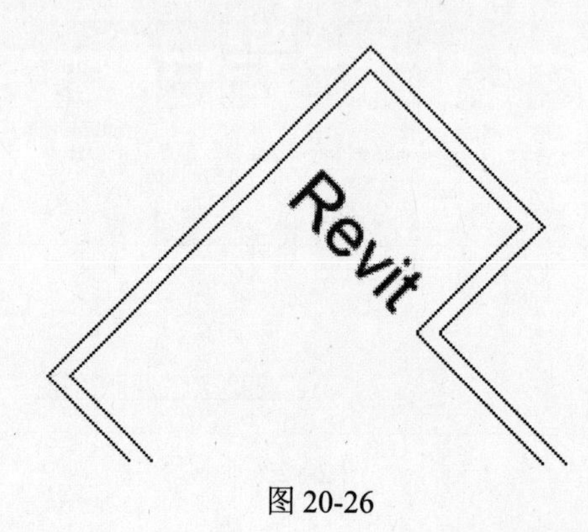

图 20-26

用户可以选择所需旋转角度，或选择“对齐选定直线或平面”。

20.3.2　文字测量

测量文字大小的方法也得到了改进，因此“文字大小”参数能更准确地代表大写字母的高度（类似于 AutoCAD）。这些更改会影响已升级模型中的所有文字，并且对亚洲字体的影响更加明显。升级后，请务必检查所有的视图和图纸，以确认对文字实例的更改无误。

20.3.3　明细表

1. 合并的参数

合并明细表中的参数在一个单元中显示。用户可以指定前缀、后缀、样例值和分隔符，以显示每个参数。

（1）创建或编辑明细表时访问“合并参数”对话框：

- 若要通过“明细表属性”对话框创建合并参数，请单击（合并参数）。
- 若要通过“明细表属性”对话框编辑合并参数，请选择现有合并参数，然后单击（编辑参数）。

- 在明细表视图中，选择一个单元，然后单击“修改明细表|数量”选项卡，并单击“参数”面板中的（合并参数）。
- 如果列已包含合并参数，可以进行编辑，否则，可以在此列中创建合并参数并显示。

（2）通过在窗格之间移动参数，可以添加或删除参数。

（3）可以将前缀、后缀或样例值添加到参数中。

2．查看明细表样板和装配视图

为简化明细表的重复使用步骤，可创建明细表视图样板。明细表视图样板包括用于“字段”“过滤器”“排序/分组”“格式”“外观”和“阶段过滤器”的参数。如果模型包含 RVT 链接或设计选项，则“可见性/图形替换”参数也可用。除明细表外，还可以将视图样板应用于部件视图，同时视图样板支持预制的编写。如果需要更改明细表布局，只需编辑模板，所有相关的明细表会自动更新。

3．明细表属性

“明细表属性”对话框已改进，以方便创建和修改明细表。

4．列的计算选项

现在可以显示最小值、最大值、最小值和最大值，用于列中的计算。

20.3.4　用户界面和工作流程增强功能

- “族类型”对话框增强功能：为方便创建和编辑族类型参数，“族类型”对话框包含新的搜索功能且其工具可重新组织，如图 20-27 所示。

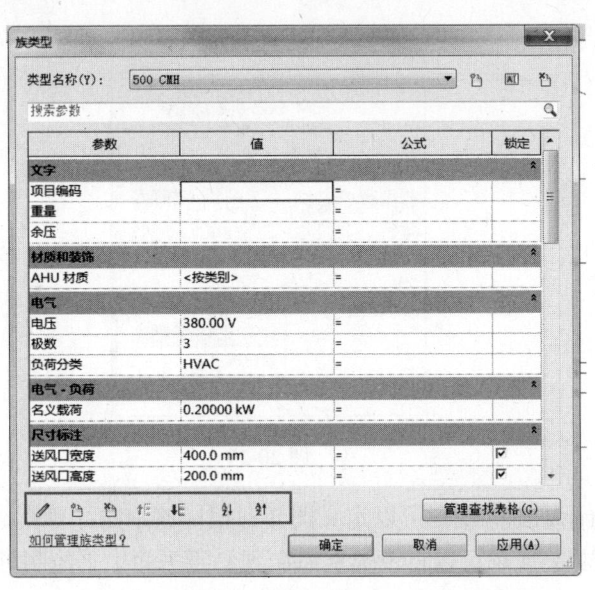

图 20-27

- 切线锁：在“族编辑器”中绘图时，现在可以将切线锁放置在模型线、符号线、参照线或绘制线上。此增强功能不再需要像以前一样用复杂的公式和参数化关联来确定相切关系，如图 20-28 所示。

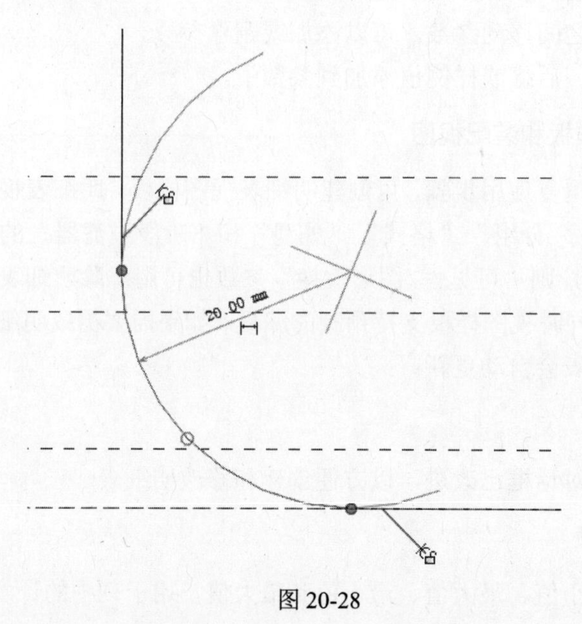

图 20-28

- 锁定标记：注释标记现在遵从锁定约束关系。重新定位图元时，锁定标记保持在原位，而其引线将进行调整以适应图元的新位置。在设置到“自由”端的情况下打开和关闭引线时，锁定标记不会重新定位。此外，从“自由”端切换到“附着”端时，锁定标记的引线不会更改其形状，如图 20-29 所示。

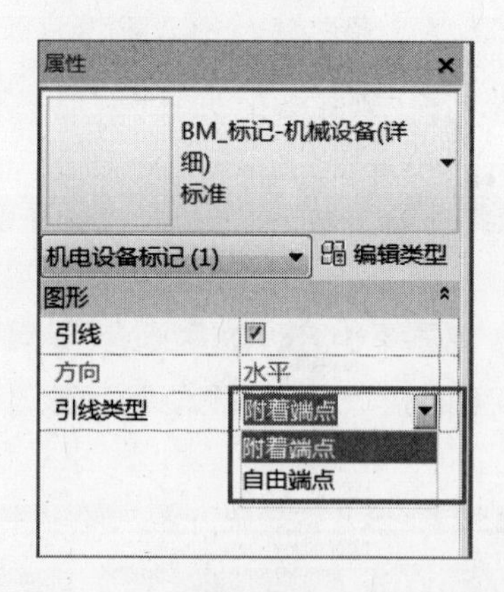

图 20-29

- 注释标记中的计算值：现在可以定义图元标记标签中的计算值。
- 参照平面子类别：现在可以将子类别添加到参照平面中来控制可见性和图形设置。可以将不同的线宽、线颜色和线型指定给不同的子类别。将参照平面子类别添加到对象样式中后，它们将出现在每个视图的“可见性/图形”中，使用户能够相应地打开/关闭其可见性。如果某个子类别不存在于项目中（但它在某个族中），则在首次将此族载入到项目中时该子类别将自动创建族，如图 20-30 所示。

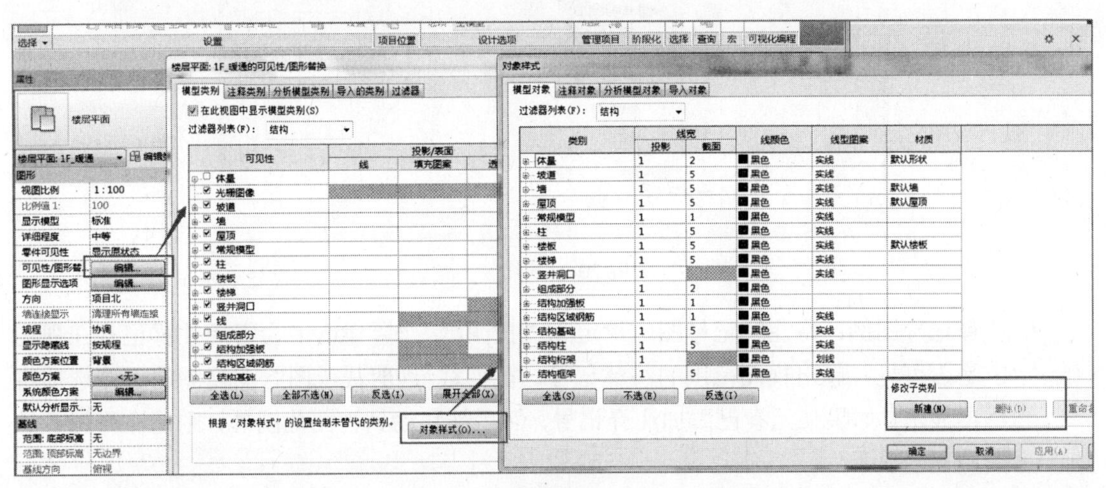

图 20-30

- 过滤器的参照平面类别：在定义视图过滤器时，现在可以从类别列表中选择参考平面，如图 20-31 所示。
- “视图范围”对话框：当平面视图打开时，可以通过键盘输入“VR”以打开“视图范围”对话框。在平面视图中绘制平面区域并将该区域选中时，若输入“VR”，则“视图范围”对话框只针对此平面区域。

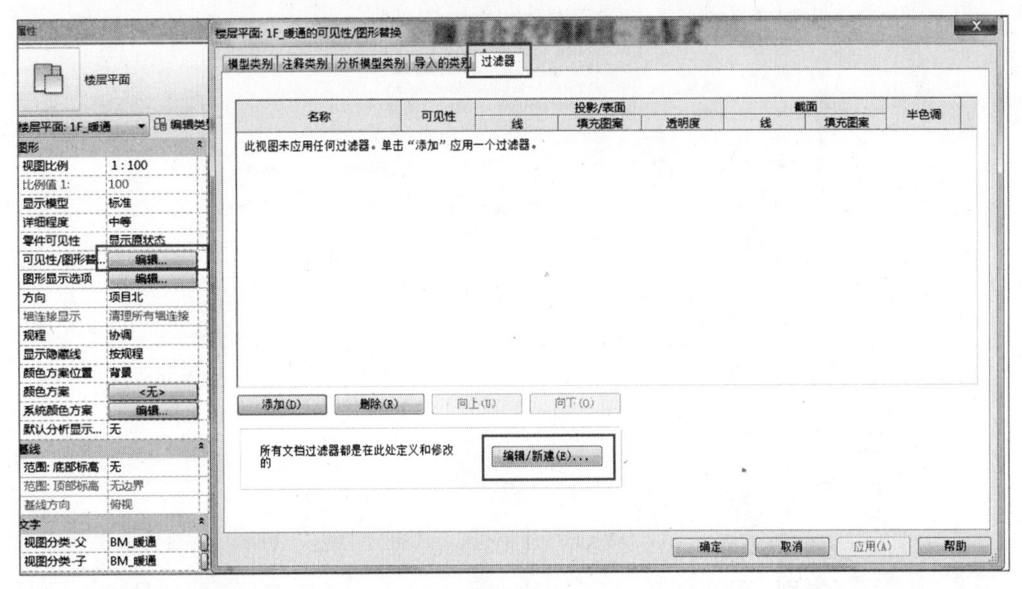

图 20-31

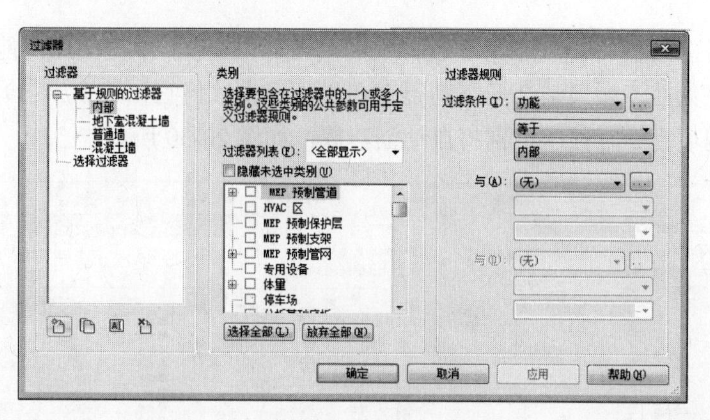

图 20-31（续）

- 注释记号图例：将注释记号图例设定为“按图纸”时，Revit 会考虑注释记号在视图中是否可见。超出视图范围的注释记号、截剪裁/远剪裁或图纸上视图的设计选项将不再显示。如果某元素已添加注释记号，然后被移动到视图范围外，则此注释记号的图例仍会显示。
- IFC 导出：“导出到 IFC”功能提供了灵活的选项以配置导出。用户可以使用内置设置或根据需要进行自定义设置，如图 20-32 所示。

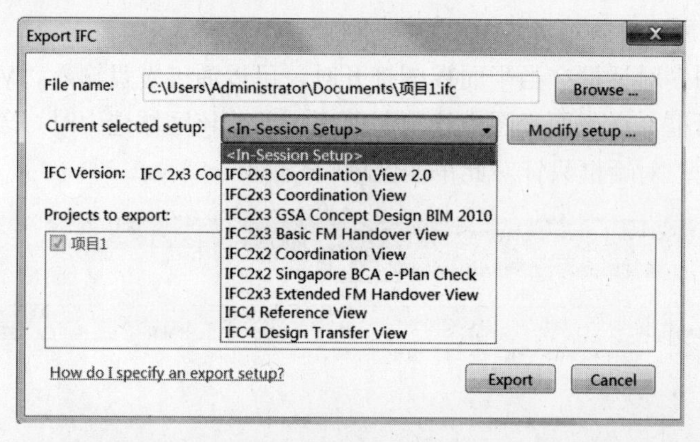

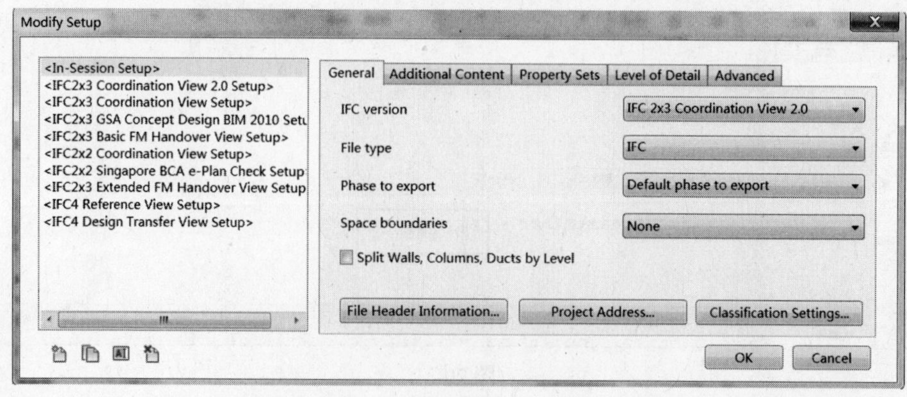

图 20-32

- “管理链接”对话框：对于启用工作共享的模型，当在本地文件中工作时，可以看到“管理链接”对话框“Revit”选项卡的改进。按钮编组在对话框的“卸载”部分，以允许用户为所有的用户卸载 Revit 链接、为当前用户卸载链接或清除卸载替换。
- 全局参数：全局参数现在提供下列增强功能：

这个功能非常强大，在 Revit 2017 版以前，用户只能在族编辑环境中进行参数化设置，而现在可以直接在项目中设置了，可以为一个构件添加一个标注，设置相应的参数，当几个构件有相互关联时，可以通过全局参数控制，相当于族中的参控编辑，如图 20-33 所示。

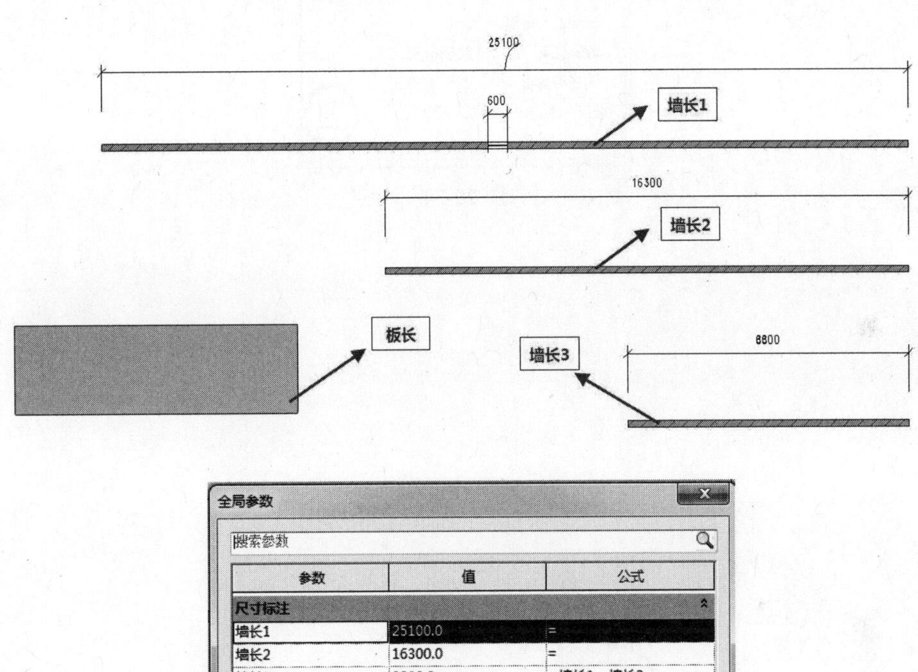

图 20-33

在图 20-33 中，构件间可以通过参数设置将参数进行关联。另外，单击“构件”，在属性栏中可以看到一些参数后面也可以用全局参数来关联，如图 20-34 所示。

属性
基本墙
XBS - 砌体外
墙-200mm
墙 (1)
编辑类型
约束
定位线
核心层中心线
底部约束
1F
底部偏移
0.0
已附着底部
底部延伸距离
0.0
顶部约束
直到标高: 2F
无连接高度
29900.0
顶部偏移
25900.0
已附着顶部

图 20-34

附录　柏慕最佳实践应用

北京柏慕进业工程咨询有限公司自2008年成立以来，与Autodesk公司建立密切合作关系，成为其授权培训中心，长期致力于BIM相关软件的应用推广。

同时，柏慕进业公司在BIM技术上研究多年，沉淀出数千条关于该软件的技术要点，总结了BIM在设计、施工、运维全生命周期的应用。近年来，柏慕进业公司一直致力于BIM标准化应用体系研究，经过一年多时间，历经数十个项目的测试研究，推出了基于Autodesk Revit软件的插件——柏慕1.0产品。

该软件基本实现了BIM材质库、族库、出图规则、建模命名规则、国标清单项目编码及施工、运维各项信息管理的有机统一，初步形成了BIM标准化应用体系。

柏慕1.0应用体系有六大方面的应用：

- 全专业施工图出图
- 国标清单工程量
- 建筑节能计算
- 设备冷热负荷计算
- 标准化族库、材质库
- 施工运维信息标准化管理

在附录部分，我们列举柏慕标准化应用体系部分标准——柏慕标准化建模、出图及算量应用，用“柏慕最佳实践应用”诠释Autodesk Revit的真正项目应用。

附录A　建模

A.1　项目方向调整

开始项目时，首先调整正北方向，使其与总图方向吻合，这样在考虑建筑物模型的日光阴影及节能计算等应用时会比较方便。

- 项目北：为视图顶部（即软件视图北）。
- 正北：与建筑物实际方向一致，与总图中建筑物方向一致。

Step 01 先将楼层平面属性面板中的方向改为“正北”，如图A-1所示。

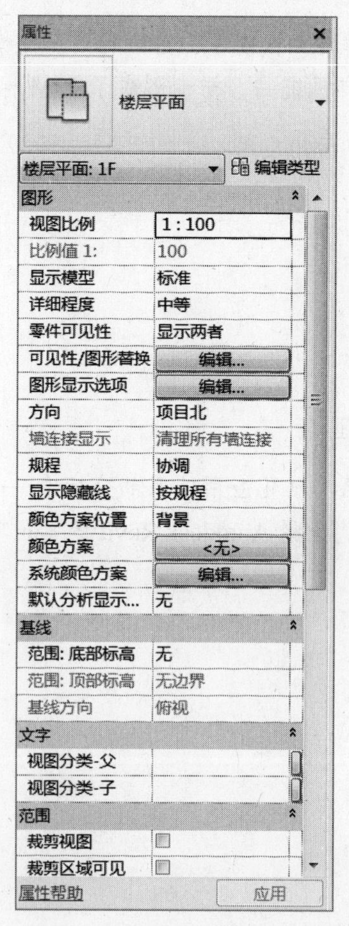

图A-1

Step 02 单击“管理”选项卡，在“项目位置”面板的“位置”下拉列表下，单击“旋转正北”按钮，如图 A-2 所示。

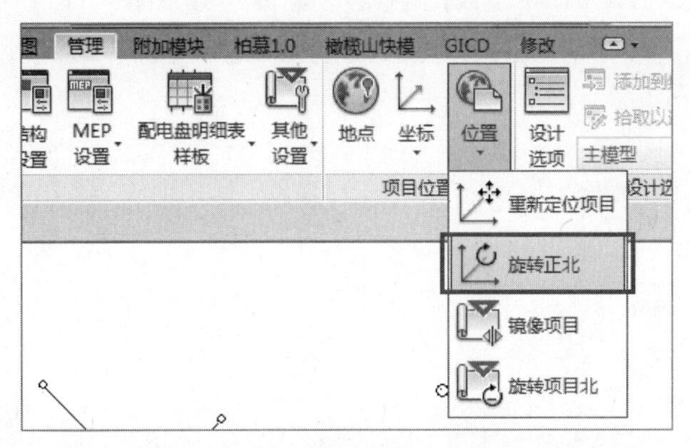

图 A-2

Step 03 在选项栏中，输入一个值作为“从项目到正北方向的角度”以设置旋转角度。在“从项目到正北方向的角度”上直接输入 45 后，按回车键，或者直接手动旋转 45°（根据具体方向确定正北方向偏移值），如图 A-3 所示。

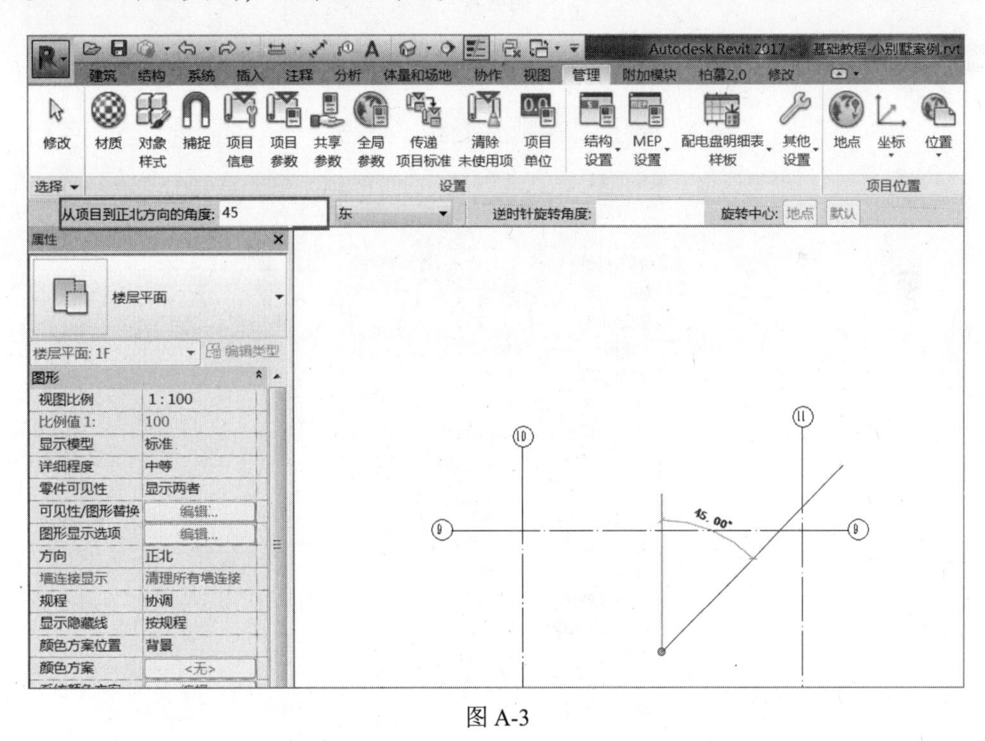

图 A-3

完成后的效果如图 A-4 所示。

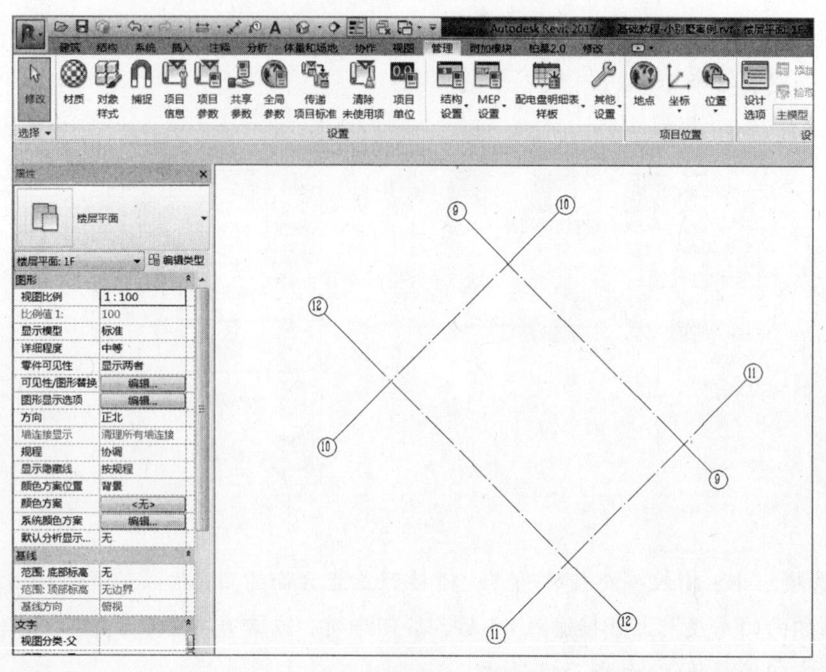

图 A-4

Step 04 调完角度之后，将属性面板中的“方向”改回“项目北”，如图 A-5 所示。

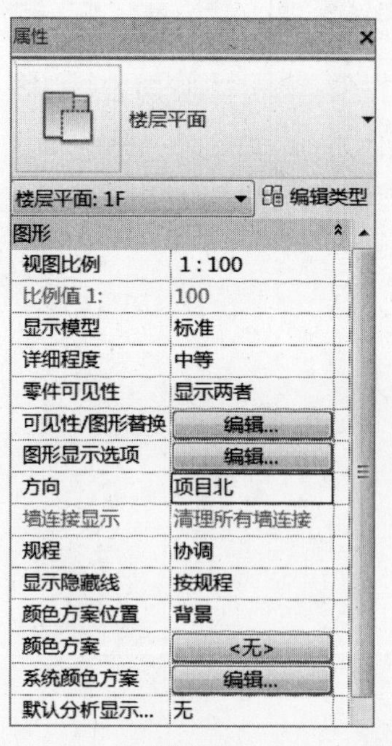

图 A-5

Step 05 选择“注释”面板下“符号”面板中的“符号”选项，选择指北针进行放置，如图 A-6 所示。

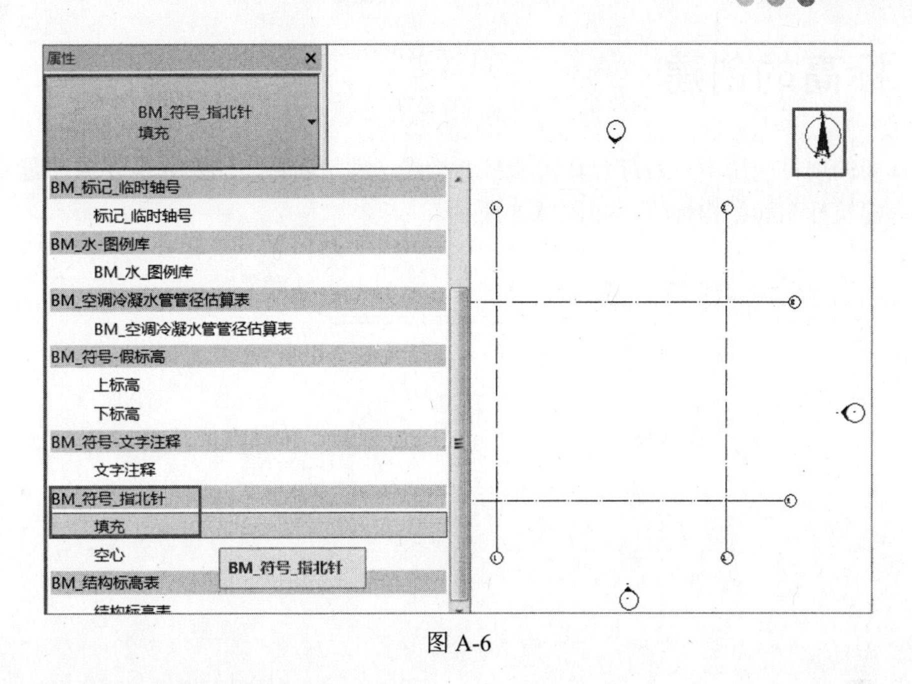

图 A-6

此时，正北方向的视图如图 A-7 所示。

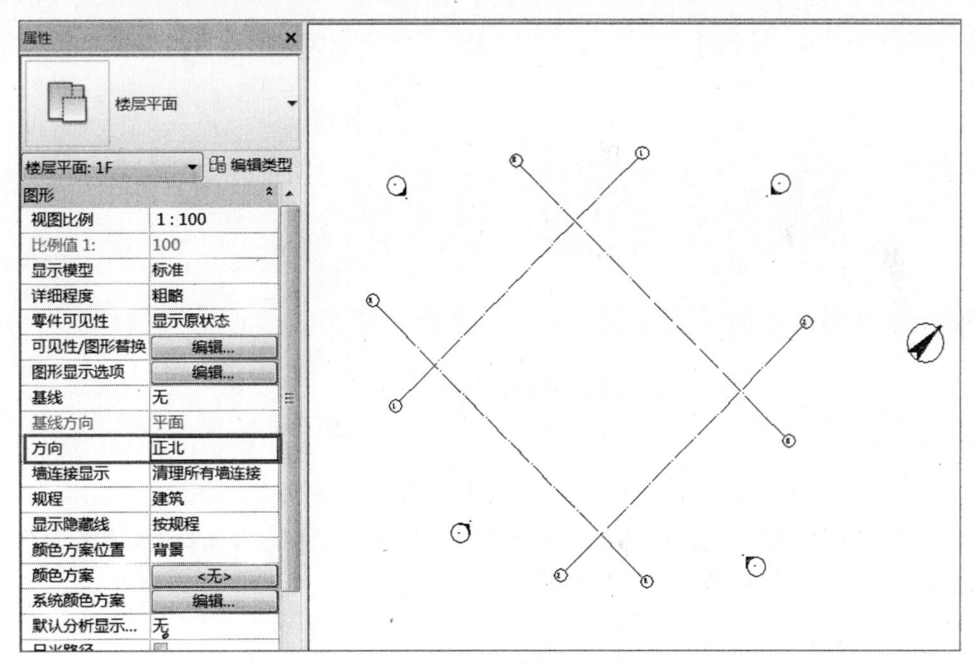

图 A-7

A.2 标高的创建

在真实的项目应用中，为符合真实项目的构造，满足项目出图及算量要求，通常采用两套标高：建筑标高和结构标高，如图 A-8 所示。

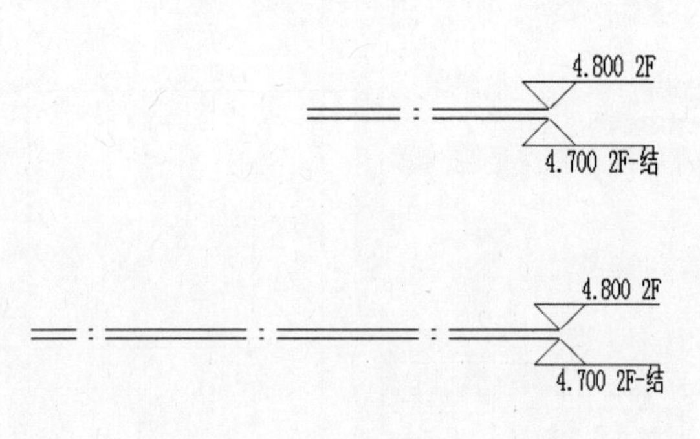

图 A-8

各专业选择各自的标高：建筑专业选择“建筑标高”；结构专业选择“结构标高”；设备专业选择“建筑完成面标高（建筑标高）”。

A.3 柱梁的剪切

（1）在结构柱、结构梁与构件属性中，“用于模型行为的材质”不同，导致柱与梁连接或扣减也不同，如图 A-9 所示。

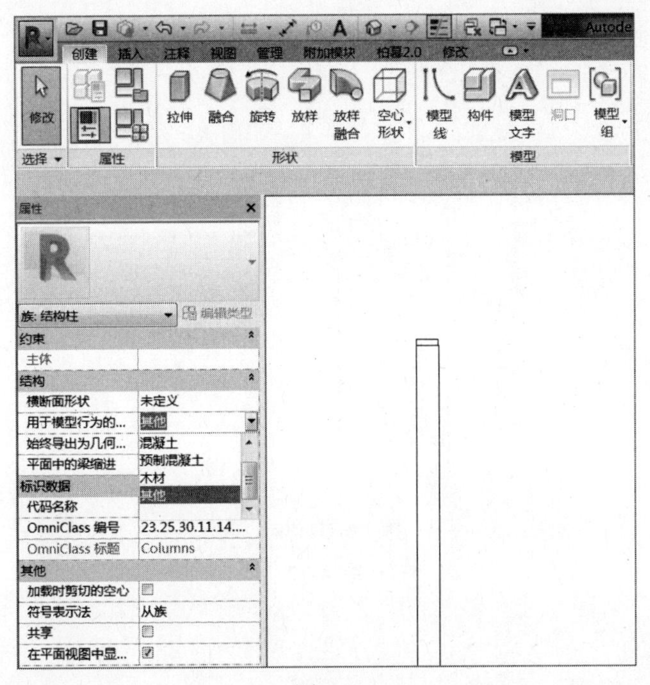

图 A-9

“用于模型行为的材质”均为“混凝土”时，两个构件会自动融合、扣减，如图 A-10 所示。

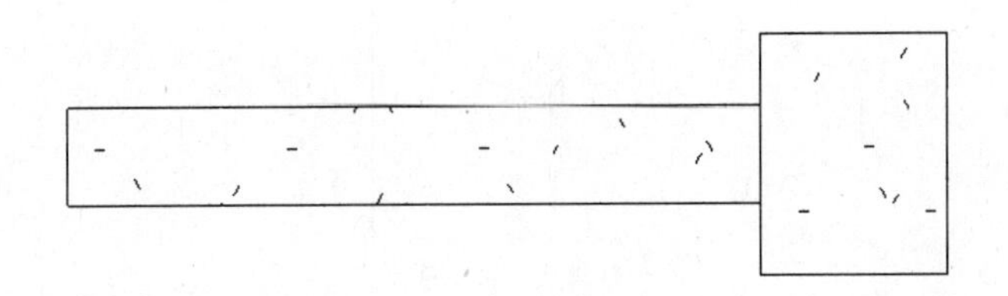

图 A-10

“用于模型行为的材质”不相同时，两个构件不会自动融合、扣减，如图 A-11 所示。

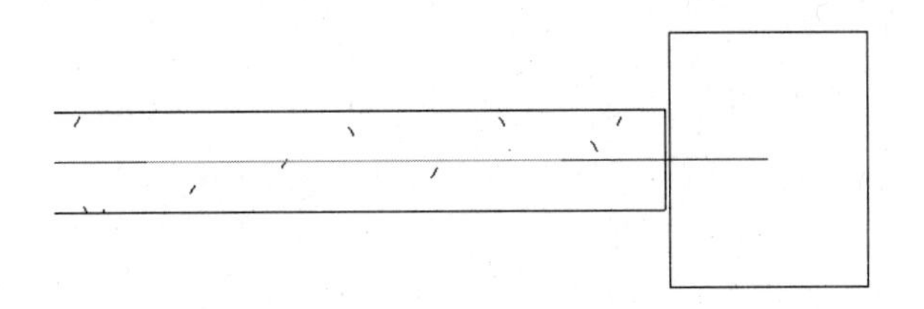

图 A-11

注意

在实际的项目中，混凝土都为现浇的情况下，如果梁与梁或梁与柱无法直接融合，则注意结构构件族中的“用于模型行为的材质”是否为“混凝土”。

（2）梁板柱的扣减原则如图 A-12～图 A-14 所示（符合算量）。

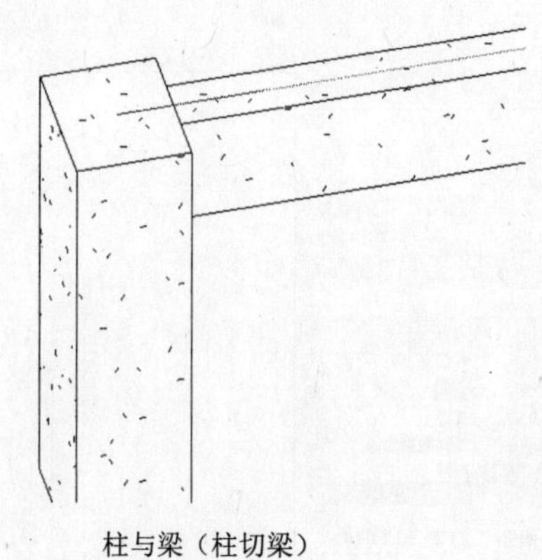

柱与梁（柱切梁）

图 A-12

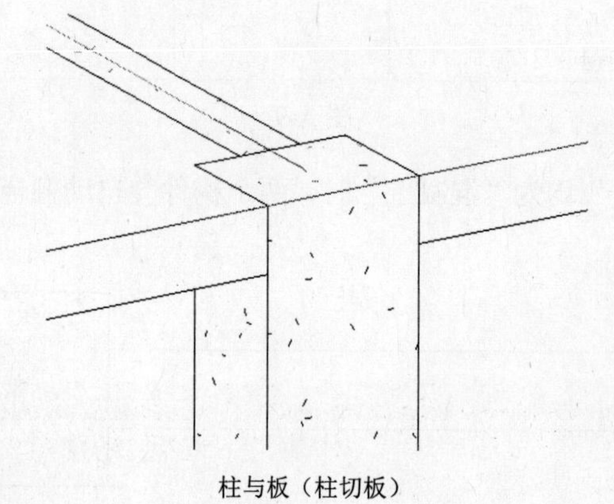

柱与板（柱切板）

图 A-13

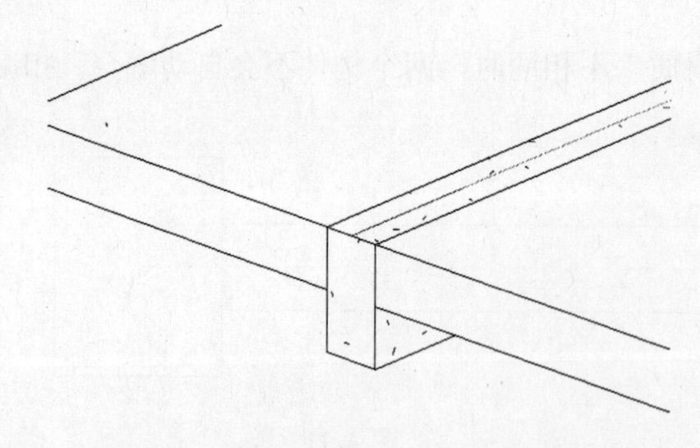

梁与板（梁切板）

图 A-14

（3）墙与其他结构构件的扣减规则如图 A-15、图 A-16 所示（便于统计工程量）。

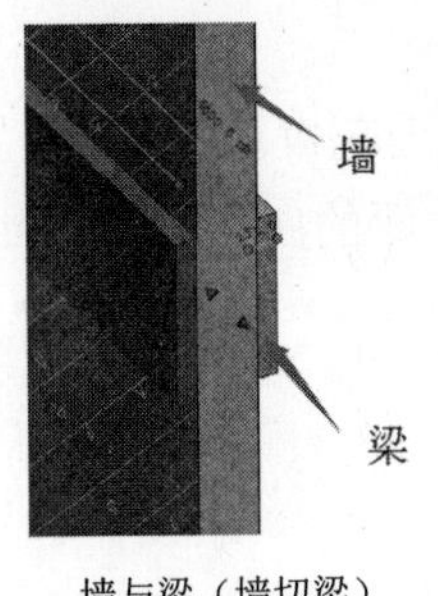

墙与梁（墙切梁）

图 A-15

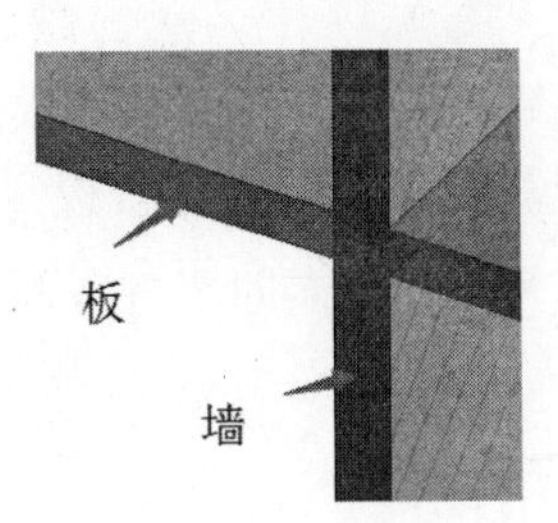

墙与板（墙切板）

图 A-16

A.4 墙

绘制墙时建立三道墙：外饰+基墙+内饰，基墙指混凝土墙、砌块墙等结构及二次结构墙体；外墙指从基墙到外饰面的所有构造层组成的一道墙体；内墙指从基墙到室内装修饰面的所有构造层组成的一道墙体，如图 A-17 所示。

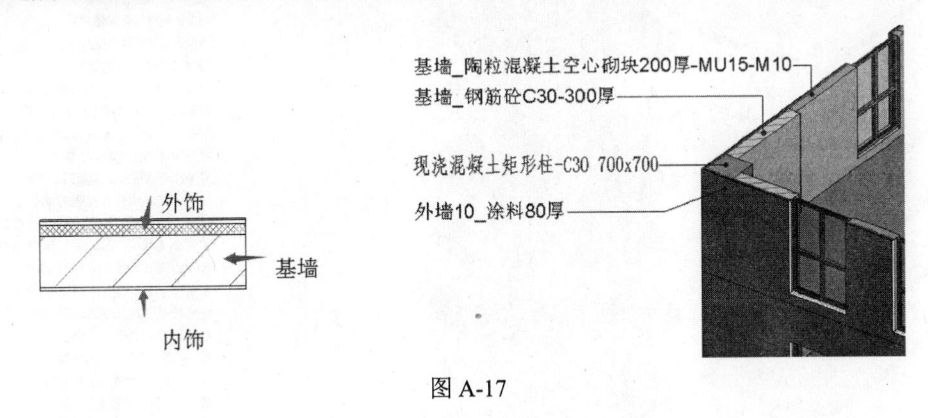

图 A-17

绘制基墙时，注意墙的顶部限制条件，底部约束应从结构标高到结构标高。

A.5 门窗

门、窗族运用嵌套的方式加过梁，可以单独统计工程量，节省时间（过梁参数可在门参数中修改，无须单独在每个门上画过梁）。

门板、五金件等构件用嵌套方式制作，均可单独统计工程量。

A.6 楼地面

调用系统族库三道楼地面的建模方式为：面层+基础+天花板。

基础指混凝土楼板等结构楼板；面层指从基础到上表面的所有构造层组成的一道楼地面；天花板指基础到下表面所有的构造层，如天花板等。

A.7 屋面

同“楼地面”，屋面同墙体、楼地面等系统族，均按国标图集 05J909 工程做法制作，使用时可直接调用（购买柏慕 1.0 软件，赠送系统族库），如图 A-18 所示。

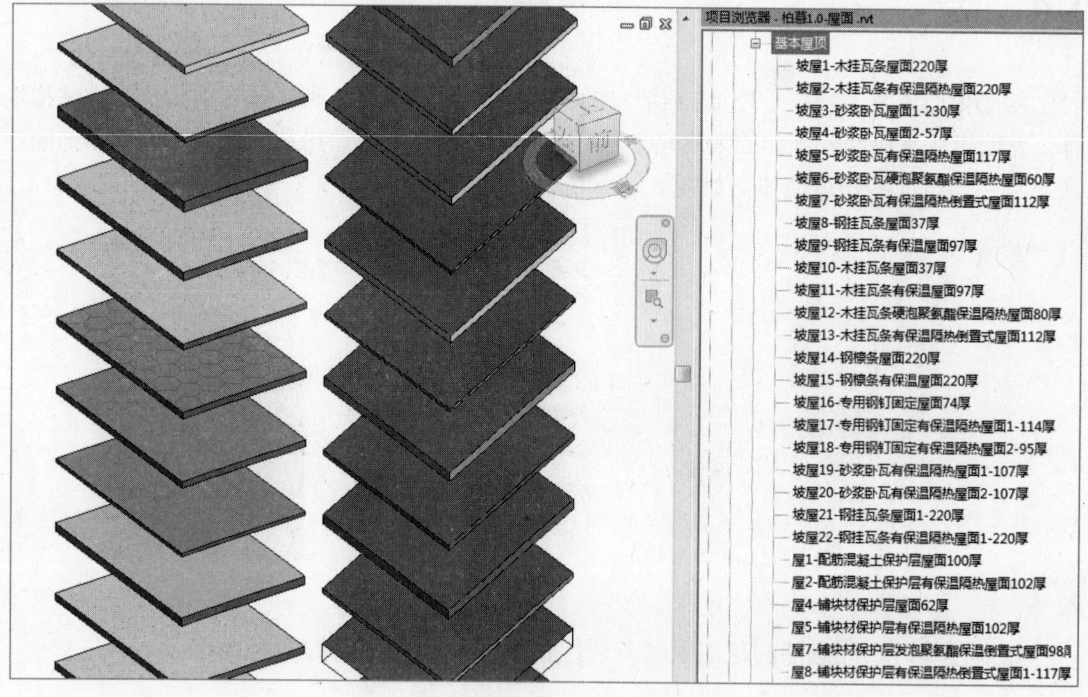

图 A-18

附录 B　出图

B.1　视图样板

视图样板是一系列视图属性，例如视图比例、规程、详细程度以及可见性设置等。使用视图样板可以为视图应用标准设置。使用视图样板可以确保遵守公司标准，并实现施工图文档集的一致性。

建立视图样板前，请先确定要使用视图的方式，确定对于每种视图（楼板平面视图、立面视图、剖面视图、3D 视图等），要用哪些具体形式。例如，建筑师可能会使用许多形式的楼板平面视图，如动力和信号、隔板、拆除、家具和放大等视图。

我们可以为每个形式建立视图样板，以控制品类、视图比例详细等级、图形显示选项等的可见性/图形取代的设定。

B.1.1 视图样板的设置

视图样板的设置主要以以下几个方面为例（柏慕 2.0 样板中有更多设置），如图 B-1 所示。

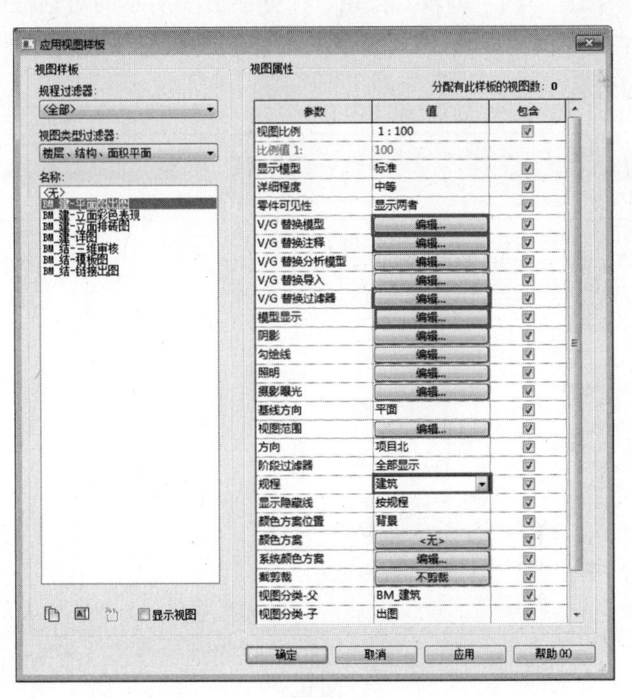

图 B-1

1. V/G 替换模型

单击“V/G 替换模型”的“编辑”按钮，在如图 B-2 所示的对话框中“可见性”一栏勾选样板中需要显示的构件，不需要显示的构件取消勾选。

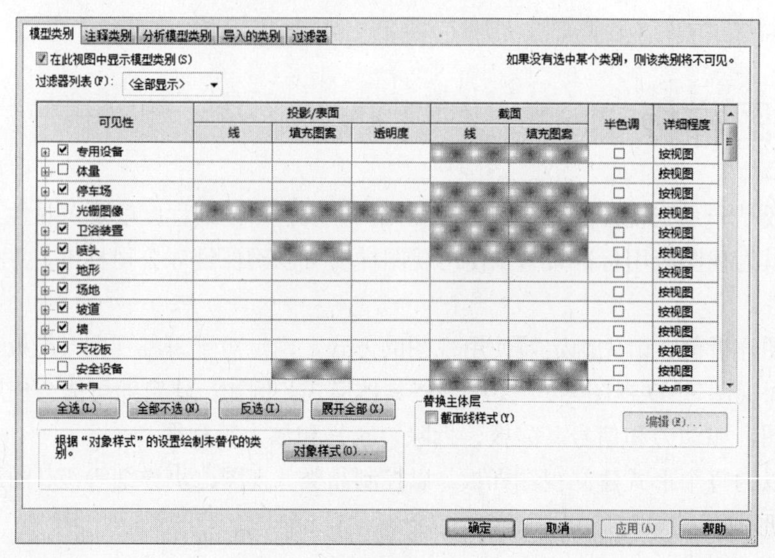

图 B-2

2. V/G 替换注释

单击“V/G 替换注释”的“编辑”按钮，在如图 B-3 所示的对话框中“可见性”一栏勾选样板中需要显示的注释类型，不需要显示的构件取消勾选（一般“参照平面”“参照点”“参照线”可取消勾选）。

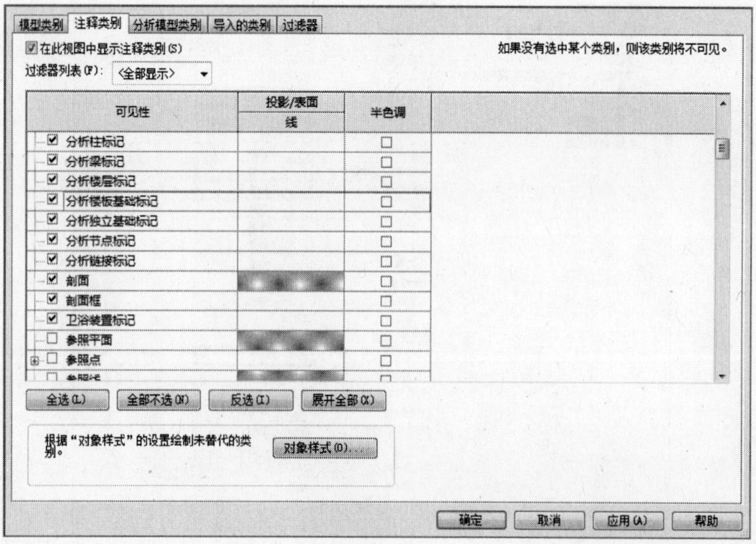

图 B-3

3．V/G 替换过滤器

单击“V/G 替换过滤器”的“编辑”按钮，在“可见性”一栏勾选样板中需要显示的系统类型，不需要显示的构件取消勾选。

4．模型显示

单击“V/G 替换过滤器”的“编辑”按钮，在如图 B-4 所示的对话框中设置模型显示样式及轮廓线。

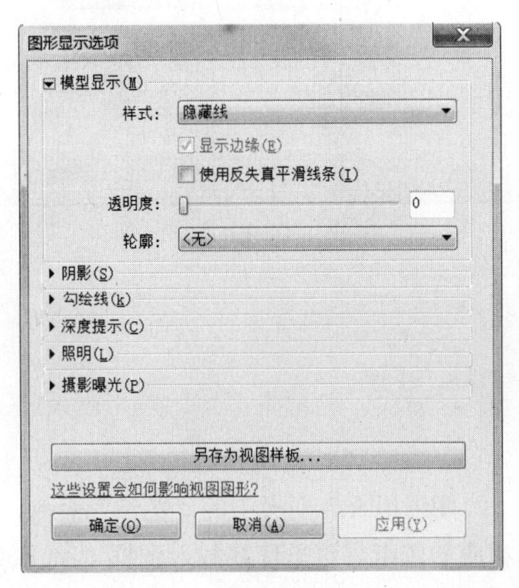

图 B-4

B.1.2 视图样板的应用

为使各面规范化，模型绘制完成后，可通过统一应用“视图样板”对各个面进行处理，在属性栏中选择“视图样板”，在弹出的“应用视图样板”对话框中选择对应的视图样板，如图 B-5、图 B-6 所示。

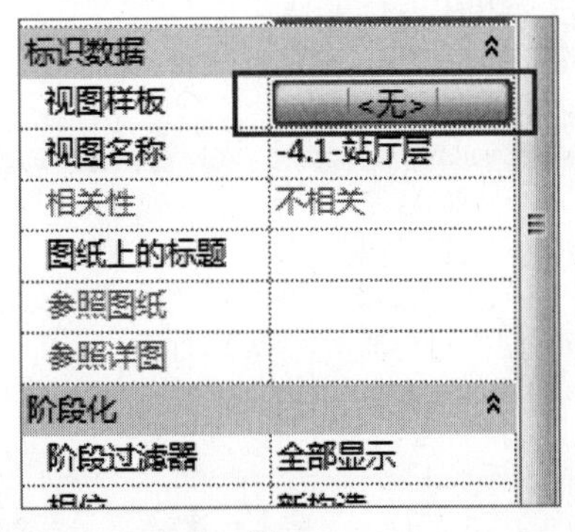

图 B-5

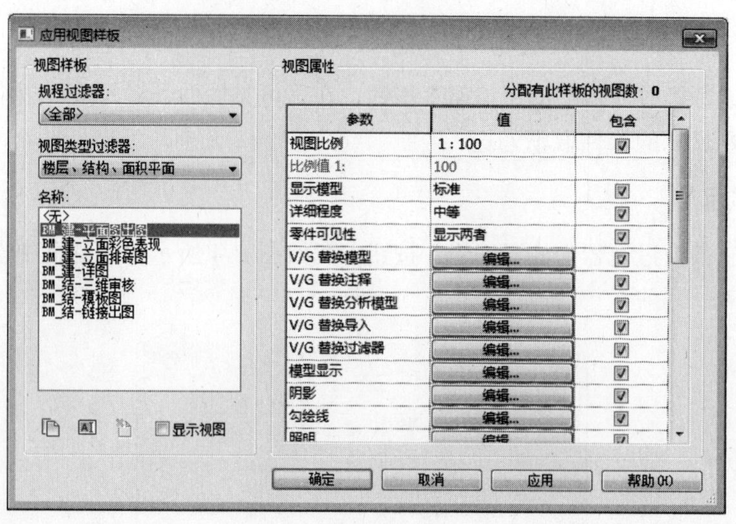

图 B-6

B.2 图纸创建

1. 创建图纸

单击“视图”选项卡下“图纸组合”面板中的“图纸”命令，在弹出的“新建图纸”对话框中通过“载入”得到相应的图纸。这里选择载入图框“A1 公制”，单击“确定”按钮，完成图纸的新建，如图 B-7 所示。

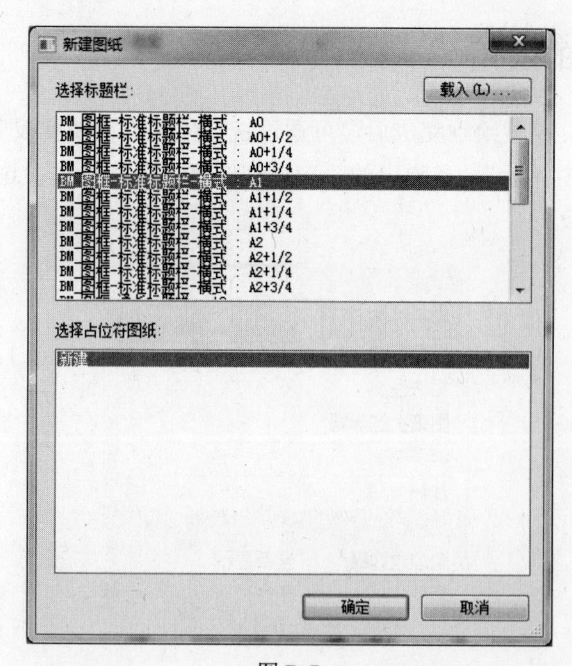

图 B-7

此时创建了一个图纸视图，如图 B-8 所示，创建图纸视图后，在项目浏览器中“图纸”项下自动增加了图纸“J0-1-未命名”。

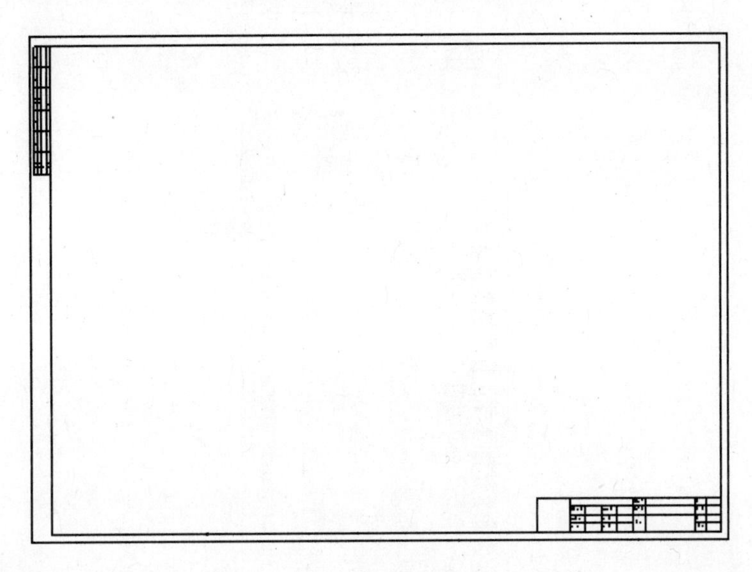

图 B-8

2. 设置项目信息

单击“管理”选项卡下“设置”面板中的“项目信息”按钮，按图 B-9 所示的内容录入项目信息，单击“确定”按钮，完成录入。

项目属性
族(F)：系统族：项目信息
载入(L)...
类型(T)：
编辑类型(E)...
实例参数 - 控制所选或要生成的实例

参数	值
文字	
工程负责人	
工程名称	
建设单位	
施工图审查批准单位	
施工图审查批准书证号	
图别	
备注	
工程编号	
日期	
设计单位名称	
标识数据	
组织名称	
组织描述	
建筑名称	
作者	
能量分析	
能量设置	编辑...
其他	

确定 取消

图 B-9

图纸里的审核者、设计者等内容可在图纸“属性”中进行修改，如图 B-10 所示。

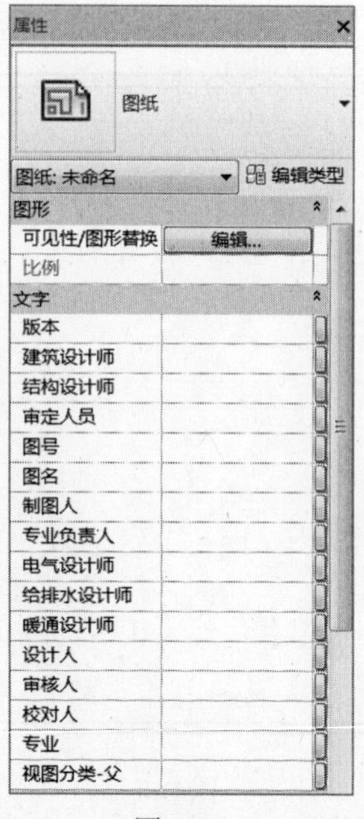

图 B-10

3. 设置图纸信息

设置图纸的分类，与设置楼层平面相同，通过“视图分类-父”确定，如图 B-11 所示。

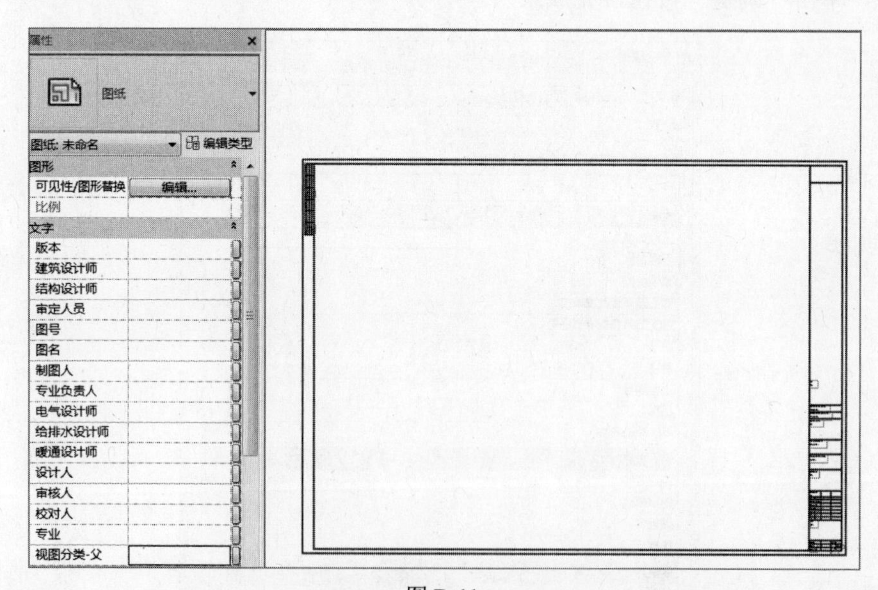

图 B-11

> **注意**
>
> “视图分类-父”参数是通过添加共享参数自行添加的。

在“属性”栏中设置图纸编号和图纸名称，如图 B-12 所示。

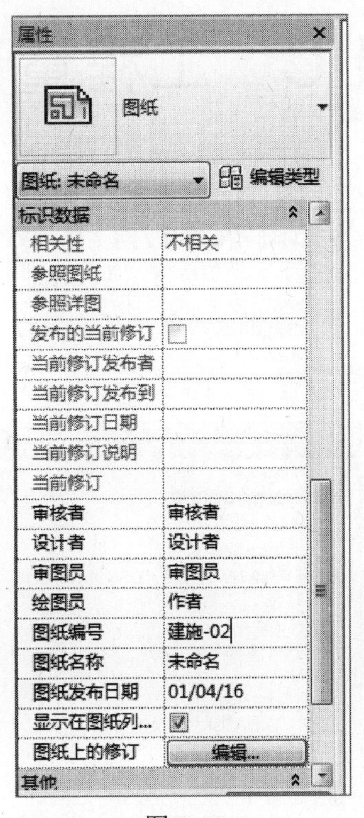

图 B-12

至此，完成了图纸的创建和相关信息的设置。

注意

具体导出步骤在此不做赘述，请参考 14.5 节“导出 DWG 与导出设置”。拥有柏慕 1.0 插件的读者，可直接使用柏慕 2.0 导出设置。

附录 C　工程量计算

C.1　完成从 Revit 明细表到清单表格的制作

Step 01 进入当前要导出的明细表中，单击应用程序菜单下的“导出”按钮，选择“报告”下的“明细表”选项，如图 C-1 所示。

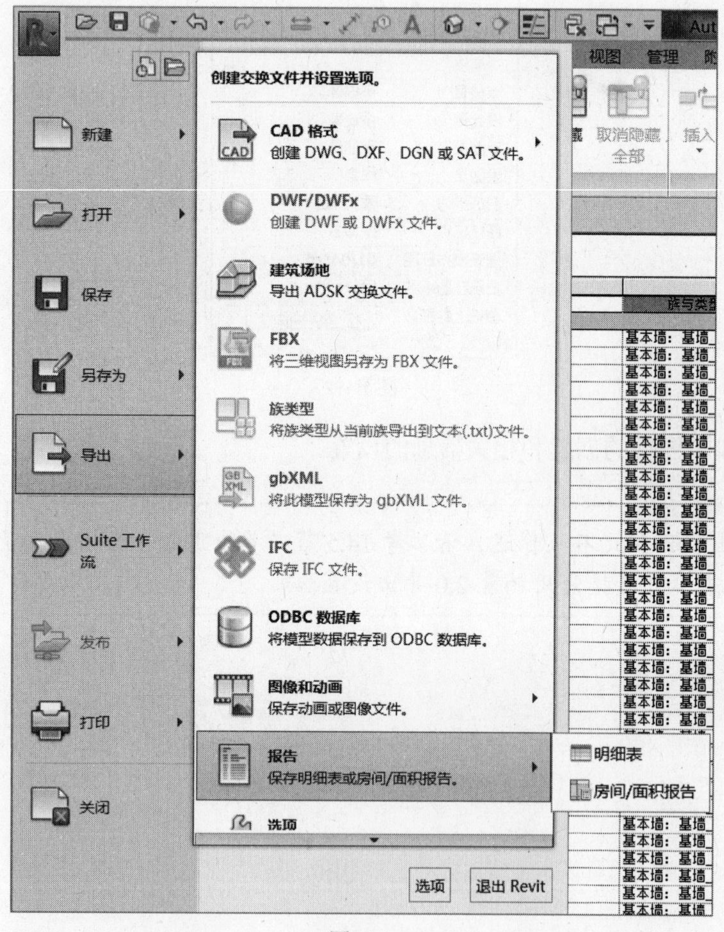

图 C-1

Step 02 选择该明细表路径及明细表名称，如果不做修改，系统默认明细表名称作为导出明细表名字，如图 C-2 所示。

图 C-2

Step 03 新建 Excel 表格，重命名，然后打开表格，将第一列设为文本格式，如图 C-3 所示。

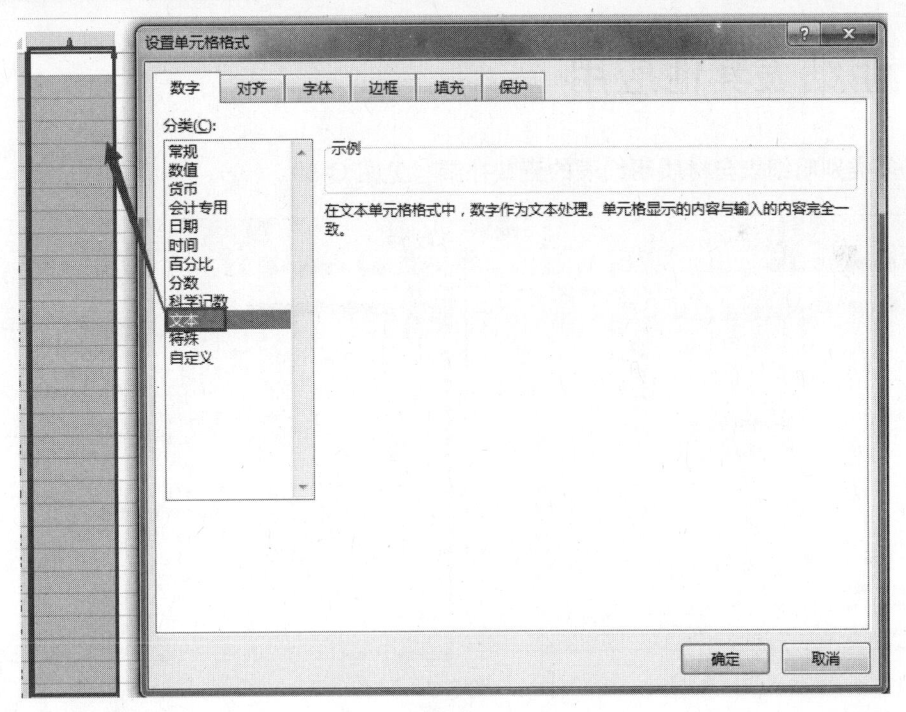

图 C-3

Step 04 打开导出的清单明细表，复制所有的内容到新建的 Excel 表格中，稍作调整即可，如图 C-4 所示。

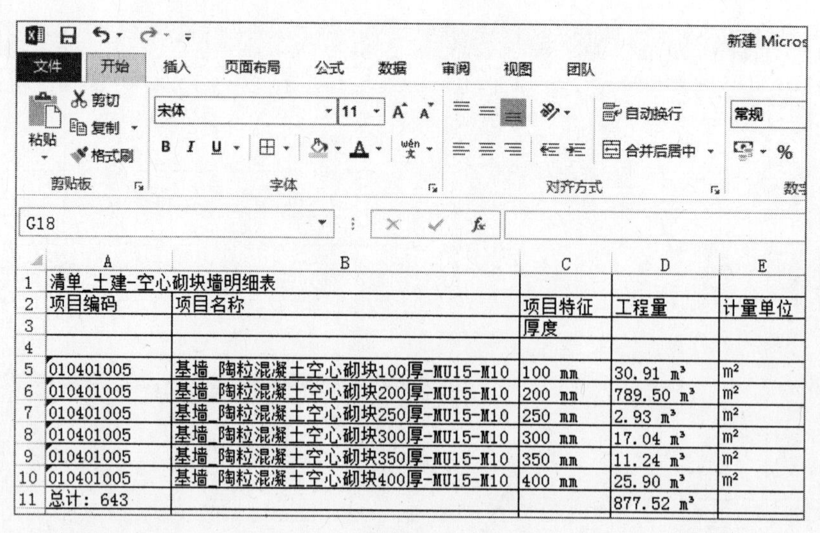

	A	B	C	D	E
1	清单_土建-空心砌块墙明细表				
2	项目编码	项目名称	项目特征	工程量	计量单位
3			厚度		
4					
5	010401005	基墙_陶粒混凝土空心砌块100厚-MU15-M10	100 mm	30.91 m³	m²
6	010401005	基墙_陶粒混凝土空心砌块200厚-MU15-M10	200 mm	789.50 m³	m²
7	010401005	基墙_陶粒混凝土空心砌块250厚-MU15-M10	250 mm	2.93 m³	m²
8	010401005	基墙_陶粒混凝土空心砌块300厚-MU15-M10	300 mm	17.04 m³	m²
9	010401005	基墙_陶粒混凝土空心砌块350厚-MU15-M10	350 mm	11.24 m³	m²
10	010401005	基墙_陶粒混凝土空心砌块400厚-MU15-M10	400 mm	25.90 m³	m²
11	总计：643			877.52 m³	

图 C-4

注意

如需“2013 国家分部分项清单”即《建设工程工程量清单计价规范》(GB50500-2013)，可到柏慕网站下载：www.51bim.com。

C.2 明细表其他应用

1. 多类别明细表与材质明细表的查缺补漏（见图 C-5）

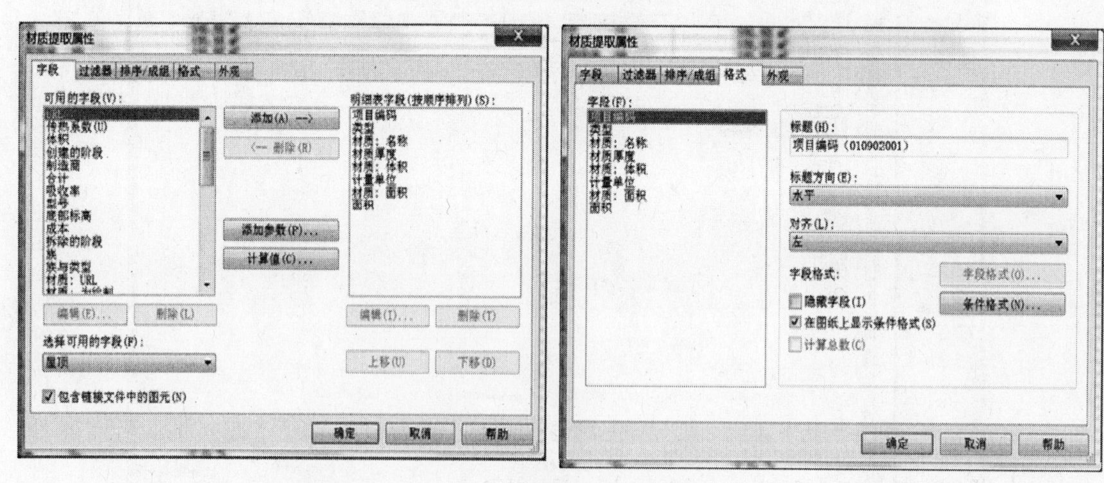

图 C-5

2. 嵌套族的工程量统计

嵌套进族里的族需要在“族参数”中将“共享”勾选，且无论嵌套了几层，所有嵌套的族均需勾选“共享”，才能通过明细表统计，如图 C-6 所示。

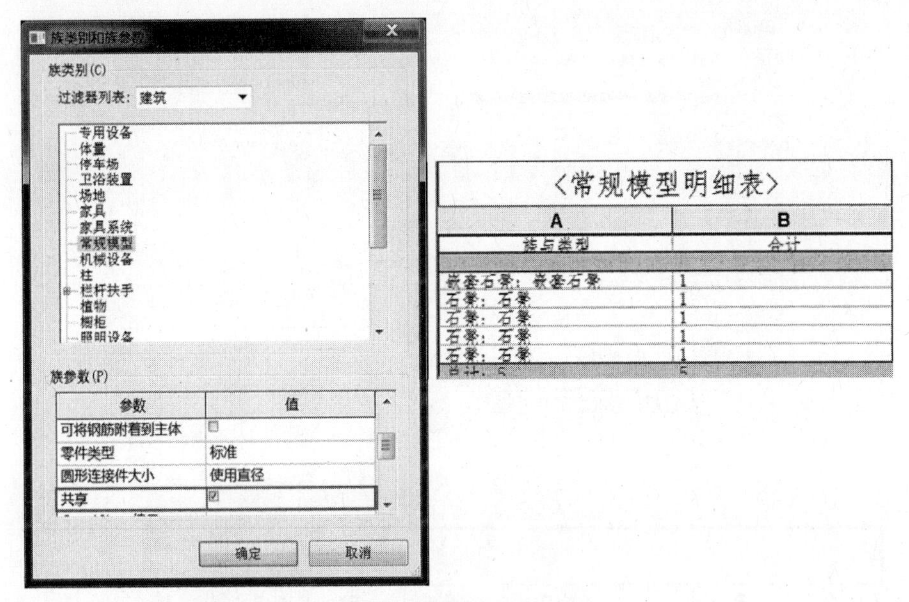

<常规模型明细表>	
A	B
族与类型	合计
嵌套石景: 嵌套石景	1
石景: 石景	1
石景: 石景	1
石景: 石景	1
石景: 石景	1
总计: 5	5

图 C-6

3．门窗包络工程量统计

项目中设置共享参数，窗户族中同样可使用共享参数，如图 C-7 所示。

图 C-7

在明细表字段中添加相应的字段，如图 C-8 所示。

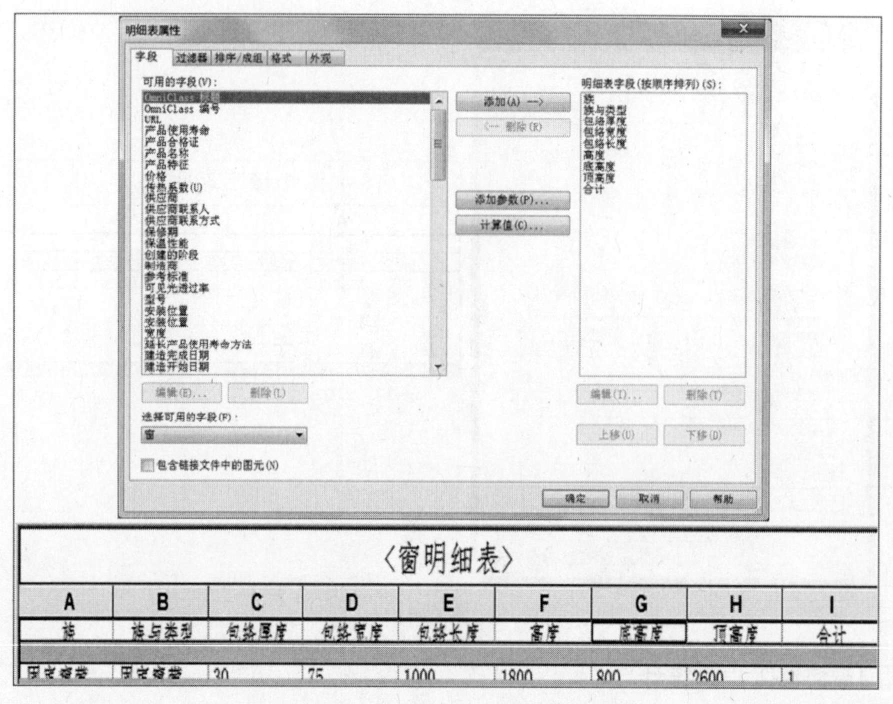

图 C-8

计算窗户包络面积，单击“计算值”分别填写名称、类型公式，如图 C-9 所示。

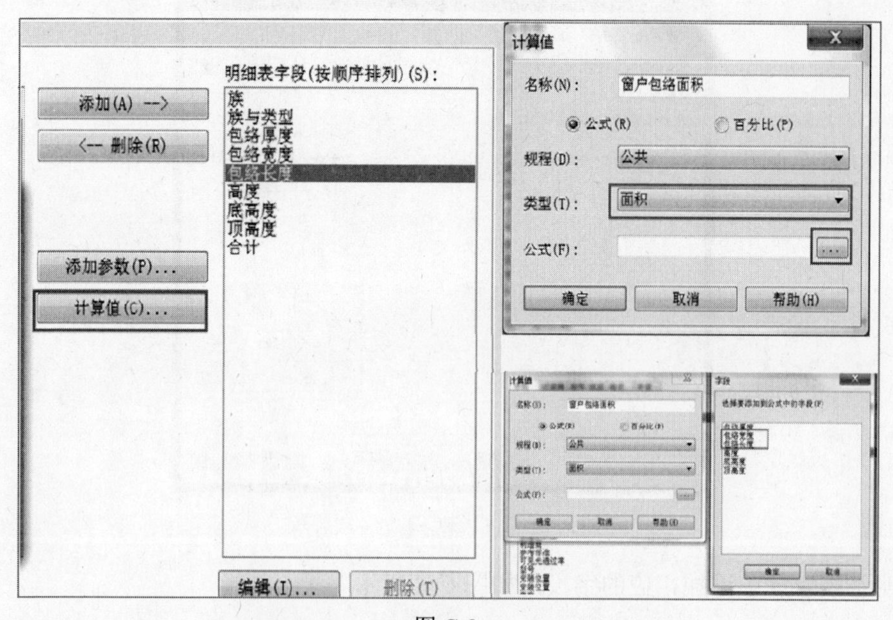

图 C-9

添加完公式统计出窗户包络面积的工程量。符号需要在英文状态下输入更改格式单位，窗户包络面积会统计出来，如图 C-10 所示。

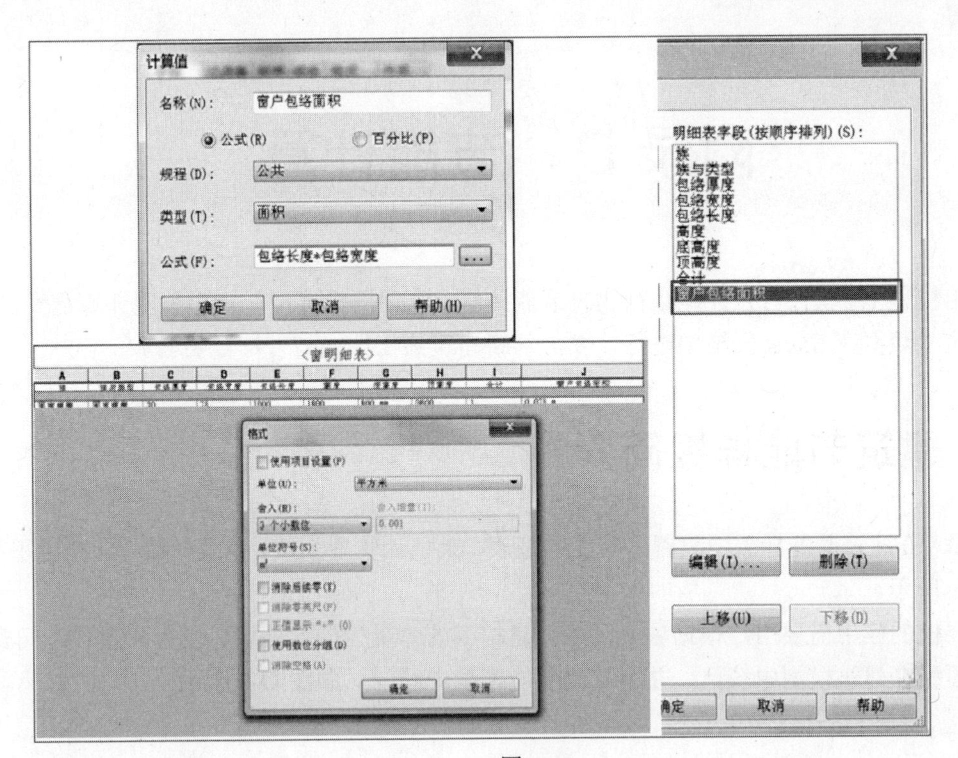
计算值
名称(N): 窗户包络面积
公式(R)
百分比(P)
规程(D): 公共
类型(T): 面积
公式(F): 包络长度*包络宽度
确定
取消
帮助(H)
〈窗明细表〉
格式
使用项目设置(P)
单位(U): 平方米
舍入(R):
舍入增量(I):
3 个小数位
0.001
单位符号(S):
消除后续零(T)
消除零英尺(F)
正值显示"+"(O)
使用数位分组(D)
消除空格(A)
确定
取消
明细表字段(按顺序排列)(S):
族
族与类型
包络厚度
包络宽度
包络长度
高度
底高度
顶高度
合计
窗户包络面积
编辑(I)...
删除(T)
上移(U)
下移(D)
确定
取消
帮助
图 C-10

附录 D　节能计算

使用柏慕 1.0 软件可方便地进行建筑节能计算，利用体量模型统计出节能计算需要的数据，将这些数据在 Excel 表格中进行计算，判断建筑热工性能是否符合要求。

D.1　建筑节能样板简介

柏慕 1.0 建筑节能样板中设置了节能明细表，来统计体型系数，以及外墙、外窗面积等，如图 D-1 所示。

该样板的应用需要用户根据项目形状创建相应的体量模型、外墙、楼板和屋顶，门窗、幕墙的面积在建筑模型中统计，并不在此节能模型中统计，如图 D-2 所示。

柏慕 1.0 建筑节能模板简介

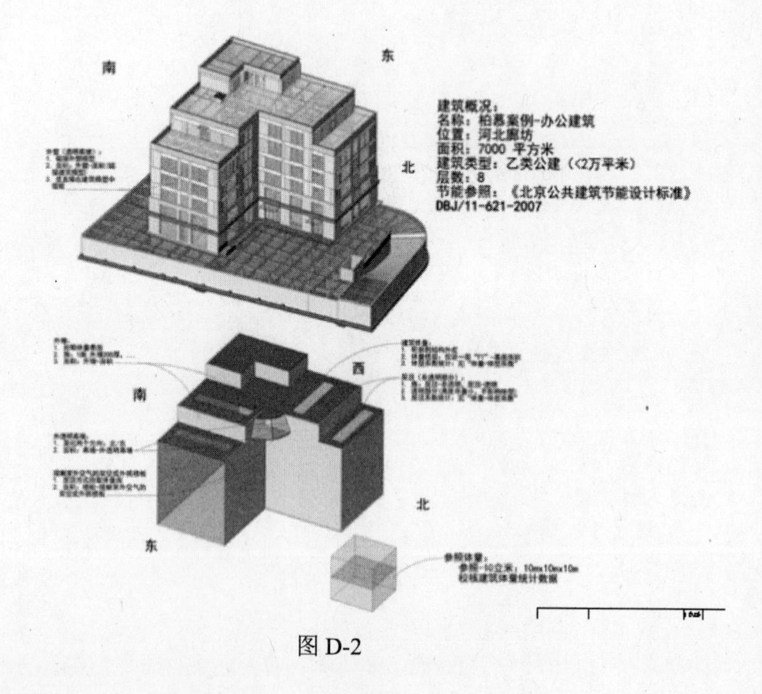

- 明细表/数量
  - 节能_1.体量-体型系数
  - 节能_2.外墙-面积
  - 节能_3a.外窗-面积(参见“建筑模型”)
  - 节能_3b.幕墙-外透明幕墙(参见“建筑模型”)
  - 节能_3c.外透明门-面积(参见“建筑模型”)
  - 节能_4.屋面-透明与非透明屋面
  - 节能_5.楼板-接触室外空气或外挑楼板
- 图纸 (柏慕-节能)
  - **节能-01 - 节能样板要点**
  - 节能-02 - 报表与模型数据对照

图 D-1

图 D-2

D.2　搭建模型

1. 创建体量模型

Step 01 调整项目北和正北，将样板自带的说明和轴网删除，如图 D-3 所示。

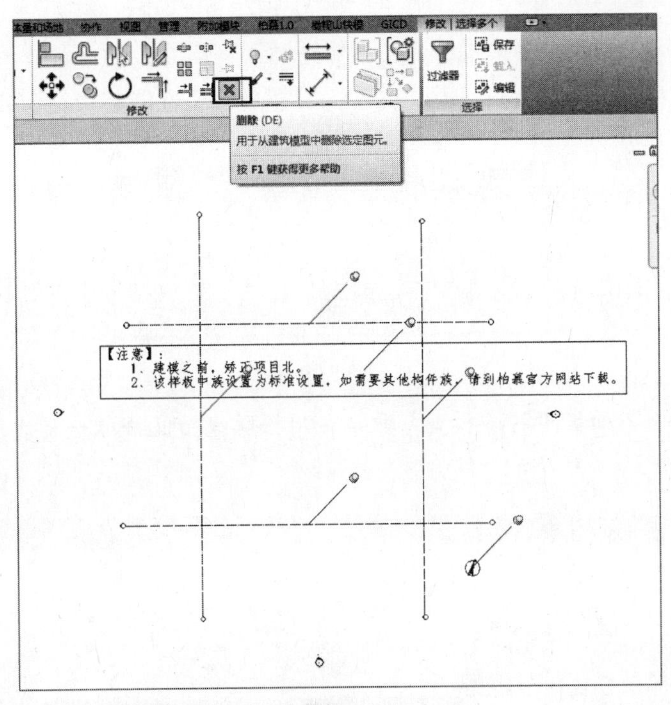

图 D-3

Step 02 单击“插入”选项卡下“链接”面板中的“链接 revit”命令，选择“柏慕 2.0 案例-建筑.rvt”，如图 D-4 所示。

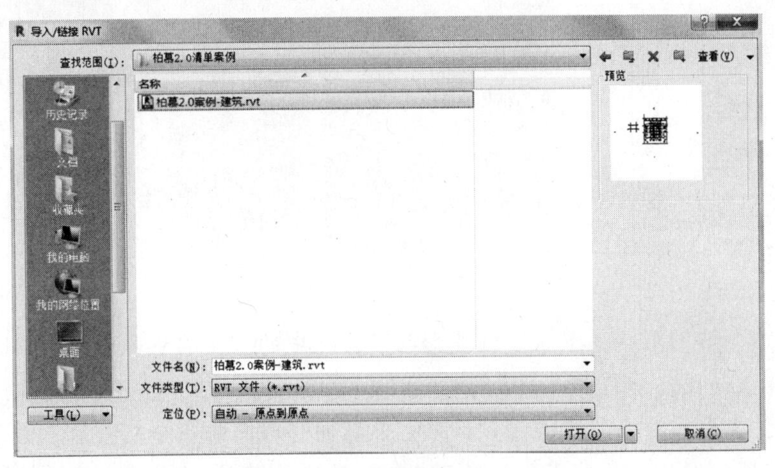

图 D-4

Step 03 进入场地平面，单击“体量和场地”选项卡下“概念体量”面板中的“内建体量”命令，如图 D-5 所示，新建体量命名为“节能体量”，如图 D-6 所示。

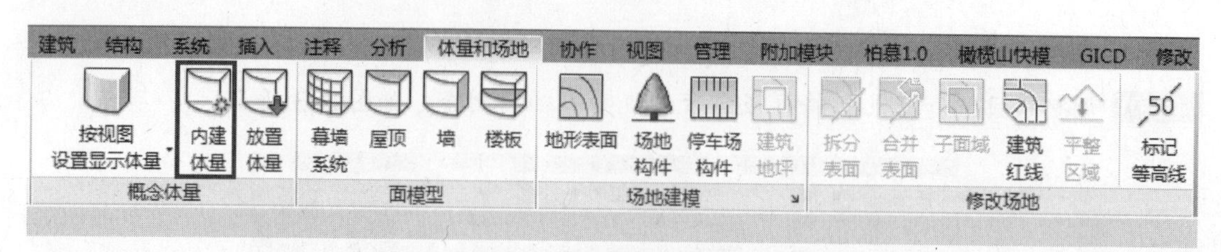

图 D-5

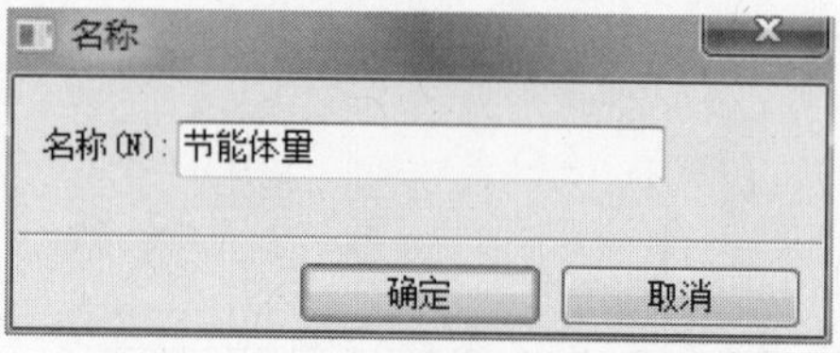

名称

名称(N): 节能体量

确定　取消

图 D-6

Step 04 选择“绘制”面板中的“模型”命令，用拾取线功能拾取一层建筑外墙的外边，如图 D-7 所示。

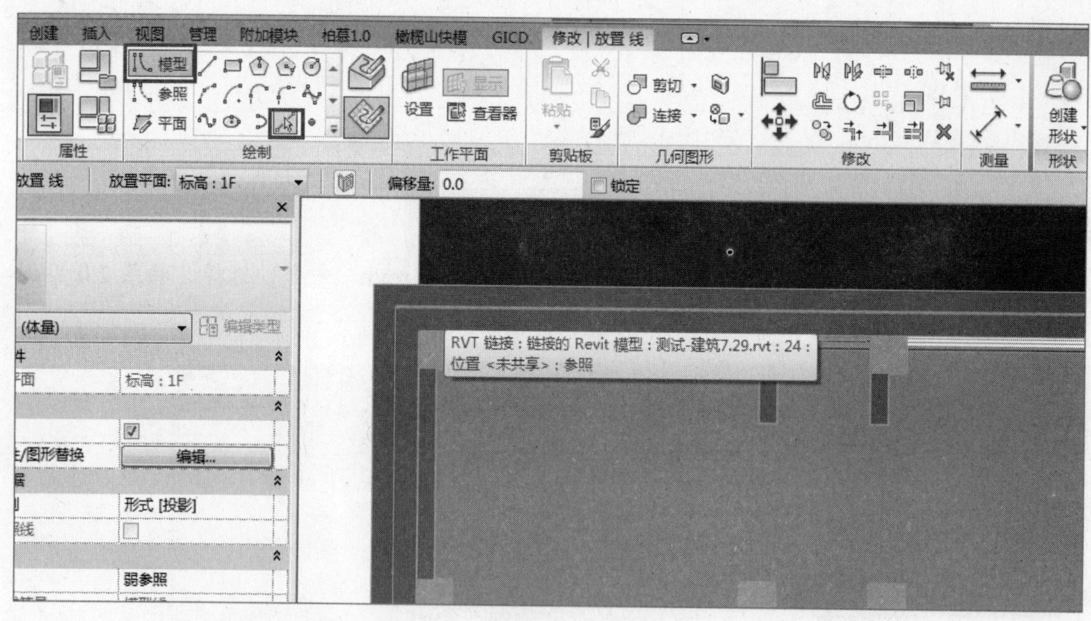

图 D-7

Step 05 选中绘制好的形状，单击“创建形状”面板中的“实心形状”命令，然后进入三维视图中修改体量高度，如图 D-8 所示。

Step 06 将体量上表面对齐到 5 层屋顶面层，然后同样在三维中分别拾取 6 层、机房层的边界形状，创建实心形状，最后得到如图 D-9 所示的体量模型。

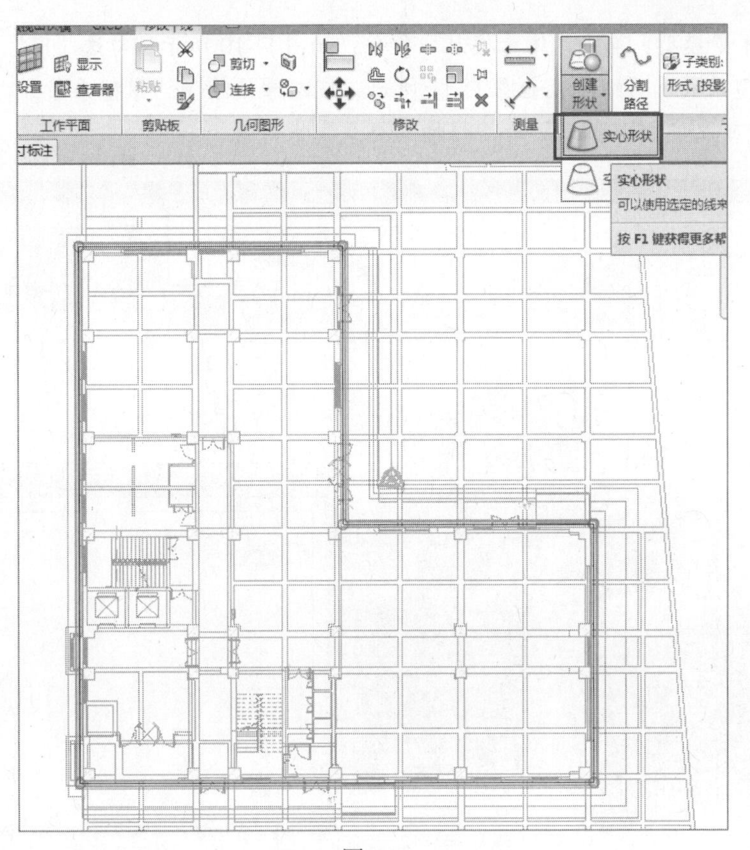
显示
设置
查看器
粘贴
剪切
连接
创建
形状
分割
路径
子类别:
工作平面
剪贴板
几何图形
修改
测量
实心形状
实心形状
寸标注

图 D-8

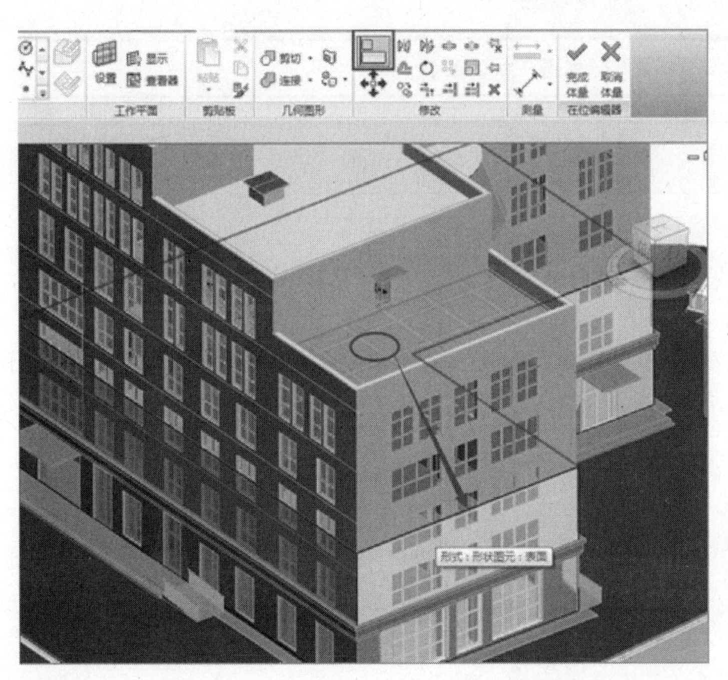
显示
设置
查看器
粘贴
剪切
连接
完成
体量
取消
体量
工作平面
剪贴板
几何图形
修改
测量
在位编辑器
形式：形状图元：表面

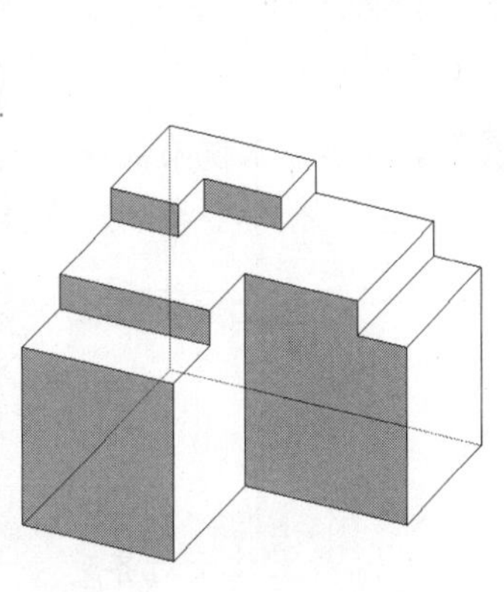

图 D-9

Step 07 选中体量模型，单击“体量楼层”命令，如图 D-10 所示，勾选“1F”，然后双击“节能_1.体量-体型系数”明细表，如图 D-11 所示，可以看见除了“体型系数”之外的数据都有了。体型系数可以用“橄榄山”的“明细表公式”来计算。

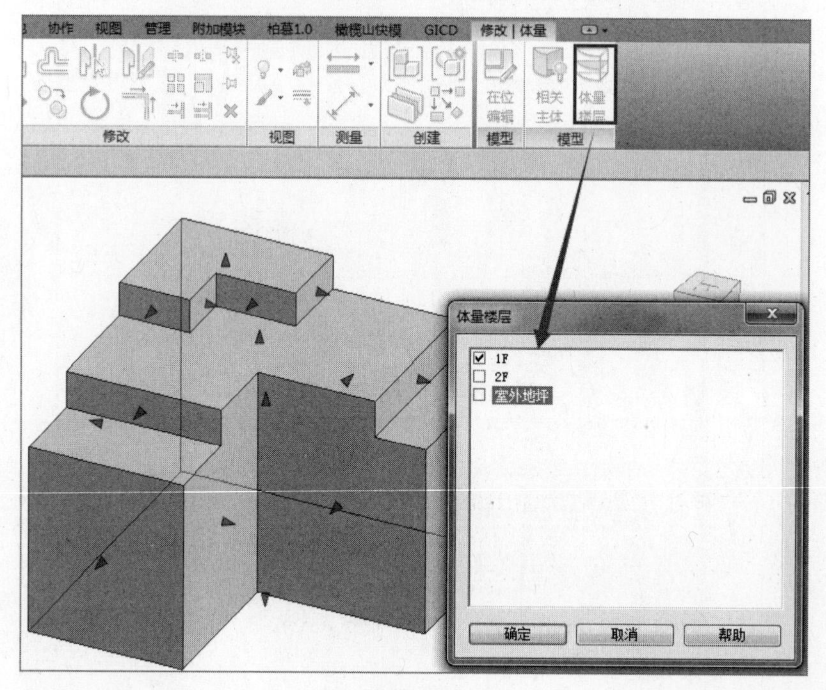

图 D-10

〈节能_1. 体量-体型系数〉

A	B	C	D	E	F
族与类型	总表面积（包括基底）	总楼层面积（基底面积）	外表面积	总体积	体型系数
节能体量：节能体量					
节能体量：节	5311	923	4388	21744	
节能体量：节能体量：1					
总计：1					

图 D-11

Step 08 单击“橄榄山快模”选项卡下“明细表工具”面板中的“明细表公式”命令，如图 D-12 所示，输入公式，如图 D-13 所示，单击确定即可，如图 D-14 所示。

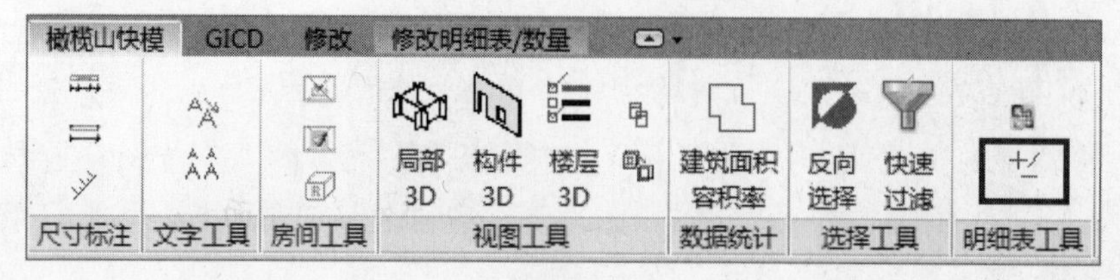

图 D-12

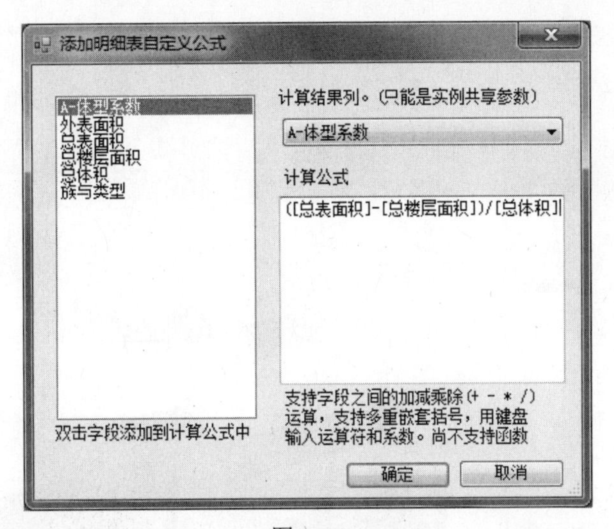

图 D-13

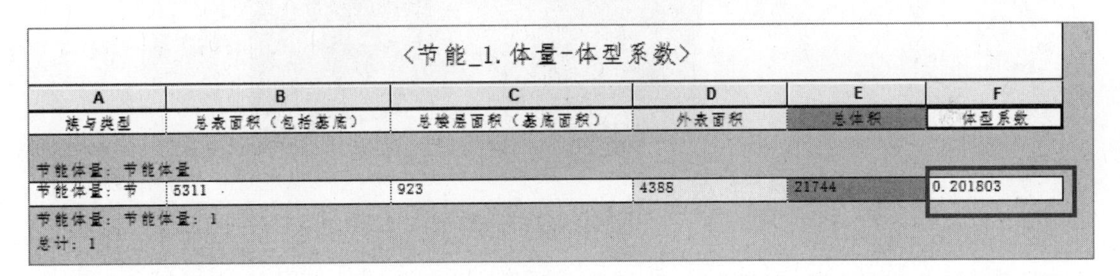

〈节能_1.体量-体型系数〉

A	B	C	D	E	F
族与类型	总表面积（包括基底）	总楼层面积（基底面积）	外表面积	总体积	体型系数
节能体量：节能体量					
节能体量：节	5311	923	4388	21744	0.201603
节能体量：节能体量：1					
总计：1					

图 D-14

2．创建墙体、屋顶、楼板

Step 01 单击“体量和场地”选项卡下“面模型”面板中的“墙”命令，如图 D-15 所示，拾取体量墙面直接生成建筑外墙，如图 D-16 所示。

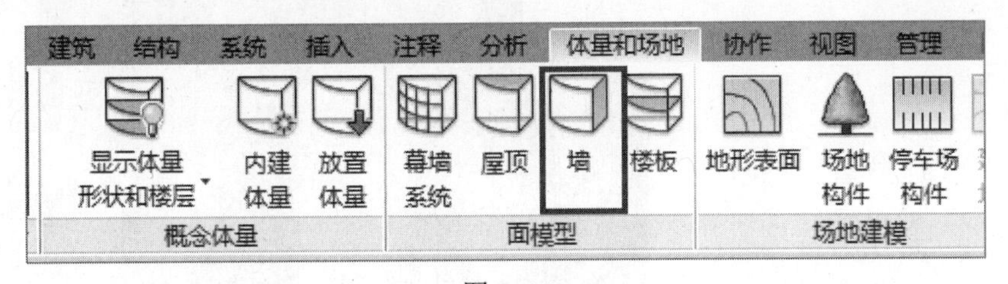

图 D-15

Step 02 根据朝向选中墙体，在“属性|文字”|“A-朝向”中输入方向，分别为 1 南、2 东、3 西、4 北（此顺序对应节能判定表中的排序），如图 D-17 所示。

Step 03 双击“节能_2.外墙-面积”明细表，在“明细表属性|格式”中选择面积，将计算总数勾选上，如图 D-18 所示，明细表中得出了各个朝向外墙的总面积，如图 D-19 所示。

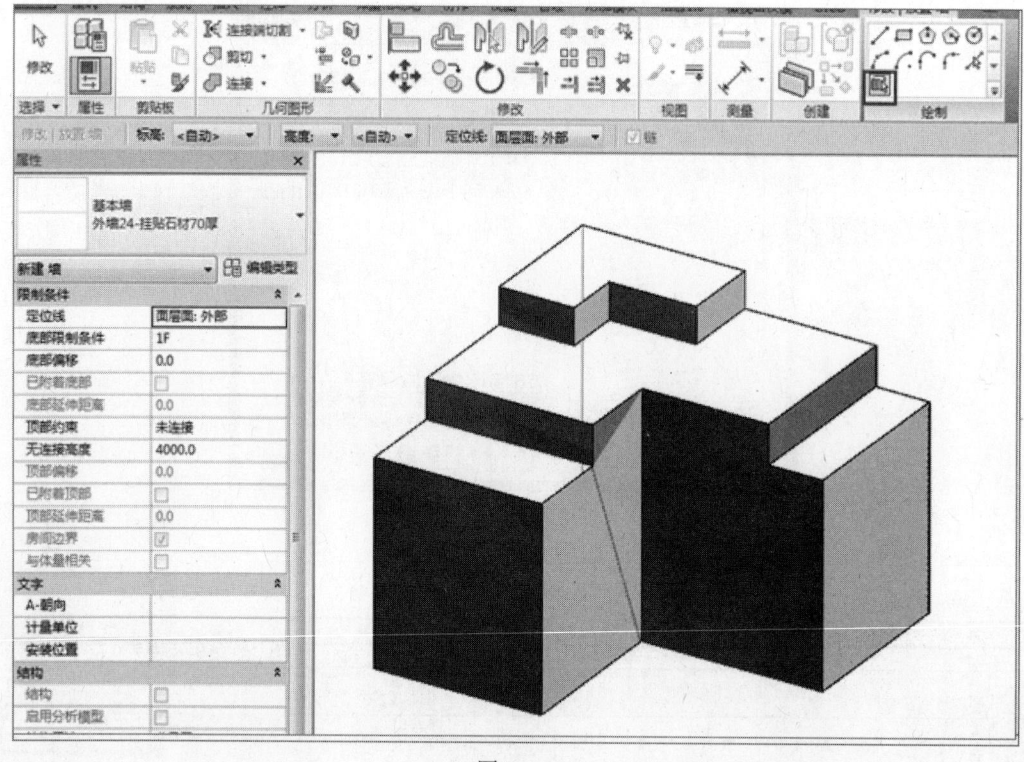

修改
选择
属性
剪贴板
连接端切割
剪切
连接
几何图形
修改
视图
测量
创建
绘制
标高: <自动>
高度:
<自动>
定位线: 面层面: 外部
链
属性
基本墙
外墙24-挂贴石材70厚
新建 墙
编辑类型
限制条件
定位线
面层面: 外部
底部限制条件
1F
底部偏移
0.0
已附着底部
底部延伸距离
0.0
顶部约束
未连接
无连接高度
4000.0
顶部偏移
0.0
已附着顶部
顶部延伸距离
0.0
房间边界
与体量相关
文字
A-朝向
计量单位
安装位置
结构
结构
启用分析模型

图 D-16

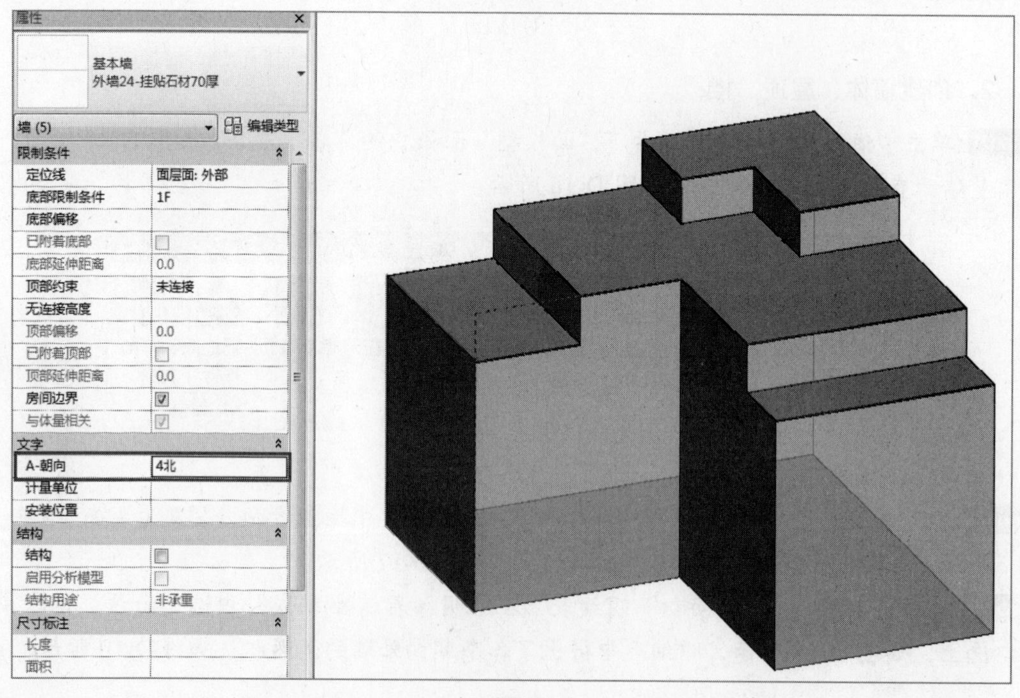

属性
基本墙
外墙24-挂贴石材70厚
墙 (5)
编辑类型
限制条件
定位线
面层面: 外部
底部限制条件
1F
底部偏移
已附着底部
底部延伸距离
0.0
顶部约束
未连接
无连接高度
顶部偏移
0.0
已附着顶部
顶部延伸距离
0.0
房间边界
与体量相关
文字
A-朝向
4北
计量单位
安装位置
结构
结构
启用分析模型
结构用途
非承重
尺寸标注
长度
面积

图 D-17

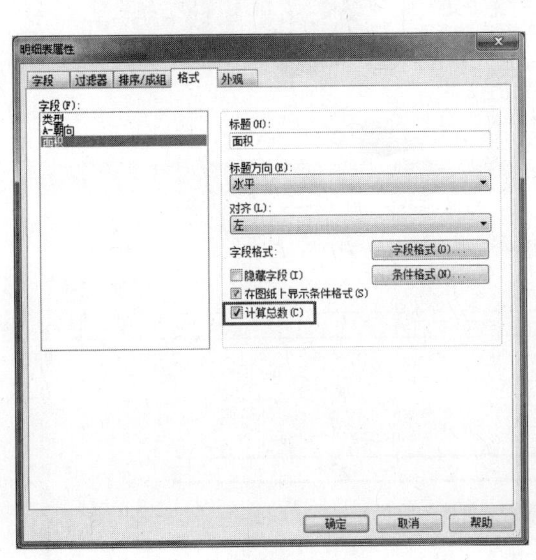

图 D-18

<节能_2. 外墙-面积>

A	B	C
类型	朝向	面积
1南		
外墙24-挂贴石	1南	847
1南：1		847
2东		
外墙24-挂贴石	2东	341
外墙24-挂贴石	2东	417
外墙24-挂贴石	2东	66
外墙24-挂贴石	2东	28
外墙24-挂贴石	2东	32
2东：5		883
3西		
外墙24-挂贴石	3西	881
3西：1		881
4北		
外墙24-挂贴石	4北	369
外墙24-挂贴石	4北	358
外墙24-挂贴石	4北	70
外墙24-挂贴石	4北	29
外墙24-挂贴石	4北	21
4北：5		847
总计：12		3458

图 D-19

注意

不是正南正北朝向的建筑，根据节能规范上的朝向划分来定墙体属于哪个朝向，如图 D-20 所示。

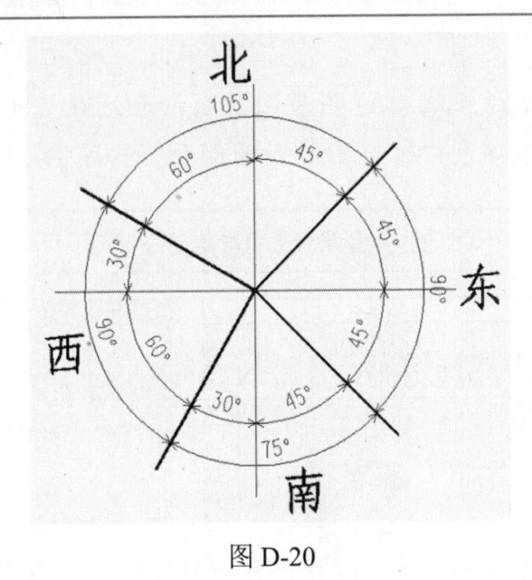

图 D-20

Step 04 用上述方法创建屋顶，如图 D-21 所示。选中创建好的屋顶，在“类型属性|类型标记”中输入“屋面”，如图 D-22 所示。

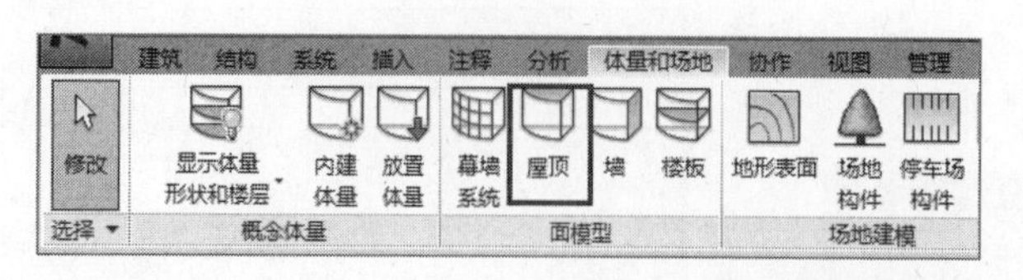

图 D-21

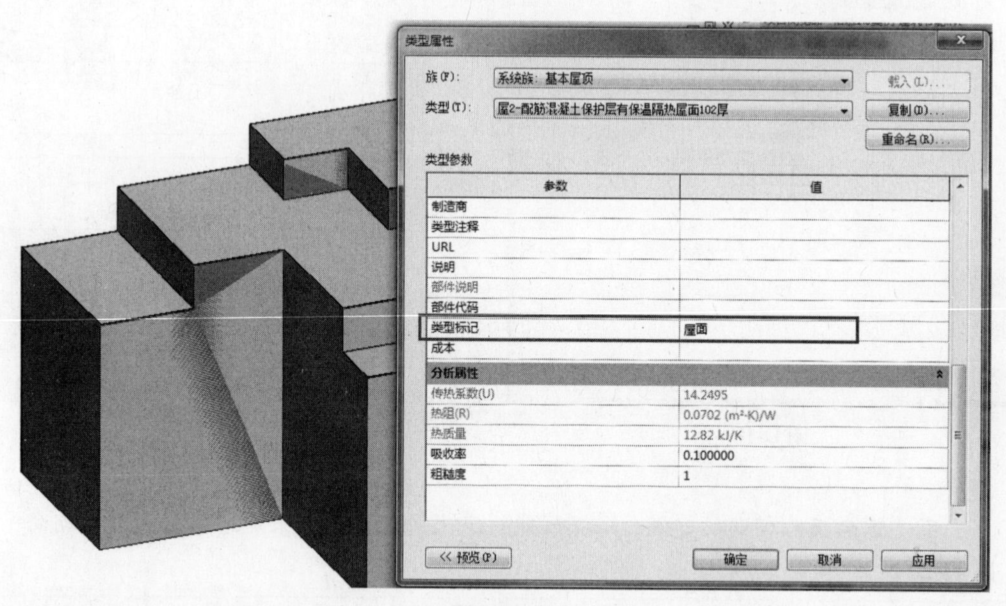

图 D-22

Step 05 双击“节能_4.屋面-透明与非透明屋面”明细表，在“明细表属性|格式”中选择面积，将计算总数勾选上，明细表中可得出屋面的面积，如图 D-23 所示。

<节能_4. 屋面-透明与非透明屋面>

A	B	C	D
类型标记	族与类型	面积	百分比
基本屋顶：屋2-配筋混凝土保护层有保温隔热屋面102厚			
屋面	基本屋顶：屋2-配筋混凝土保护层有保	923	100%
基本屋顶：屋2-配筋混凝土保护层有保温隔热屋面102厚：		923	
总计：1		923	

图 D-23

楼板和屋顶的创建方式一样，用面屋顶创建接触室外空气或外挑楼板，在类型标记中标记为楼板。

D.3　统计门窗、幕墙面积

Step 01 在“柏慕 1.0 案例-建筑”模型中根据朝向选中门窗、幕墙，在“属性面板|文字”|“A-朝向”中输入方向（1 南、2 东、3 西、4 北）。

Step 02 分别双击“节能_3a.外窗-面积”“节能_3b.幕墙-外透明幕墙”“节能_3c.外透明门”明细表，在“明细表属性|格式”中选择面积，将计算总数勾选上，明细表中得出门窗、幕墙各个朝向的面积，如图 D-24～图 D-26 所示。

<窗面积明细表>

A	B	C	D
族与类型	朝向	窗数量	窗面积
BM_铝合金单扇窗：C1030	4北	4	12.00 m²
BM_铝合金单扇窗：C1031	4北	8	24.40 m²
BM_铝合金单扇窗：C1130	4北	4	13.20 m²
			49.60 m²
BM_铝合金单扇窗：C0828	3西	4	9.52 m²
BM_铝合金单扇窗：C0830	3西	2	5.19 m²
BM_铝合金单扇窗：C0928	3西	5	12.60 m²
BM_铝合金单扇窗：C0928A	3西	4	10.64 m²
BM_铝合金单扇窗：C1028	3西	14	39.20 m²
			77.15 m²
BM_铝合金三扇（三分）上悬窗：C2836	2东	1	10.08 m²
BM_铝合金单扇上悬窗：C0824	2东	2	3.84 m²
BM_铝合金单扇上悬窗：C0924A	2东	4	9.12 m²
BM_铝合金单扇上悬窗：C1024	2东	2	4.80 m²
			27.84 m²
BM_铝合金三扇（二分）上悬窗：C2825	1南	6	41.16 m²
BM_铝合金单扇上悬窗：C0924C	1南	5	10.80 m²
BM_铝合金单扇平开窗：C1212	1南	1	1.44 m²
BM_铝合金单扇平开窗：C1215	1南	1	1.80 m²
BM_铝合金双扇（三分）上悬窗：C1230A	1南	3	10.98 m²
BM_铝合金双扇（三分）上悬窗：C1328	1南	2	7.28 m²
BM_铝合金双扇（三分）上悬窗：C1331	1南	2	7.93 m²
BM_铝合金双扇（三分）上悬窗：C1428	1南	1	3.92 m²
			[illegible]

图 D-24

<门面积明细表>

A	B	C	D
朝向	族与类型	数量	洞口面积
4北	铝合金门连窗-双扇平开门：MLC1	1	16.17 m²
2东	铝合金门连窗-双扇平开门：MLC2	1	10.78 m²
1南	铝合金-双扇(二分)平开门：M1	2	13.86 m²
总计：4			40.81 m²

图 D-25

<节能_3b.幕墙-外透明幕墙(参见"建筑模型")>

A	B	C	D
幕墙类型	族与类型	朝向	面积
2东			
外透明幕墙	系统嵌板：玻璃	2东	7.90 m²
外透明幕墙	系统嵌板：玻璃	2东	9.11 m²
			17.01 m²
4北			
外透明幕墙	系统嵌板：玻璃	4北	7.90 m²
外透明幕墙	系统嵌板：玻璃	4北	9.11 m²
			17.01 m²
			34.02 m²

图 D-26

D.4 判定热工性能

将上述数据输入“节能计算汇报表中”，按表格中对数据进行计算，来判断其热工性能是否满足节能要求，如图 D-27 和图 D-28 所示。

Revit读取	统计	限值	设计

附录C－2乙类建筑热工性能判断表

工程号	工程名称	建筑面积	设计建筑窗（包括透明幕墙）墙比					单一朝向窗墙比限值	屋顶透明部分与屋顶总面积之比M		M的限值
xxx	柏慕样例-办公建筑	7000									
建筑外表面面积	建筑体积	体形系数		南	东	西	北				
4420	21361	0.21		**0.31**	**0.28**	**0.32**	**0.29**	≤0.70	**16%**		≤0.20
			窗	259	225	255	240		透明	147	
			透明幕墙		17	17					
			墙	846	867	860	830		总屋顶	908	

围护结构项目		设计建筑 传热系数Ki (W/m²·K)	设计建筑 遮阳系数SC	体形系数S：S≤0.3 传热系数限值W/（m²·K）	S≤0.3 遮阳系数SC	0.30<S≤0.40 传热系数限值W/（m²·K）	0.30<S≤0.40 遮阳系数SC	S>0.40 传热系数限值W/（m²·K）	S>0.40 遮阳系数SC
屋顶非透明部分		**0.55**		≤ 0.55		≤ 0.45		≤ 0.40	
屋顶透明部分		**1.7**	0.5	≤ 2.70	≤ 0.50	≤ 2.70	≤ 0.50	≤ 2.70	≤ 0.50
外墙		**0.6**		≤ 0.60		≤ 0.50		≤ 0.45	
外窗	窗墙面积比≤0.20			≤ 3.00	不限制	≤ 2.80	不限制	≤ 2.80	不限制
	0.20<窗墙面积比≤0.30	**1.7**		≤ 3.00	不限制	≤ 2.50	不限制	≤ 2.50	不限制
	0.30<窗墙面积比≤0.40	**1.7**	0.5	≤ 2.70	≤ 0.70	≤ 2.30	≤ 0.70	≤ 2.30	≤ 0.70
	0.40<窗墙面积比≤0.50			≤ 2.30	≤ 0.60（不限制）	≤ 2.00	≤ 0.60	≤ 2.00	≤ 0.60
	0.50<窗墙面积比≤0.70			≤ 2.00	≤ 0.50	≤ 1.80	≤ 0.50	≤ 1.80	≤ 0.50
接触室外空气的架空或外挑楼板		**0.5**		≤ 0.50		≤ 0.50		≤ 0.50	
非采暖空调房间与采暖空调房间的隔墙或楼板		**1.5**		≤ 1.50		≤ 1.50		≤ 1.50	
注：设计建筑的传热系数K_i和遮阳系数SC应小于等于传热系数限值K和遮阳系数SC的限值。		主持人							
		审定人							
		审核人						年 月 日	

图 D-27

乙类建筑热工性能权衡判断计算表

工程号	工程名称	建筑面积		窗墙比							
xxx	柏慕样例-办公建筑	7000平米	设计建筑（原型）								
建筑外表面面积	建筑体积	体形系数	参照建筑	南	**0.31**	东	**0.28**	西	**0.32**	北	**0.29**
4420	21361	**0.21**	设计建筑（调整后）								

计算项目			设计建筑（原型） K_i W/（m²·K）	设计建筑（原型） F_i（m²）	设计建筑（原型） $\varepsilon_i K_i F_i$	参照建筑 K_i W/（m²·K）	参照建筑 F_i（m²）	参照建筑 $\varepsilon_i K_i F_i$	设计建筑（调整后） K_i W/（m²·K）	设计建筑（调整后） F_i（m²）	设计建筑（调整后） $\varepsilon_i K_i F_i$	传热系数限值 W/（m²·K） S≤0.30	0.30<S≤0.40	S>0.40
屋顶非透明部分		0.91	0.55	893.00	**446.95**	0.55	893.00	446.95	0.55	893.00	**446.95**	0.55	0.45	0.40
屋顶透明部分		0.18	1.70	147.00	**44.98**	2.70	147.00	71.44	1.70	147.00	**44.98**		2.70	
外墙	南	0.70	0.60	846	**355.32**	0.60	846.00	355.32	0.60	846	**355.32**	0.60	0.50	0.45
	东	0.86	0.50	867	**372.81**	0.60	867.00	447.37	0.50	867	**372.81**			
	西	0.86	0.60	860	**443.76**	0.60	860.00	443.76	0.60	860	**443.76**			
	北	0.92	0.50	830	**381.80**	0.60	830.00	458.16	0.50	830	**381.80**			
外窗 窗墙面积比≤0.20	南	0.18										3.50	2.80	
	东	0.57												
	西	0.57												
	北	0.76												
外窗 0.20<窗墙面积比≤0.30	南	0.18										3.00	2.50	
	东	0.57	1.70	259	**250.97**	3.00	259.00	442.89	1.70	259	**250.97**			
	西	0.57												
	北	0.76	1.70	255	**329.46**	3.00	255.00	581.40	1.70	255	**329.46**			
外窗 0.30<窗墙面积比≤0.40	南	0.18	1.70	240	**73.44**	2.70	240.00	116.64	1.70	240	**73.44**	2.70	2.30	
	东	0.57												
	西	0.57	1.70	225	**218.03**	2.70	225.00	346.28	1.70	225	**218.03**			
	北	0.76												

图 D-28